FONDEMENTS D'UNE ANALYSE INSTITUTIONNELLE COMPARÉE

Bibliothèque Albin Michel
Economie

Masahiko Aoki

FONDEMENTS D'UNE ANALYSE INSTITUTIONNELLE COMPARÉE

Traduit de l'anglais
par Edouard Challe

Albin Michel

Les ouvrages du Centre Cournot pour la recherche en économie sont coordonnés par Jean-Philippe Touffut

Sommaire

TROISIEME PARTIE

ANALYSE DE LA DIVERSITE DES INSTITUTIONS

Avant-propos à l'édition française

Publié initialement en langue anglaise sous le titre *Toward a Comparative Institutional Analysis*, ce livre est paru dans un deuxième temps en japonais et en mandarin. L'idée que ses messages puissent être, grâce à la traduction minutieuse d'Edouard Challe, transmis à un large public francophone m'est particulièrement agréable.

Lors des deux ou trois dernières décennies, la philosophie et plusieurs sciences sociales ont été marquées par une résurgence de l'intérêt pour les institutions. Ce phénomène a dû être soutenu par la reconnaissance de leur rôle dans les développements sociaux et économiques, différents d'une région ou d'un pays à l'autre. Un consensus est pourtant loin d'être trouvé parmi les analystes des institutions concernant leur définition et, plus encore, leur genèse ou leurs transformations. Certains chercheurs, notamment dans le domaine du droit, font référence aux lois, aux règlements et aux organisations comme à des institutions et font d'elles les sujets objectivés de la politique d'un gouvernement. Douglas North préfère définir les institutions de manière plus large, comme des contraintes que les êtres humains imposent à leurs interactions. Un philosophe comme Searle prétend de son côté que l'institution ne ressortit pas forcément du domaine de la règle, mais plutôt du domaine constitutionnel : une institution correspondrait ainsi à tout principe qui assigne à un objet ou à une personne un statut qui lui attribue une fonction dont il ou elle n'est pas doté intrinsèquement (pensons à l'exemple d'un bout de papier imprimé fonctionnant comme un billet de banque). Comment ses règles se constituent-elles alors elles-mêmes ? Des économistes comme Hodgson considèrent, dans la vieille tradition veblenienne, que les habitudes ou les coutumes sont les constituants des institutions. D'autres, comme Binmore, Dixit, Greif, Young ou moi-même, parmi de nombreux autres chercheurs, supposons que les institutions sont créées (ou comprises) comme les équilibres auxquels aboutissent des interactions stratégiques entre les agents. Si plusieurs équilibres existent, peuvent-ils être classés selon certains critères normatifs ? Les réponses sont nombreuses mais ne permettent pas de conclure. A la grande variété d'approche des institutions correspondent en effet des analyses très différentes des phénomènes institutionnels.

Dans ce livre, j'adopte une approche de théoricien des jeux. Ma première intention n'est pas pour autant d'explorer la rigueur analytique et le raffinement original de cette théorie, mais plutôt d'y rechercher un cadre prometteur pour l'analyse institutionnelle : des équations émaillent les raisonnements de cet ouvrage, mais le lecteur qui s'en détourne ne perd pas grand-chose car elles abordent les questions traitées dans les paragraphes connexes. Trois raisons spécifiques m'invitent à prospecter au sein de la théorie des jeux. En premier lieu, il s'agit pour moi de montrer comment la structure détaillée de nombreuses institutions peut être subsumée à partir d'un cadre conceptuel général. Bien que les arrangements soient très variés selon les pays, il ne convient pas d'adopter autant de discours qu'il y a de territoires, mais plutôt de développer un cadre unifié et générique afin de saisir la nature, le sens et les implications d'un processus dual continu de diversification et de convergence. Fernand Braudel, un très grand auteur de la transdisciplinarité, considérait avec intérêt la théorie des jeux, comme susceptible d'ouvrir la voie à des mathématiques qualitatives. « Les modèles [sont] de durée variable : ils valent le temps que vaut la réalité qu'ils enregistrent... J'ai comparé parfois les modèles à des navires. Le naufrage est toujours le moment le plus significatif... Ai-je tort de penser que les modèles des mathématiques qualitatives [...] se prêteraient mal à de tels voyages, avant tout parce qu'ils circulent sur une seule des innombrables routes du temps, celle de la longue, très longue, durée, à l'abri des accidents, des conjonctures, des ruptures ? » (Braudel, 1996). L'une des ambitions de ce livre est de s'engager dans une telle navigation.

Nous devons ensuite prendre en compte les interactions entre les facteurs politiques et socio-normatifs, et pas seulement les facteurs économiques conventionnels, afin de comprendre pourquoi des arrangements institutionnels différents évoluent différemment et de prédire comment ils peuvent éventuellement (ou pas) être modifiés. Il me semble que la théorie des jeux est en mesure de fournir les concepts appropriés à l'examen des interactions synchroniques et diachroniques entre ces facteurs (comme la complémentarité institutionnelle, l'enchâssement social ou l'innovation schumpetérienne dans les liens entre institutions). La théorie des jeux permet également de construire les outils de ces analyses, plutôt que des récits *ad hoc*.

Enfin, la théorie des jeux peut éclairer d'une lumière nouvelle la nature dialectique d'aspects *a priori* contradictoires des institutions, qu'il s'agisse des résultats endogènes qu'on oppose aux contraintes exogènes, des croyances subjectives qu'on confronte aux règles objectives, des contraintes de comportements qu'on distingue des caractéristiques habilitantes. L'exploration de l'opposition entre aspects symboliques et stratégiques, normatifs et positifs des institutions continue d'ailleurs sur la lancée de cet ouvrage (Aoki, 2007 ; Binmore, 2005). L'intégration de disciplines variées dans un cadre de théorie des jeux semble tenir toutes ses promesses.

La rédaction de cet ouvrage puis sa publication en langue française ont été rendues possibles grâce à un grand nombre de chercheurs et d'amis francophones. Je partage beaucoup de convictions et d'intérêts avec les chercheurs de l'Ecole de la Régulation, comme Robert Boyer ou Bruno Amable. Avec eux, j'essaie de comprendre l'évolution économique grâce aux interactions de nombreux facteurs comme la technique, le politique et le social, même si les outils analytiques dont nous nous servons nous séparent. Les lecteurs comprendront que plusieurs chapitres du livre sont marqués des empreintes de chercheurs francophones de l'orthodoxie économique. Mes pensées vont plus particulièrement au regretté Jean-Jacques Laffont qui a toujours soutenu mes travaux. Je dois également beaucoup à Jacques Cremer, Jean-Philippe Platteau et Jean Tirole. J'ai la grande chance d'avoir fait la connaissance de Jean-Louis Beffa dans le cadre de notre collaboration au sein du Centre Cournot, qu'il a créé avec Robert Solow. Je sais gré à tous deux d'avoir soutenu le projet de publication de ce livre dans la collection du Centre. Je tiens à exprimer toute mon amitié et ma reconnaissance à son directeur, Jean-Philippe Touffut, qui a pris en charge l'organisation de cette traduction. Il a supervisé soigneusement tous les aspects de l'écriture de la version française, du choix du traducteur à la rédaction du manuscrit puis à la relecture des épreuves. Mes remerciements s'adressent bien sûr aux relecteurs de cette édition française : Jean-Gabriel

Brin, Catherine de Léobardy et Gérard Liné. Enfin, un grand, grand merci à Edouard Challe pour sa magnifique traduction. Il a accepté de consacrer un temps précieux à ce très long travail pendant la rédaction de sa thèse. Ses qualités de lecteur critique et de chercheur érudit me semblent avoir contribué à élaborer la traduction la meilleure qu'un auteur puisse espérer.

Masahiko Aoki
Stanford, le 1er août 2006

CHAPITRE PREMIER

Que sont les institutions ? Comment les définir ?

> « Sur le grand échiquier de la vie humaine, chaque pièce a un principe de mouvement propre, entièrement différent de celui que le législateur choisit de lui imprimer. Si ces deux principes coïncident et agissent dans le même sens, le jeu de la société humaine se déroule sans difficulté et dans l'harmonie, il a de grandes chances d'être heureux et réussi. S'ils sont opposés ou différents, le jeu se déroule lamentablement et la société est toujours désordonnée au plus haut point. »
>
> Adam Smith, *La théorie des sentiments moraux*, 1759, p. 324.

Les économistes analysent traditionnellement le fonctionnement et les implications des mécanismes du marché. Il est vrai que les marchés sont sans doute l'une des institutions les plus marquantes que les êtres humains ont créées. Néanmoins, il convient aujourd'hui de tenir compte des institutions pour comprendre les différences de performance qui existent entre les économies. Cette remarque ne se limite pas aux marchés. De fait, la dernière décennie du XXe siècle a connu des événements et des phénomènes institutionnels importants qui ont eu et, dans biens des cas, continuent d'avoir une influence significative sur la performance des économies concernées. La disparition des pays communistes et la transformation de leurs systèmes économiques, l'émergence de la Silicon Valley et du commerce électronique, l'union monétaire et l'intégration des marchés en Europe en sont des exemples significatifs. De même, les crises financières, au Japon et dans les pays de l'Asie du Sud-Est, ont fait suite à une période de miracle économique. D'autres illustrations concernent la persistance des divisions ethniques et la stagnation économique en Afrique, l'intégration des marchés financiers ainsi que les crises monétaires à répétition ou le réexamen du rôle des organisations internationales (dont les membres sont des Etats), ainsi que l'influence croissante des organisations non gouvernementales dans le monde. Certains de ces événements peuvent passer, à première vue, pour de purs phénomènes de marché ou des questions de modèle d'organisation. Si l'on essaie de comprendre de manière approfondie les causes et les conséquences de chacun d'entre eux, on est amené à prendre en compte leur dimension institutionnelle.

Comment définir les institutions ? Peut-on les identifier au droit, à des normes informelles, à des organisations établies, à des contrats, à des schémas de pensée ou bien éventuellement à une combinaison de certains sinon de l'ensemble de ces éléments ? La formulation correcte d'un concept comme celui d'institution dépend sans doute de l'objectif de l'analyse. Si les institutions jouent effectivement un rôle dans l'efficacité économique, pourquoi ne peut-on pas étudier et appliquer ailleurs les meilleures institutions, celles qui fonctionnent dans les économies les plus performantes ? C'est la question fondamentale que pose D. North dans un ouvrage de référence (North, 1990). Pour y répondre, l'auteur conçoit les institutions comme des règles du jeu. Il souligne qu'il en existe deux sortes : les règles formelles (les règles constitutionnelles, les règles du droit de la propriété et les contrats) d'une part, et les règles informelles (les normes et les habitudes) d'autre part. L'inertie des règles informelles indigènes et la difficulté à les modifier peuvent alors expliquer pourquoi l'importation de règles formelles, aussi bonnes soient-elles, crée une tension entre ces deux types de fonctionnement. Ainsi, une institution importée peuvent n'être ni exécutoire[1] ni fonctionnelle.

De fait, les économistes ont commencé à se demander comment les institutions pouvaient être exécutoires. A quel moment les règles du jeu le deviennent-elles ? Avec l'apparition d'une autorité chargée de les faire respecter ? Dans ce cas, comment inciter cette autorité à rendre exécutoires les règles qu'elle est censée faire respecter ? En bref, comment inciter l'autorité à faire son travail ?

Ce questionnement renvoie à une régression à l'infini. On peut sans doute en sortir en montrant que les règles du jeu sont produites de manière endogène et qu'elles deviennent auto-exécutoires par le biais des interactions stratégiques entre les agents, y compris de l'autorité elle-même. De ce point de vue, la façon la plus raisonnable d'analyser une institution est de la concevoir comme le moyen d'arriver à l'équilibre d'un jeu. Des travaux récents définissent d'ailleurs les institutions en ces termes, même s'ils partent pour la plupart de situations historiques (nous faisons référence à certains de ces travaux dans la section qui suit). Peut-on appliquer la même idée aux économies contemporaines, qui se présentent comme des ensembles d'institutions, toutes différentes ? A-t-on simplement affaire à des regroupements d'institutions plus ou moins autonomes ou existe-t-il des ensembles ayant une cohérence interne, à la manière d'un phénomène d'équilibre ?

Que les institutions (et éventuellement des ensembles d'institutions) soient des phénomènes d'équilibre ne signifie pas qu'elles sont gelées et rigides. Les institutions évoluent. L'effondrement des Etats communistes en Europe de l'Est et en Europe centrale puis la transformation de ces systèmes planifiés constituent une manifestation éloquente de cette évolution. Comment peut-on alors expliquer théoriquement l'émergence d'une institution ou le changement institutionnel ? Les modèles de la théorie des jeux peuvent avoir des équilibres multiples et produire des solutions fortement dépendantes de la spécification de ces modèles. L'explication porte-t-elle alors sur l'émergence des institutions et le changement institutionnel par la sélection d'un équilibre particulier parmi une multitude d'équilibres possibles, dont chacun pourrait éventuellement se réaliser, ou encore comme la transition d'un équilibre vers un autre dans une structure de jeu donnée ? Si tel est le cas, la sélection est-elle essentiellement induite par le progrès technique ou le marché ? Peut-elle finir par se bloquer du fait d'économies d'échelle de nature technique ? Est-elle, à l'inverse, programmée par des « gènes culturels » ? Peut-elle être organisée par des entrepreneurs politiques ou par des entrepreneurs mutants ? Des bouleversements politiques peuvent-ils influencer de manière aléatoire la sélection d'une institution ? D'autres facteurs entrent-ils en jeu dans le changement institutionnel ? En particulier, comment survient l'innovation, que l'on observe souvent lors de l'émergence d'une institution ?

Le programme de recherche à l'origine de ce livre se résume en deux questions : une question synchronique, dont l'objectif est de saisir la complexité et la diversité des arrangements institutionnels dans les économies contemporaines comme la manifestation d'une multiplicité d'équilibres, et une question diachronique, qui porte sur le mécanisme de changement institutionnel dans un cadre compatible avec une conception des institutions fondée sur l'équilibre, mais qui permet l'émergence de la nouveauté.

Nous examinons la diversité et la complexité institutionnelles des économies contemporaines en étudiant la nature des interdépendances entre les domaines économique, politique, organisationnel et social et en cherchant à mettre en évidence les institutions qui relient ces domaines entre eux. Ce faisant, nous reconsidérons le cadre traditionnel de la science économique et nous essayons d'y incorporer des contributions importantes aux questions institutionnelles, qui proviennent de disciplines voisines comme la sociologie, la science politique, le droit et les sciences cognitives. A la différence de l'ancienne économie institutionnelle, nous analysons les origines et les conséquences de la diversité institutionnelle dans un cadre unifié et générique (la théorie des jeux). Il ne s'agit pas de compiler un vaste catalogue institutionnel ou de dessiner de manière *ad hoc* une taxonomie des institutions. Ces démarches permettent d'approfondir la compréhension théorique du fonctionnement des institutions économiques.

La théorie des jeux au sens traditionnel ne peut toutefois permettre, à elle seule, d'étudier les institutions de manière systématique. L'analyse des interdépendances institutionnelles dans ce cadre théorique révèle la possibilité d'arrangements institutionnels multiples, sous-optimaux et non ordonnés au sens de Pareto. Cela signifie que les arrangements institutionnels peuvent être différents d'une économie à l'autre, même si les économies en question disposent du même savoir technique et sont liées par les mêmes marchés. Il convient de s'appuyer sur des informations comparées et historiques afin de comprendre pourquoi certains arrangements institutionnels se sont développés dans certaines économies et pas dans d'autres. Cela signifie que l'analyse institutionnelle doit aussi être comparée et historique, ce qui nous permet d'espérer jeter les fondements d'une Analyse institutionnelle comparée (AIC)[2].

Dans le chapitre IX, le processus diachronique de l'évolution institutionnelle impose une distance vis-à-vis de la théorie des jeux traditionnelle. Nous abandonnons l'hypothèse selon laquelle les joueurs connaissent complètement la structure objective du jeu auquel ils participent. Au lieu de cela, nous supposons que leur conception cognitive individuelle de la structure du jeu est incomplète et qu'ils élaborent des modèles de jeu subjectifs. Lorsque ces modèles dictent des actions de joueurs compatibles entre elles sur plusieurs périodes, ils peuvent être confirmés par la réalité observée (à laquelle donnent lieu les actions individuelles) et reproduits pour guider les actions à venir. L'institution se définit alors comme un élément majeur, commun, des modèles de jeu subjectifs des joueurs, c'est-à-dire comme un ensemble de croyances partagées sur la structure de leur jeu. Lorsque les joueurs ne sont pas satisfaits du résultat des décisions issues de ces modèles et qu'apparaît ainsi un état de crise générale de la perception, se déclenche alors la recherche de nouveaux modèles subjectifs qui se poursuit jusqu'à l'obtention d'un nouvel équilibre. Comprendre le processus du changement institutionnel revient donc à comprendre la manière dont les agents révisent leurs croyances de manière coordonnée. Dans cette perspective, on peut ensuite incorporer à l'étude du changement institutionnel les évolutions de la technique et de l'environnement, les discours et les programmes politiques, la promulgation des lois, les expérimentations des entrepreneurs, les héritages culturels et ainsi de suite, mais il faut d'abord analyser la question synchronique.

Ce chapitre introductif s'ordonne de la manière suivante. La première partie passe en revue les différentes définitions des institutions qui ont été proposées par les économistes. Dans la deuxième partie, nous présentons notre propre définition des institutions, fondée sur l'équilibre et qui sera sujette à une formulation précise au chapitre VII. La troisième partie introduit certaines notions élémentaires, comme celle de forme du jeu ainsi que les différents types de domaines qui jouent un rôle important dans cet ouvrage ; elle se termine par une présentation du plan du livre.

I.1. TROIS CONCEPTIONS DES INSTITUTIONS SELON LA THEORIE DES JEUX

L'affirmation selon laquelle « les institutions sont importantes » n'a de sens que si l'on dispose d'une compréhension commune de ce que sont les institutions et de la façon dont elles se forment. Durkheim, un des pionniers de la sociologie moderne, a un jour défini la sociologie comme la science des institutions et la science économique comme la « science des marchés ». Si on laisse de côté l'école ancienne des auteurs institutionnalistes, la majorité des économistes s'est toujours exclusivement consacrée à l'analyse du marché[3]. Aujourd'hui, la science économique peut contribuer de manière substantielle à la compréhension de la nature, de l'origine, du rôle et des implications des institutions, mais l'on ne peut comprendre certains phénomènes et certains problèmes économiques importants sans analyser d'autres institutions que les institutions de marché. Ces derniers temps, un nombre croissant d'économistes s'est lancé dans la conceptualisation et dans l'analyse des institutions. Les économistes ont ainsi donné au mot « institution » au moins trois significations différentes mais liées entre elles. Il faut s'attacher évidemment non pas à apporter une clarification sémantique au mot en tant que tel, mais une conceptualisation qui permette une meilleure compréhension des rouages des différents systèmes économiques.

Afin d'éclairer chacune des trois définitions des institutions qu'utilisent les économistes, il est opportun de rappeler l'analogie entre le processus économique et le jeu. L'application de la théorie des jeux constitue en effet un élément indispensable de l'analyse institutionnelle comparée. Le dispositif analytique de la théorie des jeux que nous appliquons à la question synchronique, c'est-à-dire les outils empruntés à la théorie des jeux évolutionnaires[4] et à la théorie des jeux répétés, sont d'un développement assez récent. On peut en revanche faire remonter à Adam Smith l'analogie entre le processus économique et le jeu, comme le montre la citation qui se trouve en exergue de ce chapitre. Le jeu y est identifié à une situation dans laquelle les individus interagissent de manière stratégique en poursuivant leurs propres motivations, ce qui correspond précisément aux situations qui intéressent les théoriciens des jeux. En s'appuyant sur ce parallèle, les économistes ont tour à tour assimilé les institutions aux joueurs, aux règles du jeu et aux stratégies d'équilibre des joueurs dans le jeu.

Lorsqu'on parle d'institutions dans le langage courant, on fait généralement référence à des formes organisationnelles majeures. Certains économistes suivent cette convention, en identifiant effectivement les institutions à des joueurs spécifiques tels que « les entreprises industrielles, les associations professionnelles, les universités, les tribunaux, les administrations, le corps législatif, etc. » (Nelson, 1994, p. 57). North défend cependant une seconde conception, selon laquelle il convient d'identifier les institutions non pas aux joueurs mais aux règles du jeu[5]. Son ouvrage de référence sur les institutions et le changement institutionnel commence par le texte suivant :

> « Les institutions sont les règles du jeu d'une société ou, de manière plus formelle, sont des contraintes conçues par les hommes qui façonnent les interactions entre les hommes. Dans le jargon des économistes, les institutions définissent et limitent l'ensemble des choix des individus » (North, 1990, p. 3-4).

Ces contraintes peuvent être informelles (c'est le cas des normes sociales, des conventions, des codes moraux) ou formelles (conçues de manière consciente et articulée). Les règles formelles comprennent les règles politiques (constitutions et réglementations), les règles économiques et les contrats. Les règles économiques définissent le droit de la propriété, c'est-à-dire l'ensemble des droits à l'utilisation, à la cession et à la jouissance (en termes d'utilité ou de revenu) d'une ressource économique. Les contrats sont des accords exécutoires sur l'utilisation et l'échange de biens qui s'imbriquent dans les règles du droit de la propriété. Les règles formelles du jeu économique doivent avoir été déterminées avant de jouer et ne peuvent être construites ou modifiées par les joueurs eux-mêmes lors du déroulement effectif du jeu. La question de savoir *qui* détermine les règles économiques se pose immédiatement. C'est là que North opère une distinction très nette entre les règles du jeu d'une part et les joueurs (les organisations et les acteurs politiques) d'autre part, c'est-à-dire les agents qui font les règles et qui provoquent le changement institutionnel. Selon North, les règles du jeu façonnent la manière dont les joueurs agissent et innovent et finissent par susciter une demande de règles nouvelles, suite à la variation des prix relatifs. Les nouvelles règles seront alors négociées et déterminées sur le « marché politique », c'est-à-dire un marché structuré selon des règles politiques. North affirme que « c'est le politique qui définit et fait respecter les droits de propriété[6] » (North, 1995, p. 23).

Une formulation plus technique de la conception des institutions en tant que règles du jeu, centrée sur la question de leur mise en application est proposée par Hurwicz (1993, 1996). Dans cette approche, les règles du jeu précisent qui sont les joueurs, quelles sont les actions qu'ils peuvent entreprendre (leurs ensembles de choix) et quel résultat physique correspond à chaque profil de choix (une fonction de résultat). Il qualifie de mécanisme ou de forme du jeu l'ensemble de ces trois éléments[7]. Prenons l'exemple du mécanisme de contrôle des prix, par lequel le vendeur est contraint par un prix de vente plafond défini par l'Etat. Dans ce cas, la contrainte imposée au choix du vendeur est représentée par la valeur particulière d'un paramètre, le prix plafond[8]. Hurwicz précise qu'il faut ajouter d'autres restrictions pour parvenir à une définition correcte des institutions. En particulier, il considère que les règles doivent être exécutoires, ou « susceptibles d'être mises en œuvre » selon sa terminologie. Plus précisément, il considère que les restrictions conçues par les individus ne peuvent être qualifiées d'institutions que si elles sont exécutoires. Il formalise l'idée d'institution auto-exécutoire en termes d'*équilibre de Nash*[9]. Un profil de choix stratégiques est qualifié d'équilibre de Nash si aucun joueur n'est incité à changer de stratégie lorsqu'il suppose que les autres ne modifient pas la leur. Pour que les restrictions que les individus imposent à la forme du jeu soient exécutoires, elles doivent donc comprendre un équilibre de Nash où les joueurs choisissent librement leurs stratégies dans l'ensemble des actions techniquement accessibles.

Hurwicz cherche ainsi à concevoir une institution qui permette d'atteindre, dans une catégorie d'environnements donnée (technique, préférences, dotations en ressources), un certain objectif social compatible avec les motivations des joueurs. On peut formuler un objectif social (comme l'efficacité, l'équité, la propreté de l'air et de l'eau, etc.) en déterminant les résultats (ou conséquences) que l'on souhaite atteindre dans chaque environnement économique. Imaginons qu'un législateur conçoive un mécanisme susceptible de réaliser l'objectif social souhaité, mais qu'il n'existe pas de garantie que ce mécanisme soit exécutoire. Par exemple, le législateur peut considérer que le contrôle des prix réalise l'objectif social de stabilité des prix et d'équité dans la répartition, alors même qu'échangent au marché noir des agents attirés par la possibilité de vendre à un prix supérieur au prix plafond réglementaire. Dans cette situation, le contrôle des prix n'est pas exécutoire et ne peut être mis en œuvre.

Il est nécessaire d'associer un élément qui rende exécutoire un mécanisme qui ne l'est pas *a priori*. On peut ainsi modifier la forme du jeu en y ajoutant une autorité (tribunal, police, médiateur, etc.) qui dispose d'un certain nombre de moyens d'action (mettre les individus en prison par exemple), ce qui a pour effet de modifier la fonction de résultat dans le sens souhaité. Celui qui a la tâche de concevoir ce mécanisme fait alors face à un dilemme. Pour que le mécanisme de mise en application soit efficace, il faut en effet inciter l'autorité à accomplir correctement sa mission. De plus, le fonctionnement du mécanisme de mise en application peut mobiliser des ressources qui sont détournées des activités contribuant directement à la réalisation de l'objectif social en question. En fin de compte, il faut transiger sur la réalisation de l'objectif social originel.

L'analyse des motivations de l'autorité pousse Hurwicz à développer une conception des institutions qui se rapproche de la troisième définition, fondée sur la notion d'équilibre de jeu. Schotter (1981) en est l'un des pères[10]. Pour être plus précis, la conception des institutions en termes d'équilibre de jeu a connu deux développements majeurs, reposant chacun sur une conception spécifique de l'équilibre : l'approche par les jeux évolutionnaires et l'approche par les jeux répétés. On trouve des travaux représentatifs de la première théorie chez Sugden (1986, 1989), Aoki (1995/2000), H. P. Young (1998), Okazaki et Okuno-Fujiwara (1998) et Bowles (2000)[11]. Dans l'approche des jeux d'évolution, il se constitue automatiquement une convention de comportement, sans tierce partie ni plan conscient. Lorsque c'est le cas, les agents tendent à développer certains traits spécifiques (perception de l'environnement, préférences, compétences, etc.) sous la pression de la sélection évolutionnaire[12]. Il peut donc y avoir coévolution d'une convention et des traits individuels qui lui sont associés. Il se peut qu'une convention soit codifiée par le processus législatif, dans le but de réduire les coûts de déséquilibre créés par les mutants et les erreurs. Une formulation articulée des règles de conduite peut également permettre de fournir une réponse claire à un problème donné. Sugden, poursuivant la tradition initiée par Hume, souligne pourtant qu'il est erroné de considérer les lois comme des créations que l'Etat impose aux citoyens. Il affirme en effet que « les lois peuvent refléter les codes de comportement que la plupart des individus s'imposent à eux-mêmes » (Sugden, 1986, p. 5).

Greif (1989, 1994, 1997b, 1998b), Milgrom, North et Weingast (1990), Greif, Milgrom et Weingast (1994), ainsi que Calvert (1995) et d'autres encore ont développé une autre conception des institutions fondée sur la théorie des jeux. Ces auteurs résolvent les dilemmes du prisonnier répétés en s'aidant de concepts d'équilibres sophistiqués comme celui d'« équilibre parfait en sous-jeu ». Nous présentons au chapitre VII une conceptualisation précise de cet équilibre. Ce concept d'équilibre et d'autres qui s'y rattachent ont pour objet de préciser le rôle des attentes ou des croyances partagées par les joueurs. Un équilibre parfait en sous-jeu définit, pour chaque joueur, une stratégie constituée d'un plan complet de choix d'actions en fonction de tous les états possibles du jeu à venir[13]. Chaque élément du plan complet, autrement dit un choix d'actions recommandé dans un cas donné, doit constituer un équilibre de Nash lorsque le cas se produit effectivement et doit donc être auto-exécutoire.

Du fait de l'utilisation de stratégies parfaites en sous-jeu, il se peut que l'on n'observe jamais certains états au cours du déroulement effectif du jeu. Non parce qu'en est exclu, par des contraintes exogènes, un sentier conduisant à cet état, mais parce que les calculs stratégiques des joueurs les dissuadent d'emprunter ce sentier une fois que le plan d'équilibre est observé. Comme on ne perçoit jamais les portions de stratégies d'équilibre qui prescrivent des actions à supprimer des sentiers du jeu, on voit en elles les attentes ou les croyances rationnelles des joueurs concernant les actions qui seraient choisies par les autres, une fois ces sentiers sélectionnés dans le jeu. L'argument du modèle de la corporation des marchands est ainsi utilisé par Greif, Milgrom et Weingast (1994). Ce jeu met en présence, dans le contexte du commerce médiéval, un groupe de marchands et le souverain d'une ville ou d'un lieu d'échange important. Le lieu d'échange ne peut se développer que s'il est organisé de façon à protéger la personne et les biens des marchands qui le visitent. Le souverain de la ville peut jurer d'assurer cette protection et être tenté de renier sa parole une fois que l'échange a eu lieu. Imaginons maintenant que les marchands s'organisent pour former une corporation et adoptent la stratégie suivante : ils commercent dans la ville au cours d'une certaine période si, et seulement si, aucun d'entre eux n'a été trompé par le souverain. Si l'un d'entre eux a été trompé, ils organisent un *boycott* (nous laissons de côté le problème de savoir comment la corporation peut à son tour obliger ses membres à suivre cette règle). Le souverain, quant à lui, adopte la stratégie suivante : il ne trahit pas, à moins qu'un *boycott* ne soit annoncé par la corporation ; mais il trahit tous les marchands qui commercent avec lui dès qu'un *boycott* est annoncé. Les auteurs ont montré que cet ensemble de stratégies constitue un équilibre parfait. Lors du déroulement effectif du jeu et dans des circonstances normales, la trahison et le *boycott* peuvent ne jamais être à l'ordre du jour. Ce n'est pas parce qu'ils sont *a priori* exclus par les règles du jeu, mais parce que le souverain anticipe que la menace de *boycott* de la part de la corporation est plausible et qu'il n'a donc pas intérêt à trahir. La formation de la corporation fonctionne comme un dispositif qui permet au souverain de s'engager de façon crédible à respecter sa promesse et donc d'encourager le développement du commerce. Dans cet exemple on peut considérer que la corporation (une organisation) et ce que l'on attend d'elle dans l'éventualité d'une trahison, c'est-à-dire un *boycott* (autrement dit, la partie des stratégies qui n'appartient pas au sentier d'équilibre du jeu), constituent un mécanisme plausible qui rend les contrats exécutoires.

A partir de ces hypothèses et d'autres travaux importants (1994, 1997b), Greif propose de résumer comme suit la notion d'institution fondée sur l'équilibre. Remarquons que celle-ci révèle l'importance des croyances et de leur caractère auto-exécutoire :

> « Etant donné les règles du jeu imposées par la technique, les institutions (c'est-à-dire les contraintes d'ordre non techniques sur les interactions humaines) sont composées de deux éléments reliés entre eux qui, pour être applicables [et donc auto-exécutoires], doivent être en équilibre : les croyances culturelles (la façon dont les individus s'attendent à voir les autres réagir face à des contingences variées) et les organisations (la construction humaine endogène qui modifie les règles du jeu [pertinentes du point de vue de ceux qui prennent les décisions]) » (Greif, 1994, p. 943).

Les « organisations » renvoient ici à des entités sociales, comme la corporation évoquée précédemment, elles appartiennent aux joueurs et sont soumises aux contraintes impliquées par l'équilibre du jeu. On peut donc dire que cette conceptualisation englobe celle qui assimile les institutions aux joueurs (la première conception). En ce qui concerne l'origine des institutions, les théoriciens de la conceptualisation en termes de règle du jeu tendent donc à adopter une conception planifiée. Plus précisément, les règles peuvent résulter d'un plan conscient de la part des législateurs, des entrepreneurs politiques ou des économistes spécialisés dans la conception de mécanismes d'incitation. Un temps, les théoriciens ont entretenu leur désaccord sur ce point. Ceux qui adoptaient l'approche en termes de jeux évolutionnaires faisaient clairement des institutions le résultat d'un ordre spontané (Menger, 1883 ; Hayek, 1973) ou d'un système auto-organisé. Par contraste, le concept d'équilibre parfait en sous-jeu présuppose que les joueurs soient parfaitement capables de raisonner de manière déductive sur les interactions entre leurs choix et ceux des autres. Comment les individus peuvent-ils alors sélectionner des stratégies mutuellement compatibles qui permettent la construction d'une institution, notamment lorsqu'il existe plusieurs équilibres ? La notion d'équilibre parfait en sous-jeu ne dit rien sur les raisons pour lesquelles telle institution se développe quelque part alors que telle autre se développe ailleurs. Si nous reprenons l'exemple du commerce médiéval, la combinaison à chaque stade de trahison et d'arrêt d'échange (et donc l'observation exclusive de l'absence d'échange) constitue un autre équilibre parfait en sous-jeu. Il semble alors naturel de considérer que même ceux qui adoptent des notions ultra-rationnelles d'équilibres, comme celle de perfection en sous-jeu, le font simplement dans le but de montrer qu'un certain ensemble de stratégies (choix réels et anticipations) peuvent devenir auto-exécutoires et durables *une fois qu'elles sont établies*.

Il reste cependant un paradoxe à résoudre avant d'adopter la définition de l'institution comme un équilibre. Si le rôle d'une institution est compris comme quelque chose qui contraint les choix des agents d'une façon ou d'une autre, alors comment ceux-ci viennent-ils à en prendre connaissance et à l'accepter ? Du fait de l'émergence d'un certain équilibre ? Comment chaque joueur individuel détermine-t-il alors sa stratégie d'équilibre avant même de connaître l'équilibre et donc de subir la contrainte ? Autrement dit, comment se produit la compatibilité entre, d'une part, les croyances des agents concernant une situation émergente et, d'autre part, la situation réelle provoquée par les choix de ces joueurs fondés sur ces croyances ? Il peut sembler que cette question ne constitue qu'un simple problème de stabilité de l'équilibre. Au chapitre VII, le problème étudié apparaît plus fondamental et ne peut être résolu de manière aussi simple. C'est pourquoi nous proposons une définition nouvelle des institutions fondée essentiellement sur une définition en termes d'équilibre mais avec une précision importante introduite dans la section qui suit.

I.2. QUELQUES ASPECTS DES INSTITUTIONS : CROYANCES PARTAGEES, REPRESENTATIONS SYNTHETIQUES D'EQUILIBRE ET REGLES ENDOGENES DU JEU

A) Une définition des institutions

La question d'une définition dépend de l'objectif de notre propos. Il s'agit de comprendre la diversité des arrangements institutionnels et la nature du processus de changement institutionnel. Une définition des institutions pertinente ne peut être trop succincte si l'on souhaite en étudier toutes les implications. Nous proposons ainsi de définir une institution comme *système auto-entretenu de croyances partagées* sur un aspect saillant de la manière dont se déroule le jeu répété. Nous pouvons identifier la manière dont se déroule le jeu répété à l'ensemble des règles du jeu. Il ne s'agit pas de prétendre que les règles sont données de manière exogène ou qu'elles sont conditionnées par le régime politique, par la culture ou par un méta-jeu comme le font les théoriciens des jeux. Nous considérons, à l'instar des théoriciens de la conception des institutions en termes d'équilibre, que ces règles sont créées de manière endogène au cours des interactions stratégiques entre les agents, qu'elles sont dans l'esprit même des agents et que c'est pour cela qu'elles sont auto-entretenues. Pour que les agents partagent ces croyances auto-entretenues et qu'ils leur confèrent une certaine importance quant aux conséquences de leurs choix, celles-ci doivent avoir des fondements solides. Le contenu des croyances partagées constitue une *représentation synthétique* (*information condensée*) *d'un certain équilibre du jeu* (parmi tous les équilibres qui sont théoriquement possibles). Plus précisément, la caractéristique saillante d'un équilibre pourra être soit tacitement reconnue par les agents, soit donner lieu à des représentations symboliques correspondantes, extérieures à l'esprit des agents et coordonner leurs croyances.

En se focalisant sur les croyances d'équilibre, nous suivons de près la conceptualisation des institutions évoquée précédemment et suggérée par Greif[14]. En revanche, nous ne précisons pas encore la notion d'équilibre qui sous-tend notre définition, si ce n'est qu'il s'agit d'un équilibre de Nash, donc d'un équilibre auto-entretenu. Au chapitre VII, nous proposons une définition plus précise et plus englobante des institutions, qui intègre à la fois l'approche classique et l'approche évolutionnaire de la théorie des jeux[15], ainsi que leurs multiples ramifications. Pour l'instant, nous faisons spécifiquement référence à la nature de synthèse et d'information condensée des institutions. Il s'agit ensuite d'utiliser cette spécificité pour comprendre le processus dynamique du changement institutionnel. Quoi qu'il en soit, la perspective que nous proposons consiste à découvrir quels types d'institutions peuvent être viables dans certaines conditions données et comment elles sont liées entre elles. Bien qu'il soit trop tôt pour formaliser cette conception de manière précise et générale, voyons à présent l'idée qui sous-tend l'ouvrage.

Pour commencer, considérons qu'un ensemble fixe d'agents, chacun doté d'un ensemble d'actions réalisables du point de vue technique (ainsi que du point de vue de leur propre perception), participe à un certain jeu. A chaque combinaison de choix d'actions de la part des agents (ce que nous appelons le profil d'action) est associée une répartition des gains entre les joueurs. Nous appelons « domaine du jeu » la collection des ensembles d'actions réalisables par les agents et « règle exogène du jeu » la règle (fonction) qui associe une répartition des gains à chaque profil d'action prévalant dans le domaine. Chaque agent cherche à maximiser ses gains compte tenu des caractéristiques du jeu. Ces gains ne peuvent être entièrement déterminés par l'action de l'agent. Le meilleur choix d'action de chaque agent dépend du choix des autres ; comment cet agent peut-il donc les deviner ?

Supposons un instant que la répétition du jeu donne lieu à un résultat stable (un profil d'action) et que chaque agent, par son expérience individuelle, est parvenu à une idée relativement précise de la manière dont le jeu se pratique dans le domaine. Les agents peuvent ne pas être en mesure de déduire (et même ne pas avoir besoin de déduire) dans le détail toutes les caractéristiques des règles de choix d'action des autres, mais ils finissent par percevoir certaines caractéristiques saillantes de règles privées, dont ils pensent qu'elles sont appliquées par les agents en question lorsqu'ils se décident. En s'appuyant sur ce type d'information condensée, chaque agent peut également développer ses propres règles afin de déterminer l'action à choisir lorsque l'état du domaine évolue. Il est clair qu'un mécanisme complexe de rétroaction est ici à l'œuvre. Tous les agents élaborent leurs règles de choix d'actions et leurs stratégies selon les anticipations ou les croyances sur les règles d'action des autres, même s'ils ne le font que de manière incomplète et condensée. C'est seulement lorsque leurs perceptions condensées des règles d'action des autres se stabilisent et se reproduisent que leur propre règle d'action se stabilise elle aussi et les guide dans leur participation au jeu.

La cohérence réciproque des croyances des agents et de la formation stratégique de leurs règles d'action apparaît dans l'équilibre de Nash qu'elles constituent. Un agent individuel n'a alors pas intérêt à dévier de la règle de choix d'action qu'il a construite de la sorte tant que ses croyances sur les règles de choix d'action des autres restent inchangées. Les institutions renvoient aux croyances qui sont communes à tous (ou à presque tous) les agents quant à la manière dont le jeu se déroule effectivement (quant à la manière dont les agents appliquent leurs règles de choix d'action dans le domaine). Bien qu'elles constituent des phénomènes d'équilibre, il ne faut les considérer ni comme le résultat d'un raisonnement déductif parfait dans un jeu à un coup, ni comme une stase dans laquelle les agents n'auraient besoin d'appliquer aucun raisonnement déductif. Elles représentent les anticipations substantielles et auto-entretenues des agents qui ont effectivement participé au jeu répété. C'est la raison pour laquelle une institution constitue « le produit d'expériences de long terme d'une société d'individus rétrospectifs, dotés d'une rationalité limitée » (Kreps, 1990, p. 183).

Un état d'équilibre est une réalité socialement construite, endogène au domaine. Il coordonne les croyances des agents par l'intermédiaire de ses représentations synthétiques, tacites et symboliques. En tant qu'équilibre, une institution ne peut être ignorée par un agent tant que les autres la respectent, ce qui explique pourquoi elle influence leurs choix stratégiques. L'ensemble de ses choix, fondés sur des croyances partagées, reproduit l'état d'équilibre qui confirme ainsi sa propriété de représentation synthétique. L'institution est donc auto-entretenue et l'information qui y est condensée est tenue pour vraie par l'ensemble des agents tant qu'aucun événement ne vient ébranler les croyances partagées (voir figure 1.1., le rectangle hachuré représente une institution ; nous ignorons pour l'instant le rectangle pointillé). C'est de cette manière qu'une institution, bien qu'elle soit créée de manière endogène, est objectivée[16]. En s'appuyant sur l'analyse d'équilibre, nous pouvons comprendre cette nature duale, à la fois endogène et objective qui a pu être à l'origine de divergences confuses entre les conceptions endogènes et les conceptions exogènes des institutions[17].

Figure 1.1.
L'institution comme croyance partagée et comme représentation synthétique d'équilibre

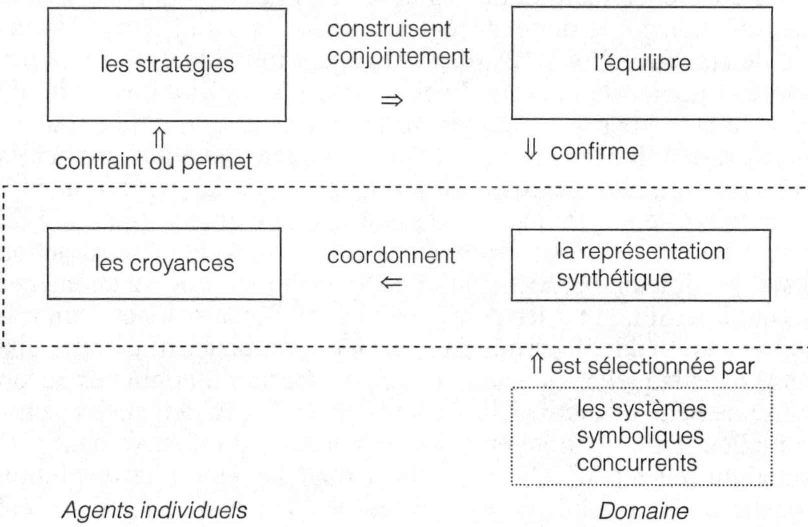

L'institution est délimitée par le rectangle en hachuré.

On peut représenter la propriété saillante d'un état d'équilibre reconnu comme institution par des formes symboliques explicites ou codifiées comme des lois, des traités, des organisations ou d'autres structures sociales. Il s'agit d'arrangements systémiques de rôles spécifiques. Le point important est qu'une représentation n'est une institution que si les agents y croient[18]. De ce point de vue, le droit et les réglementations ne constituent des institutions que si les agents s'y conforment toujours. Si par exemple le gouvernement interdit l'importation de certains biens, mais que les agents peuvent soudoyer le personnel des douanes et faire de cette violation de la loi une pratique établie, alors c'est cette pratique, et non la loi, qui apparaît comme une institution. En outre, certaines pratiques, même non formalisées, se présentent comme des institutions lorsque les agents pensent qu'elles forment des représentations pertinentes de l'état interne du domaine ; elles cessent d'en être lorsque les croyances des agents sont perturbées.

La conception des institutions en termes de représentation synthétique d'équilibre aide à clarifier leur nature duale, à la fois contraignante et porteuse de possibilités nouvelles. La perception des institutions comme une contrainte d'ordre non technique sur les choix d'action des agents est classique : c'est ce que pensent les théoriciens des règles du jeu exogènes ou les théoriciens de l'équilibre du jeu (comme North et Greif). En effet, une institution, par le fait même de son existence, contrôle les choix individuels d'action des agents en coordonnant leurs croyances. Ces croyances orientent leurs actions dans une certaine direction et les détournent des multiples autres directions théoriquement possibles (et ainsi des autres équilibres). En ce sens, il est certainement inhérent au processus d'institutionnalisation de contrôler et de contraindre les individus. Néanmoins, une institution ne coordonne les croyances des agents que de manière synthétique et partagée. Dans un monde d'information incomplète et asymétrique, une institution permet à des agents dotés d'une rationalité limitée de réduire le traitement de l'information nécessaire à la prise de décision (voir figure 1.1.)[19].

Une analogie avec le mécanisme des prix, dont les économistes sont familiers, s'avère ici utile. Sur un marché, les individus n'ont pas besoin de connaître tous les détails de l'état interne et de l'environnement externe dans lequel ils font leurs choix, mais seulement les prix relatifs (Hayek, 1945). Laissons de côté le problème de la mise en application des contrats et des droits de propriété. Dès lors qu'il existe un ensemble complet de marchés, on peut formellement considérer que les prix relatifs constituent une statistique suffisante qui résume les données (les préférences et les possibilités techniques de production) nécessaires pour atteindre l'optimum social de la manière la plus efficace possible. La dimension du vecteur des prix relatifs ne peut être supérieure au nombre de biens échangés moins un bien particulier qui sert de numéraire (Koopmans, 1957, Hurwicz, 1960, 1973). Bien évidemment, les marchés sont loin d'être complets dans la réalité. Les agents doivent mobiliser d'autres moyens pour obtenir l'information qui leur sert à prendre leurs décisions. Les diverses institutions autres que le marché se développent alors pour pallier l'absence de marchés complets (Arrow, 1998). Les agents individuels ne sont donc pas seulement contraints par les institutions, mais aussi informés par elles. Les institutions constituent des formes synthétiques alternatives, de la même manière que les marchés transmettent de l'information sur l'environnement économique (les technologies, les goûts et les dotations en ressources) sous la forme synthétique de prix relatifs représentant les taux marginaux de substitution/transformation (chapitre VI.2)[20]. Du fait même de sa propriété de condensation de l'information, la représentation synthétique d'un équilibre peut résister à de légères modifications dans l'environnement du domaine et au déplacement de l'équilibre qui s'y trouve associé[21]. Cette condensation de l'information dans l'institution permet donc aux agents, dont la rationalité est limitée, de collecter et d'utiliser de manière efficace l'information sans laquelle leurs actions ne peuvent être compatibles avec les transformations internes et externes de leur environnement.

(B) Cinq raisons pour lesquelles la définition proposée est en mesure de remplir notre objectif analytique

Le choix d'une définition de l'institution dépend évidemment du goût du théoricien et non d'une vérité absolue. Néanmoins, il y a au moins cinq raisons pour lesquelles la conception des institutions en termes de représentation synthétique d'équilibre et de croyances partagées est appropriée à l'analyse institutionnelle comparée. Les trois premières raisons tiennent à la conception générale des institutions comme équilibres de jeu. Les deux dernières sont bonnes, de façon plus ou moins spécifique, en raison de la représentation synthétique qu'elles donnent de l'équilibre, ce qui souligne l'aspect cognitif des institutions[22].

(I) Le traitement endogène de l'origine des institutions et de leur mise en application

Une analyse des institutions en termes d'équilibre permet de traiter de manière endogène le problème de l'origine et de la mise en œuvre des institutions. Si on souscrit à la conception des institutions en termes de règles exogènes du jeu, on se heurte immédiatement à la question de la genèse des règles et de leur caractère exécutoire. Il est nécessaire de situer l'origine des institutions à l'extérieur du domaine de l'économie dans lequel s'appliquent ces règles : par exemple dans le domaine politique ou, d'un point de vue plus théorique, dans le domaine d'un méta-jeu au sein duquel les agents rationnels choisissent collectivement une règle parmi un vaste ensemble de règles possibles[23]. Comment, dans le domaine politique, ces règles sont-elles alors déterminées ? Comment les joueurs du méta-jeu peuvent-ils connaître toutes les règles possibles et comment déterminent-ils leurs stratégies au sein de ce méta-jeu ? Où se déterminent donc les règles de ce méta-jeu ? Une manière de sortir partiellement cette régression à l'infini consiste peut-être à considérer l'institution comme une issue endogène stable du jeu (que celui-ci se déroule dans le domaine économique, politique ou social), en laissant dans la plus grande indétermination possible, du moins au début, les règles du jeu qui ne sont pas d'ordre technique.

Une mise en garde s'impose cependant. Bien que nous identifiions l'apparition d'une institution à l'émergence de règles endogènes du jeu dans un certain domaine, nous ne pouvons construire un modèle qui rende toutes les institutions endogènes de manière simultanée. En d'autres termes, les « règles exogènes du jeu », c'est-à-dire l'ensemble des agents, l'ensemble de leurs choix d'actions et les moyens par lesquels chaque profil d'action est transformé en conséquence, ne peuvent être intégralement déterminés par la technique, par les dotations en ressources et par les préférences des agents. C'est le premier argument mis en avant par Field (1979, 1981). Pour le comprendre, imaginons que les règles exogènes d'un certain jeu soient entièrement déterminées par la technique, même si la perspective est ici légèrement différente. Quand c'est possible, le jeu répété peut avoir plusieurs équilibres et nous avons déjà montré que le choix de l'un d'entre eux ne pouvait se faire de manière endogène. Nous devons alors considérer les événements historiques et les règles passées, ainsi que les règles qui prévalent dans des domaines voisins[24]. Il se peut que les sous-ensembles d'actions que les agents perçoivent comme des options viables soient contraints par des précédents historiques et que les conséquences de tel ou tel choix d'action soient influencées par l'environnement institutionnel du domaine (c'est-à-dire des règles du jeu endogènes qui prévalent dans des domaines voisins). On ne dispose jamais d'un monde dépourvu d'institutions à partir duquel commencer l'analyse, permettant d'éliminer complètement le recours à des structures de règles imaginées par l'homme et données de manière exogène. Personne ne peut donc échapper au problème de la régression à l'infini. On peut en revanche chercher à orienter la régression vers des structures héritées de l'histoire plutôt que vers la construction logique d'un méta-jeu.

L'approche en termes de règles exogènes du jeu se heurte au même problème de régression infinie concernant le caractère exécutoire des règles. Laissons provisoirement de côté les normes et les conventions qui sont auto-exécutoires (informelles, au sens de North). Si l'on souhaite rendre exécutoires les règles (formelles) du jeu par l'ajout d'un joueur (l'autorité en charge de les faire respecter), alors on doit s'interroger sur sa motivation. Qu'est-ce qui oblige cette autorité à faire respecter les règles, ou, pour formuler le problème autrement, a-t-on besoin d'une nouvelle autorité pour faire appliquer les règles d'actions prescrites à l'autorité originelle ? Hurwicz répond à cette question : il convient d'analyser le jeu en considérant que l'autorité en question fait partie des joueurs et de se demander si les règles d'actions qui lui sont prescrites peuvent constituer son choix stratégique d'équilibre (donc auto-exécutoire), étant donné la constellation de choix stratégiques d'équilibre des autres agents. Là aussi, la présence de l'autorité parmi les joueurs est vraisemblablement donnée par l'histoire.

(II) Le rôle de l'histoire

La conception des institutions en termes d'équilibre, selon laquelle certains modèles ont plusieurs équilibres, permet d'expliquer en quoi les institutions sont conçues par les hommes (North, 1990), plutôt que déterminées par l'environnement naturel, par la technique ou par la culture. Si un seul équilibre correspond à la spécification technique de la structure du jeu, alors cet équilibre n'est presque rien de plus qu'une représentation de l'état de la technique et non une institution[25]. Par exemple, on attribue souvent l'évolution des normes communautaires en Asie du Sud-Est à des conditions climatiques et naturelles qui augmenteraient la productivité de l'agriculture familiale et de l'usage collectif des systèmes d'irrigation. Pourtant la Corée et le Japon, dont l'environnement naturel est similaire, ont eu des sentiers institutionnels divergents en termes de normes et de structures sociales à l'échelle du village. Ces facteurs sociologiques ont eu un impact profond et durable sur les trajectoires institutionnelles ultérieures de ces deux économies (cf. chapitre II.2.).

Les théoriciens des jeux considèrent généralement qu'une multiplicité d'équilibres est gênante et ils ont consacré bien des efforts de recherche, sans grand succès, à « raffiner » leurs concepts d'équilibres afin de sélectionner un équilibre particulier parmi les multiples équilibres de Nash possibles. Nous pensons au contraire que la multiplicité des équilibres ne doit pas être considérée comme un problème du point de vue de l'analyse institutionnelle comparée. D'une part, en faisant des institutions l'objet d'une analyse d'équilibre, on peut montrer que celles-ci, même si elles sont conçues par les hommes, ne peuvent être construites de manière arbitraire, ni appliquées de manière discrétionnaire. D'autre part, une divergence institutionnelle entre deux économies peut produire des arrangements institutionnels globaux différents, même si elles sont ensuite exposées aux mêmes conditions techniques et concurrentielles ; c'est le phénomène connu sous le nom de « dépendance par rapport au chemin » (David, 1985). L'étude de l'équilibre et les analyses historiques se complètent mutuellement et apparaissent toutes deux indispensables à l'analyse institutionnelle comparée.

Comme il est impossible d'assimiler tous les phénomènes institutionnels à un résultat endogène synchronique, Greif (1998b) propose la procédure analytique suivante pour incorporer l'information historique à la conception des institutions fondée sur l'équilibre : premièrement, sur la base d'une information historique comparée, séparer ce qui, parmi les facteurs techniques et institutionnels, peut être considéré comme exogène et ce qui doit être considéré comme endogène (c'est-à-dire ce qui doit être expliqué). Deuxièmement, construire un modèle contextualisé de théorie des jeux dans lequel ces facteurs exogènes définissent les règles exogènes du jeu et résoudre le modèle afin de trouver les équilibres possibles. Troisièmement, déterminer si certaines de ces solutions peuvent aider à comprendre la nature des facteurs institutionnels à expliquer. Quatrièmement, isoler les facteurs historiques que l'on peut rendre responsables de la sélection de cette solution d'équilibre particulière et ainsi déterminer le rôle que joue l'histoire.

(III) Liens réciproques et interdépendances des institutions

L'approche des institutions en termes d'équilibre permet d'analyser relativement facilement les interdépendances entre les institutions qui opèrent à l'intérieur d'une économie. Lorsque le gouvernement prépare une loi dans le but d'introduire une institution jusqu'alors inexistante, sa mise en œuvre peut avoir des conséquences économiques, politiques ou sociales indésirables. Prenons l'exemple d'une économie postcommuniste, dont le gouvernement rédigerait une loi sur les privatisations dans le but d'imiter les marchés du contrôle des entreprises existant dans les économies avancées. Certains initiés, comme d'anciens bureaucrates industriels ou les directeurs des entreprises qui étaient auparavant détenues par l'Etat et qui ont amassé *de facto* les droits de propriété avant même la transition vers l'économie de marché, ont pu alors accaparer le contrôle des entreprises[26]. Cette situation est un peu analogue à celle d'un médicament qui, testé en laboratoire, présenterait des effets secondaires imprévus sur les êtres humains en raison de la complexité des systèmes organiques vivants. Un des facteurs déterminants de ce genre d'effets inattendus est l'absence de correspondance entre le plan conçu et l'environnement institutionnel existant qui reflète une trajectoire historique unique de développement institutionnel. Ceci suggère que les seuls arrangements institutionnels viables dans une économie sont ceux qui sont mutuellement compatibles ou collectivement exécutoires et que toute tentative de mettre en œuvre un plan institutionnel peut se révéler fortement instable. Ce n'est peut-être pas par hasard que la codétermination dans le domaine du contrôle des entreprises et le corporatisme démocratique dans le domaine politique se sont conjointement développés en Allemagne, alors que s'est développé au Japon le système des banques principales, de l'emploi à vie et des alliances étroites entre sociétés industrielles et services administratifs correspondants. Dans les deux cas, les modèles diffèrent du modèle anglo-américain (chapitres XI et XIII).

Dans la deuxième partie, les interdépendances sont conçues entre les institutions comme des liens institutionnalisés et des complémentarités institutionnelles. Ces concepts sont susceptibles d'être soumis à une analyse rigoureuse dès lors que l'on définit les institutions comme des équilibres. Plus précisément, nous étudions les jeux dans différents domaines de l'économie, comme la coordination organisationnelle, l'échange de biens, les transactions en actifs humains et financiers, les transactions politiques et les échanges sociaux. Ensuite, en appliquant la technique analytique développée par Topkis (1978) et Milgrom et Roberts (1990b), nous étudions comment la constellation des équilibres atteints par les agents dans un domaine devient complémentaire ou conditionnelle des choix d'équilibre d'autres agents dans ce même domaine ou dans un autre. Une économie donnée peut ainsi connaître de multiples arrangements institutionnels globaux, dont chacun est potentiellement robuste[27].

On peut, partant de ce point de vue systémique, comprendre à la fois l'utilité et les limites de la théorie de l'agence comme outil d'analyse institutionnelle comparée. La théorie de l'agence interprète l'interaction économique (au sens générique) des agents d'un certain domaine comme une relation principal-agent. Elle analyse ensuite la manière dont certains types d'arrangements auto-exécutoires, compatibles avec les incitations, peuvent constituer des réponses optimales en information imparfaite aux contraintes liées à l'environnement et aux incitations lorsque apparaît une asymétrie d'information entre le principal et l'agent. La solution dépend en général non seulement de l'environnement technique, mais aussi de l'environnement institutionnel dissimulé dans des paramètres qui précisent les fonctions-objectifs du principal et de l'agent ainsi que les contraintes de participation qui décrivent leurs options de sorties du jeu. Il faut donc être prudent lorsqu'on utilise et qu'on interprète les résultats des modèles « principal-agent ». Ceux-ci peuvent n'être valides que dans des hypothèses implicites particulières concernant l'environnement institutionnel du domaine et donner lieu à des solutions optimales en information imparfaite qui ne sont pas entièrement déterminées par la technique et ne sont pas applicables partout. On peut faire une analogie rapide entre l'analyse d'équilibre partiel du comportement individuel, qui considère les prix comme des paramètres exogènes, et l'analyse d'équilibre général, qui étudie la détermination des prix dans des économies de type walrasien. La théorie de l'agence fournit une puissante analyse d'équilibre partiel des institutions dans un domaine d'interaction particulier entre un principal et des agents considérant l'environnement constitué par les arrangements institutionnels des autres domaines comme donné[28]. Si on veut réellement comprendre pourquoi telle institution particulière apparaît dans un domaine de l'économie et pas dans un domaine équivalent d'une autre économie, il convient d'expliciter les mécanismes d'interdépendance entre institutions par domaines dans chacune de ces économies.

(IV) Changement institutionnel par l'intermédiaire d'une concurrence entre les systèmes symboliques de croyances

La conception des institutions en termes de représentation synthétique d'équilibre offre une nouvelle manière d'analyser les mécanismes du changement institutionnel. Les institutions ne peuvent transmettre l'information de manière exhaustive. Dans des circonstances normales, l'information qui y est condensée peut permettre à des agents dont la rationalité est limitée de faire des choix mutuellement compatibles. Elle peut les guider dans le développement de compétences et de dispositions qui soient cohérentes avec les règles endogènes du jeu. Cependant, lorsque l'éventail des choix commence à faire problème du fait de transformations internes ou d'évolutions de l'environnement, il peut se déclencher une crise institutionnelle, entendue au sens cognitif : les agents commencent à mettre en doute les croyances partagées sur la manière dont se joue le jeu et sont amenés à réexaminer leurs règles individuelles de choix en fonction des informations nouvelles qui ne sont pas incorporées dans les institutions existantes.

Une nouvelle institution n'émerge que si les nouvelles règles de choix d'action des agents redeviennent compatibles et si la représentation synthétique qui les guide entraîne une convergence de leurs croyances. Cette transition ne se réduit pas à un simple déplacement d'un équilibre vers un autre dans une structure donnée de jeu. Elle peut impliquer une nouveauté qui se limite à un simple changement d'équilibre dans le cadre des mêmes ensembles de règles (cf. chapitre IX). Au cours du processus de transition, les agents sont susceptibles d'expérimenter et de mettre en concurrence différentes règles de choix impliquant de nouvelles actions. Dans une telle situation, comment la convergence des croyances et la coordination de choix nouveaux peuvent-elles être induites simultanément ? Les économistes ne sont pas encore capables de montrer que cette double convergence, à la fois dans les croyances et dans les choix effectifs, peut passer par un mécanisme raisonnable d'interactions mutuelles (autrement dit, les choix effectifs sont induits par les croyances et les croyances découlent de l'observation des choix effectifs), en particulier lorsque apparaissent de nouveaux choix d'action (chapitre VII).

En revanche, un système symbolique particulier de croyances prédictives et normatives reconnu comme proéminent ou saillant, parmi les systèmes concurrents possibles présents dans le processus de transition, peut permettre la coordination de nouvelles règles stratégiques de choix d'action (Schelling, 1960). Au moment où les choix des agents s'équilibrent, le système symbolique qui les guide entre en cohérence avec leur expérience, qui à son tour le confirme. Ce système sert alors de représentation synthétique d'équilibre incorporé dans les croyances stables des agents, c'est-à-dire d'institution (voir la ligne qui relie le rectangle hachuré et le rectangle pointillé sur la figure 1.1.). Ce qu'il faut retenir, c'est qu'un certain système symbolique de croyances prédictives et normatives précède l'apparition d'un nouvel équilibre et qu'il est ensuite accepté par tous les agents du domaine par le biais de leur expérience individuelle. Il peut s'agir « de culture ou d'idéologies non figées (de systèmes de signification explicites, articulés et fortement organisés) susceptibles d'établir de nouveaux styles ou de nouvelles stratégies d'actions » (Swidler, 1986, p. 278), de « la vision d'un entrepreneur provoquant certaines actions qui finissent par reculer les limites des capacités organisationnelles et les contraintes liées à l'environnement » (Fujimoto, 1999, p. 10), ou encore du programme politique d'un parti subversif (par exemple « Les usines aux travailleurs ! Les terres aux paysans pauvres ! »). Nous décrivons au chapitre IX la manière dont des agents individuels dotés d'une rationalité limitée forment chacun un modèle subjectif du jeu auquel ils participent et le changement institutionnel se présente comme un processus de révision, de raffinement et de mise en cohérence de ces modèles par l'intermédiaire d'un système commun de représentations.

(V) Le rôle du droit et des discours de politique publique

Le fait de concevoir les règles du jeu qui constituent les institutions comme des phénomènes endogènes au domaine ou, au contraire, comme des phénomènes exogènes provenant du domaine politique, peut avoir des conséquences importantes sur la manière d'interpréter les politiques publiques. Si l'on considère que les institutions sont le résultat de règles dictées par la sphère politique et qu'elles jouent un rôle important dans la performance des économies, on en déduit qu'une économie qui fonctionne mal peut se réformer en concevant et appliquant des règles meilleures et, éventuellement, en imitant les pratiques les plus efficaces observées ailleurs. Dans le cas contraire, on peut alors s'en prendre à l'Etat. Ce type d'arguments soulève pourtant deux problèmes. En premier lieu, l'Etat est lui-même une organisation dont les membres ont leurs motivations et leurs aspirations propres. C'est un joueur endogène du domaine politique, de sorte qu'une décision de politique économique dépend des interactions entre les anticipations stratégiques des joueurs, c'est-à-dire le gouvernement, les hommes politiques et les agents privés[29]. Souligner la faible moralité ou l'incompétence des hommes politiques ne résout pas le problème.

En second lieu, et comme nous l'avons déjà indiqué, une politique peut ne pas produire le résultat escompté par le gouvernement ou les hommes politiques si elle ne s'adapte pas aux institutions en place dans d'autres domaines, au stock accumulé d'agents compétents, etc. Dans ce livre, nous assimilons les lois et les réglementations à un ensemble de paramètres exogènes définissant les formes du jeu (les règles exogènes du jeu) et nous examinons les résultats des interactions stratégiques entre les agents en leur sein[30]. Les lois et les réglementations peuvent provoquer l'apparition d'une institution, mais ne constituent pas elles-mêmes des institutions. Un résultat institutionnel peut aussi être différent de ce que le corps législatif ou le gouvernement a initialement prévu. Une étude attentive et systématique s'impose, en particulier sur la question de savoir comment les conditions institutionnelles initiales, comme l'héritage d'institutions anciennes et les règles informelles prédominantes (normes, éthique sociale, etc.), les différents types et le niveau des compétences humaines, etc., influencent le changement institutionnel ; ou encore celle de savoir comment l'établissement de règles par l'Etat interagit avec l'évolution des règles du jeu endogènes dans d'autres domaines[31].

Cette question présente une difficulté qui tient à ce que le fait de rendre le gouvernement endogène n'entraîne pas nécessairement que le résultat du jeu soit complètement déterminé et ne laisse aucune place au politique. C'est ce qu'on appelle le paradoxe de la détermination (Bhagwati, Brecher et Srinivasan, 1984). Lors d'une crise institutionnelle, les agents individuels peuvent ne pas anticiper clairement l'état du jeu ou, même lorsqu'ils croient le faire, ne pas avoir pour autant des croyances compatibles. Il peut alors y avoir concurrence entre les systèmes de croyances exogènes prédictives ou normatives pour accéder au rôle d'attracteur ou de « point focal » (Schelling, 1960) dans la formation des croyances coordonnées. Les programmes ou les tribunes de partis politiques concurrents, les conseils de professionnels de la politique, un pacte des élites (Weingast, 1997) ou encore la rédaction et la promulgation de règles de droit peuvent alors constituer de tels systèmes. Les discours politiques, à l'intérieur et en dehors de la sphère politique, peuvent avoir une certaine influence sur l'évolution institutionnelle ultérieure[32]. Quels que soient les systèmes symboliques exogènes en concurrence, l'impact de celui qui s'impose dépend étroitement de la manière dont il s'adapte aux pratiques émergentes dans des domaines différents de la sphère politique.

I.3. ORGANISATION DU LIVRE

(A) Domaines, formes de jeu et institutions

La définition fondamentale des institutions présentée dans l'introduction et développée dans cet ouvrage peut être appliquée à certaines questions institutionnelles historiques et contemporaines dans une perspective comparée. Il s'agit de proposer un cadre unifié permettant d'analyser de façon systématique les interdépendances entre les différentes institutions qui participent à la vie économique. Nous y intégrons les apports et les intuitions de l'économie, mais aussi, lorsque c'est possible, de la sociologie, de la science politique, du droit et des sciences cognitives. Avant de développer ce cadre, il faut définir les termes et les concepts que nous utilisons, comme les « domaines » ou la « forme de jeu », ainsi qu'identifier plusieurs types élémentaires de domaines.

Nous faisons du domaine du jeu une unité d'analyse. Le *domaine* d'un jeu est composé d'un ensemble d'agents (des personnes physiques ou des organisations) et d'ensembles d'actions physiquement réalisables ouverts à chaque agent à des périodes successives[33]. Nous appelons *profil d'action* une combinaison d'actions choisie par l'ensemble des agents du domaine à une période donnée. Un profil d'action détermine la distribution des gains entre les agents du domaine. La fonction du gain (la règle qui associe une certaine répartition des gains à chaque profil d'action) est décomposée en éléments objectifs et subjectifs. Pour un environnement externe donné et des états du domaine historiquement déterminés, donc fixés en début de période, un profil d'actions pour ladite période a une conséquence dans l'espace des états, qui décrit tous les états physiques possibles qui ont une influence sur le bien-être des agents du domaine. La conséquence de cette période définit l'état initial de la période suivante. On appelle *fonction de conséquence* la fonction (la règle) qui associe, à chaque profil d'action et à un état initial historiquement donné, une conséquence physique dans l'espace des états. Les différents facteurs qui définissent l'environnement, comme la technique, les institutions prévalant dans d'autres domaines importants, ainsi que le droit et la politique (déterminés dans le domaine politique), définissent de manière paramétrique la forme de la fonction de conséquence. L'association d'un domaine et d'une fonction de conséquence définit une *forme de jeu* qui représente les *règles exogènes du jeu*.

Chaque agent du domaine dispose, pour chaque période, d'un ordre de préférences sur les différentes conséquences possibles dans l'espace des états. La combinaison de la fonction de conséquence et des préférences d'un agent particulier définit la fonction de gain de cet agent, au sens ordinaire de la théorie des jeux. La raison pour laquelle nous la décomposons en fonction de conséquence objective et fonction de préférence subjective est que nous voulons préciser la notion de « règle exogène du jeu », à distinguer de l'« institution » qui est une règle endogène du jeu. Dans les jeux que nous étudions dans cet ouvrage, nous ne supposons pas nécessairement que les agents connaissent les préférences subjectives des autres agents, ce qui signifie que leurs choix d'action ne peuvent être guidés que par les états objectifs (les conséquences physiques) qu'ils sont susceptibles d'observer. Si tous les agents du domaine déterminent leurs plans d'action privés de façon à maximiser leur gain présent, ou la valeur actualisée de leurs gains présents et futurs, en fonction de leurs anticipations sur les choix stratégiques des autres, alors on peut identifier la situation à un jeu et qualifier les agents de joueurs. Un plan d'action choisi de la sorte par un agent constitue sa *stratégie*. Une stratégie peut prescrire une action particulière ou un plan exhaustif d'actions, contingent à l'état du domaine (ou à l'histoire de ces états).

Six types élémentaires de domaines sont analysés : la propriété collective, l'échange économique, l'organisation, l'échange social, le politique et les champs organisationnels génériques. Nous étudions quels types d'institutions ou de conventions peuvent devenir viables à l'intérieur de ces domaines et entre eux. Comme nous l'avons dit dans la section I.2., North exclut les organisations de la catégorie des institutions car il essaie de comprendre le rôle des organisations comme acteurs du changement institutionnel dans le domaine politique. Toutefois, ce livre s'attache moins aux règles formelles déterminées par la sphère politique et à la manière dont celle-ci influence le processus économique. Les mécanismes de rétroaction mutuelle entre les résultats des jeux du domaine politique et ceux du domaine des transactions économiques sont néanmoins importants et nous insistons lourdement sur les conventions organisationnelles des entreprises et des autres entités privées (comme les intermédiaires financiers), en tant qu'éléments endogènes à part entière des arrangements institutionnels de l'économie.

Nous distinguons les types de domaines fondamentaux cités plus haut essentiellement selon deux critères : la variabilité de l'ensemble des agents et la nature des ensembles de choix des différents agents. Nous essayons de le faire exclusivement en termes de propriétés techniques, afin d'identifier les évolutions endogènes des institutions dans chaque domaine ou sur plusieurs domaines. Il est en principe impossible de commencer un discours analytique sur les institutions dans un cadre purement technique et dépourvu d'institutions. De ce fait, la classification des domaines qui va suivre contient implicitement, sous une forme primitive, certaines institutions génériques comme la propriété, les attentes fondées sur les positions de chacun ou encore la distribution du pouvoir.

(I) Le domaine de la propriété collective

Dans ce type de domaine, l'ensemble des agents est composé des utilisateurs des ressources collectives accessibles à chacun d'entre eux et conjointement produites par tous. Nous supposons qu'il est techniquement coûteux d'exclure les bénéficiaires potentiels des ressources communes, de sorte que l'ensemble des agents est fixe. Ceux-ci peuvent utiliser les ressources communes simultanément ou successivement, mais pas nécessairement conjointement[34]. Nous ne faisons pas l'hypothèse que les agents ont un objectif commun ou qu'ils internalisent une valeur commune qui régulerait l'usage de ces ressources, mais que ce sont des joueurs stratégiques qui maximisent leurs gains individuels en fonction de leurs anticipations sur les choix des autres. Comme c'est la présence de ressources communes qui caractérise le domaine, les ensembles d'action des agents sont fondamentalement symétriques, au sens où ils contiennent tous des actions ayant rapport à la production, à l'entretien ou à l'usage de ces ressources communes (comme contribuer à leur accumulation ou à leur diminution, ou encore les utiliser à différents niveaux d'intensité…). L'immuabilité de l'ensemble des agents signifie que les choix d'action individuels créent des économies ou des « déséconomies[35] » externes dans l'ensemble du domaine (par exemple, l'encombrement dans l'utilisation des ressources communes, la clandestinité dans les efforts d'entretien, ou le bénéfice par d'autres des efforts investis dans la production des biens collectifs), alors même que les agents sont incapables de sortir du domaine ou d'en être exclus. Ce domaine peut voir se développer en son sein des institutions du droit de propriété coutumier ou de la norme de groupe (chapitre II).

(II) Les domaines de l'échange économique

Les domaines de jeu de ce type sont composés d'agents qui possèdent des biens économiques privés qu'ils peuvent échanger à volonté. Bien qu'au départ leurs dotations soient différenciées, leurs ensembles de choix sont qualitativement symétriques en ce qu'ils se composent d'offres physiquement possibles de diverses quantités de biens à échanger contre des quantités spécifiques d'autres biens ou de monnaie ; ils sont également symétriques du point de vue de l'acceptation ou du rejet des offres des autres, ainsi que du respect ou du non-respect des termes convenus de l'échange. Une caractéristique importante des jeux d'échange est que tous les agents ont la possibilité de refuser d'échanger. On peut différencier ce domaine plus finement et distinguer le domaine des transactions financières, le domaine des transactions sur le travail, le domaine des transactions avec les fournisseurs, le domaine du marché des produits, etc. Un domaine peut évoluer, seul ou en conjonction avec d'autres types de domaines, d'institutions traitant des problèmes d'asymétrie informationnelle entre marchands, sans lesquelles les opportunités s'effondreraient (cf. chapitre III).

(III) Les domaines de l'organisation

Dans ce type de domaines de jeu, les agents peuvent s'associer pour produire des biens (ou des revenus) et les répartir entre eux. Bien que ces actions conjointes puissent impliquer l'utilisation de ressources communes (actif incorporel, information accumulée, infrastructure organisationnelle), on peut distinguer le domaine de l'organisation du domaine de la propriété commune de deux manières. En premier lieu, la participation des agents à ce type de jeu est facultative. En d'autres termes, si un jeu de ce type est répété dans le temps, les agents ont, à la fin de chaque période, la possibilité de sortir du domaine ou d'en exclure les autres, de sorte que l'ensemble qu'ils composent n'est plus constant. En second lieu, il peut y avoir des différences substantielles entre les ensembles d'actions des agents, sur la base de la division opérationnelle et cognitive du travail (par exemple entre tâches de direction, tâches opérationnelles et tâches d'ingénierie), bien qu'il existe un agent focal (centralisé), la direction, dont le rôle est de coordonner les choix des agents du domaine[36]. Les domaines de l'échange et de l'organisation présentent la caractéristique commune que la participation des agents y est facultative. Alors que dans les jeux d'échange la coordination peut se réaliser à travers une multitude d'accords volontaires entre deux marchands, il faut, dans les jeux organisationnels, fournir des incitations à tous les agents du système afin de les pousser à participer et à coordonner leurs choix d'action de façon appropriée (chapitre IV)[37].

(IV) Le champ des organisations

Nous considérons également un type générique de domaine, le « champ organisationnel », dans lequel s'insèrent tous les domaines d'organisation individuelle. Il s'agit du domaine primitif et peu structuré dans lequel des regroupements d'individus d'un certain domaine créent des organisations. Différentes structures sont observables, selon les types d'actifs humains à partir desquels les agents analysent l'information. Les agents peuvent choisir de se retirer d'un domaine, mais on suppose que leurs ensembles de choix sont « symétriques », c'est-à-dire qu'ils choisissent certains actifs humains et acceptent ou refusent de se coordonner avec d'autres joueurs, mais aucune forme d'autorité n'est établie avant cette coordination. Ce champ est une construction théorique permettant de comprendre la logique du développement conjoint d'une convention d'architecture organisationnelle et d'un type d'actifs humains (chapitre V).

(V) Le domaine politique (le domaine de l'économie politique)

Dans ce domaine, l'ensemble des agents comprend un agent focal (centralisé) unique, l'Etat, qui est doté d'un ensemble de choix différent de celui des autres agents (les agents privés). Selon le contexte, ces derniers peuvent être des citoyens, des groupes d'intérêt, des associations industrielles, des syndicats, des classes économiques et ainsi de suite. Dans l'ensemble d'actions à la disposition du gouvernement, on peut citer le transfert unilatéral de propriété des agents vers lui ou vers d'autres agents (impôts, subventions, amendes, etc.), la mobilisation obligatoire des services (service militaire, participation à un jury d'assises), le droit d'infliger de manière organisée la violence physique (peine de mort, arrestation par exemple), ainsi que le monopole sur certains services publics comme l'application de la loi. Les agents privés ne peuvent échapper aux effets de l'action gouvernementale, en conséquence de quoi cette dernière a un pouvoir de réglementation exclusif. Les agents privés peuvent cependant choisir de soutenir le gouvernement ou de s'y opposer. Si l'action gouvernementale suscite une forte résistance de la part des agents privés, les conséquences (la perte du pouvoir, par exemple) peuvent être coûteuses pour le gouvernement, bien qu'elles puissent l'être aussi pour les agents privés. Lorsqu'on observe un résultat stable dans un domaine politique dont l'agent focal s'identifie à un gouvernement national, nous faisons référence à cette propriété saillante par le terme d'Etat-nation. Aussi distinguons-nous le gouvernement, qui est un joueur, de l'Etat, qui est un résultat stable du jeu (chapitre VI)[38].

(VI) Le domaine de l'échange social

Ce domaine joue un rôle complémentaire important dans la compréhension de certaines institutions comme les normes de communauté, les différenciations de statut, les hiérarchies de rang au sein d'équipes homogènes ou d'organisations, etc.[39]. Dans ce domaine, les facteurs positifs ou négatifs d'ordre non économique (les symboles sociaux, les langues) qui affectent directement les gains des agents auxquels ils sont destinés, comme l'estime, l'approbation ou la désapprobation, la sympathie, l'accusation, le laisser-faire, etc., sont imposés de manière unilatérale ou échangés contre des « obligations non destinées à la réciproque » (Blau, 1964/1998) et, parfois, accompagnés d'un don[40]. Lorsque les échanges au sein d'un ensemble fixe d'agents mutuellement identifiables sont multilatéraux et diffus, nous qualifions cet ensemble de communauté. Ce peut être la communauté rurale, la communauté marchande, une communauté professionnelle et ainsi de suite. Ces domaines font naître différents types de normes sociales, en conjonction avec d'autres types de domaine (chapitre II).

La figure 1.2. représente les six types de domaines. La dimension verticale renvoie aux différences qualitatives entre les ensembles d'actions des agents du domaine ; la dimension horizontale distingue les domaines selon la possibilité qu'ont les agents de sortir du jeu ou d'en être exclus. Le positionnement des six types de domaines devrait être évident si l'on suit cette caractérisation.

Figure 1.2.
Six types de domaines de jeux

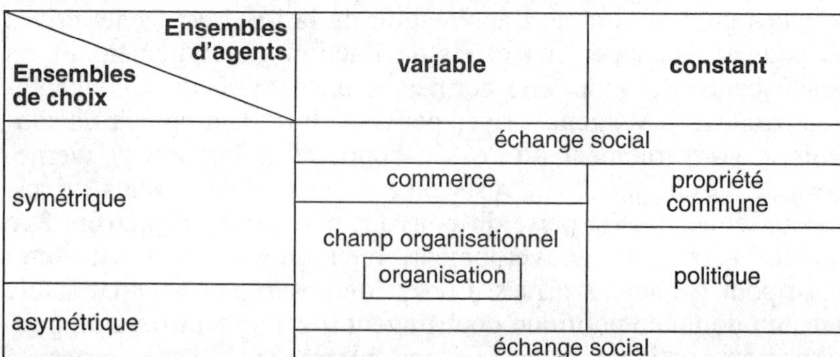

Comme aucune classification en type de domaines ne peut se faire en termes exclusivement techniques, les domaines que nous avons présentés ne peuvent être délimités de façon stricte. Si nous prenons un ensemble particulier d'agents en situation d'interaction stratégique, il se peut que la classification ne tombe pas nettement sur l'un des types et partage les caractéristiques de plusieurs domaines. Prenons l'exemple d'une entreprise. Ses caractéristiques les plus saillantes sont organisationnelles, au sens où elle intègre une division du travail opérationnel et cognitif. Néanmoins, certains théoriciens des contrats étudient l'entreprise sous l'angle du nœud de contrats (Jensen et Meckling, 1976), c'est-à-dire d'un point de vue que l'on peut comprendre comme un arrangement institutionnel du domaine de l'échange. De manière générale, on peut entendre le développement des conventions qui régulent la coordination interne de la firme comme le résultat d'un jeu évolutionnaire dans le domaine organisationnel. L'entreprise a également un aspect communautaire, dans la mesure où elle est le lieu d'échanges sociaux qui forment une culture d'entreprise (« le salarié de Saint-Gobain »), ainsi que de diverses normes infra-organisationnelles (les normes d'atelier, par exemple). L'entreprise relève aussi un peu du domaine de la propriété commune (les informations intangibles, par exemple). Enfin, la firme est insérée dans une structure de contrôle qui ressemble à une institution du domaine politique (c'est le cas des associations d'entreprise, des coopératives d'employés, des *kibboutz*, des partenariats...). On ne peut développer une théorie de l'entreprise qui prenne d'un seul coup en considération toutes ces caractéristiques. Dans les différentes parties du livre, nous nous attachons à tel ou tel aspect isolément. L'objectif ultime est bien de comprendre la structure logique au sein de laquelle les caractéristiques des différentes facettes d'une entreprise sont cohérentes, de manière différente selon le contexte historique et l'environnement.

Reprenons maintenant le concept intuitif des institutions dans une perspective de croyances partagées/représentation synthétique d'équilibre, que nous reprendrons et affinerons plus loin dans cet ouvrage. Supposons que les agents choisissent leurs plans d'action de manière stratégique, dans un certain domaine ou sur plusieurs domaines et qu'un résultat stable évolue dans ce champ et s'y maintienne dans le temps. Dans le cas où il existe un autre équilibre (ou plus généralement, une autre suite d'équilibres), nous définissons alors une institution de la façon suivante :

Une institution est un système de croyances partagées auto-entretenu sur la manière dont le jeu est joué. Sa substance est une repré-

sentation synthétique des propriétés saillantes et invariantes d'un sentier d'équilibre particulier, que presque tous les agents du domaine considèrent comme important du point de vue de leurs choix stratégiques individuels et qui est, à son tour, reproduite par leurs choix effectifs dans un environnement en continuelle évolution.

Cinq éléments sont présents dans cette conceptualisation : *l'endogénéité* (impliquée par les termes « auto-entretenu », « auto-exécutoire », « reproduite »), *la condensation* de l'information, *la robustesse* face à des changements continuels d'environnement et à des déviances d'ordre mineur, *la pertinence universelle* et enfin *la multiplicité*. Selon que les ensembles d'actions des agents d'un domaine sont symétriques ou non, une institution peut représenter de manière synthétique soit différentes règles d'action pour différents types d'agents, soit des règles identiques pour tous les agents du domaine. Dans le domaine politique par exemple, où les ensembles d'actions des agents sont asymétriques, les représentations synthétiques comprennent des anticipations sur les choix du gouvernement et des citoyens ou des groupes d'intérêt, contingents et différents selon les Etats (rappelons l'exemple de la corporation des marchands). De la même façon, dans le domaine organisationnel, elles peuvent être constituées des rôles que l'on anticipe de la part d'agents occupant différentes positions dans l'organisation (par exemple directeur, contremaître, ouvrier). Enfin, dans le domaine de la propriété commune et dans le domaine de l'échange, là où les ensembles d'actions des agents sont symétriques, elles prennent la forme de normes ou de contrats auto-exécutoires, soutenus par certaines croyances partagées sur la manière dont se déroule le jeu répété.

On peut considérer que l'économie se compose d'une myriade de domaines : domaine de la propriété commune, domaine de l'échange économique et social, domaine de l'organisation et domaine de l'organisation politique, dont certains se chevauchent, certains autres s'imbriquent et ainsi de suite. Une certaine règle exogène du jeu (l'état de la technique par exemple) peut donner lieu à de multiples institutions dans chacun de ces domaines. En plus de cela, certaines institutions peuvent également évoluer entre différents domaines, liés entre eux par les choix stratégiques coordonnés des agents. Nous appelons *ensemble synchrone d'institutions* entre des domaines constitutifs de l'économie un *arrangement institutionnel global*. Sa structure peut être très complexe mais, en dépit de cette complexité et de leur variété, ils ne peuvent être le fruit d'un arrangement aléatoire. Un objectif important de ce livre est de découvrir les lois génériques de régularités qui prévalent dans différents arrangements institutionnels globaux.

(B) Plan du livre

Le livre se compose de trois parties. La première partie aborde successivement les six types de domaines dans leur forme primitive et, dans chacun d'eux, identifie les prototypes d'institutions à l'un des multiples équilibres stables de jeux. Cette partie sert de fondement au cadre générique de la théorie des jeux que nous construisons dans la deuxième partie afin de conceptualiser les institutions, d'analyser leurs interdépendances entre les domaines et dans le temps et, ainsi, de comprendre les mécanismes du changement institutionnel. Nous devons ensuite vérifier que ce cadre permet effectivement de comprendre la complexité, la diversité et les évolutions des arrangements institutionnels des économies contemporaines. Ceci est l'objet de la troisième partie.

Le chapitre II étudie le domaine de la propriété commune et le domaine de l'échange social dans lequel il est intégré. On y déduit les règles de propriété coutumières et les normes communautaires qui résultent des interactions stratégiques entre les agents de ces domaines. Le chapitre III étudie le domaine de l'échange économique et en déduit les différentes institutions autonomes susceptibles de contrôler et d'améliorer les échanges et les marchés sans recourir au gouvernement et à la loi. Le chapitre IV traite du domaine de l'organisation, il est consacré à l'identification des architectures organisationnelles et quasi organisationnelles. Leurs efficacités en termes d'information sont ensuite comparées ainsi que les formes de leur gestion. Le chapitre V analyse les champs organisationnels au sein desquels le développement conjoint d'une convention et d'un certain type d'actifs humains (compétences de traitement de l'information) donne naissance aux différentes architectures organisationnelles ; nous y discutons également la manière dont sont exploités les gains provenant de la diversité organisationnelle. Le chapitre VI, par lequel se termine la première partie, s'intéresse au domaine politique et identifie les différents types d'Etats à des équilibres stables d'un jeu d'échange politique dont le gouvernement constitue l'un des joueurs. Les institutions qui sont identifiées et discutées dans la première partie sont qualifiées de « proto-institutions », parce qu'elles sont introduites une par une, de manière primitive et sans analyse explicite de leurs interdépendances. Cette partie s'appuie largement sur les travaux de nombre d'auteurs, y compris les miens, et fournit un aperçu approximatif de l'état actuel des différentes conceptions des institutions. Il ne s'agit cependant en aucun cas d'une étude exhaustive.

Sur la base de l'analyse taxonomique préparatoire de la première partie et à partir de certains exemples, la deuxième partie est consacrée à la construction du cadre analytique générique de l'analyse institutionnelle. Notre objectif est, plus fondamentalement, de proposer un cadre unifié qui permet d'analyser la nature systémique et les évolutions des arrangements institutionnels globaux de l'économie. Le chapitre VII utilise la théorie des jeux pour identifier les institutions à des systèmes auto-entretenus de croyances partagées ou des représentations synthétiques d'équilibre et examine les différentes fonctions des institutions. Le chapitre VIII élabore un schéma explicatif systématique de la manière dont le lien entre les jeux dans différents domaines peut engendrer de nouvelles formes d'institutions ainsi qu'une multiplicité d'arrangements institutionnels sous-optimaux. Les modèles de jeux répétés ou de jeux évolutionnaires utilisés dans la première partie permettent d'analyser de manière rigoureuse les institutions individuelles. Cependant, dans leur souci de rigueur même, ces modèles ont du mal à saisir un aspect essentiel du changement institutionnel, celui de la nouveauté et de l'innovation. Le chapitre IX abandonne donc l'hypothèse que les agents disposent d'un ensemble objectif d'actions et introduit le concept de modèle de jeu subjectif individuel, grâce auquel les agents élaborent une idée subjective de la structure du jeu auquel ils participent. En étudiant la manière dont des chocs externes ou des crises internes conduisent les agents à réviser leurs modèles de jeu subjectif individuels de façon coordonnée, ce chapitre cherche à décrire le mécanisme du changement institutionnel. Le chapitre X présente les mécanismes objectifs du changement institutionnel et montre pourquoi les interdépendances diachroniques entre les institutions conduisent à une dépendance du changement institutionnel par rapport au chemin.

Une fois posé le cadre conceptuel destiné à analyser les interdépendances des institutions à la fois entre les domaines et dans le temps, la troisième partie s'engage dans une analyse comparée de certains arrangements institutionnels précis, tels qu'on les observe dans les économies contemporaines. Le chapitre XI identifie plusieurs types d'institutions de contrôle d'entreprise correspondant à différents types d'architectures institutionnelles et examine leurs complémentarités éventuelles avec les institutions d'autres domaines. Le chapitre XII propose une nouvelle définition de la relation de financement et suggère que certains types de relations financières, fondés sur de l'information non codifiable, peuvent être économiquement rentables en dépit de la globalisation croissante des marchés financiers. Le chapitre XIII applique de manière systématique à une étude de cas le cadre analytique et conceptuel destiné à l'étude des questions institutionnelles synchroniques et diachroniques. On y décrit les mécanismes d'émergence, de cohérence et de crise institutionnelle dans le cadre d'un exemple emblématique de financement relationnel : le système japonais de banque principale. Le chapitre XIV étudie le modèle de la Silicon Valley et examine les conditions dans lesquelles ce modèle peut constituer une innovation institutionnelle dans le contrôle de l'innovation des systèmes-produits techniques. L'ouvrage se termine par le chapitre XV. Sur la base des résultats analytiques développés antérieurement, on y identifie plusieurs modèles importants d'arrangements institutionnels, pour ensuite présenter un certain nombre d'hypothèses sur les raisons pour lesquelles les arrangements institutionnels globaux sont destinés à conserver leurs différences, en dépit de l'intégration globale croissante des marchés et du développement des technologies de l'information et de la communication.

PREMIERE PARTIE

LES PROTO-INSTITUTIONS : PRESENTATION DES TYPES ELEMENTAIRES

Une économie est un arrangement complexe d'institutions. Non seulement cet arrangement est complexe, mais il diffère d'une économie à l'autre. Bien qu'il nous importe avant tout dans cet ouvrage de comprendre les raisons et les avantages de la diversité des arrangements institutionnels entre les économies et dans le temps, nous serions imprudents d'affronter immédiatement ces arrangements dans leur intégralité. Nous pourrions facilement nous perdre dans ce dédale. Nous étudions donc dans cette première partie ce que l'on considère comme des formes génériques d'institutions élémentaires, les *proto-institutions*, lesquelles sont construites dans des cadres simples, fondés sur des expériences de pensée. Les proto-institutions présentent les aspects institutionnels rudimentaires comme les règles de propriété, les normes sociales, les contrats auto-exécutoires, les mécanismes d'application des contrats par une tierce partie, les conventions d'architecture organisationnelle et leur contrôle, ainsi que les Etats. Jusqu'au regain d'intérêt récent des économistes pour les institutions, l'analyse économique considérait que celles-ci étaient prédéterminées dans des domaines extra-économiques (juridique, naturel, sociologique, technologique ou politique). Le développement de la théorie des jeux et d'autres outils analytiques ont cependant permis aux économistes d'étudier certains aspects de ces entités, en posant certaines questions : pourquoi les institutions émergent-elles dans une économie et comment y sont-elles entretenues ? Quel rôle jouent-elles ? Pourquoi prennent-elles des formes diverses dans des économies caractérisées par des performances différentes ?

Cette première partie illustre ces questions de manière introductive. Nous y racontons une série de paraboles pour illustrer les mécanismes et le fonctionnement auto-exécutoires des différentes proto-institutions à l'œuvre dans les domaines que nous avons présentés dans le chapitre d'introduction. Nous proposons également, lorsqu'elle est utile à la compréhension, une taxonomie analytique des différents types de proto-institutions présentes dans chaque domaine, ainsi que certaines illustrations historiques et contemporaines. De manière générale, l'exposé ira des types les plus primitifs et limités vers les plus élaborés et les plus étendus, de manière à rappeler un peu leur développement historique. En revanche, cela ne signifie pas nécessairement que les seconds remplacent intégralement les premiers au cours du processus historique réel. Il faut plutôt considérer que l'enchaînement de l'exposé reflète certains aspects des arrangements institutionnels globaux des économies contemporaines, des dispositifs les plus spontanés et latents (comme les droits coutumiers de propriété, les normes et les conventions) aux plus élaborés (les contrats, les architectures organisationnelles et les Etats). On peut en effet concevoir un arrangement institutionnel global comme le lien complexe mais cohérent entre les proto-institutions, dont la troisième partie étudie la structure.

CHAPITRE II

Le droit coutumier de propriété et les normes communautaires

> « Deux hommes qui tirent sur les avirons d'une barque le font selon un accord ou une convention, sans avoir jamais échangé de promesses. De même, la règle qui porte sur la stabilité des possessions découle moins de conventions humaines qu'elle ne se développe peu à peu, acquérant des forces en progressant lentement, par l'expérience répétée des inconvénients liés à sa transgression. Cette expérience nous procure davantage l'assurance que le sens de l'intérêt est devenu commun à tous nos semblables et nous donne confiance dans la régularité de leur conduite à l'avenir. »
>
> David Hume, *Traité de la Nature humaine*, 1739.

Ce chapitre raconte deux paraboles relatives à deux proto-institutions emblématiques : le droit coutumier de propriété et la norme communautaire. Nous avons indiqué dans le chapitre introductif qu'aucun domaine économique ne pouvait être complètement dépourvu d'institutions ni intégralement décrit par des facteurs technologiques et naturels. Nous essayons cependant d'élaborer ces deux paraboles dans des situations dont les constructions sociales sont aussi primitives que possible. Le but n'est pas de suggérer que l'émergence de ces proto-institutions et leur capacité à orienter les interactions stratégiques des agents se limitent à des situations primitives et antérieures au développement des économies de marché ; il est plutôt de clarifier les raisons élémentaires pour lesquelles les droits de propriété et les normes peuvent constituer des constructions sociales fondamentales, capables de réguler les « déséconomies » externes susceptibles d'apparaître dans un domaine de propriété collective. Les paraboles racontent comment le droit de propriété coutumier est capable de s'auto-organiser sans recourir à un droit *a priori* qui définirait et rendrait exécutoires les règles de la propriété. Sous certaines conditions sociales et politiques spécifiques, une norme remplit la même fonction sans s'appuyer sur la notion exogène de culture. Bien que ces paraboles paraissent primitives ou spécifiques, leurs conséquences potentielles sont générales et profondes : les lois qui protègent les droits de propriété peuvent dériver de pratiques et de conventions, mais l'inverse n'est pas vrai ; même dans les sociétés modernes, les normes peuvent devenir des régulateurs sociaux, là où les arrangements de *propriété privée* et les marchés ont échoué. Par ailleurs, la première parabole reproduit la logique élémentaire des jeux évolutionnaires, alors que la seconde introduit celle d'équilibre de jeux liés ainsi que le concept sociologique d'enchâssement qui lui est associé. Ces outils analytiques et conceptuels sont abordés dans des contextes variés et leur portée s'élargit dans les chapitres qui suivent.

II.1. LE DROIT COUTUMIER DE LA PROPRIETE COMME SYSTEME AUTO-ORGANISE

(A) Une parabole primitive

Demsetz (1967) a proposé une théorie désormais célèbre de la genèse des droits de *propriété privée*. Selon lui, la fonction essentielle des droits de propriété est d'orienter les incitations des agents économiques de manière à réaliser « une plus grande internalisation des externalités ». Si une ressource rare est accessible à tous, les individus sont incités à l'exploiter de manière concurrentielle afin d'en obtenir des bénéfices privés et peuvent rapidement l'utiliser au-delà du niveau socialement désirable. L'application d'une règle de propriété privée à cette ressource et l'exclusion de sa consommation de ceux qui n'en sont pas les propriétaires facilitent le calcul rationnel de ceux à qui reviennent les bénéfices et les coûts liés à son utilisation. De plus, si cette ressource peut être transférée à celui qui en offre le prix le plus élevé, alors la richesse sociale est maximisée. La structure de la propriété finit par se modifier et chaque ressource est placée dans les mains de ceux qui en font le meilleur usage. Cela signifie que la distribution initiale de la structure de la propriété n'a, du point de vue de l'efficience, aucune importance. Compte tenu de son objectif théorique, Demsetz pouvait ainsi supposer que la répartition initiale des ressources était « déterminée de manière aléatoire » (1967, p. 356). Avant Demsetz, Coase (1960) soutenait que les coûts sociaux liés aux « déséconomies » externes pouvaient être internalisés par la négociation bilatérale entre les parties impliquées et ce, quelle que soit la définition juridique des droits de propriété. La définition des droits de propriété importe seulement du point de vue de la répartition et non de celui de l'efficience.

Il est vrai qu'une répartition initiale exogène des droits de *propriété privée*, telle qu'on la trouve dans le modèle d'équilibre général de Arrow-Debreu ou dans le modèle des coûts sociaux de Coase, donne lieu à des échanges volontaires et mutuellement avantageux. Cependant, toute institution de droits de propriété s'appuie implicitement sur l'idée que les conflits d'intérêts entre les individus dans leur contrôle des ressources et des biens rares sont résolus de manière stable. Comment un arrangement stable de droits de propriété peut-il émerger entre des agents soucieux de leur intérêt personnel, mais dont la rationalité et l'information peuvent être limitées ? Même là où les règles de propriété privée sur les biens sont précisées par le droit et où l'Etat est considéré comme la source ultime de leur mise en application, la justice ne peut contrôler directement tous les transferts de propriété et vérifier qu'ils sont compatibles avec les règles. Dans une société stable, les droits de propriété sont le plus souvent respectés et les différends sont en général résolus sans qu'il soit besoin de recourir au tribunal. Il existe cependant des économies dans lesquelles les règles du droit de la propriété codifiées par la loi sont volontairement ignorées et violées, y compris par les fonctionnaires eux-mêmes. Cela signifie qu'en dépit des conflits d'intérêts, les arrangements des droits de propriété doivent être sous-tendus et soutenus par des éléments auto-exécutoires, sans recours à une tierce partie qui les définirait et les rendrait exécutoires.

Pour montrer que des agents soucieux de leur intérêt personnel et dotés d'une rationalité limitée peuvent auto-organiser une proto-institution de droits de propriété qui serve les intérêts de tous, nous introduisons la parabole suivante inspirée de l'ingénieux modèle de négociation de Young (1998, chap. 8). Supposons que, dans un champ, on puisse capturer cent lapins chaque saison sans compromettre leur capacité de reproduction. Ce domaine de propriété collective est habité par deux individus, qui souhaitent tous deux capturer autant de lapins que possible. Imaginons que l'individu *A* souhaite capturer x lapins cette saison et que l'individu *B* souhaite en capturer y. Comme les lapins ne sont pas divisibles, x et y doivent être des entiers. Si $x + y \leq 100$, *A* et *B* peuvent attraper autant de lapins qu'ils le désirent et le reste des lapins sera sauf. On suppose cependant qu'aucun individu ne retire une satisfaction positive de ses captures lorsque $x + y > 100$ (parce que tous les lapins s'enfuient lorsque les individus en chassent trop en même temps, parce qu'une capture trop importante perturbe l'environnement naturel, parce que les chasseurs s'accusent mutuellement d'agressivité, etc.). Les fonctions d'utilité des individus *A* et *B* sont respectivement $u(x{:}y)$ et $v(y{:}x)$; elles sont monotones, croissantes et concaves dans la première variable (qui représente la capture de l'individu en question, x ou y), sur le domaine défini par $x + y < 100$ et avec la normalisation $u(0{:}y) = v(0;x) = 0$. Afin de rendre les effets externes significatifs, nous supposons que les dommages évoqués plus haut privent les deux individus de tous les gains d'utilité liés à leurs captures, de sorte que l'on a $u(x{:}y) = v(y{:}x) = 0$ à chaque fois que $x + y > 100$, mais que le second paramètre (celui qui représente la capture de l'autre) n'affecte pas les niveaux d'utilité[1]. La courbe de la fonction d'utilité (mesurée par $-u''/u'$ et $-v''/v'$) représente le comportement de l'individu face au risque de conflit. Cette information est privée, car aucun individu ne connaît la forme de la fonction d'utilité de l'autre.

Supposons que les deux individus meurent à la fin de la saison et que leurs enfants, qui ont la même fonction d'utilité que leurs parents, participent au même jeu la saison suivante. Le jeu se répète ainsi sur un grand nombre de générations. Comme aucun individu de la génération actuelle ne connaît la fonction d'utilité de son adversaire, les stratégies ne peuvent dépendre que de l'information passée que les joueurs ont à leur disposition. Chaque individu, au moment de décider de la quantité de lapins à attraper au cours de la saison, collecte préalablement de l'information sur les quantités de lapins attrapés dans le passé par les ancêtres de son adversaire et fait l'hypothèse qu'elles sont du même type que son adversaire contemporain. Il n'hérite toutefois pas directement de l'information rassemblée par ses propres ancêtres et ne s'informe que de manière imparfaite sur les captures des ancêtres de son adversaire. Il peut, de manière aléatoire, rassembler des informations sur $k(i)$ années parmi les m années précédentes. Le ratio $I(i) = k(i)/m$ représente la quantité d'information réunie par l'individu i ($i = A,B$). La capacité à collecter l'information, mesurée par ce ratio, se transmet de génération en génération.

Sur la base de cette information, chaque individu conjecture que la distribution de probabilité caractérisant la quantité de lapins attrapée par son adversaire est égale à la fréquence observée dans les $k(i)$ échantillons. Chaque individu utilise cette estimation pour calculer la quantité à attraper au cours de la saison pour maximiser l'espérance de valeur de sa fonction d'utilité (s'il y a plusieurs solutions, chacune est sélectionnée avec une probabilité égale). L'individu A résout donc le problème suivant :

$$\max_x \sum\nolimits_{0 \leq y \leq 100} \frac{n(y:A)}{k(A)} u(x:y)$$

où $n(y{:}A)$ est le nombre de (tentatives de) captures y de l'adversaire dans l'échantillon d'information de A formé des $k(A)$ observations passées. L'individu B résout un problème symétrique. Une fois ces calculs effectués, les deux individus vont dans le champ et chassent les lapins selon leurs plans (une querelle peut éclater si leurs plans ne sont pas compatibles).

Comme l'information sur les événements précédents est prélevée de manière aléatoire, la suite de tentatives de prises constituée par la paire $\{x_t, y_t\}_{t=1,2,3...}$ est un processus stochastique. Young a montré que ce processus convergeait presque sûrement vers une *convention* (un équilibre évolutionnaire) ou une *norme*, quel que soit l'état initial, dès que les capacités de collecte d'information des joueurs étaient imparfaites et inférieures à 1/2[2]. Dans cette parabole, une convention est un état dans lequel une certaine répartition fixée (x^*, $100 - x^*$) se répète au cours de m périodes consécutives. Comme les échantillons sur lesquels sont fondées les estimations de la distribution de probabilité sur la quantité attrapée par un adversaire sont tirés au hasard parmi les m années précédentes, une convention établie se perpétue tant qu'il n'y a pas de chocs aléatoires ou d'erreurs de la part des agents. La convention est auto-exécutoire au sens où elle devient la meilleure stratégie de réponse des agents une fois qu'elle est en place.

S'ils suivent une convention, les agents n'ont plus besoin de recalculer chaque année et dans l'ignorance des préférences des autres le nombre de captures à réaliser. Ils réalisent ainsi l'efficacité collective en évitant les coûts associés au conflit et aux « déséconomies » externes. Les deux parties peuvent parfois se tromper dans leur lecture du passé ou faire l'expérience de la réaction de l'autre ou de la nature, en attrapant plus ou moins de lapins que la convention ne le permet. Imaginons qu'à chaque saison les individus aient une petite probabilité de se tromper ou de réaliser ces expérimentations, mais que, lorsque cela se produit, les résultats puissent être échantillonnés (de manière aléatoire) par les génération suivantes pour l'estimation de nouvelles probabilités. Le processus ne converge alors pas vers une convention stationnaire, mais peut quand même graviter autour de la convention précédente, si les erreurs ne se produisent que rarement. De temps en temps, l'accumulation d'erreurs ou d'expérimentations pourra éloigner le processus de la convention. Le processus à long terme pourra ainsi se caractériser par une succession de conventions différentes ponctuée par des épisodes sporadiques d'instabilité. A très long terme cependant, on pourra voir émerger une convention que l'on observera infiniment plus fréquemment que les autres, c'est-à-dire qu'une fois en place, elle est très difficile à perturber par des erreurs ou des expérimentations. Young qualifie de « génériquement stable » une convention particulière de ce type. Il a montré que la convention génériquement stable se caractérise par une unique répartition (x^*, 100 – x^*) qui maximise un équilibre de Nash généralisé

$$[u(x:y)]^{I(A)} \times [v(y:x)]^{I(B)}.$$

Cette convention entraîne une répartition de capture plus importante en faveur du joueur qui est le moins opposé au risque et qui dispose d'une meilleure capacité à collecter l'information[3] mesurée par $I(.)$.

Une convention ou une norme permet à chaque joueur de considérer comme allant de soi la taille des captures qui lui est permise de droit et de reconnaître comme allant de soi la capture du reste des lapins par l'autre joueur. La parabole montre que l'on peut assimiler l'émergence d'un droit coutumier de propriété stable à une convention. Cette parabole est simple et il est loisible d'être sceptique sur la généralité de la modélisation et de ses applications. On peut se demander pourquoi les joueurs se limitent à réagir aux choix des autres, pourquoi les joueurs donnent aux échantillons ayant eu une utilité nulle dans le passé un poids égal aux autres, pourquoi les agents ne font pas d'expérimentation pour le bien des générations futures, pourquoi des générations d'agents en situation d'interaction répétée ne peuvent deviner plus ou moins correctement l'attitude face au risque de l'autre partie et grâce à cela agir de façon plus rationnelle[4], ou bien comment des agents dotés d'une rationalité limitée peuvent prévoir parfaitement les conséquences d'une chasse collective excessive. Le résultat est tout de même suggestif. La règle coutumière du droit de propriété est un ordre auto-organisé qui émerge de l'interaction entre des agents individuels soucieux de leur propre intérêt mais dotés d'une information incomplète. Une fois en place elle est *auto-exécutoire* au sens d'un équilibre de Nash, c'est-à-dire d'un état dont aucun agent n'a intérêt à s'écarter de façon unilatérale. Bien que le résultat soit un équilibre de Nash, les joueurs n'en sont pas conscients lorsqu'ils choisissent leurs stratégies. Ils cherchent à se comporter de manière rationnelle, mais ne parviennent pas à éliminer des stratégies moins bonnes par un raisonnement déductif *a priori* pour découvrir l'équilibre de Nash, car ils n'ont au départ aucune idée du comportement face au risque et des capacités de traitement de l'information des autres. Ils ne sont pas non plus aidés par un tiers neutre, qui à l'instar du commissaire-priseur walrasien fait circuler l'information sur les préférences marginales des joueurs sous la forme de prix, pas plus que par un Etat bénévole et omnipotent qui, de l'extérieur, calcule et rend exécutoire un équilibre de Nash. Malgré tous ces désavantages, les joueurs sont capables de trouver spontanément une règle auto-exécutoire qui serve leurs intérêts.

(B) Les rôles génériques des proto-institutions

La parabole ci-dessus, construite sur l'idée de Young, a montré qu'un arrangement auto-exécutoire de règle coutumière du droit de la propriété peut émerger dans une situation où des agents dotés d'une rationalité limitée sont en concurrence pour des ressources rares. Cette parabole n'avait pas la prétention de décrire un quelconque processus historique de formation du droit de la propriété, lequel constitue, avec la famille, l'une des institutions les plus anciennes qui soient dans la société humaine. Nous avons cependant très peu d'information sur la façon dont il est apparu, si ce n'est qu'il s'agissait probablement d'outils dans les mains d'individus qui refusent que les autres s'en servent. De nombreuses variations historiques doivent exister dans la manière dont les différents droits sur les ressources (comme le droit de chasser, le droit de cultiver, le droit à céder et à détruire)[5] se sont développés et se sont organisés. La parabole ci-dessus est sûrement très éloignée de la réalité historique. Elle suggère néanmoins que l'institution de la règle coutumière du droit de propriété, dans le sens de l'anticipation stable qui veut que « si je respecte les droits des autres, ceux-ci respecteront également les miens » a pu apparaître sans pour autant résulter d'un plan rationnel et conçu dans un but précis par un individu ou une organisation d'individus. Elle a pu se développer spontanément parce que les individus ont appris par expérience que l'obéissance à telle ou telle contrainte sert les fins poursuivies par chacun. En revanche, si les agents échouent dans cet apprentissage, alors aucune règle efficace ne peut émerger, de sorte que les ressources communes s'épuisent. Cette situation est un autre équilibre. Les agents doivent alors quitter ce domaine et partir à la recherche de nouvelles ressources à exploiter, faute de quoi leur survie collective est menacée. Cette parabole, du fait même de sa simplicité, clarifie les fonctions dont les proto-institutions sont investies.

En premier lieu, la proto-institution de la propriété coutumière coordonne les croyances des agents et donc *réduit leur incertitude* à l'égard du comportement des autres. Cela leur est utile car ils ne disposent que d'informations limitées sur les autres, en particulier sur leurs préférences (fonctions d'utilité), leurs connaissances, leurs capacités et ainsi de suite. Une fois que s'établit la règle coutumière du droit de propriété, les deux joueurs n'ont plus à se soucier de découvrir les intentions de l'autre, ni à reconstruire chaque année entièrement une conception subjective de l'environnement dans lequel ils font leurs choix.

En second lieu, en faisant du nombre de captures une habitude, les droits coutumiers de propriété finissent par *s'intégrer à l'arrière-plan* (Searle, 1995) sur lequel les agents développent des compétences compatibles avec leurs dispositions, leurs préférences et leurs désirs. Il ne leur est pas nécessaire d'appliquer leurs capacités intellectuelles limitées au calcul du nombre de captures annuelles nécessaires à la maximisation de leur utilité. Au lieu de cela, ils peuvent consacrer cette ressource personnelle rare au développement de compétences et de schémas de comportement comme la chasse des lapins, leur cuisson, la transformation de leur peau en vêtements, ou leur conservation dans le but d'offrir de la viande à leur famille. Un comportement compatible avec les droits coutumiers permet donc d'étendre considérablement la portée des fins que les agents peuvent atteindre.

En troisième lieu, elle sert à *coordonner la réponse collective* des agents aux contraintes liées à leur environnement, sans pour autant formuler de manière explicite un objectif collectif. Dans cette parabole, elle aide des joueurs soucieux de leur intérêt personnel à éviter les coûts externes imposés par des prises excessives (c'est-à-dire en fixant comme convention $x + y = 100$). C'est précisément l'argument sur lequel insistait Demsetz. Bien que, dans notre parabole, les agents n'agissent pas consciemment pour servir l'objectif commun, qui est d'éviter les excès de prises et de maximiser le produit des utilités, l'établissement d'une convention leur permet d'internaliser les « déséconomies » externes et de maximiser ce produit. Il faut tout de même préciser que cette propriété d'efficience se vérifie grâce à la simplicité du modèle. Lorsque les institutions sont plus complexes, il se peut que les agents ne parviennent pas à coordonner leurs choix de manière *efficace*. Par exemple, le chapitre V présente les champs organisationnels susceptibles de voir se développer en leur sein plusieurs conventions, dont certaines sont plus *efficace*s dans tel environnement technologique, sans avoir nécessairement les mêmes résultats dans d'autres. Le point important est qu'une proto-institution permet à des agents soucieux de leur intérêt personnel et dotés d'une rationalité limitée d'être inconsciemment conduits à produire un résultat collectif qui a une certaine influence, efficace ou non, sur leur environnement.

Enfin, le droit de propriété *attribue des valeurs* aux caractéristiques des agents individuels. Dans la parabole que nous avons décrite, l'agent le plus audacieux, ou celui qui dispose de la capacité de traitement de l'information la plus développée, capture un nombre plus important de lapins. Bien que, dans le modèle, nous ayons considéré ces facteurs comme des paramètres exogènes, il se peut qu'ils soient en fait endogènes : l'aversion des individus pour le risque peut diminuer au fur et à mesure qu'ils s'enrichissent et leur capacité à traiter l'information peut également s'améliorer s'ils investissent dans une formation ou s'ils acquièrent une meilleure maîtrise des ressources nécessaires à cette activité. Une institution est donc à même de définir les incitations de ses agents[6]. Dans la parabole ci-dessus, les agents sont encouragés à accumuler des richesses et à se former dans le but de mieux maîtriser les ressources. En revanche, s'ils collectent trop d'information et s'ils y réagissent de manière sensible sans pour autant parvenir à connaître de manière précise les fonctions d'utilité des autres, alors leur comportement est déstabilisé. L'auto-organisation des droits coutumiers devient problématique[7].

(C) Deux sortes d'ordres et de droits

Lorsqu'une convention se développe, les agents prennent l'habitude de se comporter d'une certaine manière et pas d'une autre. En d'autres termes, les agents suivent une règle de conduite qui les amène à auto-organiser conjointement un certain ordre. On peut penser que celui-ci renvoie à ce que Menger appelait l'« ordre spontané » (Menger, 1883), ou à ce que Hayek dénommait *cosmos* en grec, ce qui signifie « un ordre normal dans un Etat ou une communauté » (Hayek, 1973, p. 43). Un ordre de ce type peut quand même être perturbé du fait des erreurs des joueurs, de l'obscurité de la règle, des écarts intentionnels à la règle implicite et d'autres choses encore qui entraînent différents coûts de déséquilibre. Les agents peuvent considérer qu'il est dans l'intérêt de tous d'articuler, de clarifier et de rendre exécutoires les règles implicites afin de limiter ces coûts. Par exemple, les agents de la parabole peuvent s'entendre pour séparer le champ de chasse aux lapins en deux parcelles proportionnelles aux tailles des captures prescrites par le droit coutumier et construire ainsi une règle explicite selon laquelle chacun n'a le droit chasser que sur la parcelle qui lui a été attribuée. Les deux individus peuvent s'accorder pour ériger une clôture séparant les deux parcelles. Si un individu entretient avec négligence la clôture dont il est responsable et que des lapins quittent la parcelle adjacente pour la sienne, alors l'autre individu peut légitimement réclamer une compensation. Les agents règlent ce problème selon une norme impliquant la division du champ[8].

S'ils ne parviennent pas à régler ce différend entre eux, ils peuvent faire appel à un tiers. Il n'est pas nécessaire que cette tierce partie soit un tribunal investi du pouvoir de rendre les règles exécutoires. Il peut s'agir d'un médiateur qui encourage les parties à s'entendre pour régler le différend, refusant lui-même de prendre parti. Si cela ne fonctionne pas, le tiers peut devoir prendre le rôle plus actif d'arbitre et décider du règlement du conflit, parfois même en donnant raison à l'une des parties et tort à l'autre. Même dans ce cas pourtant, le rôle de la tierce partie reste de restaurer le droit de propriété et non de créer et de rendre exécutoire un nouvel ordre. Alors que la tierce partie ne dispose pas toujours du pouvoir nécessaire pour rendre un jugement exécutoire, la pression des voisins et de l'opinion populaire peut l'imposer[9]. Hayek appelle *nomos*, ou droit du juge, le droit qui dérive des lois coutumières[10]. Par opposition à l'ordre spontané qui s'auto-organise sur la base des interactions entre les individus, Hayek dénomme organisation, ou *taxis* en grec, c'est-à-dire ordre conçu, un ordre qui fait l'objet d'un plan intentionnel. Le gouvernement constitue un exemple de *taxis* et on appelle *thesis*, ou « droit du législateur » les règles qui sont conçues par le gouvernement[11]. Les deux types d'ordres, l'ordre spontané et l'ordre conçu, et les deux types de règles qui leur correspondent, la loi du juge et la loi du législateur, ne sont pourtant pas nécessairement exclusifs (Hayek., 1973, p. 48). Même si certaines règles se développent spontanément et que les agents finissent par prendre l'habitude de les suivre, ils peuvent apprendre à les améliorer ou souhaiter les représenter de façon claire et cohérente. L'ordre spontané de droit coutumier de la propriété peut être progressivement, voire intégralement, remplacé par des codes juridiques articulés et rendus exécutoires par la justice. Les règles de propriété conçues peuvent être minutieuses et variées et s'appliquer à des ordres fabriqués comme les personnes morales ou les Etats. En revanche, la législation ne peut créer d'un coup de crayon n'importe quel ordre désiré. Le droit du législateur doit permettre aux agents de former des anticipations stables de sorte que leurs intentions réalisent un ordre juridique exécutoire (*nomos*). Si une règle conçue de manière discrétionnaire est incompatible avec les anticipations des agents, alors elle sera ignorée ou, pire encore, elle incitera les agents à se comporter à l'inverse de l'intention originelle du législateur. Basu l'exprime de la façon suivante : « Si un résultat ne constitue pas un équilibre de l'économie, il ne peut être mis en œuvre par aucun droit » (1997b, p. 22).

II.2. LES NORMES COMMUNAUTAIRES COMME SOLUTION AUTO-EXECUTOIRE AU PROBLEME DE LA PROPRIETE COMMUNE

Dans la parabole de la section précédente, les agents peuvent avoir du mal à séparer le champ en parcelles privatives si les lapins s'y déplacent au hasard ou s'ils ont besoin d'un vaste territoire pour se reproduire. Les agents, qui sont dotés d'une rationalité limitée, peuvent s'entendre pour ne pas diviser le champ et pour y réguler le nombre de captures selon les règles coutumières impliquées par la convention[12]. Comment peut-on rendre exécutoires des lois coutumières sur une propriété collective ? A certains endroits du monde et à certains moments de l'histoire, nous observons que les économies externes de certains domaines de propriété commune (comme les zones de pêche, les pâturages, les systèmes d'irrigation et les forêts) sont régulées par le développement du contrôle communautaire. Les règles du contrôle communautaire peuvent soit être codifiées de manière explicite et rendues exécutoires par une organisation formelle, soit être imposées par des normes que les membres de la communauté comprennent implicitement et appliquent de manière *ad hoc*[13]. Cette section étudie comment les normes communautaires apparaissent de manière autonome dans des communautés sujettes à d'importants problèmes de « passager clandestin » liés à l'entretien et à l'utilisation de communauté de propriété.

L'analyse institutionnelle comparée soulève un nombre important de problèmes concernant les normes communautaires. Nous étudions, dans cette partie, leur nature élémentaire, en essayant de répondre aux questions suivantes : comment conceptualiser les normes communautaires qui régulent les choix d'action des membres de la communauté vis-à-vis des ressources communes, alors que ceux-ci ne peuvent en être exclus facilement ? Peut-on considérer ces normes comme des contraintes exogènes (données par l'histoire, la culture ou l'environnement naturel) qui s'imposent aux membres de la communauté et qui, de ce fait, résistent aux transformations des conditions économiques, ou bien doit-on les comprendre comme des constructions sociales endogènes et auto-exécutoires qui se reproduisent par l'intermédiaire des interactions stratégiques entre agents ?

Les économistes ont du mal à saisir le concept de normes communautaires. On considère souvent que celles-ci sont déterminées par la culture ou par l'environnement naturel. Dans le modèle contextualisé de théorie des jeux qui suit, la norme est déduite de manière endogène et nous examinons les conditions sous lesquelles cette norme est auto-exécutoire. Nous assimilons une norme communautaire au résultat stable d'un jeu reliant un domaine de propriété commune (l'irrigation) à un domaine d'échange communautaire. Pour justifier l'utilisation d'une parabole fondée sur la théorie des jeux, nous présentons d'abord les pratiques d'un village typique de l'est du Japon durant l'ère Tokugawa (entre le XVIIe siècle et le milieu du XIXe siècle). Bien que nous ayons choisi cet exemple pour la relative clarté de ses implications, une analyse en termes de théorie des jeux révèle que la structure de la parabole est analogue au concept d'enchâssement social utilisé par le sociologue Granovetter (1985) ; cette parabole est donc assez générale et permet d'étudier comment les règles informelles coordonnent la production et l'utilisation des biens collectifs, y compris dans les économies contemporaines. En comparant le Japon de la période Tokugawa et la Corée de la période *Yi*, du XVIIe siècle au milieu du XIXe siècle, nous montrerons dans l'annexe comment une norme communautaire peut résulter de l'interaction des conditions naturelles (ou technologiques) et des facteurs historiques.

(A) Une parabole historique : le système d'irrigation dans un village du Japon des Tokugawa

La période qui au Japon s'étend de 1603 à 1867 est connue sous le nom d'ère Tokugawa. Elle est caractérisée par une paix intérieure remarquable, sous l'hégémonie politique du shogunat Tokugawa (*Bakufu*) à Edo, aujourd'hui Tokyo. Le *shogunat* disposait d'un pouvoir de contrôle économique assez limité. Il ne collectait l'impôt que sur ses propres territoires mais s'arrogeait des droits exclusifs sur la frappe de la monnaie ainsi que sur les échanges avec les marchands occidentaux dans le port de Nagasaki. Parallèlement au gouvernement *Bakufu*, deux cent quatre-vingts *daimyo* (seigneurs) y exerçaient leur propre gouvernement *Han*, jouissant sur leurs territoires du droit exclusif de collecter l'impôt ; ils pratiquaient des politiques proto-industrielles en favorisant le développement d'industries artisanales primitives, souvent financé par des obligations qu'achetaient les maisons d'affaires et les négociants en riz d'Osaka, le centre économique. L'économie politique de ce système *Baku-Han* avait une caractéristique qui n'est pas sans conséquence pour notre discussion : on exigeait des membres de la classe des samouraïs qu'ils résident à Edo ou dans les cités fortifiées des gouvernements *Han*[14], de sorte que le pouvoir politico-militaire et la communauté agricole étaient complètement séparés[15]. Les historiens de l'économie subdivisent conventionnellement l'ère Tokugawa en deux sous-périodes équivalentes, la première s'étendant de 1603 jusqu'au milieu du XVIIIe siècle et la seconde couvrant le reste de la période. La première période se caractérise par une autonomie économique importante de la communauté rurale, accompagnée d'une croissance de la population et des terres cultivées. La seconde, en revanche, est marquée par une pénétration substantielle des relations de marché dans la communauté rurale et par l'émergence d'une proto-industrialisation.

Une étude fiable de démographie économique rapporte qu'entre 1610 et 1721, la population est passée de huit ou dix millions à vingt-six millions d'habitants, ce qui implique une croissance de la population de 1 % par an[16]. Cette période correspond à un vaste défrichement des terres, qui a vu s'accroître de 40 % l'étendue des terres cultivées imposables. Cette expansion gigantesque s'est accomplie essentiellement par la conversion des plaines alluviales des régions orientales relativement sous-développées en rizières. Cette expansion des terres cultivables ne suffisait pourtant pas à suivre la croissance de la population et, avec le temps, il devint de plus en plus difficile de défricher de nouvelles terres. A la fin de la première sous-période, un effort supplémentaire fut donc consacré à l'amélioration du système d'irrigation, à l'augmentation du recours aux engrais (comme le poisson séché) et à l'intensification du travail.

Avec le développement du système d'irrigation, la forme dominante de production agricole passa de la culture sèche à la culture irriguée. La culture du riz nécessite une planification des ensemencements et une abondante quantité d'eau. Alors que, dans les régions de l'ouest du Japon, l'irrigation s'était, par le passé, développée par un système de réservoirs, dans les régions de l'est, la culture du riz dépendait davantage de nouveaux procédés d'irrigation, souvent installés le long de rivières détournées et dérivés des techniques de génie civil développées précédemment au cours de *l'ère des seigneurs de la guerre*. En raison de la rapidité des courants, l'approvisionnement nécessitait un contrôle précis et continu des réseaux d'irrigation (qui s'étendaient parfois sur plusieurs villages) et dépendait des conditions climatiques, de la quantité d'eau disponible, de l'état de la croissance des récoltes et ainsi de suite. Par ailleurs, le système de culture de la région orientale se caractérisait précédemment par un système de parcelles éparpillées, dans lequel les rizières appartenant à différentes familles de paysans étaient éclatées et entremêlées. On pense que ce système s'était développé en raison de l'accroissement progressif des terres cultivables, grâce aux efforts collectifs de défrichement pendant de nombreuses années. Cela peut aussi s'expliquer par la répartition égalitaire de l'approvisionnement en eau et par la diversification du risque naturel associé à la situation géographique des rizières.

Une question demeure encore sans réponse pour les historiens de l'irrigation : à quel moment la distribution séparée d'eau en direction des parcelles (des rizières) de chaque famille est-elle devenue une pratique dominante ? Certains spécialistes de l'irrigation avancent (de façon convaincante, selon moi) que cette pratique s'est répandue au cours de la seconde moitié de l'ère Tokugawa, au plus tard (voir par exemple Nagata, 1971, p. 34-39). D'autres soutiennent qu'au moment de la réaffectation des terres à l'ère Meiji, le système d'irrigation des pousses avait déjà pris la forme d'une irrigation commune des rizières (*tagoshi kansui*) pour plusieurs familles et non plus de prises d'eau séparées pour chaque rizière (Tamaki et Hatade, 1974, p. 234-235). Il s'agissait d'un système reposant sur la gravité, par lequel l'eau tirée d'un canal circulait d'une rizière à l'autre en utilisant la pente naturelle. Quoi qu'il en soit, l'évolution des fermes individuelles en ensembles fermés et intégrés de rizières n'était pas achevée à la période Edo. Que l'irrigation fût commune à plusieurs rizières ou bien limitée à des cultivateurs individuels, il devait se faire sentir un besoin substantiel de coordination et de coopération entre les familles du village.

A titre d'exemple, l'entretien et l'utilisation du système d'irrigation nécessitent un travail lourd de nettoyage et de désherbage des canaux d'irrigation et des évacuations, d'entretien des équipements, de prévention des destructions du système par les inondations, ainsi qu'une participation active et parfois violente à des querelles de l'eau (*mizu arasoï*) entre villages voisins, situés en amont ou en aval du système d'irrigation, lorsque l'eau se fait rare. Il faut brider les prétentions agressives et égoïstes sur le droit à l'eau. Il faut coordonner collectivement le rythme de plantation des semis et l'écoulement des eaux pour empêcher une croissance excessive des tiges en été. Lors de la saison des typhons, juste avant la récolte, la maîtrise des inondations nécessite l'effort collectif des membres du village. Un spécialiste nord-américain de l'histoire économique du Japon, Thomas Smith, a décrit en ces termes l'impact de ce système d'irrigation sur la vie du village : « Un cultivateur de riz ne possède ni ne contrôle jamais lui-même tous les moyens essentiels de production et ne peut prendre individuellement toutes les décisions agricoles importantes. Il peut, par exemple, souhaiter transformer un champ non irrigué en rizière, mais il ne sera pas autorisé à le faire si cela gêne l'approvisionnement en eau des autres » (Smith, 1959, p. 209).

Comment le contrôle collectif de la construction, de l'entretien et de l'utilisation du système d'irrigation par les villageois était-il rendu exécutoire ? La séparation entre le pouvoir militaro-politique et la communauté rurale avait pour conséquence l'absence de mécanisme externe de mise en application. Une fois qu'étaient accomplis, à l'initiative des gouvernements *Baku-Han*, les travaux publics à l'échelle de plusieurs villages, la construction, l'entretien et l'utilisation des systèmes locaux d'irrigation étaient confiés au contrôle autonome de la communauté rurale. Les caractéristiques techniques et naturelles du système d'irrigation que nous avons décrites permettaient aux villageois d'adopter un comportement indiscipliné à l'égard du travail collectif, ou d'avoir une attitude agressive et égocentrique susceptible d'imposer d'importantes « déséconomies » externes aux autres. Une fois que le système d'irrigation était construit et que les terres y étaient intégrées, il était techniquement difficile d'en exclure les familles qui se soustrayaient aux tâches d'entretien collectif ou portaient préjudice aux autres. Malgré cette impossibilité technique, l'ostracisme envers la famille opportuniste et son exclusion des autres sphères de la vie sociale, politique et économique du village, pouvaient constituer une menace crédible. Il s'agit de la pratique connue sous le nom de *mura hachibu*, littéralement « séparation du village à quatre-vingts pour cent ». D'autre familles du village pouvaient refuser de coopérer avec le tire-au-flanc, en l'excluant de l'entraide habituelle (pour la confection d'un toit de chaume, pour le soin aux malades, etc.) et en l'empêchant de participer à des événements sociaux comme les réunions rituelles du village ou les fêtes saisonnières (à l'exception de l'extinction des feux et des services funéraires). Cette menace permettait, sans avoir recours à un mécanisme externe de mise en application, d'atteindre le degré élevé de coopération requis par la construction, l'entretien et l'utilisation du système d'irrigation.

(B) La norme communautaire comme équilibre de jeux liés

On peut concevoir la situation que nous venons de décrire comme un exemple typique de théorie des jeux, dans lequel la liaison de deux jeux et le regroupement de contraintes d'incitation permettent d'assouplir ces contraintes. Imaginons que le village se compose d'un certain nombre (disons N) de familles homogènes participant de manière simultanée, à chaque période et pour une durée infinie, à un jeu de propriété collective appelé « jeu de l'irrigation » et à un jeu d'échange social communautaire (l'hypothèse de la continuité de la famille est raisonnable si le village pratique la primogéniture et l'adoption d'un héritier par les familles sans descendance masculine). Dans le domaine du jeu de l'irrigation, les familles doivent déterminer leur comportement vis-à-vis des tâches collectives de construction, d'entretien et d'utilisation du système d'irrigation à partir de l'ensemble de stratégies {coopérer, se dérober} commun à tous. Supposons qu'à chaque période la coopération coûte C_i (en termes d'effort) à chaque famille et que le bénéfice qu'elles retirent de l'utilisation du système d'irrigation soit B_i lorsque tout le monde coopère et $B_i - md_i$ lorsque m familles « tirent au flanc ». Nous faisons l'hypothèse que

$$C_i > d_i \text{ et } C_i < Nd_i.$$

La première inégalité implique que chaque individu est incité à se dérober aux tâches collectives et la seconde que cette attitude impose des « déséconomies » externes et donc une perte de bien-être pour la communauté dans son ensemble. Comme il est techniquement impossible d'empêcher une famille d'utiliser le système d'irrigation, il est difficile de punir, à un coût raisonnable, un tire-au-flanc en l'empêchant de l'utiliser à l'avenir.

Dans le jeu de l'échange social communautaire, chaque famille peut contribuer à la production de biens sociaux en payant un coût C_s et profiter ainsi de la consommation des autres biens sociaux (éventuellement sous la forme de biens tacites uniquement mesurables en unités d'utilité). L'utilité $B_s(n)$ tirée des biens sociaux est une fonction non décroissante du nombre de familles (n) contribuant à leur production. Nous faisons l'hypothèse qu'il existe $\hat{n} < N$ tel que $B_s'(n) = 0$ pour tout n satisfaisant $\hat{n} \leq n < N$; cela signifie qu'il existe un point de saturation dans la production des biens sociaux. Le jeu de l'échange social communautaire se répète sur plusieurs périodes et, au début de chacune, les familles peuvent en exclure d'autres de la participation à la production et la consommation des biens sociaux. Plaçons-nous sur le sentier de pleine coopération du jeu d'échange social communautaire, dans lequel l'ensemble des N familles coopère et voyons si les familles sont incitées à s'en éloigner dans le cas où l'absence de coopération peut être sanctionnée par l'exclusion permanente des relations sociales communautaires. Si ce jeu est joué indépendamment du jeu de l'irrigation, l'incitation à ne pas se dérober aux tâches collectives est donnée par la contrainte suivante :

$$C_s < \frac{\delta[B_s(N) - C_s]}{1-\delta} \text{ ou encore } C < \delta B_s(N),$$

où δ est le facteur d'actualisation de la famille. Cela signifie que l'économie du coût de l'effort (la partie gauche de la première inégalité) doit être inférieure à la valeur actualisée de la perte de bénéfices futurs liée à l'ostracisme (la partie droite de la même inégalité). On peut identifier le terme de droite de la première inégalité au *capital social* que la famille du village perdrait en cas d'ostracisme[17]. Nous faisons l'hypothèse que cette condition est vérifiée, ce qui signifie que δ est suffisamment grand (que la famille est suffisamment patiente). Nous appelons $z = \delta B_s(N) - C_s$ le flux net des gains associés à l'utilisation des biens sociaux.

Nous supposons maintenant que les mêmes familles participent, sur un nombre d'années indéterminé, au jeu de l'irrigation au printemps et au jeu de l'échange social communautaire à l'automne. Les familles du village peuvent conditionner leur stratégie dans chacun des jeux aux résultats des jeux précédents. Supposons que les familles choisissent la combinaison de stratégies suivante :

1. Chaque famille joue « se dérober » au jeu de l'irrigation et « ne pas participer » au jeu de l'échange social communautaire, si elle a joué « se dérober » au jeu de l'irrigation une seule fois par le passé ou si elle a été exclue du jeu de l'échange social communautaire. Dans le cas contraire, elle coopère à la fois dans le jeu de l'irrigation et dans celui de l'échange social communautaire.

2. Les familles excluent pour toujours de la jouissance des biens sociaux toutes celles (et seulement celles) qui se sont dérobées aux tâches collectives dans le jeu de l'irrigation.

Supposons que toutes les familles pensent que toutes les autres ont joué et joueront toujours cette combinaison de stratégies, sauf dans le cas où l'une d'elles en dévierait.

Pour prouver que cette combinaison de stratégies est un équilibre, nous devons seulement voir si, à chaque période, les familles ont intérêt à s'en écarter[18]. Remarquons d'abord que, si une famille s'est dérobée au jeu de l'irrigation dans le passé, sa coopération à l'un des jeux n'améliore pas ses gains futurs. Ensuite, une famille n'a pas intérêt à se dérober aux tâches de l'irrigation si elle a toujours coopéré dans les deux jeux précédents. Les bénéfices liés au choix de la défection sont l'économie des coûts d'effort $C_i + C_s$ à toutes les périodes (présentes et futures) et son coût correspond à un renoncement aux bénéfices de la coopération, c'est-à-dire $\delta B_s(N) + d_i$ à toutes les périodes. En conséquence, chaque famille individuellement est incitée à ne pas se dérober aux tâches collectives lorsque la contrainte d'incitation $C_i + C_s < \delta B_s(N) + d_i$ est vérifiée, c'est-à-dire lorsque

$$C_i < z + d_i.$$

Même dans le cas où la contrainte d'incitation n'est pas vérifiée dans le jeu de l'irrigation ($C_i < d_i$), mais qu'elle l'est avec une marge suffisante dans le jeu de l'échange social communautaire ($z > C_i - d_i$), cette inégalité est juste. La liaison des deux jeux permet donc de relâcher les contraintes d'incitation[19].

Afin de vérifier que la seconde partie de la combinaison de stratégies constitue bien un équilibre, remarquons d'abord que si le nombre de familles qui se dérobe aux tâches collectives est inférieur à $N - \hat{n}$, celles-ci n'ont aucun intérêt à coopérer au jeu de l'échange communautaire avec une famille qui s'est dérobée au jeu de l'irrigation. Par ailleurs, les familles n'ont aucun intérêt à en exclure une autre qui ne s'est jamais dérobée, car celle-ci serait conduite, par représailles, à se dérober dans le jeu de l'irrigation. L'ostracisme social constitue donc une menace crédible et la coopération parmi au moins $\hat{n}$ familles dans le jeu lié peut produire un équilibre, même si les agents sont fortement incités à se comporter en passagers clandestins dans le jeu de l'irrigation considéré isolément. La coopération dans ce jeu peut ainsi constituer une norme de comportement pour au moins $\hat{n}$ familles de la communauté du village. La seconde partie de la combinaison de stratégies d'équilibre représente la réponse rationnelle des familles du village, une fois qu'elles ont constaté que l'une d'elles s'est dérobée à la coopération. On peut donc considérer qu'elle représente les croyances rationnelles partagées et auto-entretenues des familles du village sur ce qui leur arriverait si elles refusaient de coopérer. Ce type de croyance peut les dissuader de se dérober effectivement, de sorte que, dans des circonstances normales, le seul standard de comportement observé est le comportement coopératif. Nous dénommons *norme communautaire* un standard de comportement coopératif de ce type, soutenu par la croyance partagée que le comportement non coopératif subirait une sanction collective.

Les jeux répétés peuvent faire apparaître des équilibres multiples. Dans le jeu lié décrit ci-dessus, le refus répété de la coopération par les familles du village, ou bien l'exclusion permanente de quelques familles (moins de $N - \hat{n}$), constituent également des résultats d'équilibre possibles. Nous avons en outre construit le modèle de manière assez spécifique. Par exemple, l'échange de droits de propriété sur les rizières et sur leurs points d'accès à l'eau ne faisait pas partie de l'ensemble de stratégies auxquelles les familles du village avaient accès[20], pas plus que n'était possible le recours d'une famille à la violence pour sanctionner le comportement non coopératif d'une autre. Nous n'avons pas non plus tenu compte de la possibilité que les familles du village soient divisées en sous-classes ni que le capital social des membres soit spécifique à chacun de ces sous-groupes, ce qui signifierait qu'il n'y aurait plus d'intérêt unanime à sanctionner une famille coupable de ne pas coopérer en l'excluant du village dans son ensemble (voir l'annexe de ce chapitre). En limitant notre analyse au modèle contextualisé formulé ci-dessus, nous avons pu identifier les conditions auxquelles la norme communautaire de la coopération pouvait devenir auto-exécutoire dans le domaine de la propriété collective (par exemple, il faut que les membres du village aient un comportement homogène et qu'ils puissent être exclus de la production du capital social). Au Japon, un événement politique radical, au cours de la transition vers l'ère Tokugawa, ouvrira le chemin à une structure de ce genre. Toyotomi Hideyoshi, un soldat de la période antérieure à celle des seigneurs de la guerre, interdit aux résidents des villages ruraux de détenir des armes, afin d'empêcher un nouveau groupe de samouraïs de s'opposer à une autorité centrale affaiblie. Le succès de cette campagne imposée par le gouvernement Tokugawa, connue sous le nom de *katanagari* (chasse aux épées), et la séparation juridique entre les villes et les villages qui s'ensuivit eurent la conséquence imprévue de favoriser l'autonomie des villages par rapport au contrôle direct de la classe samouraï qui était confinée dans les villes fortifiées.

Cela signifie que la sélection d'un résultat d'équilibre particulier ne peut être entièrement déterminée par des facteurs techniques et naturels, même si ces derniers sont sans doute importants, mais que les facteurs historiques et sociaux y jouent également un rôle significatif. Si ce n'était pas le cas, les normes (les institutions) ne seraient rien de plus qu'une transformation mécanique de caractéristiques techniques et naturelles, ce qui nous conduirait à une théorie technologique et géographique de l'évolution institutionnelle. Il se pourrait, par exemple, que la culture paysanne soit la mieux adaptée à la production de riz dans la partie de l'Asie où passe la mousson, du fait de l'attention particulière et continuelle qu'elle requiert, alors que la plantation à grande échelle n'y serait pas appropriée, en raison des limites inhérentes au contrôle hiérarchique des employés agricoles (Hayami et Ohtsuka, 1993, chap. I). Là même où la culture paysanne paraît naturellement la plus adaptée, on peut ne pas voir apparaître la norme communautaire qui faciliterait le développement de biens publics locaux, si les conditions politiques et sociales ne sont pas réunies (voir annexe). Il est éclairant de faire ici une analogie avec la manière dont les facteurs d'offre et de demande interagissent pour déterminer les prix d'équilibre. Les facteurs naturels et techniques déterminent éventuellement les règles nécessaires à l'efficacité d'une norme (la demande), mais l'offre de règles admissibles peut être limitée par les conditions sociales et historiques.

(C) Remarques sur le concept d'enchâssement

Cette description du contrôle de la propriété collective dans un village Tokugawa a pour objectif de rendre compréhensible, grâce à un exemple relativement simple, la structure et la logique des jeux liés. Le contexte était spécifique, mais le modèle avait une structure suffisamment générique pour nous permettre d'en déduire deux implications générales : l'une sur la nature même des normes et l'autre sur les mécanismes de régulation des externalités (comportements de passager clandestin, phénomènes d'encombrement) qui apparaissent dans la production, l'entretien et l'utilisation des ressources collectives (ce que nous avons appelé le problème de la propriété collective).

En utilisant l'idée des jeux liés, nous avons essayé de faire de la notion de norme communautaire un objet d'analyse économique. Avant l'existence de la théorie des jeux, les économistes avaient tendance à considérer que les normes comptaient peu dans l'analyse économique ou, plus simplement, qu'elles compromettaient le développement de marchés efficients (à l'exception notable d'Arrow, 1969, 1970). En sociologie, avant l'apparition des nouvelles écoles des années 1960 et des années 1980 (par exemple la sociologie phénoménologique de la connaissance, la théorie de l'échange social, le nouvel institutionnalisme, la théorie du choix rationnel), les normes étaient d'abord considérées, dans la tradition de Durkheim et de Parsons (1951), comme des entités sociales *a priori*, en attente d'être intériorisées par les individus au cours du processus de socialisation, plutôt que des entités socialement construites et reconstruites par des expériences quotidiennes ou des échanges sociaux[21]. Nous avons conceptualisé la norme communautaire comme un résultat endogène de jeux liés, plutôt que de la considérer comme une règle exogène (une règle du jeu) provenant de l'extérieur du système social[22]. Nous avons identifié les différentes conditions sous lesquelles un type spécifique de norme communautaire, comme l'accumulation de capital social au travers d'échanges sociaux entre membres d'une communauté homogène, l'intérêt unanime à sanctionner les comportements déviants vis-à-vis des ressources communes, ainsi que les conditions politiques et historiques qui rendent cette communauté plus ou moins homogène, pouvaient se développer et devenir auto-exécutoires. L'identification de ces conditions peut nous aider à clarifier la capacité des normes à soutenir un certain ordre économique plutôt qu'un autre, tout en donnant une idée des raisons pour lesquelles d'autres solutions, comme l'intégration de la propriété (dans le but d'internaliser les externalités), ont pu voir le jour ailleurs.

Les conditions qui rendent viables certaines normes communautaires peuvent nous aider à comprendre comment celles-ci facilitent ou, au contraire, empêchent la transition d'une économie fondée sur la communauté à une économie orientée vers les marchés. Par exemple, la pénétration croissante des relations de marché extra-communautaires a affaibli la cohérence de la vie sociale des familles du village et a rendu moins efficace la menace d'ostracisme, en tant que sanction par la communauté dans son ensemble. Les normes communautaires, caractérisées par certaines pratiques comme la coopération collective, la réciprocité et le partage sont donc menacées. Devront-elles être remplacées par des mœurs nouvelles, entièrement fondées sur le marché ? En nourrissant des conceptions traditionnelles de ce type, les économistes (par exemple Hicks, 1969), ainsi que certains spécialistes d'autres sciences sociales comme l'anthropologie économique (par exemple K. Polanyi, 1944), ont tracé une ligne claire entre l'économie prémoderne et l'économie de marché. Une conception révisionniste a récemment fait son apparition. Elle soutient que la communauté rurale, liée par des normes de coopération, peut, dans certaines circonstances, favoriser la transition progressive des économies rurales prémodernes vers des économies de marché. La destruction complète des communautés rurales peut donc n'être ni nécessaire ni suffisante au développement du marché. Dans certaines conditions, les relations communautaires ne sont pas remplacées par le marché, mais peuvent au contraire jouer un rôle complémentaire dans son développement. Pour déterminer le rôle sous-jacent de la communauté, nous devons comprendre la nature des institutions qui peuvent réguler les domaines d'échange ainsi que d'autres domaines. Nous traitons de ce problème au chapitre X.1.[23].

Ensuite, la structure logique des jeux liés suggère une manière générale de régler le problème de la propriété collective. Que les agents poursuivent leur intérêt propre dans tel ou tel domaine de transactions économiques n'implique pas qu'ils se limitent à utiliser l'information relative à ce domaine particulier. C'est pourtant ce que l'on présuppose généralement dans les raisonnements les plus simples sur les biens publics. On suppose par exemple que les agents privés adoptent un comportement de passager clandestin face à l'offre de biens publics, parce qu'il est techniquement impossible de les empêcher de les utiliser même s'ils n'en paient pas le coût. Il se peut donc qu'un service public soit nécessaire pour assurer la distribution *efficace* de ces services mais, en même temps, cela ne résout pas tous les problèmes. Le gouvernement peut être incapable de répondre aux besoins réels des individus parce qu'il ne parvient pas à rassembler l'information qui lui est nécessaire, parce qu'il subit des pressions politiques, parce que l'administration est inefficace, ou parce qu'il est difficile de faire un choix social qui soit en même temps démocratique, *performant* du point de vue informationnel et cohérent. Existe-t-il un moyen de sortir de ce dilemme ?

En prenant des décisions concernant leur contribution personnelle à la production des biens publics, les agents peuvent en fait collecter de l'information à l'extérieur du domaine de la propriété collective, puis être contraints dans leurs choix par ce qu'implique cette information. A titre d'exemple, prenons un article intéressant de D. Klein (1990) sur la construction des routes à péage aux Etats-Unis. A la fin du XVIIIe siècle et au début du XIXe siècle, la construction et l'entretien des routes n'étaient pas gérés par les Etats, ni financés par les impôts, mais concédés à des compagnies auxquelles le gouvernement autorisait l'émission d'actions. Les routes étaient très utiles aux fermiers et aux entreprises qui se trouvaient à proximité. Les actions de ces compagnies pour payer ces routes ne représentaient pas un investissement rentable cependant. L'interdiction de ces routes aux « passagers clandestins » était coûteuse, notamment en raison de restrictions légales sur le nombre de péages. Directement ou indirectement, il était possible de bénéficier de la route sans acheter d'action. Malgré ces problèmes de passager clandestin, un grand nombre de citoyens achetèrent pourtant des actions. Pour quelle raison ? Selon Klein, ils le firent par sens de l'obligation sociale, soutenu par des « incitations sélectives négatives. [...] En particulier, les contributeurs les plus importants appartenaient à des groupes *fermés et homogènes*, au sein desquels le refus de coopérer pouvait attirer l'attention ». Les incitations sélectives négatives étaient institutionnalisées sous forme de pressions sociales, exercées dans des réunions communales auxquelles il était moralement obligatoire d'assister et où avaient lieu les demandes de souscription.

Formellement, on peut dire que cette situation présente une relation d'isomorphie frappante avec la parabole de l'irrigation. Dans les deux cas, c'est la menace crédible de sanctions ou d'incitations sélectives négatives, exercées dans le domaine de l'échange social communautaire, qui régule les comportements de passager clandestin susceptibles de se faire jour dans le jeu de la propriété collective (où les bien publics sont produits). Les domaines d'échanges sociaux caractéristiques des communautés urbaines nord-américaines étaient seulement plus hétérogènes que ceux des villages Tokugawa, de sorte que les sanctions ont pu y être d'exercice plus subtil, de contenu moins austère et de nature plus permissive. Ils ont cependant la même structure logique, en ce que les stratégies qui ne constituent pas un équilibre (et ne sont donc pas auto-exécutoires) dans le domaine de la propriété collective considéré isolément (la coopération dans le domaine de l'irrigation ou de l'installation de routes) peuvent devenir avantageuses lorsque celui-ci est inséré dans un domaine d'échange communautaire. Cela rappelle la notion d'enchâssement social, développée par le sociologue Granovetter, à cela près qu'il s'intéressait d'abord, dans le contexte des économies de marché modernes, à l'enchâssement des domaines d'échange ou d'organisation dans des réseaux sociaux d'agents[24].

Dans un article de référence sur ce sujet, Granovetter (1985) critique la conception sursocialisée de l'homme propre à la sociologie moderne représentée par Talcott Parsons, ainsi que le concept sous-socialisé de l'homme de la tradition utilitariste que l'on trouve dans l'économie néoclassique et l'économie des coûts de transaction. Il montre que les systèmes de valeurs ou les normes n'exercent pas leur influence une fois pour toutes, mais constituaient un processus continu qui devait être en permanence construit et reconstruit par l'interaction des agents. L'impression que les valeurs et les normes sont imposées aux individus de manière exogène est trompeuse. En réalité, elles sont façonnées par eux de manière endogène, « en partie à partir de leurs propres motifs stratégiques » (p. 57). Granovetter avance par ailleurs que les agents présents sur les marchés et dans les organisations de la société moderne stimulent la confiance et découragent la méfiance parce qu'ils sont enchâssés dans des relations personnelles et des structures concrètes (des réseaux). Le sociologue ne s'engage pas dans la voie qui permet de concevoir la construction et la reconstruction des normes à partir exclusivement de motifs stratégiques ; il insiste plutôt sur la nécessité d'analyser l'unicité historique de la formation et de la nature des réseaux concrets. On peut néanmoins résumer la substance de sa théorie de « l'enchâssement social » par l'idée d'un jeu lié regroupant un domaine de transactions économiques (domaine de la propriété collective, domaine d'échange ou domaine d'organisation) et un domaine d'échange social[25].

Il existe d'énormes différences entre la communauté rurale du Japon de l'ère Tokugawa ou les villes indépendantes de la jeune Amérique du Nord d'une part et la structure sociale des sociétés contemporaines d'autre part. La richesse, l'éducation, la culture et les emplois des citoyens des sociétés civiles contemporaines sont de plus en plus hétérogènes. Les citoyens sont mobiles et se déplacent d'une communauté à l'autre. Les relations sociales ont semble-t-il perdu leur capacité à réguler la distribution des biens publics. Les individus prennent pourtant conscience du fait que les organisations non gouvernementales, les associations bénévoles et les communautés professionnelles jouent un rôle important dans la distribution de certains biens publics (comme l'environnement naturel, la sécurité publique, la lutte contre la pauvreté et l'aide aux victimes des catastrophes, l'innovation et le transfert technologiques).

Prenons l'exemple du logiciel libre Linux[26] sur Internet, comme le protocole de contrôle de transmission et le protocole d'Internet[27]. Il s'agit d'un bien public par excellence, dans l'espace virtuel, car il sert d'infrastructure élémentaire aux communications sur Internet et de base au développement ultérieur des programmes. Les logiciels libres sont distribués gratuitement avec des codes sources libres et sont améliorés en permanence grâce à la participation d'une multitude de programmateurs du monde entier qui communiquent par courrier électronique. Ce programme est ainsi devenu beaucoup plus stable et fiable que ceux qui sont protégés par des codes-objet compilés. Pourquoi les programmateurs participent-ils activement à l'amélioration des logiciels libres[28] alors qu'ils n'en reçoivent aucune compensation pécuniaire ? Pourquoi ne pas protéger juridiquement les droits à la propriété intellectuelle des codes, alors qu'il est techniquement possible de le faire ? Cette protection juridique retarderait substantiellement le développement des technologies de la communication, mais les programmateurs sont guidés non seulement par le désir d'améliorer le logiciel qu'ils utilisent, mais aussi par celui d'obtenir des récompenses à leur contribution au bien collectif d'un autre ordre, analogues à celles du monde scientifique, par exemple la reconnaissance et l'estime de leurs pairs.

Saxenian (2003) présente un exemple similaire. Elle a étudié comment le comté taïwanais du Hsinchu est devenu un centre de haute technologie et elle a découvert que le succès de l'île reposait moins sur sa politique économique ou ses multinationales que sur sa communauté transnationale d'ingénieurs formés en Amérique du Nord (une communauté qui enjambe les frontières, fière de ses compétences, dont les atouts principaux sont le partage de l'information et la confiance). En favorisant un transfert de capital, de compétences et de connaissances contextualisées entre les producteurs spécialisés de la Silicon Valley et ceux de la région de Hsinchu, cette communauté a coordonné un processus décentralisé de modernisation conjointe de ces deux régions. Pour Saxenian, cet exemple illustre l'importance des communautés techniques dans la diffusion des idées.

Les économistes considéraient traditionnellement que la production des biens publics pouvait être confiée soit à l'Etat, soit aux marchés. On n'accordait aucun rôle aux associations intermédiaires dans les économies de marché très avancées. La responsabilité de plus en plus prononcée des citoyens et la facilité croissante des communications, qui favorise la formation de communautés internationales d'intérêts divers, ont pourtant rendu ces associations volontaires de plus en plus actives. Il est intéressant de constater que leur importance ne se limite pas nécessairement à la distribution de biens publics, mais s'étend à la constitution d'un capital social intangible spécifique (solidarité, estime sociale, satisfaction professionnelle, etc.) au bénéfice de membres partageant des causes et des centres d'intérêt communs. De ce fait, les normes civiques et l'éthique professionnelle, qui favorisent la distribution des biens publics, peuvent se développer de diverses façons sans nécessiter l'intervention de l'Etat. L'idée d'un enchâssement social du domaine de la propriété collective conserve donc toute son importance dans les sociétés contemporaines. Il faut néanmoins reconnaître qu'il existe une différence importante entre la communauté rurale étudiée dans ce chapitre et les associations bénévoles ou les communautés professionnelles contemporaines : leur degré d'ouverture vis-à-vis des membres potentiels. Dans le chapitre qui suit, nous étudierons comment une communauté d'intérêts peut se former de manière volontaire et endogène dans le domaine de l'échange.

Annexe

UNE NORME EST-ELLE DETERMINEE PAR L'HISTOIRE OU PAR L'ENVIRONNEMENT NATUREL ? LE CAS DE LA COREE DE L'ERE YI

Dans la section II.2., nous avons identifié les conditions dans lesquelles la norme communautaire de coopération pouvait devenir auto-exécutoire dans le domaine de la propriété collective ; il s'agissait de la production d'une quantité substantielle de capital social pour chaque famille marquant son lien avec la communauté. Il peut y avoir plusieurs équilibres et l'émergence d'une norme communautaire n'est pas la seule réponse possible au problème de la propriété collective. Les événements historiques et politiques qui ont conduit au régime Tokugawa *Baku-Han*, à savoir la chasse à l'épée et la séparation entre la ville et la communauté rurale qu'elle entraîna, jouèrent un rôle important dans la formation d'une norme capable de résoudre le problème de la propriété collective. Il existe cependant un autre courant de pensée, plus sensible au rôle des facteurs naturels dans la détermination des normes communautaires. Nous faisons allusion à la thèse de Hayami, selon laquelle la mousson qui touchait l'Asie a produit une agriculture familiale et l'utilisation coopérative des biens collectifs. Dans cette annexe, nous nous livrons à une étude rapide d'histoire comparée. Nous comparons le Japon de l'ère Tokugawa et la période plus tardive de la dynastie Choson en Corée afin de voir l'interaction des conditions naturelles et des facteurs historiques. Les deux communautés jouissaient de conditions naturelles à peu près identiques[29]. De ce point de vue, le Japon et la Corée sont équivalents aux groupes de contrôle appariés de la psychologie expérimentale, qui permettent d'étudier l'influence des facteurs socio-historiques sur la sélection de l'équilibre.

La structure sociale et politique des villages de Corée aux XVIIe et XVIIIe siècles était beaucoup plus différenciée que celle du Japon à la même époque[30]. Il existait en fait trois classes : les *yangban*, les *nobi* et les roturiers. Les *yangban* commencèrent à s'installer en zone rurale entre le XVe et le XVIIe siècle. Ils ne constituaient pas une classe juridiquement définie, mais existaient en tant que classe sociale composée de familles dont les ancêtres avaient acquis le statut de bureaucrates, selon la tradition mandarine, en ayant travaillé au service de la dynastie. Ils possédaient légalement des *nobi* (que l'on traduit conventionnellement par esclaves), jusqu'à plusieurs centaines dans certains cas, ces derniers devenant des objets d'échange et d'héritage entre les *yangban*. Certains *nobi* vivaient sans être la propriété d'un maître. Ils possédaient leur propre terre et, parfois même, d'autres *nobi*. On considère que la part des *nobi* dans la population totale est passée de 30 % à 50 % au cours du XVe siècle, en partie parce qu'un nombre croissant d'habitants des campagnes s'est retrouvé sans terre après l'agression mandchoue au nord, les actes de piraterie japonais et l'invasion Toyotomi au sud. Les roturiers possédaient ou louaient de petites parcelles de terre pour leur propre compte, mais ne possédaient pas de *nobi* et supportaient virtuellement la totalité de la charge fiscale versée au gouvernement. On estime qu'ils constituaient la majorité de la population au XVIe siècle, victimes de collectes d'impôts arbitraires et de prêts usuraires que leur imposaient les magistrats[31].

Lorsque les colonies rurales commencèrent à se former aux XVe et XVIe siècles, les *yangban* faisaient prospérer leurs terres et géraient de vastes domaines agricoles en s'appuyant sur le travail des *nobi* et des roturiers pauvres. La barrière sociale qui existait entre les *yangban* et les autres classes gênait l'émergence spontanée de normes susceptibles de favoriser le développement de biens publics locaux, contrairement à ce qui se passait au Japon à la même époque. Ces normes sanctionnaient les individus des différentes classes sociales de manière asymétrique. Les sources historiques regorgent des plaintes de *yangban* contre les escroqueries et la paresse des *nobi* ; la menace d'ostracisme ne pouvait toutefois servir de dispositif disciplinaire. Au contraire, le travail forcé et les loyers élevés conduisaient souvent les *nobi* et les petits paysans à fuir les terres des *yanban*. Ces derniers avaient le droit de punir sévèrement les *nobi* lorsqu'il leur était coûteux de les retrouver.

Quelle influence ce système social différencié a-t-il eu sur la structure institutionnelle de la production à l'échelle du village ? L'absence de capital social commun aux différentes classes sociales a-t-elle rendu définitivement impossibles les efforts de coopération dans la production, infirmant ainsi la thèse de Hayami appliquée à la Corée ? La culture sèche y était dominante jusqu'au XVe siècle. Un livre influent sur les consignes agricoles, publié sous la direction de King Sejong (1418-1450), déconseillait la culture irriguée à cause de ses risques et de sa vulnérabilité à la pénurie d'eau. Il expliquait aussi que la saison des pluies arrivait plus tôt au Japon qu'en Corée, de sorte que l'agriculture irriguée n'y était naturellement pas très saine (Miyajima, 1995). Le développement des systèmes d'irrigation aurait pourtant permis de contourner ce problème. L'histoire ultérieure de la Corée révèle que leur amélioration a contribué à augmenter la productivité de l'agriculture irriguée.

La fin de la dynastie Yi a vu se développer deux méthodes principales d'irrigation, les réservoirs et les *pok* (Miyajima, 1983). La construction et l'entretien des réservoirs, situés au pied des montagnes afin de collecter l'eau en utilisant la gravité naturelle, constituaient un travail à grande échelle qui nécessitait la mobilisation d'une force de travail par le gouvernement central. La grandeur et la décadence des réservoirs coïncident effectivement avec celles de l'autorité locale du gouvernement central. En particulier, l'utilisation des réservoirs s'est progressivement réduite au XIXe siècle, au moment même où les initiatives administratives s'affaiblissaient (Miyajima *et al.*, 1992). Le *pok*, d'autre part, était une méthode de détournement des rivières vers les rizières reposant sur des petits barrages destinés à élever le niveau des eaux. Cette méthode nécessitait un moins grand effort collectif. Des villages de roturiers se sont progressivement développés autour des villages *yangban*. Dans chaque village, des associations coopératives ou des ensembles communautaires (les *kye* de village) sont apparus dans des buts divers, comme par exemple le regroupement du capital pour le prêter à tour de rôle aux membres du village, l'élevage des vaches, l'aide mutuelle pour le remplacement des toits, etc. La plus importante de ces associations était celle qui était en charge de l'irrigation. Malgré les différences initiales de statuts sociaux entre les villages, la norme communautaire a donc commencé à se développer et à s'institutionnaliser, d'abord au niveau du village puis, progressivement, au-delà.

A la fin du XVIIIe et au XIXe siècle, une évolution intéressante se fit jour, à savoir la mobilité sociale des roturiers et des *nobi* vers les statuts plus élevés de *yangban* locaux et de roturiers. Les roturiers et même les *nobi* pouvaient alors se découvrir une ascendance en achetant un titre officiel à l'Etat ou en soudoyant des fonctionnaires locaux corrompus. On estime qu'au milieu du XIXe siècle, les *yangban* formaient presque la majorité de la population[32]. Parallèlement, les familles *yangban* de rang élevé devinrent des propriétaires terriens qui ne cultivaient plus leurs vastes domaines mais en abandonnaient la gestion. Les *yangban* de statut plus modeste, les roturiers et les *nobi* sont devenus *de facto* paysans. Le système agricole coréen semble s'être ainsi adapté progressivement aux conditions naturelles de la production de riz, en dépit de disparités considérables et persistantes dans la propriété légale des terres et dans la capacité à en extraire des rentes. Il existe également une preuve indirecte que les normes communautaires qui régissaient les biens communs locaux se développaient selon un accord de la communauté. H. Miyajima *et al.* (1992) ont examiné la manière dont le gouvernement colonial a promu le système d'irrigation dans les années 1930 et ils ont découvert que le système le plus efficace s'est développé dans la zone où il y avait déjà auparavant des associations traditionnelles d'irrigation, alors que les associations d'irrigation fondées par décret du gouvernement colonial et qui concernaient les nouveaux propriétaires japonais n'eurent qu'un succès limité.

On observe donc un schéma intéressant. Les facteurs sociaux et politiques traditionnels semblent avoir initialement empêché le développement conjoint de systèmes d'irrigation extensifs et de normes communautaires destinées à les réguler. Malgré ces barrières et comme l'indique la thèse de Hayami, la culture paysanne s'est progressivement affirmée vers la fin de la dynastie Yi, même si la propriété des terres y est restée très spécifique. On souligne généralement les luttes des classes d'une manière qui rappelle les analyses de Marx, l'exploitation de la rente par le gouvernement central, la classe favorisée des riches *yangban*, la pauvreté de la classe inférieure des *yangban*, des roturiers et des *nobi*. On interprète le soulèvement des paysans au XIXe siècle comme une expression de leur révolte désespérée[33]. L'insurrection des paysans au XIXe siècle était pourtant dirigée contre les fonctionnaires et les employés locaux et non contre les propriétaires terriens, les paysans riches et les prêteurs privés (Palais, 1975, p. 67). Ces circonstances montrent que le développement des normes communautaires latentes propres à l'apparition d'une économie de paysans était de plus en plus incompatible avec le régime politique en place. On peut ainsi comprendre les fréquents soulèvements de paysans comme le signe d'un écart grandissant entre leurs aspirations et les contraintes politiques qui leur étaient imposées, plutôt que comme l'expression spontanée de leur désespoir. Il semble qu'il s'agisse là d'une autre hypothèse, qui vaille la peine d'être examinée.

CHAPITRE III

Le contrôle privé de l'échange, des contrats et des marchés

« C'est dans le *ius gentium*, le droit marchand et les usages des ports et des foires, que nous devons principalement chercher les étapes dans l'évolution de la loi qui a finalement rendu possible une société ouverte. Peut-être pourrait-on même dire que la formation de règles universelles de conduite n'a pas commencé dans la communauté organisée de la tribu, mais plutôt avec le premier cas de troc muet, lorsqu'un sauvage plaça quelque offrande à la frontière de territoire tribal, dans l'espoir qu'un don correspondant lui serait fait en retour par le même procédé ; ce qui inaugurait une nouvelle coutume. De toute façon, ce ne fut pas à l'initiative et par le pouvoir de gouvernants, mais par le développement d'usages sur lesquels pouvaient compter les individus, que des règles de conduite générales se firent accepter. »

Friedrich Hayek, *Droit, Législation et Liberté*, 1973.

Ce chapitre étudie un moment important de l'établissement des droits de propriété : l'échange volontaire entre individus de biens privés. Si ces droits se sont établis sur différents biens de manière séquentielle, il n'est pas sûr que l'arrangement d'ensemble qui en résulte constitue un « optimum de Pareto », c'est-à-dire une situation dans laquelle l'utilité de tous les individus peut être augmentée simultanément en modifiant l'arrangement des droits de propriété. Dans une telle situation, les individus doivent donc être incités spontanément à échanger des droits de propriété sur les biens ; c'est que nous appelons simplement « commercer ». Si les opportunités d'échange étaient réservées aux individus qui troquent directement leurs biens contre ceux des autres au sein de leur propre communauté, les gains réalisés dans l'échange restent modestes. La monnaie et les marchands deviennent ainsi des intermédiaires qui facilitent l'expansion des opportunités d'échange au-delà des limites d'une communauté fermée, conduisant ainsi à ce que Hayek (1973) qualifie d'ordre élargi de la coopération humaine. Il faut cependant résoudre certains problèmes pour atteindre ce but. Comment les individus, marchands ou autres, qui échangent se font-ils mutuellement confiance ? La promesse d'un acheteur de payer à une certaine date est-elle tenue ? La monnaie que l'acheteur est prêt à débourser est-elle acceptable par les autres comme moyen de paiement à l'avenir ? La promesse d'un vendeur de livrer certains biens à une certaine date et dans une quantité spécifiée est-elle respectable ? Comment l'acheteur peut-il être sûr que les biens vendus ne comportent pas des vices cachés (Akerlof, 1970) ? Comme Hicks l'a un jour décrit :

> « Même le plus simple des échanges est une espèce de contrat ; chacune des parties abandonne des droits sur les choses qu'elle vend de manière à acquérir des droits sur les choses qu'elle achète. Très vite, les choses à échanger ne sont plus (ou plus intégralement) présentes physiquement lors de l'accord d'échange. La négociation consiste bientôt en trois éléments distincts : l'accord, la livraison dans un sens et la livraison dans l'autre sens. Dès que cette distinction est faite, l'accord lui-même devient une promesse de livraison. Echanger, c'est échanger des promesses ; mais il est futile d'échanger des promesses sans s'assurer qu'elles ont une bonne chance d'être tenues » (Hicks, 1969, p. 34).

En raison de la séparation entre les promesses de livraison et leur réalisation, une opportunité d'échange de marchandises peut être décrite comme une situation de dilemme du prisonnier à un coup : les joueurs peuvent chacun bénéficier de l'échange s'ils sont honnêtes, mais le gain de l'un d'entre eux s'accroît aux dépens de l'autre s'il peut le tromper de manière unilatérale. Si aucun dispositif ne peut empêcher ce type de malhonnêteté, alors un échange potentiellement avantageux pour les deux parties pourrait ne pas avoir lieu. Regardons par exemple la figure 3.1. La matrice représente les gains qu'un échange rapporte aux joueurs selon la combinaison de stratégie qu'ils adoptent. *H* signifie « être honnête » et *T* « tricher ». Le premier nombre de chaque case indique le gain qui revient au joueur de la ligne (disons l'acheteur). Les joueurs se partagent de manière égale un gain s'ils jouent tous les deux *H*. Si les deux jouent *T*, le gain des deux agents est négatif ($-\gamma < 0$). Si l'une des parties trompe l'autre unilatéralement, elle obtient un bénéfice personnel de $\alpha > \Gamma/2$ (ou $\hat{\alpha} > \Gamma/2$), alors qu'elle prive l'autre partie d'un montant $-\beta < -\gamma$ (ou $-\hat{\beta} < -\gamma$). Cette situation entraîne une perte agrégée de $\Gamma - (\alpha - \beta) > 0$ (respectivement $\Gamma - (\hat{\alpha} - \hat{\beta}) > 0$). En outre, chaque joueur a la possibilité de refuser d'échanger, ce qui rapporte un gain nul à chacun d'eux. Dans une telle situation, chaque joueur qui anticipe que l'autre joueur trahit choisit de ne pas échanger. Lorsque le jeu n'est joué qu'une fois et de manière isolée, cette combinaison de stratégie constitue l'équilibre unique de Nash.

Figure 3.1.
La matrice des gains du jeu de l'échange

Joueur 1 / Joueur 2	Honnêteté	Tricherie
Honnêteté	$\Gamma/2,\ \Gamma/2$	$-\hat{\beta}, \hat{\alpha}$
Tricherie	$A, -\beta$	$-\gamma, -\gamma$

Quel mécanisme peut-il alors contraindre les agents à choisir l'honnêteté ? En d'autres termes, comment s'assurer que les promesses d'échange seront tenues au cours du processus d'échange, au bénéfice de chacun des joueurs ? C'est ce que nous étudions dans ce chapitre. Ce mécanisme s'applique aux différents domaines d'échange qui se caractérisent par la matrice des gains représentée sur la figure 3.1. ou par le regroupement de plusieurs de ces matrices parmi un grand nombre de joueurs potentiels. Ces domaines comprennent non seulement ceux dans lesquels on peut échanger des droits de propriété sur des biens physiques par l'intermédiaire de la monnaie, mais aussi ceux dans lesquels on peut échanger une promesse de paiement contre une promesse de réaliser un certain type de travail.

Nous appelons « mécanismes de contrôle de l'échange » les mécanismes qui facilitent les échanges honnêtes entre les agents. Si on considère que même le plus simple des échanges est une espèce de contrat, on peut également appeler « mécanisme de mise en application des contrats » le mécanisme de contrôle de l'échange. Plus précisément, lorsqu'un domaine offre un grand nombre d'opportunités d'échange à un grand nombre d'agents dont les gains sont définis par une matrice ayant les caractéristiques d'un dilemme du prisonnier, on peut qualifier de « mécanisme de contrôle des marchés » le mécanisme qui s'applique à ce domaine.

Dans ce chapitre ainsi qu'au chapitre VI, nous essayons de comprendre les conditions dans lesquelles différents mécanismes peuvent devenir auto-exécutoires et soutenir des relations d'échange de confiance entre des agents différents. En d'autres termes, nous examinons les conditions auxquelles certains mécanismes de contrôle peuvent engendrer des anticipations stables entre les joueurs, de manière à les contraindre d'agir honnêtement[1]. Lorsque le domaine d'échange s'étend au point que les joueurs ne peuvent plus identifier *ex ante* les partenaires de l'échange, alors une tierce partie peut être nécessaire pour encadrer cet échange impersonnel. Même dans ces situations, nous ne considérons pas les tiers comme des parties exogènes neutres, auxquelles on pourrait imposer des règles d'action qu'ils observeraient automatiquement. Nous nous intéressons plutôt aux règles qui conduisent un tiers à améliorer le fonctionnement du marché : peut-il les choisir de manière crédible ? Nous devons étudier la manière dont ces règles peuvent devenir compatibles avec les incitations du tiers, pour que le mécanisme de contrôle en question s'institutionnalise et devienne le résultat stable d'un jeu dans lequel il a une position de joueur stratégique supplémentaire. En s'appuyant sur les travaux de différents auteurs, ce chapitre passe en revue certains mécanismes de contrôle d'ordre privé comme la confiance personnelle, les normes communautaires marchandes, les normes de clientèle et les normes de club, les contrats de travail auto-exécutoires, la mise en application par un tiers privé, ainsi que la mise en application par les parties elles-mêmes (les sentiments moraux). Les lecteurs qui connaissent cette littérature peuvent sauter la première partie de ce chapitre et passer directement à la section III.5., où sont examinées de manière approfondie les propriétés de ces mécanismes de contrôle et les relations qu'ils entretiennent entre eux. L'appendice présente un argument évolutionnaire sur la manière dont la monnaie peut émerger et se perpétuer en tant qu'intermédiaire des échanges de droits de propriété sur des marchandises (nous voyons une autre institution d'intermédiation, les marchands, au chapitre VIII.2). Dans ce chapitre, nous ne considérons pas que la Justice constitue une tierce partie susceptible de rendre les contrats exécutoires. La raison en est qu'il existe différents types d'Etats, remplissant chacun la fonction de contrôle des marchés de manière différente, et que pour les différencier nous devons d'abord comprendre le rôle que jouent les organisations sur les marchés. C'est ce que nous entreprenons dans les deux prochains chapitres, alors que les différentes fonctions des Etats dans le contrôle des marchés seront abordées au chapitre VI.

On peut penser que les mécanismes privés d'échange et de contrôle des marchés se sont développés avant l'émergence des Etats-nations modernes, et c'est pour illustrer ce point que les paraboles utilisées dans ce chapitre sont essentiellement tirées d'expériences historiques. Cela n'implique pas, comme nous le montrons dans la dernière section de ce chapitre, que les mécanismes de contrôle d'ordre privé aient perdu leur raison d'être avec l'apparition de l'Etat, ou qu'ils y sont devenus assujettis. Au contraire, ils continuent à jouer un rôle de contrôle significatif, en complément ou en remplacement des mécanismes d'Etat de mise en application des contrats. Alors qu'aujourd'hui les domaines d'échange s'étendent à l'espace virtuel globalisé, on commence à mettre en doute la capacité des Etats-nations à constituer un mécanisme essentiel de mise en application des contrats. Dans le domaine de l'échange virtuel, le commerce électronique, différents mécanismes de contrôle privés sont expérimentés en lieu et place des mécanismes étatiques de mise en application des contrats. Certains ressemblent beaucoup aux mécanismes que nous présentons dans ce chapitre, en ce qui concerne en particulier leur structure informationnelle et la manière dont ils rendent les contrats exécutoires. En dépit de leur enracinement historique, la logique intrinsèque des paraboles de ce chapitre les rapproche des situations contemporaines.

III.1. LES NORMES MARCHANDES

(A) Confiance personnelle et normes communautaires marchandes

Le mécanisme de réputation constitue une solution bien connue au problème posé par les situations de dilemme du prisonnier. Supposons que deux joueurs (un acheteur et un vendeur) se rencontrent de manière répetée. Si on fait l'hypothèse qu'ils sont patients (qu'ils n'actualisent pas à un taux trop élevé leurs bénéfices futurs) et que le gain lié à une trahison de l'autre joueur n'est pas trop important, la menace par chacun d'eux de cesser d'échanger suite à la trahison de l'autre peut les dissuader de se trahir l'un l'autre. Supposons maintenant que le jeu représenté sur la figure 3.1. se répète chaque semaine et que les deux joueurs escomptent une unité d'utilité disponible une semaine plus tard au taux δ. Supposons, par ailleurs, que chaque partie adopte la stratégie contingente suivante : jouer *H* tant que l'autre partie joue également *H*, mais ne plus jamais échanger si l'autre partie a trahi cette semaine.

Examinons les effets d'une déviation unilatérale de cette stratégie au cours de l'une des semaines. Supposons qu'un joueur trahit alors que l'autre fait confiance. Le gain net immédiat du premier est $\alpha - \Gamma/2$ et son gain à chaque période future est nul du fait de la stratégie de punition par l'autre partie ; la valeur actualisée de la somme des coûts associés à la déviation de la stratégie *H* se lit donc $\frac{\delta}{1-\delta} \times \Gamma/2$. Donc si le taux d'escompte δ n'est pas trop élevé et que le gain immédiat lié à la trahison n'est pas trop grand comparé à celui de la confiance, il n'a jamais intérêt à jouer *T*. La croyance que la trahison entraîne une sanction coûteuse peut donc dissuader les agents de se trahir les uns les autres. On peut qualifier de « confiance personnelle » réciproque le mécanisme par lequel ces croyances soutiennent l'échange réciproque honnête.

La stratégie décrite impose cependant un coût très élevé à l'agent qui sanctionne (aussi élevé que celui d'être sanctionné soi-même), même dans le cas où le partenaire de l'échange a adopté la stratégie *T* par erreur. Considérons donc l'autre combinaison de stratégies suivante. Supposons que le joueur qui a trahi une fois sera puni par son partenaire d'échange, qui joue la stratégie *T* pendant les *N* semaines suivantes. Si le premier continue à jouer *H* au cours de cette période, il sera pardonné et l'échange honnête reprendra après les *N* semaines. S'il joue *T* une seule fois durant la période de punition, alors la période de punition recommence. Supposons alors que l'un des partenaires d'échange joue *T* une certaine semaine et que l'autre joue *H*. Si on suppose que l'autre partie adopte effectivement la stratégie de punition, alors celui qui a trahi perd non seulement le gain $\Gamma/2$ associé à l'échange, mais subit également le coût de pénalité à partir de la période suivante et pour les *N* périodes à venir. La valeur actualisée de la somme des coûts liée à la déviation de la stratégie *C* est alors $\delta(1-\delta^T)(\Gamma/2+\beta)/(1-\delta)$. Si δ et N sont suffisamment importants pour que cette somme soit supérieure aux bénéfices immédiats de la déviation de la stratégie $\alpha-\Gamma/2$, alors les joueurs n'ont jamais intérêt à jouer T. D'autre part, il est nécessaire que N ne soit pas trop élevé pour que l'acceptation de la punition, c'est-à-dire le choix de la stratégie C alors que son adversaire joue T, soit compatible avec les incitations du joueur qui a initialement trahi. Cette condition est donnée par

$$-\left[\delta+...+\delta^T\right]\beta+\left[\delta^{T+1}+\delta^{T+2}+...\right]\frac{\Gamma}{2}>0$$

Ces conditions sont toutes deux satisfaites pour *N* positif si $\delta>(\alpha-\Gamma/2)/\alpha$, comme auparavant. D'autre part, si un joueur joue la stratégie *T*, alors la meilleure réponse de son partenaire d'échange sera d'exercer des représailles pendant *N** semaines, où *N** est le *N* maximum satisfaisant les conditions ci-dessus (nous supposons que seules les stratégies pures sont permises). Dans ce cas, la menace selon laquelle la tromperie entraîne une sanction coûteuse pendant *N** semaines devient crédible et l'on peut effectivement dissuader les joueurs de l'adopter.

Imaginons maintenant qu'un groupe de joueurs se réunisse pour échanger des biens sur un marché local qui ouvre chaque semaine. Chacun y est alors apparié à un autre et ils participent tous au même jeu d'échange que celui représenté sur la figure 3.1. Si les mêmes joueurs se rencontrent chaque semaine, alors leur confiance personnelle soutient leur coopération mutuelle. Nous supposons néanmoins que les joueurs changent de partenaire de manière aléatoire chaque semaine et qu'ils jouent la stratégie *C* tant que leurs expériences d'échange ont été satisfaisantes. En revanche, dès qu'une trahison se produit sur le marché, alors la nouvelle se répand très vite de sorte que les joueurs n'y viennent plus. Les incitations des joueurs sont alors identiques à celles qui prévalaient dans la solution d'absence permanente d'échange du jeu répété à deux personnes. Cette solution est néanmoins extrême, en ce qu'une déviation de la stratégie d'échange honnête par un seul joueur, même par erreur, conduira à la fermeture complète du marché et impose un coût très élevé à tout le monde.

En revanche, si l'on peut correctement identifier et faire connaître à tous les joueurs du marché ceux qui ont trahi, alors il est possible d'appliquer la stratégie de punition limitée décrite auparavant de manière sélective en ne l'imposant qu'à ces derniers (Kandori, 1992 : proposition 2 ; voir aussi Okuno-Fujiwara et Postelwaithe, 1995). Cela signifie que, lorsque deux joueurs se rencontrent de manière aléatoire, ils peuvent savoir si l'autre partie a trahi dans le passé et, si c'est le cas, refuser de faire confiance et la forcer à jouer elle-même. En revanche, si un autre joueur trahit pendant qu'un joueur est sanctionné, alors ce dernier sera pardonné de sorte que seul le dernier joueur ayant trahi sera puni. Cette sanction sélective requiert davantage d'information sur la trahison (puisqu'il ne suffit pas de savoir qu'une trahison a eu lieu) lorsque les rencontres sont aléatoires. Elle a néanmoins le mérite d'imposer des coûts bien moindres aux joueurs honnêtes lorsqu'un joueur malhonnête est sanctionné, alors même que ceux qui trahissent sont potentiellement exposés au même degré de sanction que dans le mécanisme de confiance personnelle. Cette construction abstraite fait clairement apparaître le type générique d'information qui est nécessaire au mécanisme de marché : si on peut identifier ceux qui trahissent au sein d'une communauté de joueurs patients, leur pratique répétée de l'échange peut alors engendrer et soutenir la croyance crédible que ceux qui trahissent seront punis. Lorsque l'échange honnête au sein d'une communauté de joueurs partageant ce type d'information est soutenu par cette croyance, nous pouvons qualifier celle-ci de norme communautaire marchande. Notons cependant qu'il existe une tension entre l'hypothèse que les agents se rencontrent de manière aléatoire (l'échange est impersonnel) et celle que l'information est parfaitement disséminée. Cette tension peut-elle être résolue lorsqu'il n'existe pas de tierce partie centralisée faisant circuler l'information pertinente ?

(B) Clientélisme et normes de clubs

Pour des observateurs innocents, le bazar semble constituer un lieu d'échange qui justifie l'hypothèse de rencontres aléatoires et d'absence d'agent centralisé en charge de diffuser l'information. Comment peut-on empêcher, même imparfaitement, les agents d'être malhonnêtes lorsqu'ils échangent ? Clifford Geertz, spécialiste d'anthropologie économique, a observé un bazar marocain et identifié deux éléments fondamentaux de sa structure institutionnelle : le marchandage et l'existence de liens de clientèle stables entre acheteurs et vendeurs. Il remarque :

> « Le clientélisme à Séfrou est la tendance marquée chez les acheteurs de certains biens à établir des relations continues avec certains de leurs fournisseurs, plutôt que de rechercher plus largement sur le marché chaque fois qu'ils en ont besoin. Le mouvement apparemment brownien de collisions aléatoires entre les membres du bazar masque un schéma répétitif de relations personnelles informelles » (Geertz, 1978, p. 30).

Etudions maintenant la construction évolutionnaire de la confiance personnelle au sein d'un domaine dans lequel les échanges impersonnels ont initialement prévalu. L'objectif de l'exercice qui suit n'est pas de reproduire le processus historique de clientélisation mais de comprendre la logique élémentaire du développement des normes dans des groupes endogènes de joueurs. Ces normes peuvent aider les joueurs à répondre au manque d'informations systémiques dans les échanges de grande envergure[2].

Supposons que l'étape de jeu qui a lieu chaque semaine sur le bazar soit représentée par un ensemble non structuré d'opportunités d'échanges semblables à celle qui est représentée sur la figure 3.1. L'ensemble des agents comprend désormais un grand nombre de joueurs provenant de lieux divers, qui sont appariés de façon aléatoire. Ils ne connaissent pas l'histoire du partenaire d'échange qu'ils rencontrent par hasard sur le bazar et ne savent pas s'ils peuvent se faire confiance. Nous supposons néanmoins que les joueurs appariés peuvent, s'ils le souhaitent, se rencontrer à nouveau dans l'avenir. En ce sens, le bazar ne constitue pas un marché anonyme.

Si les rencontres se poursuivent de manière aléatoire, le seul équilibre de Nash possible est l'absence totale d'échanges. Peut-on pour autant qualifier cet état de ce que Maynard-Smith (1982) appelle une « stratégie évolutionnairement stable » (SES) ? L'idée de SES est de rendre compte de la dynamique d'une population que l'on ne peut envahir. Dans une stratégie évolutionnairement stable, un mutant qui apparaît marginalement disparaît par sélection naturelle[3]. Les gains éventuels liés à une coopération de long terme peuvent pousser certains joueurs à sortir de l'impasse caractérisée par l'absence totale d'échanges en parlant avec d'autres joueurs pour leur indiquer leur intention de jouer *H* et de continuer à jouer *H* si la relation se poursuit. Ils essaient de faire passer cette information et de déduire les intentions de leurs partenaires en utilisant certaines langues ou certains signaux gratuits comme l'apparence, les habitudes, les accents, les noms d'amis ou de parents communs, dont la signification peut ne pas être évidente aux autres[4]. Si les mots et les types correspondent, les joueurs peuvent être tentés par la réalisation effective de l'échange. Robson (1990) qualifie ces rencontres de « poignées de main secrètes entre mutants[5] ». La stratégie d'échange honnête peut-elle alors progressivement dominer celle du refus d'échanger et ainsi bouleverser l'équilibre caractérisé par l'absence d'échange ? Le problème est que certains joueurs peuvent d'abord promettre de coopérer puis trahir et ne jamais plus rencontrer le même partenaire. Nous qualifions ces joueurs de parasites. Du fait de leur existence, les paroles en l'air ne peuvent plus soutenir le déroulement honnête de l'échange. L'équilibre de Nash évolue alors vers une situation dans laquelle tous les joueurs se soustraient à l'échange honnête. Supposons que le domaine soit alors envahi par des mutants qui utilisent un nouveau langage ou de nouveaux signaux pour contourner les parasites et s'engagent dans des poignées de main secrètes. De nouveaux parasites, correspondant au nouveau type de mutants, émergeront bientôt. Il s'agit d'une course de rats qui empêche l'émergence d'un équilibre de Nash dans lequel tous les joueurs seraient en compétition. C'est donc l'absence d'échange qui constitue une SES (Robson, 1990).

Imaginons maintenant qu'avant même d'échanger les joueurs s'offrent des cadeaux au moment de se serrer la main, ou qu'ils paient certains coûts associés à la construction d'une relation (comme des visites fréquentes ou des services) pour montrer leurs bonnes intentions (Carmichael et MacLeod, 1997). Le cadeau peut être coûteux pour celui qui l'offre mais doit être sans valeur pour celui qui le reçoit (dans un joli papier cadeau), ou être consommé rapidement. Dans le cas contraire, des parasites pourraient recevoir ces cadeaux, puis trahir ceux qui les offrent ainsi qu'un autre partenaire d'échange en les recyclant (Carmichael et MacLeod appellent ces joueurs les « parasites recyclants »). Supposons que certains joueurs adoptent la stratégie suivante : si leurs messages (parmi une infinité de messages possibles) coïncident avec ceux des partenaires d'échange avec lesquels le hasard les a appariés, ils échangent des cadeaux (ou investissent dans la construction d'une relation), jouent *H* et restent avec les mêmes partenaires jusqu'à leur mort tant que les autres jouent *H* également. Dans le cas contraire, deux individus appariés se séparent et cherchent à faire de nouvelles rencontres sur le bazar. Les joueurs qui adoptent cette stratégie sont qualifiés de clients. Pour que cette stratégie soit compatible avec les incitations des joueurs, les deux conditions suivantes doivent être remplies :

$$\frac{\Gamma/2}{1-\delta} - G > \frac{\alpha - G}{1-\delta}, \frac{\Gamma/2}{1-\delta} > G,$$

où G représente le coût du cadeau ou de l'investissement dans la relation. La première inégalité dit que la valeur actuelle des gains de la coopération répétée grâce au don du cadeau (ou à la construction d'une relation) à une période donnée doit être strictement supérieure à celle de la stratégie parasite, qui consiste à renouveler le don (ou la construction d'une relation) chaque semaine et à trahir son partenaire d'échange. La seconde inégalité signifie que la valeur actuelle des gains de la coopération répétée doit être supérieure au coût immédiat du don ou de la construction d'une relation. En combinant ces deux conditions, on voit que si

$$\frac{\Gamma/2}{1-\delta} > G > \frac{\alpha - \Gamma/2}{\delta},$$

alors une relation de clientèle peut se former et être soutenue par l'intérêt mutuel des joueurs.

Supposons qu'une faible proportion de la population meure chaque année et soit remplacée par une génération nouvelle. La plupart des agents imitent simplement les stratégies de leurs parents, mais une toute petite fraction expérimente une nouvelle stratégie de manière aléatoire. Dans ce type de jeux, Carmichael et MacLeod ont montré que, pour les stratégies de clientèle dont les cadeaux (des coûts) ont des tailles identiques et qui satisfont les inégalités ci-dessus, il existe un équilibre stable neutre caractérisé par les deux propriétés suivantes : 1. C'est un équilibre de Nash et 2. Les mutants ne peuvent jamais obtenir une utilité supérieure à celle des clients, bien qu'il puisse être nécessaire d'émettre en permanence de nouveaux messages pour contourner les parasites (à strictement parler, ce concept d'équilibre est formulé en termes d'utilité plutôt que de stratégie)[6]. Plus précisément, aucun des deux groupes suivants ne peut obtenir une utilité supérieure à celui de la stratégie de clientèle : ni le groupe secret de parasites qui émet un nouveau message, échange des cadeaux, mais trahit ; ni un groupe d'agents qui émet un nouveau message, n'échange pas de cadeaux mais instaure une coopération entre ses membres. Lorsque deux agents qui ont adopté une stratégie de clientèle se rencontrent, ils quittent le marché des rencontres aléatoires et restent ensemble jusqu'à ce que l'un des deux meure. Les parasites ne quittent jamais le marché des rencontres aléatoires. Le coût social du don, de la construction d'une relation associé à l'amélioration des transactions de marché honnêtes peut être faible si les joueurs sont suffisamment patients. Si le facteur d'escompte est proche de 1, alors G peut être très proche de $\alpha - \Gamma/2$, ce qui est bien inférieur aux gains liés à la prolongation de l'échange honnête. On peut donc considérer que la clientélisation constitue une réponse *efficace* aux déficiences informationnelles du bazar[7].

Le mécanisme ci-dessus représente un ensemble de relations bilatérales quasi permanentes entre des paires de joueurs qui échangent initialement les mêmes signaux et les mêmes dons (ou font sinon disparaître les coûts liés à la construction d'une réputation)[8]. Tout comme la confiance personnelle (un mécanisme de réputation bilatéral) peut se perpétuer au sein d'un groupe de commerçants capables de se reconnaître, on peut conjecturer qu'un groupe de joueurs peut effectivement reproduire le mécanisme décrit ci-dessus. Par exemple, un groupe de commerçants au sein d'une vaste population de joueurs peut parvenir à s'identifier en utilisant le même langage et en payant les mêmes droits d'adhésion initiaux afin de former un club ou une association. Ces droits doivent être payés sous une forme qui ne peut bénéficier aux étrangers ou qui ne peut être transportée par les individus, comme c'est le cas par exemple pour les cérémonies rituelles, les certificats d'appartenance ou les mémoriaux du club. Après sa formation, chaque club constitue un sous-domaine séparé du domaine de marché initial, au sein duquel des normes spécifiques peuvent réguler les relations de transaction mutuelles de manière analogue à la norme communautaire marchande décrite dans la section précédente. Toute violation du comportement standard (l'échange honnête) est sanctionnée par la radiation du club. En ce sens, les normes communautaires peuvent opérer non seulement dans des domaines où l'appartenance est fixée de manière exogène en raison de la nature technique des transactions ou de limites géographiques, mais aussi dans des domaines créés de manière endogène par un groupe particulier d'agents capables de se reconnaître comme membres de la clientèle, dignes de confiance. Nous qualifions de « normes de club » ces normes quasi communautaires qui apparaissent dans des groupes endogènes d'agents.

Un problème se pose néanmoins lorsque ce sont des normes de club qui servent d'institution de contrôle des marchés ; en effet, l'inertie des normes peut entraîner une perte pour les agents. Dans la parabole qui précède, nous avons supposé que l'environnement technologique du jeu d'échange (les gains des joueurs) était invariable et ce pour un nombre indéfini de périodes. Il était alors raisonnable de considérer que des partenaires d'échanges capables de se reconnaître mutuellement comme honnêtes pouvaient maintenir ces relations jusqu'à leur mort. Supposons que de nouveaux marchands, dotés de nouveaux produits, arrivent chaque semaine sur le bazar de sorte que les relations anciennes perdent rapidement de leur valeur. Dans ce cas, la méfiance de l'étranger peut empêcher les joueurs d'exploiter les gains potentiels ouverts par ces opportunités nouvelles. Ce n'est pas la seule possibilité. Sous des conditions différentes, les normes qui prévalent dans une communauté fermée (que ce soit une communauté de paysans ou une communauté de marchands) peuvent faciliter sa transition vers des relations ouvertes de marché. Nous examinerons cette possibilité au chapitre VIII.2 (A).

III.2. LES CROYANCES CULTURELLES ET LES CONTRATS D'EMPLOI AUTO-EXECUTOIRES

Lorsque les opportunités d'échange s'étendent géographiquement, les marchands doivent engager des agents afin de s'occuper de leurs affaires dans des lieux éloignés. Il leur est pourtant difficile de superviser ou de contrôler directement et quotidiennement les activités opérationnelles de leurs agents, de sorte qu'apparaît la possibilité que ces derniers se comportent de manière malhonnête, par exemple en détournant les biens des marchands, en agissant de manière opportuniste ou en ne fournissant pas l'effort requis par la relation nouée avec le marchand. Dans un travail original d'analyse institutionnelle historique et comparée, Greif (1989, 1994) a étudié ce dilemme du prisonnier asymétrique dans le contexte spécifique du commerce méditerranéen au Moyen Age. Il a étudié comment les marchands génois et les marchands maghrébins ont répondu, chacun à leur manière, à un « problème d'agence » identique. Ce faisant, il a montré comment les anticipations partagées (ce qu'il appelle croyances culturelles) peuvent imposer aux agents de se comporter de manière honnête. Ces croyances partagées influencent la trajectoire historique du développement institutionnel.

Greif fonde son argumentation sur un modèle de jeu répété entre un marchand et des agents. Une étape de jeu commence avec l'engagement d'un agent par un marchand à un certain niveau de salaire et se termine par le choix de ce dernier de renvoyer ou non l'agent une fois le résultat de sa prestation observé. Une fois employé, l'agent ne dispose que de deux stratégies, à savoir {Honnêteté ou Tricherie}. L'objectif du marchand est d'empêcher que l'agent ne le trahisse ; son ensemble de stratégies comprend la fixation d'un taux de salaire fixe ω au début de l'étape de jeu et la décision de réengager ou de renvoyer l'agent à la fin de l'étape de jeu. S'il le renvoie effectivement, il doit décider qui engager au début de l'étape de jeu suivante. Si le marchand peut toujours renvoyer celui qui le trahit, nous faisons l'hypothèse qu'il paie toujours le salaire promis en fin de période (le marchand ne trahit donc pas l'agent).

On suppose par ailleurs que la séparation se produit non seulement lorsque l'agent a trahi le marchand, mais également (avec une probabilité σ) pour une raison exogène quelconque, comme la mort ou le départ en retraite du marchand ou encore l'interruption d'une affaire fort incertaine à l'étranger. Un agent qui trahit reçoit un bénéfice brut de α à la période courante et inflige un dommage β au marchand. L'utilité des agents est nulle s'ils ne sont pas employés. La structure de gain de ce dilemme du prisonnier asymétrique est représentée sur la figure 3.2., où le joueur en ligne représente l'agent et celui en colonne représente le marchand. La stratégie du marchand dénommée *NE* signifie ne pas engager l'agent, alors que *E* signifie l'engager.

Figure 3.2.
La structure des gains du jeu du marchand et de l'agent

Agent \ Marchand	Engager	Ne pas engager
Honnêteté	$\omega, \Gamma - \omega$	0, 0
Tricherie	$\alpha, -\beta$	0, 0

Ce jeu diffère du jeu d'échange originel en ce que le gain des agents lorsque les deux joueurs jouent *H* est désormais déterminé de manière endogène par le marchand. Considérons d'abord la politique salariale que le marchand peut déterminer de manière à inciter les agents à être honnêtes, sachant qu'il les licencie s'ils le trahissent. Nous appelons salaire d'efficience le taux de salaire qui satisfait cette condition. Supposons pour l'instant que les agents ont une probabilité π_h d'être réemployés s'ils n'ont pas trahi le marchand et une probabilité π_c s'ils l'ont trahi. Le principe de la programmation dynamique optimale nous dit qu'un agent n'a jamais intérêt à trahir le marchand à l'avenir s'il n'a pas intérêt à le faire aujourd'hui. Il suffit donc d'examiner les conditions sous lesquelles un agent n'a pas intérêt à trahir le marchand au cours d'une période, en supposant que l'agent qui trahit le marchand ne trahira plus jamais les autres après s'être fait réengager.

Nous appelons V^a la valeur actuelle, calculée sur toute la vie, du revenu anticipé d'un agent employé à la période courante et qui se comporte de manière honnête à chaque fois qu'il est engagé et V_i^u la valeur actualisée du revenu d'un agent au chômage, honnête à la fin de la période précédente mais qui se retrouve sans emploi (dans ce cas $i = h$) ou d'un agent qui a trahi à la fin de cette même période (cas où $i = c$). Nous avons donc

$$V^a = w + \delta\left[(1-\sigma)V^a + \sigma V_h^u\right],$$

$$V_i^u = \pi_i \mathrm{V}^a + \delta(1-\pi_i)V_i^u,\ i = h,c$$

où δ est le facteur d'actualisation. Trahir une fois rapporte une utilité espérée de $\alpha + \delta V_c^u$ sur toute la vie, de sorte que les agents ne choisissent pas cette option si cette utilité est inférieure à V^a. C'est le cas lorsque la condition suivante est satisfaite

$$w \geq \alpha\left[1-\delta(1-\pi_h)(1-\sigma)\right]\frac{\left[1-\delta(1-\pi_c)\right]}{\left[1-\delta(1-\pi_h)\right]} \underset{\text{def}}{=} \omega$$

Les marchands peuvent donc assurer le taux de salaire ω afin de dissuader les agents de les tromper, pourvu que ce taux soit inférieur au produit brut Γ que reçoit un agent honnête. La condition ci-dessus montre immédiatement que le choix de salaire optimal des marchands est lié à leur évaluation de la probabilité π_i. En particulier, le salaire optimal ω croît avec π_c. Plus précisément, si $\pi_c = \pi_h$, c'est-à-dire que si le marchand s'attend à ce que les autres emploient aveuglément de nouveaux agents quelle que soit la conduite passée de ces derniers, alors il doit fixer le salaire au taux $w \geq \alpha\left[1-\delta(1-\pi_h)(1-\sigma)\right] \underset{\text{def}}{=} \omega_I$ s'il veut inciter l'agent qu'il emploie à ne pas le trahir. Par ailleurs, $\pi_c = 0$ si le marchand s'attend à ce que les autres marchands n'emploient que des agents qui se sont comportés de manière honnête. Dans ce cas, il peut fixer le salaire au taux

$$w = \frac{(1-\delta)}{\left[1-\delta(1-\pi_h)\right]}\omega_I \underset{\text{def}}{=} \omega_C$$

Bien évidemment, on a $\omega_I > \omega_C$.

Distinguons maintenant deux stratégies d'emploi opposées de la part du marchand : l'une dans laquelle le marchand choisit de ne pas engager un agent qui a trahi une seule fois un autre marchand, mais d'offrir à celui qu'il emploie le niveau de salaire ω_C ; et l'autre selon laquelle il choisit d'employer n'importe quel agent sans distinction et de lui offrir le salaire ω_I. La première stratégie n'est possible que lorsqu'il existe un réseau d'information dense parmi les marchands, de sorte que ceux qui trompent soient facilement identifiables, alors que la seconde peut être poursuivie sans que les marchands interagissent. Greif qualifie donc la première de stratégie collectiviste et la seconde de stratégie individualiste. Le salaire qui est offert par chaque stratégie empêche les agents de trahir si l'anticipation qui lui est associée est auto-réalisatrice. Pour qu'elle le soit, nous devons seulement nous assurer que chaque stratégie d'emploi constitue la meilleure réponse du marchand lorsqu'un agent le trompe. Les marchands qui choisissent la stratégie individualiste emploieront n'importe quel agent au salaire ω_I. Leur stratégie est donc soutenable de manière triviale. Ceux qui choisissent la stratégie collectiviste doivent avoir intérêt à ne pas engager un agent qui a trahi dans le passé et donc n'engager que des agents qui appartiennent au groupe des chômeurs honnêtes. On peut vérifier cela en remarquant que s'ils emploient des agents qui ont trahi, ils ont à leur payer un salaire plus élevé ω_I pour les empêcher de trahir de nouveau à l'avenir. Un raisonnement analogue montre qu'ils n'ont pas intérêt à ne pas renvoyer un agent qui les a trompés. La stratégie collectiviste est elle aussi auto-exécutoire. Enfin, la stratégie optimale d'un agent est toujours de jouer *H*, quelle que soit la stratégie salariale choisie par le marchand. On peut donc conclure que la stratégie collectiviste d'une part et la stratégie individualiste d'autre part, chacune associée à la stratégie de comportement honnête des agents, constituent deux équilibres différents (des équilibres parfaits en sous-jeu).

Jusqu'à maintenant, il semble que le modèle ci-dessus constitue une extension assez directe des modèles de salaire d'efficience[9]. le modèle de Greif est fondé sur un grand nombre d'informations comparées tirées de l'étude de documents historiques. De plus, les implications du modèle sont évaluées à la lumière de comparaisons des évolutions historiques institutionnelles ultérieures. Les stratégies collectiviste et individualiste engendrent des résultats d'équilibres (les résultats du sentier de jeu) qui se caractérisent tous deux par une absence de trahison de la part des agents. Ces résultats sont néanmoins engendrés par des anticipations auto-exécutoires différentes de la part des marchands et des agents quant aux actions choisies par les autres en cas de trahison (les résultats hors du sentier du jeu). Greif qualifie ces anticipations de *croyances culturelles*. Elles constituent des contraintes institutionnelles en ce qu'elles sont potentiellement multiples (elles ne sont pas déterminées par la technologie) et qu'elles contraignent le comportement des agents économiques en coordonnant leurs croyances. Elles sont également culturelles car l'héritage culturel d'une société et le processus historique par lequel les différents joueurs interagissent peut avoir transformé la convergence des anticipations vers l'une de ces possibilités en point focal naturel. Greif considère que les Maghrébins (comme les marchands juifs qui ont adopté les principes de la société musulmane) qui ont commencé à commercer autour de la Méditerranée au début du XIe siècle avaient des valeurs culturelles collectivistes, alors que les Génois, qui ont commencé à commercer à la fin de ce même XIe siècle, avaient des valeurs culturelles individualistes. Ses sources indiquent que les Maghrébins avaient développé des réseaux d'information denses et qu'ils utilisaient la punition collective des comportements déviants dans la logique de leurs coutumes et de leurs traditions, alors que les Génois étaient très individualistes et ne disposaient pas de cette capacité à partager l'information et à sanctionner collectivement la malhonnêteté.

Les croyances culturelles collectivistes et individualistes ont des conséquences intéressantes en ce qui concerne l'évolution institutionnelle. Dans un système de croyances collectivistes, les marchands ont intérêt à s'utiliser les uns les autres comme agents. Supposons qu'un marchand (dans une relation d'agence) soit malhonnête avec un autre marchand. Dans ce cas, les autres marchands peuvent coordonner une punition collective contre ce marchand malhonnête en refusant de punir les marchands/agents qui l'ont, à leur tour, trahi. Ce marchand doit alors payer le salaire ω_I (plus élevé) à son agent pour le dissuader d'adopter un comportement malhonnête, de sorte qu'à chaque période son profit anticipé s'élève à $\Gamma - \omega_I$. Donc même s'il existe $w = \hat{\omega} < \omega_C$ tel que $\alpha + \delta V_c^u > V^a$, de sorte que la contrainte de compatibilité avec les incitations de l'agent est violée, pour un même $\hat{\omega}$, il se peut que

$$\alpha + \delta V_c^u - \frac{\delta}{1-\delta}(\omega_I - \hat{\omega}) < V^a.$$

Le dernier terme de la partie gauche de cette inégalité est la valeur actuelle du montant supplémentaire que le marchand doit payer à son propre agent pour le dissuader de le trahir, sachant qu'il ne peut espérer de sanction coordonnée de la part des autres marchands si cela se produit. Lorsque cette inégalité est vérifiée, un marchand n'est pas incité à trahir s'il agit pour le compte d'un autre marchand. Le coût de la malhonnêteté est donc très élevé pour les marchands maghrébins engagés comme agents. On peut payer un marchand/agent à un salaire plus bas que ω_C tout en empêchant la malhonnêteté de se produire.

C'est la même logique que dans le cas discuté au précédent chapitre, où sont liés le jeu de l'irrigation et le jeu de l'échange social communautaire. La possibilité d'imposer une forte pénalité collective dans le jeu d'échange social communautaire pouvait dissuader les comportements de passager clandestin dans le jeu de l'irrigation, même lorsque la contrainte d'incitation du jeu de l'irrigation isolé n'était pas vérifiée. Ici, le marchand joue simultanément le rôle de marchand-principal et de marchand-agent, dans deux domaines d'échange séparés. Même si le salaire est suffisamment bas pour tenter un marchand d'en trahir un autre lorsqu'il joue en tant qu'agent, cela entraîne une pénalité coûteuse dans d'autres domaines de jeu, c'est-à-dire au moment où, en tant que marchand, il cherche à engager d'autres marchands comme agents. Ce lien n'est cependant pas possible dans un système de croyances individualistes, parce que l'on ne peut infliger de punition collective à un marchand/agent malhonnête. En conséquence, les croyances collectivistes induisent des relations horizontales (réciproques) entre les marchands/agents, alors que des croyances individualistes engendrent une séparation verticale entre une classe de marchands et une classe d'agents.

Cette différence a des conséquences importantes dans la capacité des organisations économiques à s'étendre lorsque les opportunités d'échange s'élargissent. Les Génois ont répondu à ces opportunités en étendant leur stratégie individualiste de manière à créer de nouvelles relations marchands-agents avec des non-Génois. En ce sens, Greif considère que l'équilibre individualiste tend à être intégrateur. En revanche, les Maghrébins n'ont étendu leurs activités d'échange qu'aussi loin que se trouvaient d'autres Maghrébins qu'ils pouvaient engager comme agents, puisque, comme nous l'avons vu, c'est cette stratégie qui leur coûtait le moins cher. S'ils avaient dû engager des non-Maghrébins, à l'égard desquels la punition collective n'aurait pu être appliquée, ils auraient dû leur payer un salaire supérieur à ω_C pour prévenir leur malhonnêteté. En conséquence, certaines opportunités d'échange avantageuses pouvaient être considérées comme non profitables. L'équilibre collectiviste est donc ségrégatif. Bien que, d'un point de vue purement théorique, l'équilibre individualiste puisse ne pas être intrinsèquement plus *performant*, la société collectiviste peut se révéler moins encline à exploiter les opportunités d'échange nouvelles.

III.3. LE CONTROLE PAR UNE TIERCE PARTIE PRIVEE : LA *LEX MERCATORIA*

Un moyen de contrôler les échanges de marché entre des joueurs qui ne se rencontrent plus jamais consiste à introduire une tierce partie qui, à un certain coût, surveille la malhonnêteté des agents et la rend publique parmi les joueurs. Cette solution a été proposée par Milgrom, North et Weingast (1990) dans le contexte spécifique du droit marchand à l'époque du commerce médiéval. Au cours des XIIe et XIIIe siècles, la plupart du commerce entre l'Europe du Nord et l'Europe du Sud se déroulait dans les foires de Champagne. Des marchands de différentes localités nouaient des contrats qui devaient être rendus exécutoires mais ne bénéficiaient pas d'une mise en application d'ordre juridique. Les marchands développèrent leur propre code commercial, la *lex merca-*

toria, qui réglementait les transactions commerciales et était administré par des juges privés tirés du rang. En s'appuyant sur cette information historique, les auteurs ont construit une parabole dans laquelle l'introduction d'une tierce partie permet de résoudre, à un certain coût, le problème du dilemme du prisonnier lié à l'échange de marché, alors même que les joueurs ne se rencontrent jamais deux fois.

Le jeu est construit en ajoutant un agent qui insère et relie dans le temps les différents jeux d'échanges représentés par la figure 3.2. Cet agent supplémentaire, appelé *lex mercatoria* (LM), conserve l'information sur les échanges et arbitre les conflits. L'une des innovations théoriques des auteurs consiste à étudier de manière explicite les incitations de cet agent ajouté lorsqu'ils déduisent le résultat d'équilibre du jeu. Pour éviter les complications, nous imaginons pour l'instant que LM est un agent neutre qui remplit honnêtement les fonctions qui lui sont attribuées. Nous pouvons ainsi analyser comment ses services d'intermédiation de l'information peuvent aider les joueurs à sortir de la situation de dilemme du prisonnier dans laquelle ils se trouveraient autrement piégés. Nous introduisons ultérieurement la possibilité que LM se comporte de manière stratégique. Le premier jeu est appelé « jeu augmenté neutre » et le second « jeu augmenté stratégique ».

Le jeu neutre est structuré de la manière suivante : deux agents se rencontrent sur la foire et participent au jeu d'échange qui est décrit par la figure 3.1. Après avoir pris connaissance des conséquences du jeu, chaque partie peut, à un certain coût, faire appel à LM pour se plaindre de l'éventuelle mauvaise conduite (la trahison) de son partenaire d'échange. LM est honnête dans son jugement et peut décréter le versement de dommages et intérêts au bénéfice du joueur trompé. L'accusé peut payer ou refuser de payer ces dommages et le LM n'a pas le pouvoir d'imposer le paiement à l'accusé. Il peut seulement enregistrer les jugements d'impayés et donner aux autres joueurs libre accès à cette information. Les joueurs futurs pourront alors consulter les livres de LM à un certain coût Q pour vérifier si l'autre partie a été l'objet de jugements d'impayés dans le passé. LM accepte que les joueurs fassent appel à son arbitrage, s'ils ont fait cette vérification avant de participer à l'échange. Une étape du jeu augmenté commence par l'appariement de deux nouveaux agents et se termine par l'enregistrement des jugements d'impayés par LM lorsqu'il y a lieu. L'ensemble d'actions des joueurs consiste dorénavant à {vérifier auprès du LM ou non, jouer de manière honnête ou non, faire appel au LM ou non, payer les dommages ou non}. Le jeu augmenté se répète indéfiniment, mais on suppose que deux joueurs ne se rencontrent jamais deux fois.

Milgrom, North et Weingast ont montré qu'il existait un profil de stratégies (règles de choix d'action) qui assure aux joueurs un gain moyen de $\Gamma/2 - Q$, pourvu que le facteur d'actualisation δ soit suffisamment proche de 1. Cette stratégie est la suivante : s'ils n'ont pas de jugement d'impayés contre eux, les deux agents consultent les livres du LM avant de participer au jeu d'échange. Ils refusent d'échanger s'ils découvrent que leur partenaire d'échange a déjà été frappé par un jugement d'impayé. Dans le cas contraire, ils choisissent la stratégie honnête. La victime fait appel au LM si et seulement si elle est trahie par l'autre partie. Le LM attribue des dommages J à la victime, qui sont suffisamment importants pour contrebalancer le gain net $\alpha - \Gamma/2$ rapporté par la trahison. L'accusé paie ces dommages J si et seulement si il n'a pas été accusé d'impayés dans le passé. Pour certaines valeurs des paramètres caractérisant l'environnement des joueurs et si ceux-ci pensent que les autres ont joué et joueront toujours le profil de stratégies décrit ci-dessus sauf dans le cas où ils en observeraient une déviation, les auteurs ont montré que ce profil constituait un équilibre (séquentiel) du jeu augmenté neutre répété[10].

Supprimons maintenant l'hypothèse de neutralité du LM et imaginons que celui-ci puisse jouer de manière stratégique. Le LM peut trahir les joueurs de diverses façons. Considérons un cas très simple, dans lequel le LM soutire un pot-de-vin à un joueur sans antécédents d'impayés, en le menaçant précisément de révéler le contraire aux autres. L'ensemble de choix de LM est dorénavant {demander un pot-de-vin ou non} au début de l'étape de jeu. Considérons l'ajout suivant à l'ensemble de stratégies des joueurs du jeu augmenté neutre : chaque fois qu'on lui demande un pot-de-vin, le joueur refuse de le payer et n'utilise plus les services de LM l'année en question si et seulement si il n'a jamais payé de pot-de-vin auparavant. Dans le cas contraire, il paie un pot-de-vin B tant que celui-ci n'est pas supérieur à $-Q$, consulte les enregistrements à LM relatifs au comportement passé de son partenaire d'échange, joue « Trahir » cette année et refuse de payer les pénalités. Nous supposons que la stratégie du LM consiste à réclamer un pot-de-vin B égal à $\alpha - Q$ aux agents qui n'ont jamais payé de pot-de-vin auparavant, même s'ils n'ont jamais été frappés par un jugement d'impayés. Dans le cas contraire, LM ne réclame aucun paiement. Imaginons un instant que le LM ne suive pas cette règle. Dans ce cas, le joueur refuse de le payer et n'utilise pas ses services l'année en question, ce qui coûte Q à LM. Par ailleurs, le LM perd B s'il ne réclame pas de pot-de-vin aux joueurs qui en ont payé un auparavant. Aucune de ces configurations n'est profitable à LM, de sorte que seule la stratégie décrite ci-dessus est compatible avec les incitations. La croyance que le LM se comporte de manière juste devient alors crédible aux yeux des joueurs. Nous voyons que les règles d'action qui leur sont prescrites sont également compatibles avec leurs incitations[11].

Cette dernière parabole suggère que, sous certaines conditions, un tiers privé peut rendre l'honnêteté des agents exécutoire en modifiant simplement la structure informationnelle du jeu. Les exigences informationnelles de ce mécanisme ne sont pas très difficiles à remplir. Les joueurs individuels n'ont pas besoin d'informations générales sur les autres dans leur ensemble, mais seulement d'informations spécifiques sur leur partenaire immédiat au cours de la foire en question. Le LM ne garde enregistrement que des actes de trahison et de refus de paiement des dommages. Il n'est pas nécessaire qu'il ait le pouvoir d'imposer le paiement des dommages à celui qui a trahi. Le paiement de ce jugement est auto-exécutoire parce que la connaissance du comportement malhonnête d'un joueur est, de manière crédible, disponible aux joueurs futurs et ce, à son désavantage.

Remarquons néanmoins que la solution de l'équilibre de Nash à un coup, c'est-à-dire l'absence d'échange, constitue également un équilibre possible. Si une tierce partie ayant la tâche de disséminer l'information de manière crédible ne fait pas son apparition, alors les opportunités d'échanges susceptibles d'apparaître entre des joueurs qui ne se connaissent pas bien peuvent rester inexploitées. Une complication supplémentaire apparaît lorsque nous permettons à LM de recevoir un pot-de-vin d'un joueur souhaitant faire effacer des livres de LM un jugement d'impayé. Supposons qu'un joueur ait intérêt à trahir son partenaire potentiel pour un montant $\hat{\alpha} - \Gamma/2$ chaque année, puis refuse d'en payer les pénalités et dissimule le jugement d'impayé en versant chaque année au LM un pot-de-vin d'un montant inférieur. Supposons par ailleurs que les joueurs qui ont été appariés et trahis par ce joueur malhonnête à cause de l'information trompeuse du LM arrêtent de le consulter à partir de l'année suivante. Le nombre de joueurs qui refusent d'utiliser les services du LM augmente alors au rythme d'une progression arithmétique, de sorte que la somme actualisée des pertes futures du LM provoquée par sa collecte de pot-de-vin s'élève à $\delta Q/(1-\delta)^2$, même lorsque les joueurs n'échangent pas d'information sur sa réputation. Si ce coût est inférieur à $\hat{\alpha}-\Gamma/2$, alors le joueur et le LM sont incités à s'engager dans une négociation secrète sur le montant du pot-de-vin. Le résultat est que l'étendue des domaines d'échange reliés par les services d'intermédiation du LM diminue progressivement et que le mécanisme de tierce partie privée finira par se fragiliser du fait d'un manque de revenu et de réputation.

D'un point de vue historique, l'institution d'ordre privé du droit marchand a fini par engendrer un mécanisme formel de tierce partie, fondé sur des codes juridiques appliqués par l'Etat-nation. Milgrom, North et Weingast ont avancé qu'un Etat-nation disposant du pouvoir coercitif de saisir la propriété des individus ayant refusé de payer les jugements ou de la possibilité de les mettre en prison, pouvait permettre d'économiser les coûts associés à la sanction des joueurs malhonnêtes. Ils ont également suggéré que l'on pouvait réduire significativement le coût d'entretien d'une organisation de tierce partie en remplaçant le droit marchand par un système d'impôt universel géré par l'Etat. Il s'agit là d'un argument fondé sur l'efficience. La parabole décrite plus haut suggère pourtant que l'on ne peut être sûr que l'Etat-nation puisse constituer un mécanisme crédible de mise en application des contrats et, plus largement, un mécanisme de protection des droits de propriété privée sur les biens en général (un système complet de droits réglementant la possibilité d'utiliser les biens, d'en tirer un revenu, d'en disposer, ainsi que de contrôler les actifs humains qui les utilisent lorsqu'il se produit des événements qui ne peuvent pas être inscrits aux contrats ; ce dernier point renvoie aux droits de contrôle résiduels introduits dans le chapitre suivant). En particulier, nous remarquons que la force dont dispose l'Etat pour protéger la propriété privée est à double tranchant, puisqu'elle peut aussi bien fournir à l'appareil d'Etat le pouvoir de transgresser les droits de propriété (Weingast, 1997). L'émergence des Etats-nations modernes en Occident a en effet été précédée par des luttes entre la noblesse, les marchands, les citoyens, etc. (voir par exemple Rosenberg et Birdzell, 1986, p. 119-123 ; North et Weingast, 1989 ; Olson, 1997). Nous présentons au chapitre VI un modèle de théorie des jeux démontrant que l'autorité de la loi non seulement facilite le développement du domaine de l'échange de marché lorsque celui-ci existe, mais se développe en tandem avec lui en intégrant de plus en plus de joueurs anonymes. Il se peut en revanche que cette évolution ne soit pas partout uniforme. L'équilibre du domaine politique peut provenir de formes d'Etats différentes, empêchant ainsi parfois qu'un système juridique neutre devienne le mécanisme dominant de contrôle du marché. On peut cependant établir un lien entre la forme d'Etat qui s'impose et la manière dont les organisations, les groupes d'intérêt et les marchés se développent dans l'économie. La discussion du rôle de l'Etat dans la protection des droits de propriété privée est donc remise au chapitre VI, qui fait suite au chapitre analysant les conventions organisationnelles (chapitre V).

III.4. LES CODES MORAUX

Nous avons suivi une logique quasi historique, selon laquelle les règles de la propriété privée émergent et sont rendues exécutoires par des mécanismes de réputation multilatéraux (normes, contrats implicites) ainsi que par des mécanismes de tierce partie. Ce développement institutionnel externe destiné à protéger le droit de la propriété privée au cours de l'échange peut grandement faciliter et améliorer l'étendue des transactions de marché. En revanche, lorsque le domaine de l'échange s'étend, les mécanismes de normes et de contrats auto-exécutoires ne sont pas toujours en mesure de surveiller et de pénaliser parfaitement, à un coût raisonnable, toutes les violations éventuelles du droit de la propriété privée. S'il fallait, par ailleurs, se contenter de la mise en application juridique de ces droits par l'Etat, cela pourrait occasionner une atmosphère politique oppressive et des coûts administratifs prohibitifs. La parabole du deuxième chapitre montrait cependant que les individus avaient eux-mêmes intérêt à respecter le droit des autres, une fois que la proto-institution des règles coutumières du droit de propriété était établie, pourvu qu'ils puissent raisonnablement s'attendre à ce que les autres en fassent autant. Alors même que la proto-institution des règles coutumières du droit de propriété s'extériorise et donne lieu à un code juridique articulé, elle est aussi intériorisée par des agents individuels et cristallisée sous la forme d'un jugement moral, comme par exemple « Tu ne voleras point ». Il n'est pas nécessaire de considérer que ce jugement moral découle d'un axiome surnaturel abstrait, ou qu'il est imposé par une autorité externe comme les écoles ou les églises, car il peut provenir originellement d'une coutume. Cette manière d'inverser de manière anti-weberienne l'ordre de causalité entre les coutumes et les jugements moraux fait écho à Aristote, qui remarquait que « la vertu morale (*etike*) [...] est le produit de l'habitude, d'où lui est venu aussi son nom, par une légère modification du mot *ethos* » (1990, p. 87). Arrow interprète également les obligations morales comme « soutenant des accords [implicites] » et considère que les « sentiments intériorisés de culpabilité et de justesse sont essentiellement les équivalents inconscients des accords représentant les décisions sociales » (1967, p. 79).

On peut illustrer la conception aristotélicienne, selon laquelle un jugement moral est le résultat d'une habitude et non l'inverse, par l'exemple simple suivant. Supposons que la machine sur laquelle opère un ouvrier tombe en panne et qu'un ouvrier voisin refuse d'aider le premier à la réparer après les heures de travail normales, alors que les travailleurs ont l'habitude de coopérer et de s'entraider. L'ouvrier voisin pourra alors se sentir mal, alors même qu'il quitte son lieu de travail à une heure conforme à la règle formelle. En revanche, si une panne se produit dans un lieu de travail où la spécialisation des travaux fait l'objet d'un accord collectif, aider peut revenir à priver un opérateur de ses droits de propriété sur le travail de réparation. Boire un café alors qu'un opérateur en sueur s'occupe de la réparation serait alors jugé moralement juste par les autres ouvriers qui ne se sentiraient pas nécessairement coupables[12]. Au chapitre VIII.1., nous voyons que des habitudes ou des règles de travail différentes peuvent chacune donner lieu à une convention (le résultat d'un processus évolutionnaire) alors même que la technologie est identique.

Figure 3.3.
La structure des gains dans le cadre du code moral

Joueur 1 / *Joueur 2*	**Honnêteté**	**Tricherie**
Honnêteté	$\Gamma/2, \Gamma/2$	$-\hat{\beta}, \hat{\alpha}-\hat{\mu}$
Tricherie	$\alpha-\mu, -\beta$	0, 0

Si les règles du droit de propriété découlent des habitudes et sont compatibles avec elles, elles engendrent des jugements moraux chez les individus. Violer la règle, que celle-ci soit coutumière ou codifiée, peut alors susciter dans l'esprit des agents des sentiments comme la culpabilité, la honte ou l'anxiété. La confiance d'un agent en l'honnêteté des autres peut également renforcer cette tendance. La situation est analogue à une modification de la structure originelle des gains comme celle qui est représentée par la figure 3.3., où l'on suppose que le coût psychologique des sentiments négatifs μ est suffisamment élevé pour que $\alpha - \mu < \Gamma/2$[13]. Les agents peuvent alors s'interdire de violer les règles, même s'ils ne sont pas directement surveillés par d'autres agents ou par une tierce partie. Nous qualifions ce type de mécanisme de *code moral* ; sa particularité est d'opérer dans le moi des agents individuels et d'être le résultat d'une habitude. Ces codes moraux auraient du mal à se développer s'il n'existait pas de règles de droit de la propriété solidement ancrées dans les habitudes. Si l'absence de code moral a priori n'implique pas l'instabilité, elle en est probablement le résultat.

III.5. L'ARRANGEMENT GLOBAL DE CONTROLE DES MARCHES

(A) la multiplicité des institutions de contrôle des échanges

Le tableau 3.1. présente les mécanismes de contrôle susceptibles de constituer des résultats stables de différents types de jeux d'échange. La première colonne donne les mécanismes eux-mêmes (la mise en application numérique intervient à la fin). Les entrées de la seconde colonne renvoient aux agents qui rendent ces mécanismes exécutoires, c'est-à-dire les joueurs ou les tierces parties ajoutées (organisations). Les entrées de la troisième colonne renvoient aux propriétés saillantes du profil de stratégies d'équilibre qui, dans le cadre de ces mécanismes, coordonnent les croyances des joueurs et contraignent leurs choix. Il peut s'agir de croyances de joueurs autonomes relativement aux situations de manquement (comme des situations d'échange malhonnête, de rupture de contrat ou la violation des droits de propriété), de l'information et des sanctions qui sont attendues de la part d'une autorité tierce ou des sentiments moraux susceptibles de dissuader un joueur de se comporter de manière malhonnête. Enfin, pour qu'un mécanisme de

Tableau 3.1.
La diversité des mécanismes de contrôle des échanges

Mécanisme de contrôle	***Agent(s) rendant l'échange exécutoire***	***Règle endogène du jeu***	***Caractéristiques correspondantes du domaine***
Confiance personnelle	Partenaire d'échange	Cessation des échanges avec un marchand malhonnête	Répétition des opportunités d'échange bilatéral
Normes communautaires marchandes	Marchands participant aux réseaux de communication	Ostracisme des marchands malhonnêtes par la communauté	Connexion des marchands par des réseaux de communication
Relation de clientèle	Partenaires d'échanges ayant investi dans la construction d'une relation	Rupture des relations d'échanges avec un marchand malhonnête	Anonymat *ex ante*, répétition possible des échanges *ex post*
Normes de club	Marchands ayant payé des coûts d'entrée	Expulsion du club des marchands malhonnêtes	Anonymat *ex ante*, répétition possible des échanges *ex post*
Contrats d'emploi auto-exécutoires	Marchands présents sur le marché	Rupture du contrat avec un marchand malhonnête et croyances sur les conséquences de cette rupture	Actions ou résultats observables mais pas vérifiables
Dissémination de l'Information par une tierce partie	Tierces parties (marchands de droit, services de dépôts, autorités de certification, sites internet d'enchères)	Dissémination de l'information sur les marchands malhonnêtes	Anonymat des marchands
Mise en application coercitive par une tierce partie	Tierces parties (dirigeants politiques, mafia, etc.)	Sanction violente infligée aux marchands malhonnêtes	Répartition asymétrique du pouvoir coercitif ; gains importants associés à un échange malhonnête
Codes moraux	La conscience	Sentiments moraux négatifs suscités par l'échange malhonnête	Homogénéité relative des agents partageant la même culture
Droit	Les tribunaux	Sanctions des échanges malhonnêtes selon une règle	Anonymat des marchands, actions ou résultats vérifiables, monopole de l'Etat sur la coercition
Mise en application numérique	Programmes informatiques conçus par les marchands	Livraison des biens selon les termes programmés	Echange de services et de contenus numériques livrables par l'intermédiaire de l'espace virtuel

contrôle des échanges soit géré à un coût raisonnable ou, plus fondamentalement, pour qu'un mécanisme de contrôle constitue le résultat stable d'un jeu et soit donc institutionnalisé, il faut que le domaine du jeu d'échange satisfasse certaines propriétés concernant les caractéristiques des agents, la nature des canaux d'information qui les relient, la possibilité qu'ils ont de se rencontrer à nouveau pour échanger, la nature technique de leur échange et de ses conséquences, etc. Ces caractéristiques sont inscrites dans la dernière colonne, et nous les commentons maintenant brièvement.

L'institution d'une norme communautaire marchande présuppose, par exemple, que le domaine du jeu d'échange soit suffisamment restreint pour que les agents puissent communiquer entre eux et identifier les agents qui se sont livrés à des échanges malhonnêtes. Il faut également que leurs caractéristiques soient symétriques, pour que chacun puisse être soumis au même type de sanction s'il a manqué au comportement d'échange standard et pour qu'on s'attende à ce qu'ils agissent avec les autres contre les membres malhonnêtes. En d'autres termes, chacun agit comme une tierce partie dont la fonction est de vérifier et de sanctionner les joueurs défaillants. Il est probable que les normes communautaires marchandes ne s'institutionnalisent que parmi des joueurs limités en nombre, et, mis à part la distinction entre les acheteurs et les vendeurs, relativement homogènes du point de vue des caractéristiques de leurs transactions. Les groupes de joueurs homogènes du point de vue ethnique en constituent un exemple[14].

Nous avons vu qu'un sous-groupe de joueurs ou un club exclusif pouvait développer des relations afin de réguler l'échange répété par la formation endogène de clientèles ou de normes de club, y compris lorsque le domaine des échanges possibles s'élargit. Il est facile, même dans les économies avancées, de trouver ce type de mécanismes. Par exemple, dans le domaine de la fourniture de biens intermédiaires spécifiques à certains produits finals, les transactions peuvent se réaliser soit sous forme hiérarchique, dans le cadre d'un contrat, soit par des transactions au comptant. Lorsque apparaît le besoin d'un investissement spécifique au type de transaction, les agents qui participent à la transaction doivent nécessairement être en nombre limité *ex post*, même si une concurrence peut exister *ex ante*. De plus, une fois que l'un des partenaires a investi dans ces actifs relationnels, il devient difficile de les détourner gratuitement vers des utilisations alternatives. En conséquence, on peut s'attendre à ce que l'actif devienne l'objet d'un comportement de quête de rente de la part de l'autre partie. C'est ce qu'on appelle le problème du *hold-up :* si ce risque est anticipé par le partenaire qui investit, il a intérêt à ramener cet investissement spécifique en dessous du niveau socialement *performant*. On prétend que ce problème peut être résolu par l'intégration des droits de propriété sur les actifs spécifiques en question, c'est-à-dire par le contrôle hiérarchique de l'investissement par l'une des parties (Hart, 1995). Dans certains domaines cependant (par exemple l'industrie automobile japonaise, l'industrie italienne du vêtement, l'industrie allemande des machines-outils), les transactions clients/fournisseurs sont souvent conclues par des contrats relationnels plutôt que par l'intégration (le contrôle hiérarchique). Dans le chapitre suivant, l'absence d'intégration peut s'avérer plus *efficace* pour des raisons de nature informationnelle. Il doit pourtant exister un mécanisme de contrôle des échanges dans lequel le contrat relationnel est respecté par les deux parties et n'est pas détruit par le comportement opportuniste de l'une d'entre elles. Les normes de club (des normes informelles entre des joueurs habituels ou à l'intérieur de groupes d'entreprises comme les *keiretsu*) semblent constituer un tel mécanisme. Dans cette perspective, on peut concevoir l'investissement mutuel dans des efforts intangibles de construction d'une relation comme un échange initial de dons dont la valeur n'est pas transférable en dehors de l'orbite du club, plutôt que d'en faire la cible d'un éventuel comportement opportuniste de recherche de rente.

Le mécanisme de normes de clubs n'empêche les comportements d'échange malhonnêtes que dans un domaine au sein duquel les agents qui échangent peuvent (s'ils le souhaitent) se rencontrer fréquemment après leur rencontre initiale et bénéficier ainsi de la répétition des transactions. Si le domaine du jeu d'échange s'étend à un grand nombre de joueurs susceptibles de ne pas se rencontrer fréquemment, du fait de la nature des transactions (par exemple, acheter une maison), de leur mobilité, ou de toute autre raison, les joueurs éventuels ont du mal à connaître, par leur réseau de communication, ceux qui ont rompu les contrats ou violé les droits de propriété d'autres joueurs par le passé. En l'absence d'une institution de contrôle des marchés, le choix de l'absence d'échange peut donc constituer une stratégie d'équilibre. Une solution consiste à ajouter au jeu d'échange originel des agents (ou des organisations) spécialisés dans la collecte et la dissémination de l'information sur la violation des droits de propriété. La *lex mercatoria* constitue un exemple historique important de ce type de mécanisme. Les différentes agences de notation qui sont pourvues d'une structure informationnelle équivalente, jouent, sous une forme plus contemporaine, le même rôle[15].

Le service de dépôt aux Etats-Unis, qui, par son statut d'intermédiaire, permet le juste déroulement des transactions, constitue un autre exemple intéressant de mécanisme privé de tierce partie. L'agent de dépôt agit comme une chambre de compensation qui réalise la transaction lorsque tous les éléments sont réunis. Si l'on prend l'exemple d'une simple transaction immobilière, l'acheteur transmet à un agent de dépôt l'argent et la promesse de paiement pour s'assurer qu'il obtiendra un titre de propriété valide, en même temps que le vendeur s'assure de recevoir la somme d'argent convenue[16]. Pour que ce mécanisme soit effectif, le tiers (l'agent de dépôt) doit rester neutre, de sorte que la transaction puisse se dérouler de manière équitable. Bien que des lois précisent que l'agent de dépôt doit protéger chaque partie des tentatives de fraude de l'autre, le dispositif est partiellement autorégulateur car un agent de dépôt doit avoir une solide réputation pour que les parties passent par lui. De fait, l'agent de dépôt a émergé spontanément avant même l'apparition de ces lois[17].

On peut trouver dans le domaine du commerce électronique des équivalents récents de la *lex mercatoria* (Hadfield, 2000). Par exemple, eBay.com[18], fondé en 1995, conserve une trace du sentiment (positif ou négatif) des acheteurs vis-à-vis des vendeurs ainsi que des indices numériques disponibles pour chaque individu souhaitant réaliser une transaction. Le site publie également l'enregistrement des évaluations passées des acheteurs. On dispose donc d'une grande quantité d'informations sur la fiabilité d'un partenaire d'échange qui sans cela resterait anonyme. Des autorités de certification comme VeriSign, qui fournit une infrastructure publique de cryptage à clef, en constitue un autre exemple. Cette infrastructure permet à des informations telles que des ordres, des sites de livraison et des numéros de cartes de crédit, indispensables au commerce électronique entre joueurs anonymes, d'être codées et décodées, et au destinataire d'en vérifier la source. Un agent en ligne qui souhaite être identifié peut obtenir un certificat numérique conservé sur le serveur sécurisé d'une autorité de certification, tandis qu'un destinataire peut consulter l'autorité de certification pour confirmer l'identité d'un expéditeur certifié en cliquant sur le sceau de l'autorité de certification sur le site de cette dernière. Dans l'espace virtuel, ces étapes s'effectuent presque instantanément. Une autorité de certification vérifie que l'agent utilise correctement l'infrastructure et annule un certificat dans l'éventualité d'une mauvaise utilisation (ostracisme). Les commissaires-priseurs et les agents de certification sont des agents privés ; le souci qu'ils ont de leur réputation et les contrôles externes auxquels ils se soumettent garantissent leur neutralité et leur honnêteté.

Dans les mécanismes bilatéraux ou multilatéraux de réputation, les joueurs qui ont été informés de la mauvaise conduite d'un partenaire potentiel ne peuvent le sanctionner qu'en refusant de commercer avec lui. Néanmoins, si le gain instantané lié au choix de la malhonnêteté est très important par rapport aux bénéfices de l'échange honnête ($\alpha - \Gamma/2$ est grand), ou si le taux d'actualisation des traîtres potentiels est faible (δ est petit), alors cette sanction spontanée peut être insuffisamment dissuasive pour prévenir leur malhonnêteté. Dans ce cas, seule l'anticipation d'une punition sévère et immédiate à l'égard des joueurs malhonnêtes est susceptible d'être efficace. Même dans le cadre de relations bilatérales ou multilatérales, les victimes peuvent parfois se venger d'un comportement d'échange malhonnête en utilisant la violence physique. Une punition de ce type peut néanmoins imposer un coût élevé à la victime elle-même. Dans un domaine d'échange où le comportement opportuniste de joueurs myopes rapporte des gains potentiels élevés, une demande de services de représailles pourra donc apparaître, suite à des violations du droit de la propriété privée. Lors de la transition de certains pays vers les économies de marché développées, les dirigeants politiques qui détenaient le monopole de la violence ont progressivement atteint, en échange du droit à prélever l'impôt, le monopole (ou presque) de la production de ces services (Olson, 1993). Pour des raisons d'économies d'échelle, ce monopole a pu constituer une solution efficace à l'exercice de la violence physique. Une concurrence de services privés était pourtant à l'œuvre (et c'est toujours le cas) lorsque le pouvoir des dirigeants à rendre le droit exécutoire, ou celui du gouvernement dans le contexte des Etats modernes, était faible. Une analyse sociologique fascinante de Gambetta (1993) caractérise par exemple la mafia sicilienne comme une « entreprise économique spécifique, une industrie qui produit, promeut et vend des services de protection privée » (1993, p. 1). Elle constitue donc « un équilibre : nul n'a un intérêt immédiat à se comporter différemment et à se battre, même s'il en voit les inconvénients » (*ibid.*, p. 8).

Dès qu'un dirigeant politique, un souverain, ou un gouvernement dispose d'un monopole sur la violence physique suffisamment puissant pour faire respecter les droits de propriété privée, il peut également être assez fort pour s'attaquer aux propriétaires en s'appuyant sur des sanctions arbitraires et sur l'impôt. C'est ce que Weingast (1997) appelle le dilemme politique fondamental d'un système économique. Contraindre le dirigeant ou le gouvernement à suivre des règles de choix d'action bien définies, en menaçant de punir ses violations par le retrait du soutien politique, peut constituer une solution d'équilibre particulière parmi la multiplicité d'équilibres possibles dans le domaine politique (chapitre VI). Ce résultat peut engendrer un mécanisme de règlement des conflits, une branche judiciaire indépendante de l'Etat (les tribunaux, s'appuyant sur des règles juridiques codifiées et des faits vérifiables). Exiger que les violations des contrats soient vérifiables par le tribunal limite la capacité des règles juridiques à constituer des institutions de contrôle des marchés. Il existe de nombreux domaines d'échange dans lesquels la violation des contrats est difficile à vérifier par des preuves incontestables ou encore dans lesquels on ne peut inscrire par avance au contrat toutes les contingences possibles. Même dans les économies de marché les plus avancées, le contrôle des échanges ne sait guère se limiter à un système de règles juridiques. Il faut lui ajouter un certain nombre d'institutions de contrôle privées.

Nous avons vu que les contrats auto-exécutoires peuvent constituer un mécanisme de ce type. C'est particulièrement vrai dans le domaine de l'emploi, où les contrats peuvent récompenser (par des bonus, des promotions, etc.) les efforts spécifiques qui sont investis dans la construction de la relation mais ne sont pas directement vérifiables. Licencier un salarié ou démissionner d'une entreprise dans le but de sanctionner une violation du contrat par l'autre partie représente une solution qui peut être coûteuse pour celui qui en prend la décision. Même si l'on s'attend à ce que les contrats implicites soient généralement auto-exécutoires, il peut toujours y avoir des erreurs, des expérimentations aléatoires ou des mutations. Plusieurs mécanismes complémentaires privés de règlement des conflits destinés à protéger les droits légitimes de propriété, ainsi qu'un certain nombre de prérogatives visant à prévenir l'abus de ces droits, se sont donc développés en vue de résoudre ce type de problèmes[19]. Ils comprennent des procédures de revendication et des procédures pénales, des comités d'entreprise à l'échelle de l'usine et des dispositifs de négociation collective. Le *labor arbitration board* au Etats-Unis constitue un exemple de mécanisme quasi légal de tierce partie destiné à régler les différends sur les droits de contrôle de la main-d'œuvre tels qu'ils sont précisés par les conventions collectives ou simplement par les habitudes du lieu de travail. En s'appuyant davantage sur les habitudes ou en essayant de favoriser les bons comportements plutôt que de prouver et de sanctionner la mauvaise conduite de chacune des parties, l'arbitrage privé, bien qu'il ne dispose pas d'un pouvoir juridique exécutoire, peut se révéler moins coûteux lors du règlement des conflits et permettre de préserver sur le lieu de travail une atmosphère relativement pacifique et propice à l'amélioration de la productivité. Le tribunal peut donc ne constituer qu'une solution de dernier recours au règlement des différends dans le domaine des transactions d'emploi. Les mécanismes privés de tierce partie y sont normalement mobilisés en première place, ce qui montre que leur existence facilite et complète le contrôle bilatéral des contrats implicites par les parties.

Le domaine de l'échange et de l'usage des droits à la propriété intellectuelle constitue un autre exemple de situation dans laquelle la définition des droits de propriété est difficile à articuler et donc leur violation coûteuse à juger ou à démontrer lors d'une procédure judiciaire formelle. Les inventions de l'industrie de la communication et de l'information sont si vite obsolètes qu'il est difficile de protéger l'utilisation efficace des droits de propriété qui s'y créent par un système conventionnel de brevets ou un système juridique formel. Il faut tout l'art des spécialistes du droit de la propriété intellectuelle ainsi que des ingénieurs ayant une connaissance technique des produits impliqués pour élaborer des arrangements privés du droit de la propriété qui soient avantageux et incitatifs pour toutes les parties[20].

Finalement, on peut même faire appel à des normes sociales comme celles présentées au deuxième chapitre pour compléter ou remplacer les règles de droit lorsque sont vérifiées les conditions propres aux domaines concernés. Dans un ouvrage qui résume une étude de terrain sur le règlement des différends dans le comté de Shasta en Californie (sur le financement d'une clôture, les dégâts provoqués par la collision entre un véhicule et du bétail égaré, etc.), Ellickson rapporte que les *ranchers* n'ont pas recours au système judiciaire, avec lequel ils se trouvent parfois même en porte-à-faux (par exemple, le coût des dégâts de la collision est supporté par les deux parties et non par le conducteur seul comme le prévoit le droit californien). Il soutient que « les voisins aboutissent à un résultat coopératif [...] en développant et en appliquant des normes adaptatives de voisinage qui supplantent le droit formel » (1991, p. 4). De ce point de vue, il critique le centrisme juridique du « théorème de Coase » sur les coûts sociaux. Selon cette interprétation du théorème, Coase a pris les droits juridiques comme point de départ du règlement des conflits et « n'a pas vu que dans certains contextes les droits initiaux peuvent provenir de normes engendrées par un processus social décentralisé et non par le droit » (1991, p. 138-139). Les *ranchers* ont spontanément développé des standards de résolution des conflits, soutenus par la croyance que les transgresseurs subiront des sanctions de la part des victimes, depuis les ragots jusqu'à la justice personnelle violente (qui consiste, par exemple, à tirer sur le bétail errant).

Si nous résumons les arguments que nous avons présentés jusqu'ici, nous pouvons faire la conjecture suivante :

> CONJECTURE 3.1. Les droits de *propriété privée* et les contrats ne sont pas seulement rendus auto-exécutoires par un système formel de règles juridiques, même dans les économies de marché avancées. Ils peuvent être régulés par des arrangements institutionnels complexes privés ou publics, formels ou informels, opérant simultanément.

Nous appelons « arrangement (institutionnel) global de contrôle des marchés » l'ensemble de mécanismes à l'œuvre dans l'économie.

(B) Complémentarité et substituabilité des institutions de contrôle des marchés

La complexité des arrangements globaux de contrôle des marchés peut donc s'expliquer par la diversité des caractéristiques des domaines d'échange. Cela n'implique pas que les facteurs technologiques, même s'ils sont importants, déterminent à eux seuls la configuration des ces arrangements globaux. Des arrangements institutionnels différents peuvent se développer dans des économies caractérisées par des domaines d'échange dont les conditions technologiques sous-jacentes sont identiques. A ce stade du développement logique, on ne peut pas rendre entièrement compte des raisons et des modalités d'émergence d'une telle diversité, mais on peut indiquer ici grossièrement la direction que prendrait une recherche plus approfondie.

La coexistence de mécanismes de contrôle différents dans une même économie peut se comprendre comme le résultat d'une segmentation en sous-domaines du domaine des échanges de marché, dans lesquels les différents profils de stratégies résultent de choix de règles d'équilibre stables de la part des agents. Les agents individuels sont, dans chaque sous-domaine, dotés de différentes possibilités d'action *ex ante*. Par exemple, les *ranchers* du comté de Shasta peuvent choisir d'engager un avocat et de poursuivre en justice un voisin qui leur a causé un dommage ou bien s'entendre sur la compensation par une négociation privée. De façon analogue, un constructeur peut se procurer soit des pièces détachées standard chez l'un des multiples fournisseurs indépendants sélectionnés sur un site internet d'enchères, soit acheter des sous-systèmes modulaires à un petit nombre de fournisseurs en ligne de manière continue. Néanmoins, les choix stratégiques effectifs des individus sont influencés par ceux de leurs voisins ou de leurs partenaires d'échange. Poursuivre quelqu'un en justice peut donc constituer un choix onéreux pour le *rancher*, bien qu'une fois installé dans une ville il ne puisse plus recourir facilement à la violence privée ou à la calomnie pour se venger d'un partenaire fautif. De la même manière, Kranton (1996) trouve que la subdivision d'une économie entre échange monétaire sur le marché et échange fondé sur la réciprocité (c'est-à-dire l'échange personnalisé entre individus ayant appris à se connaître) dépend du nombre d'agents déjà engagés dans chacun de ces modes d'échange : « Si un grand nombre d'individus dans l'économie s'engagent dans l'échange réciproque, le marché est étroit et il devient difficile d'y localiser des partenaires d'échanges. L'échange de marché conduit à une moindre utilité. D'autre part, si un grand nombre d'individus s'engagent dans l'échange de marché, celui-ci est profond et [...] il devient difficile de rendre exécutoires des accords d'échange à long terme » (1996, p. 831).

Si le contrat relationnel devenait une habitude dans un domaine de transactions clients/fournisseurs d'une économie technologiquement avancée, alors les firmes produisant des pièces détachées polyvalentes auraient du mal à y pénétrer et à y être rentables, même si elles en avaient la capacité dans des domaines où les contrats seraient rendus juridiquement exécutoires ou dans lesquels un protocole de transaction s'imposerait grâce au commerce électronique. Nous qualifions de « complémentarités institutionnelles » ces interdépendances entre les choix des agents d'un même domaine (chapitres V et VIII). Plus précisément, les choix effectifs des agents peuvent être influencés par les profils de stratégies qui prédominent dans les domaines où ils sont présents, alors même qu'ils ont à leur disposition des stratégies alternatives.

Un cas plus subtil est celui des stratégies d'équilibre mixtes. On considère généralement que les Japonais portent moins souvent leurs différends devant les tribunaux que les autres. Cette tendance est attribuée un peu rapidement à la réticence culturelle des Japonais à exhiber leurs différends en public et à préférer le compromis privé. Certains, pourtant, vont bien devant les tribunaux. En examinant ces données, Ramseyer (1990) a découvert que les règlements des dommages liés aux accidents automobiles hors tribunaux étaient du même ordre que ceux prononcés par les tribunaux (voir aussi Ramseyer et Nakazato, 1999). Le règlement privé des dommages liés aux accidents automobiles est facilité par le fait que les décisions des tribunaux sont prévisibles, et cela permet d'économiser les coûts de fréquents procès. Le règlement privé et le procès sont donc des substituts au niveau individuel, mais leur combinaison (un profil de stratégies mixtes) est devenu un résultat d'équilibre au niveau de la société dans son ensemble. Le recours exclusif à l'un de ces deux modes de résolution des conflits ne constituerait peut-être pas un équilibre viable.

L'existence de complémentarités stratégiques rend possible l'existence d'une multiplicité d'équilibres, c'est-à-dire la viabilité de mécanismes de contrôle différents dans chaque sous-domaine. Comment l'un d'eux en particulier en vient-il à dominer la multitude des mécanismes de contrôle qui sont logiquement possibles dans un domaine particulier ou qui prédominent dans des domaines analogues d'autres économies ? Des observations historiques anecdotiques suggèrent que l'extension des échanges augmente la probabilité que les domaines soient gouvernés par des normes communautaires marchandes plutôt que par la confiance personnelle, par les normes de club et les contrats auto-exécutoires plutôt que par des normes communautaires marchandes et par l'autorité de la loi plutôt que par la protection/transgression des droits de propriété privée par les détenteurs d'un pouvoir politique discrétionnaire. Dans un domaine d'échange particulier, de nombreux mécanismes de contrôle peuvent se substituer les uns aux autres au lieu de se compléter. Une situation de concurrence entre des mécanismes de contrôle substituables comportant chacun des coûts d'installation importants pourrait se révéler instable. Par exemple, dans une économie dans laquelle le gouvernement et la mafia se font concurrence pour fournir des services de protection du droit de propriété privée, les citoyens peuvent être soumis à un doublement des coûts (impôts et extorsion), alors même que la concurrence excessive ou leur collusion les empêche d'en recevoir une protection adéquate. Dans les économies dont les domaines d'échange s'étendent, nous constatons généralement que l'Etat supprime au moins partiellement la violence privée.

D'un point de vue historique, nous observons aussi que différentes sortes d'intermédiaires et de tierces parties se sont développées pour relier des domaines d'échange séparés. Un mécanisme de contrôle nouveau peut donc émerger et remplacer ceux qui prévalaient dans des domaines plus anciens. Par exemple, nous avons constaté que les normes communautaires qui fonctionnaient dans les communautés fermées de marchands ont été remplacées par la *lex mercatoria* et par son rôle d'intermédiaire informationnel. On peut donc interpréter l'histoire du contrôle des échanges comme un processus de sélection d'équilibres successifs dans chaque domaine d'échange ou dans des domaines nouvellement regroupés, en réponse à l'évolution de leurs conditions internes et externes. L'établissement d'un mécanisme de contrôle plus efficace a pour conséquence le développement d'échanges mutuellement avantageux et permet d'éviter les situations d'absence d'échanges (un autre équilibre de Nash) ou leur perturbation par des comportements malhonnêtes. Un mécanisme de contrôle a d'autant plus de chances de survivre et de couvrir une large étendue de domaines d'échange qu'il améliore le fonctionnement des marchés.

En revanche, si on considère à un moment donné les relations entre les différents mécanismes de contrôle des marchés qui existent dans une économie donnée, on voit que ceux-ci sont complémentaires au sens suivant : l'efficacité (ou la présence) d'un mécanisme de contrôle des échanges (de droits de propriété) peut être directement ou indirectement renforcée par la présence (l'institutionnalisation) d'un autre mécanisme particulier dans le même domaine ou dans un domaine dans lequel il est imbriqué. On peut qualifier de complémentarité institutionnelle ce type de relation entre mécanismes institutionnalisés. L'idée de « complémentarité institutionnelle » est liée, même si elle en est conceptuellement distincte, à ce que nous avons appelé plus haut la « complémentarité stratégique », qui fait naître un mécanisme de contrôle particulier dans un seul domaine (nous développerons au chapitre VIII une analyse plus formelle de ces concepts). En guise d'illustration, on peut citer quelques exemples élémentaires simples. Si les codes moraux qui induisent le respect spontané des contrats sont largement partagés par les individus dans un domaine d'échange, on peut y limiter les coûts de contrôle et de mise en application du droit. A l'inverse, une utilisation injuste et inéquitable du système juridique peut corrompre le sentiment moral des gens et affaiblir leur censure spontanée de l'échange malhonnête et de la transgression des droits de propriété privée. Les codes moraux (au niveau des parties elles-mêmes) et un système de droit équitable (un mécanisme formel de tierce partie) peuvent donc jouer un rôle complémentaire dans le bon fonctionnement du marché. S'ils ne se développent pas de concert, les agents finissent sans doute par s'appuyer sur la violence privée pour protéger leurs droits.

Supposons maintenant qu'un constructeur et qu'un fournisseur envisagent d'établir un contrat relationnel qui précise que le premier doit fournir un savoir technologique au second alors que le second est chargé de réunir et d'associer les actifs humains requis. Si c'est la discipline walrasienne qui prévaut dans le domaine de l'emploi, les ouvriers et les ingénieurs du fournisseur, qui auront acquis du constructeur un certain savoir technologique, pourront quitter la firme pour se revaloriser ailleurs sans avoir payé ce savoir transportable. En l'absence d'engagement bilatéral dans le domaine des transactions d'emploi, il peut donc être difficile de nouer un contrat relationnel dans le domaine des transactions client/fournisseur. Le constructeur peut alors essayer d'intégrer le fournisseur, c'est-à-dire mettre le domaine des transactions clients/fournisseurs sous le contrôle d'un mécanisme différent (le contrôle organisationnel), ou encore s'appuyer sur des contrats au comptant juridiquement exécutoires pour la livraison des pièces standardisées. Il s'agit là d'un exemple de complémentarité institutionnelle entre le domaine des transactions d'emploi et le domaine des transactions client/fournisseur. Nous étudierons plus loin un cas de complémentarité institutionnelle du même type, quoique plus complexe, entre le domaine des transactions financières et le marché du travail (chapitre X).

De la même manière que les complémentarités stratégiques impliquent la possibilité d'équilibres multiples dans un domaine particulier, les complémentarités institutionnelles entre domaines rendent possible une multiplicité d'arrangements institutionnels globaux de contrôle des marchés qui ne sont pas réductibles à des différences technologiques. Chacun de ces arrangements est susceptible de former un tout cohérent, car la présence d'une complémentarité stratégique implique que les mécanismes se renforcent les uns les autres et qu'il peut être difficile de les remplacer de manière parcellaire. Nous faisons donc la conjecture suivante :

CONJECTURE 3.2. La diversité des arrangements institutionnels de contrôle des marchés consiste notamment en l'existence de relations de complémentarité et de soutien mutuel entre les mécanismes de contrôle constitutifs de ces marchés. L'existence d'une complémentarité implique que la configuration des arrangements globaux peut être intrinsèquement cohérente et robuste.

Si plusieurs arrangements sont intrinsèquement cohérents, l'un d'eux est-il sélectionné plutôt qu'un autre dans une économie ? Une réponse évidente consiste à affirmer que « l'histoire est à prendre en compte ». Par exemple, dans les économies où les domaines d'échange de marché ont progressivement supplanté des communautés rurales traditionnelles, nous observons que les normes de club tendent à s'imposer plus largement comme mécanisme de contrôle des échanges de marché. Cette évolution n'est pas nécessairement directe (cf. chapitre X.1.), mais peut s'expliquer par le fait que les agents ayant des racines rurales communes sont capables de trouver un langage et de communiquer plus facilement lorsqu'ils identifient les partenaires potentiels d'une relation de clientèle, y compris lorsqu'ils sont plongés dans un environnement de marché développé. Dans les économies constituées de citoyens d'origines ethniques différentes, il semble que l'on fasse plus souvent appel à des mécanismes de tierce partie privée ou publique pour rendre les contrats exécutoires et régler les différends, ce qui fait de la tierce partie une institution de contrôle des marchés tout à fait centrale. Le réseau de complémentarités ou de substituabilités qui relie les mécanismes de contrôle signifie que ces différences peuvent avoir une grande influence sur les arrangements institutionnels globaux.

Par l'intermédiaire des lois et des règlements, l'Etat peut influencer la trajectoire des arrangements institutionnels globaux. La présence d'une tierce partie formelle efficace peut aussi étendre l'horizon du domaine d'échange en engendrant chez les joueurs éventuels des croyances stables sur la nature auto-exécutoire des contrats et la garantie des droits de propriété privée. En même temps, l'Etat peut se trouver fortement limité dans sa capacité à imposer les arrangements de contrôle qu'il a conçus, s'ils ne sont pas compatibles avec l'ordre spontané qui se développe dans le domaine de l'échange. Comme nous l'avons suggéré plus haut, l'efficacité d'un mécanisme formel de tierce partie dépend fondamentalement de sa complémentarité avec les mécanismes d'ordre privé et non de sa faculté à les remplacer. On peut donc affirmer que l'importance de l'Etat est déterminée de manière endogène par les arrangements globaux de contrôle des marchés et qu'il n'en constitue pas un déterminant autonome[21].

En reprenant l'exemple des services de dépôt nord-américains, on peut illustrer la nature complémentaire de l'Etat dans l'évolution historique des arrangements globaux. Ces services se sont d'abord développés sans implication directe de l'Etat. Les parties flouées lors d'une transaction immobilière pouvaient aller au tribunal pour demander réparation. Cependant, le coût d'une telle demande pouvait être si élevé en comparaison des dommages que les parties lésées pouvaient considérer qu'il s'agissait d'une option difficile. Les services de dépôt se sont développés spontanément pour répondre à ce problème et, à l'origine, ils n'étaient à aucun moment contrôlés par l'Etat. En 1947, la Chambre des représentants de Californie a fait passer le *Escrow Act*, avec l'assentiment de la plupart des compagnies qui employaient des agents de dépôt, « alors qu'il n'y avait pas de plaintes spécifiques à l'encontre des compagnies en général » (Home, 1952, p. 242). Cette loi renforçait la confiance dans le rôle de mécanisme privé de tierce partie et d'amélioration des transactions joué par ces compagnies, tout en garantissant que les agents de dépôt restaient neutres et honnêtes. Il n'y a pas eu, au Japon, de développement parallèle d'un mécanisme privé de tierce partie pour les transactions immobilières, bien que les droits de propriété sur les biens immobiliers ne soient juridiquement exécutoires qu'après enregistrement auprès d'un service administratif. Les candidatures à l'enregistrement sont souvent faites par un agent engagé par l'acheteur, à savoir une banque spécialisée dans le crédit immobilier ou un agent immobilier. Dans le cas du Japon, on peut expliquer le sous-développement des mécanismes privés de tierce partie par celui des marchés immobiliers concurrentiels et réciproquement[22].

(C) Le contrôle des échanges dans l'espace virtuel

Malgré la présence d'une multitude d'arrangements institutionnels de contrôle des marchés et le rôle qu'y joue l'Etat, on peut se demander si l'intégration des domaines d'échange ne finira pas par les faire converger vers un arrangement global unique. Plus précisément, on peut se demander si l'expansion du commerce anonyme donne lieu à une prédominance universelle des mécanismes de tierce partie formelle. L'émergence récente du commerce électronique semble pourtant indiquer que ces mécanismes ont leurs limites.

A mesure que le domaine du commerce électronique s'étend au-delà des frontières nationales, il devient plus difficile de savoir lequel des droits nationaux, lorsqu'ils sont incompatibles, devrait s'appliquer dans le cas d'une rupture de contrat. Par exemple, ce qu'on appelle les droits moraux à la production intellectuelle sont inaliénables et souverains dans le droit français, alors que les contrats informatisés aux Etats-Unis imposent que les agents renoncent à leurs droits lorsqu'ils soumettent ou téléchargent leur contenu sur Internet auprès d'un contractant en ligne (Radin, 2000). On peut espérer que ces problèmes d'incompatibilité finiront par se résoudre grâce à une harmonisation du droit entre les Etats, ce qui devrait sans aucun doute se produire[23]. Le fait est qu'un conflit de droit ou de coutume et l'incertitude sur les juridictions territoriales qui s'ensuivrait pourraient empêcher certaines évolutions du commerce électronique.

En revanche, on peut se demander si la promulgation de règles internationales substantielles destinées à encadrer le commerce électronique sera toujours en mesure de suivre l'allure des progrès technologiques. Il peut être nécessaire que des expérimentations privées précèdent le stade de formation du commerce électronique et soient sélectionnées au cours du processus évolutionnaire. Ce domaine a en effet vu émerger différents mécanismes de tierce partie privés ou quasi publics. On y trouve, comme nous l'avons indiqué, des services d'intermédiation de l'information comme les sites d'enchères et les autorités de certification, qui attribuent des icônes de certification aux joueurs solvables qui participent au commerce électronique. Grâce à la grande vitesse des communications entre les éventuels joueurs anonymes, il est possible de faire circuler rapidement toute information sur la mauvaise conduite de la tierce partie ou d'un joueur en particulier. Cela peut conférer aux mécanismes privés de tierce partie une efficacité sans précédent[24]. Les « mécanismes numériques de mise en application » (Radin, 2000) comme la gestion digitale des droits d'utilisation constituent également une technique spécifique au commerce électronique. Par exemple, on peut programmer un logiciel qui empêche la livraison d'un produit digital avant réception du paiement, ou effacer le contenu de l'ordinateur de celui qui détient la licence d'un programme lorsque celui-ci essaie d'en produire une copie illégale. Ces mécanismes s'appuient sur la technologie pour empêcher la rupture des contrats. Comme nous l'avons également suggéré à la fin du deuxième chapitre, les normes enchâssées dans des communautés professionnelles peuvent elles aussi jouer un rôle de définition et de mise en application du droit de propriété dans l'espace virtuel. Le mouvement du logiciel libre développé par la fondation *Free Software* oblige tous les détenteurs de licences du système Linux à rendre publiques leurs améliorations du code source. Comme elle réduit les effets du droit d'auteur, cette licence est d'ailleurs connue sous le nom de « gauche d'auteur » ou *copyleft*.

Lorsque des pratiques privées sont largement acceptées, elles peuvent constituer de facto un standard mondial, voire être transformées en loi. En l'absence d'une harmonisation des droits nationaux, les industries sont donc incitées à élaborer elles-mêmes les mécanismes globaux de contrôle du commerce électronique, en particulier ceux qui définissent les droits privés fondamentaux ainsi que les règles qui encadrent les organisations privées chargées de rendre les contrats auto-exécutoires. La situation actuelle rappelle celle qui prévalait avant l'émergence des Etats-nations, lorsqu'on expérimentait un grand nombre de mécanismes privés concurrents.

L'histoire se répètera-t-elle ? Autrement dit, un agencement de contrôle global des marchés stable et uniforme émergera-t-il ? L'intégration des domaines d'échange par l'intermédiaire de la communication numérique et la sélection évolutionnaire des mécanismes de contrôle, ainsi que l'effort d'harmonisation du droit dans le domaine de la politique internationale, auront sans doute pour effet une convergence mondiale des arrangements institutionnels de contrôle des marchés. J'avance pourtant dans la troisième partie que l'intensification de la concurrence permise par l'information numérisée peut, par le fait même qu'elle est universellement accessible, améliorer la valeur économique d'une connaissance tacite non codifiable et uniquement disponible en contexte ou parmi une communauté d'agents (professionnels, spécialistes). Son bon usage peut nécessiter le fonctionnement efficace de mécanismes localisés appropriés. La capacité d'un lieu ou d'une communauté de professionnels à développer ce type de mécanismes peut être conditionnée par l'évolution historique et par les arrangements institutionnels dans lesquels ces mécanismes sont, au-delà des domaines d'échange, enchâssés. La persistance de la complexité et de la diversité des arrangements institutionnels de contrôle des marchés à l'ère du numérique est donc vraisemblable.

Annexe

LA MONNAIE COMME CONVENTION EVOLUTIONNAIRE

Si deux individus ne peuvent exploiter les gains éventuels d'un échange que par l'intermédiaire d'une transaction de troc direct, ils sont fortement limités par le problème de « double coïncidence des besoins » souligné par Jevons (1875) : lorsque deux agents se rencontrent de manière aléatoire, non seulement l'un doit posséder ce que veut l'autre, mais également vouloir ce que possède l'autre. L'apparition de la monnaie comme intermédiaire des échanges peut alors grandement améliorer ces opportunités. Pourquoi les gens acceptent-ils la monnaie ? A l'inverse, dans une économie où la monnaie s'est pleinement développée, les gens finissent par devoir affronter la contrainte selon laquelle « la monnaie achète les biens, les biens achètent la monnaie, mais les biens n'achètent pas les biens » (Clower, 1967).

Deux courants de pensée importants ont étudié la circulation de la monnaie : la théorie de la monnaie marchandise et la théorie de la monnaie fiduciaire. La première considère que la monnaie sert d'intermédiaire des échanges du fait de sa valeur intrinsèque en tant que marchandise. Il est bien connu que les grands économistes classiques ont systématisé et intégré cette conception dans une théorie cohérente des échanges de marchés, d'abord Adam Smith et David Ricardo, puis Karl Marx, qui s'en est servi pour développer sa théorie de la valeur-travail. Selon eux, la monnaie est acceptée du fait de la valeur d'usage intrinsèque des matériaux monétaires (l'or, l'argent) qui la composent ou de la valeur-travail qui y est incorporée. La théorie de la monnaie fiduciaire affirme au contraire que la capacité de la monnaie à circuler ne requiert pas que celle-ci possède une valeur intrinsèque. Elle s'enracine plutôt dans la construction consciente d'une autorité exogène au processus d'échange, comme un accord communautaire, un décret souverain, un contrat social entre citoyens dans l'état de nature, ou la législation de l'Etat.

Est cependant apparue une autre conception importante de la monnaie, qui la considère comme une convention. De ce point de vue, chacun d'entre nous accepte la monnaie parce que tous les autres l'ont acceptée dans le passé et que l'on s'attend à ce qu'ils fassent de même à l'avenir (Iwai, 1993). L'échange monétaire se développe et se maintient à la manière d'un équilibre du jeu d'échange, qui s'appuie sur ces croyances et les confirment continûment. Si ces anticipations sont perturbées, la convention monétaire peut être ébranlée et remplacée par le troc. Comme le dit Aristote, « La monnaie est devenue une sorte de substitut de la demande et cela par convention et c'est d'ailleurs pour cette raison que la monnaie reçoit le nom de *nomisma*, parce qu'elle existe non pas par nature, mais en vertu de la coutume (*nomos*) et qu'il est en notre pouvoir de la changer et de la rendre inutilisable » (Aristote, 1990, p. 242-243). Hume affirme que le droit de propriété « se développe peu à peu, et acquiert des forces en progressant lentement et par l'expérience répétée des inconvénients liés à sa transgression ». C'est d'une manière semblable que « l'or et l'argent deviennent les mesures courantes de l'échange et sont jugées comme des paiements suffisants pour ce qui a cent fois leur valeur » (Hume, 1993, p. 91). L'émergence de monnaies internationales comme le dollar, qui n'est plus convertible en or, ou de la monnaie électronique en circulation dans l'espace virtuel, suggèrent qu'il faut considérer sérieusement cette conception évolutionnaire de la monnaie.

Kiyotaki et Wright (1991) proposent un modèle intéressant pour rendre compte, quoique de manière non explicitement évolutionnaire, de la nature conventionnelle de la monnaie[25]. Ils construisent un modèle dans lequel la monnaie ne procure pas d'utilité directe, n'aide pas à produire et n'est pas convertible en un autre bien. Il n'existe pas de contrainte externe destinée à rendre la circulation de la monnaie exécutoire et les transactions de troc sont autorisées. Il n'existe pas non plus de différence de coûts de transaction entre l'échange de troc et l'échange monétaire. Les auteurs excluent donc la plupart des facteurs que les différentes théories de la monnaie mobilisent pour expliquer sa raison d'être. Ils sont quand même en mesure de montrer que la monnaie est utilisée comme telle parce que les individus suivent la convention de l'échange monétaire.

Leur modèle formule le problème de la double coïncidence des besoins de la manière suivante : il existe un continuum d'agents aux préférences hétérogènes et un continuum de biens différenciés. Chacun des agents et chacun des biens est représenté par un point situé sur un cercle. Il existe pour chaque agent une marchandise idéale, représentée par le même point sur le cercle, de laquelle il peut tirer l'utilité la plus élevée. L'utilité d'un agent décroît au fur et à mesure que le bien dont il est pourvu à intervalles aléatoires, ou qu'il obtient par l'échange, s'éloigne du point idéal. Supposons que les agents présents sur le marché soient appariés avec une probabilité constante à chaque période Un échange, que celui-ci utilise de la monnaie ou non, ne se produit que si les agents appariés le désirent. L'agent choisit la stratégie d'échange (un plan complet de choix) qui maximise l'espérance de l'utilité actualisée de sa consommation nette des coûts de transaction, que cette stratégie implique l'usage de la monnaie ou non. Les stratégies sont conditionnées par les croyances des agents aux probabilités d'opportunités d'échange liées à l'utilisation ou à la non-utilisation de la monnaie. A chaque période, le résultat de ce « jeu d'échange sur le marché monétaire » est décrit par la répartition de la population entre les joueurs qui détiennent des biens et ceux qui détiennent de la monnaie. Dans ce jeu, un équilibre à anticipations rationnelles est défini comme une stratégie symétrique admissible pour tous les agents, selon laquelle les anticipations sont autoréalisatrices et la répartition de la population est stationnaire.

Kiyotaki et Wright ont montré que, pour toute offre de monnaie fixe ne dépassant pas la mesure des agents, il existe un équilibre monétaire sur lequel la probabilité que la monnaie soit acceptée est égale à 1, de sorte qu'elle est universellement acceptée. L'échange monétaire n'est cependant soutenu que parce que les agents croient que les autres souhaiteront toujours échanger des biens contre de la monnaie. Ils fondent ces croyances sur la base de leurs expériences passées, et celles-ci sont confirmées à l'équilibre par les faits. Si la quantité de monnaie excède la mesure de la population, aucun agent ne l'accepte, et ce sont les transactions de troc qui prévalent. La convention de l'échange monétaire s'effondre. Il est intéressant de constater que la robustesse de la convention d'échange monétaire, ainsi que son rôle coordinateur dans la résolution du problème de la double coïncidence des besoins, reposent sur la stabilité du contrôle de la quantité de monnaie.

Le modèle n'explique pas comment la monnaie émerge et parvient à être acceptée par les joueurs. Des études historiques sur la monnaie ont montré qu'au cours des époques primitives d'échange de marchandises, certains matériaux (comme de lourdes pierres, difficiles à transporter et sans grande utilité) étaient souvent utilisés comme monnaie, ce qui suggère que celle-ci était effectivement conventionnelle. Il est vrai qu'à l'époque médiévale, durant laquelle l'échange de marchandises s'est développé à plus grande échelle, la monnaie était souvent constituée de pièces frappées à partir de métaux précieux gravés aux armes ou au sceau du souverain. La gravure indiquait que les pièces seraient acceptées comme moyen de paiement des impôts, ce qui renforçait l'anticipation qu'elles le seraient de manière plus générale. On peut donc penser que la circulation de la monnaie n'a pas été imposée unilatéralement par le souverain, mais a fait l'objet d'un accord bilatéral entre le souverain et ses sujets. La dernière observation du paragraphe précédent suggère aussi que le gouvernement peut faire s'effondrer la légitimité de la monnaie en transgressant son engagement à ne pas dépasser la quantité maximale de monnaie ; cela a précisément pour effet de compromettre la collecte d'impôts. En ce sens, on peut dire que la monnaie et l'Etat co-évoluent. Ce n'est pas l'autorité de l'Etat qui explique la circulation de la monnaie.

CHAPITRE IV

L'architecture et la gestion de l'organisation

« Le terme *organisation* renvoie au schéma complexe de la communication et des autres relations qui existent dans un groupe d'êtres humains. Ce schéma met à disposition de chaque membre du groupe la plupart des informations, des hypothèses, des objectifs et des postures qui influencent sa prise de décision, ainsi qu'un ensemble stable et exhaustif d'anticipations sur ce que font les autres membres du groupe et sur la manière dont ils réagissent à ce qu'il dit et à ce qu'il fait. Les sociologues qualifient ce schéma de "système de rôle" ; pour la plupart d'entre nous, il s'agit de *l'organisation* ».

Herbert Simon, *Administrative Behavior* (1957, p. XVI).

L'apparition des marchands a favorisé le développement des opportunités d'échanges de biens entre vendeurs et acheteurs potentiels. Même si les marchands remplissaient plusieurs fonctions économiques[1], leur but était simplement d'acheter des biens et de les vendre à un prix plus élevé dans le but d'en tirer un profit. De la même manière, la fabrique a pu avoir des origines diverses, mais il ne fait aucun doute que l'objectif principal de ses fondateurs était analogue à la quête capitaliste des marchands : ils cherchaient à acheter du travail et d'autres facteurs de production et à vendre leurs produits à un prix plus élevé. Cette évolution historique a profondément influencé les économistes dans leur conception de l'entreprise. La capacité de cette dernière à transformer les intrants en extrants est ainsi conçue comme une boîte noire (la fonction de production) et l'entreprise comme un agent intermédiaire, relevant des échanges marchands. Certains aspects de l'entreprise, comme l'a rappelé le chapitre I.4., relèvent d'autres domaines.

Ce chapitre étudie précisément certaines caractéristiques de l'entreprise moderne dans les économies de marché, grâce auxquelles elle ne peut être réduite à des contrats d'emploi. Elles concernent l'organisation comme système d'information, qu'il faut distinguer du mécanisme des prix et de la gestion. Dans le domaine des échanges de marché, les agents coordonnent leurs activités par l'intermédiaire des prix, ce qui conduit à la réallocation des biens privés. Dans les organisations, les agents coordonnent leurs activités dans le cadre d'une communication beaucoup plus riche. L'architecture de l'organisation, conçue comme un mécanisme de coordination ou un système d'information, peut donc être complexe et hétérogène. L'objectif principal de ce chapitre et de ceux qui suivent est de s'interroger sur l'origine de la diversité des architectures de l'organisation, sur les modalités de leur gestion, ainsi que sur leurs rôles dans l'économie.

La question posée dans ce chapitre est étroitement liée à l'une des interrogations célèbres de l'économie moderne, que Coase fut le premier à formuler : « Pourquoi l'entreprise apparaît-elle dans l'économie de marché ? » Selon Coase, il existe « des coûts associés à l'utilisation du mécanisme des prix » que l'on peut réduire voire éliminer, en s'appuyant sur la coordination dans l'entreprise. Il fait plus spécifiquement référence aux coûts de la « découverte des prix pertinents » (Coase, 1937, p. 390) et à la réduction des coûts liée à des « contrats de long terme pour la livraison de certains articles ou services », plus intéressants que la succession de contrats de court terme (*ibid.*, p. 391). Au cours des trois dernières décennies, les économistes ont développé les principales intuitions de Coase. Ils ont débattu des facteurs déterminants dans la réduction de ces coûts par l'entreprise. Le débat semble s'être cependant focalisé sur les implications et les ramifications des contrats de long terme, menant à la formation de l'entreprise, c'est-à-dire sur un aspect de l'entreprise qui tend à la réduire à un agent des échanges marchands[2]. Notre objectif principal, dans ce chapitre et dans ceux qui suivent, est, au contraire, de comprendre les spécificités de l'entreprise qui sont à l'origine des réductions de coûts associées à l'utilisation du système de prix : pourquoi la coordination organisationnelle se substitue-t-elle à la coordination de marché ?

L'attention des individus, leur capacité à surveiller l'environnement et à prendre des décisions optimales, ainsi que l'étendue de leur activité sont, par nature, limitées (Simon, 1982). On peut donc considérer les organisations comme un dispositif qui surmonte partiellement ces limites en réalisant une « division du travail cognitif » (Williamson, 1999). Les organisations sont en mesure de répartir les tâches de gestion, de développement, d'ingénierie, de production et de commercialisation entre les différents membres de l'organisation et d'étendre ainsi la portée de l'information traitée sur l'environnement de la production. Les organisations peuvent utiliser l'information dispersée de manière plus efficace (« la connaissance des circonstances particulières à un moment donné, accessibles aux individus en situation » selon l'expression bien connue de Hayek, 1945) en développant des règles organisationnelles et des procédures appropriées, des routines et des normes qui régulent la communication et la prise de décision[3]. La somme des individus dotés d'une rationalité limitée ne peut créer une entité dont la rationalité et la compétence sont parfaites. Même si on laisse de côté les problèmes liés aux incitations des agents, cela implique qu'il n'existe pas d'organisation qui pourrait atteindre l'optimum en information parfaite en analysant et en utilisant une information portant sur un environnement en continuelle évolution. Les agents peuvent coordonner leurs actions de plusieurs manières selon la façon dont se passent la collecte, la transmission, l'utilisation (la prise de décision) et l'accumulation de l'information parmi les membres de l'organisation ; leur efficience informationnelle relative peut varier en fonction de l'environnement. Cette possibilité rend indispensable une analyse comparée de l'entreprise, considérée ici comme un mécanisme de coordination qui ne passe pas par les prix[4].

Les économistes Coase (1937) et Williamson (1975, 1985) en particulier considèrent que la coordination dans l'organisation est fondamentalement hiérarchique. Cette conception englobante rend mal compte de certaines différences structurelles entre les entreprises, qui sont pourtant lourdes de conséquences pour l'analyse institutionnelle comparée. Au sein même du cadre hiérarchique général qui définit l'entreprise, différents types d'information peuvent circuler, à la fois verticalement (vers le haut comme vers le bas) et horizontalement. Le développement complexe et différencié des architectures organisationnelles, conçues comme des systèmes d'informations, est le fruit de facteurs multiples comme l'état des techniques de l'information et de la communication, les types d'actifs humains disponibles (en tant que « programmes » mentaux de traitement de l'information), les méthodes utilisées pour codifier l'information, les structures de circulation de l'information entre les unités de travail, etc. De plus, ces mêmes facteurs peuvent faciliter l'émergence, dans l'échange entre entreprises ou à l'intérieur d'un groupe d'entreprises, de différents modes de coordination quasi organisationnelle, distincts du mécanisme walrasien de formation des prix. Ce chapitre a ainsi pour but de développer une taxonomie analytique de l'architecture des organisations qui facilite l'analyse institutionnelle comparée. Nous identifions également les états élémentaires de l'environnement susceptibles d'influencer l'efficience informationnelle relative des différents types d'organisation.

Pour les comparer, nous supposons tout d'abord que les organisations sont des équipes[5] composées de membres ayant une fonction-objectif commune. Cela revient à ne pas rendre compte explicitement des aspects des organisations qui renvoient à un jeu stratégique. Cependant, et comme le suggère la citation de Simon au début de ce chapitre, l'organisation peut ne pas être viable sans anticipations stables des comportements de ses membres, qui permettent à chacun de se fier aux décisions des autres. En d'autres termes, l'architecture organisationnelle doit être institutionnalisée (nous concevons les institutions comme des systèmes de croyances partagées). Une recherche dans cette direction ne peut se faire sans introduire explicitement les aspects humains dans la discussion. Cette question est abordée dans la dernière section de ce chapitre.

Le chapitre précédent a analysé les mécanismes de gestion du domaine de l'échange. Les échanges bilatéraux et les échanges de marché ne peuvent servir les intérêts de tous que si certaines structures de gestion soutiennent et stabilisent les anticipations des échangistes. De la même manière, la coordination des activités d'une organisation requiert une structure de gestion qui engendre et soutienne des anticipations stables parmi les membres de l'organisation et qui limite ainsi le mauvais usage des actifs humains (la paresse, l'escroquerie, la négligence, l'absence de coopération, le sabotage, l'imprudence...). Dans le chapitre précédent, nous avons abordé l'organisation des marchés en nous appuyant sur un exemple élémentaire, celui de l'échange personnel bilatéral. De la même manière, le présent chapitre aborde la structure de l'organisation en étudiant des domaines à deux parties, sans les interfaces (financières) du marché. Le but de cet exercice est d'identifier les problèmes de gestion spécifiques à certaines structures des organisations et aux types d'actifs humains qui leur sont associés. Plus précisément, quels sont les problèmes de gestion spécifiques, soulevés par certains types élémentaires d'architecture organisationnelle, dont la solution ne peut être complètement fermée sur elle-même ? Une fois présentés certains outils destinés à l'étude des liens entre marchés et organisations, il s'agit d'approfondir l'analyse par une argumentation plus complète, développée dans la troisième partie.

IV.1. LES ELEMENTS ORGANISATIONNELS FONDAMENTAUX : HIERARCHISATION, ASSIMILATION ET ENCAPSULATION DE L'INFORMATION[6]

Toute organisation laisse apparaître une structure hiérarchique : les activités y sont réparties entre unités de travail disparates, disposées dans une structure en arbre, de relations d'autorité et de subordination. Il faut, pour créer une organisation, ajuster de manière coordonnée les niveaux d'activité et les attributs des produits des unités de travail modulaires. Ces unités de travail peuvent se retrouver en concurrence pour l'utilisation des actifs rares de l'organisation (humains, physiques ou financiers). L'une des tâches importantes de la direction est de répartir des ressources rares entre des unités de travail modulaires, dans un tissu complexe de relations techniques et informationnelles, et de fournir le cadre nécessaire à leur coordination. En ce sens, toute organisation est engagée dans une planification centrale.

L'organisation ne peut toutefois, sur des marchés concurrentiels et dans des conditions techniques en évolution permanente, s'appuyer exclusivement sur un plan *ex ante*. Si elle veut rester concurrentielle, elle doit ajuster de façon continue l'activité de chaque unité de travail aux évolutions de l'environnement. Si la demande d'un produit composé est plus élevée que ce qui était anticipé, il faut en accélérer la production et donc celle des pièces modulaires qui le composent ; si un progrès technique important mais non anticipé est observé par ailleurs, il faut pouvoir affecter rapidement certaines ressources à un projet de développement maison en cours d'élaboration ; si une machine de la chaîne de montage tombe en panne, il faut décider sur-le-champ si la chaîne doit être arrêtée dans son intégralité. Cependant, l'expérience des économies planifiées a clairement montré que le traitement centralisé de l'information est assez inefficace, que cette information concerne les évolutions de marché, de la technique ou de l'environnement opérationnel d'une organisation. La plupart des entreprises doivent aujourd'hui s'engager dans un traitement de l'information beaucoup plus élaboré que celui qui était requis dans les vieilles économies centralisées. Il se peut également que l'on ne puisse décomposer le traitement de l'information sur le modèle de la répartition des tâches opérationnelles. Certaines informations peuvent avoir plus de valeur lorsqu'elles sont utilisées immédiatement là où elles sont disponibles. Certaines sont mieux utilisées lorsqu'elles sont réparties entre les différentes unités de travail, parce que cette répartition permet d'atteindre une meilleure coordination, alors que d'autres sont mieux utilisées en parallèle et de manière indépendante par toutes les unités de travail, de sorte qu'elles ne commettent pas toutes la même erreur fatale au même moment. Même lorsque le partage de l'information entre les unités de travail est économiquement avantageux, un traitement conjoint de l'information se révèle coûteux si leurs capacités de traitement de l'information sont inégales. Lorsque l'environnement est très incertain, il se peut au contraire que soit précieux le traitement de la même information par plusieurs unités de travail, parce qu'il laisse ouvertes les options futures. La complexité de la division du travail que l'on trouve dans le cadre général de la hiérarchie concerne donc autant les activités de traitement de l'information (le travail cognitif) que les tâches opérationnelles.

Le développement des techniques de l'information et de la communication (par exemple les ordinateurs, les réseaux, les capteurs) peut faciliter le traitement de l'information et c'est en effet ce qui se passe actuellement de plus en plus souvent. En revanche, les actifs humains, c'est-à-dire les « programmes (ou compétences, si vous préférez) qui autrefois ont été incorporés dans la conception des machines mais qui restent essentiellement conservées dans les esprits des hommes » (Simon, 1982) sont essentiels au fonctionnement de toute organisation. La compétence de ces programmes, c'est-à-dire leur capacité à traiter l'information, n'est pourtant pas illimitée. Un arbitrage peut intervenir entre les bénéfices liés au traitement de l'information et les coûts associés au fait d'écarter un agent des opérations de production en tant que telles ; mais ces activités peuvent également présenter certaines complémentarités (pensons par exemple à « l'apprentissage par la pratique »). Les agents peuvent également disposer de compétences différentes dans le traitement de l'information : « A chaque instant donné, un individu est un ensemble de compétences et d'informations accumulées. Celui-ci peut juger, en fonction de ses capacités et de sa connaissance, qu'il est plus facile d'ouvrir certains canaux informationnels que d'autres » (Arrow, 1974, p. 41). La manière dont le traitement de l'information est réparti peut donc être très différente d'une organisation à l'autre, car elle dépend non seulement des caractéristiques techniques et de l'environnement des tâches, mais aussi de la nature des actifs humains disponibles à l'intérieur et à l'extérieur de l'organisation. Nous qualifions d'*architecture organisationnelle* la répartition des activités de traitement de l'information entre les sous-unités de l'organisation (« la division du travail cognitif »). Elle accompagne la division des tâches opérationnelles, que nous négligeons ici pour nous concentrer sur l'organisation en tant que système d'information.

Comme nous l'avons déjà indiqué, le principal objectif de cette sous-section est d'identifier plusieurs types d'architecture organisationnelle (ou quasi organisationnelle) importants et d'étudier la manière dont ils s'ajustent aux transformations de l'environnement technique et de l'environnement de marché. Nous pouvons concevoir l'architecture organisationnelle comme un ensemble d'information verticale qui relie le supérieur à ses subordonnés, ainsi qu'un ensemble d'information horizontale qui connecte des unités de travail subordonnées. En ce qui concerne les relations verticales ou horizontales, nous pouvons remarquer qu'il ne peut exister que trois modes génériques de connexion de l'information. Ces modes génériques constituent les éléments de base à partir desquels nous construisons les types d'architecture organisationnelle empiriquement significatifs.

Supposons qu'il n'existe, dans un certain domaine (sous) organisationnel générique, que deux unités de travail élémentaires, dénommées T_1 et T_2. A ce stade, on peut les considérer comme des entités abstraites, même si rien n'empêche d'imaginer qu'il s'agit de l'unité de direction et de l'unité opérationnelle, de l'unité de R-D et de l'unité de production, de deux ateliers, de deux équipes de travail ou de deux tâches individuelles. Supposons qu'elles puissent, en utilisant chacune une partie des ressources communes, produire conjointement un certain gain organisationnel. Le gain dépend de la configuration des décisions des unités de travail (x_1 et x_2) ainsi que de l'état de l'environnement, représenté par un vecteur de paramètres aléatoires. Supposons que les variables de choix x_1 et x_2 se situent sur une même dimension (elles peuvent être continues ou discrètes). Ces variables de choix représentent par exemple l'intensité de l'activité, une certaine quantité d'output ou la spécification des attributs d'un certain produit (par exemple le fait qu'il soit numérique ou analogique).

Imaginons que l'organisation dispose, avant même d'amorcer les activités qui conduisent à la production du gain organisationnel, d'une estimation *a priori* de la distribution des paramètres caractérisant l'environnement, construite sur la base d'un savoir formel ou d'observations passées. Grâce à cette connaissance *a priori*, on peut calculer la décision optimale de chacune des unités de travail et la diffuser sous la forme d'un plan ou d'un manuel. Selon le contexte, nous pouvons dénommer « plan » ou *standard* cette décision « optimale » *ex ante* qui ne s'appuie sur aucune information additionnelle relative à l'environnement.

Une fois la production engagée, les paramètres environnementaux prennent une certaine valeur. Si l'organisation est capable d'y prêter attention et d'ajuster sa variable de choix en conséquence au lieu d'appliquer tel quel le plan écrit, elle peut améliorer son résultat. Comme les unités de travail ont une capacité de traitement de l'information limitée, aucune d'elles ne peut parfaitement surveiller l'environnement. Le problème est alors de répartir les tâches de traitement de l'information entre les deux unités de travail de l'organisation et de déterminer les règles d'action qui doivent être appliquées *ex post* une fois observée l'évolution de l'environnement. Ce problème est à la base de la conception des architectures organisationnelles globales. Trois facteurs importants doivent être pris en considération à ce stade :

• Les valeurs nouvelles prises par les paramètres environnementaux affectent la contribution (marginale) de chaque unité de travail au gain organisationnel ; il faut donc ajuster les choix prévus *ex ante* en conséquence. Supposons que l'environnement puisse être décomposé en trois segments, représentés par E_s, E_1 et E_2. Les états de E_s et de E_1 influencent la condition de productivité de T_1, et ceux de E_s et de E_2 influencent celle de T_2. E_s est appelé le « segment systématique » de l'environnement et E_1 et E_2 ses « segments particuliers ». Nous supposons que toute information relative aux segments particuliers reçue après le choix du plan est hayekienne, au sens où elle ne peut être observée que par l'une des unités de travail, et l'unité qui observe la valeur prise par un paramètre ne peut transmettre cette information suffisamment vite pour que les unités de travail puissent modifier leurs décisions au cours de la période. Ces valeurs représentent donc « la connaissance des circonstances particulières à un moment donné, seulement accessibles aux individus en situation » (Hayek, 1945, p. 521).

• Le gain total peut également dépendre de la configuration des choix des deux unités de travail, auquel cas il est nécessaire de les coordonner. Par exemple, il peut apparaître un coût lié à un excès ou à une pénurie de stocks si la production d'une unité de travail est utilisée comme intrant par l'autre et que les niveaux d'activité des deux unités ne vont pas dans la même direction (complémentarité technique). A l'inverse, les ressources d'une organisation peuvent se trouver saturées dans le cas où les choix de décision des deux unités vont dans la même direction (externalité technique). Les attributs des produits des deux unités de travail doivent également être compatibles pour pouvoir donner un produit composé cohérent (complémentarité d'attributs) ou sinon ils doivent être mieux différenciés pour répondre à la diversité de la demande ou pour garder ouvertes des options futures (substituabilité d'attributs). Nous dirons que les tâches sont *complémentaires* lorsque les relations de complémentarité (de techniques ou d'attributs) dominent les relations de substituabilité/externalité[7].

• L'importance de l'ajustement *ex post* des variables de décisions en réponse à un changement observé de l'environnement dépend de la *précision* de l'observation[8]. Si celle-ci est faible, le fait de réagir de manière excessive aux changements d'environnement observés peut avoir un effet néfaste sur le gain organisationnel. La précision d'une observation peut dépendre des compétences de traitement de l'information des unités de travail, de la technique de traitement de l'information qui leur est disponible, ainsi que de l'intensité de l'effort qu'ils investissent dans cette activité. Nous supposons également que les unités de travail ne peuvent changer le segment d'environnement qu'ils observent sans payer un certain coût fixe.

Puisque les segments particuliers de l'environnement ne peuvent être observés que par les unités de travail qui ont pour tâche de les surveiller, il n'existe que trois *modes génériques* de connexion de l'information entre les unités, qui dépendent de la manière dont le traitement de l'information relative au segment systématique de l'environnement est réparti entre les unités de travail. Pour le moment, nous ne précisons pas la règle que chaque unité applique pour transformer l'information *ex post* en prise de décision.

(I) Décomposition hiérarchique (DH)

Le paramètre de l'environnement n'est observé que par l'unité T_1. Celle-ci ajuste le niveau de sa propre variable de choix x_1 en fonction de son estimation des paramètres environnementaux, c'est-à-dire du paramètre du système et du paramètre du segment particulier qu'elle surveille. T_2 est informé avec une certaine marge d'erreur (un bruit perturbant la communication ou la réception) de la décision de T_1 ou de l'observation par T_1 du paramètre systématique de l'environnement, puis ajuste sa propre variable de choix en conséquence.

(II) Assimilation de l'information (AI)

Les deux unités de travail surveillent le segment systémique de l'environnement. Supposons que leurs observations soient corrélées, de manière à former une représentation cognitive *assimilée* du segment systémique de l'environnement (distribution *a posteriori*). Dans l'analyse qui suit, nous supposons, pour simplifier, que leurs observations sont parfaitement corrélées, de sorte qu'elles forment la même distribution *a posteriori*. Il existe deux manières de parvenir à cette représentation assimilée. Soit les deux unités tirent leur information codée d'un même réseau digital ouvert sur l'environnement, soit elles réunissent les échantillons (non codés) qu'elles ont reçues séparément en observant l'environnement et s'en servent alors ensemble pour construire une estimation conjointe de la distribution *a posteriori*. Nous disons de la première méthode que le partage de l'information y est *fondé sur le réseau* et de la seconde qu'il est *contextuel* au sens où le partage de l'information se réalise dans des contextes spécifiques de connexion entre les unités de travail.

(III) Encapsulation de l'information (EI)

Les deux unités de travail observent le segment du système et les segments particuliers de l'environnement de manière indépendante. On suppose donc que leurs erreurs d'observation ne sont pas corrélées, ce qui signifie que leurs représentations cognitives de l'environnement (leurs distributions *a posteriori*) sont différenciées. Nous appelons encapsulation de l'information ce mode générique de traitement, parce que le résultat obtenu par chacune des unités y est caché aux autres unités. Il existe un cas limite de ce mode de traitement de l'information dans lequel les unités n'observent que les paramètres de leur environnement particulier et jamais le paramètre systémique.

Les trois modes sont représentés sur la figure 4.1. Comme ils ne sont que génériques, il faut considérer qu'ils se nichent de diverses manières, à la fois verticalement et horizontalement, dans les organisations réelles. Avant d'explorer cette question complexe et d'identifier les types d'architectures qui sont nichées dans les organisations du monde réel, il est important d'étudier ces modes génériques de traitement de l'information du point de vue de leur efficience informationnelle.

Figure 4.1.
Trois modes génériques de connexion de l'information entre unités de travail

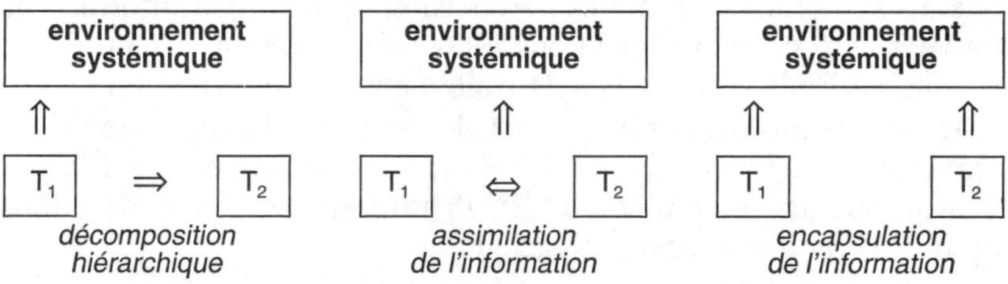

⇑ surveillance de l'environnement (traitement de l'information)
⇒ flux d'information (commande)
⇔ partage d'information
L'observation des segments particuliers de l'environnement par les unités de travail correspondantes n'est pas représentée de manière explicite car elle est identique dans les trois modes.

Comme nous l'avons dit plus haut, le niveau de précision des observations atteint par les unités de travail dépend en partie de l'effort qu'elles investissent dans les activités ou les compétences de traitement de l'information. Chaque mode de traitement de l'information doit gérer à sa manière les problèmes d'incitation qu'il pose au sujet de la détermination de ce niveau d'effort. Nous analysons cette question dans la section 3. Nous laissons pour l'instant ce problème de côté et nous supposons que la précision des observations ne dépend que des compétences de traitement de l'information des unités de travail (considérées comme données) et de la technique de traitement de l'information à laquelle ces unités ont accès. Supposons que, dans chaque mode, les observations donnent lieu à certaines décisions ou, pour être plus précis, à une révision des choix standards selon une règle précisée *ex ante* et spécifique à chaque unité de travail. Nous qualifions cette règle de « règle de décision ». S'il existe un ensemble *ex ante* de règles de décisions pour lesquelles l'espérance du gain organisationnel est, pour une certaine classe d'environnements, supérieure dans le mode *M* à celui du mode *N*, alors nous dirons que le mode *M* est *plus efficace du point de vue informationnel* que le mode *N* dans cette classe d'environnements. Ces règles peuvent être conçues de manière analytique, avoir été découvertes par hasard ou simplement s'être développées à partir de l'expérience pratique des agents. A ce stade, nous ne nous intéressons pas à la question de savoir d'où elles viennent. Il suffit de remarquer que les organisations dotées de règles supérieures ont plus de chance de survivre à la concurrence, de sorte que cette dernière a un effet analogue à l'élaboration de règles de décision optimale en information imparfaite par les organisations elles-mêmes (compte tenu de la rationalité limitée des unités de traitement de l'information).

La proposition suivante permet de comparer l'efficience informationnelle des trois modes génériques de traitement de l'information lorsque les unités de travail utilisent des règles de choix optimales en information imparfaite[9].

> PROPOSITION 4.1. *(Cremer). Supposons que la précision du traitement de l'information par les unités de travail soit la même dans les trois modes. Si les tâches des deux unités sont en concurrence, alors le mode d'encapsulation de l'information est, du point de vue informationnel, plus efficace que le mode d'assimilation de l'information. Si ces tâches sont complémentaires, c'est l'inverse qui est vrai*[10].

L'intuition est la suivante : lorsque les deux tâches sont complémentaires, les unités ont toujours intérêt, pour maximiser leur gain (ou minimiser les coûts d'un défaut de coordination), à ajuster leurs variables de choix de manière coordonnée suite à une modification de l'environnement. Cet objectif est plus facile à réaliser lorsque l'information que les deux unités utilisent pour prendre leur décision est assimilée. Si les tâches sont au contraire substituables, il vaut mieux cacher l'information utilisée par chaque unité afin d'éviter un ajustement corrélé des variables de choix. Sans cela, l'imprécision des observations sur l'environnement amplifie le risque de sous-utilisation ou d'utilisation excessive des ressources internes. On peut appliquer le même raisonnement à la comparaison des modes d'encapsulation de l'information et de décomposition hiérarchique. Dans le mode de décomposition hiérarchique, l'information sur l'environnement est assimilée parce que le traitement et la dissémination de l'information sont exclusivement réalisés par T_1 (bien que l'information soit déformée au cours de la communication hiérarchique et que l'unité destinataire soit sujette à des erreurs de perception). Nous pouvons donc énoncer la proposition suivante :

PROPOSITION 4.2. *Si les deux tâches sont complémentaires, alors le mode de décomposition hiérarchique est, du point de vue informationnel, plus efficace que le mode d'encapsulation de l'information, pourvu que dans ce dernier la communication entre les deux unités ne soit pas trop coûteuse.*

Pour comparer le mode d'assimilation de l'information et le mode de décomposition hiérarchique, nous devons considérer la possibilité que les unités de travail ne disposent pas des mêmes compétences de traitement de l'information. Imaginons que dans le mode d'assimilation de l'information les capacités collectives de son traitement soient égales à la moyenne des capacités individuelles de chaque unité[11]. L'assimilation tacite de l'information, sous la forme d'une communication face à face ou de l'élaboration d'un consensus requiert du temps et des efforts. Si le coût de la communication hiérarchique de T_1 à T_2 n'est pas trop élevé, nous concevons intuitivement que la communication bilatérale et la formation d'une estimation conjointe *a posteriori* par deux unités de compétence inégale représentent une solution plus coûteuse que le traitement de l'information et sa diffusion par l'unité la plus compétente. La proposition suivante est donc également vérifiée :

PROPOSITION 4.3. *Lorsque les capacités de traitement de l'information des unités de travail sont assez différentes, le mode de décomposition hiérarchique est, du point de vue informationnel, plus efficace que le mode d'assimilation (contextuelle) de l'information, pourvu que la communication hiérarchique au sein du premier soit suffisamment précise. C'est l'inverse qui est vrai si les deux unités de travail ont des compétences de traitement de l'information assez semblables et que les coûts associés au regroupement des échantillons d'observation et à la construction d'une perception commune de l'environnement sont relativement faibles.*

La proposition qui suit porte sur les avantages relatifs du mode d'assimilation de l'information fondée sur le réseau ; elle devrait être claire intuitivement.

> PROPOSITION 4.4. *Lorsque l'utilisation des techniques de l'information réduit la disparité des compétences de traitement entre les unités de travail et lorsque les tâches qu'elles réalisent sont complémentaires, la supériorité (en termes d'efficience informationnelle) du mode hiérarchique sur le mode d'assimilation de l'information fondée sur le réseau tend à se réduire.*

Jusqu'à maintenant, nous n'avons pas pris en compte les coûts fixes que les unités de travail sont susceptibles de supporter lorsque l'environnement qu'elles observent se modifie, qu'il s'agisse de passer de l'observation du segment systémique à celle de l'un des segments particuliers ou l'inverse. Ce coût peut être dû à une période de formation, à une dispersion de l'attention, à l'installation d'un dispositif de surveillance, etc. Dans cette situation, si les paramètres qui caractérisent les différents segments de l'environnement ne varient pas avec la même intensité, alors il peut être efficace que chaque unité se spécialise dans la surveillance de l'un de ces segments. Si c'est le paramètre du segment systémique de l'environnement qui varie le plus (ce que l'on peut mesurer à l'aide de la variance de la distribution *a priori* du paramètre), nous dirons que les environnements auxquels font face les unités de travail sont statistiquement corrélés. Dans ce cas, la proposition 4.5. se vérifie. Elle est claire intuitivement et comporte des implications intéressantes pour l'analyse comparée qui va suivre.

> PROPOSITION 4.5. *Si la corrélation statistique des environnements des unités de travail est très élevée et que leurs tâches sont complémentaires, le mode de décomposition hiérarchique est celui qui est le plus efficace du point de vue informationnel. Si cette corrélation est très faible, le mode d'encapsulation de l'information, dans lequel seuls les paramètres particuliers de l'environnement sont analysés, est le plus efficace, que les tâches soient complémentaires ou en concurrence.*

Les résultats sont récapitulés sur la figure 4.2. Lorsque l'information systématique et l'information particulière ont la même importance (l'environnement est moyennement corrélé) et que les tâches des unités de travail sont complémentaires, le mode d'assimilation de l'information est le plus efficace du point de vue

Figure 4.2.
Mode le plus efficace du point de vue informationnel

<table>
<tr><th>corrélation statistique / tâches</th><th colspan="2">faible</th><th>forte</th></tr>
<tr><td>complémentaires</td><td>encapsulation de l'information</td><td>assimilation de l'information</td><td rowspan="2">décomposition hiérarchique</td></tr>
<tr><td>substituables</td><td colspan="2">encapsulation de l'information</td></tr>
</table>

informationnel. Ce mode de traitement de l'information doit être soutenu par le développement des techniques de communication ou par une relative homogénéité des compétences de traitement de l'information des unités de travail. On s'attend à ce que le mode d'encapsulation de l'information soit plus efficace lorsque les environnements de chaque unité de travail sont statistiquement indépendants ou lorsque leurs variables de décision sont substituables. A l'inverse, on s'attend à ce que la décomposition hiérarchique soit plus efficace lorsque les environnements des unités de travail sont fortement corrélés et que leurs compétences de traitement de l'information sont assez différentes. Ces résultats de statistique comparative ne fournissent, pour l'instant, qu'une base de raisonnement.

IV.2. LES TYPES D'ARCHITECTURE ORGANISATIONNELLE

Imaginons que l'unité de travail T_2 puisse être à son tour décomposée en deux sous-unités, appelées T_{2a} et T_{2b}. Supposons par exemple que T_1 renvoie au supérieur hiérarchique de l'organisation, c'est-à-dire à celui qui se consacre aux tâches de direction, et que les T_2 soient des subordonnés chargés des fonctions opérationnelles. Nous pouvons alors différencier les architectures informationnelles des organisations selon la manière dont deux modes génériques de traitement de l'information sont combinés entre eux. Le premier correspond au mode vertical de connexion de l'information entre T_1 et les T_2, le second au mode horizontal entre T_{2a} et T_{2b}. Le premier représente le traitement de l'information relative au segment systématique de l'environnement, c'est-à-dire l'information qui a une influence à la fois sur la productivité de T_1 et sur celle des T_2 et le second à celui du segment local, qui n'affecte que la productivité des T_2. Nous supposons que les segments particuliers de l'environnement susceptibles d'affecter T_1, T_{2a} ou T_{2b} de manière indépendante ne peuvent être analysés que par les unités correspondantes.

Nous appelons *DH* le mode de décomposition hiérarchique, *AI* le mode d'assimilation de l'information, et *EI* le mode d'encapsulation de l'information. Comme dans toutes les organisations, la tâche première du supérieur est de coordonner ses subordonnés à partir de la connaissance de l'environnement systémique (voir la conceptualisation de base du domaine organisationnel proposée dans le premier chapitre), on imagine que les relations verticales sont soit du type *DH*, soit du type *AI*, mais pas du type *EI*. Autrement, c'est une certaine désorganisation qui prévaut. Quant aux relations horizontales, seuls les modes *AI* ou *EI* peuvent y être observés. *DH* n'induit que des relations verticales qui conduisent à une hiérarchie à trois étages. Donc, tant que nous nous cantonnons à une architecture à deux étages, nous obtenons quatre prototypes possibles : *DH-EI*, *DH-AI*, *AI-AI*, et *AI-EI*, où le premier couple de lettres de chaque prototype renvoie à une relation verticale et le second à une relation horizontale. Nous distinguons par ailleurs deux modes d'assimilation de l'information, l'un qui est *fondé sur le réseau*, que nous écrivons *AI*(n) et l'autre qui est *contextuel*, noté *AI*(c). Dans le premier, le partage de l'information se fait par l'intermédiaire d'un réseau de communication intra-organisationnel faisant circuler une information numérisée, alors que le second s'appuie largement, sinon exclusivement, sur la communication face à face. Dans certains cas, une relation verticale ou horizontale se caractérise par un mélange de deux modes de connexion de l'information, l'un principal et l'autre subsidiaire. Lorsque c'est le cas, nous écrivons le mode subsidiaire entre crochets, accolé au mode principal.

Nous pouvons désormais identifier les différents types d'architecture organisationnelle et quasi organisationnelle. Chacune des architectures d'une organisation que nous illustrons par des exemples concrets se trouve dans une entreprise ou un groupe d'entreprises. Elle est organisée en couches hiérarchiques dont on ne précise pas l'étendue (le nombre de subordonnés). Il faut cependant garder à l'esprit le fait que la taxonomie qui suit ne renvoie qu'aux caractéristiques informationnelles des organisations, abstraction faite d'autres dimensions importantes comme la gestion, les contrats de marché et les cultures d'une organisation. Nous étudions leurs relations dans la section 3, ainsi que dans la troisième partie du livre.

(I) DH-EI : hiérarchies fonctionnelles (intégrées par la décision) : HF

Dans cette architecture, seul T_1 surveille le segment systématique de l'environnement et ajuste sa variable de choix en conséquence. T_1 envoie un message commun à ses subordonnés pour leur indiquer sa décision et on suppose que ceux-ci en reçoivent une version « bruitée » (la distribution du bruit n'est pas autocorrélée). Les T_2 observent leur environnement local commun de manière indépendante, en même temps que le segment particulier de leur environnement[12]. Les observations et les choix de décisions sont donc entièrement encapsulés dans chaque unité T_2, alors que les décisions de T_1 n'ont qu'une fonction de coordination. Nous dénommons *hiérarchie fonctionnelle* (à décision intégrée) ce mode de décomposition hiérarchique à deux branches, parce que chaque unité remplit une fonction spécialisée, que ce soit une tâche de coordination pour T_1 ou des tâches opérationnelles spécifiques pour les T_2. Cette hiérarchie fonctionnelle est l'architecture qui sous-tend la majeure partie de la modélisation économique de l'organisation interne de l'entreprise[13]. Comme il n'existe pas de connexion horizontale directe de l'information entre les unités T_2, ce système fonctionne mieux si les complémentarités entre les tâches opérationnelles des T_2 sont faibles et si la variance des paramètres caractérisant les segments locaux communs est inférieure à celle des segments particuliers (c'est-à-dire que les environnements des subordonnés ne sont pas corrélés statistiquement). La première condition est réalisée lorsque, par exemple, les deux tâches opérationnelles ne nécessitent pas de coordination continue. La seconde condition est satisfaite lorsque le choix d'un certain mode d'organisation du travail rend les unités de travail techniquement autonomes les unes des autres. Si les tâches sont techniquement interdépendantes en raison de relations intrant-extrant, on peut amoindrir les effets des facteurs aléatoires communs sur celles-ci en augmentant le stock de produits intermédiaires[14].

On peut trouver un exemple historique emblématique de hiérarchie fonctionnelle dans ce qu'on appelle le « système de fabrication américain », qui s'est développé dans l'industrie des machines-outils aux Etats-Unis dans la première moitié du XIXe siècle. Lors de l'exposition au Crystal Palace de Londres, les fabricants américains, et en particulier les fabricants d'armes à feu, étonnèrent les spectateurs britanniques par leur habileté à produire des armes en grande quantité et à les réparer avec précision et rapidité en utilisant une méthode d'assemblage de pièces détachées standardisées interchangeables. A cette époque, les fabricants d'armes britanniques ne disposaient ni d'usines ni d'ateliers et devaient se procurer les pièces détachées chez des artisans spécialisés qui travaillaient chez eux ou dans des ateliers de plus grande taille (Rosenberg, 1969, p. 34). La Chambre des communes britannique envoya le Comité d'étude des machines américaines étudier les raisons pour lesquelles les Etats-Unis devenaient un nouveau pouvoir économique mondial. En 1875, le rapport de ce comité résuma ces découvertes en parlant d'un système de fabrication états-unien[15]. Dans ce système, le propriétaire de l'entreprise contrôlait les deux tiers de la hiérarchie fonctionnelle, alors que chaque emploi était spécialisé dans la production de pièces interchangeables, avec des machines adaptées à l'appui. En décomposant un produit complexe en pièces détachées standardisées, on gérait les complémentarités entre les tâches en ajustant les stocks, tandis que les travailleurs individuels se concentraient sur des tâches spécialisées. L'objectif du système reposait plus sur une coordination souple des tâches de production que sur une surveillance hiérarchique directe des ouvriers. Les ouvriers chargés d'une tâche particulière pouvaient être facilement remplacés par d'autres, correctement formés pour celle-ci. Le système de production de masse américain, c'est-à-dire le modèle fordiste qui s'est développé dans les années 1920, a hérité des caractéristiques principales de l'architecture informationnelle du système de fabrication nord-américain ; il est donc considéré comme son descendant direct. La complexité croissante des produits composés (les automobiles par exemple) exigeait que les tâches opérationnelles soient de plus en plus spécialisées. Dans le but de coordonner un nombre croissant de ces tâches, on les arrangeait en sous-groupes selon le degré de corrélation statistique de leurs environnements techniques locaux. On attribuait à chaque sous-groupe dont l'environnement local était commun un supérieur intermédiaire spécialisé dans le traitement de l'information relatif à ce segment de l'environnement, et dont le rôle était de coordonner les tâches de ce sous-groupe. Les supérieurs intermédiaires étaient à leur tour encadrés par des supérieurs de rang plus élevé, qui traitaient l'information relative à un environnement systématique plus étendu. Cela engendrait une hiérarchie à couches multiples, mais dont l'architecture informationnelle conservait les caractéristiques essentielles du mode DH-EI.

Une innovation, appelée l'organisation « en M » (Chandler, 1977 ; Williamson, 1975) est apparue à mesure que s'est agrandie l'entreprise et qu'elle a remplacé la forme organisationnelle à couches multiples fondée sur les fonctions, « en U ». Dans l'organisation en *M*, le siège de l'entreprise contrôlait financièrement une multitude de divisions, alors que chaque division comprenait sa propre hiérarchie fonctionnelle et conservait l'information nécessaire à ses propres décisions opérationnelles. De cette manière, on évitait que le coût des communications hiérarchiques n'augmente en raison du nombre croissant de couches[16].

(II) DH-AI(n) : hiérarchies fonctionnelles intégrées par le réseau

Avec l'apparition de la concurrence entre les entreprises, la diversité des produits est devenue un facteur déterminant de leur compétitivité, de sorte que le nombre et les types de produits se sont accrus. Les économies d'échelle réalisées par les hiérarchies fonctionnelles (intégrées par la décision) ont alors commencé à diminuer et les coûts de stockage sont devenus importants. Les transformations de l'environnement de marché et de l'environnement technique peuvent aussi, en l'absence de communications horizontales, réduire l'efficience informationnelle des hiérarchies fonctionnelles intégrées par la décision. Plus précisément, en présence d'une forte complémentarité et d'une corrélation statistique élevée des environnements des unités de travail T_2, le partage de l'information entre ces unités devient indispensable à la coordination de leurs choix de décision. Le développement des techniques de communication et de traitement de l'information peut résoudre ce type de problèmes. D'une part, T_1 peut concevoir et proposer un réseau de communication formel spécifique à l'organisation, afin que les unités de travail T_2 puissent accéder à l'information commune dont elles ont toutes deux besoin (proposition 4.4). Par ailleurs, en attribuant à une seule unité (T_1) les tâches corrélées statistiquement, on peut supprimer une unité intermédiaire de coordination dont la tâche serait de faire assimiler l'information sur l'environnement du sous-système par des unités séparées. L'utilisation de certaines techniques de traitement de l'information comme les ordinateurs, robots et autres, peut élargir la gamme des tâches dont les T_2 ont la charge. Tout cela permet un contrôle des hiérarchies fonctionnelles plus étendu (le nombre de subordonnés surveillés par un même supérieur hiérarchique augmente) mais moins profond (le nombre de niveaux hiérarchiques se réduit).

Prenons un exemple. Dans les années 1970, IBM, qui représentait plus de quarante centres de recherches ainsi qu'un réseau mondial de fabrication et de vente, lança *Development Record System* (DPPS) et *Corporate Central File* (CCF) dans le but de favoriser le partage de l'information au sein de l'organisation. CCF permettait d'attribuer un code de référence à chacune des pièces développées par les ingénieurs, rendant ainsi leurs mises à jour identifiables et utilisables par l'entreprise à tout moment et dans le monde entier. Lorsqu'un ingénieur voulait vérifier si l'une des pièces pouvait servir à la fabrication d'un produit pilote, il pouvait faire une recherche sur DPPS en précisant la taille, la fonction, le matériau et le prix de la pièce requise. Un laboratoire européen de recherche-développement en train d'élaborer un nouveau système-produit pouvait communiquer avec un expert sud-américain et passer un contrat pour la livraison d'une pièce particulière. En conservant les propriétés élémentaires des hiérarchies fonctionnelles mais d'une manière plus élaborée, les hiérarchies fonctionnelles intégrées par le réseau ont pu réagir plus rapidement aux évolutions de l'environnement (le marché et la technique). Le type d'information partagé entre les T_2 était cependant soumis au cadre imposé par le système d'information et la recherche-développement devait se limiter à une information standardisée disponible au sein même de l'entreprise.

(III) HD-IA(c) : les équipes contrôlées hiérarchiquement

Dans cette architecture, les relations verticales entre T_1 et les T_2 sont régulées par le mode de décomposition hiérarchique, mais la communication horizontale relative à l'environnement local commun des T_2 se fait par assimilation de l'information. Le système de chargement des camions décrit par Alchian et Demsetz (1972) en constitue un exemple de référence. Le patron peut diriger l'équipe, mais ses membres doivent spontanément coordonner leurs actions au cours de leur travail commun pour atteindre l'objectif prévu. On peut trouver ce type d'architecture informationnelle dans une entreprise produisant des objets uniques très élaborés et dont l'organisation s'appuie sur la coordination de compétences spécialisées par un supérieur hiérarchique en charge de les encadrer. Cette architecture est assez semblable à celle que l'on trouve dans les équipes sportives, dans lesquelles les actions des joueurs sont coordonnées et continuent de manière *ad hoc* au sein d'un cadre stratégique défini par l'entraîneur. On la trouve ainsi dans des équipes chargées d'un travail créatif (comme la réalisation de films), de l'élaboration d'applications élaborées pour des logiciels, de la conception de produits très sophistiqués, etc[17]. Ce type d'architecture est efficace lorsque l'obtention d'un produit final de qualité exige d'utiliser au maximum les complémentarités d'attributs et les complémentarités techniques qui existent entre les tâches, alors même que celles-ci requièrent des compétences opérationnelles hautement spécialisées. Comme l'évolution du marché et de la technique est susceptible de faire apparaître des situations sans cesse nouvelles, l'assimilation de l'information entre les T_2 est toujours plus ou moins tacite.

(IV) DH[*AI*(*c*)]-*AI*(*c*) *: hiérarchies horizontales [HH]*

Cette architecture se caractérise par les deux propriétés suivantes. L'information relative à l'environnement systématique est assimilée par T_1 et les T_2 dans un cadre hiérarchique général (une séparation entre la direction et les subordonnés), alors que les T_2 s'engagent dans un partage contextuel d'information sur leur environnement local commun. Nous qualifions cette architecture de *hiérarchie horizontale*, au sens où les flux d'information entre les T_2 s'étendent à la relation verticale et qu'en conséquence, les décisions (stratégiques) de T_1 impliquent un élément de consensus ou de prise de décision commune à toutes les unités.

Comme on le sait, l'entreprise japonaise se caractérise par une forte assimilation verticale et horizontale de l'information au sein de l'organisation[18]. Les décisions de la direction sont souvent prises après avoir communiqué et négocié avec les unités de travail constituantes (le *root-wrapping* en langue anglaise). Le système du *kanban* est un exemple fréquemment cité de connexion horizontale de l'information ; il facilite la livraison juste à temps des pièces modulaires grâce à une communication directe entre le fournisseur et l'utilisateur, sans passer par un bureau de contrôle des stocks[19]. La rotation des travailleurs entre les différentes tâches d'atelier (pour les cols bleus) ou dans les différents bureaux (cols blancs) permet aux travailleurs de se familiariser avec les différentes facettes du processus de production et nourrit ainsi leur capacité à résoudre collectivement les problèmes posés par certaines irrégularités locales comme le bris d'une machine ou l'apparition de produits défectueux (Koike, 1984, 1992).

Ce type d'architecture informationnelle permet de coordonner des tâches présentant de fortes complémentarités d'attributs et une corrélation statistique élevée (comme dans le cas de l'assemblage de voitures ou de la fabrication de l'acier). La circulation de l'information entre les unités chargées de la recherche-développement, de la production et de la commercialisation favorise un processus continu d'innovations plutôt qu'une conception des produits fondée sur des percées conceptuelles (Aoki et Rosenberg, 1989 ; Aoki, 1990). La gestion de l'information peut cependant devenir assez lourde à mesure que l'organisation s'étend. C'est une des raisons pour lesquelles les producteurs japonais ont tendance à utiliser des fournisseurs externes auxquels ils délèguent certaines tâches modulaires, donnant ainsi lieu à une architecture informationnelle que nous présentons plus loin. Le développement des techniques de l'information peut également, lorsque les complémentarités sont importantes, réduire l'avantage qu'avait acquis cette architecture sur les hiérarchies fonctionnelles intégrées par le réseau.

(V) DH[AI]-EI[AI] : hiérarchies de participation

Cette architecture se caractérise par un partage transfrontalier de l'information dans un cadre général de hiérarchie fonctionnelle (c'est-à-dire de spécialisation des tâches). La proposition 4.3. suggérait qu'une capacité de traitement de l'information relativement élevée de la part des T_2 rendait plus efficace, du point de vue informationnel, la transmission de leur observation du segment systémique de l'environnement à T_1 pour la prise de décision. Une plus grande complémentarité entre les tâches opérationnelles réalisées par les T_2 nécessite également un partage horizontal de l'information. Nous pouvons donc appeler *hiérarchies de participation* les hiérarchies fonctionnelles qui incorporent un degré important d'assimilation de l'information verticale et horizontale.

On prétend généralement que l'entreprise allemande (la firme A) est, en termes d'organisation du travail, radicalement différente de l'entreprise japonaise (la firme J). Dans la première, les travailleurs sont spécialisés dans certaines tâches sur la base de leurs certificats de qualification, qui les accompagnent d'une firme à l'autre, alors que dans la seconde les travailleurs changent d'emploi au sein même de l'entreprise, de sorte que leurs compétences s'étendent mais deviennent de plus en plus spécifiques à l'entreprise en question. Koike (1988, 1994) souligne pourtant que la rotation et le travail d'équipe qui caractérisent l'usine japonaise n'ont jamais eu comme objectif d'homogénéiser les compétences des ouvriers, mais plutôt d'améliorer leurs capacités individuelles et collectives de résolution des problèmes en approfondissant leur compréhension du processus de production. De la même manière, une étude de terrain de référence comparant les entreprises allemandes et japonaises révèle que les ouvriers allemands que l'on identifie comme « qualifiés » peuvent effectivement occuper un grand nombre de postes différents au sein de la même firme. Cette étude souligne également que « puisque non seulement les contremaîtres, mais aussi un grand nombre de techniciens, d'ingénieurs et de dirigeants ont commencé leur carrière par une formation alors qu'ils étaient ouvriers qualifiés, ce système de socialisation met en place une vaste communauté professionnelle et tend à faciliter la communication et la coopération entre les employés occupant des positions différentes dans la hiérarchie de l'entreprise » (Maurice *et al.*, 1986, p. 93). En réponse aux défis concurrentiels lancés par les entreprises japonaises, l'Allemagne a vu le nombre de ses catégories d'emploi se réduire substantiellement et en pratique ces catégories se sont de plus en plus chevauchées sur le lieu de travail afin de faciliter la coordination et la communication horizontales entre les travailleurs occupant des postes différents. Un universitaire perspicace résume la situation dans ces termes : « Dans l'Allemagne de la fin des années 1980, l'architecture des qualifications et l'organisation du travail se sont éloignées du taylorisme pour s'orienter rapidement vers une déviation plus ancienne du modèle tayloriste élémentaire : [...] la flexibilité par le chevauchement des compétences et l'intégration horizontale et verticale des profils de compétence ; la réintégration de la conception et de l'exécution grâce à l'extension du contenu des postes et l'introduction du travail de groupe sur cette base exclusivement ; enfin, l'assouplissement de la supervision et de la pression organisationnelle par la direction et l'attribution d'une responsabilité plus large à des travailleurs ayant une formation plus étendue » (Streeck, 1996, p. 161).

La proximité avec les arguments développés par Koike sur le modèle japonais est frappante. Dans l'entreprise allemande, la communication verticale entre la direction et les travailleurs a également pris la forme de conseils de travail consultatifs. En terme d'architecture informationnelle, l'entreprise allemande se caractérise donc par une combinaison de hiérarchies fonctionnelles et de hiérarchies horizontales, elle est donc plus proche de l'entreprise japonaise que l'on ne croit généralement[20]. La différence est que, dans l'entreprise allemande, l'assimilation de l'information repose d'avantage sur l'échange de messages codifiés au sein de dispositifs organisationnels formels comme les conseils de travail, alors que les entreprises japonaises s'appuient d'avantage sur l'échange de connaissances tacites dans le cadre des conventions d'une organisation. Ces systèmes se distinguent également par leur type de gestion d'entreprise. Le chapitre II chercher à analyser cette différence.

Nous abordons maintenant les architectures propres à des groupes d'entreprises liées entre elles par des échanges d'information plus denses que ceux qui sont impliqués par le mécanisme néoclassique des prix. Il en existe de nombreuses et, dans ce qui suit, nous n'en étudions que trois types, repris et analysés plus en détail dans la suite de l'ouvrage.

(VI) DH[*AI*(*c*)]-*EI : les fournisseurs* keiretsu

Dans cette architecture, T_1 partage avec chaque unité T_2 une partie de l'information relative au segment systémique de l'environnement (dans un cadre général de hiérarchie fonctionnelle), alors que l'information relative au segment local commun des T_2 reste essentiellement encapsulée. Les fournisseurs de l'industrie automobile japonaise (*keiretsu*) constituent un exemple de cette architecture[21]. Selon cette interprétation, T_1 correspond à l'entreprise centrale qui assemble les parties du produit final (Toyota par exemple), alors que les unités T_2 représentent les différents fournisseurs de pièces détachées liés à T_1 par des relations contractuelles. T_1 joue un rôle directeur dans le traitement de l'information systématique, par exemple celle qui porte sur le développement de nouveaux modèles. Cela signifie qu'un partage substantiel d'information doit prévaloir entre T_1 et les T_2, de la formation d'équipes communes de développement jusqu'à l'utilisation du système de *kanban*, dans le but de gérer les fortes complémentarités d'attributs susceptibles d'apparaître entre ces entreprises. Il faut aussi remarquer que cette architecture quasi organisationnelle permet, en déléguant les sous-tâches à des entités extérieures à l'entreprise centrale, d'éviter la surcharge d'information propre à la hiérarchie horizontale intégrée. La conception des pièces est confiée aux entreprises T_2 et donc dissimulée à T_1[22]. Ces fournisseurs peuvent être en concurrence pour la vente de la même pièce ou se trouver chacun dans une niche particulière (ce qui implique une plus faible corrélation statistique de leur environnement). Il n'existe donc pas d'assimilation substantielle d'information entre les T_2, sauf dans des circonstances exceptionnelles et d'échanges d'informations générales sur la technique ou sur l'état du marché. Les entreprises T_2 peuvent à leur tour décomposer leurs pièces en pièces plus élémentaires et déléguer leur production à d'autres entreprises, disons T_3, et ainsi de suite. Les relations de fournisseurs qui s'établissent avec les *keiretsu* peuvent incorporer une composante hiérarchique caractéristique des modes DH[AI(c)]-EI.

(VII) DH[AI(c)]-[AI(c)] : les districts industriels italiens

Imaginons une situation dans laquelle une firme T_1 doit coordonner les tâches des entreprises T_2, mais qu'à côté du partage d'information entre les T_2, il existe un certain partage d'information entre T_1 et les T_2. Cette situation renvoie à une architecture analogue à la hiérarchie horizontale analysée plus haut, à ceci près que les T_1 et T_2 représentent des entreprises autonomes plutôt que les unités d'une même firme. La collaboration de T_1 et des entreprises T_2 peut alors se faire de manière *ad hoc*, quoique la pratique du partage d'information puisse tendre à la transformer en relation de long terme. Le rassemblement d'entreprises italiennes dans une même localité, comme Prato et Biella pour la laine, Côme pour la soie, ou Capri pour les vêtements tricotés, et leur regroupement en réseaux, les districts industriels, constituent un exemple emblématique de ce type de relations de long terme[23]. Selon cette interprétation, on assimile T_1 à l'entreprise centrale, dont la spécialité est de traiter l'information relative à la mode, la conception des vêtements, la coordination du processus de production et la commercialisation des produits, alors que les T_2 sont de petites entreprises liées à T_1 par contrat, chacune spécialisée dans une étape spécifique du processus de production qui conduit au bien final. Prenons comme exemple l'industrie de la soie à Côme. Le rôle de T_1 y est rempli par des structures concurrentes, les convertisseurs, alors que les T_2 représentent des petites entreprises spécialisées dans la conception, le filage, le tissage, la teinte, l'impression et la finition[24].

Dans l'industrie de la mode, qui se caractérise par la qualité élevée et le court cycle de vie de ses produits, il existe de fortes complémentarités d'attributs entre les compétences de conception et les compétences de production. La conception sophistiquée des produits requiert des matériaux adéquats et une manipulation appropriée, ainsi que certaines compétences de fabrication qui ne peuvent pas toujours être formalisées dans des manuels (que l'on pense par exemple au processus de finition à Côme). Le partage contextuel d'information entre l'entreprise centrale et celles qui lui sont liées par contrat peut donc élever la capacité d'innovation et de conception de la première, tout en faisant bénéficier les secondes de l'information sur les évolutions de la mode et leur permettre ainsi d'ajuster en conséquence leurs compétences et leurs connaissances. Les tâches des petites entreprises doivent également être coordonnées avec flexibilité et rapidité, à la fois en termes de quantité et de diversité, pour pouvoir répondre aux évolutions de la mode d'une saison à l'autre (l'environnement de marché est fortement corrélé) tout en se pliant aux contraintes imposées par l'existence de fortes complémentarités techniques et d'attributs ; dans le district de Côme, une communication étroite s'établit entre les entreprises chargées de l'élaboration des motifs et celles qui s'occupent de l'impression avant toute décision sur la conception du produit. La communication permanente des entreprises entre elles facilite une réaction coordonnée aux changements de la demande, alors que les contrats de long terme qui lient les entreprises réalisant un même type de travaux permettent un certain partage du travail d'une saison à l'autre et de répondre ainsi aux problèmes de débouchés ou de saturation des capacités de production des entreprises individuelles. Le regroupement des entreprises dans une même localité peut aussi améliorer la compétence des producteurs par un processus d'apprentissage et d'imitation réciproques. Enfin il permet de coordonner les efforts d'innovation entre les tâches qui présentent des complémentarités d'attributs (par exemple une nouvelle technique de teinture peut requérir une amélioration des tissus).

(VIII) AI-EI : intermédiation de l'information par une tierce partie ; le regroupement de la vallée du Silicium (Silicon Valley)

Dans cette architecture quasi organisationnelle, une tierce partie (T_1) permet une certaine assimilation de l'information systématique entre les unités de travail (T_2), alors que l'information opérationnelle reste encapsulée au niveau des unités de travail. Le type de connexion de l'information que l'on observe dans les regroupements de *start-up* de la Silicon Valley constitue un exemple important mais pas évident de ce type d'architecture organisationnelle. Celle-ci n'est vraiment innovatrice que sous deux conditions, liées entre elles mais légèrement différentes.

En premier lieu, les entreprises de ce regroupement se trouvent presque en concurrence dans la même niche. Leur environnement technique est donc identique ou fortement corrélé statistiquement et leurs efforts d'innovation assez substituables. L'information qu'elles traitent doit donc être encapsulée, tant du point de vue des entreprises elles-mêmes, qui sont en concurrence, que du point de vue de l'efficience informationnelle (cf. proposition 4.1.). Ces entreprises doivent ensuite innover de manière décentralisée, à la différence de l'ancien système de l'entreprise intégrée comme IBM, qui développait *ex ante* et de manière centralisée ses nouveaux concepts de systèmes techniques (IBM 360). De nouveaux systèmes techniques, comme des ordinateurs ou internet, peuvent se développer de manière évolutionnaire par la combinaison de produits modulaires comme les CPU, les moniteurs LC, les logiciels, les routeurs, c'est-à-dire des produits inventés par des entreprises appartenant à des niches différentes. Cette transformation du processus d'innovation est possible parce que le traitement de l'information (les efforts d'innovation) relative à une certaine niche est relativement indépendant de celui des autres niches[25]. Cette exigence est à son tour facilitée par l'amélioration des compétences dans le traitement de l'information des entrepreneurs, ainsi que des techniques qui les supportent et qui permettent d'encapsuler dans une seule entreprise le traitement de l'information relatif à des environnements de développement statistiquement corrélés (proposition 4.5.). C'est cette seconde condition, relative au mode de traitement de l'information, qui rend l'architecture de la Silicon Valley efficace.

Pour que la sélection évolutionnaire de produits modulaires puisse donner lieu à un système technique innovant, il suffit de proposer des interfaces standard et un protocole commun de transmission des données. Ces standards peuvent être choisis par des entreprises leaders dans leur niche ou par des associations industrielles. Ils peuvent également se développer *de facto* par l'intermédiaire du processus concurrentiel, car il est difficile de les poser *a priori* lorsque les environnements techniques sont incertains. Dans tous les cas, les sociétés de capital-risque font circuler entre les entreprises concurrentes l'information systémique relative à l'évolution des standards et des produits finis composés. Leur rôle d'intermédiation de l'information est à la fois moins important que celui du dirigeant de la hiérarchie fonctionnelle et plus détaché que celui du dirigeant de la hiérarchie horizontale, mais elles remplissent dans ce système un rôle de gestion déterminant (voir la section 3 plus bas ainsi que le chapitre XIV).

Dans le livre qu'elle a tiré de son étude de terrain détaillée, Saxenian (1994) pose une question intéressante : comment se fait-il que les deux grands groupes importants de l'industrie de la haute technologie, la Silicon Valley d'une part et la Route 128 du grand Boston d'autre part, aient réagi de manière si différente au défi lancé par leurs concurrents japonais dans les années 1980 ? La Silicon Valley s'en est remise avec une vigueur accrue et a su profiter de la poussée de nouvelles entreprises, moins intégrées et plus orientées vers les marchés. La stagnation de la Route 128 a été plus longue, peut-être parce qu'y prédominaient des entreprises hiérarchisées relativement intégrées et que l'information circulait peu de l'une à l'autre. La définition de l'architecture informationnelle de la Silicon Valley que nous proposons semble s'accorder avec cette observation.

L'architecture quasi organisationnelle est composée d'une multitude d'entreprises. Le rôle de T_1 peut être joué par une seule entreprise, comme c'est le cas du fournisseur japonais *keiretsu*, ou par un ensemble d'entreprises comme les convertisseurs du district industriel italien ou les sociétés de capital-risque de la Silicon Valley. T_1 ne peut encadrer la circulation de l'information de la même manière dans des types d'architecture différents. Notons aussi que le second signe de chaque code caractérise les relations horizontales qui s'établissent *entre* les entreprises T_2 et non pas l'architecture organisationnelle qui prévaut *en leur sein*. Ces entreprises ont en effet leur propre architecture organisationnelle interne. Dans le cas du fournisseur japonais et du district industriel italien, chaque fournisseur sous contrat incorpore des hiérarchies horizontales (ou, dans certaines entreprises italiennes, des équipes contrôlées hiérarchiquement par un artisan particulièrement compétent). Pour leur part, les pousses de la Silicon Valley peuvent avoir des architectures d'une organisation assez différente. Celles-ci se rapprochent soit des hiérarchies horizontales ou de participation, soit des équipes dirigées par des vedettes (contrôlées hiérarchiquement), mais pas des hiérarchies fonctionnelles, du moins au début (Baron *et al.*, 1986 ; Hannan *et al.*, 1996)[26].

La figure 4.3. résume la taxonomie que nous avons développée jusqu'ici. La position horizontale représente le degré de centralisation de l'information systémique (l'information importante pour le domaine organisationnel dans son ensemble) propre aux différentes structures architecturales, du traitement centralisé du mode de décomposition hiérarchique (à gauche) jusqu'au mode d'assimilation « faible » de l'information (à droite), en passant par le mode d'assimilation « forte » de l'information (au milieu). Dans le mode d'assimilation forte, l'assimilation de l'information systé-

Figure 4.3.
Types d'architecture organisationnelle et quasi organisationnelle

Information systémique / Information locale	**hiérarchie**		**assimilation forte**	**assimilation faible**
Encapsulement	hiérarchie fonctionnelle			regroupement de type « Silicon Valley »
Assimilation fondée sur les réseaux	hiérarchie fonctionnelle intégrée par les réseaux			
	équipes contrôlées hiérarchiquement	hiérarchies de participation	*keiretsu* japonais	
Contextualisation			hiérarchie horizontale	district industriel italien

mique est assurée par une unité de travail T_1 unique (la direction de l'entreprise), alors que dans le mode d'assimilation faible, l'information est assimilée par un grand nombre d'organisations grâce à une multitude d'unités T_1 (des sociétés de capital-risque, des convertisseurs, etc.). La position verticale représente, selon le type d'architecture, le degré d'encapsulation/assimilation de l'information horizontale entre les unités de statut identique. Le traitement formalisé de l'information par un réseau numérique se situe entre ces deux modes. La discussion qui a précédé devrait rendre évidente la position de chaque entrée.

IV.3. LE CONTROLE DE L'ARCHITECTURE DES ORGANISATIONS : UNE DISCUSSION PRELIMINAIRE

Dans la première section, nous avons identifié trois modes génériques de connexion de l'information entre unités d'une organisation et examiné les conditions qui faisaient de l'un ou l'autre le mode le plus efficace du point de vue informationnel. Nous sommes partis de l'hypothèse que l'information était traitée avec la même précision par les différentes unités constituantes. Cependant, nous avons également fait allusion au fait que la précision du traitement de l'information pouvait dépendre, entre autres choses, des incitations des agents qui en ont la charge. Chaque architecture organisationnelle entraîne des problèmes d'incitation spécifiques et soulève des problèmes de gestion particuliers. Dans cette section les trois modes génériques de connexion de l'information sont analysés ainsi que les problèmes de gestion qu'ils posent et les solutions spécifiques qu'ils requièrent. Cette discussion permettra de reprendre de manière plus complète, dans la troisième partie, l'analyse de la gestion organisationnelle, après avoir défini les outils analytiques et conceptuels indispensables.

Chaque mode générique utilise des types d'actifs spécifiques, que ceux-ci soient humains ou physiques, matériels ou immatériels. Dans le chapitre suivant, nous étudions de manière plus approfondie les types spécifiques d'actifs humains qui s'accordent au mode de décomposition hiérarchique et au mode d'assimilation de l'information. Nous qualifions simplement ici ces actifs humains d'individualisés ou de contextualisés (voir figure 4.4.). On peut résumer leur différence ainsi : dans le mode de décomposition hiérarchique, les actifs humains doivent être adaptés à des tâches de traitement de l'information décomposées en fonctions, alors que dans le mode d'assimilation de l'information les actifs

Figure 4.4.
Les types d'organisation et leurs actifs associés

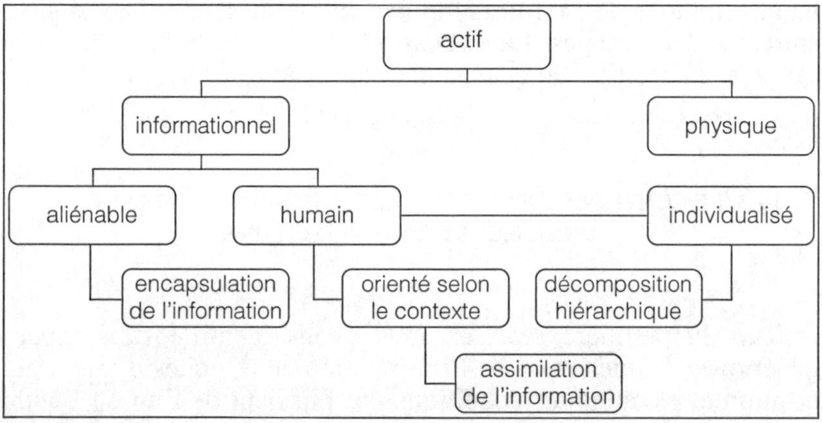

humains doivent pouvoir s'ajuster aux spécificités contextuelles du partage de l'information dans l'organisation.

En ce qui concerne la gestion du mode de décomposition hiérarchique, nous allons d'abord montrer qu'il est essentiel de savoir quels sont les détenteurs d'actifs humains individualisés qui contrôlent l'utilisation des actifs physiques. Pour cela, nous allons nous appuyer sur les contributions des théoriciens des droits de propriété comme Grossman et Hart (1986), Hart et Moore (1990), et Hart (1995). Nous voyons ensuite pourquoi le mode d'assimilation de l'information se caractérise par un comportement de passager clandestin dans le travail d'équipe (au sens de Alchian et Demsetz, 1972) posant un problème d'incitation spécifique qui ne peut être résolu par un arrangement interne et fermé de propriété des actifs physiques.

D'après Brynjolfsson (1994), on peut considérer que les actifs humains (individualisés ou contextualisés) constituent des actifs d'information inaliénables, au sens où les compétences de traitement de l'information sont incarnées dans des être humains et ne peuvent en être séparées. Par opposition, on peut qualifier d'« actifs d'information aliénables » les actifs informationnels non humains comme les logiciels, les contenus numériques et les inventions, parce qu'une fois produits, on peut ôter les droits de propriété à leurs producteurs et les échanger. Le producteur (l'inventeur) peut avoir des difficultés à établir son droit de propriété sur des actifs informationnels à demi finis (la recherche-développement), alors même que d'autres agents considèrent que ces actifs ont une réelle valeur économique. Du fait de cette propriété de bien public, on peut être amené à dissimuler (à encapsuler) les activités de traitement de l'information qui conduisent à la production d'actifs informationnels aliénables, c'est-à-dire les activités d'invention. Nous étudions, plus loin dans cette section, un système d'agents (ou d'organisations) dont chacun des membres (organisations) est engagé dans le traitement d'une information encapsulée visant à produire des actifs informationnels aliénables. Dans ce système, l'utilisation des actifs informationnels (humains ou aliénables) est essentielle, mais pas celle des actifs physiques. Sa gestion ne peut donc se réduire à un arrangement *a priori* de la propriété des actifs physiques.

(A) L'intégration du mode de décomposition hiérarchique et de la propriété des actifs : l'entreprise Hart-Moore

Prenons le mode de décomposition hiérarchique. Nous interprétons ses propriétés essentielles dans le cadre de l'approche par les droits de propriété développée par Grossman-Hart-Moore, et nous examinons comment cette forme d'architecture organisationnelle (ainsi que les systèmes qu'elle abrite, comme les hiérarchies fonctionnelles) est régulée par l'intégration de la propriété des actifs physiques et par l'établissement d'un contrôle hiérarchique.

Articulons le contenu des tâches soumises à la décomposition hiérarchique d'une manière plus précise que dans le cas de hiérarchies horizontales (dans lesquelles se niche une assimilation de l'information). Le dirigeant s'engage en effet dans un processus de décision tourné vers le marché en s'appuyant à la fois sur le traitement de l'information systémique et sur la coordination organisationnelle, tandis que chaque travailleur s'engage dans une tâche opérationnelle spécifique. Les actifs humains (les compétences) nécessaires à la réalisation des tâches sont individualisés. On peut alors décrire la nature des tâches de chaque travailleur dans le contrat qu'il passe avec l'entreprise et qui précise sa rémunération en fonction des actifs humains qu'il détient. La définition des postes est nécessairement incomplète car les contractants sont incapables, du fait de leur rationalité limitée, de prendre en compte toutes les contingences futures possibles. Cette incomplétude contractuelle signifie qu'il faut établir un arrangement qui tranche sur ce que Hart dénomme les droits de contrôle résiduels à l'utilisation des actifs (dans le cas présent, des actifs humains) lorsque apparaît une contingence qui n'a pu être inscrite dans le contrat. Pour Coase (1937) et Simon (1951), la hiérarchie se caractérise par le fait que l'employeur détient les droits de contrôle résiduels à l'utilisation des actifs humains, dans certaines limites précisées par le contrat d'emploi. Pourquoi les travailleurs accepteraient-ils l'autorité de l'employeur, c'est-à-dire son droit de contrôle résiduel ? Il se peut aussi que la réalisation efficace des tâches par les travailleurs requière l'utilisation de certaines compétences ne pouvant être acquises que par un apprentissage sur le lieu de travail. Dans certains cas, le niveau d'effort que les travailleurs engagent dans l'apprentissage ne peut être rendu juridiquement exécutoire faute de ne pouvoir être inscrit dans le contrat. L'idée de Hart et Moore, selon laquelle l'intégration de la propriété sur les actifs physiques et l'établissement d'une coordination hiérarchique (un droit de contrôle résiduel sur les actifs humains) sont essentiels à l'activité productive, peut être interprétée de la façon suivante : non seulement ils incitent le propriétaire/dirigeant à accumuler les compétences relatives aux tâches qu'il accomplit lui-même, mais ils lui permettent également de contrôler indirectement et de stimuler le travailleur qui a besoin d'actifs physiques pour être productif.

Afin d'entrevoir la logique élémentaire développée par Hart et Moore, supposons que l'économie soit composée de deux agents appariés pour former une organisation. L'un d'eux (T_1) analyse l'information relative à l'environnement de l'organisation et dit à l'autre agent (T_2) ce qu'il doit faire, alors que ce dernier ne considère que l'information particulière nécessaire à son propre travail. Appelons le premier « dirigeant » et le second « travailleur ». Dans le cas où les deux parties acceptent de travailler ensemble, imaginons que l'organisation dure une période elle-même composée de deux sous-périodes. Supposons maintenant que, durant la première sous-période, le dirigeant et le travailleur s'entendent pour investir tous deux dans leurs actifs humains respectifs (par exemple, les compétences de traitement de l'information stratégique pour le dirigeant et l'apprentissage du fonctionnement d'une machine pour le travailleur) et que cela représente un coût en termes d'effort. Au cours de la seconde sous-période, les agents mobilisent ces actifs humains et les combinent à des actifs physiques pour produire une quasi-rente à répartir entre eux. Nous appelons e_m et e_w les niveaux d'investissement en actifs humains du dirigeant et du travailleur, $V(e_m, e_w)$ la valeur totale des revenus engendrés par leur coopération, et $\overline{v}_m(e_m)$ et $\overline{v}_w(e_w)$ ce que chacun d'eux pourrait obtenir sans la coopération de l'autre (ce que l'on dénomme leur « option de sortie »). Comme nous le voyons brièvement par la suite, la valeur de l'option de sortie peut dépendre de la structure de la propriété des actifs physiques. Cependant, nous ne considérons pas les paramètres qui précisent cette structure pour le moment. On suppose que $V(e_m, e_w) - (\overline{v}_m(e_m) + \overline{v}_w(e_w)) > 0$, $\partial V(e_m, e_w)/\partial e_m - \overline{v}'_m(e_m) > 0$ et que $\partial V(e_m, e_w)/\partial e_w - \overline{v}'_w(e_w) > 0$. Cela signifie que les quasi-rentes moyenne et marginale sont croissantes relativement à l'investissement en actifs humains du dirigeant et du travailleur. En d'autres termes, les deux actifs sont spécifiques à l'entreprise, au sens moyen et marginal. Appelons $c_m(e_m)$ et $c_w(e_w)$ les coûts d'effort du dirigeant et du travailleur et supposons que les coûts marginaux correspondants soient croissants, de sorte que l'on ait $c'_m(e_m) > 0$, $c'_w(e_w) > 0$, $c''_m(e_m) > 0$, et $c''_w(e_w) > 0$.

Faisons maintenant l'hypothèse que les niveaux d'investissement sont observables par les deux parties en fin de première sous-période, mais ne sont pas vérifiables juridiquement, de sorte qu'il est impossible de les incorporer au contrat en début de première sous-période. Après l'investissement de début de première sous-période, mais avant le début de la seconde sous-période, le dirigeant et le travailleur négocient un contrat portant sur la répartition de la quasi-rente réalisable à la fin de la seconde sous-période. Supposons qu'ils partagent cette rente de coopération de manière égale. Pour un pouvoir de négociation identique, le dirigeant obtiendra $½[V(e_m, e_w) - (\overline{v}_m(e_m) + \overline{v}_w(e_w))] + \overline{v}_m(e_m)$ et le travailleur $½[V(e_m, e_w) - (\overline{v}_m(e_m) + \overline{v}_w(e_w))] + \overline{v}_w(e_w)$, c'est-à-dire que chacun obtiendra une partie de la quasi-rente *plus* la valeur de l'option de sortie de ses propres actifs humains. Chaque agent anticipe le résultat de la négociation et détermine son niveau d'investissement de première sous-période de façon à ce que le rendement marginal de son investissement soit égal à son coût marginal. Comme le premier est égal à la moitié du rendement marginal, cette condition d'équilibre de Nash s'écrit :

$$½[\partial V(e_m, e_w)/\partial e_m + \overline{v}'_m(e_m)] = c'_m(e_m)$$

$$½[\partial V(e_m, e_w)/\partial e_w + \overline{v}'_w(e_w)] = c'_w(e_w).$$

De plus, l'efficience suppose que le rendement marginal global de chaque agent soit égal à son coût marginal. Comme chaque partie peut faire perdre à l'autre (selon le problème du *hold up*) la moitié de la valeur des actifs humains de son adversaire, cela provoque une situation de sous-investissement. Hart et Moore ont donc recherché une solution optimale en information imparfaite. C'est maintenant qu'il nous faut expliciter la structure de la propriété des actifs physiques.

Supposons que, pour produire au cours de la seconde sous-période, le dirigeant et le travailleur peuvent utiliser les actifs humains qu'ils ont accumulés en ne mobilisant que les actifs physiques que chacun détient. Nous appelons ces derniers a_m et a_w, en imaginant qu'ils représentent des bureaux, des réseaux d'information ou des fichiers pour le dirigeant, une machine ou des outils pour le travailleur. Supposons également que l'utilisation optimale des actifs humains et physiques requiert des partenaires qu'ils passent un contrat relatif à la répartition de la quasi-rente. Nous ignorons pour l'instant les problèmes d'aléa moral qui pourraient apparaître en seconde période. Dans le cas où les partenaires ne parviendraient pas à s'entendre en fin de la première sous-période, la valeur de sortie de leurs actifs humains pourra dépendre de la structure de la propriété des actifs physiques. La structure de la propriété qui prévaut en fin de première période est alors un élément important du pouvoir de négociation de chacune des parties. Quelle est, dans le contexte du mode de décomposition hiérarchique, la structure de propriété la meilleure ? Hart et Moore ont examiné les implications de plusieurs d'entre elles, dans différents environnements techniques. Dans ce contexte, c'est la structure suivante qui paraît la plus adéquate.

Supposons que, pour tout e_w, la valeur de l'option de sortie $\overline{v}_w(e_w)$ n'est pas affectée par la structure de la propriété des actifs physiques, alors que la valeur de l'option de sortie $\overline{v}_m(e_m)$ est, pour tout e_m, plus élevée lorsque le dirigeant possède à la fois a_m et a_w. Les actifs humains du dirigeant sont donc « essentiels » au sens de Hart et Moore, alors que ceux du travailleur ne le sont pas[27]. Cela signifie, dans le cadre du mode de décomposition hiérarchique, que les tâches de traitement de l'information systémique réalisées par le dirigeant sont indispensables à l'utilisation productive des actifs physiques, de sorte que le travailleur ne peut augmenter sa productivité sans l'aide du dirigeant même s'il en possède la totalité. D'autre part, la valeur de l'option de sortie du dirigeant est plus élevée s'il détient les actifs physiques et en conserve le contrôle résiduel face à un travailleur inexpérimenté. Dans cette situation, nous déduisons facilement de la condition d'équilibre de Nash que la solution optimale en information imparfaite consiste en la prise de possession des actifs physiques par le dirigeant. De cette façon, le dirigeant est incité à accumuler les actifs humains nécessaires[28]. La proposition suivante se vérifie donc toujours.

PROPOSITION 4.6. *(Hart-Moore) : Pour que les hiérarchies fonctionnelles dans lesquelles le traitement de l'information systémique par le dirigeant est « essentiel » (au sens de Hart et Moore) soient contrôlées de manière optimale, il faut que le dirigeant détienne l'ensemble des actifs physiques*[29].

Supprimons maintenant l'hypothèse selon laquelle les actifs humains du dirigeant sont indispensables et imaginons qu'à la fois la valeur marginale de l'option de sortie du dirigeant $\overline{v}'_m(e_m)$ et celle du travailleur $\overline{v}'_w(e_w)$ puissent dépendre de la structure de la propriété. Supposons d'abord que la valeur marginale des options de sortie des deux actifs humains est plus élevée lorsque chaque partenaire détient les droits de contrôle résiduels sur les actifs physiques qu'il utilise, mais qu'elle ne dépend pas des actifs physiques qui sont détenus et utilisés par l'autre partie. Cela correspond à une situation où les actifs physiques sont « indépendants » au sens de Hart et Moore. La condition d'équilibre de Nash montre alors clairement que, si un dirigeant ne veut pas réduire les incitations du travailleur, il ne doit pas posséder les actifs physiques utilisés par ce dernier. Dans ce cas, le travailleur devrait être un contractant indépendant (les districts industriels italiens abordés dans la section IV.2. constituent un exemple de cette structure). Il est dans l'intérêt du dirigeant de posséder l'ensemble des actifs physiques lorsque ces derniers sont complémentaires, c'est-à-dire lorsque la valeur marginale des actifs humains du dirigeant et du travailleur augmentent plus si seulement l'un d'entre eux détient les droits de contrôle résiduels sur les actifs physiques. Cet effet doit néanmoins être plus prononcé pour le dirigeant. Si c'est le travailleur qui possède les actifs physiques, le dirigeant sera moins incité à investir dans des actifs humains puisque le travailleur pourra toujours user de son pouvoir de négociation *ex post* en menaçant, dans le cas où aucun accord ne serait conclu, de s'en aller avec ses actifs. Les incitations du travailleur sont, elles aussi, moins importantes lorsque c'est le dirigeant qui possède l'ensemble des actifs physiques, mais l'effet global en termes d'efficience est moindre[30]. Une autre difficulté peut néanmoins apparaître. Sans accord contractuel, un dirigeant qui posséderait l'ensemble des actifs physiques complémentaires pourrait menacer le travailleur de lui en interdire l'accès et ainsi l'empêcher d'obtenir sa part de la quasi-rente organisationnelle. S'il veut éviter que cette option ne constitue le choix rationnel du dirigeant, le travailleur devra investir dans des actifs humains spécifiques au cours de la première sous-période. « Les actifs non humains d'une entreprise représentent alors simplement le ciment qui tient cette entreprise » (Hart, 1995, p. 57).

Nous appelons *firme de Hart et Moore* l'arrangement qui articule une décomposition hiérarchique du traitement de l'information organisationnelle et une centralisation de la propriété des actifs physiques entre les mains du dirigeant. Il s'agit là d'une caractéristique essentielle de l'entreprise propriétaire classique. Au chapitre II, nous voyons comment celle-ci se modifie lorsque le propriétaire/dirigeant de l'organisation n'a plus suffisamment d'actifs financiers pour posséder l'ensemble des actifs physiques ; l'entreprise doit alors se transformer en une société à actionnaires multiples.

(B) Limite de la gestion du mode d'assimilation de l'information par les membres de l'organisation

En étudiant l'émergence de l'entreprise de Hart et Moore, nous avons supposé que les niveaux d'investissement en actifs humains réalisés par le dirigeant et le travailleur ne pouvaient faire l'objet d'un contrat *ex ante* (avant le début de la première sous-période), mais pouvaient être observés *ex post* (à la fin de la première sous-période). Le second contrat pouvait donc tenir compte des niveaux d'investissements observables par les deux parties. Cela était possible car les actifs humains spécifiques à l'organisation étaient décomposés entre ceux qui étaient accumulés par le dirigeant d'une part et ceux qui étaient accumulés par le travailleur d'autre part. Par ailleurs, il existait une asymétrie fondamentale entre l'importance des actifs humains détenus par le dirigeant et ceux détenus par le travailleur. Ces deux hypothèses constituent une approximation raisonnable du mode de décomposition hiérarchique et des structures qui s'y nichent, à savoir les hiérarchies fonctionnelles. Elles ne sont peut-être pas adaptées à d'autres modes génériques de coordination organisationnelle ; c'est le cas du mode d'assimilation de l'information et des structures qui y nichent, c'est-à-dire les hiérarchies horizontales.

Ce second type d'architecture organisationnelle se caractérise avant tout par le fait que les agents qui y participent partagent leur information et interagissent (verticalement et horizontalement) au cours de la prise de décision, au point que l'on ne puisse plus identifier clairement les contributions de chacun au résultat organisationnel global. En l'absence de structure de gestion appropriée, les agents peuvent être incités à adopter un comportement de passager clandestin lorsqu'il s'agit de fournir l'effort nécessaire à l'accumulation et à l'utilisation des actifs humains. Ce problème d'aléa moral et de comportement est, par nature, différent du problème de *hold up* rencontré dans le mode de décomposition hiérarchique. Les actifs humains du dirigeant et du travailleur peuvent également perdre de leur valeur lorsqu'ils sont séparés l'un de l'autre, même lorsque l'intégralité des actifs physiques est en place. Cela revient à dire que les actifs humains des deux parties sont « essentiels » au sens de Hart et Moore et qu'en même temps la valeur de leur option de sortie est constante, quelle que soit la répartition de la propriété des actifs physiques. Il s'agit certes d'une hypothèse extrême mais, en première approximation, elle rend bien compte de la nature fondamentale du mode de décomposition hiérarchique. Il se peut que la centralisation de la propriété des actifs physiques ne constitue pas une solution appropriée au problème de gestion que pose ce type d'architecture organisationnelle. En fait, la propriété du capital n'a pas d'importance dans ce cas. Peut-on imaginer une autre structure de gestion interne ? Même si l'on suppose que les participants possèdent conjointement les actifs physiques, la garantie d'un droit égal pour tous à la quasi-rente organisationnelle résout-elle le problème ?

Supposons que l'on ne puisse pas observer séparément les efforts investis par les agents dans l'amélioration des actifs humains contextualisés. Des économistes ont reproduit des organisations dans lesquelles les niveaux d'efforts individuels des membres d'une même *équipe* ne sont pas observables et ont suggéré des solutions au problème d'aléa moral qui apparaît alors. Alchian et Demsetz (1972), qui sont à l'origine de l'approche contractuelle, ont avancé que la fonction essentielle de l'entreprise était d'empêcher, par le recours au contrôle hiérarchique, que certains membres de l'équipe n'adoptent un comportement de passager clandestin. Celui qui surveille l'équipe serait à son tour incité à faire son travail s'il récoltait l'intégralité des bénéfices associés à cette tâche. En d'autres termes, le fait que l'organisation soit une équipe requiert qu'une tierce partie la contrôle. Les auteurs ont avancé que l'on pouvait assimiler cette tierce partie au propriétaire de l'entreprise, c'est-à-dire à celui qui dispose de la quasi-rente. Leur argumentation repose sur une hypothèse essentielle : la tierce partie doit être capable d'observer parfaitement les actions de chaque membre si elle est correctement incitée à le faire. Cette hypothèse n'apparaît pas cohérente avec le concept originel d'équipe.

Holmstrom (1982) fut le premier à se passer de l'hypothèse selon laquelle les actions sont parfaitement observables. Il a montré que, si une tierce partie (le principal) pouvait observer le résultat conjoint de l'équipe et menacer d'en punir collectivement les membres en cas de mauvaise performance, alors on pouvait approximativement atteindre la solution optimale en information parfaite. Il considère que la fonction essentielle de la tierce partie est de pouvoir « détruire le budget de l'équipe », plutôt que de surveiller les actions individuelles de ses membres. Le problème est que la tierce partie peut avoir intérêt à laisser l'équipe faillir si elle tire une certaine utilité de la sanction. Comme Eswaran et Kotwal (1984) l'ont souligné, il existe un risque de collusion clandestine entre la tierce partie et l'un des membres de l'équipe, consistant dans le sabordage du travail de l'équipe dans son ensemble contre le partage de la pénalité avec la tierce partie. Il est plutôt difficile d'imaginer une institution de gestion organisationnelle dans laquelle le responsable aurait intérêt à ce que l'équipe ne remplisse pas ses objectifs. D'autre part, les membres de l'équipe sont condamnés à supporter une pénalité importante et injustifiée dans le cas où un événement aléatoire incontrôlable la ferait échouer. De plus, si ses membres subissent une contrainte financière, alors il est possible que ce type de dispositif ne puisse plus être appliqué.

Le modèle de Holmstrom est cependant utile en ce qu'il permet de trouver une solution optimale en information imparfaite au problème d'aléa moral posé par le comportement de passager clandestin. Cette solution consiste à imposer une pénalité externe importante à tous les membres d'une équipe présentant de mauvais résultats. Supposons que l'équipe soit composée de deux membres identiques, indexés par w et m. Le produit de l'équipe dépend conjointement de l'investissement de chacun en actifs humains et de l'état de l'environnement sur lequel les membres n'ont aucun contrôle. Appelons V la valeur du produit de l'équipe et $F(V : e_m, e_w)$ la fonction de répartition de V, conditionnelle aux niveaux d'investissement e_m et e_w investis par chaque membre. Nous supposons que le produit global est observable *ex post*, mais pas les niveaux d'investissements de chacun des membres. Nous faisons par ailleurs l'hypothèse que la valeur observée de V est un indicateur relativement fidèle de l'investissement de l'équipe dans son ensemble, au sens où un investissement plus élevé de la part de chacun des membres réduit la probabilité que le résultat soit faible et augmente celle qu'il soit élevé[31].

Supposons que chaque membre reçoive la même part du produit, $\frac{1}{2}V$, alors que le coût d'investissement est $c(e_i)$. D'une manière analogue à la section précédente, l'agent choisit e_i de manière à satisfaire la condition de maximisation du revenu net : $\frac{1}{2}\partial E\,[V(e_m, e_w)]/\partial e_i = c'(e_i)$, où $E[V(e_m, e_w)]$ représente l'espérance du produit de l'équipe. La solution optimale en information parfaite implique que l'équation $\partial E\,[V(e_m, e_w)]/\partial e_i = c'(e_i)$ est vérifiée. Un sous-investissement en effort (un comportement de passager clandestin) apparaît donc. Supposons cependant que, lorsque le produit de l'équipe tombe en deçà d'une certaine valeur $\underline{b}$, une pénalité J soit imposée à chaque membre. L'agent choisit désormais son niveau d'effort de manière à résoudre le programme suivant :

$$\max_{e_i} \{\tfrac{1}{2}E[V(e_m, e_w)] - F(\underline{b} : e_m, e_w)\, J - c(e_i)\}.$$

dont la solution est donnée par la condition de Nash suivante :

$$\tfrac{1}{2}\partial E[V(e_m, e_w)]/\partial e_m - F_m(\underline{b} : e_m, e_w)\, J = c'(e_m)$$

$$\tfrac{1}{2}\partial E[V(e_m, e_w)]/\partial e_w - F_w(\underline{b} : e_m, e_w)\, J = c'(e_w).$$

où $F_i(\underline{b} : e_m, e_w) = \partial F(\underline{b} : e_m, e_w)/\partial e_i < 0$ $(i = m, w)$ si $\underline{b}$ est suffisamment faible. Cela signifie que l'investissement supplémentaire de chaque agent réduit la probabilité que le produit total tombe sous le seuil critique $\underline{b}$. Le gain marginal privé d'une unité additionnelle d'investissement en actifs humains contient deux éléments : la moitié du produit marginal *plus* la réduction marginale de l'espérance de la pénalité due à la baisse de la probabilité de faible performance collective. En ramenant le gain marginal privé au coût marginal de l'investissement, le membre de l'équipe est incité à investir plus que s'il était soumis au seul mécanisme d'incitation par le partage égal du produit. La question est alors de savoir si l'on peut éviter qu'une tierce partie ait intérêt à voir l'équipe échouer, comme c'était le cas dans le dispositif imaginé par Holmstrom. Au chapitre XI, nous proposons un mécanisme de tierce partie dénommé « gouvernance relationnelle contingente », capable de répondre à cette question dans le cadre de certains environnements institutionnels. En particulier, nous étudions la manière dont ce type de gestion gagne en efficacité lorsque le mode d'assimilation de l'information (ou ses structures incorporées, les hiérarchies horizontales) devient le mode de fonctionnement conventionnel de l'économie.

(C) La gestion du mode d'encapsulation de l'information par le tournoi

Le regroupement de structures entrepreneuriales dans la Silicon Valley constituait un exemple du mode d'encapsulation de l'information, dans lequel la société de capital-risque jouait un rôle limité de médiation de l'information. En fait, la société de capital-risque joue également un rôle de gestion tout à fait spécifique. Les entreprises de la Silicon Valley ont une caractéristique commune, qui les distingue des entreprises de Hart et Moore. La plupart d'entre elles subissent une contrainte de financement au début de leur activité et reçoivent un financement externe de sociétés de capital-risque contre l'abandon de leur droit de contrôle (Hellmann, 1998). Les actifs physiques ne constituent donc pas le ciment essentiel de ces entreprises[32], dans ce cas, par quoi les entrepreneurs sont-ils motivés ? Supposons que la société de capital-risque leur concède des *stock-options*, mais que la valeur de ces dernières ne se matérialise que lorsque l'entreprise remporte, contre d'autres concurrents de la même niche, un nouveau marché grâce à un nouveau produit. Si elle n'y parvient pas, elle sera éliminée avant l'aboutissement du processus de développement. La nature essentielle du mécanisme de gestion global à l'œuvre dans ces regroupements d'entreprises entrepreneuriales se caractérise donc par une sorte de tournoi.

Les propriétés spécifiques de ce processus concurrentiel seront analysées au chapitre XIV, mais l'on peut résumer son effet sur les incitations des entrepreneurs à fournir les efforts de développement de la manière simple suivante. Considérons d'abord un domaine dans lequel un financier investit dans une entreprise unique engagée dans une activité de recherche et développement mais contrainte financièrement. Le résultat de la recherche-développement est très incertain, mais la valeur du résultat espéré dépend du niveau d'effort de la société. On suppose que ce niveau d'effort n'est pas observable par le financier, on ne peut donc pas l'incorporer dans un contrat. Imaginons maintenant que le financier et l'entreprise s'accordent pour partager le résultat de manière égale. Appelons $E[V(e)]$ la valeur espérée du produit de l'activité de recherche-développement et $c(e)$ son coût privé, qui dépendent tous deux du niveau d'effort investi e. L'entreprise choisira le niveau d'effort e^* qui met à égalité le gain marginal privé et le coût privé de l'effort additionnel ($\frac{1}{2}\, E[V'(e^*)] = c'(e^*)$). Comme l'efficience sociale requiert que le bénéfice marginal social soit égal à son coût marginal, elle n'est vérifiée que si $E[V'(e^*)] = c'(e^*)$, ce qui signifie qu'il y a sous-investissement en recherche-développement.

Supposons qu'une tierce partie (la société de capital-risque) regroupe deux de ces domaines et que deux entreprises (indexées par $i = 1, 2$) s'engagent dans le même type de recherche-développement. La société de capital-risque, qui peut observer les résultats obtenus par chaque firme mais pas les efforts des entrepreneurs, organise un tournoi entre les deux. Elle compare le résultat de l'activité de recherche-développement obtenu par chacune et offre au gagnant la moitié de sa valeur, sans rien donner au perdant. Le coût d'investissement du financier est alors dédoublé et, comme seule la recherche-développement du gagnant est utilisée *ex post,* celle du perdant constitue une perte sèche. Cependant, le couplage de ces entreprises par la société de capital-risque crée des externalités susceptibles d'élever leurs niveaux d'effort. Pour montrer cela, appelons e_1 et e_2 les niveaux d'effort investis par les entreprises, et $F(e_1, e_2)$ et $1 - F(e_1, e_2)$, respectivement, les distributions de probabilité que l'une d'elles remporte le tournoi (précisons que $F(e_1, e_2) = 1 - F(e_1, e_2) = \frac{1}{2}$ lorsque $e_1 = e_2$). Les entreprises cherchent alors à maximiser

$$\tfrac{1}{2}F(e_1, e_2)\, E[V(e_1)] - c(e_1) \text{ ou } \tfrac{1}{2}(1 - F(e_1, e_2))E[V(e_2)] - c(e_2)$$

Comme les deux entreprises sont identiques, la maximisation impose que la condition de Nash suivante soit vérifiée :

$$\tfrac{1}{2}\{F(e, e)\,(dE[V(e)]/de_i) + (\partial F(e, e)/\partial e_i)\, E[V(e)]\} = c'(e), \quad i = 1,2$$

Cela signifie que le gain marginal privé d'un effort supplémentaire en recherche-développement par l'une des entreprises (la partie gauche de l'équation) est désormais égal à la moitié des deux facteurs suivants : la probabilité de gagner le tournoi (1/2 à l'équilibre) multipliée par l'espérance du gain marginal du gagnant, *plus* l'augmentation marginale de la probabilité de gagner le tournoi multipliée par l'espérance de résultat du gagnant. Si l'on compare cette condition à l'équilibre de Nash de l'un des domaines pris isolément, on voit que le premier facteur est réduit de moitié du fait de l'incertitude sur la réalisation du résultat de la recherche-développement, mais que cet effet est partiellement compensé par des incitations additionnelles venant des externalités créées par le regroupement des entreprises. L'effet net dépend de l'importance de $E[V(e^*)]$ relativement à $dE[V(e^*)]/de_i$.

C'est-à-dire que, si la valeur espérée d'un bon résultat est très élevée par rapport à son coût marginal anticipé, chaque entreprise prenant part au tournoi dépensera plus d'efforts de recherche-développement que dans le cas où seule l'une d'elles serait présente. L'augmentation du gain espéré en cas de succès peut compenser le dédoublement de l'investissement des financiers, tout en engendrant des rentes au bénéfice de la société de capital-risque.

Nous avons étudié des problèmes de gestion spécifiques à chacun des trois modes génériques de connexion de l'information. La question n'est pas encore entièrement réglée. Nous avons vu que l'intégration du contrôle hiérarchique et de la propriété des actifs physiques, telle que décrite par Hart et Moore, résout le problème de gestion posé par le mode de décomposition hiérarchique. En revanche, si le dirigeant du mode de décomposition hiérarchique subit une contrainte de financement, la solution classique et fermée sur elle-même qui conduisait à l'entreprise propriétaire n'est plus tenable. Nous avons vu qu'un mécanisme de gestion interne et fermé sur lui-même du mode d'assimilation de l'information est inefficace et qu'il est nécessaire de lui adjoindre une tierce partie qui intervienne en cas de faible performance de l'équipe. Nous n'avons pas encore analysé les problèmes d'incitation posés par l'intervention de cette tierce partie. De la même façon, nous avons fait allusion au fait que la gestion par le tournoi pouvait donner lieu à un contrôle externe efficace du traitement de l'information encapsulée en cas de recherche-développement, mais nous n'avons pas précisé comment la tierce partie, ici la société de capital-risque, avait intérêt à organiser le tournoi (hormis la possibilité de collecter une rente). Ces problèmes non résolus nécessitent de se demander quel agent, dans chaque type d'architecture organisationnelle, surveille celui qui surveille. Nous avons prévu d'étudier cette question dans la troisième partie, qui étudie l'enchâssement des entreprises dans des arrangements institutionnels complémentaires appartenant à d'autres domaines et, en particulier, au domaine des transactions financières. Dans ce contexte, les problèmes de gestion organisationnelle deviendront des problèmes de contrôle de l'entreprise.

CHAPITRE V

L'évolution simultanée des conventions et des types d'actifs humains

> « On peut se demander, comme on le fait souvent dans la théorie de l'entreprise, pourquoi toutes les firmes ne partagent pas les mêmes codes, de sorte que l'apprentissage d'un code soit transmissible. D'abord, il se peut facilement qu'il existe, dans ce type de situation, un grand nombre de codes optimaux, tous aussi bons les uns que les autres. Ce qui importe, c'est de connaître le code spécifiquement utilisé dans une entreprise donnée. Cette situation est très semblable à celle des jeux de coordination sur lesquels Schelling insiste tant. Si deux individus veulent se retrouver mais ne peuvent communiquer pendant qu'ils se rendent au point de rendez-vous, il faut qu'ils se soient mis d'accord auparavant. Le point de rendez-vous peut n'avoir aucune importance. Quelqu'un qui a choisi un certain point de rendez-vous n'est pas très utile à une organisation qui en a sélectionné un autre. »
>
> Kenneth Arrow, *The Limits of Organizations* (1974, p. 56).

Dans le chapitre précédent, nous avons identifié différentes architectures organisationnelles et quasi organisationnelles. Comment se fait le choix dans la multitude des architectures possibles ? Les entreprises adoptent-elles la meilleure d'entre elles en fonction de l'évolution du marché et des technologies ? Si l'on en croit les théories récentes de l'entreprise, il semble que la réponse soit affirmative[1]. Il n'est pas nécessaire de s'intéresser aux détails techniques qui permettent de l'affirmer. Il faut en revanche comprendre la conséquence du déterminisme technologique sur lequel elles reposent : les entreprises, au sein d'une même industrie, faisant face aux mêmes contraintes de marché et aux mêmes paramètres techniques, devraient voir leurs architectures organisationnelles converger. Nous observons pourtant que les entreprises appartenant à la même industrie, mais pas à la même région ou la même économie se caractérisent par des types d'architecture, des types de contrôle et des degrés d'intégration différents. Comment cela est-il possible ?

Même si les architectures organisationnelles contiennent des éléments d'ordre rationnel, elles incorporent un élément conventionnel qui provient de la rationalité limitée des agents et donc des entreprises. Dès que se développe une convention d'organisation, une tension peut apparaître entre son inertie structurelle et la pression d'un environnement concurrentiel en évolution permanente. Les entrepreneurs peuvent expérimenter des schémas organisationnels nouveaux ou imiter une pratique qui s'est développée ailleurs et paraît meilleure. Toutefois, ces expérimentations et ces imitations ne donnent généralement lieu ni à un changement radical de convention, ni à une cohabitation chaotique d'architectures divergentes. Elles donnent plutôt lieu à une modification ou une ramification de l'architecture organisationnelle conventionnelle, susceptibles de modifier les caractéristiques des conventions existantes, tout en conservant certaines de leurs propriétés élémentaires. Le regroupement d'entreprises à la périphérie des centres industriels traditionnels peut également faire émerger de nouvelles pratiques, comme dans le cas de la Silicon Valley[2]. Les exemples les plus étudiés concernent les formes régionales ou nationales d'organisation, comme les entreprises de la Silicon Valley, le système de fabrication états-unien, le mode de production fordiste, la cogestion allemande, le *keiretsu* japonais, le district industriel italien, etc. En matière d'organisation, on prétend parfois que les différences d'architecture entre les régions ou les pays et les différences de compétences qui en résultent peuvent expliquer les disparités dans l'industrie et le commerce[3].

Les organisations sont pourtant des créations humaines, à la différence des ressources naturelles qui forment la base de la théorie ricardienne des avantages comparatifs. Peut-on alors les transplanter d'une économie à une autre ? Dans le cas où des entrepreneurs dotés d'une rationalité limitée ne pourraient concevoir eux-mêmes une architecture optimale, la sélection concurrentielle finirait-elle par éliminer les architectures inefficientes, c'est-à-dire celles qui ne s'ajusteraient pas aux impératifs techniques des différentes industries ? Si tel était le cas, le résultat du processus concurrentiel ne ressemblerait-il pas à la mise en œuvre d'un plan optimal, comme l'ont avancé Alchian (1950) et Friedman (1953) ? En particulier, l'importance croissante des entreprises internationales et la mondialisation des marchés financiers n'ouvrent-ils pas la voie à une convergence des architectures organisationnelles en fonction d'impératifs purement technologiques ? Ce sont des questions que nous analysons tout au long de cet ouvrage et c'est par ce chapitre que commence notre voyage. Nous imaginons pour ce faire un domaine de jeu relativement peu structuré, le « champ organisationnel », dans lequel apparaissent simultanément les architectures organisationnelles des différentes entreprises[4]. Nous allons construire dans ce domaine un modèle de jeu évolutionnaire, qui sera trop simple pour être testé directement mais qui nous aidera à réfléchir aux questions que nous venons d'évoquer.

Dans la dernière section du chapitre précédent, il apparaît que chaque architecture organisationnelle requiert de la part des agents un type particulier de capacités de traitement de l'information (ce que l'on appelle plus conventionnellement compétences ou actifs humains). Nous avons comparé l'efficacité informationnelle de trois modes génériques, en supposant que les agents disposaient de capacités de traitement de l'information comparables[5]. Nous devons pourtant considérer que les capacités de traitement de l'information des agents ne varient pas seulement quantitativement mais également qualitativement. Du fait de leur capacité limitée de traitement de l'information, les agents doivent payer un coût au moment où ils se spécialisent dans certaines compétences. Le choix stratégique des agents d'investir dans un type particulier d'actifs humains peut alors dépendre de la pratique organisationnelle dominante. Inversement, le choix stratégique d'une certaine architecture organisationnelle par les entrepreneurs peut dépendre des types de compétences disponibles. Ces relations réciproques révèlent les complémentarités stratégiques qui existent au sein du champ organisationnel. Sur la base d'un modèle de jeu évolutionnaire simple, nous analysons la co-évolution d'une certaine architecture organisationnelle et des types d'actifs humains qui lui sont associés[6]. Contrairement à la conjecture d'Alchian et Friedman, une convention d'architecture organisationnelle sous-optimale peut perdurer même lorsque le champ organisationnel est soumis à la pression de la sélection évolutionnaire.

Comme nous l'avons évoqué précédemment, certains facteurs peuvent favoriser l'apparition de mutants dans les champs organisationnels où se sont développées des conventions sous-optimales : les actifs humains sont de plus en plus mobiles, les entreprises régionale ou nationale pénètrent de plus en plus les territoires étrangers et l'information sur les pratiques efficaces est de plus en plus facilement accessible. L'intégration ou les interactions entre champs organisationnels auront-elles pour résultat l'élimination des formes inefficientes d'architecture organisationnelle et le développement d'une architecture organisationnelle commune à toutes les industries ? Pour le dire autrement, contribueront-elles à valoriser la diversité organisationnelle, au sens où, dans chaque industrie, ce seraient les formes d'architecture organisationnelle les plus efficientes qui prévaudraient compte tenu des caractéristiques des biens et des technologies ? Pour répondre à ces questions, nous analysons la manière dont interagissent des champs organisationnels caractérisés par des conventions différentes et nous examinons les implications de ces interactions.

A la fin du chapitre, nous interrogeons la pertinence empirique et des limites de l'approche en termes de jeu évolutionnaire qui aura été utilisée tout au long du chapitre. Nous livrons au chapitre IX une opinion personnelle sur la manière de dépasser ces limites.

V.1. TYPES DE PROGRAMMES MENTAUX : ACTIFS HUMAINS INDIVIDUALISES ET ACTIFS HUMAINS CONTEXTUALISES

Nous avons vu au chapitre précédent que, dans une organisation, toute activité, y compris le travail physique le plus élémentaire, supposait un certain traitement de l'information. Cela signifie qu'un agent qui s'engage dans une activité organisationnelle doit faire fonctionner son propre mécanisme cognitif de manière à reconnaître et à interpréter l'état de l'environnement, à prévoir les conséquences des différentes actions possibles (y compris leurs conséquences sur les réactions des autres agents) et à faire un choix parmi elles pour résoudre un problème donné. Ces programmes se composent d'un ensemble de « règles », généralement articulées sous la forme « si..., alors... ». Par exemple, un médecin d'hôpital peut interpréter l'état d'un patient en utilisant certaines règles accumulées du type « Si l'analyse aux rayons X révèle cette image particulière et que le stéthoscope détecte ce rythme spécifique, alors le patient est atteint d'une bronchite », « Si on lui donne ce médicament, il aura probablement une réaction allergique, il faut donc éviter de le lui administrer », etc. Ces règles sont accumulées, révisées dans le temps, organisées dans l'esprit des agents selon un certain ordre et déclenchées par la perception d'une situation particulière (Holland *et al.*, 1986). Elles mobilisent donc certains actifs humains. Par simplification, nous considérons pour l'instant que les programmes mentaux des agents se composent de deux types de règles. Les premières sont les *règles cognitives* que les agents utilisent pour former des représentations interprétatives de l'environnement en fonction de certaines données cognitives (données numériques, rapports écrits, icônes, conversations, gestes et expressions observés, etc.) ; les secondes sont les *règles de décisions* que les agents mobilisent pour sélectionner une action particulière parmi un ensemble d'actions réalisables en s'appuyant sur leur représentation interprétative de l'environnement[7]. Remarquons qu'ici les règles de décision renvoient aux composantes des programmes mentaux individuels et non aux règles ou aux procédures organisationnelles ou administratives qui déterminent la prise de décision collective, quoique les deux choses soient sans aucun doute intimement liées[8]. Nous nous intéressons aux principes organisateurs internes de ces règles en nous limitant à une classification élémentaire des programmes mentaux.

Au chapitre précédent, nous avons insisté sur le fait que, au sein de l'organisation, l'exécution d'une tâche individuelle nécessite un traitement de l'information relative à un segment particulier de l'environnement. En ce sens, toute organisation incorpore une certaine division du travail de traitement d'information. C'est grâce à la présence d'un segment d'environnement commun, dont l'état a de l'importance pour plusieurs unités de travail constituantes, que l'entreprise devient une *organisation*. Sans ce segment commun, la division du travail de traitement de l'information pourrait très bien se faire sans la moindre coopération organisationnelle. C'est précisément la manière dont cette partie de l'environnement est traitée qui différencie les types d'architecture organisationnelle. De ce point de vue, nous avons constaté que les hiérarchies fonctionnelles et les hiérarchies horizontales étaient diamétralement opposées.

Dans les hiérarchies fonctionnelles, l'environnement du domaine organisationnel est entièrement décomposé en tâches spécialisées de traitement de l'information. La division du travail de ce traitement est donc entière. En termes de programme mental individuel, cela signifie que les seuls inputs des règles cognitives (les « si... » des règles) mobilisés pour interpréter l'état de l'environnement sont des messages portant sur le segment d'environnement que chaque agent analyse directement. En revanche, les *inputs* des règles de décisions sont constitués de ses propres représentations interprétatives des situations, ainsi que des messages qui lui sont transmis par d'autres agents par l'intermédiaire de codes formalisés (commandes, instructions, annonces, lettres, etc.). En ce sens, les agents qui appartiennent à des unités de travail différentes utilisent leurs programmes mentaux de manière indépendante. Les agents peuvent perfectionner, approfondir ou réorganiser leur réserve de règles cognitives et de règles de décisions sur la base de leur expérience et de leur apprentissage individuels. Si les tâches des agents sont toujours les mêmes, ces règles conservent toute leur valeur, quelle que soit la hiérarchie fonctionnelle à laquelle ils appartiennent. Tant que l'étendue et le contenu de l'information traitée sont identiques et adaptés aux hiérarchies fonctionnelles en général, les programmes mentaux qui incorporent ces règles cognitives et les règles de décisions qui leurs sont associées peuvent être facilement transposés d'une hiérarchie fonctionnelle à l'autre. Nous pouvons donc qualifier ce type de programme mental d'*individualisé* et nommer *actifs humains individualisés* les capacités et les compétences des agents individuels à l'utiliser efficacement.

La situation est différente pour les programmes mentaux qui sont mobilisés dans des hiérarchies horizontales, au sein desquelles se niche une assimilation de l'information. Dans ce type d'architecture organisationnelle, les travaux de traitement de l'information ne sont pas entièrement décomposés et se chevauchent partiellement. Les membres d'une hiérarchie horizontale analysent l'information relative à leur environnement commun de manière à en élaborer une interprétation assimilée et à construire collectivement les éléments de la prise de décision. A un niveau purement biologique, chaque agent reçoit de l'environnement certains messages, tout comme les agents qui utilisent des programmes mentaux individualisés. Toutefois, pour parvenir à une interprétation cognitive assimilée et à élaborer une base commune de prise de décision, les agents doivent utiliser non seulement les messages qu'ils ont analysés individuellement, mais aussi les messages tacites et explicites relatifs à la manière dont les autres perçoivent et interprètent leur environnement. En empruntant une expression de Polanyi (1958), on peut dire que les agents doivent cohabiter dans la même situation environnementale.

C'est totalement différent de ce que l'on observe dans les hiérarchies fonctionnelles intégrées par le réseau, au sein desquelles les agents obtiennent la même information digitalisée du réseau formel de communication et où c'est cette information qui sert ensuite d'input aux règles de décisions conçues par l'organisation. Pour parvenir à une interprétation assimilée de l'environnement qui serve à fonder la prise de décision, les agents doivent pouvoir écarter les inputs cognitifs particuliers sans importance pour l'organisation. Les agents peuvent donc utiliser les règles cognitives et les règles de décisions de manière plus dialectique qu'analytique[9]. Certaines informations potentiellement importantes peuvent ainsi être sacrifiées, mais cela peut servir les intérêts de l'organisation lorsque les complémentarités de technique ou d'attributs entre les tâches sont fortes, que les capacités de traitement de l'information des agents sont similaires et que les environnements des unités de travail sont assez stables et très corrélés[10].

Parce qu'il donne aux mécanismes cognitifs d'assimilation et d'évaluation un rôle essentiel, le type de programme mental mobilisé dans une hiérarchie horizontale est qualitativement différent des programmes individualisés. Pour cette raison, dans une même organisation ces programmes mentaux sont interconnectés. Nous pouvons qualifier ce type de programme mental de *contextualisé* et les capacités et les compétences des agents à les utiliser d'*actifs humains contextualisés*. Cela ne signifie pas que ces programmes mentaux ne puissent être transportés d'une organisation à l'autre. Les compétences mobilisées au cours du processus d'assimilation interprétative et d'évaluation conservent toute leur valeur lorsqu'elles sont utilisées avec d'autres compétences du même type. Toutefois, l'utilisation continue et interconnectée des actifs humains contextualisés améliore leur efficacité. En ce sens, ces actifs sont plus spécifiques à l'entreprise que les actifs humains individualisés.

Nous avons implicitement supposé jusqu'à présent que les hiérarchies fonctionnelles et les hiérarchies horizontales pouvaient se procurer sans difficulté les types d'actifs humains dont elles avaient besoin. Toutefois, cette hypothèse n'est pas si sûre. L'architecture organisationnelle la plus efficiente peut perdre sa position au bénéfice d'une autre lorsque les paramètres environnementaux se modifient. La nouvelle structure architecturale peut-elle alors remplacer rapidement la structure originelle ? Si cette évolution structurelle nécessite que l'on change le type d'actifs humains utilisé jusqu'alors (remplacement des actifs individualisés par des actifs contextualisés, ou l'inverse), la transition peut n'être pas automatique. Les programmes mentaux des individus se composent, à chaque instant, d'un ensemble de règles cognitives et de règles de décision. Les agents peuvent réviser ces règles, les affiner ou les améliorer grâce au processus d'apprentissage (formel ou sur le lieu de travail) et à leur expérience organisationnelle. En ce sens, tout programme mental est simultanément individualisé, contextualisé et dépendant de sa propre histoire. Toutefois, la méta-règle qui organise ces règles et qui détermine le rôle (essentiel ou secondaire) de la cognition assimilée dans le programme mental peut être difficile à modifier une fois qu'elle est en place. Cette situation apparaît clairement lorsque les agents, au moment d'intégrer une organisation, sont confrontés au choix suivant : soit ils investissent dans des actifs individualisés qui les spécialisent dans une compétence particulière pouvant être utilisée dans plusieurs organisations, soit ils investissent dans des compétences plus générales de communication et de résolution des problèmes, en espérant qu'elles se mueront en compétences contextualisées un fois qu'elles seront intégrées à l'organisation. Le type de programme mental que les agent choisissent de développer dépend lui-même largement, qu'ils en soient conscients ou non, des institutions sociales en place (l'éducation et la formation, la signification culturelle du « moi » et, à un niveau plus économique, le type d'architecture qui domine le champ organisationnel qu'ils souhaitent intégrer). On peut remarquer que les travaux récents de psychologie culturelle sont théoriquement compatibles avec notre classification en actifs individualisés/contextualisés et qu'ils la confirment empiriquement[11]. Les spécialistes avancent que les conceptions culturelles, en s'intégrant dans l'un des attributs du « moi », soutiennent et reproduisent le schéma psychologique individuel dominant. Les processus psychologiques et les systèmes culturels sont donc constitutifs l'un de l'autre.

De la même manière, nous suggérons qu'un certain type d'actif humain (de programme mental) et un certain type d'architecture organisationnelle sont liés et évoluent en parallèle. Alors que l'architecture organisationnelle dominante peut influencer la formation des programmes mentaux individuels qui sont utilisés dans l'organisation, l'élaboration par les entrepreneurs de l'architecture organisationnelle peut à son tour dépendre de la répartition des types d'actifs humains disponibles dans la population. Ces deux éléments du champ organisationnel sont donc fortement complémentaires. Les individus ou les entrepreneurs (ceux qui organisent les entreprises) qui s'écartent du modèle dominant doivent alors affronter le risque bien plus grand de ne pas être adaptés au bon type d'architecture organisationnelle ou au bon regroupement d'actifs humains. Il n'est donc pas certain que ce soit toujours le type d'architecture organisationnelle le plus approprié à l'environnement technologique d'une certaine industrie qui s'impose. Si la répartition des actifs humains dans la population correspond mieux à une autre architecture organisationnelle, celle-ci peut constituer la convention du champ organisationnel alors même qu'elle est techniquement sous-optimale. Cette convention constitue donc un mécanisme de coordination permettant aux agents de choisir la stratégie d'investissement en actifs humains qui réduit au mieux les risques et les coûts liés à une absence de correspondance avec l'architecture organisationnelle ou les actifs humain déjà en place. Dans la section qui suit, nous formalisons cette intuition en termes de jeu évolutionnaire.

V.2. DYNAMIQUE EVOLUTIONNAIRE DES CONVENTIONS ORGANISATIONNELLES[12]

Imaginons un domaine, le champ organisationnel, composé d'un grand nombre d'agents dont la rencontre (deux par deux) donne naissance à une entreprise. Tout au long de sa vie, chaque agent doit choisir d'investir soit dans des actifs humains individualisés, soit dans des actifs contextualisés. Les agents naissent, quittent leur emploi et sont remplacés par leurs enfants à un rythme donné. Si deux agents ayant investi dans des actifs humains individualisés se rencontrent et forment une entreprise, son organisation correspond à une hiérarchie fonctionnelle ; à l'inverse, si ces actifs sont contextualisés, la hiérarchie est horizontale[13]. Par ailleurs, supposons qu'il existe deux types d'industrie *B* et *D*. Les hiérarchies fonctionnelles sont plus efficientes que les hiérarchies horizontales dans l'industrie *B* (parce que les tâches y sont substituables, par exemple), alors que c'est l'inverse dans l'industrie *D* (où les tâches sont plutôt complémentaires)[14]. Nous supposons que l'association entre deux agents qui ne disposent pas des mêmes actifs humains donne lieu à une organisation moins efficiente que les autres. On peut représenter la situation à l'aide de deux matrices, une pour chaque industrie, composées des coûts unitaires de production en fonction du type d'actifs des agents qui s'associent. Appelons *I* les actifs humains individualisés et *C* les actifs humains contextualisés ; b_{jk} représente le coût de production unitaire de l'industrie *B* et d_{jk} celui de l'industrie *D* en fonction du type d'actifs humains qui se rencontrent ($j, k = I, C$). Nous avons :

$$B = \begin{bmatrix} b_{II} & b_{IC} \\ b_{CI} & b_{CC} \end{bmatrix} \text{ et } D = \begin{bmatrix} d_{II} & d_{IC} \\ d_{CI} & d_{CC} \end{bmatrix}$$

où $b_{II} < b_{CC} < b_{IC} = b_{CI}$ et $d_{CC} < d_{II} < d_{IC} = d_{CI}$. Les agents travaillent dans l'une des deux industries ($i = B$ ou D). Nous appelons $\boldsymbol{m} = (m_{CB}, m_{CD}, m_{IB}, m_{ID})$ la répartition de la population selon le type d'actif humain et le type d'industrie, où $m_{k\,i}$ représente la proportion de la population qui choisit l'industrie *i* et l'actif humain *k ;* on a donc $m_{CB} + m_{CD} + m_{IB} + m_{ID} = 1$. A chaque instant, une entreprise peut produire deux unités de biens, à un coût unitaire qui dépend du type de rencontre, c'est-à-dire du type d'architecture organisationnelle. Le revenu de l'entreprise, net du coût de production, est partagé de manière égalitaire entre les deux agents qui l'ont constituée.

Faisons une hypothèse supplémentaire sur la technologie de la rencontre. Les agents dotés d'actifs humains individualisés peuvent à tout moment se déplacer d'une industrie à l'autre, alors que les agents disposant d'actifs contextualisés paient un coût irrécupérable dans un type particulier d'organisation industrielle, ce qui réduit leur mobilité. De ce fait, les agents dotés de ce second type d'actifs choisissent leur partenaire de rencontre avec plus de soin. Je fais l'hypothèse que la probabilité qu'un agent doté d'actifs humains contextualisés rencontre un individu du même type dans la même industrie est donnée par

$$\pi_{Ci} = \left[\frac{m_{Ci}}{m_{Ci} + m_{Ii}} \right]^{\gamma}, \; i = B, D$$

où $0 < \gamma \leq 1$. Si $\gamma = 1$ les rencontres sont purement aléatoires, et si $\gamma < 1$, la rencontre de ces individus est favorisée par la structure du jeu ; dans ce cas la probabilité d'une rencontre favorable augmente en raison de γ.

J'explique maintenant brièvement comment formuler l'idée que les agents sont parfaitement mobiles d'une industrie à l'autre. Tous les agents qui appartiennent au domaine du champ organisationnel ont les mêmes goûts et dépensent pour acheter les produits des industries B et D dans les proportions et ($\beta + \Delta = 1$). Comme les firmes produisent deux unités de bien, les niveaux de production s'élèvent à $m_{CB} + m_{IB}$ pour l'industrie B et $m_{CD} + m_{ID}$ pour l'industrie D. Les prix des produits des industries B et D sont donc déterminés par l'élasticité unitaire des fonctions de demande inverse :

$$p_B = \frac{\beta}{m_{CB} + m_{IB}}, \quad p_D = \frac{\Delta}{m_{CD} + m_{ID}}.$$

Les gains anticipés des agents qui possèdent des actifs humains contextualisés et travaillent dans l'industrie j ($j = B, D$) sont donnés par :

$$u_{CB} = \frac{\beta}{m_{CB} + m_{IB}} - \pi_{CB} b_{CC} - (1 - \pi_{CB}) b_{CI},$$

$$u_{CD} = \frac{\Delta}{m_{CD} + m_{ID}} - \pi_{CD} d_{CC} - (1 - \pi_{CD}) d_{CI}.$$

Par exemple, un agent qui entre dans l'industrie B a une probabilité π_{CB} de rencontrer un agent du même type, donc d'encourir un coût b_{CC}, et la probabilité $1 - \pi_{CB}$ de rencontrer un agent de l'autre type et de payer un coût b_{CI} (supérieur à b_{CC}).

Les gains anticipés des agents dotés d'actifs humains individualisés travaillant dans chacune des industries ($j = B, D$) sont donnés par :

$$u_{IB} = \frac{\beta}{m_{CB} + m_{IB}} - \pi_{IB} b_{II} - (1 - \pi_{IB}) b_{IC},$$

$$u_{ID} = \frac{\Delta}{m_{CD} + m_{ID}} - \pi_{ID} d_{II} - (1 - \pi_{ID}) d_{IC},$$

où π_{IJ} ($J = B, D$) est la probabilité qu'un agent doté d'actifs humains individualisés rencontre un autre agent du même type au sein de l'industrie i. Ces probabilités sont elles-mêmes déterminées par la condition d'équilibre sur le marché du travail :

$$(1 - \pi_{Ci}) m_{Ci} = (1 - \pi_{Ii}) m_{Ii}, \; i = B, D.$$

Cela signifie qu'un agent peut toujours en rencontrer un autre, même si celui-ci n'est pas du même type ; il n'y a donc pas de chômage. La probabilité que les agents dotés d'actifs humains individualisés rencontrent un agent du même type n'est pas supérieure à la proportion d'agents du même type dans le domaine, contrairement aux agents dotés d'actifs humains contextualisés. En revanche, ils peuvent mieux choisir l'industrie dans laquelle ils travaillent, car leur spécialisation fonctionnelle est utilisable partout. Je fais l'hypothèse que les agents dotés d'actifs humains individualisés choisissent instantanément l'industrie dans laquelle ils pensent gagner le revenu le plus élevé, de sorte qu'ils se répartissent entre les deux industries jusqu'à ce que les revenus anticipés associés à leur participation à l'une d'entre elles soient égaux.

Nous avons désormais entièrement décrit l'état instantané du domaine du champ organisationnel qui se résume à la répartition de la population entre types d'actifs et industries : $\boldsymbol{m} = (m_{CB}, m_{CD}, m_{IB} + m_{ID})$. L'étape suivante consiste à décrire le processus dynamique qui caractérise l'évolution de cette répartition dans le champ organisationnel puis à analyser la nature des équilibres de ce processus. Bien que je ne calcule pas explicitement la dynamique du modèle, il est possible d'en décrire le processus sous-jacent de la manière suivante.

A chaque instant, une fraction de la population est remplacée par une nouvelle génération d'individus, dont la plupart imite la stratégie de leurs parents. Toutefois, une petite partie d'entre eux choisit la stratégie qui rapporte le rendement le plus élevé possible (j'introduis plus loin la possibilité qu'une fraction encore plus petite d'agents se lance dans des expérimentations aléatoires). Cela implique que seul le type qui réussit le mieux verra s'accroître sa part relative dans la population. Cette dynamique est appelée *dynamique évolutionnaire de meilleure réponse*. Un *équilibre* de cette dynamique est une répartition stationnaire de la population Un équilibre est *évolutionnaire* s'il est localement asymptotiquement stable (Friedman, 1993). Cela signifie que les trajectoires qui se trouvent à proximité d'un équilibre évolutionnaire finissent par converger[15] vers lui.

La dynamique évolutionnaire de meilleure réponse comprend neuf équilibres, qui sont tous des équilibres de Nash. La figure 5.1. représente ces équilibres sur le simplexe à trois dimensions en fonction et de leurs propriétés dynamiques et des proportions $(m_{CB}, m_{CD}, m_{IB} + m_{ID})$. Les équilibres *P*, *I*, *C* et *L* sont évolutionnaires (*IP*, *IL*, *CP* et *CL* sont des équilibres de point-selle, *W* est une source).

Figure 5.1.

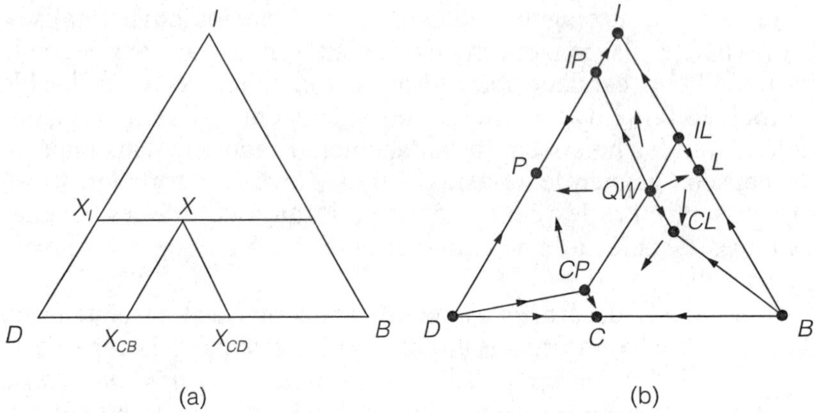

Les triangles sont des simplexes à deux dimensions, qui permettent de représenter en deux dimensions la distribution de trois variables. Chaque côté représente la taille de la population, normée à 1. Faisons l'hypothèse, à titre d'essai, que la distribution de la population dans l'économie correspond à un point *X* de la figure (a). A partir de ce point, traçons des lignes droites parallèles à chaque face du triangle. Le segment DX_I représente alors la proportion $m_I = m_{IB} + m_{ID}$ d'agents disposant d'actifs humains individualisés, le segment BX_{CD} la proportion m_{CD} d'agents disposant d'actifs humains contextualisés et travaillant dans l'industrie *D*, et le segment DX_{CB} la proportion de la population disposant d'actifs contextualisés et travaillant dans l'industrie *B*. Comme les actifs humains individualisés peuvent se déplacer instantanément d'une industrie à l'autre, il n'est pas nécessaire de représenter de manière explicite la manière dont ils se répartissent entre les deux industries. La figure (b) utilise le simplexe pour situer chaque équilibre de la dynamique évolutionnaire. L'équilibre *I*, c'est-à-dire celui sur lequel l'ensemble de la population se spécialise dans des actifs humains individualisés, est représenté par le point *I*. L'équilibre *C*, sur lequel la population est entièrement spécialisée dans des actifs humains contextualisés, est représenté par le point *C*, au milieu de la face inférieure du triangle. On peut représenter l'équilibre *P* par un point situé au milieu de la face *DI*, dont le segment *DP* correspond à la proportion de la population dotée d'actif humains individualisés travaillant dans l'industrie *B* et le segment *IP* à la proportion de la population dotée d'actifs contextualisés travaillant dans l'industrie *D*. L'équilibre *L* est un équilibre pathologique sur lequel l'acquisition d'actifs humains est la moins optimale dans les deux industries. Les zones comprenant les points *I*, *C*, *P* et *L* et les flèches qui pointent dans leur direction sont les bassins d'attraction de ces équilibres. Cela signifie que la dynamique du jeu évolutionnaire converge vers l'un de ces équilibres lorsque les conditions initiales sont comprises dans l'une de ces zones. Même si ces équilibres sont perturbés de manière temporaire par l'invasion d'un petit groupe de mutants, ils sont rétablis tant que cette perturbation maintient l'économie au sein de l'une de ces zones. *QW* est un équilibre quasi walrasien sur lequel tous les agents économiques dotés d'actifs humains (contextualisés ou individualisés) anticipent le même gain, quelle que soit l'industrie dans laquelle ils travaillent. Il s'agit cependant d'un équilibre instable, une source dans le vocabulaire des systèmes dynamiques. Les équilibres *IP*, *CP*, *CL* et *IL* sont des équilibres de points-selles instables.

L'*équilibre P* est le seul équilibre pareto-optimal et il se caractérise par une diversité optimale des types d'architecture organisationnelle : on y trouve des hiérarchies fonctionnelles dans l'industrie *B* et des hiérarchies horizontales dans l'industrie *D*. Sur les équilibres *I* et *C*, les agents choisissent tous le même type d'actifs humains (soit individualisés, soit contextualisés) quelle que soit l'industrie dans laquelle ils se trouvent. Cela signifie que seul l'un des types d'architecture organisationnelle y prévaut, soit la hiérarchie horizontale, soit la hiérarchie fonctionnelle. Lorsque la dynamique sélectionne l'un de ces équilibres, il est difficile de le perturber car un groupe d'agents qui chercherait à s'en écarter encourrait un risque élevé de rencontre défavorable. La prédominance de l'un des types d'actif humain peut alors constituer une *convention*, de sorte que la même architecture organisationnelle (la hiérarchie fonctionnelle ou la hiérarchie horizontale) s'impose dans les deux industries à la fois. Comme ces conventions n'ont qu'un avantage relatif et non un avantage absolu, des champs organisationnels dont les agents ont intériorisé des conventions différentes peuvent être avantagés dans une industrie et désavantagés dans une autre. L'équilibre *L* est un équilibre pathologique, sur lequel les rencontres les moins efficientes possibles prédominent en raison d'un accident historique.

V.3. INTEGRATION DES CHAMPS ORGANISATIONNELS ET GAINS DE LA DIVERSITE

Le modèle ci-dessus indique que la structure industrielle pareto-optimale implique la diversité des architectures, puisque celles-ci dépendent des paramètres technologiques et des conditions de marché dans lesquels les industries sont plongées. Par contraste, la prédominance d'une seule convention dans le champ organisationnel ne permet pas d'atteindre le même degré d'optimalité. Nous appelons *gains de la diversité organisationnelle* les gains d'efficacité qui résultent de la diversité des architectures. Jusqu'à maintenant, le modèle indique seulement que l'équilibre final dépend des conditions initiales, mais n'indique pas quel équilibre a le plus de chances d'émerger. Cependant, nous avons suggéré qu'une économie (locale ou nationale) se caractérisait souvent par une architecture relativement uniforme, même si la coexistence de différentes expérimentations organisationnelles l'a précédée.

Supposons qu'une économie de marché ait été originellement dominée par un mode organisationnel primitif (disons la décomposition hiérarchique) dans lequel les tâches ne nécessitaient que des compétences simples, dirigées par un propriétaire-entrepreneur. Imaginons que différentes expérimentations organisationnelles aient eu lieu par la suite, et qu'elles aient exigé des travailleurs qu'ils se dotent de certaines compétences de traitement de l'information au niveau des tâches opérationnelles. Il peut s'agir de hiérarchies fonctionnelles fondées sur des actifs humains individualisés et spécifiques à certaines tâches, ou de hiérarchies horizontales fondées sur des actifs humains contextualisés et s'appuyant sur le travail d'équipe. Nous supposons que ces expérimentations sont plus efficientes que les hiérarchies classiques dans les deux industries, car elles exploitent mieux l'information *ex post* qui se développe au niveau opérationnel. Nous faisons également l'hypothèse que chacune dispose d'un avantage productif absolu dans l'une des industries (comme le précise la matrice des coûts introduite au début de cette sous-section), à la condition que les types d'actifs humains qui lui correspondent soient disponibles.

Une certaine concurrence entre les expérimentations peut avoir lieu, mais nous supposons que l'une d'elles prend l'avantage en raison de l'abondance relative du type d'actif humain qui lui correspond. La pression évolutionnaire peut alors rendre l'adoption de l'autre type d'architecture de plus en plus difficile, même si celle-ci est optimale dans certaines industries. En raison du risque grandissant de ne pas rencontrer quelqu'un de leur type, les nouvelles générations ont de moins en moins intérêt à investir dans le type d'actif humain correspondant à l'architecture organisationnelle qui n'est pas prédominante (il y a donc complémentarité stratégique). La pression évolutionnaire implique que la diversité organisationnelle, c'est-à-dire la cohabitation d'architectures différentes au sein d'un même champ organisationnel, n'est jamais garantie. Toutefois, l'existence d'une multiplicité d'équilibres suggère également que des conventions différentes peuvent se développer d'un champ organisationnel (localité ou économie nationale) à l'autre. Puisque cette diversité peut exister, voyons si les gains de la diversité peuvent être exploités en intégrant ou en faisant interagir deux champs organisationnels dans lesquels des conventions différentes se développent[16].

(A) Le libre-échange

L'instauration du libre-échange entre deux champs permet-elle d'exploiter les gains de la diversité organisationnelle ? Imaginons que pour des raisons historiques des conventions différentes se sont développées dans ces deux champs. Soient *HF* le champ qui s'appuie sur la hiérarchie fonctionnelle et *HH* celui dans lequel prévaut une hiérarchie horizontale. Nous faisons l'hypothèse que les goûts des populations des deux champs organisationnels sont identiques. En raison de la mobilité imparfaite des agents d'un champ organisationnel à l'autre, nous supposons que la convention organisationnelle qui prédomine dans chaque champ persiste après l'intégration des marchés. Il existe deux classes possibles d'équilibres d'échange selon la taille relative des champs organisationnels.

Supposons d'abord que l'un des deux champs organisationnels (disons *HH*) soit très petit mais qu'il se caractérise par une convention organisationnelle (disons la convention *HH*) poussant au maximum la productivité d'une industrie spécialisée dans une niche particulière (disons l'industrie *D*). A l'équilibre de libre-échange, ce champ organisationnel sera spécialisé dans cette industrie. Toutefois, comme elle dispose de capacités de production réduites, une partie de la population du champ organisationnel le plus grand (disons *FH*) s'engagera elle aussi dans cette industrie pour répondre à la demande et ce malgré l'écart de productivité. Les prix d'équilibre restent les mêmes que ceux qui prévalaient lorsque le champ organisationnel le plus grand était fermé sur lui-même, ce qui implique que l'industrie désavantagée survit à l'instauration du libre-échange et peut ainsi répondre à la demande. Le champ le plus grand ne gagne donc rien au libre-échange, alors que l'industrie spécialisée du champ le plus petit profite des quasi-rentes provenant de l'innovation organisationnelle.

Supposons maintenant que les deux champs organisationnels aient à peu près la même taille, mais qu'ils se caractérisent par des conventions différentes. Ils peuvent alors s'engager dans des échanges mutuellement profitables, en se spécialisant dans les industries dans lesquelles ils sont avantagés. Comme, à l'équilibre, chacun des champs organisationnels conserve sa propre convention organisationnelle, les gains du libre-échange n'atteignent pas ceux de la diversité organisationnelle optimale (l'équilibre *P*), sauf dans le cas improbable où le rapport des tailles des populations (donc le ratio de l'offre des deux biens) est égal au rapport des demandes agrégées des deux biens.

PROPOSITION 5.1. *Les gains du libre-échange sont plus importants pour un champ organisationnel relativement petit ayant acquis un avantage organisationnel dans une industrie. Toutefois, la quasi-rente liée à l'avantage organisationnel se réduit à mesure que le champ organisationnel s'élargit. Les gains agrégés du libre échange n'atteindront pas les niveaux de gain optimaux, sinon par hasard.*

(B) L'intégration du marché des actifs humains

Supposons que les champs organisationnels *HH* et *HF* empêchent la libre circulation des agents et que ceux-ci décident de supprimer cette barrière. Les agents des deux champs se rencontrent alors, selon le modèle décrit dans la section précédente. La proposition suivante est intuitive :

PROPOSITION 5.2. *Quelles que soient les conditions technologiques et les conditions de marché, l'intégration de deux champs organisationnels caractérisés par des conventions différentes conduira à la diversité organisationnelle optimale, pourvu qu'aucun des deux champs ne soit trop grand ou trop petit part rapport à l'autre. Dans le cas contraire, la convention du champ le plus petit disparaît après l'intégration, même s'il confère un avantage absolu à l'une de ses industries, à moins que les rencontres d'agents dotés d'actifs humains contextualisés soient favorisées (c'est-à-dire que* γ *soit suffisamment petit).*

On peut interpréter cette proposition comme une sorte de propriété de dépendance de la dynamique évolutionnaire par rapport au chemin : une fois qu'une certaine convention s'est développée dans un champ organisationnel relativement étendu, celle-ci reste stable même si les conditions qui étaient à l'origine de son émergence ont disparu. Une innovation organisationnelle potentiellement optimale peut être réduite à néant lorsqu'un champ organisationnel de petite taille est intégré prématurément à un champ relativement plus grand.

(C) Les expérimentations organisationnelles et l'investissement direct étranger

Un certain nombre de facteurs politiques et économiques (coûts de transport, immobilité intrinsèque de certains biens et services, barrières commerciales, etc.) peuvent limiter les échanges et la mobilité du travail. Dans notre modèle, les gains de la diversité proviennent de l'architecture organisationnelle qui est une invention humaine. De la même manière, on ne peut considérer que les types d'actifs humains (contextualisés ou individualisés) sont fixés génétiquement ou culturellement, car ils résultent de décisions humaines. Cette considération peut conduire à se demander si les gains de la diversité organisationnelle ne pourraient pas provenir du choix des agents eux-mêmes.

Même si les agents ne considèrent pas qu'il soit rationnel de s'écarter de la convention établie dans leur champ organisationnel, ils peuvent se livrer à des expérimentations en investissant dans des types non conventionnels d'actifs humains, par exemple dans des actifs humains individualisés lorsque la hiérarchie horizontale est une convention ou, à l'inverse, dans des actifs contextualisés lorsque c'est la hiérarchie fonctionnelle qui est une convention. Ces expérimentations aléatoires sont analogues aux mutations de l'évolution biologique et indépendantes de la sélection des individus les mieux adaptés. Des mutations sociales peuvent ainsi se produire lorsqu'une petite proportion de la population est remplacée par une nouvelle génération qui n'est pas liée par la convention traditionnelle. C'est, par exemple, le cas lorsque des agents qui sont éduqués et formés dans le contexte d'une convention étrangère retournent dans leur pays d'origine ou lorsque des entreprises étrangères réalisent un investissement direct et choisissent sciemment d'employer des travailleurs adaptés à leur architecture organisationnelle (dans ce cas, l'association d'actifs humains du même type est favorisée). Quel serait alors le résultat de long terme de la sélection évolutionnaire ? Peut-on ébranler facilement une convention existante ? Afin d'explorer ces questions dans le contexte d'un champ organisationnel fermé, nous définissons le coût de transition par expérimentation comme la proportion minimum de la population qui doit muter pour permettre le passage d'une certaine convention à la diversité organisationnelle pareto-optimale.

Considérons d'abord, comme point de repère, une situation dans laquelle les paramètres de demande et les matrices représentant les coefficients de coût sont symétriques, de sorte qu'aucune des industries (*B* ou *D*) ne dispose d'un avantage intrinsèque[17]. Supposons ensuite que les agents dotés d'actifs humains contextualisés se rencontrent de manière purement aléatoire ($\gamma=1$). La proposition suivante se vérifie alors :

PROPOSITION 5.3. *Supposons que les conditions technologiques et les conditions de demande des deux industries soient symétriques, et que les agents dotés d'actifs humains contextualisés se rencontrent de manière purement aléatoire. Le passage d'une convention organisationnelle reposant sur des hiérarchies fonctionnelles (équilibre I) à la diversité organisationnelle optimale (équilibre P) représente un coût de transition par expérimentation supérieur à celui qu'implique le passage de la convention reposant sur des hiérarchies horizontales (équilibre C) à la diversité organisationnelle optimale.*

La plus grande adaptabilité du champ *HF* à la diversité optimale provient du fait que les actifs humains individualisés sont capables de se déplacer d'une industrie à l'autre. Ils peuvent quitter relativement facilement l'industrie désavantagée *D* lorsqu'ils observent une expérimentation plus avantageuse ailleurs. Ce n'est pas le cas des agents qui suivent la convention *HH*, car ils ont investi dans des actifs humains contextualisés et ne peuvent changer facilement d'industrie. La convention *HH* a donc plus d'inertie.

L'hypothèse selon laquelle les agents disposant d'actifs humains contextualisés se rencontrent de manière purement aléatoire n'est cependant pas réaliste et n'a de sens qu'en tant que point de référence. Il est intéressant de constater que la difficulté du champ *HH* à atteindre la diversité organisationnelle peut être atténuée si l'on favorise certaines rencontres et si l'on introduit une certaine asymétrie dans les paramètres qui caractérisent la demande et la technologie de chacune des industries. Nous sommes ainsi conduits à énoncer la proposition suivante :

PROPOSITION 5.4. *Le coût de transition par expérimentations de la convention HH vers la diversité optimale dépend positivement (1) de l'inefficacité relative des hiérarchies horizontales de l'industrie B vis-à-vis des hiérarchies fonctionnelles mutantes, (2) de la faiblesse relative de la demande pour les produits de l'industrie sous-optimale B, (3) du facteur favorisant les rencontres entre agents dotés d'actifs humains contextualisés et (4) du différentiel de productivité entre les deux industries lorsque les hiérarchies horizontales y sont prédominantes*[18].

Ces résultats sont compatibles avec le fait stylisé souvent observé selon lequel les conventions sont plutôt robustes dans des économies relativement efficientes, mais l'apprentissage organisationnel est plus rapide et plus prompt à engendrer un nouveau type d'architecture organisationnelle lorsque l'on constate un écart de productivité avec une autre économie. Si les rencontres entre agents dotés d'actifs humains contextualisés sont favorisées, les mutants subiront alors une pression évolutionnaire moindre car le risque d'une rencontre avec un individu du mauvais type sera réduit. L'architecture organisationnelle mutante gagnera alors en viabilité, en même temps que le coût de transition s'abaissera. Tout cela est intuitif d'un point de vue analytique, quoique pas tout à fait conforme à l'argumentation conventionnelle.

(D) La conception organisationnelle fondée sur la prévision

Les dynamiques évolutionnaires de meilleure réponse se caractérisent par deux éléments liés à la rationalité limitée des agents : (1) les agents sont myopes lorsqu'ils choisissent les types d'actifs humains dans lesquels ils investissent et les industries dans lesquelles ils travaillent ; ils ne s'appuient pas sur des prévisions mais imitent simplement les pratiques qui leur paraissent les meilleures dans le champ organisationnel qu'ils occupent ; (2) les architectures organisationnelles se caractérisent par une inertie qui les empêche d'évoluer complètement et instantanément de manière optimale. Ces deux éléments de rationalité limitée sont à l'origine de la sélection d'un équilibre sous-optimal (l'émergence d'une convention organisationnelle) et de sa dépendance par rapport au chemin. Le paragraphe précédent montrait comment certaines mutations pouvaient permettre à une économie de dépasser ce déterminisme historique. Toutefois, les obstacles qui s'opposaient au passage d'une certaine convention organisationnelle vers l'exploitation des gains de la diversité par le moyen des mutations restaient considérables. On peut donc se demander si le fait de rajouter un certain degré de « rationalité » peut aider l'économie à choisir l'arrangement organisationnel le plus efficient. Posons-nous la question suivante : si l'on suppose que certains agents sont capables de prévoir la valeur potentielle d'une architecture organisationnelle non conventionnelle, de choisir leur stratégie en conséquence et de s'y tenir, la diversité organisationnelle efficiente finira-t-elle par s'auto-organiser ?

Il est difficile de formuler de manière convaincante les anticipations d'agents dotés d'une rationalité limitée. Je suggère donc le compromis suivant : une certaine proportion de la population (disons les entrepreneurs), choisie chaque fois de manière aléatoire, fonde ses choix stratégiques sur des prévisions parfaites, alors que les autres poursuivent avec inertie les stratégies en vigueur. Je fais l'hypothèse qu'à chaque instant la part relative des entrepreneurs dans l'économie est proportionnelle à l'amplitude du déséquilibre ; cela signifie que les agents sont d'autant plus incités à élaborer des prévisions que l'écart entre les valeurs potentielles des deux types d'actifs humains est élevée. Afin de faciliter la résolution du modèle, nous faisons l'hypothèse que les agents qui choisissent la stratégie *C* sont toujours engagés dans l'industrie qui dispose d'un avantage, c'est-à-dire l'industrie *D*. Les agents doivent donc choisir entre la stratégie *I* et la stratégie *C*. Les agents qui choisissent la stratégie *I* peuvent, comme auparavant, se déplacer d'une industrie à l'autre (*B* ou *D*)[19]. Appelons Q_C la valeur implicite des actifs humains contextualisés *moins* celle des actifs humains individualisés. Elle peut être positive ou négative. Compte tenu du taux d'escompte ρ, la condition d'arbitrage impose :

$$\frac{dQ_C}{dt} + \Delta u_C(t) \leq \rho Q_C(t),\ C \text{ si } m_{CD} > 0$$

où Δu_C représente la différence entre le gain obtenu par un agent disposant d'actifs humains contextualisés et celui obtenu par un agent doté d'actifs humains individualisés. En d'autres termes, la valeur implicite des actifs est déterminée par l'égalisation entre la somme des gains en capital nets et de la valeur nette du revenu courant provenant de la détention des actifs d'une part, et le revenu d'intérêt résultant de l'investissement de la même valeur dans les actifs sans risque d'autre part. Supposons qu'à chaque instant un groupe d'agents évalue correctement la différence entre la valeur de chacun des deux types d'actifs humains Q_C et prend sa décision d'investissement sur la base de cette anticipation. Plus précisément, nous faisons l'hypothèse que

$$\frac{dm_{CD}}{dt} = \lambda Q_C(t),$$

où λ représente le niveau d'esprit d'entreprise de l'économie. Cette formule implique que la taille relative du groupe des entrepreneurs est proportionnelle à l'état de déséquilibre de l'économie mesuré par la valeur absolue de Q_C.

Les deux équations différentielles ci-dessus définissent les sentiers d'équilibre dynamique de Krugman-Matsuyama[20]. La figure 5.2 montre ces sentiers d'équilibre, le long desquels les anticipations des entrepreneurs sont auto-réalisatrices. L'axe vertical représente le niveau de Q_C et le segment horizontal les proportions de la population qui investissent dans chacun des types d'actif humain (la partie gauche du segment représente la proportion $m_{IB} + m_{ID}$ des agents qui investissent dans des actifs individualisés et la partie droite la proportion m_{CB} des agents qui investissent dans des actifs contextualisés). L'étude du diagramme des phases donne le résultat suivant :

PROPOSITION 5.5. *Si le taux d'escompte ρ est faible et que le niveau d'esprit d'entreprise λ est supérieur au coût encouru par les agents rencontrant un partenaire qui n'est pas du même type*[21]*, alors le sentier d'équilibre dynamique n'est pas entièrement déterminé par la position initiale de l'économie lorsque cette position est éloignée de la convention et de la diversité optimale. Selon le niveau initial des anticipations des entrepreneurs, l'économie peut converger soit vers la diversité optimale, soit vers une convention moins efficiente.*

Dans ces conditions, les anticipations des entrepreneurs sont importantes mais la direction dans laquelle elles conduisent l'économie est ambiguë. Sur la portion du segment comprise entre l'équilibre *I* et l'équilibre *P*, il existe une bande de longueur positive incluant *IP* telle que le sentier dynamique peut converger soit vers *I* soit vers *P* selon la position initiale de la trajectoire. En d'autres termes, le sentier dynamique bifurque lorsque l'économie se trouve loin à la fois de *I* et de *P*. Elle converge soit vers la diversité optimale, soit vers une convention sous-optimale homogène. La direction dans laquelle l'économie évolue peut dépendre de facteurs historiques spécifiques qui influencent les anticipations des entrepreneurs mais ne sont pas directement prises en compte par le modèle. Si les entrepreneurs anticipent que les rendements futurs des investissements en actifs humains contextualisés seront élevés et qu'ils se comportent en conséquence, alors cette anticipation peut devenir auto-réalisatrice et donner lieu à la diversité organisationnelle optimale. A l'inverse, s'ils anticipent que ces rendements seront bas, c'est la convention sous-optimale *F* qui se développera. Dans tous les cas, la dernière proposition suggère que le chaos qui règne loin de l'équilibre peut briser le déterminisme historique. Toutefois, elle signifie également que l'introduction d'une dose d'anticipation rationnelle ne garantit pas nécessairement la convergence de la dynamique vers une architecture organisationnelle efficiente.

Figure 5.2.

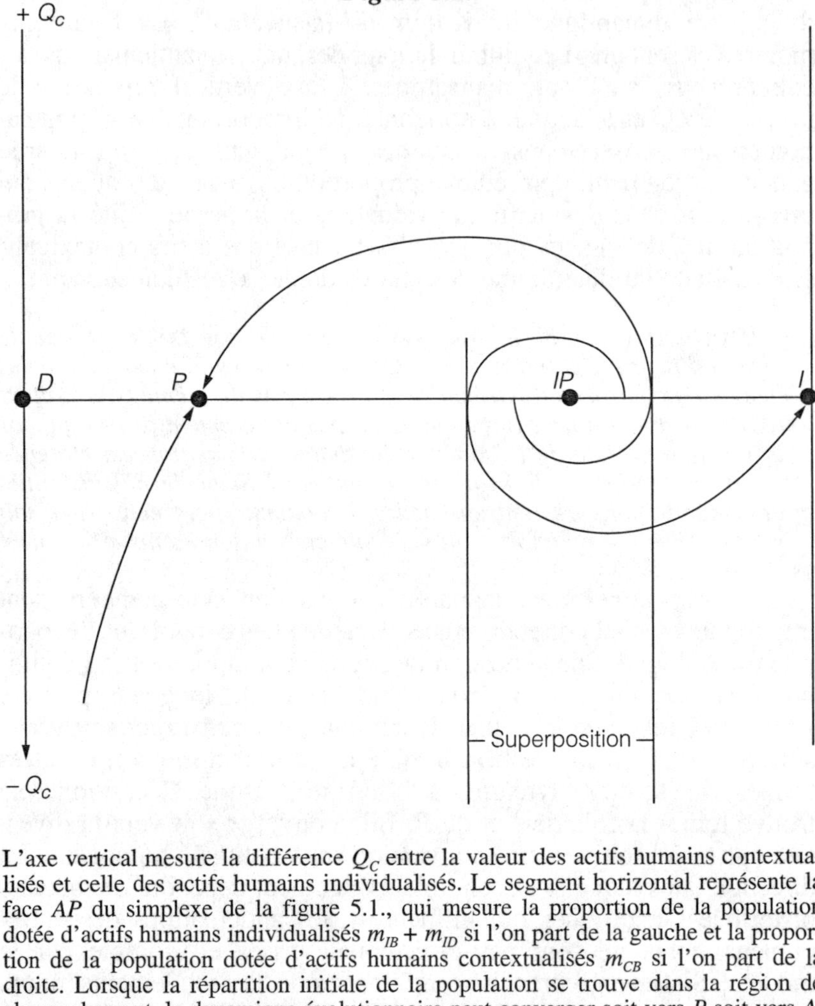

L'axe vertical mesure la différence Q_C entre la valeur des actifs humains contextualisés et celle des actifs humains individualisés. Le segment horizontal représente la face *AP* du simplexe de la figure 5.1., qui mesure la proportion de la population dotée d'actifs humains individualisés $m_{IB} + m_{ID}$ si l'on part de la gauche et la proportion de la population dotée d'actifs humains contextualisés m_{CB} si l'on part de la droite. Lorsque la répartition initiale de la population se trouve dans la région de chevauchement, la dynamique évolutionnaire peut converger soit vers *P* soit vers *A*, selon l'anticipation que forment les entrepreneurs quant à la valeur de Q_C.

V.4. PERTINENCE ET LIMITES DU MODELE DE JEU EVOLUTIONNAIRE

Un objectif essentiel de ce chapitre était de comprendre comment des économies ou des localisations différentes se caractérisent par des conventions différentes et font ainsi naître des avantages ou des handicaps industriels alors même que les préférences et les technologies sont identiques. L'émergence de conventions sous-optimales n'est alors due ni à des rendements croissants ni à des externalités, comme la littérature récente l'a suggéré, mais à l'existence de complémentarités dans les choix stratégiques des agents. Lorsqu'une proportion importante des agents adopte une certaine stratégie, la meilleure réponse des agents individuels est alors de s'y conformer. La théorie des contrats appliquée aux organisations conduit de son côté à un résultat différent : l'agent réagit (et doit réagir) de manière optimale aux évolutions des paramètres compte tenu de son information imparfaite. Cela tient au fait que la théorie principal-agent considère que les options de sortie auxquelles les agents et le principal ont accès sont données de manière exogène. Dans les modèles évolutionnaires, elles sont au contraire déterminées de manière endogène car elles résultent d'interactions stratégiques entre les agents.

Le modèle que l'on a présenté dans ce chapitre est fort simple : il n'existe que deux types d'actifs humains et deux types d'architecture organisationnelle. Les conditions technologiques et les conditions de marché y sont fixées de manière paramétrique. Bien que le cadre du modèle se situe à un niveau très abstrait, il permet de saisir certains facteurs fondamentaux, à l'origine de la diversité des architectures organisationnelle que l'on observe d'une économie à l'autre et de montrer comment ces architectures co-évoluent avec les différents types d'actifs humains. Si l'on compare l'Amérique du Nord et le Japon, qui représentent deux cas peut-être diamétralement opposés d'évolution organisationnelle, on ne peut manquer d'être frappé par la pertinence de la distinction faite dans ce chapitre entre les hiérarchies fonctionnelles et les hiérarchies horizontales d'une part, ainsi qu'entre les actifs humains individualisés et les actifs humains contextualisés d'autre part.

Pour ce qui est de l'Amérique du Nord, nous disposons de certains exemples importants d'innovation dans le domaine de l'organisation du travail. C'est le cas du système de fabrication états-unien des machines dont nous avons déjà parlé, qui s'est développé en Nouvelle-Angleterre au siècle dernier (Rosenberg, 1969 ; Pine, 1993). C'est également le cas du mouvement tayloriste de direction scientifique (dont la nature novatrice a été mal comprise ; voir Wrege et Greenwood, 1991), ainsi que du développement de la direction hiérarchique qui suivit : la bureaucratisation du personnel administratif (Jacoby, 1985 ; Baron *et al.,* 1986) et le contrôle des emplois par les syndicats dans les années trente et quarante. Tous ces exemples ont en commun d'avoir introduit ou institutionnalisé une nouvelle manière de combiner, grâce à la formation professionnelle et technique, les actifs humains incarnés chez les ouvriers, les ingénieurs et les dirigeants (même s'il ne faut pas négliger totalement l'apprentissage contextuel au sein de l'organisation). Il semble que l'innovation organisationnelle qui a fondé la Silicon Valley constitue une rupture radicale avec les hiérarchies fonctionnelles traditionnelles dominées par la segmentation et le contrôle bureaucratique des emplois. Cependant, une excellente analyse de Baldwin et Clark (2000) montre que cette innovation a pu constituer le résultat évolutionnaire involontaire du contrôle centralisé des tâches modulaires représenté par la conception de IBM360. Aux chapitres X.2. et XIV, nous montrons en quoi le modèle de la Silicon Valley est différent des hiérarchies fonctionnelles traditionnelles, mais aussi dans quelle mesure il s'en rapproche et nous analysons les raisons pour lesquelles ce modèle s'est développé à la périphérie de l'Amérique industrielle.

Considérons à présent le cas du Japon. Lorsque nous cherchons des exemples historiques illustrant l'influence de certaines pratiques et innovations organisationnelles sur le sentier dynamique des pratiques organisationnelles, nous constatons immédiatement une différence frappante avec l'Amérique du Nord. Pensons au système de bonus et de paiement à l'ancienneté apparu au début du XXe siècle dans les industries les plus avancées et dont l'objectif était de prévenir le départ trop rapide des ouvriers qualifiés. Ou encore à la résolution des problèmes par les ouvriers eux-mêmes sur leur lieu de travail, en réponse à la rareté des outils et des matériaux durant la Seconde Guerre mondiale ; au remplacement du système de contrôle-qualité par les ingénieurs d'origine états-unienne par un contrôle au niveau des ouvriers par des groupes de travail ; ou encore au développement du système des *kanban* dans les années 1950, qui imitait en partie un système de gestion des stocks utilisé par les chaînes de supermarchés états-uniennes[22]. A la différence du cas états-unien, l'organisation du travail au Japon repose sur un partage des canaux d'information par les ouvriers, même si certaines innovations récentes semblent laisser plus de place aux compétences individualisées de traitement de l'information. Par exemple, le célèbre système des *kanban* n'aurait pu être mis en place si certains ouvriers n'avaient été capables de réagir sur-le-champ à des événements imprévus comme le bris d'une machine ou la défection d'une pièce. Ces compétences étaient cependant soutenues par certains réseaux de circulation de l'information entre les ouvriers (l'assistance entre les ouvriers d'une même équipe, le partage de la connaissance du processus productif grâce à la rotation des emplois et aux réunions entre ouvriers n'ayant pas la même fonction, ou encore grâce à la formation intra-entreprise). Lorsqu'on a essayé de réimporter le système des *kanban* aux Etats-Unis dans les années quatre-vingt pour suivre l'exemple du style de gestion japonais, ce système s'est transformé en quelque chose de différent, compatible avec le sentier de développement états-unien ; il s'agissait de la « méthode de production allégée » (Womack *et al.*, 1990) qui réduisait les stocks et les couches hiérarchiques de contrôle de la production en développant des relations flexibles avec des fournisseurs spécialisés (externalisation).

Les brèves observations des deux paragraphes précédents montrent également que l'application des résultats des modèles évolutionnaires stationnaires à l'interprétation des phénomènes réels a ses limites. Le terme stationnaire fait référence à l'hypothèse selon laquelle l'ensemble des choix stratégiques des agents est invariable et donné de manière exogène. Dans le cadre de notre modèle, cela signifie qu'une innovation ne peut prendre que la forme du déplacement d'un certain équilibre vers l'équilibre caractérisé par la diversité organisationnelle. La concurrence entre les économies pousse souvent les agents à essayer d'imiter la convention organisationnelle d'une économie étrangère qu'ils perçoivent comme supérieure. Cependant, le développement du système des *kanban* et son recyclage dans l'économie états-unienne montrent que l'apprentissage d'une pratique étrangère est susceptible d'engendrer, au-delà d'une simple transplantation ou d'une hybridation, un enrichissement et une adaptation des pratiques organisationnelles originelles. Les expérimentations entrepreneuriales qui sont à l'origine de nouveaux types d'architecture organisationnelle peuvent également provenir d'une nouvelle manière de regrouper les compétences existantes, comme c'est le cas dans les entreprises de la Silicon Valley. Ces deux possibilités modifient et élargissent les ensembles de choix stratégiques des agents.

Les processus d'évolution organisationnelle qui impliquent une innovation ne peuvent être réduits au simple déplacement d'une certaine convention (disons l'équilibre *C* ou *I* de la figure 5.3.) fondée sur l'un des types d'actifs humains vers une diversité organisationnelle qui les mélangerait (par exemple l'équilibre *P*). Une hypothèse consisterait à dire que le processus organisationnel évolutionnaire se compose d'une suite d'équilibres, caractérisés par un enrichissement progressif des actifs humains grâce à l'apprentissage et à la conception intentionnelle. De ce point de vue, ce commentaire de Maynard-Smith, pionnier de la théorie des jeux évolutionnaires appliqués à la biologie, est très suggestif : « Chaque fois qu'une optimisation ou une analyse en termes de théorie des jeux est entreprise, une caractéristique essentielle de cette analyse est la spécification de l'ensemble des phénotypes possibles à partir desquels l'optimum est déterminé. Cette spécification est identique à la description d'une contrainte de développement » (1982, p. 5). En d'autres termes, le résultat de l'optimisation (c'est-à-dire de la sélection évolutionnaire) peut expliquer l'existence d'une multitude de conventions organisationnelles, une fois données les contraintes de développement (les types d'architecture organisationnelle existants). Elle ne peut pourtant expliquer la manière dont les contraintes de développement sont elles-mêmes déterminées. Pour comprendre le mécanisme du changement organisationnel, nous devons donc aller au-delà de la modélisation évolutionnaire stationnaire présentée dans ce chapitre. Nous faisons un pas dans cette direction au chapitre IX.

CHAPITRE VI

Les Etats comme équilibres stables du domaine politique

> « Dans tous les gouvernements se déroule une perpétuelle lutte intestine, ouverte ou secrète, entre l'autorité et la liberté et aucune des deux ne peut prévaloir dans cet affrontement. Tout gouvernement doit nécessairement opérer un grand sacrifice de la liberté ; et cependant l'autorité même qui restreint la liberté ne peut jamais (et ne devrait jamais), à travers quelque constitution que ce soit, devenir entière et incontrôlable. Le sultan est maître de la vie et du destin de chaque individu, mais ne saurait être autorisé à promulguer de nouvelles taxes à l'encontre de ses sujets. Un monarque français peut promulguer des taxes tout à loisir, mais ne saurait sans danger attenter à la vie et aux destins des individus. »
>
> David Hume, *Essais moraux, littéraires et politiques* (1741).

Le chapitre III a rappelé que le développement des échanges marchands tend à faire de l'Etat-nation un mécanisme essentiel, sinon exclusif, de protection des droits de propriété et de mise en application des contrats. Les agents privés peuvent à leur tour discipliner les tierces parties (comme la *lex mercatoria*, les compagnies de dépôt ou les sites d'enchère) en les menaçant de se passer de leurs services lorsqu'elles ne se comportent pas de manière adéquate. En revanche, un gouvernement national couvre de manière exclusive et obligatoire l'intégralité de son territoire géographique, de sorte que les agents privés doivent émigrer pour sortir du domaine, ce que les autres gouvernements peuvent toujours leur refuser. Par ailleurs, les tierces parties privées ne jouissent pas du pouvoir exécutoire dont dispose la loi, alors que les gouvernements nationaux peuvent rendre leurs jugements exécutoires et taxer les agents privés grâce à leur monopole légal de la force.

Les économistes ont tendance à considérer que la capacité du gouvernement à définir et à rendre les droits de propriété exécutoires est exogène au système de marché, il n'est pourtant pas sûr que le pouvoir de l'Etat serve toujours à en améliorer le fonctionnement. C'est ce que Barry Weingast a dénommé le « dilemme politique fondamental d'un système économique » :

> « Un gouvernement assez fort pour protéger le droit de propriété et pour rendre les contrats exécutoires l'est aussi pour confisquer la richesse de ses citoyens. Le développement des marchés ne nécessite pas seulement un système de lois sur la propriété et sur les contrats, mais également un fondement politique fiable qui limite la capacité de l'Etat à confisquer la richesse. Les circonstances qui font qu'un système politique joue ce rôle plutôt qu'un autre sont cependant loin d'être évidentes » (1995, p. 1).

Dans ce chapitre, nous commençons par identifier trois modèles d'Etats susceptibles de résoudre ce dilemme fondamental. Nous étudions ensuite leurs conséquences évolutionnaires ainsi que leurs implications pour la protection des droits de propriété et le développement des marchés.

En construisant ces prototypes et leurs ramifications, ce chapitre fait une distinction très nette entre le gouvernement d'une part, qui est une organisation et donc un joueur du domaine politique, et l'Etat d'autre part, qui représente un ordre de relations stables entre le gouvernement et les agents privés. L'origine latine du mot *Etat, stare* (être), renvoie précisément à *status* (position ou condition). Le terme de *status* s'applique à quelque chose d'établi et de reconnu comme fixe ou permanent, à l'instar des mots anglais qui en dérivent, *static* et *stable*[1]. L'Etat peut être soumis à une analyse en termes d'équilibre susceptible d'en produire une grande variété. Nous conceptualisons les Etats comme des équilibres stables (multiples) d'un jeu d'échange politique générique qui se déroule au sein du domaine politique par le truchement duquel le gouvernement et les agents privés établissent entre eux un certain ordre. L'Etat n'est donc ni une simple organisation gouvernementale ni un ensemble de règles (qui peuvent toujours être violées ou ignorées), mais un ordre auquel le gouvernement est lui-même soumis. Cet ordre comprend les croyances collectives stables des agents et du gouvernement relatives aux conséquences de leurs comportements, de sorte qu'il entretient un schéma de comportements prévisibles. En ce sens, on peut dire que l'Etat s'apparente à un ordre normatif endogène. Comme nous le voyons un peu plus loin, une conception de l'Etat en termes de phénomène d'équilibre permet de comprendre, dans une perspective comparée, la nature des relations entre l'Etat et les autres institutions du domaine économique.

La première section de ce chapitre dégage les trois prototypes d'Etats qui constituent les équilibres stables du jeu générique construit par Weingast (1993, 1995, 1997)[2]. Ce sont l'Etat démocratique, l'Etat prédateur et l'Etat collusoire. L'état démocratique, lorsqu'il existe, peut être considéré comme celui qui entrave le moins l'ordre spontané des droits de propriété. Nous voyons cependant que l'apparition d'un tel Etat n'est pas automatique et n'est jamais garantie. Dans certaines circonstances, l'Etat collusoire, c'est-à-dire la collusion entre le gouvernement (la présidence, le parlement, l'administration, un dictateur, un parti au pouvoir, etc.) et certains agents privés (des groupes d'intérêt) destinée à protéger des intérêts particuliers, peut apparaître de manière transitoire ou permanente. Au XXe siècle, un grand nombre d'économies (comme les Etats communistes staliniens) ont soutenu un Etat collusoire qui, à long terme, déstabilisait ou empêchait le développement des marchés et de l'économie. Pourtant, certains Etats, en fonction du contexte politique, sont parvenus à évoluer, à remédier à la nature asymétrique et prédatrice de l'Etat collusoire ou à s'en protéger. Nous étudions, dans la seconde partie de ce chapitre, certaines ramifications de ces formes d'Etat, comme les Etats fédéraux favorables aux marchés, les Etats démocratiques libéraux, les Etats corporatistes sociaux, les Etats promoteurs (qui prennent en compte les zones rurales) et les Etats pluralistes. Leur viabilité peut dépendre des arrangements institutionnels en place dans des domaines différents du domaine politique, c'est l'objet de la deuxième et de la troisième partie de cet ouvrage. Ce chapitre se contente d'identifier les différentes formes d'Etats que l'on peut déduire des formes génériques. En présentant explicitement le gouvernement comme un joueur stratégique susceptible de poursuivre ses propres fins mais contraint par ses interactions stratégiques avec les autres agents, nous nous écartons à la fois de la conception des économistes néoclassiques, selon laquelle le gouvernement maximise de manière altruiste le bien-être des agents ou constitue un ingénieur social potentiellement omnipotent, et de la conception ultralibertaire selon laquelle le gouvernement enfreint nécessairement les droits individuels[3].

VI.1. TROIS MODELES D'ETAT

Considérons une situation de jeu simple dont le gouvernement et les agents privés constituent les joueurs. Les droits de propriété des agents privés doivent être protégés pour pouvoir entreprendre une activité économique quelconque. Le gouvernement peut assurer cette protection à un certain coût grâce à son monopole de l'utilisation de la force. Ces coûts peuvent être financés par la taxation des agents privés. Par ailleurs, le gouvernement dispose d'un pouvoir suffisant (ainsi que des motivations) pour transgresser les droits de propriété de certains agents, à moins qu'on ne puisse l'en empêcher. Il peut le faire en augmentant les impôts, en confisquant la richesse, en émettant trop de monnaie (impôt inflationniste), etc. Cependant, un agent ne peut lutter à lui seul contre l'utilisation abusive du pouvoir par l'Etat. Sous quelles conditions et de quelle manière peut-on garantir que l'Etat se limite à la protection des droits de propriété privée et comment rendre cette stratégie auto-exécutoire ? L'existence d'une loi écrite n'est pas suffisante, car la loi peut être modifiée ou ignorée à la fois par le gouvernement et par les agents privés. Il faut donc qu'il soit dans l'intérêt des deux parties de respecter et de protéger les droits de propriété privés.

Nous étudions cette question dans le cadre simple du jeu d'échange politique proposé par Weingast (1993, 1997), où les joueurs sont un gouvernement (terme général pour désigner le souverain, c'est-à-dire une organisation composée d'un législateur, d'un pouvoir exécutif, d'un corps judiciaire, d'une administration autonome, d'un parti au pouvoir, etc.) et deux agents privés A et B (citoyens, électeurs, groupes d'intérêts, etc.[4]). Dans la seconde moitié de ce chapitre, nous précisons les attributs spécifiques du gouvernement et des agents privés afin d'identifier les formes pratiques de l'Etat. Nous supposons pour l'instant qu'un arrangement de droit de propriété est en place, dont la protection par le gouvernement, lorsqu'il se limite à ce rôle, représente un coût $2t$ à la charge des agents privés. Dans ce cas, les agents jouissent de l'utilité Γ, alors que chacun doit payer t au gouvernement. On peut qualifier cet état de minimal (Nozick, 1974) ou de gardien de nuit (A. Smith, 1776). Nous faisons cependant l'hypothèse que le gouvernement dégage un certain profit lorsqu'il transgresse les limites de l'Etat minimal (la construction d'un empire, l'accumulation des richesses et des biens de consommation par les fonctionnaires, une bureaucratie pléthorique, etc.). Nous supposons qu'il essaie de prélever α unités de biens à l'un des agents, disons A, en augmentant ses impôts ou en lui confisquant certains de ses biens. Les agents peuvent résister ou se soumettre à cette violation de la propriété privée par le gouvernement.

Le résultat du jeu en cas de transgression par le gouvernement est représenté par la matrice des gains de la figure 6.1., où les lignes indiquent les stratégies de l'agent (A) dont l'Etat menace les droits et les colonnes les stratégies de l'agent B qui n'est pas menacé. La première valeur de chaque case représente le gain du gouvernement, la seconde le gain de l'agent A et la troisième celui de l'agent B. La résistance au gouvernement fait encourir un coût c aux agents individuels, qu'ils résistent conjointement ou non. Si l'agent B coopère avec l'agent A dans sa résistance au gouvernement, le gouvernement échoue dans sa tentative de violer les droits de propriété de A et paie un coût C important (qui représente par exemple la perte du pouvoir). En revanche, la résistance de A n'est pas efficace si B n'y coopère pas, auquel cas le gouvernement parvient à prélever α unités des biens de A. Supposons un instant que le comportement prédateur du gouvernement compromette les droits de propriété en général et donc réduise l'efficacité du secteur privé, provoquant une perte sèche additionnelle de Δ pour chacun des agents A et B. En refusant de résister, l'agent A économise c, mais paie, tout comme B, le coût Δ provoqué par la violation des droits de propriété par le gouvernement.

Figure 6.1.
Matrice des gains du jeu de l'échange politique

Individu dont on respecte les droits / Individu dont on transgresse les droits	résiste	se soumet
résiste	2t-C, Γ-c, Γ-c	2t + α, Γ-α-c-Δ, Γ-Δ
se soumet		2t + α, Γ-α-Δ, Γ-Δ

Supposons que le jeu n'ait lieu qu'une seule fois et que les agents privés ne puissent s'arranger *ex ante* pour rendre exécutoire un système de rémunérations collatérales. Si $\Delta - c \leq 0$, c'est-à-dire si le coût que doit payer B pour résister avec A à la violation des droits de propriété par le gouvernement est supérieur à la perte d'efficacité, alors la meilleure stratégie de B consiste à ne pas coopérer et à s'assurer un gain $\Gamma - \Delta$. Comme *A* anticipe cette stratégie de la part de *B*, sa meilleure stratégie consiste à se soumettre lui aussi et à ne pas payer le coût du conflit *c*. Les agents ne parviennent donc pas à coordonner leur résistance. Ainsi, l'équilibre de Nash statique du jeu à un coup consiste dans la combinaison de stratégies {Transgression, Soumission, Soumission}.

Supposons maintenant que le jeu se répète. Comme un équilibre de Nash statique est également un équilibre du jeu répété, *l'Etat prédateur* peut constituer un équilibre auto-exécutoire. Il se caractérise par le fait que l'un des agents (*A* ou *B*) est toujours la proie du gouvernement et que les deux agents s'y soumettent pour ne pas payer le coût de la résistance ; ils paient donc à chaque période le coût social 2Δ.

Supposons que $\Delta - c > 0$, c'est-à-dire que la perte d'efficacité associée à la transgression des droits de propriété par le gouvernement est supérieure au coût payé par l'agent *B* au cas où il s'associe avec *A* pour résister au gouvernement. *B* peut alors avoir intérêt à coopérer avec *A*. En revanche, si $\Delta - c < \alpha$, alors le gouvernement peut avoir intérêt à soudoyer *B* et à lui verser une rémunération collatérale *s* telle que $\Delta - c \leq s < \alpha$. *B* n'a alors plus intérêt à coopérer avec *A*, de sorte que *A* n'a plus intérêt à résister. La combinaison de stratégies {Transgresser et soudoyer, Se soumettre, Accepter la rémunération collatérale et Se soumettre} peut donc devenir l'équilibre de Nash statique du jeu à un coup, dont les gains sont $(2t + \alpha - s, \Gamma - \alpha - \Delta, \Gamma - \Delta + s)$. Lorsque ce résultat constitue l'équilibre du jeu répété, nous le qualifions d'*Etat collusoire*. Dans l'Etat collusoire, le gouvernement et l'agent privé *B* s'associent pour transgresser les droits de propriété de *A*, au prix d'un coût social 2Δ à chaque période.

Dans les deux cas qui précèdent, les agents privés *A* et *B* ne parviennent pas à se coordonner pour résister. Ils souffrent à la fois de la transgression de leurs droits de propriété et d'une perte d'efficacité sociale. Comment peut-on rendre auto-exécutoire une résistance coordonnée au gouvernement ? Imaginons une situation dans laquelle le gouvernement ne peut à aucun moment du jeu différencier les agents *A* et *B* et où la transgression des droits de propriété frappe l'un ou l'autre avec une probabilité 1/2. Nous discutons un peu plus loin des conditions dans lesquelles cette hypothèse est vérifiée. Pour l'instant, nous étudions directement les implications de ces relations anonymes entre le gouvernement et les agents privés. Nous supposons que la structure des gains d'une étape de jeu est symétrique à la matrice ci-dessus lorsque ce sont les droits de propriété de *B* qui ne sont pas respectés par le gouvernement. Considérons le profil de stratégies suivant : (1) le gouvernement transgresse toujours les droits de l'un des agents (choisi de manière aléatoire) si et seulement si ni *A* ni *B* n'ont résisté dans le passé. Dans le cas contraire, le gouvernement respecte toujours les droits de propriété privés des deux agents ; (2) lorsque le gouvernement transgresse les droits de propriété, les agents s'y soumettent si et seulement si l'un d'entre eux s'est soumis dans le passé. Dans le cas contraire, ils résistent toujours de manière coordonnée aux spoliations du gouvernement. Nous supposons par ailleurs que chaque agent pense que les autres agents ont toujours joué cette combinaison de stratégies dans le passé et continuent à la jouer à moins qu'ils constatent que l'un des agents en a dévié. On en déduit immédiatement qu'à chaque étape du jeu le gouvernement a intérêt à respecter les droits de propriété des agents privés si et seulement si la menace de résistance est coordonnée et crédible. Nous devons donc nous demander si un agent privé a intérêt à participer à la résistance lorsque sont violés les droits de propriété d'un autre.

Imaginons qu'un agent décide de s'écarter de la stratégie consistant à résister pour soutenir l'autre agent. La valeur actualisée des pertes futures associées au refus de résister est $\delta(\alpha+2\Delta)/2(1-\delta)$ puisque le gouvernement continuera à violer les droits de l'une des parties avec la probabilité ½ à chaque période future et que le coût de la résistance coordonnée est $c-\Delta$. Si les agents privés redoutent plus le coût associé à la transgression (aléatoire) de leurs droits par le gouvernement dans l'avenir que le coût associé à leur résistance coordonnée aujourd'hui, alors la menace de résister de manière coordonnée devient crédible. On peut montrer que cette condition est vérifiée si $\delta > 2\,(c-\Delta)/(2c+\alpha)$ lorsque $\Delta - c \leq 0$ et pour tout δ positif lorsque $0 < \Delta - c$. Le gouvernement a alors intérêt à limiter son intervention à la protection et au respect des droits de propriété privés. Nous appelons ce résultat l'*Etat démocratique*. L'engagement du gouvernement à n'exercer qu'un pouvoir limité est crédible, car la croyance dominante est que toute prédation du gouvernement entraîne le retrait du soutien des agents quelles que soient leurs préférences politiques et qu'ils en soient ou non les victimes directes (Weingast, 1993, 1997). Dès lors que $\Delta - c \leq \alpha$, il existe une multitude d'équilibres (parfaits en sous-jeu), de sorte que chaque forme d'Etat (démocratique, collusoire ou prédateur) peut être auto-exécutoire une fois en place. Les implications de ces différentes formes d'Etat pour la protection des droits de propriété privés et le bon fonctionnement des marchés sont néanmoins contrastées. Inversement, le type de marché et son stade de développement peuvent influencer la sélection d'un équilibre particulier parmi les multiples formes d'Etat possibles.

Dans l'exemple précédent, il faut que les agents ignorent tous au même degré lequel des agents subit la spoliation pour que le contrôle démocratique qu'ils exercent sur le gouvernement soit compatible avec leurs incitations et soit donc auto-exécutoire. Si l'on sait que le gouvernement prend toujours pour cible les même agents, alors les autres peuvent avoir intérêt à rester silencieux ou même à collaborer avec le gouvernement. C'est la crainte d'être eux-mêmes objets de l'avidité du gouvernement qui pousse les agents à résister au gouvernement. Dans quelles conditions cette crainte est-elle justifiée ? En d'autres termes, dans quel type de situation le gouvernement est-il incapable de faire la différence entre le groupe sur lequel il exerce une « rapacité » et le groupe qui collabore avec lui ou qui reste passif ?

Revenons à notre parabole. La situation que nous décrivons se présente lorsque les agents privés qui composent le domaine politique sont symétriques par rapport au gouvernement. Supposons, par exemple, que le domaine politique se compose essentiellement de marchands relativement indifférenciés du point de vue de leur richesse mais différents du point de vue de leurs préférences et de leurs dotations initiales, de sorte que le gouvernement ne dispose pas d'assez d'information *ex ante* pour sélectionner ceux qu'il aurait intérêt à prendre pour proie (il faut considérer que l'économie se compose d'un grand nombre d'agents et non de deux comme c'était le cas dans le modèle générique ci-dessus). Dans cette situation, nous pouvons dire que les agents sont anonymes pour le gouvernement. Cependant, comme les économistes utilisent le terme de « marchés anonymes » dans un sens très précis[5], nous l'évitons et qualifions la majorité des joueurs du domaine politique de « symétriques ». Il s'agit, cela va sans dire, d'une pure construction théorique. Toutefois, en examinant les conséquences logiques de cette hypothèse, nous comprenons mieux les Etats dans lesquels seuls les membres d'une classe particulière participent au régime politique (comme la Glorieuse Révolution en Angleterre au XVIIe siècle ou la République de Venise), ou dans lesquels ce sont les classes moyennes qui instaurent leur hégémonie politique grâce à un système de représentation (comme c'était le cas en l'Angleterre au XIXe siècle, voir *infra*).

Si le gouvernement n'a pas d'information *ex ante* sur les agents qu'il aurait intérêt à spolier, il doit choisir ses victimes de manière aléatoire et non systématique. Il existe une certaine tension logique entre l'hypothèse selon laquelle le gouvernement est mal informé et celle selon laquelle il a la charge de faire respecter les droits de propriété. Comment un gouvernement mal informé pourrait-il identifier et sanctionner de manière crédible ceux qui n'ont pas respecté les règles de la propriété et les contrats ? Nous faisons l'hypothèse que les agents peuvent identifier et mener devant les tribunaux (le gouvernement) les partenaires qui se sont livrés à une fraude, une extorsion ou un défaut de paiement suite à un accord d'échange, même si le processus de négociation qui a précédé l'accord est resté anonyme. Si le gouvernement est susceptible d'accepter les pots-de-vin de ceux qui ont transgressé les accords d'échange ou de rendre un jugement arbitraire, les joueurs honnêtes qui n'étaient pas identifiés par le gouvernement *ex ante* peuvent alors faire l'objet d'une transgression directe ou indirecte de leurs droits par celui-ci. Pour empêcher le gouvernement de rendre des jugements arbitraires, les joueurs doivent le contraindre à ne juger que sur la base exclusive d'une application rigoureuse de la loi et de faits vérifiables. En cas de non-respect de la loi par le gouvernement, les agents seront avertis qu'ils pourraient eux aussi en être victimes. Les agents privés (les joueurs) ont alors intérêt à coordonner leur résistance à la prédation arbitraire ou au non-respect de la loi, c'est-à-dire à retirer leur soutien au gouvernement et à le remplacer. On peut ainsi limiter l'usage de la force par le gouvernement aux cas où la transgression des droits de propriété privés des agents est vérifiable *ex post* et susceptible d'être sanctionnée sur la base de règles *ex ante*.

Il est important de remarquer que la loi ne peut à elle seule garantir sa propre autorité et qu'elle doit être soutenue par la croyance générale que les agents peuvent se mobiliser pour sanctionner le non-respect de la loi par le gouvernement. Cette opinion est crédible car les joueurs du marché sont symétriques et que l'on ne peut identifier *ex ante* ceux qui sont du côté du gouvernement. Paradoxalement, le fait que le gouvernement se limite à des interventions *ex post* fondées en droit peut provenir de son ignorance *ex ante*. En d'autres termes, le manque d'information sur l'identité des joueurs individuels peut obliger le gouvernement à s'engager à ne pas se livrer à une extorsion aléatoire.

On peut identifier les marchés où les joueurs sont symétriques du point de vue du gouvernement à des marchés concurrentiels sur lesquels aucun d'entre eux ne dispose d'un pouvoir de monopole ou de monopsone. Sans cette symétrie, le gouvernement pourrait avoir intérêt à s'associer avec les monopoles/monopsones ou bien à les exploiter. On peut donc paraphraser le raisonnement précédent en affirmant que les marchés concurrentiels constituent un facteur favorable aux Etats démocratiques, qui se caractérisent par le fait que leurs gouvernements respectent la loi. Inversement, dans un Etat démocratique le droit constitue un mécanisme de contrôle de tierce partie susceptible d'améliorer le domaine des échanges de marché. Cela signifie qu'un nombre de plus en plus important d'agents s'engageront dans les échanges de marché parce qu'ils croiront en la volonté et la capacité du gouvernement à protéger la propriété privée et à rendre les contrats exécutoires (chapitre III). Nous pouvons donc faire la conjecture suivante :

> CONJECTURE 6.1. *L'existence de marchés concurrentiels, sur lesquels aucun joueur ne dispose d'un pouvoir de monopole ou de monopsone, constitue l'une des sources de l'Etat démocratique, c'est-à-dire un Etat dont le gouvernement respecte la loi. Le droit constitue un mécanisme de contrôle de tierce partie susceptible d'améliorer le domaine des échanges de marché. L'autorité du droit et l'existence de marchés symétriques peuvent donc co-évoluer.*

L'autorité du droit ne constitue pas un simple facteur exogène nécessaire au bon fonctionnement des marchés concurrentiels, comme le centrisme juridique pourrait le laisser supposer (Ellickson, 1991). Il peut également exister un effet en retour des marchés concurrentiels vers l'autorité du droit.

Le gouvernement ne peut pas non plus cibler de manière certaine les victimes de ses extorsion dans le cas où la population est répartie en deux groupes clairement identifiables et de taille comparable se regroupant autour d'intérêts communs et défendant chacun ses droits de propriété. Le groupe majoritaire alterne de manière imprévisible parce que certains de ses membres se déplacent d'un groupe à l'autre de manière aléatoire ou parce qu'une nouvelle génération, dont les intérêts sont incertains, peut aussi bien choisir un groupe qu'un autre. Supposons par ailleurs que le gouvernement (le parlement) est régulièrement élu par un vote populaire et que deux partis politiques, représentant chacun l'un des groupes d'intérêt, se font concurrence pour gagner la majorité des voix. Imaginons qu'à chaque élection un événement aléatoire puisse faire basculer le vote de certains électeurs et influencer le résultat de l'élection de manière décisive. Cela signifie que le parti au pouvoir peut toujours perdre les élections. Cette situation peut entraîner deux cas de figure.

En premier lieu, le gouvernement représentatif nouvellement élu peut modifier l'arrangement de droits de propriété en faveur du groupe qui l'a élu ; il peut le faire par l'intermédiaire de transferts monétaires, d'une modification du système de taxation ou de quelque autre moyen, ce qui crée un état collusoire dont les faveurs oscillent d'un groupe d'intérêt à un autre. Ce n'est cependant pas le seul équilibre possible. Si les électeurs sont suffisamment patients et peu disposés à prendre des risques, et s'ils jugent que le réarrangement périodique des droits de propriété est trop coûteux car il détruit les incitations des agents des deux groupes à produire des ressources, ils peuvent lui préférer un arrangement stable du droit de propriété et limiter le pouvoir du gouvernement à l'enfreindre ou à le modifier. Les deux partis peuvent alors s'entendre pour limiter le pouvoir du gouvernement et cet accord peut être rendu exécutoire en menaçant de manière crédible le parti qui le transgresserait d'une résistance coordonnée des citoyens électeurs. L'Etat démocratique constitue donc un autre équilibre possible. Le système représentatif permet alors de limiter la capacité du gouvernement à transgresser les droits de propriété privés. La question de l'émergence effective de tel ou tel équilibre (l'Etat démocratique ou l'Etat collusoire) ne peut être tranchée théoriquement et dépend du contexte historique.

Il existe une autre situation dans laquelle le gouvernement dispose d'un pouvoir de prédation limité. Nous n'avons pas encore envisagé la possibilité de contrats auto-exécutoires entre parties privées par lesquels celui dont les droits de propriété sont spoliés s'engagerait à verser une rémunération collatérale à un agent qui coopérerait dans la résistance au gouvernement. Si les agents privés sont nombreux et qu'ils ne sont pas organisés en groupes d'intérêt, il sera impossible de négocier et de passer un tel contrat *ex ante*. Même si c'était le cas, il n'y aurait aucune garantie que l'agent dont le gouvernement aurait tenté de transgresser les droits ne renierait pas son engagement après la phase de résistance coordonnée. Supposons par exemple que le gouvernement, après avoir transgressé les droits de propriété de *A*, soit renversé suite à la résistance coordonnée de *A* et de *B*. *A* peut alors s'associer avec un nouveau gouvernement (ou former lui-même un gouvernement) à l'encontre de *B*.

Abandonnons l'hypothèse que les agents sont symétriques et imaginons une situation, sans se demander pour l'instant si elle est réaliste, dans laquelle les deux parties négocient un contrat *ex ante* portant sur une rémunération collatérale *ex post* du type décrit ci-dessus. Supposons maintenant qu'elles adoptent les stratégies suivantes. Lorsque le gouvernement se livre à une spoliation des droits de propriété, les agents privés se soumettent si et seulement si l'un d'eux s'est déjà soumis par le passé ou si l'une des parties n'a pas honoré son engagement à verser la rémunération collatérale prévue. Dans le cas contraire, ils coordonnent toujours leur résistance contre le gouvernement ; suite à cette résistance réussie, celui qui fut la cible du gouvernement verse à l'autre partie une rémunération σ telle que $\alpha \geq \sigma \geq \Delta$. Le gouvernement a alors intérêt à respecter les droits de propriété des deux agents, à moins que l'un d'eux n'ait pas résisté dans le passé. Le problème est de savoir comment les agents peuvent passer et rendre exécutoire un tel contrat. Bien évidemment, la formulation et la mise en application de ce contrat ne peuvent être confiées au gouvernement. Il doit être auto-organisé et rendu auto-exécutoire par le secteur privé. Supposons que les agents privés *A* et *B* soient les organisations dirigeant les deux groupes d'intérêt (disons le monde des affaires et les ouvriers) et non de simples intervenants du marché. Imaginons que leur importance politique soit comparable, de sorte qu'ils disposent de la même capacité à s'associer avec le gouvernement et à former un Etat collusoire. Dans ce cas, le raisonnement qui aboutissait à la formation d'un Etat démocratique, dans l'hypothèse où les agents étaient symétriques ou qu'un système représentatif (à deux partis) était en place, s'applique également. Le risque de prédation et de pertes d'efficacité associées à l'existence d'un Etat collusoire, contraint les organisations qui sont à la tête des groupes d'intérêt à passer un contrat privé afin que la prédation n'ait pas lieu. Le contrat est auto-exécutoire parce qu'un parti qui refuserait de l'honorer serait sanctionné par l'absence future de coopération de l'autre parti. Le résultat d'équilibre est identique à celui de l'Etat démocratique. Alors que ce dernier s'appuyait sur l'hypothèse que les agents étaient symétriques ou qu'un système de représentation à deux partis était en place, le mécanisme est ici différent. C'est le contrat (implicite) privé qui empêche le gouvernement de transgresser les droits de propriété, et non son manque d'information sur les agents privés. Cet Etat démocratique peut donc être qualifié d'*Etat démocratique fondé sur le contrat social.*

VI.2. DIFFERENTES FORMES D'ETAT DEMOCRATIQUE ET D'ETAT COLLUSOIRE

Dans la section précédente, nous avons déduit trois formes génériques d'Etat d'un jeu d'échange politique simple se déroulant dans le domaine politique. Nous avons ainsi identifié les conditions susceptibles de favoriser l'émergence de l'Etat démocratique. La discussion est cependant restée abstraite. De quelle manière le gouvernement peut-il concrètement transgresser les droits de propriété ? L'hypothèse que les joueurs étaient symétriques a peu de chances d'être vérifiée dans la réalité. La répartition fluide de la population en deux partis n'est valable que dans des contextes très spécifiques. Nous n'avons pas précisé la manière dont pouvait naître un contrat social. Dans certaines situations, une forme d'Etat collusoire peut se développer et influencer la répartition des droits de propriété. La nature collusoire de l'Etat, ou la manière dont le gouvernement enfreint les droits de propriété privés, risquent de provoquer une instabilité politique ou une sous-optimalité économique. Les interactions stratégiques entre les agents privés et le gouvernement peuvent alors conduire à sa décentralisation ou sa transformation. Une nouvelle forme d'Etat peut ainsi naître.

Dans cette section, nous abandonnons l'hypothèse que les agents sont symétriques ; nous prenons explicitement en compte les caractéristiques qui différencient les agents et nous examinons leurs implications. Par exemple, les agents privés peuvent être différenciés selon leur appartenance à des groupes d'intérêt ou des classes offrant certains facteurs de production ou certains produits (aristocratie terrienne, ouvriers, capitalistes, classes moyennes, paysans), à des organisations du marché des produits (entreprises, associations industrielles), etc. Ces caractéristiques sont ici considérées comme des paramètres dont la valeur est déterminée dans le domaine des transactions économiques. Nous nous livrons à une analyse plus explicite des interactions entre le domaine de l'échange politique et le domaine des transactions économiques dans les deux autres parties de cet ouvrage. Bien que le degré d'abstraction de cette section soit élevé, les modèles d'Etat que nous y trouvons sont plus proche des formes réelles de l'Etat que ceux de la section précédente. Ils conservent cependant les caractéristiques structurelles élémentaires d'un modèle.

(A) L'Etat libéral démocratique et l'Etat corporatiste socialement compact

L'analyse de la Glorieuse Révolution en Angleterre (1688-89) par North et Weingast (1989) éclaire les raisons pour lesquelles la monarchie parlementaire est un régime politique stable lorsque le domaine politique n'est constitué que d'un roi et de partis politiques représentant les différents intérêts de l'aristocratie terrienne. A la fin du XVIe siècle, sous le règne des Stuarts, il y avait deux partis politiques : les Whigs, qui s'occupaient essentiellement d'activités commerciales, étaient favorables à une limitation et à une stabilité des taxes à l'importation. Les Tories, pour leur part, souhaitaient que ce soient les impôts fonciers qui restent faibles et stables. En formant une collusion avec les Tories, plus conservateurs, le roi chercha à contrer les intérêts politiques et économiques des Whigs. Après avoir soutenu avec succès les intérêts des Whigs, Jacques II, le dernier des Stuarts, chercha pourtant à contrer ceux des Tories. Cette fois-là, les Whigs et les Tories coordonnèrent leur résistance et obligèrent le roi à s'enfuir. En portant un nouveau roi au pouvoir, les deux partis prirent soin de rédiger une déclaration qui énonçait de manière explicite qu'aucune violation des droits de l'un ou l'autre des partis ne serait tolérée. Les partis n'avaient pas besoin de partager les mêmes idées politiques pour échafauder ce nouveau dispositif institutionnel et ils restèrent d'ailleurs opposés politiquement. Il leur suffisait de s'entendre pour coordonner le retrait de leur soutien au roi dans le cas où celui-ci violerait certains codes de comportement. Il n'était pas nécessaire qu'une autorité organisée limite les pouvoirs du roi. En s'accordant sur ce qu'ils devaient faire dans le cas où le comportement du roi ne serait pas conforme à certaines attentes, ils purent préserver leurs droits politiques et économiques. Ce changement constitutionnel limita le pouvoir du roi à intervenir dans l'économie.

Comme nous l'avons dit, ce résultat stable se produisit dans le domaine limité du régime politique, suite à un conflit qui opposait le roi et les classes propriétaires. Adam Smith remarquait en 1776 que, « dans la mesure où le gouvernement civil est institué afin de garantir la sécurité de la propriété, il est en réalité institué pour défendre les riches contre les pauvres, ou ceux qui ont de la propriété contre ceux qui n'en ont pas ». Vers le milieu du XIXe siècle cependant, le développement industriel et l'urbanisation donnèrent lieu à l'apparition des classes moyennes, dont l'accès au suffrage consacra l'hégémonie politique. Les classes moyennes souhaitaient naturellement la protection de leurs droits à la propriété. Comme la nature et la taille de la propriété sur laquelle ils exerçaient leurs droits étaient variables mais néanmoins relativement « symétriques », les classes moyennes n'étaient pas suffisamment divisées pour permettre à l'aristocratie terrienne de maintenir son pouvoir, en s'associant avec un de ses sous-groupes. Les classes moyennes constituèrent ainsi un fondement plus large et donc plus stable au contrôle démocratique du gouvernement[6]. Le contrôle démocratique du gouvernement et la déréglementation croissante des marchés se développèrent conjointement.

Le *Second Reform Act* de 1867 donna le droit de vote à une grande majorité des classes moyennes urbaines. Comment satisfaire en effet les aspirations à certains droits économiques et politiques d'une classe ouvrière en expansion, mais sans propriété ? L'Etat a répondu au développement des économies de marché en Europe aux XIXe et XXe siècles. La solution qui a prévalu en Angleterre à la fin du XIXe siècle a consisté à soumettre ces aspirations politiques au système de représentation. Du fait de l'hégémonie politique des classes moyennes, ce choix a pu permettre aux classes ouvrières d'affirmer leurs droits politiques sans que les classes moyennes aient beaucoup à craindre ou à perdre. Une alliance politique (une collusion) s'est donc développée entre l'aile libérale des classes moyennes et les syndicats ; c'est ce que le politologue Luebbert a surnommé le *lib-labism.*

Cependant, les ouvriers devaient défendre leurs droits économiques par l'intermédiaire d'un processus décentralisé de négociation avec leurs employeurs, de sorte que les syndicats devaient essentiellement se soumettre à la discipline du marché. Nous pouvons appeler *Etat démocratique libéral* le développement conjoint d'un résultat démocratique dans le domaine politique et d'une déréglementation du marché du travail. Dans l'Etat démocratique libéral, le gouvernement était contrôlé par un système de représentation dont le résultat était largement influencé par les classes moyennes et il n'intervenait pas dans les processus d'échange de marché. De temps à autre, de durs conflits salariaux éclataient, comme la grève générale de 1926, mais l'Etat était en mesure de contenir les syndicats et de les soumettre à la discipline du marché. La coalition *lib-lab* se brisa dans les années 1930 et la classe moyenne consolida sa coalition afin de contrer les aspirations croissantes des syndicats à défendre leurs intérêts économiques au sein même du processus politique (par la nationalisation des industries, par exemple). Il fallut pourtant attendre l'après-guerre pour qu'une grande majorité d'ouvriers vote pour le parti travailliste et que ce type de programme commence à être mis en application.

A la fin du XIXe siècle, les classes moyennes étaient plus divisées en Allemagne qu'en Angleterre en raison notamment des structures pré-industrielles de segmentation régionale, de la séparation entre ville et campagne et du clivage religieux entre protestants et catholiques[7]. Le régime autoritaire prussien pouvait donc se maintenir au pouvoir en formant de subtiles collusions avec certains groupes d'électeurs. L'hégémonie libérale des classes moyennes n'avait pas encore eu lieu que les ouvriers formaient déjà une classe politique et économique majeure. Le « lib-labisme » n'y était donc pas une solution d'équilibre possible. La classe ouvrière choisit une autre voie, celle de s'aligner sur le parti social-démocrate. Bismarck, pourfendeur intransigeant du socialisme organisé, introduisit un système public et obligatoire d'assurance maladie dans le but d'obtenir le soutien ouvrier. Cette auto-administration décentralisée fondée sur la représentation paritaire des ouvriers et des employeurs eut néanmoins un effet imprévu, celui de soumettre progressivement le travail au processus économico-politique[8].

Ce processus d'inclusion du travail connut un second élan au cours de la Première Guerre mondiale, lorsque le gouvernement limita la mobilité des ouvriers et négocia leur participation obligatoire à l'industrie de l'armement en échange de la mise en place de conseils du travail. La République de Weimar attribua une existence juridique aux conseils du travail. Cependant, le domaine politique défini par la constitution de Weimar ne parvint pas à produire un équilibre stable à cause de l'incapacité des classes divisées (marchands, ouvriers, paysannerie propriétaire, classes moyennes urbaines) à former une coalition politique efficace et de l'absence d'un parti en mesure de contraindre et de contrôler le gouvernement. Le parti nazi combla ce vide et retarda considérablement le processus d'inclusion démocratique du travail. Cependant, « comme la politique économique de la direction nazie était dominée par les préparatifs de guerre, le régime essaya de profiter de l'expérience de l'économie de guerre des années 1914-1918 selon un processus dépendant de l'histoire et de ce fait on trouve également dans l'héritage nazi un renforcement non intentionnel de certains des schémas qui étaient apparus au cours de la Première Guerre mondiale » (Lehmbruch, 1999, p. 38). L'Etat nazi supprima les organisations du travail autonomes. La nouvelle organisation du travail fut encadrée par le *Deutsche Arbeitsfront* (DAF), une organisation de masse contrôlée par le parti nazi. Les associations professionnelles furent transformées en associations industrielles contrôlées par l'Etat, auxquelles la participation était obligatoire et qui disposaient d'un pouvoir de monopole fonctionnel.

La fin de la Seconde Guerre mondiale permit évidemment de s'écarter des éléments centraux de l'Etat nazi, mais l'inclusion du monde des affaires et des organisations du travail se poursuivit. Le *Deutscher Gewerkschaftsbund* (la Confédération allemande des syndicats) fut réorganisé pour englober des organisations traditionnellement divisées (socialistes, chrétiennes et libérales) et soutenir des organisations fondées sur les industries. Ni l'exclusion coercitive de la classe ouvrière par le gouvernement ni leur collusion exclusive n'auraient pu constituer une solution politique viable. Lehmbruch résume ainsi l'émergence de l'Etat dans l'Allemagne de l'après-guerre dans les termes suivants :

> « La position politique du travail organisé fut considérablement renforcée par la compassion des autorités d'occupation (en particulier dans la zone britannique) et cela a conduit les personnalités du monde des affaires à rechercher le soutien des syndicats pour s'opposer au démantèlement des usines ainsi qu'à la menace qui frappait leurs droits de propriété. Le changement de climat fut particulièrement frappant dans les industries lourdes de la Ruhr qui étaient farouchement opposées aux syndicats du temps de la République de Weimar. Pour leur part, les dirigeants syndicaux avaient délibérément

choisi de coopérer avec les organisations patronales, dès 1918, et cette fois les deux parties s'accordèrent pour rejeter radicalement les interventions de l'Etat dans les relations industrielles » (Lehmbruch, 1999, p. 44).

Cette description rappelle la construction théorique de l'Etat démocratique socialement compact présenté à la fin de la section précédente, dans lequel les organisations ouvrières et patronales s'associent par contrat social pour limiter les interventions du gouvernement. Nous qualifions d'*Etat corporatiste* la forme d'Etat qui apparut en Allemagne après la guerre et dans les pays scandinaves avant la fin de la guerre[9]. Dans cet Etat, les organisations qui sont à la tête du monde des affaires et du monde ouvrier y négocient, dans chaque industrie et de manière autonome, les droits de propriété et les droits du travail des détenteurs des facteurs de production qu'ils représentent. Ils limitent la concurrence de marché et négocient ensemble les termes de l'échange collectif et les conditions de travail en général. Ces organisations ont intérêt à trouver un accord et le résultat de la négociation est auto-exécutoire car les deux parties anticipent qu'un échec de la négociation ou un non-respect de l'accord entraînerait un report de leurs gains ou une menace crédible de représailles, c'est-à-dire une dépréciation de la valeur de leurs droits de propriété.

De son côté, le gouvernement se limite à habiliter les associations industrielles et les syndicats dans leur statut d'organes quasi étatiques en donnant aux résultats des négociations une force juridique qui s'applique à tous les concurrents du marché. Streeck (1997a, p. 38) qualifie donc ce type d'Etat décentralisé d'*Etat habilitant*. Le scrutin représentatif et les accords sociaux qui s'y forment permettent aux différents détenteurs de droits de propriété, y compris les travailleurs (détenteurs d'actifs humains), de contrôler démocratiquement le gouvernement et d'empêcher qu'il ne s'immisce dans ce processus auto-régulé. Cependant, cet Etat démocratique est distinct de l'Etat démocratique libéral car les syndicats ouvriers ne sont pas soumis à une discipline de marché décentralisée mais se comportent au contraire comme des organisations quasi-étatiques. A côté de sa fonction d'habilitation, le gouvernement se limite à intervenir dans des domaines politiques relativement neutres qui ne constituent pas l'enjeu de négociations collectives, comme la diplomatie, la politique monétaire ou les réglementations destinées à lutter contre les monopoles. Le chapitre XI présente l'Etat corporatiste : il joue un rôle important dans une forme singulière de structure de contrôle d'entreprise, la codétermination.

(B) Le fédéralisme favorable au marché

Outre la fiscalité, le gouvernement peut user de réglementations diverses pour influencer l'arrangement global des droits de propriété d'une économie (réglementation des relations industrielles, chartes commerciales, subventions agricoles, instauration d'une sécurité sociale, etc.). Il peut favoriser les intérêts de certains groupes comme les employeurs ou les ouvriers, les grandes ou les petites entreprises, les agriculteurs ou les consommateurs, les retraités ou l'industrie de la santé, etc. Le gouvernement peut également réaliser un transfert de richesse entre les agents d'une manière plus subtile en créant une grande quantité de monnaie et donc en réduisant la valeur de celle-ci. Comment les différents groupes protègent-ils leurs intérêts contre les ambitions du gouvernement ou contre sa collusion avec d'autres groupes d'intérêts ? Comment peut-on prévenir de manière crédible le « laxisme budgétaire » du gouvernement et sa tendance à émettre trop de monnaie ? Même si certains groupes d'intérêts s'opposent aux réglementations désavantageuses que le gouvernement cherche à leur imposer, ils ne peuvent être sûrs qu'ils ne s'associent pas avec celui-ci à l'avenir pour promouvoir les réglementations qui servent leurs intérêts. Il est également difficile de résister de manière coordonnée à l'émission excessive de monnaie car celle-ci peut provenir de la volonté du gouvernement de servir tous les groupes d'intérêts en même temps.

Le gouvernement fédéral constitue un dispositif organisationnel qui permet d'éviter la tendance au laxisme budgétaire et les conséquences néfastes de l'Etat collusoire. Comme nous l'avons indiqué dans l'introduction de ce chapitre, lorsque la structure organisationnelle du gouvernement est unitaire, les agents privés ne peuvent échapper à l'influence de ses décisions. Le gouvernement est alors libre de financer ses dépenses budgétaires à sa guise puisqu'il contrôle la quantité de monnaie sur son territoire. La décentralisation, dont l'Etat fédéral représente une forme particulière, peut néanmoins limiter l'usage abusif de son pouvoir par le gouvernement. Le gouvernement fédéral incorpore une hiérarchie de gouvernements disposant chacun d'une certaine autonomie réglementaire dans la juridiction où s'exerce leur autorité politique. Dans ce cadre, le gouvernement fédéral se limite à la distribution des biens publics à l'échelle nationale, comme la défense nationale ou la diplomatie (destinée à défendre la souveraineté des Etats fédéraux), ainsi que certaines réglementations concernant l'environnement et le commerce entre Etats.

Ce qu'on appelle la théorie fédéraliste de première génération (Qian et Weingast, 1997), représentée par Tiebout (1956) et Oates (1972), soutient que la mobilité des agents d'une juridiction à l'autre leur permet de choisir de manière stratégique la juridiction dans laquelle le gouvernement applique les réglementations qu'ils préfèrent. Si un gouvernement choisit une réglementation qui désavantage un certain groupe d'intérêt, ses membres pourront fuir son domaine de juridiction et s'installer là où sont appliqués les choix réglementaires qu'ils préfèrent. Selon certains, il est en effet très improbable que dans un système fédéral, les gouvernements locaux adoptent tous un comportement collusoire. Il se peut néanmoins que les groupes d'intérêts n'aient pas tous la même mobilité (par exemple, les ouvriers sont beaucoup moins mobiles que les capitaux). On ne peut donc exclure qu'une collusion de ce type ne se produise dans toutes les localités et ne constitue l'équilibre stable de la concurrence que se font les gouvernements locaux pour attirer les facteurs de production les plus mobiles.

La théorie de seconde génération (Qian et Weingast, 1997) souligne au contraire le fait qu'un arrangement fédéral permet de forcer les gouvernements à s'engager en faveur d'une certaine rigueur budgétaire. Le fédéralisme favorable au marché (MacKinnon, 1997 ; Weingast, 1995 ; Montinola, Qian et Weingast, 1995) représente un sous-ensemble particulièrement important du fédéralisme. Un Etat fédéral est favorable au marché s'il satisfait les trois conditions suivantes. En premier lieu, ce sont les gouvernements de niveau inférieur qui ont la charge des réglementations qu'ils imposent à leur juridiction ; on évite ainsi que les réglementations des juridictions de niveau inférieur soient homogènes. En second lieu, la mobilité des biens et des facteurs d'une juridiction à l'autre est assurée. En troisième lieu, et c'est là peut-être le point le plus important, les gouvernements de niveau inférieur sont contraints à la rigueur budgétaire. Cela signifie qu'ils ne peuvent battre monnaie ni accéder à un crédit illimité, même s'ils conservent une souveraineté fiscale sur leur territoire de juridiction. Cette condition n'est pas remplie si le gouvernement fédéral renfloue un gouvernement de niveau inférieur chaque fois que celuici rencontre des difficultés budgétaires. Le fédéralisme favorable au marché se caractérise par une concurrence des gouvernements locaux sur les choix publics concernant la fiscalité, la distribution des biens publics locaux, les réglementations affectant les différents groupes d'intérêts et ainsi de suite. En revanche, ils sont soumis à une discipline budgétaire rigoureuse car ils n'espèrent guère être renfloués par le gouvernement fédéral. S'ils sont confrontés à des déficits budgétaires, ils doivent entrer en concurrence avec les agents privés sur les marchés financiers.

Dans quelles circonstances l'engagement du gouvernement fédéral à ne pas renflouer les gouvernements locaux est-il crédible, c'est-à-dire à l'abri d'une renégociation *ex post* ? Cet engagement peut être garanti par l'incapacité du gouvernement fédéral à collecter un niveau d'impôts suffisant. Si la conception initiale du système fédéral attribue essentiellement aux gouvernements locaux le pouvoir de collecter des impôts, ceux-ci pourront résister aux tentatives du gouvernement fédéral d'élargir sa base fiscale. La discipline budgétaire des gouvernements locaux requiert également que l'offre de monnaie soit fixée par une autorité monétaire neutre et unitaire. Si les gouvernements pratiquaient le seigneuriage, c'est-à-dire le financement de leurs dépenses par la création de monnaie, ils seraient tentés d'utiliser leurs déficits pour financer des projets ambitieux et risqués ou pour satisfaire certains groupes d'intérêts, tout en échappant à la discipline imposée par les marchés financiers.

L'exemple le plus connu de système fédéral est, bien entendu, celui qui est apparu en Amérique du Nord lors de l'indépendance des treize Etats à la suite de la domination coloniale britannique[10]. L'attribution du contrôle monétaire était alors un grand sujet de controverse et elle l'est restée longtemps après l'indépendance. Au début, les Etats-Unis n'étaient pas d'accord pour confier le contrôle de la monnaie à une administration centrale et monolithique. « La peur du pouvoir centralisé explique en partie la résistance états-unienne à l'établissement d'une banque centrale » (Mishkin, 1995, p. 437)[11]. La Première Banque des Etats-Unis (1971-1811) et la Seconde Banque des Etats-Unis (1816-1836) étaient des banques centrales qui partageaient le contrôle de la monnaie avec les Etats. Après le veto du président Jackson quant au renouvellement de la Seconde Banque en 1832, parce qu'il pensait qu'elle ne respectait pas les limites que lui imposait la Constitution, les banques d'Etat devinrent les seuls fournisseurs de papier monnaie, qualifié à l'époque de *wildcat currency*, de monnaie sauvage. Cependant, le gouvernement fédéral dut trouver un moyen de financer la guerre civile. Le *Banking Act*, promulgué en 1863, avait pour but de répondre à ces besoins budgétaires en instituant un système de banques nationales et l'émission d'une monnaie nationale. C'est donc un système dual qui fit son apparition[12].

Ce système dual ne fonctionna pas parfaitement. Des paniques financières eurent lieu en 1893 et 1907. Comme il existait deux autorités de régulation du système bancaire, elles se firent concurrence et provoquèrent un ajustement à la baisse des réglementations bancaires. Cette concurrence a pu bénéficier aux banquiers, mais elle n'a pas apporté la stabilité économique. Les paniques bancaires relancèrent le débat sur les banques centrales. En 1913, le Congrès créa le *Federal Reserve System*, qui consistait en un ensemble de douze banques régionales. Cependant, les vingt premières années du *Fed* furent caractérisées par un manque de coordination entre les banques régionales, ce qui paralysa la politique monétaire. Eichengreen, qui a étudié cette période, arrive à la conclusion que « dans les premières années du *Federal Reserve System*, l'autorité était beaucoup plus décentralisée et contestée que ne le suggèrent la plupart des histoires de la banque centrale états-unienne. La décentralisation provoqua des problèmes qui n'avaient pas été prévus par les rédacteurs du *Federal Reserve Act* » (Eichengreen, 1992, p. 21). Il qualifie les vingt premières années du *Federal Reserve* de période d'essais et d'erreurs qui a finalement conduit à la centralisation effective de l'autorité. Au cours de la Grande Dépression, le Congrès vota la dernière réforme majeure du système bancaire fédéral et renforça l'élément central du système en faisant du conseil des gouverneurs l'autorité en charge de la politique monétaire.

On peut trouver dans l'Union européenne et en Chine deux nouveaux exemples de systèmes budgétaires fédéraux. Les gouvernements nationaux des pays membres de l'Union européenne sont semblables aux gouvernements locaux d'un système fédéral. Le pouvoir des bureaucrates y est aujourd'hui assez limité, après l'abandon de l'idée ancienne d'harmoniser les réglementations des pays membres relatives aux relations industrielles, au contrôle des entreprises et à tout ce qui s'y rattache. Les gouvernements nationaux conservent donc, à un degré important, le pouvoir de réglementation et de souveraineté budgétaire. Ils sont par ailleurs soumis à une pression concurrentielle croissante, à l'intérieur et à l'extérieur de l'Union, pour attirer ou retenir les ressources productives comme le capital et les ressources humaines et entrepreneuriales. Entre-temps, le contrôle de la monnaie unique a été confié à la Banque centrale européenne (BCE). Le cadre général d'un système fédéral (centralisation du contrôle monétaire et décentralisation de la souveraineté budgétaire et du pouvoir réglementaire) est donc désormais en place. Que l'institution d'un fédéralisme favorable au marché puisse permettre à ces règles de constituer un équilibre stable dépend largement du degré d'indépendance de la BCE dans son contrôle de l'offre de monnaie. Nous n'en connaissons pas encore l'issue, mais il vaut la peine de remarquer que la crainte d'une perte de contrôle de l'offre de monnaie a déjà imposé une certaine rigueur budgétaire à des pays membres comme l'Italie ou l'Espagne, considérés traditionnellement comme plutôt laxistes.

Le fédéralisme de style chinois (Montinola, Qian et Weingast, 1995 ; Jin, Qian et Weingast, 1999) est apparu suite à la décentralisation spontanée d'un pouvoir auparavant centralisé. Jusqu'en 1994, le gouvernement central ne disposait pas d'un système fiscal autonome et il dépendait de manière contractuelle des gouvernements provinciaux et locaux pour la fourniture de ses ressources. Ceux-ci jouissaient donc d'une certaine autonomie budgétaire, en dépit des tentatives sporadiques du gouvernement central pour leur imposer son contrôle. Cela donna lieu à un fédéralisme de facto. L'un des problèmes posés par la décentralisation spontanée était que les que les gouvernements provinciaux pouvaient former une collusion avec les fonctionnaires des branches provinciales de la banque centrale dans le but d'obtenir des crédits. La promulgation de la Loi sur la banque du peuple remédia à ce vide juridique en interdisant les prêts directs de la banque centrale aux gouvernements locaux. Cette politique est considérée à juste titre comme l'un des facteurs importants qui a permis de limiter l'inflation à partir de la seconde moitié des années 1990[13]. Quoique la question du financement des gouvernements locaux par le gouvernement central ne soit pas résolue, le rationnement croissant des ressources budgétaires au niveau central a eu pour effet de réduire l'aide financière attendue par les gouvernements locaux. Nous voyons au chapitre VIII.2. comment cette organisation spontanée d'un fédéralisme fiscal peut constituer un dispositif institutionnel crédible de resserrement de la contrainte budgétaire des entreprises publiques[14].

Il existe des différences importantes entre le système européen et le système chinois. Le premier s'est constitué en intégrant de manière intentionnelle des Etats démocratiques, alors que le second repose sur la décentralisation spontanée d'un Etat non représentatif, dominé par des bureaucrates communistes alliés à la classe ouvrière (qui en constitue le partenaire faible). La mobilité des ressources financières et humaines entre les provinces est fortement réglementée en Chine, ce qui n'est pas le cas dans les pays membres de l'UE. Par ailleurs, les normes sociales sont très diversifiées en Europe, car ses pays membres ont emprunté des sentiers de développement institutionnel différents. Il existe cependant une certaine proximité entre ces deux systèmes en ce qui concerne l'autonomie budgétaire des gouvernements de niveau inférieur (les gouvernements nationaux de l'UE et les gouvernements provinciaux et locaux en Chine). La question de savoir si ces systèmes iront jusqu'à institutionnaliser des Etats fédéraux favorables au marché dépend, entre autres, de la capacité des systèmes bancaires à acquérir suffisamment d'autonomie pour empêcher le gouvernement central et les gouvernements locaux d'assouplir leurs contraintes budgétaires par opportunisme politique.

(C) L'Etat promoteur

Dans certaines économies européennes et sud-états-uniennes, le corporatisme social-démocrate a constitué un équilibre stable du jeu politique pour sa capacité à s'adapter au défi lancé par l'importance croissante de la classe ouvrière[15]. En Asie du Sud et en Asie du Sud-Est, où les ouvriers n'ont pas constitué une classe dominante séparée de la paysannerie foncière, il s'est développé au XXe siècle une forme alternative de l'Etat ; elle a fait suite à une prise de conscience nouvelle de la nécessité du développement de la part de gouvernements relativement autonomes et cherchant à préserver et à étendre leur souveraineté nationale dans un contexte international spécifique[16]. Nous allons essayer de comprendre les principales caractéristiques de l'« Etat promoteur » et de clarifier les raisons pour lesquelles il peut constituer un équilibre stable de jeu lorsque le régime politique se caractérise par certaines propriétés particulières.

Dans la parabole de la section précédente, nous avons supposé que la structure des gains des agents privés était symétrique. En particulier, nous avons fait l'hypothèse que la transgression des droits de propriété d'un agent par le gouvernement, au-delà des limites autorisées par l'Etat minimal, imposait aux deux agents privés une perte d'efficacité identique. Modifions cette hypothèse et voyons ce que cela entraîne. Prenons l'Etat minimal comme point de repère, et considérons la possibilité que le gouvernement réalise les transferts monétaires suivants : au début de chaque période, le gouvernement taxe l'agent privé A (disons le secteur agricole) d'un montant supérieur à celui qui est requis par l'Etat minimal. L'impôt excédentaire t pourra être prélevé par imposition directe, par un impôt inflationniste ou par un contrôle des prix des produits agricoles vendus au gouvernement ; cet impôt engendre une perte d'efficacité Δ pour A et un coût $c(\tau)$ pour le gouvernement en raison du risque d'un conflit administratif et politique ($c(.)$) est une fonction croissante et convexe telle que $c(0) = c'(0) = 0$). Supposons qu'au début de chaque période le gouvernement opère un transfert monétaire s au bénéfice de l'agent B (le secteur industriel). Ce transfert peut être consommé ou servir de capital pour produite $s^{\alpha}e$ ($0 < \alpha < 1$) unités d'output à la fin de la période ; dans ce cas, il doit être combiné à un niveau d'effort e de la part de l'agent B, dont le coût est e^{β} ($1 < \beta$).

Supposons que le gouvernement ne puisse pas s'engager *ex ante* sur le montant des impôts de B. Il essaie au contraire de saisir autant d'output que possible à B, mais ne peut prélever, pour diverses raisons (surveillance imparfaite, faible pouvoir de négociations, coûts de transactions), qu'une proportion T de sa production totale. Si nous appelons δ le facteur d'escompte, la somme actualisée des gains nets liés à ce mécanisme à un coup est $\{\tau - c(\tau) + \delta T s^{\alpha} e - s$ pour le gouvernement, $-\tau - \Delta$ pour A et $\delta(1 - T)s^{\alpha}e - e^{\beta}$ pour B. L'agent B choisit le niveau d'effort qui maximise ses gains, c'est-à-dire qu'il fixe $e(s)$ tel que $e(s) = [\delta(1 - T)s^{\alpha}/\beta]^{1/(\beta - 1)}$. Pour tout T, qui représente le pouvoir de négociation et la technologie de contrôle du gouvernement, le gouvernement maximise son gain net du coût associé au risque de conflit politique avec l'agent A, et choisit $\tau = \tau^*$ et $s = s^*$ tels que $\tau^* = s^* = c'^{-1}(1)$. Nous qualifions le choix du couple (τ^*, s^*) par le gouvernement de stratégie de Nash statique. L'application de cette stratégie et les opportunités de croissance qu'elle offre à l'agent B ne signifient pas que l'état collusoire améliore l'efficacité de l'économie, car le prélèvement des richesses de A entraîne un coût de conflit politique $c(s^*)$ et une perte d'efficacité Δ. Par ailleurs, les capacités productives de B ne sont pas entièrement exploitées car le gouvernement peut le menacer de se saisir d'une proportion T de son output *ex post*. Dans cette situation, le niveau d'effort choisi par l'agent B sera inférieur au niveau optimal en information parfaite. Cela signifie que l'application statique de la stratégie de Nash peut empêcher l'Etat collusoire d'exploiter les opportunités de développement.

Voyons si le problème lié à la menace du gouvernement de saisir une partie des ressources de B, dès qu'on applique la stratégie statique de Nash, peut être résolu dans le cadre d'un jeu répété, même dans le cas où le niveau d'effort n'est pas vérifiable par un tribunal et ne peut donc être contractualisé. Supposons que les agents s'attendent à ce que le gouvernement reste au pouvoir indéfiniment et que celui ci annonce la politique de subventions suivante : il accorde une subvention à l'agent (le secteur) B et les impôts ne seront prélevés qu'en fin de période. Cependant, le renouvellement de la subvention à la période suivante est conditionnel au paiement des impôts $Ts^{*\alpha}e^{o}$ par B, où e^{o} est le niveau d'effort optimal en information parfaite, qui doit vérifier la condition $\delta s^{\alpha} = \beta[e^{o}]^{\beta - 1}$. Dans ce cas, si $\frac{1}{1-\delta}\left[\delta(1-T)s^{*\alpha}e^{0} - (e^{0})^{\beta}\right] > \delta(1-T)s^{*\alpha}e(s^{*}) - e(s^{*})^{\beta}$, c'est-à-dire si l'espérance de la somme actualisée des subventions nette du coût d'effort optimal en information parfaite (représenté par la partie gauche de l'inéquation) est supérieure au gain courant lié à l'effort moindre impliqué par la stratégie statique de Nash (partie droite de l'inéquation), alors la meilleure réponse de l'agent *B* consiste à continuer à fournir indéfiniment le niveau d'effort e^o. Il reste à savoir comment l'engagement du gouvernement à suivre cette politique contingente de subventions peut être rendu crédible. Même si le niveau d'effort de l'agent *B* est inférieur au niveau optimal en information parfaite, le gouvernement n'aurait-il pas intérêt à maintenir sa subvention si l'agent *B* renégociait ses engagements et promettait de verser dorénavant un impôt égal à celui de l'équilibre statique de Nash ? Si l'agent *B* n'est pas remplaçable, le gouvernement peut avoir intérêt à abandonner la politique qu'il a annoncée et à faire un compromis *ex post*. La menace de ne pas renouveler la subvention contingente n'est donc jamais crédible, de sorte que le résultat du jeu est toujours l'équilibre de Nash statique.

Supposons maintenant, en suivant ainsi Murdock (1996), que l'agent *B* représente le secteur des entreprises, composé d'une multitude d'industriels réels ou potentiels et que l'agent *A* représente le « secteur agricole » composé de paysans propriétaires. Par souci de simplicité, nous supposons également que le gouvernement distribue des subventions aux deux industriels censés être les plus productifs (ou les plus dignes de confiance). Imaginons par ailleurs que les deux industriels ne puissent coordonner leurs stratégies à l'égard du gouvernement. Celui-ci peut alors adopter la stratégie contingente de distribution de subventions suivante : si les deux industriels paient les impôts qui correspondent au niveau de production optimal en information parfaite, le gouvernement continuera à les subventionner. Si l'un des industriels fait défection, c'est-à-dire ne parvient pas à payer ce niveau d'imposition, le gouvernement cessera alors de le subventionner et le remplacera par un autre. Ce remplacement coûte *K* au gouvernement à cause de la faible productivité ou de la période d'apprentissage de la firme de remplacement, du coût d'ajustement politique qu'implique ce changement, ou pour toute autre raison. Si les deux industriels font défection en même temps, le gouvernement jouera alors la même stratégie statique de Nash à toutes les périodes futures. De leur côté, les deux industriels choisissent le niveau d'effort optimal en information parfaite tant que le gouvernement adopte la susdite stratégie et font défection dans le cas contraire. Comme nous l'avons vu, tant que la stratégie de sanction maximale consistant à supprimer la subvention est crédible, la meilleure réponse d'un industriel qui reçoit les subventions et n'a jamais fait défection est de produire le niveau d'output optimal en information parfaite. Nous devons donc seulement vérifier que la stratégie du gouvernement est compatible avec ses incitations. Appelons T_{cont} la valeur actualisée des revenus d'impôt que le gouvernement tire d'un niveau de production optimal en information parfaite, et T_{Nash} celui qu'il obtient s'il suit la stratégie de Nash statique. Supposons que l'un des industriels fasse défection. En appliquant la stratégie de sanction maximale, le gouvernement reçoit $2T_{\text{cont}}$ à toutes les échéances car l'industriel qui n'a pas fait défection et l'industriel de remplacement produisent tous deux le niveau d'output optimal en information parfaite. Dans le cas contraire, il ne reçoit que $2T_{\text{Nash}}$ à toutes les périodes futures car les deux industriels feront défection dans l'avenir s'ils ne subissent pas de sanction. Donc si $2(T_{\text{cont}} - T_{\text{Nash}}) > K$, la menace d'adopter la stratégie de sanction maximale est crédible, même si elle ne l'est pas lorsque $T_{\text{cont}} - T_{\text{Nash}} < K$ ou encore dans un jeu où les industriels pourraient se coaliser contre le gouvernement. Une autre condition importante au fonctionnement de la stratégie de subventions contingente est que le facteur d'escompte du secteur *B* soit suffisamment élevé pour que la dernière inégalité soit vérifiée. Si les industriels du secteur *B* pensent que le gouvernement a une courte durée de vie, ils peuvent avoir intérêt à se saisir de la subvention puis à fournir un niveau d'effort moindre par la suite.

Lorsque le gouvernement parvient à extraire des ressources du secteur agricole pour les transférer (de manière conditionnelle) aux industriels qu'il a sélectionnés et que cette politique de subvention permet de soutenir une forte croissance industrielle, nous appelons cet équilibre un *Etat promoteur favorable au marché*. Le terme d'« Etat promoteur » est en général utilisé pour désigner un gouvernement qui cherche à maximiser la croissance d'une économie en « gouvernant les marchés » (Wald, 1990). Ici, nous avons insisté sur le fait que le gouvernement pouvait modifier les incitations des industriels en distribuant aux entreprises sélectionnées des rentes conditionnelles (une rente de $\delta(1 - T)s^{*\alpha}e^{o} - e^{o\beta}$ lorsque l'effort fourni est $e = e^{o}$) à toutes les périodes (Murdock, 1996 ; Aoki *et al.*, 1997). Ces rentes ne sont pas versées de manière discrétionnaire ou selon un schéma pré-établi, mais distribuées conditionnellement à la performance des industriels. Cette caractéristique est analogue au système des brevets, qui rend la rente d'innovation des inventeurs conditionnelle à la réussite de la commercialisation de l'innovation.

Nous avons souligné que l'émergence d'un Etat promoteur dépendait de deux conditions importantes, et il est peut-être important d'y revenir. En premier lieu, les industriels doivent croire que la distribution de subventions contingentes constitue une politique de long terme du gouvernement qui en a la charge. En second lieu, il y a assez de concurrence entre les industriels pour permettre d'empêcher une possible collusion entre eux. L'Etat promoteur que nous avons présenté ci-dessus permet de rendre compte de certains aspects importants du rôle des gouvernements des pays d'Asie du Sud-Est dans ce qu'on a appelé le « miracle asiatique » (Aoki *et al.*, 1997). Dans ces économies, les agents considéraient que le gouvernement pratiquait des politiques de long terme ou que les bureaucrates qui le faisaient fonctionner survivaient à la disparition de leurs dirigeants politiques (que ceux-ci soient des dictateurs ou qu'ils soient démocratiquement élus). Selon moi, c'est la perception ou la croyance du monde des affaires dans la continuité des politiques publiques qui a donné de l'efficacité à la politique contingente de subventions et non la nature autoritaire des dirigeants politiques ou la collusion entre le gouvernement et les industriels. Partout où fonctionnait ce type de politique contingente de subventions, on se rend compte que le gouvernement favorisait la concurrence entre les industriels (c'était par exemple le cas en Corée du temps du Président Park).

On peut considérer que l'Etat promoteur dérive de l'Etat collusoire, en cela que la politique du gouvernement consiste à favoriser le développement du secteur *B* (le secteur des entreprises) au détriment du secteur *A* (l'agriculture) sur lequel sont prélevées les ressources. Bien que certains groupes d'industriels y soient subventionnés ou favorisés, l'Etat promoteur peut engendrer de la croissance industrielle si la sélection repose sur des critères de compétitivité. Lorsque ce critère n'est pas respecté, du fait d'une collusion archaïque avec certains industriels ou de l'incompétence et du népotisme du gouvernement face au comportement opportuniste des industriels, l'Etat promoteur est voué à dégénérer en Etat collusoire (ce que l'on appelle le « capitalisme de copinage », *crony capitalism*). Ce critère de compétitivité peut être difficile à appliquer ou à rendre exécutoire lorsque les entreprises subventionnées deviennent trop importantes pour que le gouvernement puisse les remplacer facilement. En ce sens, on peut dire que l'Etat promoteur porte en lui les germes de sa destruction.

Une économie sous-développée ne peut commencer à accumuler du capital qu'en tirant des ressources du secteur agricole traditionnel, sauf dans le cas improbable ou ses investissements seraient entièrement financés par le reste du monde (et même dans ce cas, la dette extérieure doit être entièrement financée par l'épargne future, de sorte qu'à long terme les flux nets de capitaux soient nuls). Ce transfert inter-sectoriel doit se poursuivre jusqu'à ce que le secteur industriel urbain soit assez développé pour financer lui-même ses investissements.

Une étude récente de Juro Teranishi (1997) portant sur la période 1960-1984 montre que les économies d'Amérique latine et les économies d'Afrique subsaharienne d'une part, les économies d'Asie du Sud-Est (Corée, Malaisie, Philippines, Thaïlande) d'autre part, s'appuyaient toutes sur un transfert important de ressources du secteur agricole sous la forme d'impôts directs et indirects ou d'une surévaluation de la monnaie locale[17]. Cependant, ce prélèvement soutenu de richesses faisait courir au gouvernement le risque d'un conflit politique avec les agriculteurs et les paysans. Dans ce cas, le gouvernement peut essayer de désamorcer le conflit en rétrocédant au secteur rural une portion du rendement $T_{\text{cont}} - T_{\text{Nash}}$ lié au développement, à titre de compensation *ex post* pour le prélèvement initial de ressources. La manière dont cette compensation a été versée est totalement différente selon le type d'économie[18]. En Amérique latine et en Afrique, les gouvernements ont récompensé certains groupes du secteur rural (les propriétaires terriens en Amérique latine, les groupes ethniques politiquement influents en Afrique) en leur distribuant des biens privés, comme des subventions à l'investissement, des engrais, etc. A l'inverse, les gouvernements asiatiques ont donné au monde rural des infrastructures collectives comme les systèmes d'irrigation ou les infrastructures de transport. Les zones rurales d'Asie du Sud-Est sont peuplées d'une quantité de petits paysans indépendants. Les gouvernements pouvaient donc valoriser leurs intérêts en leur distribuant des biens publics. Cette politique, combinée à l'émigration progressive de la jeune génération vers le secteur industriel, a eu pour effet d'augmenter de manière régulière et universelle le niveau de revenus des agriculteurs du secteur rural, même si celui-ci n'a pas atteint le niveau de développement du secteur industriel. La croissance du revenu dans le secteur agricole a ensuite étendu le marché des produits industriels. En vendant leur production sur les marchés nationaux et en tenant compte de la réaction de leurs utilisateurs à la qualité des produits, les industriels ont pu accumuler les compétences de production industrielle (apprentissage par la pratique) qui leur ont permis d'être compétitifs sur les marchés internationaux. C'est le cercle vertueux du *développementalisme prenant en compte les zones rurales*[19].

Ce cercle vertueux peut ne pas être durable lorsque le prélèvement des ressources du secteur agricole devient politiquement ou économiquement plus difficile. La collusion entre le gouvernement et l'industrie doit alors s'appuyer davantage sur des ressources externes (les entrées de capitaux) pour soutenir son développement, à moins qu'elle ne soit capable d'en assurer elle-même le financement. L'Etat promoteur devient alors vulnérable aux chocs externes qui affectent l'offre de capitaux. Lorsque la crédibilité du gouvernement est mise en doute ou que les marchés internationaux de capitaux commencent à penser que l'économie investit au-delà de ses capacités réelles, l'offre externe de ressources de développement peut tarir et menacer la valeur externe de la monnaie. C'est effectivement ce qui s'est produit dans certains Etats promoteurs d'Asie de l'Est à la fin des années 1990 (voir le chapitre XII pour une étude plus approfondie).

(D) Micro-corporatisme et Etat pluraliste

Nous avons vu plus haut dans ce chapitre qu'un domaine politique dominé par des joueurs symétriques était théoriquement le plus favorable à l'émergence d'un Etat démocratique fondé sur l'autorité du droit. Autrement lorsque les travailleurs, en tant que propriétaires d'actifs humains négociables, essaient de défendre et de préserver leurs droits économiques en utilisant leur propres organisations (syndicats industriels et parti travailliste), ils peuvent favoriser le développement du corporatisme national. Nous avons pourtant vu au chapitre V que les actifs humains mobiles n'étaient pas nécessairement soumis au développement de marchés concurrentiels ; il existe une alternative, à savoir une convention organisationnelle (les hiérarchies horizontales) fondée sur les actifs humains contextualisés des travailleurs. L'individu qui détient des actifs humains contextualisés ne pourra se déplacer aussi facilement d'une entreprise à l'autre que celui qui détient des actifs humains individualisés et s'est donc spécialisé dans une certaine fonction (chapitre V). Au lieu de s'organiser en syndicats industriels selon la nature de la compétence qu'ils ont à négocier, les agents qui détiennent des actifs humains contextualisés peuvent considérer que leurs droits économiques et leurs intérêts sont mieux défendus par la firme qui les emploie. De leur côté, les propriétaires « légaux » des firmes, c'est-à-dire ceux qui en fournissent les capitaux, peuvent avoir intérêt à partager les rendements organisationnels de l'entreprise avec les travailleurs qui possèdent des actifs humains spécifiques à l'organisation.

La convention constituée par les hiérarchies horizontales peut donc donner lieu à des coalitions (ou des organisations) segmentées composées des propriétaires des capitaux financiers de la firme et des détenteurs d'actifs humains spécifiques à la firme[20]. Dans ces organisations coalisées, on attend essentiellement de la direction qu'elle équilibre les intérêts des corps constituants de la coalition lorsqu'elle prend des décisions stratégiques et répartit le revenu interne de l'entreprise (lorsqu'elle fixe les salaires, le taux de distribution des dividendes, le taux de rétention des bénéfices, etc). Dans le domaine organisationnel en question, cela revient à trouver un équilibre de négociation auto-exécutoire et à en faire un point focal du jeu. Nous appelons cet équilibre organisationnel *micro-corporatisme*, pour le différencier du corporatisme national

(Aoki, 1984, 1988). Les ouvriers deviennent alors des membres de l'entreprises (des « parties prenantes ») et non des « citoyens industriels » comme c'est le cas dans le corporatisme national (Marshall, 1964 ; Streeck, 1996).

Le micro-corporatisme attribue à la direction de l'entreprise une autre fonction importante, celle de représenter et de promouvoir, chaque fois que c'est possible, les intérêts de ses parties prenantes (sécurité de l'emploi, augmentation de la valeur des actifs de l'entreprise, réduction fiscale et obtention de subventions) face au gouvernement et aux autres groupes d'intérêts. Cependant, comme les entreprises qui se trouvent sur les mêmes marchés sont interchangeables, leur pouvoir de négociation est assez faible si elles agissent de manière individuelle. Elles peuvent donc avoir intérêt à former dans le domaine politique une association industrielle les rassemblant toutes et ayant pour objet de représenter leurs intérêts industriels communs. Cependant, à la différence de leurs homologues des Etats corporatistes nationaux, les association industrielles du micro-corporatisme ne sont pas chargées de défendre les intérêts des propriétaires face aux syndicats industriels. Elles forment plutôt la superstructure du micro-corporatisme qui se pratique au niveau des firmes et une de leurs fonctions essentielles est de protéger les emplois de l'industrie, avec l'aide du gouvernement si nécessaire. Lorsque la bureaucratie permanente (c'est-à-dire gérée par des bureaucrates professionnels nommés à vie) garde une place dans l'organisation du gouvernement, comme c'est le cas au Japon, les associations industrielles sont tentées de s'allier à certaines administrations et réciproquement. En formulant les demandes de politiques publiques provenant de son domaine de juridiction et en les relayant au sein du processus administratif, une administration peut se rendre de plus en plus indispensable. Cela entraîne souvent de la concurrence, de la rivalité et des négociations entre les différentes administrations.

Ce type de collusions segmentées entre intérêts industriels, hommes politiques et administrations, souvent qualifié pour cette raison de « triangle de fer », s'est développé au Japon dans les années 1950. On peut considérer qu'il constituait une variante de l'Etat promoteur. Cependant, cette collusion exclusive n'a pas pu perdurer très longtemps dans un cadre constitutionnel reposant sur un système de représentation démocratique. Les groupes désavantagés et les organisations représentant les industries les moins productives (comme les coopératives agricoles, les chambres de commerce locales défendant les propriétaires de petits magasins, les organisations locales d'entrepreneurs en bâtiment, les organisations de retraités) ont cherché à faire valoir leurs intérêts dans le domaine politique. Les hommes politiques, pour gagner des partisans, cherchaient à étendre leurs domaines d'influence, en relayant et en poussant au sein du processus administratif les intérêts qu'ils défendaient. Les différentes administrations servaient de porte d'entrée aux intérêts sectoriels, qui trouvaient ainsi leur place dans le processus administratif[21].

Nous qualifions de *pluralisme administratif*[22] cette représentation des groupes d'intérêts sectoriels par une multitude de coalitions entre les administrations (les ministères), les groupes d'intérêts et les hommes politiques, associée à une médiation des intérêts des différents groupes au sein du processus politico-administratif. Le pluralisme administratif ne constitue pas un état défini et imposé par une règle constitutionnelle formelle, mais un résultat d'équilibre soutenu et reproduit par les pratiques de négociations qui se déroulent dans le domaine politique et qui sont structurées hiérarchiquement dans le cadre constitutionnel d'un système de représentation démocratique. A l'étage inférieur, il y a une communication et une négociation permanentes entre les administrations d'une part, et les associations industrielles ou les organisations représentant les intérêts sectoriels d'autre part. A l'étage supérieur, on trouve une négociation multilatérale entre les administrations (les ministères), arbitrée par le parti au pouvoir et par une administration de coordination (de ce point de vue, les administrations qui ont le pouvoir de décider des affectations budgétaires sont particulièrement importantes)[23]. Les administrations se situent donc aux points nodaux d'une négociation sociale à deux étages. Cette structure donne aux administrations un air de Janus (Aoki, 1988). A l'étage supérieur, celui de la négociation interministérielle, les administrations sont contraintes par les intérêts de leur domaine de juridiction. A l'étage inférieur, celui de la négociation avec les organisations, elles sont contraintes par les lignes budgétaires et les autres ressources administratives qu'elles parviennent à mobiliser dans le processus de concurrence entre les administrations, ainsi que par leur survie organisationnelle.

Remarquons cependant que l'Etat pluraliste japonais est enchâssé dans un système représentatif formé du corps législatif et du gouvernement. Bien que les électeurs ne puissent remplacer immédiatement les membres de la bureaucratie permanente, les hommes politiques sont soumis au contrôle du système de représentation. En dernier ressort, la bureaucratie est donc sous le contrôle indirect des électeurs. La bureaucratie est également soumise à un contrôle public, au sens où une politique ou un comportement bureaucratique qui serait perçu comme contraire à l'intérêt public pourrait affaiblir sa légitimité et compromettre sa survie[24]. Cependant, tant que la médiation des intérêts par le processus administratif produit un rendement social stable, le système représentatif ne jouera dans l'Etat qu'un rôle secondaire de contrôle direct et d'équilibrage (au Japon, la domination prolongée d'un seul et même parti politique en est le signe). Ce n'est que lorsqu'un conflit interne non résolu par le processus administratif conventionnel devient évident que l'équilibre des pouvoirs se modifie de manière significative ou que le public se manifeste par le biais du processus de représentation ; dans ce cas, les poids politiques accordés aux différents intérêts se modifient de manière substantielle afin de restaurer la stabilité[25]. Les conditions d'une telle agitation et la manière dont elle est résolue dépendent fortement du contexte. Nous abordons cette question dans le cas d'une affaire récente au Japon au chapitre XIII.

Le pluralisme administratif constitue un mécanisme de réarrangement et de protection de l'ordre des droits de propriété par la négociation politique (l'élaboration d'un consensus). De ce point de vue, il partage certaines caractéristiques du corporatisme national, ce qui les différencient tous deux de l'Etat démocratique libéral représentatif. Au sein de l'Etat démocratique libéral, les arrangements du droit de propriété sont essentiellement soumis à la discipline de marché, même lorsque les résultats des marchés sont modifiés par les impôts ou les subventions alors que le fonctionnement des marchés y est souvent déréglementé suite à la pression de certains groupes d'intérêt. Dans le corporatisme national, le gouvernement délègue aux organisations qui représentent les deux côtés du marché du travail la tâche de trouver une solution négociée. Dans le cadre du pluralisme administratif, la concurrence sur le marché des produits s'accompagne d'une négociation sociale à l'intérieur du processus administratif. Comme nous l'avons dit, ce mécanisme repose sur des associations industrielles et sectorielles organisées sur le principe d'une participation universelle et d'une prise de décision collective dans les différents marchés. L'agrégation des intérêts sectoriels par ces organisations tend à rendre le système égalitaire et les groupes d'intérêts les moins avantagés y imposent fréquemment leur veto[26]. Un échec des négociations entre les administrations conduit au *statu quo*, ce qui protège les intérêts de chacun. Lorsque les hommes politiques interviennent dans le processus administratif qui arbitre entre les différents intérêts, ils tendent à accorder plus d'importance aux exigences des groupes d'intérêts les moins productifs et donc les plus cohérents et les plus agressifs dans leur recherche de soutien politique, qu'ils obtiennent en échange de leur vote (c'est le cas par exemple des coopératives agricoles, des entrepreneurs du bâtiment et des différentes associations industrielles financières). Le résultat de la négociation sociale au sein du pluralisme administratif est donc « égalitaire » en même temps qu'il restreint les relations de marché.

La figure 6.2. résume les idées présentées dans ce chapitre. La dimension horizontale détaille la manière dont les agents privés contrôlent le gouvernement. A l'extrême droite, ne sont plus présents dans le domaine politique que les propriétaires fonciers, alors qu'à l'extrême gauche ils en sont totalement exclus. Au milieu, les intérêts des propriétaires fonciers et ceux des ouvriers sont tous deux représentés. Le domaine du milieu est à son tour subdivisé en deux classes selon que la représentation des intérêts des ouvriers est soumise à la discipline du marché ou bien véhiculée par des organisations comme les syndicats industriels, les organisations nationales du travail, ou des associations industrielles lorsque leurs intérêts sont défendus par les firmes qui les emploient.

Figure 6.2
Types d'Etat

Domaine / Mécanisme	Exclusion des propriétaires privés	Représentation du travail par une organisation	Travail soumis à la discipline de marché	Propriétaires privés exclusivement
droit			Démocratie libérale	Glorieuse Révolution
		Démocratie à deux partis		
délégation de pouvoirs réglementaires		corporatisme social-compact		
collusion (représentative)		pluralisme administratif		
			collusion périodique	Etat promoteur
(non représentative)	communisme			

La dimension verticale distingue les mécanismes qui sont mobilisés, à savoir le droit, les réglementations corporatistes habilitées par le gouvernement ou les Etats collusoires/coalisés. Les Etats collusoires/coalisés sont à leur tour séparés en deux catégories, selon qu'ils sont enchâssés dans un système de représentation ou non et selon le degré d'inclusion des collusions (ou coalitions) qui s'y développent. D'un point de vue informationnel, l'ordre vertical renvoie à peu près au degré d'universalité/particularité ou de formalité/contextualité des codes (des langages) qui sont utilisés dans la communication entre le gouvernement et les agents privés. L'Etat démocratique libéral, qui s'appuie sur l'autorité du droit, applique en principe les mêmes codes (les lois) à tous les agents privés et se situe donc en haut de la figure. Dans l'Etat démocratique représentatif à deux partis, les politiques publiques peuvent être influencées par les groupes d'intérêts qui se coalisent avec le parti au pouvoir ; elles peuvent donc être moins universelles que celles qui prévalent dans l'Etat démocratique libéral. Au sein du corporatisme national, les organisations à la tête des différents marchés négocient des accords formels qui ne s'appliquent qu'aux domaines concernés et qui se superposent au droit (dont les effets couvrent l'ensemble de l'économie). Le pluralisme administratif permet la médiation des différents intérêts par la négociation contextuelle et s'appuie donc davantage sur des codes spécifiques aux intérêts impliqués (c'est ce qu'on appelle au Japon la « direction administrative informelle des ministères »)[27]. A mesure qu'il gagne en maturité, le pluralisme administratif tend néanmoins à s'appuyer davantage sur des règles formelles que sur la liberté de décision. On peut citer comme exemple d'Etat collusoire cyclique le cas des pays d'Amérique latine : jusque dans les années 1970, certains se caractérisaient par l'alternance entre un corporatisme national populiste allié aux organisations syndicales et une dictature militaire alliée aux propriétaires fonciers. Leur autorité s'exerçait de manière plus ou moins discrétionnaire. On peut considérer l'Etat communiste comme un Etat dans lequel les bureaucrates du parti dominant forment une collusion souple avec la classe ouvrière, à laquelle il garantit la sécurité de l'emploi et une certaine protection sociale, tout en cherchant à se faire des rentes en refusant au reste de la population d'accéder à la propriété privée des actifs productifs. L'Etat prédateur, qui commande aux agents privés de manière discrétionnaire et *ad hoc*, se situe à l'extérieur de la figure.

D'un point de vue théorique, l'Etat démocratique libéral fondé sur l'autorité du droit est celui qui s'adapte le mieux au développement des marchés mondiaux. Par exemple, les joueurs qui pénètrent de l'extérieur le domaine de juridiction d'un marché national peuvent espérer ne pas subir de discrimination de la part du gouvernement. La portée des réglementations est donc ouverte. En revanche, les Etats qui ne sont pas libéraux sont confrontés à toutes sortes de dilemmes lorsque les domaines économiques qui tombent sous leur juridiction s'ouvrent à l'extérieur. Même l'Etat démocratique représentatif à deux partis peut avoir une certaine tendance au protectionnisme et à la préservation des intérêts nationaux de certaines entreprises, de syndicats ou des alliances qui les réunissent. Nous avons déjà fait allusion au fait que le cercle vertueux du développementalisme qui accorde aussi une place à l'agriculture porte les germes d'une crise lorsque le gouvernement commence à s'appuyer davantage sur des ressources externes (les entrées de capitaux) pour financer le développement de l'économie. La médiation corporatiste des intérêts réduit la concurrence sur les marchés nationaux. En revanche, la mobilité internationale des ressources financières, humaines et organisationnelles fait que les résultats de négociations nationales peuvent être anéantis par une sortie de ressources. Certains avancent donc que la mobilité internationale des ressources tend à compromettre la viabilité de l'Etat corporatiste socialement compact. La protection des intérêts constitués par le pluralisme administratif peut également empêcher les restructurations industrielles nécessaires à l'exploitation des opportunités économiques ouvertes par l'intégration des marchés internationaux. Les firmes concurrentielles peuvent ne pas avoir besoin de la protection du pluralisme administratif et essayer de s'en détacher, mais être forcées de supporter une portion significative des coûts de redistribution impliqués par la tendance égalitaire de l'Etat pluraliste. Les firmes compétitives adoptent donc une attitude de plus en plus ambivalente à l'égard du pluralisme administratif, alors que les secteurs les moins productifs recherchent de plus en plus sa protection.

Nous devons étudier les questions que le nouvel environnement international pose à ces formes d'Etat : celles-ci doivent-elles être complètement redéfinies ou réorientées vers l'Etat démocratique libéral ? Il s'agit là d'une question complexe dont la réponse est intéressante. Elle suppose un certain travail analytique préparatoire, notamment une analyse des mécanismes du changement institutionnel et des interdépendances entre les Etats et les arrangements institutionnels du secteur privé. Nous étudions donc cette question dans le dernier chapitre.

DEUXIEME PARTIE

UN CADRE DE THEORIE DES JEUX POUR UNE ANALYSE INSTITUTIONNALISTE

La première partie était consacrée aux différentes proto-institutions résultant des interactions stratégiques entre les agents au sein de domaines primitifs. Il peut donc y avoir plusieurs variétés d'institutions plutôt qu'un modèle idéal par domaine. Cela n'implique pas que l'on doive s'appuyer sur des logiques séparées ou des langages distincts pour expliquer l'émergence et la persistance des différentes institutions, ni que celles-ci puissent être facilement construites, détruites et reconstruites selon la volonté des agents. Nous essayons, dans la partie qui va suivre, d'élaborer un cadre analytique et conceptuel unifié destiné à comprendre l'émergence, la persistance et les transformations des institutions.

Nous commençons par définir de manière précise les institutions en termes de croyances partagées/représentation synthétique d'équilibre que nous avons proposée au chapitre premier. Nous analysons ensuite comment les institutions sont liées entre elles par-delà les spécialisations et le temps, ainsi que la manière dont elles réunissent les différents domaines de l'économie pour en faire un ensemble intégré. Nous illustrerons ces discussions logiques par un certain nombre d'exemples tirés de la littérature, ainsi que par certaines questions institutionnelles qui seront analysées plus en détail dans la troisième partie.

L'approche par la théorie des jeux permet, en raison de sa rigueur et de sa clarté analytiques, de conceptualiser les institutions de manière très précise. Elle peut néanmoins faire obstacle à l'analyse de la structure diachronique du changement institutionnel. Si les agents connaissaient *a priori* l'ensemble des choix possibles et se comportaient en conséquence, ou si par chance ou par accident ils finissaient par découvrir toutes les possibilités de choix significatives, ils pourraient découvrir le meilleur arrangement institutionnel possible. Celui-ci ne pourrait alors être modifié que par une technologie nouvelle, un changement des préférences ou quelque autre facteur exogène. Bien qu'elle soit proche de la conception idéalisée du monde à laquelle sont habitués les économistes, cette représentation du changement institutionnel semble assez mécanique. L'évolution institutionnelle ne peut-elle pas, au contraire, se caractériser par des innovations ou des régressions qui lui sont propres ? Dans cette partie, nous avançons que les agents élaborent des conceptions subjectives condensées de la structure du jeu auquel ils participent, les modèles de jeu subjectifs, et qu'ils les révisent de manière interactive et nouvelle lorsqu'ils font face à des chocs extérieurs importants, des crises cognitives ou des impasses engendrées de manière endogène par la dynamique interne du jeu objectif. Nous analysons ensuite les mécanismes par lesquels les expérimentations individuelles, les révisions subjectives et décentralisées des croyances ainsi que les dispositifs de politique économique peuvent déclencher un changement systémique des croyances des agents, c'est-à-dire un changement institutionnel. Le processus d'évolution institutionnelle forme ainsi un équilibre ponctué dépendant de son histoire et ouvert à la nouveauté, un équilibre qui mélange persistance et points critiques.

CHAPITRE VII

Une conception des institutions en termes de théorie des jeux

> « Considérons la base physique d'une économie sociale (ou, selon une vision plus large, d'une société) comme donnée. La tradition et l'expérience nous indiquent que les êtres humains ont une manière caractéristique de s'ajuster à cette base. Elle consiste à ne pas s'appuyer sur un seul système rigide de compartimentation, c'est-à-dire d'imputation, mais plutôt sur une variété de choix, qui auront en commun certains principes généraux mais qui sont néanmoins différents à de nombreux égards. Ce système d'imputations définit l'ordre établi de la société, ou encore le standard de comportement accepté ».
>
> John von Neumann et Oskar Morgenstern,
> *Theory of Games and Economic Behavior* (1945).

Commençons par rappeler la représentation des institutions en termes de croyance partagée ou de représentation synthétique d'équilibre que nous avons proposée au premier chapitre :

Une institution est un système auto-entretenu de croyances partagées sur la manière dont le jeu est joué. Sa substance est une représentation synthétique des propriétés saillantes et invariantes d'un sentier d'équilibre particulier, que presque tous les agents du domaine considèrent comme important du point de vue de leurs choix stratégiques individuels et qui est à son tour reproduit par leurs choix effectifs dans un environnement en continuelle évolution.

Comme nous l'avons précisé dans le premier chapitre, cette conception des institutions suppose cinq caractéristiques implicites :

1) *endogénéité*, 2) *condensation de l'information* ou *représentation synthétique*, 3) *robustesse* ou *durabilité* par rapport aux évolutions continuelles de l'environnement et aux déviances mineures des agents vis-à-vis des règles impliquées, 4) pertinence *universelle* pour tous les agents d'un même domaine et 5) *multiplicité*. Ce chapitre propose une définition formelle des institutions qui prend en compte toutes ces caractéristiques à la fois et discute de leur rapport avec le rôle des institutions. La raison pour laquelle nous développons une définition formelle des institutions n'est pourtant pas purement conceptuelle. Comme nous allons le voir dans les chapitres qui suivent, une définition de ce type facilite l'analyse de la nature des relations synchroniques et diachroniques que les institutions entretiennent entre elles.

Afin de préparer le lecteur à la formalisation des institutions en termes de croyances partagées/représentation synthétique d'équilibre, la première section introduit les notations et le cadre général qui permettent de décrire la structure objective des interactions stratégiques entre les agents prenant part au jeu répété. Elle montre également pourquoi les deux approches de la théorie des jeux (l'approche classique et l'approche évolutionnaire) permettent, par leur complémentarité, de développer un concept d'équilibre approprié. Les lecteurs qui connaissent la théorie des jeux peuvent sauter cette section (à l'exception de la sous-section introductive) sans perdre le fil de l'argumentation. La section VII. 2. constitue la partie essentielle du chapitre. Elle propose une définition formelle, fondée sur la théorie des jeux, des institutions en termes de croyance partagée/représentation synthétique d'équilibre, et l'illustre par des exemples tirés de la première partie. La troisième section discute des relations d'interaction et de rétroaction à l'œuvre entre les institutions (la variable endogène) et les règles exogènes du jeu du domaine ; elle constitue également une introduction aux thèmes qui sont abordés dans la suite de cette partie.

VII. 1. REGLES EXOGENES DU JEU ET REGLES ENDOGENES DE CHOIX D'ACTION

(A) Un cadre générique de forme de jeu

Nous considérons que les *domaines* d'une économie constituent les unités d'analyse. Un domaine est formé d'un ensemble d'agents (individus ou organisations) en nombre fini, que l'on appelle « joueurs » et des ensembles de toutes les actions techniquement réalisables par chacun des agents. Le temps est subdivisé en une suite infinie de périodes indexées par *t*, au cours desquelles les agents choisissent et mettent en œuvre leurs actions. Nous supposons ici que les caractéristiques du domaine ne varient pas dans le temps. Nous appelons « profil d'action » la combinaison des actions de tous les agents à une certaine période et « état (interne) du domaine » le profil d'action qui se réalise effectivement. Les données qui caractérisent le domaine sont constituées de l'ensemble des conséquences physiques (techniquement possibles) des profils d'actions ayant un effet sur le bien-être des agents ainsi que des relations technologiques qui attribuent une conséquence à chaque profil d'action techniquement réalisable.

Nous introduisons maintenant les notations suivantes :

$\mathcal{N} = \{1,2,...n\}$ constitue l'ensemble des agents,

$\mathcal{A}_i = \{a_i\}$ est l'ensemble de toutes les actions techniquement réalisables par l'agent i ($i \in \mathcal{N}$),

$\mathcal{A} = \times_i \mathcal{A}_i = \{\boldsymbol{a}\} = \{a_1,...a_i,...a_n\}$ est l'ensemble de tous les profils d'action techniquement réalisables,

$\Omega = \{\omega\}$ est l'ensemble de toutes les conséquences physiques observables possibles,

$\varphi: \mathcal{A} \rightarrow \Omega$ est la fonction de conséquence qui à chaque $\boldsymbol{a}$ de $\mathcal{A}$ attribue $\omega = \varphi(\boldsymbol{a})$ dans Ω.

Nous appelons *forme du jeu* le triplet $\mathcal{N}$, $\mathcal{A}$, φ composé de l'ensemble des agents, des ensembles de toutes les actions techniquement réalisables par chaque agent et de la fonction de conséquence[1]. Il est important de remarquer que les ensembles d'action des agents comprennent *toutes* les actions techniquement réalisables, y compris celles que des dispositifs créés par les agents eux-mêmes pourraient exclure. Les actions effectives des agents ne sont pas nécessairement observables par les autres, mais nous supposons que leurs conséquences le sont. La fonction de conséquence définit les *règles exogènes* du jeu. Sa forme dépend d'un ensemble de paramètres qui représentent l'état de l'environnement du domaine. Ces paramètres peuvent dépendre de l'état de la technologie, des dotations initiales en ressources, ainsi que des états (d'équilibre) d'autres domaines de l'économie, c'est-à-dire l'environnement institutionnel. Pour l'instant, nous faisons l'hypothèse que l'environnement du domaine est stationnaire. Nous analysons l'environnement institutionnel de manière explicite au chapitre suivant et nous nous concentrons ici sur la définition des institutions. Nous faisons donc comme si les règles exogènes du jeu étaient entièrement déterminées par la technologie.

Supposons qu'à chaque période les agents choisissent une action en appliquant une *règle de choix d'action* privée $s_i : \Omega \rightarrow \mathcal{A}_i \ (i \in \mathcal{N})$ telle que :

$$a_i(t+1) = s_i(\omega(t)) \text{ pour tout } i.$$

Cela signifie que les agents choisissent, à chaque période, une action qui dépend de la conséquence observable du profil d'action de la période précédente[2]. Pour le moment, nous considérons le contenu de cette règle comme une boîte noire. On peut imaginer qu'elle renvoie implicitement à l'adaptation des agents aux anticipations qu'ils font du comportement des autres suite à l'observation des conséquences du jeu ou qu'elle représente le plan complet contingent qu'un agent a construit par un raisonnement *a priori* sur la base des paramètres qui définissent l'environnement. Nous examinons ces cas particuliers dans les deux sous-sections qui suivent.

Les règles d'action et la fonction de conséquence définissent ensuite la transition de l'état interne du domaine d'une période à l'autre :

$$\boldsymbol{a}(t+1) = \boldsymbol{s}(\varphi(\boldsymbol{a}(t)) = F(\boldsymbol{a}(t)) \text{ quel que soit } t$$

où $F: \mathcal{A} \rightarrow \mathcal{A}$ est la *fonction de transition*. Lorsque l'état interne est stabilisé, c'est-à-dire lorsque $\boldsymbol{a}(t) = \boldsymbol{a}(t+1) = \boldsymbol{a}(t+2) = ... \boldsymbol{a}^*$ avec $\boldsymbol{a}^* = F(\boldsymbol{a}^*)$, nous disons qu'il est dans un équilibre stationnaire et nous l'écrivons $\boldsymbol{a}^*$[3]. Comment le domaine s'équilibre-t-il ? Cela dépend évidemment des règles de choix d'action des agents individuels que nous n'avons pas encore précisées.

Nous supposons que les agents déterminent leurs actions de manière à maximiser leur gain (sur plusieurs périodes), même si leurs capacités à atteindre ce but sont limitées. Un agent se caractérise par une fonction d'utilité u_i définie sur l'espace des conséquences et par un taux d'escompte d (qui peut éventuellement être nul, auquel cas l'agent est complètement myope). Chaque agent doit anticiper les règles de choix d'action des autres pour prévoir les conséquences de son propre choix, pour le présent comme éventuellement pour l'avenir. L'agent est ensuite en mesure, compte tenu de cette anticipation, de choisir soit la stratégie qui lui paraît la meilleure à chaque période, soit la meilleure règle de choix une fois pour toutes.

La figure 7.1. expose la structure du jeu du point de vue des agents qui y participent. La colonne de droite représente les données, c'est-à-dire les règles du jeu que l'agent considère comme exogènes et la colonne de droite ses variables de choix. La première ligne renvoie à la dimension « micro » propre aux choix de tel agent en particulier et la seconde à la dimension « macro » des contraintes externes qui s'imposent à lui. La case (*CO*) rend compte de l'effet de l'environnement sur les conséquences du profil d'action choisi par les agents, qui sont déterminées par la fonction de conséquence. La case (*A*) fait référence à l'ensemble des choix d'action à la disposition de l'agent. La case (*S*) représente le choix stratégique d'une action (d'un plan) par l'agent, en fonction de son anticipation des choix stratégiques des autres, qui sont inscrits dans la case (*E*). Cette représentation, le tableau de Coase, est utile tout au long de la seconde partie pour faciliter la compréhension de démonstrations parfois complexes.

Figure 7.1.
La représentation d'une structure générique de jeu selon le tableau de Coase

	données paramétriques (Règles exogènes du jeu)	**variables endogènes**
interne à l'agent (micro)	(*A*) ensembles des actions réalisables	(*S*) choix stratégique d'une action (plan)
contraintes externes (macro)	(*CO*) fonction de conséquence	(*E*) anticipation des choix d'action des autres

Voyons maintenant deux mécanismes qui permettent, dans ce cadre général, de déduire l'équilibre stationnaire d'un domaine.

(B) Equilibre parfait en sous-jeu et croyances crédibles[4]

Supposons d'abord que le facteur d'actualisation de l'agent est égal à zéro, de sorte que celui-ci ne considère que la période en cours et fait ses choix de manière complètement myope. Par convention, appelons $\mathcal{A}_{-i}$ le profil d'action annulant l'action de l'agent *i* et $\boldsymbol{a}_{-i} \in \mathcal{A}_{-i}$ l'anticipation par l'agent *i* des choix de stratégie des autres agents ($i \in \mathcal{N}$). Nous supposons que les anticipations des agents concernant les choix stratégiques des autres agents à une période sont compatibles avec leurs choix effectifs, et qu'à cette période chaque agent choisit la stratégie de meilleure réponse compte tenu de ces anticipations. En d'autres termes, il existe $\boldsymbol{a}^N \in \mathcal{A}$ tel que

$$\alpha_{-i} = \boldsymbol{a}_{-i}^N,$$

$$a_i^N \in \underset{\alpha_i \in \mathcal{A}_i}{\operatorname{argmax}}\, u_i\left(\phi\left(a_i, \alpha_{-i}\right)\right) \text{ pour tout } i.$$

Nous disons alors que le profil d'action $\boldsymbol{a}^N$ constitue un *équilibre de Nash statique*. Au cours de la première partie, nous avons vu à plusieurs reprises qu'une suite formée d'équilibres de Nash statiques $\boldsymbol{a}(t) = \boldsymbol{a}(t+1) = \boldsymbol{a}(t+2) = ... = \boldsymbol{a}^N$ pouvait constituer un équilibre de l'état interne du domaine (un résultat d'équilibre). Il ne constitue pourtant pas nécessairement un « bon » équilibre. Dans le modèle du jeu de l'irrigation du chapitre II.2., l'équilibre où tous les agents jouaient {Faire défection, Faire défection,...} était un exemple de « mauvais » équilibre.

Supposons maintenant que les agents disposent d'une certaine capacité de prévision et qu'ils actualisent les gains futurs au taux $\delta > 0$. Les agents doivent alors prendre en compte l'effet de leurs choix d'action présents sur leurs gains futurs, qui dépendent de la réaction des autres et coordonner leurs propres choix d'action sur plusieurs périodes. Supposons que chaque agent élabore un plan qui précise de manière exhaustive ses choix d'action futurs en fonction de l'évolution de l'état du domaine. Par souci de simplicité, nous supposons que $\Omega = \mathcal{A}$ et que $\omega(t) = \boldsymbol{a}(t)$, c'est-à-dire qu'à chaque période la conséquence du jeu est entièrement décrite par le profil d'action de cette période. De plus, nous faisons l'hypothèse que les agents choisissent une fois pour toutes la règle qui détermine leurs actions futures ; cela signifie qu'à chaque période le choix d'action des agents est déterminé par l'application de cette règle au résultat de la période précédente. La règle de choix d'action de chaque agent consiste donc en une forme fonctionnelle $s_i(.) : \mathscr{A} \to \mathscr{A}_i$, et non pas en une suite de choix stratégiques particuliers. La fonction de transition $F(.)$ se déduit simplement du profil des règles de choix d'action des agents $\boldsymbol{s}(.) = \{s_1(.), \ldots s_i(.), \ldots s_n(.)\}$. Nous appelons « sous-jeu » le jeu qui se développe à partir de la période t et de l'état interne $\boldsymbol{a}(t)$. Nous notons $\boldsymbol{s}\ (t{:}\boldsymbol{a}(t))$ l'état interne du sous-jeu à la date $\tau > t$ tel qu'il se développe selon le profil des choix stratégiques des agents $\boldsymbol{s}(.)$.

Soit $\sigma_{-i}(.)$: $\mathscr{A} \to \mathscr{A}_{-i}$ l'anticipation par l'agent i des règles de choix d'action appliquées par les autres agents. Imaginons une situation dans laquelle les anticipations que forment les agents sur les stratégies des autres correspondent à leurs choix réels et que, compte tenu de ces anticipations, les choix de chaque agent soient la meilleur réponse à ses anticipations dans tous les sous-jeux à partir de t ($t \geq 0$), quel que soit l'état $\boldsymbol{a}(t)$ à la période t (lui-même défini par l'histoire du jeu avant t). Cela signifie qu'il existe $\boldsymbol{s}^P(.)$ tel que

$$\sigma_{-i}\left(\tau : \boldsymbol{a}(t)\right) = s_{-i}^P\left(\tau : \boldsymbol{a}(t)\right),$$

$$s_i^P(.) \in \operatorname*{argmax}_{s_i(.)} \sum_{\tau > t} \delta^{\tau - t} u_i\left(s_i\left(\tau : \boldsymbol{a}(t)\right), \sigma_{-i}\left(\tau : \boldsymbol{a}(t)\right)\right)$$

pour tout $\boldsymbol{a}(t) \in \Omega$, $t \geq 0$, et i.

Dans ce cas, nous disons que le profil des règles de choix d'action $\boldsymbol{s}^P(.)$ est un *équilibre parfait en sous-jeu.* Il s'agit d'une situation dans laquelle les agents n'ont jamais intérêt à dévier unilatéralement de leur stratégie quelle que soit l'histoire passée du jeu, de sorte que *les règles de choix d'action deviennent auto-exécutoires*[5].

L'équilibre que nous venons de définir prescrit l'action que chaque agent doit choisir dans tous les états à venir possibles, y compris dans ceux qui ne verront jamais le jour si le plan stratégique en question est effectivement appliqué par tous les agents et à toutes les périodes. Cela signifie qu'une trajectoire d'équilibre stationnaire particulière est observable, disons $\boldsymbol{a}(t) = \boldsymbol{a}(t+1) = \boldsymbol{a}(t+2) = \ldots = \boldsymbol{a}(t+n) = \boldsymbol{a}^P = \boldsymbol{s}^P(\boldsymbol{a}^P)$. Prenons l'exemple du jeu de l'irrigation et de l'échange communautaire présenté au deuxième chapitre. Nous pouvons observer un équilibre dans lequel tous les agents jouent chaque année les choix {travailler, coopérer} qui constituent alors le résultat stationnaire de l'équilibre parfait en sous-jeu. Nous pouvons dénommer sentier du jeu la trajectoire formée par les états qui se réalisent lorsque tous les agents poursuivent la stratégie d'équilibre et qualifier de « hors du sentier du jeu » les états qui ne sont pas observables. On peut considérer que la partie de la stratégie d'équilibre qui correspond à des états hors du sentier du jeu constitue les *croyances* rationnelles de l'agent sur la manière dont les autres agents se comporteraient dans le cas où ces états se produiraient, par exemple à la suite d'un accident, d'une erreur ou d'une expérimentation. Ce type de croyance prend la forme « si..., alors... », comme par exemple « si une famille refuse de nettoyer les canaux d'irrigation, elle subira l'ostracisme des autres familles ». Comme nous l'avons vu au chapitre I.2. (les corporations), au chapitre II.2. (le jeu de l'irrigation), au chapitre IV.2. (les croyances culturelles) et au chapitre VI.1. (l'Etat démocratique), ces croyances contraignent l'histoire réelle observable à emprunter une suite particulière d'états internes sur laquelle les croyances des agents sont auto-entretenues.

L'application du concept d'équilibre parfait en sous-jeu élimine tous les équilibres de Nash qui contiennent une menace non crédible, c'est-à-dire les stratégies dont les agents déclarent qu'ils l'adoptent si une certaine contingence se produit mais qui ne sont pas compatibles avec leurs incitations lorsqu'elle se produit effectivement. Dans le jeu politique du chapitre VI.1., par exemple, l'organisation patronale pouvait déclarer qu'elle s'engagerait dans la voie de l'entente sociale et qu'elle résisterait au gouvernement de manière coordonnée avec le syndicat si le gouvernement transgressait ses droits. Cependant, l'organisation patronale peut avoir intérêt à briser l'entente sociale lorsque l'événement se réalise effectivement et qu'elle anticipe que la situation dure toujours.

Bien que le concept d'équilibre parfait en sous-jeu puisse réduire considérablement le nombre d'équilibres de Nash de jeux répétés, il peut quand même en rester une multitude (c'est le résultat du *Folk Theorem*). Certains économistes affirment que la notion d'équilibre parfait en sous-jeu est décevante parce qu'elle manque précisément de pouvoir prédictif. Le lecteur qui a lu la première partie de cet ouvrage partage sans doute l'opinion exprimée par Osborne et Rubinstein : « De notre point de vue, la contribution principale de la théorie est de découvrir des normes sociales stables intéressantes (les stratégies) susceptibles de soutenir des profils de gain qui profitent à tous et non simplement de démontrer qu'il *existe* des équilibres susceptibles d'engendrer ces profils » (1994, p. 134).

Le tableau de Coase de la figure 7.2. représente la structure de l'équilibre parfait en sous-jeu d'un jeu répété. La question de l'apparition de croyances communes à l'ensemble des agents ne peut toutefois être résolue de manière endogène dans ce cadre. Il faut garder à l'esprit que les jeux répétés qui permettent d'étudier les institutions supposent que ce sont toujours les mêmes agents qui participent au jeu, même si ceux-ci peuvent se relayer dans le temps. Nous interprétons donc l'équilibre comme quelque chose de stationnaire : « Grâce à sa longue expérience, chaque participant connaît l'équilibre et vérifie en conséquence que son comportement est optimal » (*ibid.*, p. 5).

Figure 7.2.
La représentation d'un équilibre parfait en sous-jeu selon le tableau de Coase

	données paramétriques	**variables endogènes**
interne à l'agent (micro)	(*A*) connaissance complète des actions (futures) réalisables	(*S*) plan stratégique exhaustif des choix d'action contingents futurs
contraintes externes (macro)	(*CO*) connaissance complète de la fonction de conséquence	(*E*) croyances communes quant aux actions des autres sur et en dehors du sentier du jeu

(C) Equilibres évolutionnaires et mutations[6]

En construisant le concept d'équilibre parfait en sous-jeu, nous avons supposé que chaque agent pouvait parfaitement anticiper les choix d'action des autres agents dans les états n'appartenant pas au sentier du jeu, puis élaborer une stratégie rationnelle conditionnelle à la réalisation de ces attentes. L'approche en termes de jeux évolutionnaires procède différemment. Elle introduit explicitement la possibilité que les agents soient dotés d'une rationalité limitée et s'intéresse aux raisonnements inductifs qu'ils peuvent tirer de l'expérience. Nous avons illustré cette approche à plusieurs reprises. Le modèle des droits de propriété coutumiers (à deux joueurs) du chapitre II.1. en constitue un premier exemple. Bien que le modèle du chapitre V sur les conventions d'architecture organisationnelle se caractérise par une infinité d'agents de sorte qu'à strictement parler, le présent cadre ne lui soit pas approprié, nous pouvons faire l'hypothèse que cette situation constitue une approximation satisfaisante d'un nombre très grand mais fini d'agents. Nous l'utilisons donc à titre d'exemple.

Nous avions supposé dans ce modèle que les ensembles d'action des agents étaient tous identiques et que le jeu se répétait depuis un temps indéfini. A chaque période, les agents découvrent le choix d'action qui rapporte le gain moyen le plus élevé en observant le résultat du profil d'action de la période précédente. Dans cet exemple, le gain moyen représentait une sorte d'adaptation des choix d'action aux circonstances. Avec cette information limitée et marginale sur la fonction de conséquence et l'espérance statique que les autres suivront en moyenne la même stratégie qu'à la période précédente, les agents cherchent, sur la base d'une rationalité limitée, à maximiser leur gain immédiat ($\delta = 0$) en imitant (avec une certaine inertie) le choix d'action qui leur paraît le plus adapté. La règle de choix (V.1.) représente donc l'adaptabilité des agents et non un plan d'action construit par un raisonnement déductif. Les nouveaux choix d'action dont l'hypothèse de rationalité limitée ne peut rendre compte sont considérés comme des événements aléatoires (mutations, erreurs et expérimentations aléatoires). Cet exemple nous permet de déduire la structure générique du jeu évolutionnaire du point de vue des agents individuels (figure 7.3.).

Figure 7.3.
La représentation d'un jeu évolutionnaire selon le tableau de Coase

	données paramétriques	**variables endogènes**
interne à l'agent (micro)	(*A*) ensemble fixe d'action	(*S*) imitation inertielle et mutation
contraintes externes (macro)	(*CO*) connaissance du degré d'adaptation des stratégies à partir d'observations	(*E*) inférences à partir d'une mémoire limitée (anticipation statique)

Dans le cas des modèles évolutionnaires comme celui que nous avons présenté au chapitre V, il est possible de reformuler la fonction de transition de la manière suivante. Nous supposons que tous les agents sont symétriques, au sens où ils disposent du même ensemble d'actions $\mathcal{A}$ et de la même fonction de gain (celle-ci est précisée un peu plus loin). Soit $\hat{a}(t) : \mathcal{A} \rightarrow [0,1]$ la distribution des choix d'action des agents à la date t, définie sur l'ensemble des actions possibles. Le processus de transition se réécrit alors :

$$\hat{a}(t + 1) = F(\hat{a}(t)) = \hat{a}(t) + f(\hat{a}(t)) \text{ pour tout } t$$

Certaines restrictions additionnelles permettent de s'assurer, quelle que soit l'action choisie, que le nombre d'agents n'est jamais négatif et que leur somme est toujours égale à 1[7]. Nous dirons que le processus de transition est compatible avec la sélection évolutionnaire lorsque la proposition suivante est toujours vérifiée : pour toute paire de choix d'action, celui dont on observe qu'il a rapporté un gain moyen plus élevé à la période précédente est choisi par un grand nombre d'agents à la période en cours, de sorte que la valeur de f qui correspond à ce choix est plus élevée ; inversement, celui qui a rapporté un gain moins élevé est abandonné par un grand nombre d'agents, de sorte que la valeur de f est moins élevée. Formellement, on peut alors écrire :

$f_j(\hat{a}(t)) > f_k(\hat{a}(t))$ si et seulement si
$u(\varphi(a_j(t\text{-}1), \hat{a}(t\text{-}1))) > u(\varphi(a_k(t\text{-}1), \hat{a}(t\text{-}1)))$,

où $u(\varphi(a_i(t\text{-}1), \hat{a}(t\text{-}1)))$, $i = j, k$ représente le gain de l'agent ayant choisi l'action a_i à la période t-1, lorsque la distribution des agents était donnée par $\hat{a}$ (t-1). Cela équivaut à dire que le type (biologique) le plus adapté croît relativement plus vite, alors que le type le moins adapté croît moins vite.

Ce processus de transition évolutionnaire donne lieu à deux concepts d'équilibres importants. Le plus simple est celui d'*équilibre dynamique asymptotiquement stable* (noté $\hat{a}^E$), c'est-à-dire celui pour lequel $\lim_{t\to\infty} \hat{a}(t) = \hat{a}^E$ pour toute position initiale $\hat{a}$ (0) au voisinage de $\hat{a}^E$. On peut également l'appeler *équilibre évolutionnaire* (D. Friedman, 1991). Il consiste en l'action (dans ce cas $\hat{a}^E$ est un point) ou la répartition des actions vers laquelle la distribution des agents tend à converger avec le temps, lorsque la distribution initiale n'est pas trop grande. Ce type d'équilibre est difficile à perturber une fois qu'il est en place, car toute distribution qui se trouve à proximité tend à s'en rapprocher. Tel qu'il a été défini, un équilibre évolutionnaire est toujours un équilibre de Nash[8]. A l'équilibre, la règle de choix détermine un choix d'action particulier (ou un choix de stratégie mixte) et non un plan d'action complet et contingent comme dans le cas de l'équilibre parfait en sous-jeu. Comme nous l'avons cependant expliqué au chapitre V, les agents déviants sont également conduits à suivre la stratégie d'équilibre pour des raisons de coût. Le processus dynamique du champ organisationnel que nous avons étudié au chapitre V est compatible avec la sélection évolutionnaire. Parmi les cinq équilibres de Nash de ce modèle, les équilibres P, H, F et L sont évolutionnaires.

Le processus dynamique de formation des droits de propriété coutumiers que nous avons analysé au chapitre II.1. est également compatible avec la sélection évolutionnaire. Il faut simplement modifier le jeu afin de prendre en compte un degré fini de mémoire. Toute répartition possible de cent lapins entre les deux joueurs peut constituer le point limite d'une certaine histoire du jeu, de sorte que l'on peut qualifier le processus dynamique de quasi stable ; en revanche, il n'existe pas d'équilibre évolutionniste au sens défini plus haut. Nous avons pourtant vu que l'introduction d'un aléa dans les choix de stratégie pouvait donner lieu, dans ce modèle, à un autre type d'équilibre. Imaginons qu'à la fin de chaque période un choix d'action individuel appartenant au profil d'action des agents et compatible avec la sélection évolutionnaire soit perturbé et donne lieu à un autre choix d'action avec une probabilité ε. On peut alors décrire l'état du jeu à la période t par la distribution des agents $\hat{a}(\tau{:}\varepsilon)$ sur $\mathscr{A}$. Supposons qu'à long terme cette distribution de probabilité converge toujours, lorsque le taux de perturbation est très petit, vers une distribution particulière $\hat{a}^S$ quelle que soit l'histoire passée du jeu. Formellement, cela s'écrit $\lim_{\varepsilon \to 0} \lim_{t \to \infty} \hat{a}(t{:}\varepsilon) = \hat{a}^S$ quel que soit $\hat{a}(0)$. Nous disons alors que la distribution limite est *stochastiquement stable* (Foster et Young, 1990). C'est la distribution que l'on peut s'attendre à trouver lorsque la dynamique définie par le système évolutionniste avec mutations s'est déroulée pendant un nombre infini de périodes. Si nous reformulons le processus dynamique du chapitre V pour en faire un jeu dans lequel des agents en nombre fini choisissent leur stratégie à chaque période avec une faible probabilité de mutation, nous pouvons supposer que le seul équilibre évolutionnaire stochastiquement stable est l'équilibre efficient P, c'est-à-dire celui qui se caractérise par une diversité organisationnelle optimale[9].

Selon une idée classique, la stratégie la plus efficiente domine à long terme parce que les autres sont éliminées par le processus concurrentiel (Alchian, 1950 ; M. Friedman, 1953), du coup la théorie des jeux évolutionnaires dont nous venons de donner un aperçu a quelque chose d'ironique. Elle concerne des événements aléatoires, comme des erreurs ou des mutations inexpliquées dépassant un seuil critique à un certain moment et non une pure sélection concurrentielle qui assure l'efficience de l'équilibre évolutionnaire[10]. Cela vient du fait que la rationalité limitée donne naissance à des équilibres évolutionnaires multiples. Il faut également que les agents puissent oublier le souvenir des actions « pas si bonnes », pour être en mesure de localiser un bon équilibre. Je ne crois pourtant pas que ce résultat, selon lequel c'est le processus stochastique évolutionnaire nouveau qui fait émerger la stratégie optimale, puisse être considéré comme une représentation fidèle du monde réel ; il faut plutôt l'interpréter comme un cadre théorique de référence permettant d'identifier les facteurs qui empêchent ou qui favorisent la transition d'un état sous-optimal vers un état optimal (c'est ce que nous avons essayé de faire au chapitre V.2.). L'existence d'une multiplicité d'équilibres, observée dans certains modèles théoriques, n'est pas nécessairement un défaut pour un modèle, dès lors que ces équilibres semblent raisonnables ; la diversité des arrangements institutionnels est sans aucun doute une caractéristique importante de l'histoire du monde contemporain. A l'instar de Sugden (1986), nous faisons de la multiplicité un élément essentiel de la définition des institutions.

(D) Complémentarité entre la théorie des jeux classique et la théorie des jeux évolutionnaire

Il semble pour l'instant que la vision du monde proposée par la théorie des jeux évolutionnaire s'oppose à celle de la théorie des jeux classique. L'approche classique suppose que les agents sont hyper-rationnels, à la fois dans la collecte de l'information, dans la formation des anticipations, dans le choix d'une règle d'action ou dans la déduction de ses conséquences. Elle reste cependant silencieuse sur la manière dont des anticipations communes à tous les agents peuvent voir le jour. La théorie des jeux évolutionnaire, pour sa part, considère que les agents disposent d'une rationalité beaucoup plus limitée. C'est l'inertie et la simple imitation qui guident leur comportement, et l'élaboration de croyances sur le comportement des autres est limitée par leur expérience individuelle. Enfin, l'éventuelle convergence vers un résultat efficace repose sur des événements aléatoires inexpliqués. En dépit de ces différences et des limites propres à chacune de ces approches, celles-ci ne sont pas entièrement incompatibles. Selon la nature de l'institution qu'un modèle cherche à expliquer, chacune d'elles représente un outil utile pour l'analyse institutionnelle comparée.

On peut comprendre grosso modo le concept d'équilibre proposé par l'approche rationnelle classique (l'équilibre parfait en sous-jeu, par exemple) comme le résultat d'un processus d'apprentissage. Bien que l'approche classique ne dispose pas encore de fondements solides de ce point de vue, un processus d'apprentissage peut rendre inévitables des événements aléatoires comme des erreurs et des expérimentations. Du point de vue théorique, une sorte de théorème d'impossibilité nous indique qu'aucun processus d'apprentissage avec rationalité limitée ne peut converger vers un état observable ou vers des croyances stables sur les actions des autres, si aucun événement aléatoire ne se produit (Foster et Young, 1998)[11]. D'autre part, les éléments que l'approche évolutionnaire cherche à saisir, c'est-à-dire l'inertie, l'imitation, l'imperfection des déductions, ainsi que la présence d'éléments aléatoires (les erreurs par exemple), caractérisent sans aucun doute certains aspects du comportement humain. Cependant, les agents économiques cherchent également à être aussi rationnels que possible lorsqu'ils interprètent l'histoire ou qu'ils raisonnent de manière déductive. On peut par exemple imaginer que le dépassement d'une masse critique de mutations, qui joue un rôle tellement important dans la stabilité stochastique de la dynamique évolutionnaire, résulte d'expérimentations calculées par des entrepreneurs prévoyants qui tirent les leçons des pratiques efficaces observées ailleurs (voir le chapitre V.2.).

L'approche évolutionnaire et l'approche classique semblent donc se focaliser sur deux dimensions différentes, quoique inséparables, du jeu auquel les agents prennent part. L'une tourne autour de la dimension mimétique et inductive propre à la rationalité limitée des agents, l'autre de la dimension calculatrice, déductive et rationnelle de leur choix. D'une manière générale, c'est l'approche suivie par les jeux évolutionnaire qui semble néanmoins la mieux à même d'analyser la nature auto-exécutoire d'institutions comme les conventions ou les habitudes. Ces institutions se caractérisent par le fait que les règles y sont respectées parce que les agents les considèrent comme données et qu'ils ont développé certaines spécificités (valeurs, préférences, compétences) destinées à s'y ajuster[12]. Les mécanismes de coévolution sont également mieux compris dans le cadre de modèles évolutionnaires, car ceux-ci peuvent être construits en partant de l'hypothèse que les caractéristiques des domaines sont relativement peu structurées. Les droits de propriété coutumiers, que nous avons abordés au chapitre II.1., se développent ainsi chez des agents dotés de capacités de traitement de l'information relativement limitées. Les conventions d'architecture organisationnelle, présentées au chapitre V, voient le jour au sein d'un domaine organisationnel primitif où les arrangements institutionnels ne sont pas encore précisés.

En revanche, on peut imaginer que l'approche classique permet de mieux comprendre la nature auto-exécutoire d'institutions telles que les normes, les contrats et les différentes structures de gouvernance. Ces institutions comportent des mécanismes de mise en application plus explicites, qui reposent sur des anticipations normatives ou des sanctions coercitives. Ces institutions sont à l'origine de règles dont le respect s'appuie sur les croyances rationnelles des agents sur les conséquences possibles de leurs manquements. Ces croyances sont analysées de manière plus explicite dans les modèles de jeux répétés classiques, qui partent de l'hypothèse que les caractéristiques du domaine sont déjà bien structurées. Par exemple, nous avons vu au chapitre II.2. que c'était l'homogénéité des agents du domaine qui permettait d'entretenir la norme communautaire. Les mécanismes de gouvernance sont également plus ou moins spécifiques à certaines structures d'échange particulières, comme nous l'avons indiqué au chapitre III.5. Quant aux différentes formes d'Etat étudiées au chapitre VI, nous avons montré qu'elles présupposaient l'existence d'un gouvernement ainsi que de certaines structures sociales précisant les caractéristiques des agents privés. Dans ces domaines relativement structurés, les agents développent ou peuvent assez facilement développer la capacité de déduire les règles de choix d'action que les autres utilisent.

De plus, l'approche classique et l'approche évolutionnaire peuvent s'avérer complémentaires sur les domaines auxquels elles s'appliquent. Dans certains cas elles peuvent même, lorsqu'on les applique à un même domaine, donner lieu à des solutions (institutions) identiques. Cela signifie qu'un équilibre évolutionnaire peut être identique à l'état interne (le résultat observable) d'un équilibre parfait en sous-jeu, sans que les croyances des agents sur les réactions possibles des autres concernant des contingences hors du sentier du jeu soient explicitées (comme c'est le cas dans la stratégie d'équilibre parfaite en sous-jeu). Certains résultats analytiques importants suggèrent en effet que les deux types d'équilibres sont identiques[13]. Par exemple, l'équilibre génériquement stable du jeu des droits de propriétés coutumiers construit par Young (chapitre II.1.) est analogue à l'équilibre d'un jeu de négociation dans lequel deux agents rationnels se feraient des offres et des contre-offres jusqu'à s'entendre sur la répartition des biens, à savoir des lapins dans le cas présent (Rubinstein, 1982). Ce résultat requiert simplement que les biens se déprécient à un certain taux jusqu'au moment de l'accord (les lapins s'enfuient). Cette seconde approche suppose cependant que chaque agent connaît la fonction de gain (la fonction d'utilité) de l'autre. On peut supposer qu'un agent peut l'apprendre grâce à son expérience, à son observation et, de temps en temps, à des erreurs et à des expérimentations. En définitive, l'identité des solutions suggère que les deux approches se concentrent sur deux aspects différents, tous deux essentiels et compatibles entre eux, du comportement humain.

Etant donné l'état de développement encore incomplet de la théorie des jeux, on peut donc considérer que les deux approches sont complémentaires et non exclusives et que chacune d'elles s'intéresse à des aspects différents mais inséparables de la logique humaine (le raisonnement déductif d'un côté et l'apprentissage inductif fondé sur l'observation de l'autre) ainsi que de l'origine des institutions (conçues selon un plan ou bien évolutives). En ce qui concerne l'analyse institutionnelle, mon opinion personnelle est que les limites de ces deux approches ne proviennent pas de leurs différences mais, comme nous l'avons suggéré au chapitre V, du présupposé commun selon lequel les ensembles de choix des agents ne varieraient pas. Comment les agents peuvent-ils connaître toutes les stratégies qui sont à leur disposition ? N'explorent-ils pas de nouvelles actions lorsqu'ils observent quelque chose pour la première fois ? Cette présupposition ne pose vraiment problème que lorsqu'on étudie de manière explicite les questions du changement institutionnel. Pour l'instant, nous faisons l'hypothèse que les agents disposent d'un ensemble d'actions fixé construit sur la base de leur expérience. Comme cette hypothèse nous a permis de réconcilier l'approche classique et l'approche évolutionnaire, nous nous tournons maintenant vers la conception des institutions fondée sur la notion générale d'équilibre de Nash sans chercher à en affiner davantage le concept.

VII.2. L'INSTITUTION COMME REPRESENTATION SYNTHETIQUE D'UN SENTIER D'EQUILIBRE

Rappelons les cinq propriétés qui permettent de conceptualiser les institutions. Premièrement, les institutions sont créées de manière *endogène* au sein du domaine et non pas données de manière exogène et de l'extérieur. En second lieu, les agents ne peuvent anticiper dans le moindre détail les règles d'action utilisées par les autres lorsqu'ils font leurs choix et ils n'en ont d'ailleurs pas besoin. Les institutions guident et/ou contraignent les choix stratégiques des agents, ce qui signifie qu'elles expriment une information condensée sur la manière dont se déroule le jeu auquel ils participent. En d'autres termes, nous attribuons aux institutions un rôle de *représentation synthétique* de certaines propriétés saillantes du fonctionnement interne du domaine ; en tant que telles, elles réduisent l'ignorance des agents sur les règles de choix des autres. En troisième lieu, les différentes conceptions des « institutions » ont une propriété en commun, celle de *persistance* ou de *robustesse*. Cela signifie que les institutions résistent aux transformations continuelles de l'environnement jusqu'à un certain seuil, au-delà duquel cette propriété peut être remise en question. Dans ce cas, les effets accumulés de la dynamique interne du domaine conduisent à une crise endogène, à une impasse ou, plus probablement, aux deux à la fois. Il faut donc se garder d'assimiler l'institution à un simple état d'équilibre d'une « sous-économie » à un moment donné. Il faut l'identifier à quelque chose qui reste invariant tant que les transformations de l'environnement et les évolutions internes ne dépassent pas certaines limites. Le concept d'institution doit également contenir l'idée d'une certaine robustesse vis-à-vis de perturbations d'ordre mineur, d'erreurs, d'expérimentations ou de déviances par rapport aux règles impliquées. En quatrième lieu, une institution a une importance universelle pour les agents du domaine, en ce qu'elle leur offre une *compréhension commune*, ou *cognition partagée*, de la manière dont le jeu se déroule (bien que les agents puissent ensuite y attacher des significations ou des interprétations différentes). On ne peut pas parler d'institution si une partie seulement des agents la prend en considération au moment de se déterminer alors qu'une autre partie des agents l'ignore. En cinquième lieu, les institutions sont des ordres fabriqués par l'homme. A ce titre, elles ne forment pas des ordres naturels qui seraient entièrement déterminés par l'environnement naturel et technologique du domaine. Le même environnement naturel et technologique devrait alors donner naissance à *plusieurs* institutions. Nous recherchons donc un concept d'institution qui soit lié à celui de multiplicité des équilibres et qui en soit dérivé.

Supposons d'abord qu'il existe, au sein d'un certain environnement stationnaire, un profil de stratégies d'équilibre

$s^* = (s_1^*, \ldots s_i^*, \ldots s_n^*) \in \mathcal{S} = \times_i \mathcal{S}_i$, où S_i est l'ensemble des règles de choix d'action (de stratégies) de l'agent i ($i \in \mathcal{N}$). Supposons qu'à cet équilibre soit associé, pour chaque i, une fonction $\Sigma_i^*(.)$ de $\mathcal{S}$ vers l'espace de dimension la plus petite telle que à chaque fois que $\Sigma_i^*(s) = \Sigma_i^*(s^*)$ pour $s \in \times_i \mathcal{S}_i$, alors $s_i^*(\varphi(s)) = s_i^*(\varphi(s^*))$

Cette fonction définit une partition sur l'ensemble des profils de stratégie. En effet, la ligne précédente signifie qu'il existe un sous-ensemble $\mathcal{S}_{-i}(s^*)$ de $\mathcal{S}_{-i}$ contenant s_{-i}^* tel que si $s_{-i} \in \mathcal{S}_{-\mathrm{I}}(s^*)$ alors $s_i = s_i^*$. La valeur $\Sigma_i^*(s^*)$ résume l'information sur le profil d'équilibre s^*, d'une manière suffisamment précise pour que l'agent i choisisse sa propre action d'équilibre correspondante s_i^*. Cela signifie qu'un agent qui recevrait la même information dans d'autres états (différents de l'état d'équilibre) ferait le même choix s_i^* quels que soient les autres détails caractérisant ces états. En d'autres termes, l'agent considère que les détails de l'équilibre qui ne sont pas inclus dans cet ensemble d'information sont redondants ou sans importance. Nous appelons $\mathcal{S}_{-i}(s^*)$ l'ensemble d'information de l'agent i au point s^*, et $\Sigma_i^*(s^*)$ sa représentation synthétique.

A ce stade, l'analogie avec le vecteur-prix qui sert lui aussi d'intermédiaire informationnel se révéle suggestive (bien que notre conceptualisation ne la pousse pas à son terme). Dans le domaine de l'échange primitif, les agents s'engagent dans un processus de négociation et analysent l'information spécifique relative aux offres et aux accords/refus de leurs différents partenaires d'échange. A mesure que les échanges se développent et que le domaine de l'échange devient de plus en plus anonyme et concurrentiel, des rapports d'échanges uniformes (les prix) peuvent émerger comme résultat d'un profil de stratégies d'équilibre ; les agents peuvent ensuite s'appuyer sur cette information condensée pour déterminer leurs choix de transaction[14]. Un agent n'a donc pas besoin d'identifier les échangistes qui disposent du bien qu'il désire, ni leur technologie de production, pas plus qu'il ne lui est nécessaire de connaître les autres agents qui demandent le même bien. Le vecteur-prix d'une économie en concurrence, dont la dimension est égale au nombre de marchandises, devient pour chaque agent une représentation synthétique des choix stratégiques adoptés par les autres agents ; celle-ci lui permet de réduire le traitement de l'information nécessaire à la réalisation de l'échange tout en contraignant son ensemble de choix par son effet sur la contrainte budgétaire[15]. Cependant, les prix changent en fonction de l'évolution de l'environnement (constitué par la technologie et les préférences des agents) et ne respectent donc pas le critère de robustesse. De ce fait, le vecteur-prix ne peut faire partie du type d'institution que nous cherchons à définir. Par ailleurs, les agents doivent avoir certaines croyances sur la nature auto-exécutoire des contrats pour s'engager dans le domaine des échanges de marché.

Afin de mieux saisir la propriété de robustesse qui caractérise les institutions, nous introduisons explicitement une certaine variabilité de l'environnement. Soit $\mathscr{E} = \{e\}$ l'ensemble des paramètres environnementaux. $\widehat{\mathscr{E}}$ est défini comme le sous-ensemble connecté de $\mathscr{E}$ tel qu'une application continue $\boldsymbol{s}^*(e)$ de $\widehat{\mathscr{E}}$ vers l'ensemble des profils de stratégie existe. Cette hypothèse de continuité signifie, en gros, que les caractéristiques qualitatives des équilibres ne varient pas tant que l'environnement évolue dans les limites définies par $\widehat{\mathscr{E}}$. Supposons, de manière quelque peu imprécise, qu'il existe une caractéristique commune Σ_i^* de $\Sigma_i^*(\boldsymbol{s}^*(e))$ telle que

$$\Sigma_i^* \textit{ est impliqué par } \Sigma_i^*(\boldsymbol{s}^*(e)) \textit{ quel que soit } e \in \widehat{\mathscr{E}}$$

Cela signifie que Σ_i^* est la représentation synthétique de l'état interne du domaine perçue par l'agent *i* lorsque l'environnement reste dans les limites de $\widehat{\mathscr{E}}$. Si nous continuons à utiliser l'exemple du domaine de l'échange de marché, Σ_i^* représente les croyances générales d'un agent du type : « La monnaie peut acheter des biens sur le marché et les biens sont livrés comme promis », « Si j'ai de bonnes références bancaires, je pourrai faire des achats partout avec une carte de crédit, même sur internet », et ainsi de suite, alors même que les prix ne sont pas encore précisés. Pour faire un choix stratégique sur le marché, les agents doivent néanmoins découvrir les prix effectifs à mesure que l'environnement se modifie. Par ailleurs, certaines propositions peuvent être vraies sans être incluses dans l'ensemble d'information des agents, comme par exemple « C'est la mafia qui rend les contrats exécutoires », ou encore « Seul le troc avec un partenaire d'échange avec lequel on a une relation continue permet d'acquérir les biens ».

Enfin, supposons que l'on puisse trouver un élément Σ^* commun à l'ensemble des représentations synthétiques privées des agents tel que

Σ^* est impliqué par « $\boldsymbol{s}^*(e)$, Σ_i^* » quel que soit $e \in \widehat{\mathscr{E}}$ et pour tout i de N

où « $\boldsymbol{s}^*(e)$, Σ_i^* » désigne le couple formé par les choix effectifs de l'agent $\boldsymbol{s}^*(e)$ et par sa représentation synthétique du sentier d'équilibre Σ_i^*. Σ^* représente l'ensemble des perceptions communes à tous les agents sur la manière dont le jeu se déroule et elle est soutenue par leur comportement effectif lorsque l'environnement varie dans les limites de $\mathscr{E}$. Il est dorénavant clair que l'information représentée par Σ^* satisfait les conditions d'endogénéité (elle est déduite des équilibres), de représentation synthétique, de durabilité et de perception commune. Enfin, nous faisons l'hypothèse qu'il existe différents sentiers possibles de profils de stratégies d'équilibre $\{\boldsymbol{s}^{**}(\boldsymbol{e})\}$,$\{\boldsymbol{s}^{***}(\boldsymbol{e})\}$,..., définis par le même sous-ensemble d'environnements, et nous en déduisons leurs représentations synthétiques invariantes communes Σ^{**}, Σ^{***},.... Si celles-ci sont distinctes les unes des autres, alors le critère de multiplicité se vérifie également. Nous pouvons alors appeler ces représentations *institutions* (voir figure 7.4.). Par exemple, si l'une des deux propositions citées plus haut fait partie des croyances de tous les agents le long du sentier d'équilibre, alors on peut les qualifier, respectivement, d'institution du marché fondé sur le crédit et d'institution de l'échange de troc relationnel.

Lorsque l'environnement évolue dans les limites définies par $\widehat{\mathscr{E}}$, tous les agents considèrent la même information condensée Σ^* (ou Σ^{**}, Σ^{***}...) comme donnée et celle-ci contribue à coordonner leurs croyances. Les agents disposent, au moment de déterminer leur stratégie effective, d'une *information résiduelle privée* $I_i^*(\boldsymbol{s}^*(e))$, qui n'est pas incluse dans l'information condensée commune ($I_i^*(s^*(e)) = \Sigma_i^*(s^*(e)) \sim \Sigma^*$). Les agents continueront alors à créer le sentier d'équilibre $\{s^*(e)\}$ qui, à son tour, confirme l'information condensée Σ^* et reproduira l'institution (rappelons-nous la figure 1.1.). L'institution est donc auto-entretenue sur l'ensemble $\widehat{\mathscr{E}}$. Bien que l'institution constitue un phénomène d'équilibre et qu'elle soit donc socialement construite, elle est objectivée par les agents du domaine qui la considèrent comme indépendante et au-delà de leur contrôle.

Figure 7.4.
Les institutions comme représentations synthétiques des sentiers d'équilibre

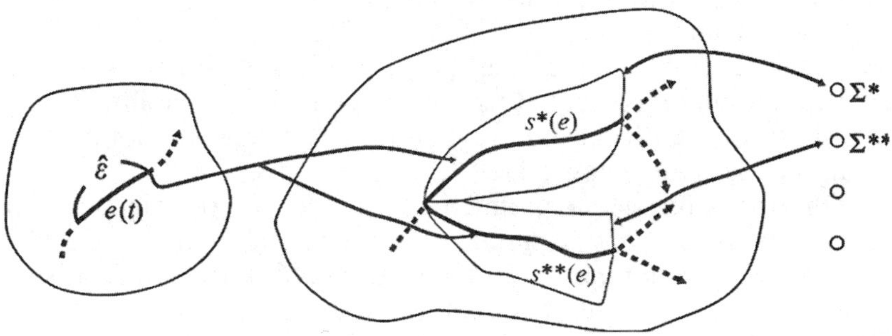

La figure montre, de gauche à droite, l'ensemble des environnements $\mathscr{E}$, l'ensemble des profils de stratégie $\mathscr{S}$, et l'ensemble des institutions. Les sentiers d'équilibre $s^*(e)$ et $s^{**}(e)$, qui dépendent de l'environnement, ont comme représentation synthétique Σ^* et Σ^{**} lorsque l'environnement reste dans l'ensemble $\widehat{\mathscr{E}}$.

Reconnaître que l'institution est la représentation condensée d'une propriété saillante et invariante du sentier d'équilibre permet également de résoudre le paradoxe que nous avons évoqué au chapitre I.2. ainsi que le problème théorique que nous avons évoqué plus haut dans ce chapitre : il s'agit de la question de savoir comment les individus peuvent choisir leur stratégie d'équilibre individuelle avant même que l'équilibre ne soit atteint et donc que les choix d'équilibre des autres agents ne soient connus. Les agents individuels n'ont en fait pas besoin de connaître au départ le détail des choix d'équilibre des autres agents, mais seulement d'en avoir une représentation synthétique ainsi qu'un minimum d'information privée. Remarquons que la représentation d'équilibre Σ^* coordonne les anticipations des agents et les aide à découvrir le profil de stratégies d'équilibres correspondant $\{s^*(e)\}$, mais il n'est pas nécessaire qu'elle soit elle-même déduite du sentier d'équilibre car elle constitue une information plus grossière que celui-ci. Cela signifie qu'une représentation d'équilibre peut émerger avant même que le jeu ne localise l'équilibre qui lui correspond, ce qui signifie qu'elle le précède et guide les agents vers lui. Par exemple, dans le modèle des marchands maghrébins de

Greif analysé au chapitre III.2., les échangistes peuvent n'avoir jamais su avec précision, et ce depuis le départ, quel serait le niveau du salaire d'efficience. La croyance (insufflée par la culture maghrébine) que les trompeurs subiraient l'ostracisme de la communauté des marchands a pu guider les échangistes vers la découverte de contrats d'équilibre, car elle constituait un arrière-plan commun grâce auquel ils pouvaient analyser une information locale plus détaillée. Nous reviendrons sur cette intuition et ses conséquences au chapitre IX.

On peut tirer de la première partie de cet ouvrage certains exemples de croyances partagées Σ*. Certaines ont la forme de règles : « Si..., alors... » qui représentent d'éventuels mécanismes d'application des contrats, alors que d'autres attribuent à un certain agent du domaine un rôle normatif particulier (même dans ce cas, il se peut que soit implicite une condition de la forme « Si..., alors... », précisant la sanction associée à la violation de l'attente commune). Ces exemples sont les suivants :

- *Le droit de propriété coutumier* : « On ne peut capturer de lapins sur la parcelle de terrain de l'autre agent » (chapitre II),
- *Les normes communautaires* : « Si une famille ne collabore pas à l'entretien et à l'utilisation du système d'irrigation, elle est exclue des interactions communautaires » (chapitre II),
- *Les contrats d'emploi* : « Si les ouvriers ne fournissent pas l'effort requis, ils sont renvoyés et auront des difficultés à trouver un autre emploi » (chapitre III),
- *La monnaie* : « La monnaie achète des biens, les biens achètent la monnaie, mais les biens n'achètent pas les biens » (chapitre III),
- *Les conventions organisationnelles :* « Le rôle du contremaître est de favoriser le travail d'équipe ou de coordonner en donnant des ordres les tâches de ses subordonnés » (chapitre V),
- *Les Etats* : « Si le souverain augmente les impôts sans l'accord du conseil, sa position est menacée », ou « Si une banque se trouve en danger de faillite, elle est renflouée par le gouvernement ».

Pour devenir une institution, l'information condensée doit constituer un ensemble de croyances connues et partagées par tous les agents du domaine. En revanche, il n'est pas nécessaire que cette information ait la même signification pour tous. Prenons l'exemple de l'institution relative aux contrats d'emploi que nous avons évoquée plus haut. L'employeur peut la considérer comme légitime pour sa capacité à discipliner des ouvriers spontanément paresseux et indignes de confiance, alors que les ouvriers peuvent la voir comme un complot des capitalistes destiné à les faire travailler davantage. On peut qualifier d'« idéologies » les significations que les agents occupant des rôles différents dans l'économie confèrent aux institutions en place. Malgré ces différences d'interprétation, la substance de l'information influence tous les choix d'action des agents.

VII.3. LES EFFETS DE RETROACTION DU PROCESSUS D'INSTITUTIONNALISATION

Dans la section précédente, les institutions se présentent comme des représentations condensées et perçues par tous de la manière dont se déroule le jeu. Pour cette raison, elles permettent de produire et de soutenir l'équilibre d'un domaine de l'économie. On peut appeler *institutionnalisation* le processus par lequel la convergence des croyances engendre un équilibre dynamique qui, à son tour, renforce ces croyances. L'objet de cette section est de comprendre les conséquences du processus d'institutionnalisation en étudiant les différents mécanismes de rétroaction qui sont à l'œuvre dans le domaine et dans ses interfaces avec l'environnement.

Comme nous l'avons vu, une institution peut se développer selon un ordre spontané (*cosmos* dans la terminologie de Hayek), comme c'est le cas pour les habitudes ou les conventions, ou bien selon les règles (*nomos*) qui en dérivent, c'est-à-dire les normes, les contrats auto-exécutoires, les droits coutumiers et les codes moraux. Nous pouvons qualifier ce type d'institutionnalisation d'*autonome*, parce qu'elle se déploie de manière autonome et que les institutions s'y auto-organisent dans les limites fixées par les règles (exogènes) du jeu. Cependant, l'institutionnalisation peut également résulter d'une modification planifiée de la forme du jeu. On peut par exemple y ajouter un agent artificiel (une organisation) doté d'un ensemble de choix propre (comme le droit d'imposer des sanctions) et d'un ordre de préférence spécifique sur les conséquences du jeu. La modification du droit législatif, ce que Hayek dénomme *thesis* (droit conçu), constitue un autre exemple de ce type d'institutionnalisation. Dans le premier cas, on augmente l'ensemble des agents engagés dans le jeu stratégique, alors que dans le second on transforme la fonction de conséquence du jeu en y introduisant l'information véhiculée par la modification législative (en y ajoutant des propositions du type : Si je me livre au trafic de drogue, que je suis pris *et* que l'autorité en charge de faire respecter la loi fait son travail, alors je serai emprisonné). On peut qualifier ce type d'institutionnalisation, qui se développe en réaction à des modifications conçues de la forme du jeu, de *provoqué*. La gouvernance de l'échange impersonnel dans la Foire de Champagne, mise en œuvre par l'introduction du *lex mercatoria*, en est un exemple (chapitre III.3.). Comme nous l'avons pourtant souvent remarqué, il ne suffit pas d'introduire une tierce partie ou d'écrire une loi pour obtenir l'état interne (le résultat) que l'on souhaite atteindre. Il faut prendre en compte la manière dont chaque agent anticipe les choix de l'autorité en charge de faire respecter cette loi ainsi que les choix stratégiques des autres agents. Imaginons que le parlement promulgue une loi destinée à réglementer le trafic de la drogue ; si les fonctionnaires destinés à la faire appliquer ont l'habitude de collecter des pots-de-vin, c'est la corruption qui est instituée. Il faut donc opérer la distinction suivante : une institution ne peut se maintenir qu'en tant qu'elle constitue un équilibre du jeu, alors qu'un droit conçu doit être considéré comme un paramètre des règles exogènes du jeu (une fonction de conséquence) qui permet d'atteindre l'équilibre, intentionnellement ou non[16].

Nous avons distingué l'institutionnalisation autonome et l'institutionnalisation provoquée afin de montrer clairement que l'on ne peut assimiler un droit conçu à une institutionnalisation[17]. Il peut être difficile, en pratique, de distinguer les deux. Peut-être n'existe-t-il d'ailleurs pas d'institution purement autonome, car on ne peut concevoir une situation de jeu dans laquelle toutes les règles exogènes seraient d'ordre technologique du point de vue des agents du domaine (Field, 1979, 1981). Même les conventions et les normes peuvent se développer dans des domaines qui sont plus ou moins structurés par des lois conçues. Inversement, les règles informelles endogènes (le droit coutumier) peuvent être codifiées et consciemment redéfinies afin d'en obtenir une interprétation qui soit précise dans un contexte particulier et cohérente d'un cas à l'autre, ou de continuer à en améliorer l'application dans un environnement en évolution permanente. Même dans le cas où c'est la décision d'un entrepreneur politique ou la promulgation d'une loi par une assemblée qui semble avoir créé un point focal permettant la convergence des croyances, elles ont pu être précédées par des pratiques qui anticipaient l'établissement d'une institution nouvelle. Par exemple, la conception formelle de l'Etat national corporatiste allemand a été précédée d'une longue succession d'expériences corporatistes, sans parler de l'expérience désastreuse et déstabilisatrice de l'Etat nazi (Lehmbruch, 1999).

Une fois que les règles endogènes du jeu (que celles-ci soient autonomes ou provoquées) sont créées et entretenues, leur formalisation et leurs interactions avec de nouvelles lois et avec l'environnement extérieur peuvent constituer le point de départ d'une institutionnalisation plus profonde encore. Le processus peut se poursuivre à l'infini, à la manière d'une spirale. L'étude de ce processus de spirale du changement institutionnel est étudié aux chapitres IX et X car elle nécessite de modifier et d'étendre substantiellement le cadre conceptuel que nous avons introduit jusqu'ici[18]. Cependant, on peut faire un premier pas dans cette direction en essayant d'identifier les conséquences (les effets de rétroaction) de l'institutionnalisation sur les différents éléments du jeu tels qu'ils sont représentés par les quatre cellules du tableau de Coase.

Remarquons d'abord qu'un processus de jeu équilibrant implique une stabilisation simultanée des variables endogènes, c'est-à-dire des choix stratégiques des agents (*S*) et de leurs anticipations (croyances) sur les choix des autres (*E*). Les croyances des agents sont coordonnées par le processus d'institutionnalisation. Comme nous l'avons montré au chapitre I.3., cela a deux conséquences sur les choix stratégiques des agents. D'une part, ce processus réduit leurs efforts de traitement de l'information car il permet de rendre un choix stratégique subjectivement rationnel compatible avec l'état interne et l'environnement externe du domaine. D'autre part, il impose des contraintes conçues (North) aux choix individuels des agents en orientant leurs actions dans une direction particulière parmi la multitude d'actions théoriquement possibles (les autres équilibres). Il existe donc un effet de « rétroaction macro-micro » de la cellule *E* à la cellule *S*, de nature duale puisqu'il libère les agents (en leur permettant de réduire les coûts d'information) en même temps qu'il les contrôle. Inversement, il existe un mécanisme de rétroaction micro-macro de la cellule *S* à la cellule *E* : en se comportant de manière compatible avec les règles endogènes du jeu impliquées par l'institution, les agents forment une collectivité qui la reproduit et la confirme (voir figure 7.5.).

Figure 7.5.
La représentation de l'effet de rétroaction du processus d'institutionnalisation selon le tableau de Coase

<table>
<tr><td rowspan="2"></td><td colspan="3">Une institution agit....</td></tr>
<tr><td colspan="2">par un effet de rétroaction
sur les données</td><td>par un effet
de rétroaction interne</td></tr>
<tr><td>dimension
micro
(individuelle)</td><td rowspan="2">(A) valorise les capacités
accumulées des agents,
et donc façonne
leurs incitations à développer
leurs capacités à l'avenir</td><td rowspan="3">⇐

(⇒)</td><td>(S) permet aux agents
individuels de réduire les coûts
de traitement de l'information
tout en contraignant leurs choix
stratégiques par les règles
endogènes du jeu qu'elle
implique</td></tr>
<tr><td rowspan="2">sur la
dimension
macro
(collective)</td><td>⇓ ⇑
boucle micro-macro / boucle macro-micro
⇓ ⇑</td></tr>
<tr><td>(CO) influence
l'environnement
technologique
et l'environnement
institutionnel</td><td>(E) coordonne les croyances
des agents en engendrant
et en reproduisant
les représentations
condensées des propriétés
saillantes de l'équilibre</td></tr>
</table>

Il existe, parallèlement à ces effets de rétroaction entre le niveau micro et le niveau macro, deux autres mécanismes de rétroaction : celui qui va du processus endogène d'équilibrage vers les paramètres exogènes (du côté droit vers le côté gauche du tableau de Coase), ainsi que le mécanisme inverse. Lorsqu'une institutionnalisation a lieu dans un domaine de l'économie, elle régule les conséquences du jeu en termes de répartition. Dans l'exemple présenté au chapitre II, l'établissement des droits de propriété coutumier attribue plus de lapins à l'agent qui se distingue par son excellence dans le traitement de l'information et par sa capacité à prendre des risques. Les différentes formes d'Etat que nous avons présentées au chapitre VI ont également des effets contrastés en termes de répartition. L'Etat corporatiste et l'Etat pluraliste sont susceptibles, grâce à la négociation sociale ou bureaucratique, d'institutionnaliser une meilleure protection des individus. Pour sa part, l'Etat démocratique libéral peut engendrer des inégalités de revenus plus prononcées selon la répartition initiale de leurs compétences négociables sur le marché. Nous pouvons considérer que les ensembles d'action des agents individuels, tels qu'ils sont inscrits dans la cellule *A* de la première table de Coase, représentent leurs compétences individuelles. L'institutionnalisation engendre un effet redistributif car elle valorise diversement les compétences des agents. De ce fait, « des règles institutionnelles différentes produiront des incitations différentes à l'acquisition d'un savoir tacite » (North, 1990, p. 81). Ces règles peuvent ainsi renforcer le développement de certaines compétences et en défavoriser d'autres. Dans un travail assez provocateur, Platteau et Hayami (1998) ont même avancé que certaines normes pouvaient pousser les agents à ne pas acquérir certaines compétences. Les auteurs donnent l'exemple suivant : lorsqu'une famille d'un village d'Afrique sub-saharienne fait des récoltes exceptionnelles plusieurs années de suite, les autres familles considèrent qu'il y a là un acte de sorcellerie et privent cette famille de son surplus au cours d'un rite religieux solennel. Les auteurs interprètent cette pratique comme une forme particulière de la norme de « partage des conséquences » qui apparaît lorsque les agriculteurs sont soumis à des conditions naturelles extrêmes. Si tout le monde s'attend à ce que les fruits d'un travail laborieux ou d'activités entrepreneuriales ingénieuses soient saisis par les autres familles, plus personne n'est alors incité à développer les compétences qui améliorent les capacités productives.

Si nous prenons en compte la rétroaction du processus d'institutionnalisation sur le développement des capacités et des compétences individuelles des agents, il est clair qu'il n'est pas tout à fait judicieux de considérer, comme nous l'avons fait jusqu'à maintenant, que l'ensemble des actions d'un agent est fixé de manière exogène. Cependant, nous pouvons pour l'instant adopter le compromis suivant : supposons que le « vrai » ensemble d'actions d'un agent inclue une infinité d'actions physiquement possibles. Parmi cet ensemble de dimension infinie, individuellement les agents ne mobilisent normalement qu'un petit sous-ensemble de dimension finie. En raison de leurs capacités limitées de cognition, d'évaluation et de calcul, ils n'y ajoutent de nouvelles dimensions que petit à petit. L'institutionnalisation rend possible ce type d'attention limitée. En réaction à des chocs externes ou à l'effet cumulé du développement de leurs capacités, les agents peuvent cependant être poussés à rechercher de nouvelles possibilités d'action appartenant à des dimensions qui n'ont pas encore été exploitées. Si cette activité de recherche modifie en profondeur les formes de jeu (subjectives) des agents, alors il peut s'avérer difficile de maintenir une vieille institution. Il s'agit d'un exemple de rétroaction instable de la colonne de gauche du tableau de Coase vers la colonne de droite. Nous étudions ce type de dynamique au chapitre IX.

Le dernier effet de rétroaction du processus d'institutionnalisation concerne la cellule CO du tableau de Coase, c'est-à-dire la cellule qui porte sur l'environnement du domaine. Nous avons déjà fait remarquer que l'environnement comprenait un grand nombre de paramètres technologiques, naturels, institutionnels (les institutions des autres domaines) et internationaux ; les deux derniers ne sont analysés explicitement que dans les chapitres qui suivent. L'évolution de l'état interne du domaine n'est rien d'autre qu'un choix collectif engendré par l'institution et en tant que tel, cela joue sur l'environnement. Bien que le développement des droits de propriété (voir le chapitre II) puisse limiter les phénomènes d'encombrement liés à l'utilisation excessive des ressources naturelles, l'attribution à des utilisateurs habituels de droits de propriété sur la forêt tropicale peut avoir des conséquences écologiques désastreuses, comme la coupe systématique du bois de la part de bûcherons désireux d'étendre leurs droits coutumiers (Binswanger, 1991). Une certaine convention d'architecture organisationnelle peut favoriser le développement d'une technologie novatrice mais également détruire l'artisanat traditionnel, alors qu'une autre répondra par l'inertie aux évolutions de la technologie. Il s'agit là des conséquences du processus d'institutionnalisation sur l'environnement technologique. Le résultat du processus d'institutionnalisation constitue également l'environnement des autres domaines de l'économie où il influence de manière paramétrique la forme de la fonction de conséquence (et réciproquement). Nous analysons au chapitre suivant ce type d'interdépendance institutionnelle entre les domaines de l'économie. Nous envisageons au chapitre IX la possibilité que les évolutions de l'environnement (technologique ou autre) exercent une influence déstabilisatrice sur l'équilibre et déclenchent ainsi un processus de changement institutionnel.

CHAPITRE VIII

Les liens synchroniques entre les institutions

> « Dans tout groupe d'hommes dépassant une taille minimale, la collaboration repose à la fois sur l'ordre spontané et sur l'organisation délibérée. [...] La coexistence de ces deux ordres dans toute société, quel que soit son degré de complexité, ne signifie cependant pas que nous puissions les combiner à notre fantaisie. Ce que nous trouvons en fait dans toutes les sociétés libres, c'est que, même si des groupes d'hommes s'assemblent en organisations pour atteindre des objectifs déterminés, la coordination des activités de toutes ces organisations séparées comme celle des individus isolés est assurée par les forces génératrices de l'ordre spontané. La famille, la ferme, l'atelier, l'entreprise, la société, les diverses associations et toutes les institutions publiques y compris le gouvernement, sont des organisations qui, à leur tour, sont intégrées dans un ordre spontané plus vaste. »
>
> Friedrich von Hayek, *Droit, législation et liberté* (1973).

Jusqu'à maintenant, et si l'on excepte le chapitre II.2., nous n'avons étudié qu'un seul domaine de l'économie à la fois, que ce soit le domaine de la propriété commune, le domaine de l'échange, le domaine des organisations, le champ organisationnel ou le domaine politique. Nous avons qualifié de « paramètre environnemental » ce qui se déroulait dans les autres domaines, à l'instar de l'environnement technologique et de l'environnement naturel, et nous n'avons pas analysé explicitement les relations susceptibles d'exister entre les domaines, sinon de manière informelle (au chapitre VI, par exemple). Il est maintenant indispensable de considérer explicitement la manière dont les jeux des différents domaines sont reliés entre eux, à la fois de manière synchronique, c'est-à-dire simultanément, et diachronique, c'est-à-dire dans la durée.

Dans le chapitre précédent, nous avons conceptualisé les institutions en termes de représentation synthétique robuste et collective d'un sentier d'équilibre stable, susceptible d'orienter les interactions stratégiques des agents dans un domaine de l'économie. L'un des grands avantages de cette approche fondée sur l'équilibre est qu'elle permet d'analyser de façon relativement simple l'émergence endogène des institutions dans plusieurs domaines à la fois, ainsi que les liens qui peuvent exister entre elles. Souvenons-nous par exemple du modèle du chapitre II.2. Plutôt que de nous appuyer sur la notion exogène de « culture », nous avions fait de la norme communautaire le résultat endogène d'un jeu qui reliait le domaine de l'échange social au domaine de la propriété commune. Nous avions également montré, lors de la discussion sur les relations entre les institutions de marché et les différents types d'Etat (au chapitre VI), que les interdépendances institutionnelles pouvaient être assimilées à des mécanismes de rétroaction entre des stratégies choisies par les agents dans des domaines séparés, à l'instar d'un phénomène d'équilibre général. On pouvait alors ramener le fonctionnement d'une économie à celui d'un rassemblement global, robuste et cohérent d'institutions interdépendantes.

Nous distinguons à présent deux classes de liens de jeux, le « lien institutionnalisé » et la « complémentarité institutionnelle » et nous étudions leurs implications. La première classe renvoie à des situations dans lesquelles les agents coordonnent de manière stratégique les choix qu'ils font dans plusieurs domaines de même type ou de types différents (comme c'était le cas dans le modèle du chapitre II.2), faisant ainsi émerger des institutions qui ne pourraient exister si chacun devait prendre ses décisions séparément dans des domaines isolés. Ce type de lien est susceptible d'engendrer certaines externalités qui permettent aux agents, ou au moins à certains d'entre eux, de prélever des rentes ; ces rentes contribuent à leur tour à entretenir le lien. Les agents qui sont à l'origine de ce lien et qui en tirent les rentes peuvent être très différents les uns des autres. Il peut s'agir d'une communauté, d'un club formé de manière endogène, d'un seul agent, d'une tierce partie, d'intervenants sur le marché ou encore d'une combinaison de ces entités. Cela signifie que les institutions correspondantes peuvent elles aussi être très différentes, même si la logique de leur fonctionnement est toujours la même (sections VIII.1. et VIII.2.).

La seconde classe renvoie aux interdépendances entre les institutions qui apparaissent lorsque les agents ne coordonnent pas les stratégies qu'ils adoptent dans les différents domaines, parce que l'étendue de leurs choix ou leur perception de la situation sont limitées (ou pour toute autre raison). Ces choix sont néanmoins influencés, de manière paramétrique, par les règles de choix d'action (les institutions) qui prévalent dans les autres domaines. Cela signifie que les institutions appartenant à des domaines différents peuvent devenir interdépendantes et nous qualifions ces interdépendances de « complémentarités institutionnelles » (section VIII.3.).

Une mise en garde s'impose cependant. Comprendre les liens institutionnalisés et les complémentarités institutionnelles comme des phénomènes d'équilibre ne signifie pas qu'ils soient nécessairement efficaces. Par exemple, l'émergence d'un lien institutionnalisé peut créer des opportunités de rentes pour certains agents (ceux qui sont à l'origine du lien) tout en réduisant le bien-être de certains autres. Une innovation institutionnelle, c'est-à-dire l'apparition d'un lien institutionnel nouveau, n'est donc pas nécessairement plus efficiente au sens de Pareto. Les agents qui bénéficient des rentes produites par les liens institutionnels en place peuvent aussi avoir intérêt à s'opposer à une reconfiguration qui conduirait à les dissiper, alors même qu'une innovation technologique ou une amélioration des connaissances la rend possible. Nous verrons également que les relations de complémentarité qui existent entre des institutions constituantes peuvent rendre robustes certains arrangements institutionnels globaux sous-optimaux, en dépit des tentatives de remédier à ces inefficiences de manière parcellaire. Nous étudions au chapitre X la manière dont les liens institutionnalisés et les complémentarités institutionnelles peuvent nous aider à comprendre le mécanisme de l'évolution institutionnelle. Ces liens tendent non seulement à rendre les arrangements institutionnels robustes aux transformations des caractéristiques internes et externes du domaine, mais aussi à contraindre l'évolution institutionnelle à suivre une certaine direction particulière parmi les nombreuses directions qui sont logiquement possibles. Avant d'aborder toutes ces questions, nous devons comprendre la logique des liens synchroniques entre les institutions. C'est ce que nous entreprenons dans ce chapitre.

VIII.1. L'ENCHASSEMENT SOCIAL

Nous étudions, dans cette section et dans celle qui suit, la situation dite des « jeux liés », où les agents peuvent coordonner les stratégies qu'ils adoptent dans des domaines de types différents. Ce faisant, les agents étendent effectivement l'ensemble des choix viables qui s'offrent à eux et permettent ainsi l'émergence d'une institution qui serait impossible sans l'apparition de ces liens. Nous qualifions de *liens institutionnalisés* les liens stratégiques entre les domaines qui engendrent les institutions en même temps qu'ils sont soutenus par elles. Dans cette section, nous analysons une classe particulière de cette catégorie de liens : l'enchâssement d'un certain type de domaine dans le domaine de l'échange social, dont l'effet est de rendre soutenables certains profils de stratégies qui ne le seraient pas sans cela. La section qui suit étudie d'autres types de liens institutionnalisés. La distinction que nous opérons ne réside pas tant dans la structure logique des jeux liés que dans leurs implications socio-économiques.

Le chapitre II a mis en évidence le résultat suivant : lorsque le comportement coopératif n'est pas possible dans un domaine de propriété commune isolé (comme c'était le cas dans le jeu de l'irrigation ou dans le jeu de la construction d'autoroutes), parce qu'il est techniquement difficile d'en exclure les agents qui adopteraient un comportement de passager clandestin, il peut toutefois le devenir si les agents s'engagent simultanément dans un jeu d'échange social susceptible de leur faire gagner une quantité suffisamment importante de capital social. Le capital social désigne la somme actualisée des bénéfices futurs (y compris des biens intangibles comme le statut, l'approbation sociale, la stabilité affective, etc.) qu'un agent peut espérer retirer de sa coopération avec la communauté dans le jeu de l'échange social. Les agents doivent investir et entretenir ce capital par l'intermédiaire de l'échange social s'ils veulent en retirer quelque chose[1]. Chaque membre de la communauté est alors incité à se comporter de manière coopérative, par crainte que les autres ne lui refusent l'accès au capital social. Comme, en même temps, chacun souhaite éviter le désordre créé par d'éventuels comportements déviants dans le jeu de la propriété commune, il est dans l'intérêt de tous de sanctionner ces comportements au sein du domaine de l'échange social. A strictement parler, le lien que nous avons analysé ne concernait que le domaine de la propriété commune et le domaine de l'échange social. Nous pouvons cependant appliquer la même idée à des échanges d'autres sortes, comme le domaine de l'échange économique, le domaine de l'organisation et même le domaine politique[2]. Comme nous l'avons signalé au chapitre II.3., mais sans pour autant construire de manière explicite la forme de jeu correspondante, la situation que Granovetter a étudiée dans son article de référence *The Problem of Embeddedness* (1985) constitue un exemple de ce type d'enchâssement. Nous qualifions donc ce lien d'*enchâssement social.*

Exemple 8. 1. La répartition stratifiée du capital social (Platteau et Seki). Lorsque nous avons présenté les jeux liés au chapitre II.2. (le jeu de l'irrigation et le jeu de l'échange social), nous avons supposé que les caractéristiques du domaine étaient symétriques du point de vue des agents. En particulier, nous avons fait l'hypothèse que la quantité de capital social que les agents retiraient du respect de la norme communautaire était la même pour tous. On considère généralement qu'une relative homogénéité des membres de la communauté est nécessaire au bon fonctionnement de la norme communautaire, parce qu'elle facilite la surveillance croisée des membres de la communauté, qu'elle incite les agents à suivre des stratégies standard uniformes et qu'elle égalise la valeur des options de sortie de chacun[3]. Cependant, les agents d'un même domaine de propriété commune peuvent ne pas disposer des mêmes capacités et des mêmes dotations en ressources collectives. Certains arrangements institutionnels prescrivent alors que « chacun contribue selon ses capacités et tous profitent des biens collectifs de manière égale ». Comment ce type de norme peut-il devenir auto-exécutoire ?

Une étude comparée sur les communautés de pêcheurs japonais, réalisée sur le terrain par Platteau et Seki (2001), propose un point de vue intéressant sur cette question. Les auteurs ont découvert des différences significatives entre les groupes de pêcheurs qu'ils avaient étudiés. Le groupe le plus productif obéissait à un grand nombre de normes et de pratiques coopératives, comme le partage des compétences et de l'information sur les lieux de pêche, le contrôle collectif de leur accès, la récupération et la réparation collectives des filets perdus, ou encore la synchronisation des heures de pêche et du nombre de prises. Par ailleurs, ce groupe se répartissait le revenu net de la pêche de manière égalitaire. En revanche, les autres groupes se caractérisaient par une faible coordination du travail, un partage minimal des connaissances et une absence totale de mutualisation des revenus et des coûts. Les auteurs ont montré que le premier groupe parvenait à augmenter ses profits en réduisant les coûts d'encombrement et les risques de destruction des filets, en exploitant mieux les gains de la spécialisation et en contrôlant davantage le prix de vente des poissons par l'exercice de son pouvoir de monopole. Le respect de normes coopératives sur les niveaux d'effort et sur le partage de l'information, associé à la mutualisation des revenus et des coûts, signifie cependant que les pêcheurs les plus habiles du premier groupe pouvaient être matériellement moins favorisés que les pêcheurs les plus habiles du second. Comment expliquer, dans ces conditions, que les « bons » pêcheurs du premier groupe aient accepté de se plier à l'arrangement égalitaire/coopératif ? Pourquoi ne faisaient-ils pas comme les bons pêcheurs du second qui, quelques années auparavant, avaient refusé de s'y soumettre et avaient ainsi dissous le groupe coopératif ?

En s'appuyant sur des entretiens avec les pêcheurs, les auteurs ont avancé l'idée que les bons pêcheurs du premier groupe pouvaient, en s'efforçant d'élever au maximum le revenu collectif, acquérir l'estime de la communauté et un meilleur statut social. Cela signifie, dans notre jargon, que le coût d'opportunité de la coopération payé par les pêcheurs les plus habiles est compensé par la quantité additionnelle de capital social qu'ils retirent de cette coopération. L'étude de Platteau et Seki a montré qu'un jeu de propriété commune (ici le jeu de la pêche) pouvait avoir plusieurs équilibres malgré la différenciation des caractéristiques des agents : la pêche coopérative et la mutualisation des revenus fondées sur l'enchâssement social des pêcheurs d'un côté, la pêche concurrentielle fondée sur les compétences individuelles de l'autre[4]. Nous allons maintenant étudier une structure de jeu isomorphe, quoique plus institutionnalisée formellement, celle de l'atelier japonais[5].

Exemple 8. 2. Deux sortes de normes de travail (Burawoy). Au chapitre V, nous avons montré que deux types d'architectures organisationnelles pouvaient donner lieu à une convention. L'une était fondée sur des compétences individualisées et spécialisées, tandis que l'autre s'appuyait sur des compétences contextualisées incorporant un certain partage de l'information. On peut penser qu'un système de rémunération à la pièce constitue un dispositif d'incitation efficace pour le premier type de compétence (tant que l'on peut attribuer une tâche unique et bien définie aux travailleurs[6]), alors qu'un dispositif de rémunération plus égalitaire, n'encourageant pas la concurrence égocentrique, est plus adapté au second. Une rémunération à la pièce peut cependant déclencher une « course de rats » (Akerlof, 1976), susceptible de faire baisser les prix et de créer une situation de dilemme du prisonnier. D'autre part, un schéma de rémunération égalitaire peut décourager les efforts des ouvriers les plus habiles et ainsi piéger l'ensemble du groupe dans un équilibre de faible productivité. Dans les deux cas, la production d'un capital social et sa répartition entre les travailleurs selon certaines habitudes propres au lieu de travail, peuvent offrir une solution partielle à ces problèmes.

Dans une description ethnographique fondée sur sa propre expérience professionnelle, Burawoy (1979) a montré comment l'institution d'une norme dans un petit groupe de travailleurs pouvait limiter les effets négatifs liés à la compétition. Dans une usine de machines-outils près de Chicago, il a observé la manière dont les ouvriers développaient et reproduisaient certaines règles, en réaction à l'instauration d'un système d'incitation fondé sur une rémunération à la pièce. Dans cette usine, les travailleurs opéraient sur leurs machines de manière plus ou moins autonome et étaient payés selon un système de rémunérations individuelles. Ce système de rémunération consistait en un revenu de base, auquel s'ajoutait une prime par pièce au-delà d'un taux de production de 100 %, dont la normalisation dépendait de la tâche, de la machine, de l'expérience, etc. Chaque ouvrier cherchait alors à atteindre (*to make out* dans leur argot) un certain taux de production. Certains se satisfaisaient de 125 %, d'autres cherchaient à atteindre un taux plus élevé encore. Il existait cependant un taux plafond (par exemple 140 %) imposé et bien admis par l'ensemble des ouvriers. Celui qui le dépassait subissait l'ostracisme des autres (même si certains ouvriers n'en étaient pas affectés). Par ailleurs, ceux qui n'atteignaient pas le seuil de 100 % étaient méprisés, de sorte que « seuls les moins expérimentés daignaient leur adresser la parole » (1979, p. 64).

D'après Burawoy, la volonté des ouvriers de cibler un certain niveau de production ne peut se réduire à leur désir d'obtenir un revenu plus élevé. Cette stratégie leur permettait de moins s'ennuyer, de développer leurs relations sociales et leur satisfaction psychologique, tout en évitant les comportements concurrentiels excessifs. Cette culture du *making out* résultait du comportement même des ouvriers, mais une fois qu'elle était établie, ceux-ci la considéraient comme un ensemble de relations imposées de l'extérieur. L'auteur interprète cette situation dans une perspective marxiste selon laquelle les ouvriers, en se pliant aux règles du jeu, consentaient à l'exploitation capitaliste de la survaleur.

Au sein d'un atelier japonais typique, en revanche, c'est la coopération informelle qui est la norme, que celle-ci prenne la forme d'un enseignement des anciens aux ouvriers les moins expérimentés, de la circulation d'astuces non écrites dans les manuels ou de l'aide réciproque dans la résolution de certains problèmes (comme le bris d'une machine, l'arrivée de pièces défectueuses, la réparation des outils, etc). Il faut bien remarquer que les ouvriers qui s'engagent de manière assidue dans ces activités coopératives produisent de substantielles externalités. Même s'il y a une certaine réciprocité, les ouvriers d'un même atelier ne disposent pas tous des mêmes capacités à produire ces externalités. Les différences de salaires suffisent-elles à compenser intégralement cette disparité ? Traditionnellement, les ouvriers des usines japonaises ne sont pas payés selon le type de travail qu'ils réalisent mais selon leur grade et les différences de salaire d'un grade à l'autre sont assez limitées. De plus, l'avancement dans la hiérarchie des grades ne résulte pas d'un tournoi où le gagnant remporterait seul tous les prix associés au grade le plus élevé. De manière générale, les ouvriers s'attendent tous à atteindre un jour ou l'autre le rang le plus élevé (c'est l'essence du « salaire à l'ancienneté ») et à ne se différencier que du point de vue de la vitesse de leur avancement (l'ouvrier ambitieux peut être promu contremaître, avec un grade plus élevé). Ce sont les différences dans la rapidité de l'avancement, comme la question de savoir si on peut atteindre avant 35 ans le quatrième grade sur une échelle de dix, qui forment la principale préoccupation des ouvriers[7]. On peut cependant douter que l'avancement relativement plus rapide accordé aux ouvriers les plus habiles et les plus coopératifs puisse engendrer, sur l'ensemble de leur vie, un différentiel de revenus suffisamment élevé pour compenser la valeur des externalités dont ils sont à l'origine. La raison en est que les écarts de salaires qui existent entre les ouvriers de grades différents sont assez faibles et que l'avancement n'est que très progressif. Manifestement, les ouvriers les plus habiles tirent une satisfaction non pécuniaire de la reconnaissance symbolisée par la rapidité de leur avancement, qui suscite chez les autres ouvriers une certaine estime et parfois même une certaine jalousie. La contribution de chaque ouvrier à la productivité collective et au développement des capacités des autres est en général bien identifiée au sein du groupe de travail et le pouvoir des dirigeants à décider arbitrairement de leur avancement est sévèrement contrôlé.

Dans l'usine où Burawoy a travaillé et qu'il a étudiée, la norme en place a limité la « course de rats » entre les ouvriers, mais en même temps elle a freiné le développement de leur coopération et de leur participation à l'amélioration de l'organisation du travail. De leur côté, les pratiques japonaises ont facilité le développement de pratiques coopératives efficientes, mais il apparaît que la pression sociale qui régnait sur le lieu de travail envahissait la vie personnelle des ouvriers. Il semble que la solution idéale se trouverait dans un équilibre entre l'approche individualiste et l'approche coopérative. On peut cependant observer assez intuitivement que chacune des normes décrites ci-dessus est provoquée par une certaine architecture organisationnelle, qui à son tour soutient la norme en place dans l'atelier. Il s'agit, d'un côté, de la hiérarchie fonctionnelle fondée sur une décomposition claire des emplois et, de l'autre, de la hiérarchie horizontale fondée sur le partage de l'information et de l'expérience. Il n'est donc pas du tout évident que l'on puisse parvenir à cette combinaison apparemment idéale sans modifier en profondeur les architectures organisationnelles traditionnelles.

VIII.2 JEUX LIES ET LIENS INSTITUTIONNELS

L'enchâssement social requiert que les agents appartiennent simultanément au domaine de l'échange social et à un domaine qui lui soit lié. Ces agents peuvent être membres d'une communauté d'irrigation, d'une communauté de pêcheurs ou d'un groupe de travail dans une usine moderne. Cette sous-section est consacrée aux autres types de liens institutionnalisés, à savoir (A) le contrat lié, qui se définit par le fait que les mêmes agents passent plusieurs contrats, (B) le regroupement par intégration, c'est-à-dire le regroupement de domaines (identiques) par un agent présent dans chacun d'eux, (C) le regroupement intermédié, où des domaines (identiques) sont regroupés par une tierce partie n'appartenant à aucun domaine d'origine et (D) le regroupement de domaines (identiques) par les intervenants du marché. En modifiant la structure d'information ou la structure d'incitation des jeux individuels, leur lien peut permettre de crédibiliser des choix stratégiques qui ne l'auraient pas été autrement.

(A) Le lien contractuel

Commençons par étudier une situation dans laquelle un agent coordonne consciemment au moins deux jeux en s'appuyant sur des contrats. L'agent peut ainsi modifier la structure d'incitation du partenaire avec qui il passe contrat et donc créer des rentes à son bénéfice et éventuellement au bénéfice de son partenaire d'échange. L'exemple qui suit et les idées qui s'y rattachent ont été abondamment étudiés par les économistes du développement.

Exemple 8.3. Transactions liées dans un contexte de développement rural (Bardhan, Braverman et Stiglitz). Imaginons un village dans une économie en développement, composé de trois groupes d'agents : les riches propriétaires terriens, les pauvres paysans sans terre et les prêteurs sur gages extérieurs. Supposons que les paysans offrent les services de leur travail aux propriétaires selon un arrangement de métayage, que celui-ci procède d'une convention ou un contrat. Cet arrangement implique que seule une partie de la productivité marginale du travail revient au paysan. Si celui-ci accepte cet arrangement dans un domaine d'échange de travail isolé et qu'il maximise son surplus d'utilité en égalisant son revenu marginal contractuel au coût de desutilité de son travail, il en résulte une sous-offre d'efforts[8]. Par ailleurs, si les capacités de surveillance du propriétaire terrien sont limitées, le paysan peut détourner à son profit une partie des grains ou de la récolte. Nous faisons l'hypothèse que le paysan ne dispose pas de moyens de subsistance durant le printemps qui précède la récolte et qu'il doit emprunter soit auprès du propriétaire terrien pour lequel il travaille, soit auprès du prêteur au taux concurrentiel. Nous supposons maintenant que le propriétaire terrien lie le domaine de l'échange de travail au domaine des transactions de crédit en proposant au paysan un crédit à la consommation remboursable à l'automne par sa récolte.

Imaginons que le propriétaire adopte la stratégie suivante. Il prête de l'argent à un taux inférieur à celui qui est proposé par le prêteur. Si à l'automne le paysan ne rembourse pas sa dette, parce que son revenu, net de sa consommation de subsistance, est inférieur au montant de sa dette, alors le propriétaire terrien lui impose des travaux supplémentaires extrêmement désagréables. Nous supposons que cette clause de servage est exécutoire. La stratégie du paysan consiste alors à emprunter une certaine quantité de monnaie au printemps et à travailler davantage entre le printemps et l'automne de manière à pouvoir rembourser sa dette. Le regroupement des deux domaines incite donc le paysan à travailler plus que lorsque les domaines étaient séparés. Du fait de ces externalités, le propriétaire incite le paysan à emprunter plus, en lui offrant un taux inférieur à celui du marché. Bardhan et Rudra (1978) rapportent que les propriétaires terriens du Bengale occidental proposent effectivement ce type de prêt et parfois même des prêts à la consommation à un taux zéro. Comme le paysan fournit plus d'efforts que s'il était lié par le seul accord de métayage, la frontière d'utilité se déplace vers le haut, que le marché du métayage soit concurrentiel, monopolistique ou monopolistique bilatéral (Braverman et Stiglitz, 1982). En revanche, les effets de ce regroupement en termes de répartition peuvent dépendre de la structure du marché. Le propriétaire et le paysan peuvent atteindre tous deux des niveaux d'utilité plus élevés (lorsque le marché est concurrentiel), mais il se peut également que le premier accapare l'ensemble des gains provenant des externalités (lorsque le marché est monopolistique).

L'économie du développement dispose d'une littérature relativement abondante sur les contrats liés avec, d'un côté, l'offre de travail, la livraison à terme des récoltes et les contrats de sous-traitance et, de l'autre, le crédit, l'affermage, l'offre de biens de consommation, etc.[9]. De manière générale, les contrats liés sont susceptibles d'augmenter le bien-être des agents et ne constituent donc pas nécessairement un dispositif sous-optimal lié à un environnement institutionnel particulier (comme le pouvoir du propriétaire terrien ou des restrictions juridiques sur les taux d'usure). Nous avons pris l'exemple d'un arrangement de métayage, mais d'autres types de transactions liées peuvent permettre de préserver ou d'augmenter le bien-être des agents. C'est le cas, par exemple, d'un contrat salarial linéaire mais discontinu, offrant au paysan un taux de salaire inférieur au taux concurrentiel en deçà d'une certaine quantité de récolte et égal à celui-ci au-delà[10]. Là encore, les conséquences de ces transactions liées en termes de répartition sont ambiguës. Selon les facteurs socio-politiques et l'environnement, ces transactions peuvent soit augmenter le bien-être du paysan et celui du propriétaire simultanément, soit attribuer l'intégralité des gains d'efficience à ce dernier.

(B) Le regroupement par intégration

Le regroupement par intégration désigne une classe de liens selon lesquels un agent relie entre eux des domaines de même type où il est présent. En coordonnant sa stratégie sur plusieurs domaines en même temps, cet agent peut s'engager de manière crédible à suivre des stratégies qui n'étaient pas auto-exécutoires dans les domaines pris isolément (comme la sanction d'un partenaire d'échange en cas de mauvaise performance) et pousser ainsi les autres agents à adopter la stratégie qu'il souhaite[11].

Exemple 8.4. L'usine conçue comme regroupement de contrats d'emplois (Murdock). Supposons qu'un employeur et un employé jouent de manière répétée un dilemme du prisonnier unilatéral, analogue à celui du modèle de Grief présenté au chapitre III.2. Dans ce modèle, le marchand pouvait inciter son agent à travailler en lui offrant le salaire d'efficience. Comme le marchand pouvait remplacer son agent gratuitement, la menace de le licencier dans le cas où il refuserait de travailler était crédible. Nous supposons maintenant que l'employeur dispose d'une stratégie de sanction maximale dans le cas où l'employé refuserait de travailler (disons la rupture du contrat d'emploi) et que cette stratégie peut l'inciter à coopérer. Nous faisons l'hypothèse que l'adoption de cette stratégie par l'employeur lui impose un coût de transaction T (disons le coût de remplacement de l'employé) supérieur à la différence entre la valeur de la coopération répétée V_{coop} résultant de la stratégie {Salaire d'efficience, Effort élevé} et celle de l'équilibre de Nash non coopératif V_{Nash} caractérisée par le profil stratégique {Ne pas renvoyer et verser un salaire faible, Ne pas fournir l'effort requis}. Cela signifie que la menace de l'employeur d'exercer cette stratégie n'est pas crédible et que le résultat d'équilibre correspond à celui de l'équilibre de Nash statique.

Supposons maintenant qu'un employeur regroupe deux jeux de ce type, sans que les employés puissent coordonner leurs stratégies. L'employeur peut alors adopter la stratégie suivante : il emploie les deux salariés au salaire d'efficience tant que ceux-ci fournissent l'effort requis. Si l'un d'eux s'écarte de cette stratégie, l'employeur applique la stratégie de sanction maximale et remplace l'employé non coopératif par un autre au coût T. Si les deux employés s'en écartent simultanément, alors l'employeur joue la stratégie de Nash statique dans les deux jeux ({Pas de licenciement, Faible salaire}) à toutes les périodes futures. Demandons-nous maintenant si l'employeur a intérêt à s'écarter de cette stratégie. Imaginons que l'un des employés cesse de coopérer. L'application de la stratégie de sanction maximale rapporte un gain $2V_{coop} - T$ à l'employeur, puisque l'on suppose que l'ancien et le nouvel employé coopèrent à toutes les périodes futures. Comme l'absence de sanction déclenche un comportement non coopératif de la part des deux employés, la stratégie alternative ne rapporte à l'employeur qu'un gain de $2V_{Nash}$. En conséquence, la menace d'appliquer la sanction est crédible dans le jeu groupé dès que $V_{coop} - V_{Nash} > ½ T$, ce qui n'était pas le cas dans un jeu isolé. Il est facile de montrer que les autres profils de stratégie constituent des équilibres parfaits en sous-jeu (Murdock, 1996).

Nous pouvons donc en tirer la conclusion suivante : alors que la promesse par l'employeur d'appliquer la sanction maximale n'est pas crédible dans chaque jeu pris isolément, leur regroupement permet d'atteindre le résultat coopératif (même si l'équilibre de Nash statique, c'est-à-dire l'absence de coopération, reste également une possibilité). Cela signifie que la politique qui consiste à « diviser pour mieux régner », caractéristique du système classique de l'usine où la communication entre les travailleurs était sévèrement contrôlée, a pu rendre la discipline du salaire d'efficience plus efficace que des contrats d'emplois indépendants ou des contrats de sous-traitance. Il ne s'agit là, bien évidemment, que de l'un des aspects multiples du système de l'usine et d'autres aspects, comme les gains liés à la coordination des activités de production des employés, ont pu également jouer un rôle important. Bien entendu, la stratégie de l'employeur consistant à « diviser pour mieux régner » peut être contrecarrée par la coordination des stratégies de négociation des employés et par la formation d'un syndicat[12].

Exemple 8.5. Le système de sous-traitance à fournisseurs multiples. Reprenons l'exemple 8.4. que nous venons de voir, remplaçons l'« employeur » par un « fabricant principal » et l'« employé » par un « fournisseur » et nous obtenons le système à fournisseurs multiples que l'on observe dans les relations de sous-traitance de l'industrie automobile japonaise. On peut le comprendre comme un dispositif destiné à limiter la menace par le fournisseur de se saisir des coûts irrécupérables encourus par le fabricant (le problème du *hold up*), que B.R. Klein, Crawford et Alchian (1978) ont analysé dans leur article souvent cité sur l'acquisition de Fisher Body par *General Motors*[13]. Leur solution, qui consiste à intégrer les fournisseurs pour en assurer le contrôle hiérarchique, n'est pas la seule réponse institutionnelle possible au problème du *hold up*. Nous avons également montré que l'intégration était, du point de vue informationnel, moins optimale que la sous-traitance dès que l'on fournissait aux agents des incitations appropriées (chapitre IV.1.). Une étude historique récente de Freeland (1997) à partir des archives de l'entreprise a révélé que l'intégration n'avait pas résolu le problème du *hold up*, parce que les frères Fisher (ceux qui possédaient Fisher Body avant l'intégration), après avoir cédé leurs droits de propriété sur les actifs physiques, menaçaient la direction de GM de la priver de leurs compétences (leurs actifs humains). En menaçant ainsi de quitter GM, ils ont pu obtenir un plan de *stock-options* particulièrement avantageux alors même que leur entreprise était déjà intégrée. On peut opposer cette situation à celle des fabricants japonais, qui ont opté pour des transactions répétées avec une multitude de fournisseurs externes. Il semble que cette stratégie, en rendant crédible la menace de mettre un terme aux contrats qui les liaient à l'un ou l'autre de leurs fournisseurs, leur a permis de limiter le pouvoir de négociation de ces derniers.

Il doit être possible, intuitivement, d'appliquer la même logique à un grand nombre de formes de regroupement d'activités, comme l'architecture organisationnelle à divisions multiples (la forme *M*), les conglomérats et les groupes diversifiés. Nous développons cette idée en relation avec d'autres caractéristiques de ces formes organisationnelles dans l'exemple 8.10 ci-dessous.

(C) Le regroupement intermédié

A la différence du type de regroupement que nous venons de présenter, et qui reposait sur un seul agent (un « intégrateur ») jouant dans deux domaines simultanément, celui que nous étudions maintenant s'appuie sur l'intermédiation d'une tierce partie. Celle-ci est incitée à relier les jeux car elle produit ainsi des externalités qui lui permettent de prélever une rente. Ces externalités peuvent provenir de l'exploitation d'une information qui n'était initialement pas disponible aux agents (exemples 8.6. et 8.7.), ou d'une modification de leur structure d'incitation (exemple 8.8.)[14].

Exemple 8.6. La lex mercatoria (Milgrom, North et Weingast). Nous avons présenté un exemple de lien intermédié au chapitre III. Une tierce partie, la *lex mercatoria* y rendait l'échange honnête auto-exécutoire en liant dans le temps une multitude de jeux d'échanges anonymes. La *lex mercatoria* modifiait la structure d'incitation des agents en faisant circuler de manière stratégique l'information relative à leurs jugements d'impayés.

Exemple 8.7. Les marchands comme intermédiaires informationnels (Che). Supposons que l'économie se compose d'un groupe de consommateurs et d'un groupe d'agriculteurs, dont chacun produit une unité d'une récolte. La qualité du produit est variable. La probabilité qu'un agriculteur produise une récolte de bonne qualité est de q et celle qu'il en produise une de mauvaise qualité de $1-q$. Chaque consommateur ne peut s'approvisionner qu'auprès d'un seul agriculteur et ne peut évaluer avec précision la qualité de sa production avant de l'avoir achetée. Les consommateurs peuvent cependant faire une évaluation (imparfaite) de la qualité de ce qu'ils vont acheter en inspectant préalablement les récoltes (on suppose que le niveau de l'évaluation est une fonction croissante de la qualité réelle des produits). Les consommateurs n'ont pas le pouvoir de négocier le prix d'achat et ne peuvent donc que refuser d'acheter si celui-ci ne leur convient pas. Bien entendu, ils sont d'autant plus prêts à payer un prix élevé que leur évaluation de la qualité du produit après inspection est élevée. Nous qualifions de « direct » ce jeu d'échange entre un agriculteur et un consommateur. L'ensemble des choix de l'agriculteur consiste en une gamme de prix de vente et celui du consommateur en des stratégies {Acheter, Ne pas acheter}.

Supposons maintenant que des marchands (des intermédiaires) s'interposent entre le groupe des agriculteurs et celui des consommateurs. Ils achètent les produits des agriculteurs au prix qui serait payé par les consommateurs, mais sont capables d'évaluer parfaitement la qualité des produits. Par ailleurs, s'ils considèrent que les produits d'un agriculteur sont de trop mauvaise qualité, ils peuvent choisir, en payant un certain coût de recherche, de se procurer des produits de bonne qualité auprès d'un autre fournisseur. Nous supposons que cette activité est socialement bénéfique (cela signifie que le surplus du consommateur, net du coût de recherche du marchand, est positif), mais que les marchands n'ont pas intérêt à s'y consacrer si cette transformation de la structure du jeu ne modifie pas les croyances des consommateurs. Remarquons que les consommateurs n'ont *a priori* aucune raison de croire que les marchands n'utilisent pas leur expertise à leur avantage propre.

Faisons maintenant l'hypothèse que les marchands peuvent relier deux jeux d'échange directs et coordonner les choix qu'ils font dans chacun d'eux. Les marchands ont alors deux décisions stratégiques à prendre. La première consiste à choisir, lorsqu'ils jugent que les produits de l'un des agriculteurs sont de mauvaise qualité, si oui ou non ils paient le coût de recherche qui leur permet d'obtenir des produits de bonne qualité ailleurs. La seconde consiste à déterminer, dans le cas où la qualité des produits des *deux* agriculteurs ne les satisfait pas, s'ils s'orientent vers des agriculteurs capables de leur vendre des produits de bonne qualité et s'ils leur achètent une ou deux unités de produit (leur coût de recherche est multiplié par deux lorsqu'ils décident de se procurer deux unités de bons produits). En définitive, les marchands disposent toujours de deux unités de produit (de bonne ou de mauvaise qualité), provenant de deux agriculteurs différents. Nous supposons qu'ils les attribuent de manière aléatoire à deux consommateurs, qui peuvent chacun refuser d'acheter le lot qui leur est destiné après avoir examiné les *deux* unités de produit que le marchand dispose sur son étalage.

Che (1997, 1999) a montré que le profil de stratégie suivant était le seul équilibre stable du jeu, dès lors que la probabilité q que la production soit de bonne qualité était suffisamment élevée : (1) le marchand choisit de payer le coût associé à la recherche d'une unité de bons produits si et seulement si l'un des agriculteurs auprès desquels ils s'approvisionne lui propose des produits de mauvaise qualité ; (2) les consommateurs paient un prix plus élevé que dans le jeu d'échange direct si et seulement si ils reçoivent des signaux leur indiquant que les deux unités de produit qui se trouvent sur l'étalage du marchand sont de bonne qualité. La stratégie du marchand signifie que les unités de produit dont il dispose sont soit toutes deux de bonne qualité, soit toutes deux de mauvaise qualité. La probabilité que l'unité de produit proposée au consommateur soit de bonne qualité est désormais de $2q - q^2$, qui est supérieur à q (la probabilité que les deux unités de produit soient initialement de bonne qualité est de q^2, alors que celle que l'une des unités de produit seulement soit de bonne qualité, auquel cas le marchand en recherche une seconde de bonne qualité, est de $2q\ (1-q)$). Bien que le consommateur reçoive toujours un signal imparfait sur la qualité des produits avant des les acheter, la probabilité que son évaluation des produits soit positive est plus élevée. Le regroupement intermédié engendre des externalités parce qu'il permet aux consommateurs, dont les capacités de contrôle sont limitées, de disposer d'une meilleure information. Les marchands qui ont en stock des produits de bonne qualité peuvent en demander un prix plus élevé que celui que les consommateurs étaient disposés à payer en cas d'échange direct et avoir une chance que ce prix soit quand même accepté. En d'autres termes, les marchands s'emparent de la valeur des externalités et améliorent leur bien-être, même s'ils doivent payer les coûts associés à la recherche des bons produits. Les marchands qui ne disposent que de produits de mauvaise qualité doivent les vendre à un prix plus bas, mais la probabilité qu'un produit de mauvaise qualité soit vendu passe de $(1-q)$ à $(1-q)^2$, alors que le surplus qu'un consommateur retire de produits de mauvaise qualité augmente en raison de la baisse de leur prix.

Dans le cadre de ce modèle, en remplaçant les « agriculteurs » par des « entrepreneurs », les « consommateurs » par des « investisseurs » et les « marchands » par des « intermédiaires financiers », on comprend mieux l'une des fonctions des intermédiaires financiers : réduire, grâce à leur capacité de contrôle plus développée, l'incertitude des investisseurs sur les risques des projets d'investissement proposés par les entrepreneurs. Dans son modèle d'origine (celui de 1997), Che avance que l'administration des municipalités et des villages chinois joue *de facto* le rôle de siège social d'entreprises, dont l'objectif est de regrouper de manière cohérente la qualité des différents projets d'investissement et de réduire ainsi l'incertitude des acheteurs et des investisseurs extérieurs.

Exemple 8.8. Le financement de la R-D par les sociétés de capital-risque. Supposons que certains investisseurs, incapables de surveiller eux-mêmes les activités de recherche-développement, décident de financer le projet de développement d'un entrepreneur selon un contrat qui attribue à ce dernier une certaine proportion de la valeur du projet de recherche-développement terminé. Comme l'entrepreneur ne bénéficie pas de l'intégralité de la valeur à laquelle son effort donne lieu, il peut choisir de gaspiller une partie des fonds et de ne pas consacrer tout son effort à l'activité de recherche-développement. Il y a donc un problème d'aléa moral. Imaginons maintenant qu'une société de capital-risque lève deux fois plus de fonds que la précédente afin de financer deux entrepreneurs engagés dans le même projet de recherche-développement. Cela signifie que la société de capital-risque relie deux domaines de financement de la recherche-développement. Nous supposons qu'elle organise un tournoi entre les entrepreneurs, et qu'elle s'engage à attribuer au gagnant la même proportion de la valeur du projet que dans le cas du financement direct, mais rien au perdant (seul le gagnant peut être introduit en bourse, par exemple). Le chapitre IV.3. a permis de démontrer le résultat suivant : si la valeur espérée d'un projet réussi est très élevée, alors la société de capital-risque peut inciter les deux entrepreneurs à fournir un niveau d'effort plus élevé même si chacun d'eux n'a qu'une chance sur deux de gagner ; cette augmentation des niveaux d'effort permet, à son tour, d'augmenter la valeur espérée d'un projet réussi. Sous certaines conditions, ces effets externes peuvent être suffisamment importants pour compenser la duplication des coûts du financement, et donc permettre à la société de capital-risque de prélever une rente (chapitre XIV.2.).

(D) Les liens intermédiés par le marché

Dans l'exemple 8.6. ci-dessus, le rôle d'intermédiaire de la *lex mercatoria* consistait à modifier indirectement les incitations des échangistes en transformant leur structure d'information. La *lex mercatoria* n'avait cependant pas le pouvoir de sanctionner les échangistes malhonnêtes. De ce point de vue, le tribunal, en tant que mécanisme formel de mise en application du droit par une tierce partie, incite davantage encore les agents à échanger de manière honnête. Cela favorise le développement du marché et renforce le lien entre les différents domaines (comme les domaines d'organisation). La concurrence, qui forme le cadre dans lequel les stratégies des agents sur les marchés et dans les organisations doivent être coordonnées, pousse les dirigeants (ainsi que les employés) à sélectionner des actions optimales. L'exemple 8.9. ci-dessous applique une logique analogue au lien entre des domaines d'économie politique composés d'un gouvernement et d'entreprises publiques. L'exemple 8.10. étudie le rôle des groupes d'entreprises (le regroupement de firmes diversifiées) lorsque l'absence d'une tierce partie capable de rendre les contrats exécutoires ou d'un mécanisme qui dissémine l'information ont freiné le développement des liens de marché.

Exemple 8.9. Le fédéralisme de marché (Qian et Roland). Considérons un domaine composé d'un gouvernement et d'une entreprise publique représentative (EPR), participant de manière répétée à un jeu d'économie politique simple. Le domaine se compose également d'un secteur privé, dont les rendements des investissements dépendent du niveau des dépenses d'infrastructures sociales choisi par le gouvernement. La matrice des conséquences, représentée par la figure 8.1., résume la structure des interactions stratégiques entre le gouvernement et l'EPR. Les lignes du tableau indiquent les choix stratégiques de la direction et des employés de l'EPR, et les colonnes ceux du gouvernement. La première entrée de chaque cellule représente le bénéfice privé non vérifiable (non imposable) de la direction et des employés de l'EPR, net du coût de l'effort encouru, et la seconde le rendement vérifiable sur lequel le gouvernement peut librement prélever un impôt. Nous supposons que $\Gamma > \gamma$ et que $\gamma + \pi > \Gamma - \beta > 0$. Le gouvernement ne peut prélever un impôt π que lorsque la direction et les employés de l'EPR fournissent un effort. Cependant, la stratégie des membres de l'EPR n'est pas vérifiable par un tribunal, ce qui signifie qu'elle ne peut être inscrite dans le contrat.

Figure 8.1.
Structure du domaine politique

Gouvernement / Entreprises publiques	Laisser-faire	Renflouement
Effort	γ, π	
Evitement	0,0	Γ, β

Supposons que les employés de l'EPR choisissent leur stratégie avant le gouvernement. S'ils ne fournissent pas l'effort requis, cela se traduit par une perte $-\beta$ sur les livres de l'EPR. Le gouvernement doit alors choisir s'il veut renflouer ou non l'EPR en difficulté, ce qu'il peut faire en détournant un montant β de ses investissements en infrastructures sociales (on suppose que le budget total du gouvernement est constant). Le bénéfice privé des membres de l'EPR, y compris le bénéfice associé à l'économie du coût d'effort, atteint un maximum Γ lorsque l'EPR est renflouée, alors qu'ils obtiennent un rendement nul si l'entreprise est liquidée. Nous supposons que le gouvernement agit de façon bénévole ou pour des motifs politiques, au sens où la perte $-\Gamma$ encourue par le licenciement des membres de l'EPR suite à la fermeture de celle-ci entraîne des coûts sociaux et lui fait perdre leur soutien politique. Dans cette situation, le gouvernement renfloue l'EPR en difficulté tant que le gain Γ est supérieur au coût d'opportunité β associé à la baisse de la productivité des entreprises privées provoquée par le rationnement des dépenses d'infrastructures.

Sachant cela *ex ante*, la direction et les employés de l'EPR choisiront de ne pas fournir l'effort requis tout en profitant de la stratégie du gouvernement (qui leur rapporte Γ). L'équilibre consiste alors en une combinaison de stratégies {Se soustraire à l'effort, Renflouer l'entreprise} rapportant un faible bénéfice agrégé $\Gamma - \beta$, et que nous qualifions d'*équilibre de laxisme budgétaire*.

Supposons maintenant qu'une tierce partie, le gouvernement fédéral, regroupe une multitude de domaines d'économie politique. Celui-ci cherche à maximiser le rendement social agrégé de l'ensemble des domaines, et dérèglemente les marchés de capitaux de manière à ce que les flux d'investissements privés puissent circuler librement d'un domaine à l'autre. Dorénavant, les gouvernements de chaque juridiction sont en concurrence pour attirer les investissements privés et maximiser le produit de leur domaine. Pour ce faire, les gouvernements locaux peuvent investir dans des infrastructures complémentaires (routes, aéroports, etc.) qui améliorent la productivité des investissements privés. Un gouvernement peut ainsi attirer des ressources externes vers son domaine de juridiction et les détourner d'un autre domaine, alors même que le montant total des investissements privés dans l'économie reste constant. Le bénéfice marginal local des investissements en infrastructure (par opposition au renflouement de l'EPR) incorpore alors, en plus de l'augmentation directe de la productivité marginale qu'ils engendrent (β), un bénéfice marginal lié à l'afflux de capitaux privés en provenance des autres domaines (ρ). Ces externalités font augmenter le coût d'opportunité du renflouement de l'EPR par le gouvernement, qui s'élève dorénavant à $\beta + \rho$. Si ce coût d'opportunité est supérieur au coût du renflouement Γ, alors le gouvernement choisira de consacrer le montant β de ses ressources fiscales aux infrastructures plutôt que de renflouer l'EPR en difficulté. L'engagement du gouvernement à gérer de manière plus rigoureuse le budget de l'EPR devient alors crédible, ce qui force leurs membres à fournir l'effort requis. L'équilibre se caractérise alors par le profil de stratégies {Effort, Non-intervention}, qui rapporte un bénéfice agrégé plus élevé. Nous le qualifions d'*équilibre de rigueur budgétaire*.

Le regroupement de domaines d'économie politique que nous venons de décrire constitue un exemple simple du fédéralisme favorable au marché déjà abordé au chapitre VI.2.[15] Il peut servir de dispositif de coordination permettant, lorsque les niveaux d'effort de la direction et des employés de l'EPR ne sont pas vérifiables, d'atteindre un équilibre plus élevé. La concurrence que se font les gouvernements dans le jeu lié permet de resserrer la contrainte budgétaire de l'EPR et de forcer ses membres à fournir l'effort requis. Les gains sociaux liés à la rigueur budgétaire se composent des gains d'efficience dus à une meilleure discipline de la part de l'EPR ($\gamma + \pi - \Gamma$)

plus l'amélioration de la productivité des investissements privés (β) rendue possible par l'amélioration des infrastructures sociales. Dans l'exemple que nous avons présenté, le montant que les gouvernements locaux décident d'investir dans les infrastructures sociales est supposé constant, mais peut être partiellement détourné en vue du renflouement d'une EPR en difficulté. En revanche, les externalités créées par le regroupement fédéral peuvent pousser les gouvernements à se faire concurrence sur le montant des investissements en infrastructure. Bien qu'il limite la tendance au laxisme budgétaire, le regroupement fédéral peut ainsi engendrer des niveaux d'investissements sociaux excessifs.

Exemple 8.10. Les groupes d'entreprises diversifiés (Khanna, Palepu et Rivkin). Dans les économies de marché relativement peu développées (et qualifiées de manière un peu imprécise « marchés émergents »), on observe souvent la formation de groupes d'entreprises présents sur différents marchés. Les *zaibatsu* du Japon d'avant-guerre, les *chaebol* coréens et les *grupos* d'Amérique latine en constituent des exemples emblématiques. Ces groupes peuvent se former grâce à un regroupement centralisé par un holding à participation restreinte (comme dans cas des *zaibatsu* d'avant-guerre), par un holding d'entreprises (dans le cas des *chaebol*) ou par des participations croisées entre des firmes membres et une firme centrale (en Inde et au Chili). Les liens de familles et les autres types de relations sociales qui unissent les propriétaires, les directeurs et les cadres contribuent également à maintenir une connexion étroite entre les firmes membres.

Quelles sont les fonctions de ces groupes d'entreprises diversifiés ? Une conception familière, fondée sur l'économie de l'information et des coûts de transactions, considère qu'ils se substituent aux marchés de capitaux[16]. Lorsque les intermédiaires financiers spécialisés dans la surveillance du marché et la dissémination de l'information sont peu développés, ces groupes offrent une solution organisationnelle alternative aux asymétries d'information entre les investisseurs et les emprunteurs. Un holding peut ainsi prendre en charge le risque associé au financement des firmes du groupe, surveiller leurs directions et éventuellement les sanctionner en cas d'échec. Dans les économies financiarisées avancées, ces fonctions sont disséminées parmi une multitude d'organisations spécialisées, comme les banques d'investissement, les banques commerciales, les sociétés de capital-risque, les analystes de marché, les cabinets d'audit, les gestionnaires de fond, les tribunaux de commerce, les consultants en organisation, les *raiders* et les médias financiers. En dehors du fait que les groupes diversifiés se substituent aux institutions des marchés de capitaux, ils internalisent le marché des cadres d'entreprise lorsqu'un marché externe concurrentiel et une accréditation par des écoles de commerce sont absents. Par exemple, les *zaibatsu* d'avant-guerre et les *chaebol* centralisaient le recrutement et l'affectation des dirigeants d'entreprise (Okazaki, 2000).

Lorsqu'un mécanisme de tierce partie fondé sur l'autorité du droit et capable de rendre les contrats exécutoires ne s'est pas développé, des mécanismes alternatifs de gouvernance des échanges et d'amélioration des marchés doivent pouvoir le remplacer. Un groupe de firmes lié par un réseau de participations croisées (nouées à titre d'échange de don initial ou de frais d'entrée) peut ainsi s'appuyer sur une norme de club auto-exécutoire (chapitre III.1.). De la même manière, le regroupement par intégration de certaines firmes par un holding peut constituer un mécanisme crédible de sanction à l'égard d'une direction défaillante (exemple 8.5.). Enfin, l'introduction d'un intermédiaire marchand endossant le rôle de tierce partie peut également remplir cette fonction (chapitre III.5.). Si le rôle des groupes d'affaires est effectivement de se substituer aux institutions de gouvernance du marché, on peut supposer que le groupe est d'autant plus rentable qu'il est diversifié, jusqu'au moment où certaines déséconomies d'échelle (technologiques ou autres) apparaissent. Pour cette raison, Khannan et Palepu (1997, 1999a) soutiennent que les recommandations politiques visant à pousser les groupes d'affaires des économies émergentes à se recentrer et à se dissocier peuvent être déplacées.

Il existe une autre interprétation de la présence de ces groupes sur les marchés émergents, qui insiste sur leur pouvoir de monopole et leur capacité à extraire les rentes d'une collusion avec le gouvernement. Cette conception en recouvre en fait deux, et le choix de l'une d'entre elles dépend du rôle que l'on attribue à ces groupes du point du vue du développement économique. L'une considère que ces groupes adoptent un comportement improductif de recherche de rente en s'associant à des gouvernements corrompus (Krueger, 1973 ; Bhagwati, 1982). Cette conception, que l'on rencontre fréquemment, correspond au modèle de l'Etat promoteur dégénéré dont nous avons parlé au chapitre VI.3. Cependant, l'Etat promoteur favorable au marché constitue une seconde possibilité. Sa structure logique est identique à celle de l'exemple 8.4. ci-dessus. Si les rentes politiques distribuées par le gouvernement dépendent des performances du groupe en termes de développement (évalué par le niveau de ses exportations, par exemple) et que le gouvernement peut le menacer de manière crédible de mettre un terme à ses subventions et autres avantages en cas de mauvaise performance, alors les arrangements monopolistiques entre le groupe et le gouvernement ne sont pas nécessairement défavorables au développement économique. Si tel est le cas, l'idée d'une collusion entre le monde des affaires et le monde politique d'une part, et celle selon laquelle les groupes se substituent aux institutions formelles de gouvernance des marchés d'autre part, ne sont plus nécessairement incompatibles.

Il existe également une interprétation « sociologique » des groupes d'affaires, qui insiste sur les liens (familiaux, scolaires ou ethniques) qui unissent les propriétaires et les dirigeants des firmes (Granovetter, 1994 ; Hamilton, 1995 ; Khanna et Rivkin, 1999b). Si les transactions économiques entre les firmes du groupe sont enchâssées dans des relations sociales de ce type, d'une manière qui rappelle les modèles du chapitre II.2. et de l'exemple 8.1., alors ces liens sociaux peuvent constituer un mécanisme efficace de mise en application des contrats. Le « nom de famille » d'un groupe peut également soutenir sa réputation sur le marché des produits (Kreps, 1990 ; Tadelis, 1999) ou dans l'accès à des technologies étrangères. Cette interprétation sociologique, d'après laquelle ce sont les liens de famille et les autres types de relations sociales qui définissent le groupe d'entreprises, n'est alors pas incompatible avec la première conception que nous avons proposée. Les liens économiques (l'existence d'une *holding* ou de participations croisées) et les liens sociaux (la détention collective d'un capital social) peuvent alors jouer un rôle complémentaire dans la permanence et la rentabilité des groupes d'entreprises[17].

La question de savoir laquelle de ces conceptions permet le mieux de comprendre la fonction des groupes d'entreprises dans les économies de marché peu développées, ainsi que celle de savoir si ces groupes créent ou bien détruisent de la valeur, sont encore ouvertes. Plusieurs résultats empiriques suggèrent qu'« il est peu probable que le débat normatif sur les groupes d'entreprises se limite à un choix entre la doctrine des "groupes comme modèles de vertu", qui les considère comme des solutions aux imperfections du marché, contre celle des "groupes comme parasites", qui les réduit à des dispositifs de recherche de rente » (Ghemawat et Khanna, 1998). En prenant les Etats-Unis comme point de référence, Khanna et Rivkin (1999a) ont réalisé une étude transversale sur les groupes d'entreprises de treize économies émergentes. Les auteurs ne dégagent aucune corrélation entre les mesures de rentabilité des groupes et différentes mesures des distorsions introduites par leurs relations avec le gouvernement, ce qui jette le doute sur l'interprétation traditionnelle en termes de dispositifs de recherche de rente. Ils concluent que les fonctions des groupes et les raisons de leur existence dépendent plus généralement du contexte institutionnel global. A titre d'exemple, nous avons indiqué plus haut que les effets du gouvernement ou des groupes d'entreprises dépendaient de la nature de l'Etat (dans le domaine politique), ou encore que l'enchâssement social pouvait donner lieu à une multiplicité d'équilibres pareto-ordonnés (nous développons ce point au chapitre X.1.).

Khanna et Palepu (1999b, 2000a, b) ont étudié plus en détail les groupes d'entreprise de l'Inde et du Chili, pour lesquels ils disposaient de données de meilleure qualité. Ils ont montré que la rentabilité des groupes d'entreprises diversifiés ne commençait à s'élever que lorsque leur étendue dépassait un certain seuil. En conséquence, si leur comportement improductif de recherche de rentes ne constitue pas une source essentielle de leurs profits (les résultats d'enquêtes transversales suggèrent que la corruption est peu développée au Chili), alors peut-être peut-on expliquer les économies d'échelle dont les groupes d'entreprises bénéficient par leur rôle dans la gouvernance des échanges, qui engendre une création de valeur. Les auteurs ont également élaboré des indices visant à mesurer la fonction d'intermédiation que remplissent les groupes d'entreprises chiliens et indiens sur les marchés des biens et les marchés financiers. Ils ont montré que ces groupes avaient développé cette fonction d'intermédiation en réaction à la déréglementation des marchés (des ressources primaires) et autres mesures de libéralisation.

L'extension des marchés peut permettre l'accumulation progressive des compétences nécessaires à la mise en place de mécanismes de gouvernance formels ou intermédiés. Il peut alors être plus rentable de remplacer les mécanismes internes privés d'intermédiation de l'information et de mise en application des contrats par des mécanismes extérieurs plus ouverts. Dans cette situation, une transition vers un regroupement plus souple des firmes peut se révéler plus favorable au développement futur du marché. Quoique les modalités d'une telle transition soient loin d'être évidentes, on peut citer l'exemple de la dissolution des *zaibatsu* japonais au sortir de la guerre, qui fut insufflée par un choc de nature politique. La réforme interdit la détention centralisée des entreprises par un holding. Les firmes des *zaibatsu* ont alors commencé à reformer les groupes auxquelles elles appartenaient en développant des participations croisées[18]. Le rôle du groupe dans la gouvernance des échanges s'estompa (ce qu'atteste le déclin des entreprises qui servaient d'intermédiaires commerciaux entre les firmes membres). Les holdings purs furent remplacés par un « mécanisme de gouvernance contingent » (chapitres XI.3. et XIII), selon lequel une banque du groupe intervenait dans la gestion des firmes membres qui rencontraient des difficultés financières. Cependant, nous verrons dans les deux chapitres qui suivent qu'un choc politique n'est à lui seul ni nécessaire ni suffisant au déclenchement du changement institutionnel.

VIII.3. LA COMPLEMENTARITE INSTITUTIONNELLE

Tournons-nous maintenant vers une situation dans laquelle les agents ne coordonnent pas les stratégies qu'ils adoptent dans les différents domaines de jeu, mais où leurs choix individuels sont influencés de manière paramétrique par les choix stratégiques qui sont faits dans les autres domaines. Jusqu'ici, nous avons considéré que les règles exogènes du jeu d'un domaine, et en particulier la fonction de conséquence, étaient déterminées par la technologie, et éventuellement précédées par des constructions sociales comme le droit. Nous supposons maintenant de manière explicite que la fonction de conséquence, et donc les gains des agents d'un domaine, peuvent être influencés par les institutions en place dans d'autres domaines. Bien évidemment, les agents ne peuvent coordonner les stratégies qu'ils adoptent dans les différents domaines s'ils n'y participent pas de manière simultanée. Lorsqu'ils y participent effectivement, la rationalité limitée de leur perception et de leurs choix implique qu'au moment de faire leurs choix individuels, ils considèrent les institutions des autres domaines comme des entités objectivées, et donc comme des paramètres exogènes.

Tant que les agents d'un domaine considèrent qu'une institution d'un autre domaine est exogène et au-delà de leur contrôle, celle-ci constitue pour eux un *environnement institutionnel*. Les choix stratégiques des agents d'un domaine peuvent néanmoins influencer les choix des agents de l'autre domaine, et *vice versa*. La situation est analogue au fonctionnement d'une économie walrasienne, dans laquelle les agents prennent leurs décisions de manière subjective en fonction des prix en vigueur, et contribuent ainsi à les modifier collectivement. Les institutions qui constituent des résultats d'équilibre dans les domaines individuels peuvent donc présenter entre elles des relations d'interdépendance synchronique. Plus précisément, nous allons explorer la possibilité que la viabilité d'une institution d'un domaine dépende de la manière dont elle s'ajuste à une institution d'un autre domaine, et réciproquement. Nous qualifions cette interdépendance de « complémentarité institutionnelle ». La présence de complémentarités implique qu'un arrangement institutionnel global viable (au sens d'une combinaison d'institutions appartenant à des domaines différents) constitue un tout cohérent, et que les institutions qui le constituent ne peuvent être facilement conçues ou modifiées indépendamment les unes des autres. Comme nous le verrons brièvement, cela implique également que des arrangements institutionnels sous-optimaux peuvent être viables, et qu'ils peuvent résister à des expérimentations isolées destinées à remédier localement aux inefficiences constatées dans chaque domaine.

Pour comprendre cela, ainsi que certaines autres implications de l'existence de complémentarités institutionnelles, nous devons construire une définition de ce concept qui soit rigoureuse et conforme à notre conception des institutions fondée sur l'équilibre. Dans ce but, nous commençons par présenter un modèle simple s'appuyant sur la théorie des jeux super-modulaires développée par Topiks (1978, 1998) et Milgrom et Roberts (1990)[19]. Nous supposons d'abord qu'il existe deux domaines $\mathcal{D}$ et $\mathcal{G}$ (par exemple le domaine politique et le champ organisationnel), composés des ensembles d'agents $\mathcal{M}$ et $\mathcal{N}$. Nous supposons que ces domaines n'interagissent pas directement, mais qu'une institution de l'un d'entre eux peut influencer (de manière paramétrique) les conséquences de l'autre jeu par son effet sur l'environnement institutionnel. Par souci de simplicité, nous faisons l'hypothèse que l'environnement technologique et l'environnement naturel ne varient pas. Les agents du domaine $\mathcal{D}$ doivent choisir entre la règle d'action Σ^* et la règle Σ^{**}, et les agents du domaine $\mathcal{G}$ entre Λ^* et Λ^{**}. Pour l'instant, nous supposons que les agents d'un même domaine ont tous la même fonction de gain $u_i = u \ (i \in \mathcal{M})$ et $v_j = v \ (j \in \mathcal{N})$, définie sur les ensembles de choix binaires des domaines correspondants (c'est-à-dire $\{\Sigma^*;\Sigma^{**}\}$ ou $\{\Lambda^*;\Lambda^{**}\}$), et dépendante d'un ensemble de paramètres. Nous dirons qu'une « règle » (endogène) est « institutionnalisée » dans un domaine lorsqu'elle constitue le choix d'équilibre des agents de ce domaine. Supposons que les conditions suivantes sont vérifiées :

$$u(\Sigma^*;\Lambda^*) - u(\Sigma^{**};\Lambda^*) \geq u(\Sigma^*;\Lambda^{**}) - u(\Sigma^{**};\Lambda^{**})$$
$$v(\Lambda^{**};\Sigma^{**}) - v(\Lambda^*;\Sigma^{**}) \geq v(\Lambda^{**};\Sigma^*) - v(\Lambda^*;\Sigma^*)$$

quels que soient i et j. On les appelle les conditions super-modulaires de complémentarité. La première inégalité signifie que le bénéfice « additionnel » lié au choix de Σ^* plutôt que de Σ^{**} par les agents de $\mathcal{D}$ augmente lorsque leur environnement institutionnel dans $\mathcal{G}$ est Λ^* plutôt que Λ^{**} ; la seconde inégalité implique que le bénéfice « additionnel » lié au choix de Λ^{**} plutôt que de Λ^* par les agents de $\mathcal{G}$ augmente lorsque leur environnement institutionnel dans $\mathscr{D}$ est Σ** plutôt que Σ*. Remarquons que ces conditions portent sur la manière dont les gains additionnels évoluent en fonction de la valeur des paramètres. Elles n'excluent pas la possibilité que, pour les agents de l'un ou des deux domaines, les gains associés au choix d'une règle soient strictement supérieurs aux gains de l'autre quelle que soit la règle choisie par les agents de l'autre domaine. Les agents du domaine en question choisiront alors la règle qu'ils préfèrent de manière indépendante, et les agents de l'autre domaine suivront la règle qui maximise leurs gains compte tenu de cet environnement institutionnel. Dans ce cas, l'équilibre du système composé de $\mathscr{D}$ et de $\mathscr{G}$ (et donc l'arrangement institutionnel qui les compose) est déterminé de manière unique par les préférences et la technologie. En revanche, si aucune des deux règles ne domine l'autre de la manière que nous venons de décrire, alors les agents de chaque domaine devront prendre en compte la règle qui est institutionnalisée dans l'autre. La condition de supermodularité implique qu'il peut alors exister, dans le domaine formé de $\mathscr{D}$ et de $\mathscr{G}$, deux équilibres de Nash purs (deux arrangements institutionnels), à savoir (Σ*, Λ*) et (Σ**, Λ**)[20]. Lorsque cette multiplicité d'équilibres apparaît, nous disons que les domaines $\mathscr{D}$ et $\mathscr{G}$ sont *institutionnellement complémentaires*, et que les règles Σ* et Λ*, ainsi que les règles Σ** et Λ**, se *complètent institutionnellement.*

La présence d'une complémentarité institutionnelle implique que certains arrangements institutionnels globaux peuvent ne pas être comparables en termes d'optimalité paretienne, à moins que l'un d'eux ne soit plus optimal que l'autre[21]. Supposons que $(\Sigma^{**};\Lambda^{**})$ constitue un arrangement institutionnel pareto-supérieur, pour lequel $u(\Sigma^{**};\Lambda^{**}) > u(\Sigma^{*};\Lambda^{*})$ et $v(\Lambda^{**};\Sigma^{**}) > v(\Lambda^{*};\Sigma^{*})$. Si pour une raison historique quelconque les agents de l'un des domaines choisissent Σ* ou Λ*, qui devient ainsi l'environnement institutionnel de l'autre domaine, alors les agents de ce dernier peuvent choisir l'institution qui lui correspond, Λ* ou Σ*. Cette contingence historique peut donc instaurer l'arrangement institutionnel pareto-dominé. Il s'agit là d'un exemple de défaut de coordination en présence d'indivisibilité. Il se peut aussi que $u(\Sigma^{**};\Lambda^{**}) > u(\Sigma^{*};\Lambda^{*})$ alors que $v(\Lambda^{*};\Sigma^{*}) > v(\Lambda^{**};\Sigma^{**})$. Dans ce cas, les deux arrangements institutionnels viables ne peuvent être pareto-ordonnés.

Jusqu'à maintenant, nous avons considéré une économie élémentaire composée de deux domaines, habités chacun par des agents homogènes n'ayant qu'un seul choix stratégique à réaliser.

Le raisonnement peut néanmoins être étendu à des situations plus générales. Supposons, par exemple, que le domaine D est composé de trois types d'agents $i = 1,2,3$, lesquels ont un ensemble de choix $\{\sigma_i^*, \sigma_i^{**}\}$ et une fonction de gain $u_i(\sigma_{i\,:}\ \sigma_j, \sigma_k, \Lambda)$, $j, k \neq i$. L'institution Σ^* est instaurée si $\sigma_i = \sigma_i^*$ pour $i = 1,2,3$. Alternativement, c'est l'institution Σ^{**} qui est établie lorsque $\sigma_i = \sigma_i^{**}$ pour $i = 1,2,3$. Les agents peuvent avoir des préférences différentes sur les arrangements institutionnels, c'est-à-dire que certains d'entre eux peuvent préférer $\{\Sigma^*, \Lambda^*\}$ alors que d'autres atteindraient un bien-être supérieur avec l'arrangement institutionnel opposé ; les choix effectifs de chacun peuvent néanmoins dépendre des choix stratégiques des autres agents du même domaine et des institutions en place dans l'autre domaine. En particulier, nous faisons l'hypothèse que les préférences des agents d'un même domaine sont intégrées (au sens restreint), c'est-à-dire que leurs fonctions de gain sont supermodulaires : si les éléments σ_j, σ_k et Λ passent de σ_j^{**}, σ_k^{**}, Λ^{**} à σ_j^*, σ_k^*, Λ^*, alors la différence de gain $u_i(\sigma_i^* : \sigma_j, \sigma_k, \Lambda) - u_i(\sigma_i^{**} : \sigma_j, \sigma_k, \Lambda)$ s'accroît pour tous les agents de type i ($j, k \neq i$). Cela signifie que le gain d'utilité (éventuellement négatif) associé au passage de la stratégie σ_i^{**} à la stratégie σ_i^* augmente lorsqu'il est accompagné d'un changement analogue de stratégie par tous les agents du domaine ou d'un changement institutionnel de Λ^{**} à Λ^* dans l'autre domaine. Dans ce cas, le domaine $\mathscr{D}$ verra s'instaurer soit l'institution Σ^*, soit l'institution Σ^{**} (selon que $\Lambda = \Lambda^*$ ou $\Lambda = \Lambda^{**}$ dans le domaine $\mathscr{G}$), même si certains agents obtiendraient une utilité supérieure avec un arrangement institutionnel différent.

Jusqu'ici, nous avons supposé que les domaines $\mathscr{D}$ et $\mathscr{G}$ n'étaient pas habités par les mêmes agents. Cependant, le résultat que nous venons de présenter s'applique également à des situations dans lesquelles ce sont les mêmes agents qui jouent dans les deux domaines, ce que l'on peut montrer en imaginant que les fonctions de gain ont la forme séparable $u + v$. Si les agents ne représentent chacun qu'une petite portion de la population totale, ils considéreront que l'effet de leurs stratégies individuelles est négligeable ; ils ne chercheront pas à coordonner leurs choix dans les deux domaines, mais détermineront leurs stratégies de manière séparée en considérant l'institution de l'autre domaine comme donnée et invariante[22]. Nous pouvons donc énoncer la proposition suivante :

PROPOSITION 8.1. *Lorsque des complémentarités institutionnelles existent entre des domaines différents, certains arrangements institutionnels globaux sous-optimaux peuvent être viables. Plusieurs arrangements institutionnels globaux non pareto-ordonnés peuvent également exister.*

Au chapitre VI, nous avons signalé que les formes d'état du domaine politique et les formes institutionnelles du domaine des échanges de marché ou du domaine de l'organisation pouvaient présenter certaines interdépendances. Par exemple, nous avons fait la conjecture que le développement du marché (qui donna naissance à une classe moyenne) et le contrôle démocratique libéral du gouvernement pouvaient se renforcer l'un l'autre, alors que le contrôle collectif de l'offre de travail par les ouvriers pouvait donner lieu à un contrôle de l'Etat par le compact social. Enfin, il existe une complémentarité entre, d'une part, le développement d'une convention organisationnelle fondée sur les actifs humains contextualisés, et, d'autre part, le développement de l'Etat pluraliste qui renforce cette convention en limitant de manière réglementaire la concurrence entre les organisations présentes sur le marché du travail. Ces relations semblent assez intuitives. Cependant, nous avons développé la notion de complémentarité institutionnelle afin de déduire et de démontrer les implications subtiles de ces relations, ce qui nous permet maintenant de les analyser de manière formelle. La troisième partie est donc consacrée à l'analyse formelle des complémentarités institutionnelles entre le domaine du contrôle d'entreprise, le domaine de l'architecture organisationnelle, le domaine des transactions financières et le domaine politique.

Nous avons vu que la présence de complémentarités institutionnelles signifiait que les arrangements institutionnels d'équilibre recouvrant plusieurs domaines pouvaient être sous-optimaux. La structure synchronique des arrangements institutionnels globaux peut donc être diverse et multiple. Si l'on souhaite modifier un arrangement institutionnel pareto-dominé, doit-on agir sur toutes les institutions complémentaires en même temps (approche par le *big bang*), ou peut-on s'attendre à ce qu'un changement institutionnel dans l'un des domaines déclenche une réaction en chaîne en raison des complémentarités elles-mêmes (approche « séquentielle ») ? Les liens institutionnalisés comme l'enchâssement social, le regroupement par intégration ou regroupement intermédié se caractérisent par une certaine robustesse et une certaine inertie des institutions en place. Bien que l'apparition de nouveaux types de liens puisse étendre l'ensemble des choix viables et donc favoriser l'innovation institutionnelle, celle-ci peut finir par empêcher l'émergence d'un autre lien car la dissociation des liens en place peut compromettre les rentes de certains agents. L'économie peut alors se trouver piégée dans un état de stagnation, voire de régression. Nous nous tournons maintenant vers le cadre conceptuel et analytique qui nous permettra de comprendre ce type de dynamique.

CHAPITRE IX

Les modèles de jeu subjectifs et le mécanisme du changement institutionnel

> « Les gens jouent à des jeux “débiles” parce qu'ils ne sont pas aussi intelligents qu'on le suppose en général dans nos analyses. Les règles du jeu [...] sont toutes en relation avec des anticipations d'équilibre ; elles sont le produit de l'expérience à long terme d'une société constituée d'individus dont la rationalité est limitée et qui pratiquent l'examen rétrospectif. [...] l'inertie que l'on constate dans les institutions reflète l'inertie que l'on voit dans les anticipations d'équilibre ; de même, la manière de tâtonner pour parvenir à des institutions plus efficaces (évolution graduelle des institutions, adaptation de celles-ci à des changements importants et soudains dans leur environnement, ruptures plus conscientes et délibérées de structures d'équilibre bien définies et, peut-être, incursions du côté des déséquilibres, ainsi que tous les cas intermédiaires) reflètent les mêmes types de changements par rapport aux anticipations d'équilibre ».
>
> David Kreps, *Théorie des jeux et modélisation économique* (1990, p. 156).

Ce chapitre et ceux qui suivent analysent le mécanisme dynamique de l'évolution institutionnelle. Cela pose deux questions : l'une relativement facile, l'autre incontestablement plus difficile. La première consiste à savoir pourquoi les institutions résistent et persistent lorsque l'environnement se modifie, alors même que les arrangements dont elles font partie peuvent être sous-optimaux. Nous avons fourni des éléments de réponse dans les deux chapitres précédents et nous commençons ici par les rappeler brièvement (section IX.1.). On explique souvent la robustesse des institutions ou la persistance des schémas de comportement par l'existence d'économies d'échelle technologiques (de coûts d'installation) ou d'externalités de réseau (voir David, 1985 ; Romer, 1986 et Arthur, 1989, par exemple). Nous, nous insistons au contraire sur des facteurs inhérents aux institutions vues comme des croyances partagées accompagnées de représentations synthétiques d'équilibre. La seconde question est celle de savoir pourquoi et comment les institutions se transforment malgré tout. Elle n'a pas encore reçu de réponse satisfaisante, ni en économie ni dans les autres sciences sociales et notre exposé est lui-même préliminaire et expérimental. Selon notre définition des institutions, on peut identifier un changement institutionnel à une situation où se modifient à un point critique les croyances des agents sur la manière dont le jeu se déroule. Le changement institutionnel ne consiste ni en de simples transformations du droit, ni dans l'évolution marginale des stratégies des agents lorsque ceux-ci s'adaptent à de légères modifications de l'environnement selon des règles qu'ils ont précédemment choisies. Nous analysons donc la seconde question en nous concentrant sur les changements systématiques dans la perception et l'apprentissage des agents individuels, ainsi que sur les transformations de leurs choix stratégiques et la manière dont ils interagissent. Nous étudions essentiellement l'aspect cognitif (subjectif) du mécanisme de changement institutionnel. Dans le prochain chapitre, nous parlons des aspects objectifs du mécanisme d'évolution institutionnelle, c'est-à-dire de la manière dont le lien diachronique entre les institutions influence la nature de leur évolution.

La théorie des jeux orthodoxe, qu'elle soit classique ou évolutionnaire, définit son cadre analytique en considérant que l'ensemble des stratégies des agents est fixe *a priori*. Les deux approches donnent lieu à des équilibres multiples. En considérant les institutions comme un phénomène d'équilibre, elles permettent de concevoir le changement institutionnel comme le passage d'un équilibre à un autre. Comment ce passage peut-il se produire ? Tout agent rationnel se trouvant sur un équilibre de Nash considère qu'il n'est pas dans son intérêt de modifier sa stratégie de manière unilatérale. Si les agents connaissaient de manière objective l'ensemble de toutes les actions possibles et que celui-ci ne variait pas, on pourrait imaginer que certains agents rationnels percevraient, par déduction ou par observation de pratiques plus intéressantes ailleurs, la possibilité d'un « meilleur équilibre » et qu'ils essaieraient d'en faire un point focal. En règle générale, on attend du gouvernement qu'il s'investisse dans cette fonction. Cependant, le gouvernement est lui-même un joueur, qui a ses propres motivations, et dont la perception, le raisonnement, la capacité de persuasion et l'influence concrète sont limités. Il n'est pas du tout évident qu'il soit capable de coordonner le déplacement d'un équilibre vers un autre, ni même qu'il souhaite le faire[1]. Plus fondamentalement, le mécanisme de changement institutionnel semble requérir un renouvellement ou une modification de l'ensemble des actions possibles à partir desquelles les agents construisent leurs stratégies.

Dans ce chapitre, nous développons un cadre conceptuel destiné à comprendre les mécanismes dynamiques du changement institutionnel, qui soit compatible avec la conceptualisation synchronique des institutions proposée au chapitre VII et l'élargisse en même temps. Nous considérons le changement institutionnel comme un processus par lequel les agents essaient de découvrir de nouvelles manières de faire les choses à la suite d'une crise de leurs croyances partagées, elle-même provoquée par un choc sur leur environnement, par une crise interne au domaine ou, plus probablement, par une combinaison des deux à la fois. Les interactions stratégiques des agents peuvent alors faire émerger (« auto-organiser ») un nouveau type d'équilibre, conjointement à la représentation condensée qui lui est associée. Ce cadre nous écarte d'une présomption classique de la théorie des jeux, qui veut que les agents aient une connaissance complète (ou éventuellement incomplète) de la structure *objective* du jeu. Nous pensons, au contraire, qu'ils se forment des conceptions *subjectives* de la structure du jeu auquel ils participent, ce que ne nous appelons leurs « modèles de jeu subjectifs ». En particulier, nous suggérons que les agents individuels ne mobilisent qu'un petit sous-ensemble des actions ou des combinaisons d'actions qui leur sont techniquement accessibles, pour les utiliser à chaque instant comme des « répertoires » de choix (Dosi et Marengo, 1994). On peut alors concevoir le changement institutionnel comme un processus qui conduit les agents à réévaluer et à réviser substantiellement leurs modèles de jeu subjectifs et éventuellement à y introduire un nouveau répertoire de choix d'actions. Les agents ne réévaluent et ne reconstruisent pas leurs modèles de jeu subjectifs de manière aléatoire et indépendante. Ces modifications doivent être compatibles entre elles pour engendrer un nouveau système de croyances partagées, c'est-à-dire une nouvelle institution. Quels sont les mécanismes qui empêchent ces reconstructions de s'opérer de manière aléatoire, permettant ainsi d'atteindre cette compatibilité ? Nous verrons que la conception des institutions en termes de croyances partagées/représentation synthétique d'équilibre est particulièrement adaptée à ce type de questionnements, car elle permet de synthétiser les approches diachronique et synchronique des institutions.

IX.1. POURQUOI LES ARRANGEMENTS INSTITUTIONNELS GLOBAUX SONT-ILS PERSISTANTS ?

Pourquoi les institutions résistent-elles aux transformations normales de l'environnement ? On peut résumer de la manière suivante les voies qui ont jusqu'ici été empruntées pour répondre à cette question[2].

En premier lieu, si une institution n'est rien d'autre qu'une loi, on peut la modifier facilement en légiférant ou par décret gouvernemental. Rappelons pourtant que nous avons conçu les institutions comme des systèmes de croyances partagées sur la manière dont les agents individuels participent au jeu répété et que leurs interactions sont ainsi susceptibles d'engendrer. En tant qu'ensembles de pensées partagés, les institutions sont stables et durables tant que les transformations de l'environnement ne sont pas trop brutales. Une simple modification de la loi ne constitue pas un changement institutionnel si elle ne transforme pas simultanément et systématiquement la perception qu'ont les agents individuels de la manière dont se constituent leurs interactions stratégiques et si elle n'induit pas un changement qualitatif discontinu dans leurs choix stratégiques effectifs. Une fois que l'institutionnalisation est achevée, les dérives marginales et aléatoires de la perception des agents et des choix stratégiques correspondants n'ont en général qu'un effet négligeable sur leurs croyances partagées, parce que chacun d'eux est anonyme et que la loi des grands nombres s'applique. Comme nous l'avons dit au chapitre VII, l'information que les institutions transmettent aux agents individuels est par nature condensée. En d'autres termes, on peut dire qu'une institution dispose de ses propres « codes de communication » (Arrow, 1974). Les institutions de gouvernance des marchés, les conventions organisationnelles et les normes communautaires impliquent certaines règles que seuls les agents du domaine auxquelles elles s'appliquent peuvent comprendre correctement. Lorsque les choix des agents individuels incorporent des expérimentations ou des innovations, elles ne peuvent être transmises à la grande majorité des agents et, même lorsque c'est le cas, ces derniers peuvent ne pas en comprendre immédiatement le sens pour modifier en conséquence leurs croyances et leurs règles de choix d'action.

En second lieu, le mécanisme de rétroaction entre l'institutionnalisation et le développement des compétences des agents (dont nous avons parlé au chapitre VII.3.) renforce la permanence des institutions. Comme nous l'avons dit, une institution attribue des valeurs spécifiques aux actifs physiques et humains des agents du domaine. Les agents sont donc conduits à orienter leurs efforts et à développer leurs compétences de manière à accumuler des actifs et à développer leur valeur ; ils contribuent ainsi à soutenir la reproduction étendue des institutions en place. Par exemple, les institutions que l'on trouve sur un marché du travail concurrentiel valorisent les agents disposant de compétences fonctionnelles individualisées, dont la valeur se conserve d'une organisation à l'autre. En s'efforçant de développer les compétences les plus valorisées, les agents facilitent l'expansion des organisations selon la convention d'architecture organisationnelle qui s'appuie sur ces compétences. Comme nous l'avons vu au chapitre précédent, Burawoy avance ainsi que les travailleurs qu'il a observés « consentaient à l'exploitation capitaliste de la survaleur » en développant des compétences et des traits individualisés adaptés à la culture du *making out* spécifique à leur atelier. La demande de juristes est plus élevée dans les Etats démocratiques que dans les Etats qui ne le sont pas, parce que les différends sur les droits de propriété et les contrats y sont plus souvent réglés par la justice. Lorsqu'une tierce partie intervient dans le regroupement de certaines activités économiques, elle peut utiliser les rentes des externalités qu'elle a créées (chapitre VIII.2), alors que les agents qui essaient d'en créer un nouveau peuvent avoir des difficultés à en financer les coûts d'installation. En général, la concurrence entre les agents dans le développement des compétences et de traits adaptés aux institutions en place contribuent à l'accumulation des actifs humains qui reproduisent cette institution.

En troisième lieu, une institution attribue un pouvoir politique aux agents et contribue ainsi à maintenir un *statu quo*. Les agents qui profitent le plus d'une institution déjà existante peuvent disposer des ressources et des compétences qui permettent de la perpétuer, alors que ceux qui bénéficieraient d'une institution alternative peuvent, au contraire, manquer des ressources nécessaires à sa mise en place. Par exemple, si le système représentatif exerce peu de contrôle sur l'Etat pluraliste, les différents services chercheront probablement à influencer le processus administratif afin de protéger de manière élitiste les intérêts de leur sphère de juridiction. La sélectivité du recrutement et la concurrence bureaucratique contribueront à reproduire la culture des différentes administrations. Dans un Etat collusoire, les fonctionnaires peuvent perpétuer le soutien qu'ils reçoivent des groupes avec lesquels ils s'associent en développant un système de rémunérations collatérales (et *vice versa*), alors que la classe qui en est victime peut manquer des ressources politiques et économiques qui lui permettraient de résister efficacement. Les agents qui se sentent politiquement et socialement défavorisés peuvent manifester un certain mécontentement à l'égard de l'ordre existant. Cependant, dans des circonstances normales, ils ne peuvent se permettre de supporter les coûts associés à la construction d'une nouvelle institution ou ils n'y sont pas prêts. Ces coûts englobent, par exemple, l'organisation de mouvements politiques capables de défendre un nouveau système de croyances normatives dans le domaine politique, l'expérimentation d'une nouvelle forme organisationnelle embryonnaire préludant à une nouvelle institution ou encore tous les coûts de déséquilibres liés à la transition vers cette institution nouvelle.

En quatrième lieu, les liens multiples qui existent entre les institutions peuvent empêcher de les modifier de manière parcellaire. La littérature spécialisée insiste sur le fait qu'une institution est durable une fois qu'elle est en place, en raison de rendements d'échelle croissants (liés à l'existence de coûts d'installation) ou d'externalités de réseaux. Il ne faut pourtant pas envisager ces phénomènes de manière purement technologique mais comme émanant, de manière endogène, de la nature même des arrangements institutionnels globaux. Les différents liens entre jeux que nous avons présentés au chapitre VIII sont soutenus par les externalités qu'ils contribuent eux-mêmes à créer. Comme il est probable que la forme de jeu du domaine de l'échange social n'évolue que lentement, d'autres domaines peuvent y être enchâssés. De la même manière, les contrats qui relient les domaines d'échanges peuvent rendre difficile l'arrivée de nouveaux entrants. Par exemple, un propriétaire terrien qui détient des fonds prêtables peut empêcher la concurrence d'autres prêteurs en proposant un taux inférieur à celui du marché et en liant ce contrat à un contrat de métayage (chapitre VIII.2.). Un type nouveau de regroupement intermédié de domaines suppose parfois que se défasse un regroupement par intégration de type plus ancien (nous fournissons un exemple d'une telle situation dans le prochain chapitre). Cependant, les agents qui ont un intérêt matériel à la permanence de ce dernier peuvent résister et essayer de bloquer cette innovation institutionnelle, comprise au sens schumpeterien de « combinaison nouvelle ». Les institutions complémentaires peuvent aussi se soutenir les unes les autres alors même que les arrangements qu'elles constituent sont sous-optimaux (chapitre VIII.3.). La complémentarité institutionnelle est un exemple de non-convexité (d'économie d'échelle) : il peut exister une multitude de configurations institutionnelles potentielle sur l'ensemble des domaines, mais le mélange de ces configurations (leur combinaison convexe) n'est pas nécessairement viable. La situation est analogue à celle d'un puzzle : il est difficile d'en remplacer une pièce (une institution) sans affecter l'intégrité de l'image dans son ensemble (l'arrangement institutionnel global). Ces remarques n'impliquent néanmoins en aucun cas qu'un système soit complètement immuable. Comme nous allons le voir, cela signifie, au contraire, qu'une complémentarité institutionnelle a d'importantes conséquences sur la manière dont se produit un changement systémique. Si une transformation se produit dans un domaine important de l'économie et déclenche une évolution dans un autre domaine du fait de leurs relations de complémentarité, cela peut créer l'élan d'une institutionnalisation nouvelle. Des systèmes différents peuvent également se caractériser par des liens institutionnalisés contrastés, dont certains seront plus étroitement soudés que d'autres. Ces différences peuvent avoir des conséquences sur la manière dont les arrangements institutionnels globaux des différentes économies s'adaptent à un même choc (technologique ou autre) sur leur environnement.

IX.2. LES MODELES DE JEUX SUBJECTIFS ET L'EQUILIBRE COGNITIF GENERAL

En dépit de la relative robustesse des institutions, dont nous avons décrit les causes dans la section qui précède, il arrive que des changements institutionnels se produisent. Par quels mécanismes ces transformations se produisent-elles ? Si l'on conçoit les institutions comme les équilibres d'un jeu, on peut identifier le changement institutionnel au déplacement d'un équilibre (ou d'une suite d'équilibres) vers un autre, associé à une transformation systématique et qualitative des règles de choix d'action des agents et des représentations cognitives communes (croyances) qu'ils en ont. A première vue, il semble que ce changement d'équilibre puisse se réaliser selon deux modalités, correspondant à la dichotomie des institutions que nous avons mise en évidence au chapitre VII.3. (les institutions sont soit « autonomes », soit « provoquées »). On peut considérer que l'une renvoie à une mise en ordre spontanée d'*expérimentations décentralisées,* réalisées par des agents essayant de nouvelles stratégies à partir de l'ensemble de choix d'action qui leur est donné. Il se peut aussi que le changement d'équilibre provienne de l'introduction, selon un *plan collectif*, d'une loi ou d'un nouveau type d'agent (une organisation) doté d'un ensemble de choix d'action fondamentalement différent de celui des agents originels.

Nous avons pourtant affirmé à plusieurs reprises que l'introduction d'une loi et d'un organisme destiné à la faire appliquer ne constituait, en soi, rien de plus qu'une modification des données (des règles exogènes du jeu) de la forme du jeu perçue par les agents. Nous expliquons plus loin comment une modification du droit ou un changement de politique peuvent influencer le processus du changement institutionnel, en fournissant aux agents un point focal vers lequel pourront converger les nouvelles stratégies individuelles et le nouveau système de croyances partagées. Cependant, pour comprendre l'effet d'un changement conçu, nous devons étudier ce processus à la fois en amont et en aval. D'une part, il faut se demander comment une loi peut être introduite ou modifiée et comment les agents en viennent à reconnaître (collectivement) le besoin d'un nouvel organisme de réglementation. D'autre part, il faut s'interroger sur la manière dont une nouvelle loi ou une nouvelle organisation influencent les croyances des agents (et donc leurs choix stratégiques) et se demander s'ils provoquent toujours les effets souhaités.

Ces questions font apparaître qu'en dépit de leur différence apparente, le changement institutionnel spontané et le changement institutionnel conçu requièrent la même condition : il faut que les agents qui modifient leurs représentations cognitives de l'état interne du domaine et de l'effet des modifications de l'environnement extérieur, et ce de manière suffisamment cohérente pour engendrer un nouvel équilibre (ou une suite d'équilibres), dépassent une certaine masse critique. Vue de cette manière, la distinction que nous avons faite entre les deux mécanismes du changement institutionnel devient plus floue. Même si la nouvelle loi fait l'objet d'un choix collectif et d'une délibération et qu'on met en place un agent (un organisme de réglementation) pour la faire appliquer, cette nouvelle situation est précédée d'une accumulation d'expérimentations privées décentralisées ou d'un accord substantiel dans le domaine du discours politique quant aux choix de politiques à adopter ; en même temps, une modification de la forme du jeu (un changement politique, par exemple) doit faciliter la convergence des anticipations des agents du domaine pour instituer un nouvel équilibre, que celui-ci soit intentionnel ou non.

Comment les agents peuvent-ils percevoir les avantages d'une transformation de leurs choix stratégiques et engendrer un nouveau système de croyances partagées ? Cela se produit-il simplement par hasard (mutation) ? Si c'est le cas, comment peut-on savoir à quel moment la masse critique d'aléas est dépassée ? Autrement, doit-on considérer l'adoption de stratégies nouvelles comme une réaction rationnelle des agents individuels à une modification de leur environnement ou de leurs préférences ? Dans ce cas, le changement institutionnel est-il uniquement et directement conditionné par les transformations de l'environnement ? Comment un changement de préférences se produit-il ? A partir du moment où les agents commencent à mettre en doute les croyances communes et perturbent ainsi la stabilité d'une institution, le changement institutionnel se développe-t-il selon un processus de tâtonnements et d'erreurs dans la reconstruction cognitive des croyances individuelles ? Afin de disposer d'un cadre conceptuel permettant d'analyser les différentes questions posées par le changement institutionnel, nous modifions un aspect important des approches classiques et évolutionnaires de la théorie des jeux en introduisant le concept de « modèle de jeu subjectif ».

Rappelons que dans la présentation de la structure de base (objective) du jeu selon le tableau de Coase (figure 7.1.), l'entrée de la cellule (*A*) représentait l'ensemble de toutes les stratégies techniquement accessibles à un agent, alors que l'entrée de la cellule (*CO*) résumait, pour différentes conditions sur l'environnement, les relations entre les profils d'actions et les conséquences techniquement possibles. Par la suite, nous avons introduit la possibilité que les conséquences du jeu soient affectées par les profils de stratégies d'équilibre (et donc les institutions) des autres domaines (chapitre VIII.3.). Dans tous les cas, nous avons supposé que les agents adoptaient le choix stratégique (*S*) qu'ils pensaient le meilleur, compte tenu des règles exogènes du jeu, représentées par la colonne de gauche du tableau de Coase, et des anticipations (croyances) sur les choix des autres agents, inscrites dans la cellule (*E*). Lorsqu'un profil de choix d'action se stabilise, la partie importante se cristallise en une institution (c'est-à-dire en un système de croyances partagées).

Modifions à présent ces présupposés et faisons l'hypothèse que les agents individuels ne peuvent connaître complètement les règles du jeu dépendantes de la technologie et qu'ils ne peuvent inférer parfaitement ni les choix stratégiques des autres agents ni l'état de leur environnement. Au lieu de cela, nous supposons qu'à chaque instant les agents ont une perception subjective limitée de la structure du jeu auquel ils participent, construite à partir de leurs expériences passées et qu'ils la modifient suite à un changement radical de l'environnement ou à une crise interne. Nous appelons *modèle de jeu subjectif*[3] la représentation subjective que les agents ont de la structure du jeu et nous situons celui-ci dans une version modifiée du tableau de Coase de la manière qui suit. Dans le but de le définir à un niveau général plutôt que sur la base d'un concept d'équilibre spécifique, nous analysons directement les ensembles de stratégies des agents au lieu de les construire à partir de leurs ensembles de choix d'action.

Plaçons-nous sur une période durant laquelle l'environnement du domaine (c'est-à-dire la technologie, les institutions extérieures au domaine, les lois, etc.) est stable. Cet environnement peut varier dans certaines limites, mais, par souci de simplicité, nous supposons qu'il peut être représenté par un vecteur unique e. Supposons, dans cette situation, que les quatre conditions suivantes soient vérifiées :

• (A) Parmi l'infinité des choix qui leur sont techniquement accessibles, les agents ne disposent à chaque période que d'un répertoire limité de choix stratégiques. On peut représenter l'ensemble objectif de toutes les stratégies « techniquement possibles » d'un agent par un espace de dimension infinie $\mathscr{S}_i$ ($i \in \mathscr{N}$), dont seulement un sous-ensemble de dimension finie est mobilisé lorsqu'il s'agit de faire un choix stratégique. Nous qualifions ce sous-ensemble de choix stratégiques d'*activé* et nous le représentons par le symbole $\mathscr{S}_i$ (techniquement, il s'agit d'un hyperplan de l'ensemble complet des choix stratégiques techniquement réalisables).

• (E) Les agents partagent un système de croyances communes Σ^* (une institution) sur les règles endogènes du jeu. Par ailleurs, chaque agent construit, lorsque le jeu effectif (le profil de choix stratégiques) est $s \in \times_i \mathscr{S}_i$, une information résiduelle privée $I_i(s)$ relative à l'état interne du domaine[4].

• (CO) Compte tenu de l'institution qu'ils perçoivent (Σ^*), les agents ont chacun une fonction de conséquence subjective de la forme $\varphi_i(., I_i(.) : \Sigma^*, e)$, à partir de laquelle ils déduisent les conséquences physiques $\varphi_i(s_i, I_i(s) : \Sigma^*, e)$ de leur action individuelle en fonction de leur information résiduelle privée $I_i(s)$[5]. La manière dont un agent conçoit ou interprète l'environnement du domaine, c'est-à-dire l'état de la technologie, le droit et les institutions extérieures au domaine (le vecteur e), est implicitement incluse dans cette forme fonctionnelle. Nous appelons celle-ci *règle d'inférence subjective*.

• (S) L'agent choisit, au sein de l'ensemble activé des choix stratégiques $\mathscr{S}_i$, la stratégie dont il pense qu'elle maximise son utilité (ses gains) compte tenu de l'institution en place, de son information privée sur l'état interne du domaine et de l'effet prévu des modifications de son environnement. Cela signifie que l'agent choisit $s_i{}^*$ dans $\mathscr{S}_i$ de manière à maximiser $u_i(\varphi_i(s_i, I_i(s) : \Sigma^*, e))$, où $u(.)$ est sa fonction d'utilité espérée. Nous appelons cette opération *règle de choix de meilleure réponse*.

Nous pouvons résumer ces éléments en les intégrant dans la version modifiée du tableau de Coase suivante. La cellule *E* du tableau de Coase d'origine, dans laquelle étaient inscrites les anticipations subjectives des agents sur les choix des autres, est dorénavant partiellement remplacée par la cellule *I*, qui représente les institutions communes à l'ensemble des agents et que chaque agent perçoit comme des réalités objectivées. Cette croyance cognitive fait partie de la manière dont chaque agent déduit les conséquences de ses choix stratégiques. De ce fait, la cellule *I* s'étend à la région des données paramétriques (la colonne de gauche) du tableau de Coase, bien qu'au sein du domaine elle soit engendrée et reconfirmée de manière endogène.

Figure 9.1.
La représentation du modèle de jeu subjectif d'un agent individuel selon le tableau de Coase

<table>
<tr><th></th><th>données paramétriques (règles exogènes du jeu)</th><th>variable endogène</th></tr>
<tr><td>interne à l'agent (micro)</td><td>(A) sous-ensemble de choix activé</td><td>(S) règle de choix de meilleure réponse</td></tr>
<tr><td rowspan="2">externe à l'agent (macro)</td><td>(CO) règles d'inférence</td><td>(E) croyances privées</td></tr>
<tr><td colspan="2">(I) institutions (croyances partagées)</td></tr>
</table>

Lorsque les agents utilisent constamment le même ensemble de règles d'inférence, anticipent les même gains, les même choix stratégiques et conservent la même perception phénoménologique des institutions, nous disons que le modèle de jeu subjectif est reproduit au niveau individuel (ou encore qu'il se trouve en situation d'*équilibre cognitif*)[6]. Remarquons que la notion de modèle de jeu subjectif, telle qu'on l'a définie, correspond à peu près à celle de « modèle mental » dans la théorie de l'induction de Holland *et al.* (1986). Selon ces auteurs, les modèles mentaux constituent des « modèles dans l'espace des problèmes » que les systèmes cognitifs construisent puis « dirigent mentalement ou manipulent dans le but de produire des anticipations sur l'environnement » (*ibid.*, p. 12). Notre cadre suit plutôt le travail complètement nouveau de Denzau et North (1994) et souligne les interactions entre les modèles mentaux des agents ; ces modèles incorporent donc les institutions qui sont construites et perçues par l'ensemble des agents[7].

Au chapitre VII, nous avons considéré qu'une institution Σ^* était engendrée et rendue auto-exécutoire par l'effet conjoint des choix stratégiques des agents participant au jeu objectif (une représentation synthétique constitue donc un produit joint). Cette idée peut aussi s'appliquer au cas présent, où les agents participent à leurs jeux subjectifs de manière simultanée. Supposons que la propriété de « point fixe » suivante soit vérifiée au niveau du domaine dans son ensemble :

$$s_i^* = \text{argmax}_{s_i \in \mathcal{S}_i} u_i(\varphi_i(s_i, I_i(s^*) : \Sigma^*, e)) \text{ pour tout } i \in \mathcal{N}.$$

Il s'agit d'une condition d'équilibre de Nash. Elle représente une situation dans laquelle tous les agents considèrent que l'institution Σ^* constitue une contrainte effective et se comportent en conséquence. Cela signifie que le profil de stratégies d'équilibre

s^* et sa représentation synthétique Σ^* sont compatibles et qu'ils perdurent. Lorsque cette condition est vérifiée, nous disons que les modèles de jeu subjectifs sont en situation d'*équilibre général cognitif*, ce qui signifie que l'institution Σ^* est reproduite[8]. Le fait que l'institution puisse être reproduite ne nécessite pas que tous les modèles de jeu subjectifs doivent se reproduire de façon rigide. Comme nous l'avons vu au chapitre VII, les agents peuvent modifier de manière marginale ou paramétrique leur ensemble de règles d'inférence, leur prévision de gains et leur choix d'action, ou encore pratiquer des expérimentations aléatoires, sans pour autant que soit invalidée la condition d'équilibre général ci-dessus qui s'appuie sur l'information condensée Σ^*.

IX.3. LE MECANISME DE CHANGEMENT INSTITUTIONNEL : L'ASPECT COGNITIF

Lorsqu'un ensemble de règles produit un résultat qui n'est pas conforme aux aspirations des agents, ceux-ci peuvent mettre en doute la pertinence et l'utilité de leurs modèles de jeu subjectifs. Ils peuvent alors essayer de réviser ou de perfectionner fondamentalement l'ensemble de règles qu'ils ont utilisées jusqu'alors. En particulier, ils peuvent rechercher et expérimenter de nouveaux choix (règles) stratégiques, ce qui implique un élargissement de leur répertoire de choix d'action, c'est-à-dire une augmentation de la dimension de leurs sous-ensembles de choix activé. Lorsque l'écart entre les aspirations des agents et le résultat effectif de leurs actions dépasse un seuil critique, ils sont confrontés à ce que l'on peut appeler un *déséquilibre cognitif général*. Cela se produit lorsqu'une modification brutale de l'environnement provoque une réaction cumulative des résultats qui modifie la structure objective du jeu. Ce type de crise peut être déclenché par les événements suivants :

- Une innovation technologique se produit qui rend possibles de nouveaux choix d'action (on peut aussi penser à des dimensions d'ensembles de choix qui n'étaient pas activées jusqu'alors).
- Des domaines fermés entrent en contact avec des domaines d'échange de marché en pleine expansion.

• Des chocs externes (comme la perte d'une guerre, la perception d'un écart de productivité et d'innovation avec des concurrents étrangers, ou une dépression prolongée) font ressentir aux agents la nécessité de modifier leur cadre juridique et organisationnel et d'améliorer leur productivité ou tout autre aspect de leur performance[9].

• Un changement institutionnel à grande échelle se produit dans un domaine voisin (y compris dans le domaine international) avec lequel il existe de fortes complémentarités institutionnelles.

Il peut par ailleurs s'agir de processus cumulatifs internes, comme les cas suivants :

• Les conséquences accumulées des jeux répétés, sous certaines règles exogènes et endogènes, ont modifié la répartition des actifs, du pouvoir et des rôles des agents, de sorte qu'il devient problématique de les appliquer ou de les rendre exécutoires.

• Un arrangement institutionnel a vu s'accumuler en son sein un nombre substantiel de choix d'action mutants (neutres ou légèrement sous-optimaux) et de compétences associées[10].

Les chocs externes ne peuvent, à eux seuls, déclencher un processus de changement institutionnel. Sans l'accumulation de ces germes de changement, les agents du domaine pourraient adapter de manière marginale leurs modèles de jeu subjectifs en réponse aux chocs externes, sans modifier substantiellement les caractéristiques de leurs règles de choix d'action (ou de toute autre règle). Au pire des cas, l'absence totale de mutations peut empêcher l'économie de développer les stratégies qui lui permettraient de s'adapter efficacement à un choc extérieur important (nous en donnons un exemple au chapitre X.1.). Néanmoins, le modèle du chapitre V montre que les mutations entrepreneuriales ont un effet limité lorsque les caractéristiques qui sont à l'origine de la performance d'un domaine sont relativement satisfaisantes et qu'aucun écart significatif n'est observé entre les aspirations des agents et la réalité (proposition 5.4.). Il est probable que seule la perception généralisée d'un déséquilibre important dans les modèles de jeu subjectifs provoqué par les effets combinés des facteurs endogènes et des facteurs externes décrits ci-dessus, peut provoquer une recherche synchronisée entre les agents pour redéfinir ces modèles. Il se peut également que certaines mutations (déviances), qui étaient neutres ou peu rentables lorsque l'environnement externe et l'état interne étaient stables, rapportent un gain anticipé plus élevé si des domaines du même type ou des domaines complémentaires adoptent des stratégies similaires ou complémentaires. Certains agents peuvent aussi reconsidérer l'efficacité de leurs ensembles de choix activés et « découvrir » de nouvelles possibilités, soit sous la forme de nouvelles actions, soit dans le sens schumpeterien d'un nouveau regroupement de domaines. D'autres agents pourront alors imiter les choix mutants et les stratégies nouvelles qui sont couronnées de succès. Comme le processus de recherche, d'apprentissage et d'imitation résulte d'un besoin de résoudre une crise au niveau macro, il dépend fortement du contexte et ses conséquences rétroagissent sur le processus lui-même. Ses conditions de déclenchement et ses mécanismes de rétroaction empêchent donc les expérimentations et la recherche d'un nouvel équilibre de s'opérer de manière aléatoire.

Lorsqu'un grand nombre d'agents commence à appliquer systématiquement de nouveaux choix, l'institution qui existait jusque-là cesse de guider efficacement les choix individuels ; l'institution ne constitue plus la représentation synthétique des profils de choix en train d'émerger et n'est donc plus en mesure de réduire l'incertitude dans les anticipations des agents. On peut qualifier cette situation de *crise institutionnelle*. Celle-ci se produit lorsque les agents ne considèrent plus l'institution ancienne comme donnée et qu'ils commencent à la mettre en doute. Ils doivent alors tenir compte d'une quantité d'informations plus importante sur l'état interne du domaine que lorsque l'institution ancienne était en place. En particulier, les agents doivent analyser plus d'information et anticiper les schémas de choix nouveaux appliqués par d'autres et qui peuvent jouer sur leurs gains individuels. Les agents doivent donc réviser simultanément leurs règles d'inférence, leurs anticipations de gains et leurs choix d'action. En d'autres termes, ils doivent tous reconstruire leurs modèles de jeu subjectifs.

Au cours du processus de résolution de la crise institutionnelle, les agents peuvent s'appuyer sur différents types d'informations qui anticipent l'émergence des nouvelles règles du jeu. Ils peuvent, par exemple, essayer d'imiter les pratiques dont ils voient qu'elles fonctionnent bien dans d'autres domaines (y compris dans d'autres économies). Dans le domaine politique, certains « discours alternatifs » (Lehmbruch, 1999), c'est-à-dire des ensembles d'idées cognitives et normatives, peuvent également entrer en concurrence pour prendre le pouvoir et favoriser une nouvelle orientation politique. Un homme politique peut alors essayer de signaler la direction qu'il souhaite emprunter par une action symbolique (que l'on pense au voyage de

Deng Xiaoping dans la zone économique libre de Shengzheng en 1992, qui signalait la libéralisation des marchés dans une économie encore fortement centralisée). Même la révélation publique des comportements fâcheux qui étaient tolérés en temps normal peut influencer de manière décisive ce que les agents perçoivent comme la limite entre ce qu'il est correct de faire et ce qui ne l'est pas. Il est donc normal de voir apparaître un certain nombre de *systèmes de croyances normatives et prédictives* concurrents[11]. Le processus de transition se caractérise par la concurrence de ces systèmes de croyance. La sélection de l'un d'entre eux comme point de convergence des anticipations des agents, et éventuellement comme nouvelle institution, dépend de la manière dont l'apprentissage, l'imitation, l'adaptation et l'inertie interagissent et se stabilisent dans les différents domaines (économiques, politiques, échange social). Dans le chapitre suivant, nous parlons de certains mécanismes d'interaction élémentaires qui influencent la direction que prend le changement institutionnel et nous en donnons quelques exemples.

Les nouveaux modèles de jeu subjectifs des agents atteignent un équilibre cognitif lorsque 1) le système de croyances prédictives et normatives qui a guidé l'apprentissage des agents (dominants) est perçu comme compatible avec l'état interne du domaine en train d'émerger, 2) l'application des règles d'inférence nouvelles destinées à prévoir les conséquences des choix d'action des agents ne surprend plus la majorité d'entre eux, et 3) les choix qui appartiennent au sous-ensemble de choix nouvellement activé engendrent des gains satisfaisants. Le processus de transition converge lorsque les modèles de jeu subjectifs des agents, continûment révisés, deviennent compatibles entre eux et s'équilibrent simultanément (au sens défini plus haut). Lorsque ce système de croyances est partagé par tous les agents, il devient auto-exécutoire et donne naissance à une institution nouvelle. La phase de transition du processus d'évolution institutionnelle touche alors à sa fin, pour laisser place à une période de relative stabilité. La figure 9.2. résume le mécanisme de l'évolution institutionnelle dans les termes du tableau de Coase modifié. Il représente, de gauche à droite, le choix des variables endogènes dans les « anciens » modèles de jeu subjectifs, la recherche de leur révision suite à une transformation de l'environnement et à une crise de la perception, les effets éventuels des systèmes symboliques concurrents de croyances prédictives et normatives et enfin l'émergence d'une institution « nouvelle » et des modèles de jeu subjectifs qui lui sont associés.

Figure 9.2.

La représentation du changement institutionnel selon le tableau de Coase

Permanence d'une institution ancienne		**Crise cognitive générale et transition institutionnelle**				**Développement d'une institution nouvelle et des modèles de jeu subjectifs qui lui sont associés**	
(*S*) choix d'action contraint par le sous-ensemble de choix activé et par l'accumulation de mutations neutres ou sous-optimales	⇒	(*A*) crise cognitive (perception d'une inadéquation des répertoires de choix d'action existants)	⇒	(*S*) expérimentation, apprentissage et imitation des choix nouveaux	⇒	(*A*) définition d'un nouveau sous-ensemble de choix activé	(*S*) nouveau choix d'action
⇕		⇑		⇕			⇕
(*E*) institution existante (système de croyances partagées)		(*CO*) transformations de l'environnement (exposition à des marchés extérieurs, changement technologique ou réglementaire, apparition d'une institution complémentaire, etc.)		(*E*) concurrence des systèmes de croyances prédictives et normatives		(*CO*) règles d'inférence nouvelles et stables	(*E*) nouveau système de croyances partagées (nouvelle institution)

La question de la longueur de la transition est importante. Comme nous travaillons toujours dans un cadre diachronique structuré par un temps logique et non en temps réel, nous ne pouvons répondre à cette question en disant que cette période est « longue » ou « courte ». Il est également peu réaliste d'imaginer que l'on pourrait séparer clairement la période de transition, telle que définie plus haut, et la période durant laquelle les institutions se stabilisent. Une institution ne peut émerger que de manière progressive, après qu'une crise de la perception s'est produite, et elle continue à évoluer jusqu'à ce que commence une nouvelle période de turbulence. La situation se complique encore lorsqu'on considère les transformations des arrangements institutionnels globaux de l'économie, au lieu de se limiter au changement institutionnel dans un domaine. Les institutions peuvent évoluer de manière assez rapide dans certains domaines et avoir beaucoup plus d'inertie dans d'autres (chapitre X.1.). Le processus de transition institutionnelle pourra donc apparaître tantôt court, tantôt long, plutôt radical ou plutôt progressif, selon le domaine sur lequel nous portons notre attention.

On peut néanmoins supposer que la période de transition peut souvent se diviser en deux sous-périodes : la période relativement courte et turbulente de crise institutionnelle, au cours de laquelle une transformation brutale de l'environnement (ou une crise interne) déclenche une crise de la perception chez un grand nombre d'agents et où sont expérimentés à plus grande échelle des choix nouveaux considérés jusque-là comme mutants ; ensuite, une période au cours de laquelle ces choix sont soumis à la « pression de la sélection évolutionnaire ». A mesure que certains de ces choix deviennent dominants du point de vue évolutionnaire, cette seconde sous-période se mêle à la période de stabilité institutionnelle.

Arrêtons-nous sur la sous-période de crise institutionnelle : on peut constater que le processus d'évolution institutionnelle est ponctué de points critiques. Cependant, si nous élargissons notre horizon de manière à englober la sous-période de sélection évolutionnaire, alors le changement institutionnel pourra apparaître plutôt progressif. Si cette conjecture se vérifie dans un grand nombre de cas de changement institutionnel, alors on peut comparer l'évolution institutionnelle au processus d'évolution biologique que les biologistes Gould et Eldredge (1977) ont qualifié d'*équilibre ponctué,* par opposition à la régularité et la progressivité du processus darwinien (dans une interprétation peut-être approximative de la théorie darwinienne)[12]. Un processus évolutionniste caractérisé par des équilibres ponctués est un processus dans lequel de longues périodes de stabilités sont interrompues par de courts épisodes (à l'échelle géologique) de spéciation rapide. Quoique les métaphores et les analogies biologiques ne soient pas parfaites, ces concepts ont tout de même quelque chose d'éclairant. Lorsqu'un système de choix/sélections (un répertoire de phénotypes ou de choix) est soumis à la pression du processus évolutionniste, c'est l'individu le plus adapté qui finit par être sélectionné. Il est cependant plus probable que la transformation du système lui-même proviendra d'un grand choc extérieur plutôt que d'un processus continu et progressif.

La reconstruction des modèles de jeu subjectifs qui se produit au cours et à la suite de la période de crise institutionnelle impose des contraintes sur les possibilités futures (dépendance par rapport au chemin). Il n'est cependant pas certain qu'un état de déséquilibre initial donne forcément lieu à une transition vers l'émergence d'une institution nouvelle. La manière dont les modèles de jeu subjectifs convergent vers un équilibre cognitif général peut dépendre d'un processus complexe d'interactions entre l'environnement (la technologie par exemple) et les regroupements (accidentels) de choix complémentaires dans les différents domaines. Elle dépend également d'autres facteurs comme l'existence d'un plan intentionnel, le processus d'apprentissage et les expérimentations des agents individuels[13]. On pourra donc caractériser l'évolution institutionnelle comme un processus dépendant de son histoire mais aussi ponctué de nouveauté, un processus mélangeant points critiques et sélection évolutionnaire[14].

CHAPITRE X

Les liens diachroniques entre institutions

> « La société humaine se conçoit comme un système de molécules qui, dans l'espace et dans le temps, possède certaines propriétés, est sujette à certains rapports et subsiste dans le cadre de certaines relations. Les raisonnements (les dérivations), les théories, les croyances qui forment la masse de ces molécules sont considérés comme des manifestations de l'état [psychique] de cette masse et sont étudiés comme des faits au même titre que les autres faits que la société présente à nos yeux. Nous recherchons les uniformités qui les lient et nous essayons de remonter aux faits dont ils proviennent [...]. Nous voulons découvrir exactement quelles relations, dans le temps et dans l'espace, quelles dérivations et quelles croyances ils entretiennent entre eux et avec les autres faits. »
>
> Vilfredo Pareto, *The Mind and Society* (1916, p. 1919).

L'objet de ce chapitre est d'étudier les liens diachroniques entre les institutions. Dans le chapitre précédent, nous avons parlé du mécanisme de l'évolution institutionnelle du point de vue des conceptions subjectives des agents. Nous avons suggéré que, au cours de la période de transition institutionnelle (celle de la « ponctuation » de l'équilibre), les agents expérimentaient de nouveaux choix pour répondre à des chocs extérieurs et à des crises internes et que ces choix constituaient une alternative à des stratégies dépassées. Les règles de choix d'action viables et leurs représentations synthétiques sous la forme d'institutions ne sont cependant pas sélectionnées de manière entièrement aléatoire, même si elles sont en partie influencées par le hasard. Elles sont d'abord sélectionnées au cours du processus d'interactions dynamiques entre les choix stratégiques que font les agents dans les différents domaines où ils sont présents. Parallèlement à leurs liens synchroniques (temporels), les institutions entretiennent des relations diachroniques (transversales). Ce chapitre étudie l'aspect objectif de l'évolution institutionnelle. Nous identifions trois mécanismes diachroniques pouvant jouer un rôle important dans la sélection d'une innovation stratégique susceptible de provoquer un changement institutionnel, ou au contraire de l'empêcher (auquel cas l'économie se trouve en situation de crise institutionnelle, voire de stagnation). Il est facile de voir que chaque lien diachronique constitue la contrepartie dynamique de l'une des classes de lien synchronique dont nous avons parlé au chapitre VIII.

On peut qualifier le premier mécanisme d'enchâssement social par chevauchement (*overlapping social embededness*). Nous avons vu au chapitre VIII qu'une institution pouvait être créée par l'enchâssement d'un domaine de transactions privées dans le domaine de l'échange social et nous avons qualifié d'« enchâssement social » la classe d'institutions engendrée par cette relation. Les données qui caractérisent les domaines constituants (représentés dans la colonne de gauche du tableau de Coase), y compris les paramètres politiques et juridiques ou la quantité accumulée de compétences et d'actifs spécifiques à l'institution en place, peuvent évoluer dans le temps. Le rythme de cette évolution peut à son tour varier de manière significative en fonction du type de domaine. Les caractéristiques du domaine de l'échange social évoluent assez lentement, alors que des domaines de transactions privées, associés à de nouveaux types d'agents organisationnels, apparaissent et remplacent fréquemment des domaines de transactions plus anciens (pour des raisons technologiques, démographiques ou autres). Le schéma de l'enchâssement par chevauchement peut donc se modifier de temps à autre. Parfois, la structure isomorphe de l'enchâssement social se reproduit avec quelques modifications, alors que, dans d'autres conditions, il facilite ou, au contraire, freine l'évolution institutionnelle. La possibilité d'un enchâssement par chevauchement suggère que l'évolution institutionnelle à long terme dépend fortement de sa propre histoire.

La seconde classe de mécanismes diachroniques que nous allons examiner est la reconfiguration ou le remaniement des liens entre les jeux, à l'exclusion de l'enchâssement social. Ce mécanisme peut, à son tour, être subdivisé en deux classes. D'une part, à mesure que les activités économiques s'étendent avec le temps, les domaines qui étaient jusque-là géographiquement séparés peuvent commencer à s'intégrer, permettant aux agents qui s'y trouvent d'agir les uns sur les autres de manière stratégique. Les institutions de ces domaines peuvent alors soit disparaître, soit persister (malgré les interactions stratégiques entre les agents), soit se transformer à mesure que de nouvelles organisations apparaissent pour en assurer la médiation ou la gouvernance. D'autre part, il peut surgir une innovation institutionnelle, suite à un nouveau regroupement de domaines, lui-même facilité par une organisation ou un intermédiaire et, éventuellement, par le fait de rompre un regroupement existant. Enfin, la persistance de regroupements dépassés peut bloquer l'émergence d'un regroupement nouveau et créer une situation de stagnation institutionnelle. Selon Schumpeter (1934, 1937), une innovation peut en effet se concevoir comme une nouvelle manière de combiner les choses, fondée sur la destruction créatrice de combinaisons plus anciennes.

En troisième lieu, il existe un mécanisme important de complémentarité institutionnelle diachronique. Un nouveau choix activé ou un choix mutant ne sont pas toujours viables lorsqu'ils sont sélectionnés de manière isolée. En revanche, si une institution complémentaire existe déjà dans un autre domaine, ou si les paramètres de ce domaine se modifient dans le même sens, il se crée alors un effet de renforcement réciproque qui peut donner l'élan nécessaire à la construction d'une institution nouvelle. A travers ces mécanismes, des modifications exogènes de la valeur des paramètres de la forme de jeu d'un domaine (une réforme politique, par exemple) peuvent se propager, s'amplifier et conduire à l'émergence d'un arrangement institutionnel global nouveau. Il faut pourtant considérer cette possibilité avec grande prudence si on souhaite éviter de s'enfermer dans une conception du changement institutionnel fondée sur le déterminisme politique. Comme nous le verrons à l'aide de certains exemples, les complémentarités diachroniques n'ont pas nécessairement les effets qu'avaient initialement prévus leurs concepteurs politiques.

Ce chapitre formalise les mécanismes dont nous venons de parler, en déduit certaines implications analytiques et en donne quelques exemples, dont certains anticipent l'analyse plus substantielle de la troisième partie. Ces mécanismes diachroniques opèrent soit simultanément, soit successivement, et il est parfois difficile d'en distinguer la nature et les effets. Ils méritent cependant une étude séparée, qui servira de première étape à la compréhension analytique du processus complexe de l'évolution institutionnelle.

X.1. ENCHASSEMENT SOCIAL PAR CHEVAUCHEMENT

Dans les deux premières sections du chapitre VIII, nous avons étudié la manière dont les agents pouvaient coordonner leurs stratégies sur plusieurs domaines et nous avons examiné les conséquences que cela produisait sur la structure synchronique des arrangements institutionnels. Nous avons vu que ce type de lien rendait viables certaines institutions qui ne l'étaient pas lorsque les domaines étaient séparés. En particulier, nous nous sommes intéressés au mécanisme de l'enchâssement social, qui veut qu'un investissement en capital social dans le domaine de l'échange social dissuade les choix non coopératifs dans le domaine de la propriété commune, dans le domaine de l'échange économique ou dans le domaine de l'organisation. Comme nous l'avons signalé, le capital social qui apparaît dans le domaine de l'échange social peut être relativement robuste dans le temps, et il correspond à ce que nous appelons généralement un « schéma culturel » (que nous ne considérons pas comme exogène et invariant). Pour leur part, les formes de jeu des domaines des transactions économiques peuvent évoluer relativement plus rapidement[1]. La compétence, les capacités, les dispositions ainsi que les autres traits des agents qui influencent l'activité économique peuvent s'accumuler ou se déprécier en fonction des processus d'apprentissage et des évolutions démographiques. Le développement des technologies de communication et de transport raffine et étend la structure d'information des agents ainsi que la gamme de leurs activités économiques. Les paramètres des fonctions de conséquence des domaines de transactions économiques (technologie de production, règles juridiques, etc.) se modifient également. Les caractéristiques des domaines des transactions économiques peuvent donc se transformer, se déprécier et se renouveler à un rythme assez élevé. Qu'advient-il alors des liens entre les domaines de transactions économiques et le domaine de l'échange social ? En fonction de la situation, un enchâssement social peut soit faciliter la transition vers un nouvel arrangement institutionnel, soit l'empêcher, ou encore être remplacé par un type d'enchâssement entièrement nouveau. Nous étudions chacune de ces possibilités en nous appuyant sur des exemples.

(A) Différents types d'enchâssement social par chevauchement et leur dépendance par rapport au chemin

(I) L'enchâssement communautaire qui empêche la communauté de s'adapter à un choc sur son environnement

Supposons qu'un domaine de transactions économiques $\mathscr{D}_t$ soit enchâssé dans un domaine d'échange communautaire fermé $\mathscr{D}_s$ et qu'une norme communautaire enchâssée régule les choix d'action des agents de $\mathscr{D}_t$. Imaginons maintenant que l'environnement du domaine des transactions économiques se modifie suite à l'apparition d'une nouvelle technologie ou de nouvelles opportunités de marché. L'enchâssement communautaire peut alors empêcher la transition vers un arrangement institutionnel capable d'exploiter ces opportunités. Considérons l'exemple suivant. Dans les communautés rurales africaines, la jeune génération fournit des produits alimentaires aux anciens en échange de conseils sur les pratiques agricoles, qui s'appuient sur une connaissance tacite des conditions naturelles et météorologiques. Un mécanisme de sécurité sociale est donc enchâssé dans une structure sociale qui accorde une estime importante aux anciens. Cette structure sociale peut néanmoins empêcher l'introduction de techniques agricoles plus efficientes fondées sur les applications de la mécanisation, parce celle-ci déprécierait la valeur productive du savoir des anciens (Baker, 1997). Les exemples du même type abondent et il n'est pas nécessaire de les énumérer. L'exemple qui suit révèle, en dépit de sa nature extrême, la tendance générale suivante : un enchâssement communautaire fermé qui ne laisse aucune place à l'accumulation de compétences mutantes est fragile et même autodestructeur, lorsqu'il est exposé à un choc systémique important.

Exemple 10.1. L'auto-destruction de l'« Etat théâtre » (Geertz). Les deux exemples d'enchâssement social stratifié dont nous avons parlé au chapitre VIII.1. (le village de pêcheurs et l'atelier d'usine japonais) ont une structure d'enchâssement social isomorphe. La répartition différenciée du capital social (que ce soit en termes de statut social, d'estime ou d'autosatisfaction) peut engendrer certaines tensions sociales et psychologiques en raison de l'effort important mobilisé pour coopérer dans le domaine des transactions économiques et de l'inévitable inégalité des attributions et des gains entre les membres disposant de compétences différentes. Si les normes de coopération soutenues par la différenciation des statuts sont omniprésentes dans la régulation des domaines de transactions économiques à l'intérieur d'une économie, la projection et la symbolisation de leur structure générique à une échelle plus large peuvent aussi relâcher ces tensions et rendre la différenciation sociale plus efficace. En d'autres termes, si le jeu d'échange social générique auquel participent symboliquement les agents est isomorphe aux équilibres d'échange sociaux qui existent parallèlement au niveau micro, alors cette structure générique est reproduite inconsciemment dans l'esprit des agents et façonne leur vie éthique intérieure. Cet effet peut renforcer la reproduction des équilibres qui prévalent dans les domaines de transactions économiques. Geertz (1980) a réalisé une étude ethnologique célèbre sur les institutions politiques de Bali au XIXe siècle et on peut interpréter ses reflexions théoriques en ce sens[2].

Le système sociopolitique de Bali se subdivisait en deux parties, le *negara*, ce qui signifie « Etat », « ville », ou « palais », et le *desa*, c'est-à-dire « village » ou « monde ». Le premier consistait en une confédération de familles aristocratiques dominée par un roi, dont le statut hiérarchique exceptionnel était garanti non seulement par l'ascendance mais aussi par un tissu étroit de patronages et de traités. Le *negara* n'était pourtant pas directement impliqué dans l'allocation des biens publics ou la mise en application des droits de propriété. L'attribution des droits de puisage nécessaires à la production de riz était gérée par la communauté organisée autour du système d'irrigation et les autres biens publics (comme le règlement des différends civils ou la sécurité publique locale) étaient pris en charge par la communauté du village. Le « corps des habitants » désignait les dirigeants de la communauté d'irrigation et de la communauté du village, qui en constituaient moins les dirigeants que les agents. « Il constituait un corps souverain pour tout ce qui concernait les affaires locales, punissant toute résistance manifeste à son autorité par l'ostracisme, quelle qu'en soit l'importance. Il n'est donc pas surprenant que les Balinais continuent d'affirmer que quitter le *krama* (ce qui signifie "membre") revient à tout abandonner » (*ibid.*, p. 49). On peut remarquer que cette norme est très proche des normes communautaires enchâssées dont nous avons parlé au chapitre II.2.[3].

Les familles aristocratiques n'étaient pas directement impliquées dans les affaires économiques et sociales du *desa*, elles se contentaient d'affermer leurs terres aux agriculteurs, comme tout propriétaire terrien. En revanche, les familles aristocratiques mobilisaient les hommes et les ressources de ces communautés pour organiser des cérémonies très élaborées (des funérailles, par exemple) et faire ainsi valoir la supériorité de leur statut politique. Le roi représentait le point central d'un ordre de différenciation des statuts dont on considérait qu'il reflétait un ordre cosmique plus englobant. Ces cérémonies et ces rituels élaborés étaient présidés par des prêtres et c'étaient les membres du *desa* qui en constituaient les spectateurs et les participants. Ceux-ci étaient disposés selon une représentation systématique de symboles qui, selon Geertz, entretenait des relations homéomorphes avec les formes institutionnelles de la société. Elles se caractérisaient toutes deux par une disposition de leurs éléments selon un ordre descendant comportant un point focal exemplaire. Geertz identifie donc le régime politique de Bali à un « Etat théâtre », au sens où le ritualisme cérémoniel n'était « pas simplement le manteau de l'ordre politique, mais sa substance même » (*ibid.*, p. 32). L'Etat représentait symboliquement le principe général d'organisation des relations communautaires au sein du *negara* et du *desa* ainsi qu'entre eux ; ces relations se caractérisaient par des coalitions stratifiées d'agents et non par des rapports de domination-subordination. De cette manière, l'Etat représentait un ordre normatif général, facilitant l'intégration des ordres sociaux et régulant la propriété commune des hameaux et des communautés d'irrigation, qui étaient autonomes mais néanmoins soudés les uns aux autres. Geertz exprime l'essence de ce lien institutionnalisé de la manière suivante : « L'Etat créait le village tout comme le village créait l'Etat » (*ibid.*, p. 46).

Tant qu'ils demeurèrent à l'écart des turbulences extérieures, ce renforcement réciproque accorda aux Balinais une vie institutionnelle solide et stable. Cependant, la logique même de cette stabilité conduisit à l'effondrement de l'Etat lorsque celui-ci fut exposé à un choc extérieur extraordinaire. Face à l'agression des impérialistes hollandais, le dernier roi de Bali et sa cour choisirent un finale dramatique pour leur Etat théâtre. Ils défilèrent sans armes « sous le feu sans conviction de troupes hollandaises complètement désorientées » (*ibid.*, p. 11) et moururent. Il leur était impossible de modifier leur Etat fermé, ouvert exclusivement à l'univers spirituel, et de regarder en face cette réalité nouvelle que représentait l'agression des impérialistes occidentaux.

(II) L'enchâssement communautaire et sa capacité à faciliter l'adaptation de la communauté à une nouvelle opportunité extérieure

A l'inverse de la situation que nous venons de décrire, l'enchâssement social d'un domaine de transactions économiques fermé dans une communauté peut l'aider à s'adapter à un environnement nouveau (comme le contact avec de nouveaux marchés extérieurs, une nouvelle technologie, un changement institutionnel dans des domaines extérieurs complémentaire, etc.). Parfois, cette adaptation peut finalement étendre le domaine des transactions économiques et le doter d'une nouvelle institution ou même l'émanciper de la norme communautaire dans laquelle il était enchâssé. Appelons par exemple $\mathscr{D}_s^0$ le domaine de l'échange social et $\mathscr{D}_t^0$ et $\mathscr{D}_t^1$ deux domaines de transactions économiques avec des formes de jeu différentes et dont les ensembles d'agents recouvrent partiellement celui de $\mathscr{D}_s^0$. Supposons qu'au départ $\mathscr{D}_t^0$ soit enchâssé dans $\mathscr{D}_s^0$, et que $\mathscr{D}_t^0$ se transforme ensuite en $\mathscr{D}_t^1$ lorsque les agents qui s'y trouvent voient s'ouvrir de nouvelles opportunités de choix d'action. Dans ce cas, l'enchâssement de $\mathscr{D}_t^1$ dans $\mathscr{D}_s^0$ peut être isomorphe à l'enchâssement de $\mathscr{D}_t^0$ dans $\mathscr{D}_s^0$, quoique $\mathscr{D}_t^1$ puisse finir par s'émanciper de $\mathscr{D}_s^0$ grâce à l'émergence d'une nouvelle institution régulant les transactions économiques de manière autonome (figure 10.1.). Cette institution est différente de celle qui aurait prévalu si $\mathscr{D}_t^1$ avait été autonome depuis le départ ou s'il avait été lié à un autre domaine d'échange social que $\mathscr{D}_s^0$. Dans l'exemple qui suit, l'enchâssement de $\mathscr{D}_t^1$ dans $\mathscr{D}_s^0$ est un processus transitoire, mais qui influence de manière déterminante la nature de l'institution (autonome) qui se développe dans $\mathscr{D}_t^1$. Le sentier historique des liens institutionnalisés peut donc imprimer sa marque aux institutions qui s'y succèdent, même après que la structure des liens s'est transformée.

Figure 10.1.
Enchâssement en transition

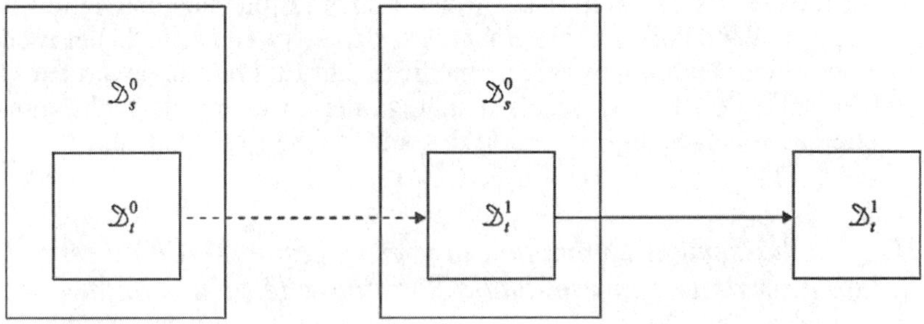

$\mathscr{D}_s$ représente le domaine de l'échange social et $\mathscr{D}_t$ le domaine des transactions économiques. Les exposants renvoient à la période (0 ou 1).

Exemple 10.2. Transition vers des relations ouvertes de marché insufflée par la communauté. Nous avons vu au chapitre II.2. qu'une norme communautaire permettait, en assurant la coordination intra-communautaire, de réguler les comportements de passager clandestin susceptibles d'apparaître au cours de l'utilisation de la propriété commune. La croyance partagée selon laquelle celui qui se soustrairait à la coopération se verrait refuser l'accès au capital social jouait le rôle d'une contrainte institutionnelle dissuasive pour les agents tentés d'adopter un comportement de passager clandestin. Ce mécanisme présupposait une relative homogénéité des familles de la communauté du village, qui garantissait à son tour une certaine homogénéité des activités de production dans lesquelles elles étaient engagées. Dans cette situation, les opportunités d'échange mutuellement avantageuses qui s'offrent aux agents de la communauté sont probablement assez limitées et peuvent donc être régulées par la confiance personnelle ou par une norme communautaire. Cependant, l'augmentation de la productivité des récoltes permise par l'amélioration des technologies indigènes peut augmenter le surplus de production et le temps de travail de la communauté au-delà du niveau de subsistance et du paiement des impôts. Pour exploiter ce potentiel, une communauté rurale relativement homogène doit ouvrir ses échanges à des partenaires extérieurs. L'existence d'une norme communautaire destinée à prévenir les comportements déviants n'entrave-t-elle alors pas le développement des mœurs individualistes qui conduisent au développement des relations de marché ? La parabole que nous allons raconter et qui fait suite à celle du chapitre II.2. (dont l'objectif était de comprendre certains aspects historiques du fonctionnement des villages japonais au cours de l'ère Tokugawa) indique que la présence d'une norme dans une communauté rurale n'empêche pas nécessairement sa transition vers le développement du marché.

Imaginons une communauté de marchands qui habite une ville importante, située assez loin d'un certain village et dans laquelle s'est développée une norme communautaire destinée à réguler le commerce des marchands entre eux. Ceux-ci ont intérêt à étendre leurs activités commerciales en direction des communautés rurales, mais ils savent que leur réputation ne les y a pas forcément précédés. Supposons qu'un marchand de la ville rende visite à une communauté rurale et essaie de traiter directement avec certaines familles. Il se rend vite compte que ce n'est pas une entreprise facile. Les familles hésitent à traiter avec un étranger de manière individuelle, non seulement par crainte d'être trompées ou abusées par lui mais aussi d'être considérées comme déviantes par les autres membres du village. Au début, le marchand a, lui aussi, beaucoup de mal à différencier les membres du village et il comprend que la construction d'une relation de confiance interpersonnelle avec ces agriculteurs suspicieux prendrait énormément de temps. Cependant, un marchand astucieux peut déchiffrer rapidement la structure du village ; il rend alors visite à son chef en lui offrant un cadeau pour lui signifier sa volonté de développer les échanges avec son village. Le chef lui rendra la politesse et ils finissent par s'entendre (rappelons-nous le modèle d'échange de dons du chapitre III.1.). Le marchand promet de revenir régulièrement et d'apporter aux familles du village certains biens, comme un nouveau type d'engrais (des sardines séchées, par exemple) ou de vêtements. Il demande en échange une partie des récoltes (riz, graines de colza, coton, etc.) ou certains produits artisanaux (du fil, des feuilles d'indigo, du papier). Le chef propose de représenter les familles du village et de rassembler les biens qu'elles ont à offrir. Il garantit que les biens et les récoltes seront de bonne qualité[4].

Cet accord permet d'ouvrir les échanges entre le marchand extérieur et les familles du village. Comme celles-ci offrent des biens relativement homogènes, elles constituent des partenaires d'échanges interchangeables du point de vue du marchand. Si le marchand pouvait échanger avec les familles de manière individuelle, il serait tenté de les tromper les unes après les autres. Dans le cas présent, le marchand sait que ce comportement opportuniste lui interdirait tout commerce futur avec les familles du village et lui ferait perdre la valeur de son don initial. Cette croyance repose sur la capacité supposée de la communauté villageoise à sanctionner les membres qui refuseraient de boycotter un marchand malhonnête. De son côté, le marchand peut empêcher les familles d'adopter un comportement d'échange malhonnête en les menaçant, dans le cas où cela se produirait, de mettre un terme à leurs relations commerciales et de le rapporter aux autres marchands de la ville. Si les membres du village estiment que la valeur future des échanges est supérieure à l'absence d'échange, la pression croisée qu'ils exercent les uns à l'égard des autres les convainc de ne pas les compromettre, même si la tentation individuelle de tromper le marchand est élevée. Par exemple, une famille qui livrerait des produits avariés au chef du village serait facilement repérée et mise en accusation par les autres membres du village, d'une manière qui rappelle la norme communautaire. Le capital social investi par les familles du village leur permet de développer leurs échanges avec les marchands extérieurs et de rendre exécutoire l'honnêteté des échanges de la part des deux parties de la transaction[5].

La cohésion communautaire entre les villages commence à s'éroder lorsque se creusent les différentiels de productivité sur la récolte ou la fabrication de produits artisanaux et que les produits deviennent de plus en plus spécialisés. La valeur d'option associée aux échanges avec l'extérieur augmente pour les familles entreprenantes et la contrainte imposée par le jeu d'échange social communautaire s'assouplit. A ce moment-là, les marchands connaissent mieux les caractéristiques et les compétences des différentes familles. Le marchand extérieur et les familles du village peuvent alors passer des contrats individuels, notamment des contrats de sous-traitance pour la production de certains biens artisanaux comme le fil et les tissus. Comme nous le verrons brièvement dans l'exemple 10.3., les familles les plus entreprenantes commencent alors à organiser des relations de sous-traitance avec des familles moins entreprenantes. De cette manière, les relations commerciales, au départ favorisées par l'existence d'une norme communautaire, commencent à détruire la relative homogénéité de la communauté, ce qui fragilise la base sociale de cette norme. La norme communautaire, qui s'appuyait sur la capacité symétrique des membres de la communauté à sanctionner les éventuels déviants dans le jeu de l'échange social, doit alors être remplacée par la confiance personnelle ou par des normes communautaires marchandes fondées sur la capacité à identifier et à sanctionner les comportements déviants dans le domaine de l'échange. Cependant, les réseaux d'information indispensables au fonctionnement de ces mécanismes doivent avoir été préparés avant et au cours du passage à ces relations nouvelles[6].

Figure 10.2.
Enchâssement transplanté

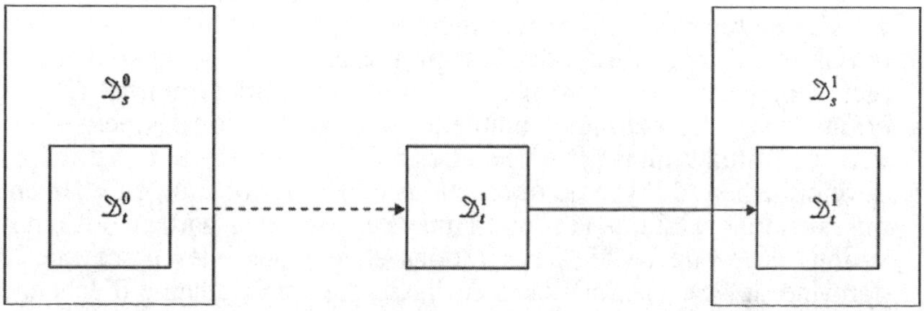

$\mathcal{D}_s$ représente le domaine de l'échange social et $\mathcal{D}_t$ le domaine des transactions économiques. Les exposants renvoient à la période (0 ou 1).

(III) Le transfert de capital social entre les différents domaines de transaction

Supposons qu'au départ $\mathcal{D}_t^0$ soit enchâssé dans $\mathcal{D}_s^0$, mais qu'ensuite le domaine $\mathcal{D}_t^1$ apparaisse à l'extérieur de $\mathcal{D}_t^0$ par l'émigration de certains agents de $\mathcal{D}_t^0$ vers $\mathcal{D}_t^1$. Supposons par ailleurs qu'un mécanisme de gouvernance autonome soit conçu et expérimenté dans $\mathscr{D}_t^1$, mais qu'il ne parvienne pas à être complètement institutionnalisé ou qu'une fois en place, il fonctionne mal. Entre-temps, les agents forment un nouveau domaine d'échange social $\mathscr{D}_s^1$ suite à leur participation continue à $\mathscr{D}_t^1$. Il peut alors se développer un mécanisme de régulation des choix des agents de $\mathscr{D}_t^1$, suite à un choc ou à une crise, d'une manière isomorphe à l'enchâssement de $\mathscr{D}_t^0$ par $\mathscr{D}_s^0$ (voir la figure 10.2). Comme l'ensemble des agents de $\mathscr{D}_s^0$ n'est pas identique à celui des agents de $\mathscr{D}_s^1$, même s'ils se chevauchent partiellement, il ne s'agit pas exactement d'un transfert de l'ancienne norme communautaire. Cependant, le chevauchement partiel des ensembles d'agents permet de faire de l'enchâssement isomorphe un point focal naturel. Les deux exemples qui suivent en fournissent une illustration.

Exemple 10.3. Le regroupement de petites entreprises dans les districts industriels italiens. Le district industriel italien dont nous avons parlé au chapitre IV.2. et qui rassemble des petites entreprises de l'industrie du vêtement est apparu après que l'augmentation des salaires et les conflits sociaux des années 1960, suivi en 1970 d'un statut accordant une forte protection sociale aux salariés, a eu raison des grandes entreprises textiles fortement intégrées. Les ouvriers qualifiés ont alors été incités à fonder leur propre entreprise, bien souvent en rachetant le matériel des grandes entreprises qui fermaient (Barca *et al.*, 1999). La confiance mutuelle qui régnait entre les petites firmes constituait alors un mécanisme de gouvernance essentiel au développement du type de transactions et de coordination qu'elles ont mises en place, tel que la sous-traitance croisée et le partage des innovations de productivité. Ces relations étaient possibles parce que le domaine des transactions était enchâssé dans un domaine d'échange social préexistant au sein duquel les nouveaux propriétaires des petites firmes avaient, en tant membres de la société civile ou de syndicats, investi une quantité importante de capital social au cours de leur confrontation avec les anciennes firmes intégrées.

L'importance du « capital social » en Italie est également soulignée par Putnam (1993) dans le contexte de la gestion démocratique de la société civile. Cependant, son concept de « capital social » diffère substantiellement de celui que nous utilisons ici (voir également Coleman, 1990). Le capital social auquel Putnam fait référence ne se forme pas au travers de volontés individuelles, mais provient d'un « héritage » dont l'origine se perd dans la nuit des temps. Le stock de capital social ne peut être détenu par les individus mais peut être « cultivé » par un « jardinage » collectif dont les rendements constituent un produit dérivé. Nous concevons au contraire le capital social comme quelque chose que les individus investissent dans l'échange social pour en retirer un rendement.

Exemple 10.4. La quasi-reproduction d'une norme communautaire dans un contexte industriel. On prétend souvent que la norme de groupe, telle qu'on l'observe dans l'atelier d'une usine ou dans l'organisation interne d'une firme japonaise, constitue une copie de la norme communautaire qui prévalait avant le développement du marché[7]. Le mécanisme de cette transplantation reste cependant inexpliqué. Nous avons vu que la capacité de la norme communautaire à réduire les problèmes de passager clandestin dans le domaine de la production reposait sur la présence d'un domaine d'échange social dans lequel s'enchâsser et qui pouvait engendrer un important surplus social bénéficiant à tous les membres de la communauté. Il est peu probable que cette condition se vérifie au moment même de la transition d'une économie pré-moderne à une économie industrialisée. Il semble plus vraisemblable que la migration des populations rurales vers les centres industriels urbains conduise d'abord à éroder la cohérence du domaine d'échange social. Il n'est pas non plus évident qu'un domaine d'échange social présentant une équivalence fonctionnelle avec celui des sociétés pré-modernes puisse être reconstruit au sein de l'usine moderne[8].

Dans le Japon de la fin du XIXe siècle et du début du XXe siècle, les jeunes usines confiaient à des contractants la tâche de recruter des travailleurs dans le secteur rural. Cette pratique instaurait une certaine concurrence avec le système rural de sous-traitance (voir l'exemple 10.6) et il indiquait que le capital social des paysans limitait leur mobilité massive vers le secteur industriel urbain. Les ouvriers industriels qualifiés étaient rares et pouvaient obtenir des primes de salaire en jouant de la concurrence des employeurs au cours du processus de recrutement. Ils ne craignaient pas d'être exclus d'un capital social qui ne s'était pas encore formé au sein de l'usine. Pendant la Seconde Guerre mondiale, les industries d'armement et les chantiers navals qui appartenaient à l'Etat commencèrent à introduire un système de bonus et de rémunération à l'ancienneté afin d'inciter les ouvriers qu'ils avaient formés à rester. Au départ, ces expérimentations organisationnelles se limitaient principalement à ces industries. On peut remarquer, à titre symbolique, que les ouvriers militants des usines privées du district industriel du Keihin (Tokyo-Yokoyama) exigeaient d'être reconnus comme des « membres égaux de l'entreprise » (au même titre que les cols blancs), au lieu de revendiquer leurs intérêts de classe comme le faisaient les ouvriers européens (Gordon, 1985). Cela n'empêchait pas la direction, qui maintenait une certaine distance sociale vis-à-vis des ouvriers, de s'appuyer fréquemment sur la police pour contenir leur mécontentement.

L'émigration des ouvriers agricoles vers le secteur industriel urbain s'accéléra dans les années 1930, lorsque l'économie rurale fut frappée de dépression prolongée et que l'Etat commença à intervenir dans tous les domaines de l'économie pour favoriser le développement des industries lourdes. Cette émigration découlait donc à la fois de l'offre croissante de main-d'œuvre en provenance du secteur rural et de la demande du secteur industriel. Lorsque l'économie de guerre s'est dégradée dans les années 1940, le gouvernement a essentiellement cherché à orienter une grande quantité de main-d'œuvre motivée qualifiée vers le secteur industriel. Il fallait par ailleurs résoudre de manière collective et contextualisée les difficultés nouvelles qui apparaissaient dans l'usine, comme les bris des machines, la pénurie de matériaux et de main-d'œuvre, l'absentéisme généralisé des ouvriers, etc. Ces usines manquaient cruellement de main-d'œuvre qualifiée, et celle-ci restait excessivement mobile en dépit du contrôle des salaires sur les nouveaux recrutements[9].

Pour résoudre ces difficultés, le gouvernement de guerre a essayé d'imposer une certaine « pression sociale » sur les ouvriers par la création d'une branche de la Société patriotique industrielle. Cette organisation rassemblait des cols bleus et des cols blancs pour tenter de réduire les différences persistantes de statut qui existaient entre eux. Au cœur de la pénurie, alors qu'il fallait soutenir les familles des ouvriers mobilisés, cette branche fonctionnait en partie comme une organisation d'aide mutuelle. Le contrôle des ouvriers par l'Etat, qui souhaitait ainsi réduire leur mobilité, les empêchait de plus en plus de quitter à leur gré les usines de production de guerre. Ceux qui refusaient de collaborer étaient menacés d'exclusion des réseaux d'aide mutuelle (laquelle comprenait, par exemple, la distribution de produits rationnés comme la nourriture ou les vêtements) ou bien de sanctions morales et physiques (ils étaient qualifiés de « non patriotes » et harcelés au cours des entraînements militaires). Cela rappelle l'ostracisme social du village Tokugawa. Néanmoins, à cette époque, les ouvriers étaient contraints de participer à la punition de ceux qui refusaient de collaborer, par peur d'être accusés de refus d'obéissance par les représentants militaires et d'être à leur tour sanctionnés. On est donc plus proche de ce que l'on pourrait qualifier un « contrôle étatique quasi communautaire » du domaine de production, lié à un Etat prédateur plutôt qu'à une communauté autonome.

L'histoire a cependant pris un tour inattendu. Malgré l'épreuve infligée par la répression militaire, la mobilisation de masse sans précédent de la population au service du secteur industriel inaugura une nouvelle ère organisationnelle. La pratique de résolution collective des problèmes, en partie enchâssée dans le contrôle quasi communautaire et en partie soutenue par l'estime traditionnelle des ouvriers vis-à-vis des compétences manuelles, commença à se développer spontanément dans les ateliers de travail. Un contremaître dont l'autorité n'était pas fondée sur le savoir et sur les compétences était considéré comme illégitime, alors que les ouvriers dotés de compétences professionnelles et désireux de résoudre les problèmes requis pouvaient gagner en popularité. L'économie de guerre a ainsi fait fondamentalement évoluer la structure sociale sur le lieu de travail. L'effondrement du pouvoir militaire au sortir de la guerre a remis en cause le maintien du contrôle étatique quasi communautaire. Au cours des deux années qui ont suivi, la syndicalisation des ouvriers de base des usines s'est rapidement étendue, souvent sous la direction politique de ces mêmes ouvriers qui prenaient l'initiative au sein de l'usine. Ils ont, dans certains cas, arraché le contrôle des usines à des dirigeants en déroute dans le but de protéger leurs emplois.

Rétrospectivement, on peut considérer les années 1930 et 1940 comme une transition vers une situation où la vie au travail est devenue le principal domaine d'échange social entre les ouvriers. Lorsque l'agitation de cette période s'est apaisée, les dirigeants des firmes J (ce sigle désigne le modèle des firmes japonaises dominant entre 1950 et 1990), qui provenaient eux-mêmes de la hiérarchie des employés et dont la promotion s'opérait virtuellement en l'absence de tout contrôle par les actionnaires, ont dû s'appuyer sur la « quasi-communauté » des ouvriers pour les inciter à coopérer sur le lieu de travail. L'émergence d'un domaine d'échange social quasi communautaire n'est pourtant pas nécessairement optimal d'un point de vue organisationnel global, car elle signifie que les ouvriers peuvent socialiser et consacrer moins d'attention aux activités de production. On pouvait également voir l'instauration d'une norme de groupe dissuadant la direction d'intervenir sur l'organisation du travail. Lorsque la direction de Toyota a essayé d'introduire une méthode de travail multi-machines dans les années 1950, elle s'est heurtée à une résistance des travailleurs manuels qui craignaient que l'effort qu'on exigeait d'eux n'augmentât. Les normes de groupes optimales, comme l'aide réciproque ou la surveillance collective du rythme de travail, ne peuvent émerger et s'insérer dans un arrangement organisationnel global que lorsqu'elles sont associées à un mécanisme de gouvernance efficace à l'échelle de l'organisation dans son ensemble (nous les présentons aux chapitres XI et XII). Dans le cas contraire, un groupe de travail peut développer un esprit de clique et se retrouver piégé dans un équilibre collusoire de faible effort qui, bien souvent, empêche d'atteindre une efficacité organisationnelle sérieuse.

(B) Déplacement et reconstruction du capital social

Au début de cette section, nous avons vu que l'existence d'un capital social pouvait faciliter l'adaptation d'un domaine de transactions économiques traditionnel à de nouvelles conditions d'environnement. Cela ne constitue cependant pas le seul résultat possible. L'exemple 10.2. montre que, dans certains cas, le capital social ne peut remplir ce rôle d'intermédiaire que lorsqu'une norme communautaire, par nature fermée, est déjà en place. Si les transformations de l'environnement du domaine des transactions économiques impliquent que les membres de la communauté ont de nouvelles opportunités de s'en éloigner (parce que le marché du travail leur offre de nouvelles perspectives, par exemple), alors le capital social se dissipera. Pour qu'un arrangement institutionnel nouveau puisse se développer, il faut qu'un nouveau type de capital social soit reconstruit. Cette situation peut donner lieu à une trajectoire institutionnelle différente de celle que l'on a décrite dans l'exemple 10.2.

Exemple 10.5. Divergence institutionnelle entre l'agriculture anglaise et l'agriculture japonaise au XVIIe et au XVIIIe siècle (Allen). Nous avons vu au chapitre II.2. et dans l'exemple 10.2 que les membres constitutifs importants des villages Tokugawa étaient les *hon-hyakusyo* (littéralement les « vrais agriculteurs »), qui composaient une classe homogène d'agriculteurs quasi propriétaires. Ce sont eux qui étaient à l'origine de la hausse de la productivité agricole au cours de l'ère Tokugawa ; ils gouvernaient collectivement la propriété commune grâce à l'accumulation de capital social et favorisaient l'amélioration des méthodes d'agriculture et des autres activités proto-industrielles par leurs initiatives personnelles. De ce point de vue, ils ressemblaient beaucoup aux francs-tenanciers indépendants qui cultivaient des champs collectifs avant la période des enclosures. L'accès à ces champs collectifs n'était pas ouvert comme l'est l'accès aux zones de pêche, ce que l'on croit souvent à tort. Ces champs étaient constitués de parcelles fragmentées et éparpillées dont l'utilisation (en termes de rotation des cultures, de pacage, etc.) était gérée collectivement. Il s'agit donc d'un regroupement qui rappelle les rizières éparpillées du village Tokugawa, lesquelles, malgré leur disparité considérable en termes de méthodes et de type d'agriculture, étaient intégrées par un système d'irrigation collectif (cf. chapitre II.2.). Les francs-tenanciers furent eux aussi à l'origine d'une très forte croissance de la productivité.

Il y a tout même une différence importante entre les *hon-hyakusho* et les francs-tenanciers, qui peut sans doute expliquer la divergence des évolutions institutionnelles qui suivirent. Les premiers disposaient de droits de propriété quasiment garantis sur les terres qu'ils cultivaient et qui leur étaient attribués par l'administration des gouvernements *Baku-Han* afin qu'ils puissent y prélever des impôts. Leur capital social était donc essentiellement mobilisé dans le but de contrôler le comportement de chacun à l'égard de la propriété commune et des opportunités d'échange extérieures. Par contraste, les francs-tenanciers entretenaient des relations contractuelles formelles avec leurs seigneurs, qui vivaient dans des châteaux et dont les seigneuries comprenaient des territoires propres[10]. Le village qui exploitait le champ collectif encourageait la solidarité entre les francs-tenanciers, mais leur capital social était souvent mobilisé dans le but de protéger collectivement leurs intérêts contre les prétentions des seigneurs.

Les enclosures permettaient aux propriétaires terriens de renforcer leurs multiples droits d'utilisation des champs collectifs et de la propriété commune grâce à un processus de négociation et de redéfinition des contrats. Ils les louaient à court terme à des agriculteurs qui, à leur tour, employaient des fermiers sans terre[11]. On explique traditionnellement la deuxième vague d'enclosures au XVIIIe siècle par le fait que les arrangements en champs collectifs et ouverts étaient inefficients, en raison des problèmes habituels posés par la propriété commune (pâturages excessifs, manque d'effort dans l'entretien des biens collectifs comme les canaux d'irrigation, etc.). Ces difficultés conduisaient également à ne pas exploiter toutes les économies d'échelle et posaient un problème de choix collectif car les agriculteurs les moins entreprenants pouvaient bloquer l'utilisation innovante des champs ouverts et des cultures. Cependant, certaines études micro, macro et comparées récentes montrent qu'une grande partie des gains de productivité, en termes de rendement à l'acre ou de production par travailleur, étaient déjà réalisés au XVIIe siècle, lorsque c'étaient les francs-tenanciers qui occupaient les terres et qu'il existait au XIXe siècle peu voire aucune différence de ce point de vue entre les champs ouverts et les enclosures (Allen, 1992, 1999, 2001). Certains travaux récents particulièrement bien documentés montrent également qu'il n'existe pas de signe visible des problèmes de propriété commune dont nous avons parlé un peu plus haut. Beaucoup de villages étaient au courant des problèmes posés par la propriété commune et ils limitaient en conséquence l'étendue des pâturages[12].

Si les communautés de paysans propriétaires au Japon et en Angleterre furent toutes deux capables de réaliser ces gains de productivité et de gérer correctement les problèmes posés par la propriété commune, pourquoi les enclosures se sont-elles développées en Angleterre et pas au Japon (ou ailleurs, y compris dans les économies avancées du continent européen) ? L'interprétation conventionnelle veut que l'industrialisation et l'urbanisation avancées de l'Angleterre aient provoqué un développement rapide des marchés du travail qui a mené à son tour au déclin la communauté des francs-tenanciers. Il demeure cependant une question plus subtile : comment ces transformations de l'environnement ont-elles pu provoquer une rupture aussi nette dans l'évolution des structures institutionnelles de l'agriculture ? R. Allen (2001) explique le pouvoir juridique des propriétaires terriens anglais et le développement rapide du marché du travail urbain par l'érosion de la cohésion sociale qui liait auparavant la communauté des francs-tenanciers.

Lorsque le rendement des terres a commencé à s'accroître de manière régulière au XVIIe siècle, les francs-tenanciers engagés dans des contrats de métayage à long terme étaient, grâce à leurs efforts d'innovation continuels, en position de force pour se saisir des rentes entrepreneuriales. Les rentes entrepreneuriales ont commencé à diminuer lorsque les gains de productivité (la productivité totale des facteurs) ont eux-mêmes diminué. Cependant, l'augmentation de la demande de produits agricole provoquée par l'urbanisation rapide du pays a maintenu la croissance de leurs prix, de sorte que la portion des rentes ricardiennes qui revenait aux propriétaires terriens s'est également accrue. Ceux-ci avaient évidemment intérêt à s'emparer des rentes perçues par les francs-tenanciers. Ils n'ont, pour ce faire, pas négocié des contrats de métayage à court terme avec chaque franc-tenancier, mais ils ont fait des offres aux agriculteurs qu'ils avaient sélectionnés et qui, à leur tour, étaient en concurrence pour la location de leur travail et des inputs matériels (les animaux, par exemple). On peut donc considérer que les économies d'échelles dans l'utilisation du travail ont constitué un facteur favorable à l'augmentation de la productivité. On peut pourtant montrer que la production par travailleur en Angleterre a cessé d'augmenter au milieu du XIXe siècle, quand elle a rattrapé, et même légèrement dépassé le niveau de productivité élevé des Pays-Bas et de la Belgique, où prévalait l'agriculture familiale (Allen, 1998). Cela signifie qu'un facteur historique d'ordre non technologique, spécifique à l'Angleterre, a dû jouer.

Il se peut donc que la cohésion sociale de la communauté des francs-tenanciers ait rendu assez coûteuse la stratégie des propriétaires terriens consistant à se saisir des rentes ricardiennes en renégociant des contrats individuels. On a d'abord essayé de consolider les champs ouverts par des contrats privés, par exemple en refusant de renouveler un contrat suite au décès d'un franc-tenancier ou à l'expiration d'un contrat dont les termes étaient à son avantage. Cependant, l'enclosure des champs collectifs nécessitait au départ l'accord unanime des multiples petits propriétaires terriens qui les occupaient. Dans cette situation, chacun d'entre eux était tenté de résister afin d'obtenir une rémunération collatérale. Un groupe de propriétaires terriens relativement homogène pouvait également avoir intérêt à conserver son capital social et sa part des rentes ricardiennes. Grâce à leur pouvoir seigneurial et à leur influence politique sur les parlements locaux, les seigneurs ont commencé à s'appuyer sur des résolutions parlementaires pour résoudre ce problème de coordination. La décision du parlement de transformer un champ ouvert en enclosure nécessitait quand même la majorité des votes des agriculteurs concernés. Là où la cohésion de la communauté des petits propriétaires terriens était forte, la transition vers l'agriculture à grande échelle ne s'est pas faite sans résistance[13].

Lorsque l'enclosure était réussie, les propriétaires terriens choisissaient généralement de louer leurs terres aux agriculteurs sur la base de contrats de métayage à court terme qui, dans la plupart des cas, étaient renouvelés régulièrement. L'augmentation des loyers se faisait selon une procédure bureaucratique consistant, entre autres, à faire réévaluer les terrains par un géomètre. Allen avance que ce dispositif incitait les métayers à améliorer leur productivité et à associer leur sort à celui de leur terrain plutôt qu'aux autres membres du village. De leur côté, les propriétaires terriens avaient intérêt à ce que les métayers ressentent un attachement à long terme à leur terre. Selon Allen, les termes du métayage et les normes de comportement suscitées par l'espoir d'être traités correctement constituaient une forme de « capital social ».

Les normes sociales qui prévalaient dans la communauté des francs-tenanciers ont ainsi progressivement été remplacées par de nouvelles formes d'échange social entre propriétaires terriens et agriculteurs. Cette transition n'a pas entraîné d'instabilité sociale et politique autodestructrice, peut-être parce que les marchés du travail et les institutions politiques des zones urbaines permettaient d'absorber la population en provenance du secteur rural, de faciliter la reconstruction du capital social parmi les classes ouvrières urbaines et de répondre à leurs aspirations politiques dans un Etat démocratique libéral émergent (chapitre VI.2.). Cette interprétation est exactement l'inverse de la position de Marx, à laquelle on a cru pendant longtemps, selon laquelle c'est l'enclosure qui a ouvert la voie au développement capitaliste, en mettant l'armée de réserve du prolétariat au service des capitalistes industriels.

X.2. LA RECONFIGURATION DES REGROUPEMENTS

Dans cette section, nous analysons les mécanismes du changement institutionnel provoqués par des liens nouveaux entre des domaines différents d'échange social. Nous considérons d'abord le contact de deux domaines dans lesquels se sont développées de manière indépendante des institutions identiques ou différentes et nous examinons la manière dont celui-ci influence les arrangements institutionnels postérieurs à l'intégration. Nous envisageons ensuite la possibilité que, dans les domaines organisationnels, un type nouveau de regroupement remplace un type plus ancien, ce que l'on peut identifier à une innovation institutionnelle schumpeterienne.

(A) Conséquences institutionnelles de l'intégration économique.

L'intégration de deux domaines peut résulter, par exemple, de l'expansion géographique des activités commerciales et organisationnelles. Les formes de jeu qui sont antérieures à l'intégration peuvent avoir eu des caractéristiques (ensembles d'agents, ensembles de choix et fonctions de conséquences) très contrastées, en raisons de différences dans leur évolution historique, dans leur réglementation, dans les compétences que les agents ont accumulées ou dans la nature des transactions effectuées, etc. Pour simplifier, considérons deux domaines isolés $\mathscr{D}_1$ et $\mathscr{D}_2$, régulés par les institutions Σ^* et Σ^{**}, qui peuvent être identiques ou différents. L'intégration de ces deux domaines peut faire émerger une institution nouvelle Λ^*, engendrée et soutenue par les choix stratégiques des agents dans le domaine lié $\mathscr{D}_1 \cup \mathscr{D}_2$. Comme ce lien peut potentiellement donner lieu à plusieurs institutions, la nature de Λ^* peut ne pas être entièrement déterminée par la structure technologique des domaines considérés isolément. La sélection d'une institution particulière parmi la multitude d'institutions logiquement possibles peut alors dépendre des institutions anciennes Σ^* et Σ^{**}. Les exemples historiques 10.6 et 10.7 qui suivent illustrent cette possibilité.

Il se peut également qu'une institution ancienne, ou les deux, Σ^* et Σ^{**}, persistent à la suite de l'intégration de deux domaines dont les formes de jeu ont des caractéristiques différentes. Leur évolution initiale aura alors pu dépendre des caractéristiques des formes de jeux de chaque domaine (la réglementation, par exemple), alors que leur intégration aura pu modifier de manière substantielle la forme de jeu du domaine lié (parce que la réglementation de chaque domaine n'est plus valable après l'intégration, ou que les agents disposant de certaines compétences peuvent se déplacer d'un domaine à l'autre, etc.). Les institutions d'origine peuvent néanmoins subsister, même dans le cas où elles n'eussent pas été viables si les caractéristiques de la forme de jeu postérieure à l'intégration avaient été en place depuis le début. L'évolution passée du lien institutionnel peut donc laisser son empreinte sur les institutions à venir, même après que les règles exogènes du jeu ont changé. Il s'agit là d'un exemple typique de dépendance par rapport au chemin, dont nous montrons la possibilité dans l'exemple 10.8 ci-dessous, mais dont la justification analytique n'est développée qu'au chapitre XII. On peut trouver un exemple analogue dans la proposition 5.2. du chapitre V, où nous avons étudié l'émergence de la diversité organisationnelle suite à l'intégration de champs organisationnels caractérisés par des conventions d'architecture organisationnelle différentes.

Exemple 10.6. Une nouvelle institution d'intermédiation entre les villes et les campagnes : le système de sous-traitance et l'industrie rurale japonais (Tanimoto). Nous avons montré, dans l'exemple 10.2, que les communautés rurales japonaises vivant sous le régime des Tokugawa avaient, vers le milieu du XVIIIe siècle, accumulé les compétences nécessaires à la production et à la vente de produits commerciaux non agricoles. En revanche, à l'extérieur des communautés rurales, essentiellement à Edo (Tokyo) et à Osaka, s'étaient développés des réseaux commerciaux composés de corporations de marchands spécialisés. Lorsque le lien entre ces deux types de domaines (les communautés rurales et les domaines d'échange nationaux) se limitait à l'échange de produits plus ou moins standard, comme l'huile de lampe, le riz, les aliments conditionnés ou le fil de coton, leur intermédiation était principalement assurée par des marchands en gros dans les villes et par leurs négociants dans les communautés rurales. Vers le milieu du XIXe siècle, le lien entre ces domaines était assuré par une nouvelle institution d'intermédiation, la sous-traitance de la manufacture d'étoffes. Celui-ci a constitué un élément essentiel de l'industrie textile jusqu'au milieu des années 1920, malgré le développement parallèle du système de l'usine[14]. Les usines à grande échelle s'occupaient essentiellement du filage du coton et de la production de tissus standardisés, alors que les usines à petite échelle et les sous-traitants se spécialisaient dans la manufacture de tissus différenciés. Les organisateurs du système de sous-traitance étaient des marchands indigènes (*zaichi shonin*) qui résidaient à proximité des villages où se faisait la production. La plupart de ces marchands étaient d'anciens agriculteurs particulièrement entreprenants qui avaient accumulé une expérience commerciale par leur métier de négociant. Les contractants étaient en général des familles de paysans dont l'agriculture restait la principale activité de production. L'intégration de l'agriculture et de la manufacture domestique au sein des familles paysannes est une caractéristique essentielle du système japonais. Cette propriété le distingue de la proto-industrialisation observée dans les Flandres au XVIIIe siècle, où l'agriculture céréalière et l'industrie rurale ont été gérées de manière séparée (Mendels, 1972).

On raconte que le système de sous-traitance occidental a été remplacé par le système de l'usine en raison des coûts de transaction impliqués par le vol du matériel et des frais de ramassage des produits auprès de sous-traitants éparpillés géographiquement. Une étude récente de Tanimoto suggère pourtant que les marchands indigènes japonais jouaient un rôle unique de coordination entre les demandes de marché et les choix rationnels des agriculteurs Du côté de la demande, ils étaient en relation avec les nouveaux marchands en gros des villes, qui étaient apparus à côté du vieux système de corporations de l'ordre Tokugawa et qui profitaient de l'extension du marché des produits textiles. Grâce à ce réseau, ils obtenaient des informations sur les demandes saisonnières et sur les exigences spécifiques des utilisateurs. Ces informations leur étaient indispensables en raison des différences climatiques importantes qui existaient entre les régions et les saisons. Du côté de l'offre, ils étaient en contact avec les familles de paysans qui répartissaient leurs efforts entre les différentes activités agricoles et non agricoles, et qui constituaient des unités de décision intégrées. Comme l'agriculture ne requiert pas le même niveau de travail tout au long de l'année, le temps et l'effort qu'ils allouaient au travail sous-traité n'étaient pas constants et ne correspondaient pas forcément au rythme de la demande saisonnière. Il fallait donc organiser les contrats de sous-traitance de manière à coordonner ces deux exigences. La proximité des marchands indigènes et des producteurs permettait également aux premiers de surveiller de près le processus de production et de rendre les contrats exécutoires. Leur rôle de coordination pouvait ainsi créer des rentes spécifiques qui n'auraient pas été immédiatement disponibles dans le système moderne de l'usine[15].

On explique habituellement le déclin du système de la sous-traitance dans les années 1920 par un facteur technologique, l'introduction de machines efficientes dans les usines modernes (le tissage électrique, par exemple). Une analyse théorique montre cependant que l'augmentation de l'incertitude du revenu agricole (mesurée par la variance du revenu agricole par unité de temps) a elle aussi pu être à l'origine de l'avantage comparé du système salarial de l'usine sur le système de sous-traitance[16]. La fin des années 1920 a en effet été marquée par une forte instabilité économique du monde agricole, due à des politiques publiques qui visaient à étendre les importations d'aliments en provenance des économies coloniales. Même après le déclin des contrats de sous-traitance, un grand nombre d'usines de petite taille se sont imposées dans les zones rurales où elles employaient les ouvriers agricoles en surplus. Ces usines ont constitué une caractéristique importante de l'économie industrielle japonaise, et ce jusqu'à la période de forte croissance des années 1960. Cette expérience historique suggère que le système de sous-traitance n'était pas simplement un moyen de faciliter la transition d'une économie agricole pré-moderne vers le système moderne de l'usine. Il permettait d'organiser le temps excédentaire des agriculteurs sans les arracher entièrement à l'agriculture et sans les transformer en ouvriers industriels, à qui la concurrence sur le marché du travail imposait une forte mobilité. Même s'il était voué à perdre son avantage comparé, le système de sous-traitance a constitué une alternative au système de l'usine et a façonné le développement du système industriel japonais[17].

Exemple 10.7. Une institution transitoire fondée sur les institutions antérieures à l'intégration : le système de responsabilité communautaire (Greif). Supposons maintenant que plusieurs communautés d'échangistes développent dans chacun de leurs domaines des mécanismes intra-communautaires de mise en application des contrats et qu'ils puissent ainsi identifier et sanctionner les membres des communautés qui adoptent un comportement malhonnête. Disons que les échangistes de chaque communauté étendent leurs activités au-delà de leur domaine d'origine et développent des installations commerciales sur les territoires des autres communautés. En l'absence d'un mécanisme inter-communautaire formel de mise en application des contrats, comment le commerce et le crédit entre les membres des différentes communautés peuvent-ils se développer ? En prenant l'exemple de la révolution commerciale tardive qui a eu lieu en Europe entre le XIe et le XIIIe siècle, Greif (2001) avance qu'un « système de responsabilité communautaire » s'est développé pour répondre à ce défi et il en analyse les implications. Il s'agissait d'un dispositif institutionnel destiné à prévenir les comportements malhonnêtes dans le domaine des échanges inter-communautaires tout en s'appuyant sur les mécanismes intra-communautaires de mise en application déjà existants. Ces mécanismes de mise en application des contrats pouvaient être formels ou informels et nous les qualifions, de manière générique, de « tribunaux ».

Supposons qu'un échangiste d'une des communautés, disons $\mathscr{A}$, ait trompé un partenaire d'échange dans son domaine territorial $\mathscr{B}$. Le marchand qui a été trompé s'adresse au tribunal de la communauté $\mathscr{B}$. Si le tribunal atteste que l'escroquerie a eu lieu, il saisit la propriété de certains membres ou de tous les membres de la communauté $\mathscr{A}$ qui sont présent sur le domaine territorial de la communauté $\mathscr{B}$ et la conserve en gage. Le tribunal de la communauté $\mathscr{B}$ exige alors compensation auprès du tribunal de la communauté $\mathcal{A}$. Si le premier parvient à fournir les preuves de l'escroquerie, le second compense l'individu trompé pour les dommages encourus et en récupère le montant auprès de l'individu qui s'est livré à l'escroquerie (s'il parvient à l'identifier) ou par tout autre moyen. Le tribunal de la communauté $\mathcal{A}$ verse ensuite cette compensation au plaignant. Cela signifie que la communauté est tenue pour responsable du comportement malhonnête de n'importe lequel de ses membres, alors que les échanges entre les communautés restent par ailleurs impersonnels. Greif a montré que la procédure prescrite peut constituer un résultat d'équilibre si le tribunal de chaque communauté maximise la somme des gains que ses membres retirent de l'échange intercommunautaire. Inversement, il est dans l'intérêt des communautés de mettre en place ces tribunaux (ou n'importe quel mécanisme qui reproduise la procédure prescrite) si elles souhaitent que la procédure soit appliquée.

Le système de responsabilité communautaire porte pourtant les germes de sa propre destruction. Si les échangistes peuvent s'attendre à être dédommagés pour le comportement malhonnête des étrangers, ils peuvent ne pas porter l'attention requise par une vérification *ex ante* de la fiabilité des contrats qu'ils s'apprêtent à passer. A mesure que les échanges se développent grâce au système de responsabilité communautaire et que les communautés d'échangistes s'agrandissent, il peut devenir de plus en plus difficile d'identifier et de punir les individus qui transgressent les contrats. Le coût de fonctionnement du système s'accroît en raison même du développement des échanges qu'il permet. Greif avance que cette évolution interne a été le principal motif de la disparition du système de responsabilité communautaire à la fin du XIIIe siècle, puis de son remplacement par des institutions alternatives de mise en application des contrats, notamment des systèmes juridiques administrés par l'Etat-nation. Le système de responsabilité communautaire a donc servi de mécanisme transitoire de gouvernance au cours d'un processus de regroupement des communautés d'échangistes éparses. Grâce à sa nature semi impersonnelle, qui opérait au niveau de l'information sur des partenaires d'échanges affiliés à une communauté, ce mécanisme a constitué un facteur important du développement d'un mécanisme juridique complet réglementant les échanges impersonnels entre des domaines d'échange hétérogènes mais de plus en plus intégrés.

Exemple 10.8. Persistance dépendante par rapport au chemin d'une institution ancienne : le financement relationnel sur les marchés financiers mondiaux. Le financement relationnel se caractérise par le fait qu'un financier s'engage de manière crédible à fournir le financement additionnel requis par l'emprunteur en cas de contingences imprévues au contrat, telles que l'apparition de difficultés financières (nous parlons de ce concept plus en détail au chapitre XII). Cet engagement n'est crédible que si le financier pense qu'il a intérêt a adopter cette stratégie. Par exemple, l'emprunteur pourra accepter de payer une prime en échange du maintien de sa ligne de crédit. En revanche, l'emprunteur refuse d'établir cette relation avec le financier (une banque, par exemple) si le coût du financement impersonnel est faible relativement au service d'assurance fourni par le financier relationnel. Un certain arbitrage est donc à l'œuvre. Cela signifie qu'un financier relationnel fait facilement son apparition dans un domaine de transactions financières où la capacité des emprunteurs à lever des fonds sur les marchés obligataires est juridiquement réprimée. Supposons que cela ait été le cas par le passé, mais que ce domaine soit ensuite intégré aux marchés internationaux de capitaux, de sorte que cette politique ne soit plus applicable. L'institution du financement relationnel perdra-t-elle sa viabilité ? La réponse n'est pas évidente. Nous verrons au chapitre XII que le financement relationnel peut rester viable dans certaines situations, même si le financier doit alors développer de nouveaux types de compétences de traitement de l'information pour s'adapter à un environnement nouveau.

B) Le processus schumpeterien de rupture et de reconstruction des regroupements

Tournons-nous maintenant vers une classe différente de jeux liés, mais qui n'est pas sans rapport avec la précédente : le regroupement de domaines par des organisations ou des intermédiaires de tierce partie. Comme nous l'avons suggéré au chapitre VIII.2., un regroupement de domaines ne se produira que si l'agent qui en est à l'origine peut en retirer une rente, soit sous la forme d'une information nouvelle, soit grâce aux externalités qu'il a produites. Cependant, dans un contexte dynamique, un nouveau type de regroupement est également possible lorsqu'un ancien se désintègre suite à une crise interne ou, plus probablement, quand un nouveau type envahit ou détruit les rentes créées par l'ancien. L'institutionnalisation d'un nouveau regroupement n'est donc pas nécessairement sans heurt. Elle nécessite un vigoureux élan entrepreneurial schumpeterien au cours d'un processus de « destruction créatrice des combinaisons anciennes » (Schumpeter, 1934, 1947).

Exemple 10.9. Le regroupement évolutionnaire ex post *des activités de développement.* Le rassemblement de petites *start-up* entrepreneuriales dans la Silicon Valley et dans d'autres centres de la haute technologie a un certain nombre de points communs avec ce que nous sommes en train d'étudier. Il est apparu suite à la rupture des activités commerciales intégrées dans l'architecture organisationnelle des firmes intégrées traditionnelles[18]. Dans la firme intégrée traditionnelle, les activités de conception, de production et de commercialisation étaient regroupées sous un même toit, le siège de l'entreprise[19]. Les activités de conception étaient elles-mêmes modulées et organisées de manière hiérarchique, de la conception abstraite et centralisée au plus haut niveau d'un système-produit jusqu'à la fabrication et l'amélioration d'un produit pilote, en passant par la conception analytique du système-produit, la conception détaillée de ses parties modulaires et la conception du processus de production. A l'inverse, les start-up de la Silicon Valley ont cherché à se spécialiser dans la conception de produits modulaires, qui comprenaient parfois la production de produits-pilotes ciblés pour certaines niches. Les autres activités, comme la production à grande échelle et la commercialisation, sont extérieures à leur champ d'action.

Comme nous l'avons déjà souligné (chapitre IV.2.), ces jeunes firmes entrepreneuriales se font concurrence dans des niches particulières innovantes dans la conception de produits modulaires. Le gagnant de chaque marché a de fortes chances d'être racheté par les firmes qui sont leader sur leur marché, dont la gamme de produits est beaucoup plus large (Cisco Systems, Lucent Technologies, Intel et Microsoft, par exemple) et dont l'objectif est l'élaboration d'un produit-système innovant. Du point de vue de l'innovation des produits-systèmes, l'intégration des technologies composant le système est donc réalisée par le regroupement *ex post* de produits modulaires sélectionnés et produits par des firmes entrepreneuriales, et non par le regroupement *ex ante* des activités de conception dans le cadre d'une planification centralisée par une firme intégrée unique (comme c'était le cas lors du développement de IBM 360). Le premier type de regroupement, que nous appelons A-D (acquisition et développement) par opposition à la R-D (recherche-développement) intra-organisationnelle traditionnelle, est clairement plus flexible dans sa capacité à conserver différentes options ouvertes jusqu'à ce que l'incertitude impliquée par la conception d'un système viable se réduise. Le coût de fonctionnement de ce processus schumpeterien provient de la démultiplication des efforts de développement par une multitude de firmes entrepreneuriales concurrentes avant la sélection. Nous analysons par la suite les conditions technologiques et institutionnelles dans lesquelles les bénéfices de ce processus schumpeterien compensent son coût social, ainsi que le rôle d'intermédiation unique joué par le capital-risque dans ce processus (chapitre XIV).

Exemple 10.10. Le dilemme de la firme J à l'ère numérique. Le développement des technologies de l'information et l'accumulation des compétences humaines ont joué un rôle déterminant dans la viabilité du regroupement de la Silicon Valley, car ils ont permis une encapsulation du traitement de l'information sur la conception des produits modulaires au niveau des firmes entrepreneuriales individuelles (chapitre IV.2.). En revanche, cette évolution technologique a sapé la compétitivité relative de l'architecture organisationnelle des firmes J (les firmes japonaises stylisées) qui s'était développée dans les années 1970 et 1980. La firme J fonctionnait sur le principe d'un partage intense de l'information contextuelle et d'une assimilation interprétative de cette information par les différentes unités de travail. Nous faisons ici référence à l'architecture organisationnelle que nous avons appelée « hiérarchie horizontale » au chapitre IV.2. Les unités de travail y sont étroitement regroupées par une administration du personnel centralisée qui recrute, fait tourner, affecte et promeut les employés des différentes unités de travail dans une perspective organisationnelle globale. Non seulement cette pratique a facilité le partage de l'information contextuelle, mais elle a également fourni un cadre incitatif au travail d'équipe fondé sur une différenciation interne des grades des employés à vie (chapitre VIII.1., exemple 8.2). C'est la complémentarité stratégique entre la hiérarchie horizontale et l'administration centralisée du personnel qui a fait de la firme J une entité organisationnelle cohérente[20].

Cependant, le développement des technologies de l'information a largement (voire complètement) érodé l'avantage comparé du partage contextuel de l'information sur le partage de l'information fondé sur le réseau (chapitre IV.1.). La coordination organisationnelle fondée sur l'assimilation interprétative de la connaissance tacite par les membres de l'organisation perd de sa compétitivité lorsque la quantité d'information partagée qui circule dans les réseaux inter-organisations devient importante (proposition 4.4). Si on la compare au processus schumpeterien dont nous avons parlé dans l'exemple précédent, elle se caractérise également par un manque de flexibilité dans la conception de systèmes-produits.

Comme les salariés et les dirigeants japonais ont investi dans des actifs humains contextualisés et que leur langue maternelle est peu parlée, l'avantage comparé de la firme J ne peut être rétabli par l'imitation pure et simple des hiérarchies fonctionnelles à grande échelle intégrées par les réseaux que les firmes anglo-américaines ont développées au niveau mondial. De plus, la complémentarité institutionnelle dont nous venons de parler implique que l'architecture organisationnelle de la firme J ne peut être modifiée facilement sans une évolution simultanée de l'administration traditionnelle du personnel. Le problème de la firme J doit être réglé d'une manière qui tienne compte de son histoire. En particulier, la firme J doit se montrer capable de redéfinir son architecture organisationnelle de manière à assouplir le lien entre les unités de travail, tout en encapsulant dans chacune d'elles, lorsque c'est nécessaire, le partage et l'assimilation interprétative de l'information contextuelle[21]. Comme nous l'avons vu au chapitre IV.1., le partage de l'information contextuelle ne perd pas toute son efficience informationnelle comparée s'il se limite à une sphère du domaine organisationnel dans laquelle ces activités sont complémentaires et où les environnements sont statistiquement corrélés. Au chapitre XIV, nous comparons le regroupement de la Silicon Valley et l'architecture organisationnelle de la firme J du point de vue de leur efficience informationnelle dans la conception de systèmes-produits innovants.

X.3. LA COMPLEMENTARITE INSTITUTIONNELLE DIACHRONIQUE

Nous étudions à présent les interactions dynamiques qui peuvent apparaître dans des domaines complémentaires. Nous nous intéressons particulièrement à l'effet d'une modification paramétrique des formes de jeux de ces domaines complémentaires, comme la promulgation d'une nouvelle loi, la conception d'une nouvelle organisation, l'accumulation de certains types d'actifs humains ou encore l'innovation technologique. Autrement dit, nous nous intéressons à tout changement des paramètres susceptible d'intermédier et d'induire (ou encore d'empêcher) l'émergence d'une institution nouvelle ou d'influencer les arrangements institutionnels globaux.

A) Le théorème du moment

A l'instar de la situation simple du chapitre VIII.3, supposons que l'économie se compose de deux domaines $\mathscr{D}$ et $\mathscr{G}$, dont les agents ont les mêmes règles de prédiction des gains (les mêmes fonctions d'utilité) u et v et seulement deux choix possibles de règles/institution, à savoir $(\Sigma^* ; \Sigma^{**})$ dans $\mathscr{D}$ et $(\Lambda^* ; \Lambda^{**})$ dans $\mathscr{G}$[22]. Nous supposons également que la condition supermodulaire est vérifiée (voir le chapitre VIII), de sorte que Σ^* et Λ^* d'une part, et Σ^{**} et Λ^{**} d'autre part, sont institutionnellement complémentaires. Par ailleurs, les paramètres θ et η, qui caractérisent les formes de jeu (subjectives) des agents de $\mathscr{D}$ et de $\mathscr{G}$, influencent leurs prévisions des gains par l'intermédiaire de leur effet sur la fonction de conséquence. Ces paramètres représentent par exemple la manière dont les agents perçoivent leur environnement technologique, les types et les quantités d'actifs humains qu'ils détiennent, les lois, les réglementations, les orientations de politique publique qui influencent les conséquences du jeu et ainsi de suite. Ces paramètres *influencent les institutions* au sens suivant. Ils sont ordonnés sur la ligne réelle $\Re$ ou bien prennent les valeurs binaires 1 ou 0 (cet ordre peut être utilisé simplement pour distinguer deux types, comme les programmes mentaux individualisés et les programmes mentaux contextualisés et n'ont pas nécessairement de conséquences sur l'importance relative de ces types). Chaque fonction d'utilité a une différence croissante en sa propre variable et en le paramètre correspondant :

$u(\Sigma^* : \Lambda, \theta) - u(\Sigma^{**} : \Lambda, \theta)$ *est croissante de* θ *pour toute valeur de* Λ *fixée, et*

$v(\Lambda^* : \Sigma, \eta)$- $v(\Lambda^{**} : \Sigma, \eta)$ *est croissante de* η *pour toute valeur de* Σ *fixée.*

Ces conditions impliquent que θ et η sont ordonnés de manière à ce que la valeur de ces différences soit plus élevée lorsqu'ils prennent leur valeur la plus élevée. Une augmentation de θ ou de η représente donc une modification des paramètres complémentaire de Σ^* ou de Λ^* (de Σ^{**} ou de Λ^{**}, respectivement). Inversement, une baisse de θ ou de η représente une modification des paramètres complémentaire de Σ^{**} ou de Λ^{**}. Enfin, nous supposons que les agents de $\mathscr{D}$ et de $\mathscr{G}$ choisissent à chaque période $t = 1, 2,...$ les valeurs de Σ et de Λ qui maximisent leurs gains respectifs u et v en considérant la variable choisie dans l'autre domaine comme donnée.

Si l'on indique par le signe (t) la valeur des variables et des paramètres à la période t, nous pouvons préciser la manière dont la valeur des paramètres se modifie dans le temps selon le système dynamique suivant :

$\theta(t + 1) = F(\theta(t), \eta(t), \Sigma(t), \Lambda(t))$, *et*

$\eta(t + 1) = G(\theta(t), \eta(t), \Sigma(t), \Lambda(t))$,

où F et G sont des fonctions non décroissantes des paramètres et des variables. Ces conditions impliquent que l'impact des paramètres sur les variables endogènes va toujours dans la même direction (il n'existe pas de changement d'orientation politique, les compétences qui influencent les institutions s'accumulent de manière continue, etc.). L'hypothèse de non-décroissance de la fonction par rapport aux variables endogènes signifie également que les paramètres ne subiront jamais un effet de retour négatif des variables endogènes, mais seulement un effet de retour positif ; cela veut dire, par exemple, qu'on n'adopte aucune politique qui compromettrait les institutions en place, que les actifs humains (les programmes mentaux) adaptés aux institutions s'accumulent grâce à l'apprentissage par la pratique, etc.

Examinons, dans ce cadre, les effets d'une complémentarité institutionnelle sur le mécanisme de l'évolution institutionnelle. Considérons d'abord le cas où à la date $t = 0$ l'institution Λ^* est en place dans $\mathscr{G}$, alors que $u(\Sigma^* : \Lambda^*, \theta(0)) < u(\Sigma^{**} : \Lambda^*, \theta(0))$ dans le domaine $\mathscr{D}$. Cela signifie que malgré la présence de Λ^* dans $\mathscr{G}$, l'institution complémentaire Σ^* n'est pas mise en place dans $\mathscr{D}$ car la valeur du paramètre institutionnel correspondant θ est faible (par exemple parce que l'accumulation des compétences nécessaires pour soutenir l'institution Σ^* n'est pas assez importante ou que l'environnement réglementaire n'est pas favorable). Supposons néanmoins que $\theta(1) > \theta(0)$ et que $\eta(1) > \eta(0)$, de sorte que les paramètres qui influencent les institutions Σ^* et Λ^* se modifient de manière complémentaire. L'application successive de la propriété de croissance de F et de G indique alors que $\theta(t + 1) \geq \theta(t)$ et $\eta(t + 1) \geq \eta(t)$ pour tout $t > 1$. La faiblesse relative de Σ^* vis-à-vis de Σ^{**} peut donc se réduire progressivement grâce au fait que la fonction u a une différence croissante en θ. Si la condition forte de complémentarité institutionnelle est vérifiée, de sorte que non seulement la différence $u(\Sigma^* : \Lambda^*, \theta(t)) - u(\Sigma^{**} : \Lambda^*, \theta(t))$ est non décroissante mais également qu'elle est strictement positive lorsque $\theta(t)$ est suffisamment élevé, alors l'institution Σ^* peut apparaître dans $\mathscr{D}$ alors même que c'était impossible au départ, lorsque l'institution Λ^* n'était pas en place dans le domaine $\mathscr{G}$. Nous pouvons donc avancer la variante suivante du théorème du moment de Milgrom, Qian et Roberts (1991) :

PROPOSITION 10.1. *(Milgrom, Qian et Roberts). Même si la valeur initiale des paramètres institutionnels est trop faible pour que l'institution Σ^* soit viable dans le domaine $\mathscr{D}$ considéré isolément, la présence d'une institution complémentaire Λ^* peut amplifier l'effet d'une hausse du paramètre institutionnel complémentaire de Σ^*. Si les effets complémentaires cumulés sont suffisamment importants, ils peuvent provoquer une institutionnalisation de Σ^*.*

Considérons maintenant le cas où Σ^{**} et Λ^{**} ont prévalu par le passé et jusqu'à la date $t = S$. A la date $t = S$, un choc technologique extérieur ou un changement de politique se produit et élève la valeur des paramètres complémentaires de Σ^{**} et de Λ^{**}. L'hypothèse de croissance de F et de G signifie que $\theta(t + 1) \geq \theta(t)$ et que $\eta(t + 1) \geq \eta(t)$ pour tout $t > S + 1$. Supposons qu'au-delà d'une certaine valeur de $\eta(t)$, qui a pu être atteinte au cours du processus dynamique lui-même, se vérifie une version plus forte des différences croissantes, de sorte que l'on ait $v(\Lambda^* : \Sigma^{**}, \eta(t)) - v(\Lambda^{**} : \Sigma^{**}, \eta(t)) > 0$. Dans ce cas, un changement institutionnel de Λ^{**} à Λ^* se produira à une date $T > S + 1$. En appliquant la même logique que celle de la proposition 10.1, on déduit qu'un changement institutionnel analogue de Σ^{**} à Σ^* pourra finir par se produire. En paraphrasant ce résultat, nous parvenons à la variante suivante du théorème du moment :

Proposition 10.2. *Supposons que les institutions* Σ^{**} *et* Λ^{**} *ont eu cours jusqu'à une certaine date, à laquelle se produit dans chaque domaine un changement de politique ou une accumulation initiale de compétences complémentaires aux institutions* Σ^* *et* Λ^*. *Alors même qu'un changement institutionnel peut ne pas se produire immédiatement dans l'un des deux domaines, les effets complémentaires cumulés de ce changement/accumulation peuvent conduire à l'émergence d'un arrangement global nouveau* (Σ^*, Λ^*) *d'institutions mutuellement complémentaires.*

Cette proposition indique que la présence d'une institution complémentaire ou de changements complémentaires dans la valeur des paramètres qui influencent les institutions peuvent provoquer l'émergence d'une institution nouvelle dans un certain domaine ou encore une transformation des arrangements institutionnels globaux. Cet effet n'est pourtant pas automatique ; il dépend de la force des relations de complémentarité entre les paramètres qui influencent les institutions et les variables de choix endogènes correspondantes, ainsi qu'entre les variables de choix endogènes qui relient les différents domaines. La subtilité de ce processus tient au fait que l'émergence d'une institution ou la transformation des arrangements institutionnels globaux provoqués par un changement dans la valeur des paramètres institutionnels peuvent rester à l'état latent au début pour ensuite se réaliser par leurs effets mutuels et cumulés.

B) Le rôle des politiques dans le changement institutionnel

(I) La possibilité qu'un résultat institutionnel imprévu soit la conséquence d'un changement de politique ou d'un plan organisationnel orchestré par le gouvernement

Le théorème du moment permet d'analyser certains aspects intéressants du rôle des politiques publiques et des plans organisationnels dans le changement institutionnel. Supposons d'abord que l'objectif politique explicitement formulé par les autorités soit d'orienter les choix des agents dans une certaine direction. L'interaction mutuelle et cumulative des choix stratégiques des agents dans des domaines complémentaires implique qu'un changement institutionnel global imprévu peut avoir lieu. Le développement du système japonais de banques principales et des arrangements institutionnels qui lui sont associés en constituent un exemple, que nous étudions plus en détail au chapitre XIII. Il peut sembler que l'émergence de ce système a initialement été provoquée par les politiques publiques et par un plan organisationnel déterminés par le gouvernement militaire avant et pendant la seconde guerre mondiale (le contrôle du crédit par les banques, les limites du contrôle des actionnaires dans les domaines de gouvernance d'entreprise, etc.). L'intention du gouvernement était de renforcer son contrôle sur l'économie afin de favoriser la production de guerre. Cet objectif n'a pas été rempli. Le système des banques principales s'est quand même développé, parce que les politiques publiques et le plan organisationnel ont continué à influencer le développement institutionnel pendant la phase de réforme de l'après-guerre et au cours des périodes qui ont suivi (par exemple, l'instauration des *zaibatsu* a supprimé le contrôle capitaliste du contrôle d'entreprise). Plus fondamentalement, le système des banques principales est apparu et s'est maintenu parce qu'il existait de fortes complémentarités entre les pratiques organisationnelles émergentes (les hiérarchies horizontales que nous avons analysées au chapitre IV.2.) d'une part, et le financement relationnel ainsi que la structure de gouvernance des entreprises qui lui est associée d'autre part. En revanche, le résultat était assez différent de ce que le gouvernement militaire avait prévu initialement.

(II) L'incapacité des politiques publiques à produire le résultat souhaité en raison de l'absence des actifs humains nécessaires

Même si on pense qu'un changement de politique publique doit mener au développement d'une institution alternative dans un domaine particulier, le résultat souhaité peut ne pas être atteint si les actifs humains complémentaires sont absents. C'est le cas en Russie, où leur absence a empêché le développement d'une structure de gouvernance des entreprises tournée vers le marché (nous illustrons ce point dans l'exemple 10.11 ci-dessous).

(III) Les mouvements contradictoires des paramètres qui influencent les institutions et le rôle de l'Etat

Le théorème du moment permet d'analyser des situations dans lesquelles les paramètres institutionnels se déplacent de manière complémentaire. Il se peut néanmoins que ce ne soit pas le cas au niveau macro. Imaginons qu'ait lieu une reconfiguration schumpeterienne des activités économiques. Les compétences associées commencent alors à s'accumuler dans un certain domaine de transactions économiques privées, mais le nouveau schéma de regroupement d'une part et les schémas de regroupement existants dans les autres domaines de transactions économiques privées d'autre part ne sont pas nécessairement complémentaires. C'est le cas, par exemple, lorsqu'une architecture organisationnelle émergente nécessite un type de financement différent de celui qui est déjà en place, ou lorsque celle-ci fragilise la norme communautaire en place dans le secteur rural. Supposons que l'environnement extérieur de l'économie se transforme de sorte que les rentes dont profitent les regroupements existants (les anciennes institutions financières, la communauté rurale, etc.) diminuent lorsque se développe le nouveau schéma de regroupement. Les groupes d'intérêts associés aux anciens schémas de regroupement s'engagent alors dans un comportement de recherche de rente au sein du domaine politique. Si l'Etat n'est pas libéral, au sens défini au chapitre VI, le gouvernement répond à la pression des groupes d'intérêt en usant de son pouvoir réglementaire ou en orientant le droit en leur faveur. Cette politique a un effet néfaste sur le développement et l'accumulation des compétences adaptées au nouveau schéma de regroupement.

En revanche, une transition lente peut avoir lieu si le gouvernement refuse de former une collusion avec les groupes d'intérêts et s'engage au contraire dans une politique consistant à éliminer progressivement les vieux schémas. L'Etat-promoteur rural constitue un exemple de cette configuration (chapitre IV.2.). Bien que les politiques publiques ne puissent à elles seules engendrer l'institution souhaitée dans un domaine privé, la direction et le rythme de la transition de l'ancien schéma vers le nouveau dépendent en partie de la nature de l'Etat qui est institutionnalisé. Comme nous l'avons vu dans le chapitre précédent, les « discours idéologiques », ainsi que la concurrence des systèmes de croyances prédictives et normatives défendus par les différents groupes d'intérêts et les conseillers professionnels pour l'accession à un rôle hégémonique dans la réorientation des politiques publiques, peuvent avoir des effets non négligeables sur les institutions naissantes. A l'inverse, les interactions des agents entre les domaines économiques privés et le domaine politique peuvent modifier la nature de l'Etat qui constitue l'équilibre du domaine politique.

Exemple 10.11. Le développement de l'« économie virtuelle » en Russie (Gaddy et Ickes, OCDE). Le regroupement des organisations (économiques) par l'appareil de planification représentait un élément essentiel de l'Etat communiste en URSS. Les entreprises publiques (EP) étaient d'abord regroupées selon leur ministère industriel de tutelle, jusqu'à une centaine vers la fin de l'ère Brejnev, puis ceux-ci étaient à leur tour regroupés au sein du Gosplan (la commission de planification d'Etat)[23]. La mobilité des bureaucrates du parti, c'est-à-dire des fonctionnaires ministériels et des directeurs des entreprises publiques, était assurée par des marchés du travail internes communs. Ces marchés internes constituaient le ciment d'un Etat collusoire, dans lequel les bureaucrates du parti communiste constituaient le partenaire dominant d'une collusion avec les travailleurs, et qui excluait toute protection juridique des droits de propriété privés. Les directeurs des EP étaient les pivots de cette coalition. Une fois affectés, ils devaient gérer les difficultés spécifiques à chaque EP (comme la pénurie chronique de produits intermédiaires, par exemple). Du fait de leur rôle subsidiaire de direction des collectifs ouvriers, ils prenaient leurs décisions au sein d'un réseau dense de relations formelles et informelles. En représentant partiellement les intérêts de leurs ouvriers, les directeurs des EP parvenaient à obtenir du matériel et des avantages sociaux auprès de l'appareil de planification[24]. Vers la fin de l'Etat communiste, on a vu apparaître une tendance à l'autonomisation des directeurs et à la formation de coalitions avec les ouvriers, à l'encontre des autres bureaucrates[25].

Ce regroupement hiérarchique de domaines organisationnels par l'appareil de planifications s'est défait lors de l'effondrement de l'Etat communiste. Les entreprises extérieures au secteur de l'énergie ont été vendues au cours de la « privatisation cadeau » de 1993, où les directeurs et les ouvriers étaient prioritaires dans l'acquisition de la majorité des actions négociables de leur entreprise[26]. L'espoir manifeste de l'autorité de privatisation et des conseillers étrangers issus des organisations financières internationales et des universités était que la privatisation conduirait à la formation de marchés de contrôle des entreprises. Cette politique n'a pourtant pas eu le résultat escompté. Immédiatement après la mise en œuvre de ce plan de privatisation, j'ai fait la remarque suivante :

« Nous ne pouvons ignorer la dépendance par rapport au chemin du processus de transition. L'héritage du socialisme et l'autonomie croissante des dirigeants des entreprises publiques dans la dernière phase du régime communiste, ou encore le pouvoir politique important des ouvriers en Pologne, semblent avoir imposé de fortes contraintes au processus de privatisation et au développement des structures de contrôle des entreprises dans les économies en transition. Dans la plupart des économies en transition, le phénomène du contrôle interne devient évident. Nous entendons par là la saisie *de facto* ou *de jure* du contrôle des droits sur les EP par les dirigeants et la forte représentation de leurs intérêts dans les prises de décisions stratégiques de l'entreprise, souvent de manière collusoire avec ses travailleurs. Il n'existe pas d'agent extérieur disposant du pouvoir de renvoyer les dirigeants des entreprises inefficientes » (Aoki, 1995b, p. XII).

La réforme post-communiste a fait passer la structure juridique des domaines organisationnels de la propriété de l'Etat à la propriété privée. Cependant, ces domaines avaient été enchâssés dans un Etat collusoire où la propriété *de facto* était partagée de manière ambiguë entre les bureaucrates centraux, les dirigeants des EP et, dans une moindre mesure, les travailleurs dont les droits à l'emploi étaient garantis par le manque chronique de main-d'œuvre. Dans la confusion du processus de transition, cette structure coalisée a été remaniée au niveau des entreprises individuelles ; mais la structure de gouvernance d'entreprise dominante est devenue celle du contrôle par les dirigeants, ou contrôle « interne », héritée des structures latentes de gouvernance organisationnelle des derniers jours de l'Etat communiste[27]. Cette évolution indique que la simple introduction de la propriété privée et du droit des entreprises n'a pas suffi à faire émerger une gouvernance d'entreprise tournée vers les marchés. L'institutionnalisation des marchés du contrôle des entreprises nécessite des compétences complémentaires de financement des investissements, d'analyse financière et de notation, de gestion de portefeuille et d'arbitrage de marché, de réorganisation des entreprises, de réglementation des marchés des titres et de surveillance, ainsi qu'une mise en application juridique des contrats et des droits de propriété privés. Ces compétences doivent exister initialement ou bien être développées au sein du domaine des transactions financières. La Russie ne disposait apparemment pas de ces compétences au départ et s'est jusqu'ici révélée incapable de les rassembler.

Dans ces circonstances, la rupture formelle des domaines organisationnels par le domaine politique n'a pas provoqué l'émergence de relations de marchés entre des firmes privatisées et un Etat libéral non interventionniste. Au contraire, les complémentarités diachroniques entre ces domaines ont donné lieu à de nouveaux arrangements institutionnels globaux que l'on a pris l'habitude de qualifier d'« économie virtuelle[28] ». La démonétisation croissante des transactions industrielles et des opérations budgétaires a provoqué une augmentation rapide des arriérés et la diffusion de divers substituts monétaires comme les biens (troc), la compensation entre la livraison de biens et l'annulation des dettes ou entre le paiement des impôts et l'exécution du budget, ou encore différentes lettres de change émises par de grandes entreprises réputées[29].

Le cadre organisationnel d'un quasi-fédéralisme *de facto*, dans lequel les obligations formelles de dépense des administrations régionales et locales étaient dictées par des lois et des réglementations ambitieuses, a joué un rôle important dans cette évolution. En revanche, les administrations régionales et locales ont exercé *de facto* leur autorité essentiellement par l'intermédiaire de moyens informels qui contournaient les lois et les réglementations (OCDE, 2000 ; Litwack, 2001). Dans ce cadre, la collusion entre un gouvernement sub-national et ses firmes constituantes d'une part et l'incapacité de restructurer les firmes inefficientes d'autre part, constituent des équilibres qui se renforcent mutuellement. Supposons que les firmes privatisées disposent dans le domaine organisationnel de deux stratégies alternatives, « restructurer » ou « devenir "virtuelles" » (Gaddy et Ickes, 1999), c'est-à-dire ne pas restructurer et continuer à pratiquer le contrôle interne sur la base d'un « capital relationnel » partagé avec d'autres firmes ainsi qu'avec les fonctionnaires (locaux). La restructuration peut contribuer à l'efficience industrielle globale grâce au développement de relations de marché entre les firmes, mais elle impose certains coûts privés et sociaux comme le licenciement des travailleurs redondants, la fermeture des firmes inefficaces, etc.

Supposons que les administrations régionales/locales aient elles aussi deux stratégies à leur disposition : la stratégie libérale (ne pas intervenir dans les domaines privés à l'exception de la mise en application juridique des contrats, la levée des impôts et les dépenses publiques) et la stratégie collusoire (que nous décrivons en détail un peu plus bas). Supposons, comme dans l'exemple 8.10 relatif au fédéralisme de marché, que les administrations régionales/locales retirent un certain gain de la stabilité de l'emploi dans leur domaine de juridiction, mais qu'elles essaient également de conserver le maximum de revenus fiscaux possible. Elles peuvent alors autoriser les firmes à payer leurs impôts en marchandises, de manière à éviter l'utilisation de comptes bancaires qui pourraient être saisis par l'administration fiscale fédérale ou par les tribunaux. Elles peuvent également compenser les impôts par les obligations budgétaires que leur dictent les mandats fédéraux, même si cela produit des coûts de transaction importants. Ces mesures facilitent la réallocation des revenus du budget fédéral vers les budgets régionaux ou locaux. De plus, les firmes qui ne sont pas restructurées peuvent payer l'entreprise qui a le monopole du pouvoir ou de la provision de ressources naturelles sous la forme de biens ou d'autres substituts monétaires dont les valeurs sont gonflées[30]. Cela permet de transférer des revenus des monopoles riches en ressources naturelles vers les firmes non restructurées, sans affecter pour autant les bilans des monopoles. En échange, les administrations régionales/locales peuvent rétribuer les monopoles naturels par des licences d'exportations, par la fourniture d'infrastructure de transports, par leur influence politique, par l'exercice de leur droit de vote au bénéfice des dirigeants et ainsi de suite (Gaddy et Ickes, 1998). Les biens transmis en paiement peuvent alors être échangé et livrés aux consommateurs finaux par des intermédiaires professionnels spécialisés (OCDE, 2000, p. 86, 103). La présence de ces organisations intermédiaires facilite les règlements non monétaires entre les firmes, ce qui leur permet de se soustraire au paiement des impôts, des salaires légitimes et des autres arriérés[31].

Dans cet environnement, l'avantage relatif de la stratégie consistant à ne pas restructurer peut augmenter pour toutes les firmes, celles qui sont inefficaces comme celles qui sont potentiellement efficaces (Ericson et Ickes, 1999). Le développement généralisé de l'échange de troc et de la démonétisation de l'économie n'est pas simplement le résultat d'une « désorganisation » (Blanchard et Kremer, 1997) des chaînes de fournisseurs provoquée par le retrait de l'appareil de planification. L'économie virtuelle doit plutôt être comprise comme une réponse institutionnelle (c'est-à-dire une réponse d'équilibre) à l'héritage du communisme (la faiblesse du contrôle de marché, le contrôle interne *de facto*, le déclin du pouvoir central, etc.) combiné aux évolutions des paramètres qui ont influencé les institutions après la chute du communisme (la privatisation, le fédéralisme fiscal, la réglementation des monopoles naturels, etc.). Autrement, il est difficile d'expliquer pourquoi ces arrangements collusoires n'ont commencé à se développer qu'après 1995 et non immédiatement après le retrait de l'appareil de planification.

Le contrôle interne dans les domaines organisationnels, la non-monétisation dans les domaines des transactions sur les services[32] et l'Etat fédéral collusoire (c'est-à-dire la collusion des gouvernements subnationaux avec les monopoles naturels comme partenaires forts et les membres des firmes non restructurées comme partenaires faibles) dans le domaine politique peuvent ainsi former un tout cohérent et constituer un arrangement institutionnel robuste. Ils ne représentent donc pas nécessairement un stade transitoire préludant aux arrangements libéraux que l'on observe dans les économies de marché (Gaddy et Ickes, 1999 ; Ericson et Ickes, 1999 ; Litwack, 2001). Il est possible que l'arrangement informel et coûteux consistant à utiliser différents substituts monétaires soit progressivement remplacé par le développement organisationnel de groupes d'entreprises diversifiés et d'intermédiaires spécifiques aux groupes, comme des firmes commerciales par exemple (voir l'exemple 8.10 sur les groupes diversifiés). Leur efficience peut néanmoins rester problématique, surtout si cette tendance est menée par les monopoles naturels dominants et leurs alliés politiques, qui obtiennent des rentes en exploitant les ressources naturelles au-delà d'un niveau raisonnable.

TROISIEME PARTIE

ANALYSE DE LA DIVERSITE DES INSTITUTIONS

Nous avons élaboré, dans la deuxième partie, un cadre générique destiné à analyser les liens et les transformations institutionnels, en nous appuyant sur des exemples tirés de plusieurs domaines de diverses économies (économies contemporaines ou historiques, économies en développement, économies en transition ou développées). La troisième partie est essentiellement centrée sur les domaines des transactions financières et des transactions d'entreprise, telles qu'elles ont lieu dans les économies de marché développées, auxquelles elle applique le cadre analytique développé précédemment. Nous essayons de comprendre pourquoi et comment ces économies ont vu apparaître et perdurer des institutions de gouvernance d'entreprise différentes, comment se manifestent les complémentarités institutionnelles par rapport à ces institutions et comment le changement technologique et politique a influencé leur évolution. Enfin, nous nous demandons si les différences qui existent entre les arrangements institutionnels des différentes économies de marché avancées disparaîtront avec la globalisation des marchés et le développement des technologies de l'information et de la communication. Le dernier chapitre résume les résultats du livre par le biais de cette question.

Au bout du compte, c'est dans la rationalité limitée des agents individuels que réside la raison fondamentale de l'évolution des institutions. Les institutions font circuler l'information condensée dont les agents ont besoin pour orienter leurs choix lorsque l'information est asymétrique et incomplète. Ce point a pour conséquence subtile le fait que les institutions, quel que soit leur degré de perfection, ne pourront jamais codifier et faire circuler une information totalement transparente et transmissible. Certaines informations de valeur peuvent être difficilement codifiables et on peut assister à l'apparition d'autres institutions pour faire un meilleur usage de ce savoir. Ce n'est pas seulement le cas dans les économies sous-développées, comme ont le croit souvent, mais également dans les économies de marché les plus avancées. C'est la raison principale pour laquelle les arrangements institutionnels continueront à évoluer de manière contrastée. Nous espérons que la parabole de la Silicon Valley, dont les implications vont bien au-delà de son analyse *stricto sensu*, aide à clarifier ce point.

CHAPITRE XI

La gouvernance d'entreprise comparée

> « Le paradoxe du dirigeant employé, qui a provoqué une confusion sans fin dans l'analyse du profit, vient de la difficulté à reconnaître ce fait fondamental que, dans une activité organisée, la décision *cruciale* est la sélection des hommes qui prennent des décisions, et que toute autre sorte de prise de décision ou d'exercice du jugement se réduit automatiquement à une routine. Tout cela tient de la nature même du contrôle à grande échelle, fondé sur le remplacement de la connaissance des choses par celle des hommes. »
>
> Frank Knight, *Risk, Uncertainty and Profit* (1921, p. 297).

Ce chapitre analyse les mécanismes du contrôle de l'entreprise. Qu'est-ce que la gouvernance d'entreprise ? Quel est son objet ? Comment fonctionne-t-elle ? L'analyse de ces questions a traditionnellement donné lieu à deux types d'approche : la perspective de la « valeur actionnariale » contre celle de la société des ayants droit ou des parties prenantes. On peut considérer que la première s'enracine dans la conception néoclassique de la firme maximisatrice, que Shleifer et Vishny ont récemment formulée comme suit : « La gouvernance d'entreprise analyse la manière dont ceux qui offrent leur financement s'assurent d'obtenir un rendement sur leur investissement » (1997, p. 737). Elle renvoie dans ce cas à la conception des contrats privés appropriés et compatibles avec les incitations des dirigeants (qui sont les agents des actionnaires), ainsi qu'à la formulation d'un dispositif juridique qui garantit des droits aux actionnaires tout en leur imposant des devoirs fiduciaires vis-à-vis des dirigeants. La perspective de l'actionnaire est souvent justifiée par l'idée selon laquelle l'entreprise est la propriété des actionnaires, alors que les agents qui fournissent les autres ressources (comme les actifs humains ou les biens intermédiaires) peuvent préserver leurs intérêts par des contrats juridiquement exécutoires.

Dodd (1932) fut l'un des premiers économistes à défendre vigoureusement le point de vue des parties prenantes. En s'opposant à la thèse de Berle (1931), qui insistait sur la valeur actionnariale, Dodd soutenait que les dirigeants des entreprises devaient devenir (s'ils ne l'étaient pas déjà) les mandataires non seulement des actionnaires, mais également des autres composantes de l'entreprises, c'est-à-dire des employés, des consommateurs, et surtout de la communauté dans son ensemble[1]. Les entreprises proviennent de ce que les relations qu'entretiennent leurs membres permettent d'engendrer des bénéfices (des quasi-rentes) qui n'existeraient pas dans le cadre de pures relations de marché. Il faut donc réglementer la répartition de ces quasi-rentes. Par ailleurs, les décisions des investisseurs et des dirigeants d'une entreprise peuvent avoir des effets externes sur les autres parties prenantes. Dans cette perspective, Jean Tirole définit la gouvernance d'entreprise comme « la conception d'institutions qui incitent ou forcent la direction à internaliser le bien-être des parties prenantes » (2001)[2].

On prétend souvent que ces deux perspectives ne sont pas très différentes dans la pratique. Si la firme va à l'encontre des intérêts des actionnaires en ne faisant pas de profit, elle ne peut pas survivre, ce qui porte préjudice aux intérêts des parties prenantes. On en déduit que les deux perspectives conduisent aux mêmes recommandations juridiques et contractuelles quant à la régulation des décisions des dirigeants. D'autres économistes sont gênés par la perspective des parties prenantes parce que celle-ci ne fournirait aucune règle précise quant aux intérêts à défendre dans le cas où il existe plusieurs parties prenantes. Tirole (2001) a, par exemple, montré la difficulté qu'il y a à fournir des incitations ciblées aux dirigeants, ainsi qu'à construire une structure de contrôle unique dans le cadre de la perspective des parties prenantes. Il prévient néanmoins que ce constat ne saurait conduire à réhabiliter une position radicalement tournée vers la valeur actionnariale. Certains défenseurs de la valeur actionnariale avancent même que la perspective des parties prenantes servirait à défendre les intérêts personnels des dirigeants au détriment de ceux des actionnaires. Notre analyse du contrôle d'entreprise, que ce soit dans la perspective de la valeur actionnariale ou dans celle des parties prenantes, diffère de l'approche normative habituelle sur trois points.

En premier lieu, notre approche est *comparée* et non normative (constructiviste), tant au plan empirique qu'au plan théorique. Plutôt que de chercher à construire la meilleure structure (juridique) de contrôle et les contrats les plus incitatifs pour les dirigeants, nous essayons de comprendre la diversité des mécanismes de gouvernance d'entreprise, même si nous admettons qu'à long terme la concurrence entre les entreprises sur le marché des produits peut éliminer les mécanismes de gouvernances les moins efficaces.

En second lieu, c'est la *théorie des jeux* que nous mobilisons pour identifier les différents mécanismes de gouvernance. Cela signifie que nous concevons l'organisation de l'entreprise (c'est-à-dire ce qui relie le domaine des transactions financières à celui de l'organisation) comme un domaine composé de trois types de joueurs élémentaires (ainsi que d'autres joueurs subsidiaires dans certains cas) en situation d'interaction stratégique : les investisseurs, qui fournissent les actifs financiers, les salariés, qui investissent dans des actifs humains spécifiques au sein de l'organisation, et le dirigeant, à qui est confiée la direction de ces actifs financiers et humains lorsqu'il se produit un événement non précisé dans le contrat, mais qui peut également poursuivre des intérêts qui lui sont propres (son revenu, sa carrière, ses avantages, sa survie, etc.). Cette situation est assez semblable à celle du domaine politique (cf. chap. VI), qui était composé du gouvernement et des acteurs privés, à ceci près que c'est le dirigeant qui constitue l'agent focal du domaine de l'organisation. A la suite de la décision de financement des investisseurs, le profil des actions des dirigeants et des salariés produit un gain organisationnel (une quasi-rente) pendant un certain temps. La répartition de ce revenu entre les joueurs peut être déterminée par des contrats, des règles juridiques, des décisions discrétionnaires de la direction, des habitudes, etc. Les salariés et les investisseurs peuvent alors réviser leurs choix d'action en fonction de cette répartition et sanctionner le dirigeant si nécessaire. Le dirigeant, qui anticipe cette réaction de la part des autres agents, adapte en conséquence sa stratégie de direction des actifs financiers et humains confiés à l'organisation. Si nous restons dans le cadre d'analyse élaboré dans la deuxième partie, nous pouvons définir les institutions de gouvernance d'entreprise comme des mécanismes auto-exécutoires qui régulent les interactions stratégiques entre les joueurs. Pour être plus précis, un mécanisme de gouvernance est *un ensemble de règles exécutoires (formelles ou informelles) qui régulent les choix d'actions contingents des parties prenantes (investisseurs, salariés et dirigeants) au sein du domaine de l'organisation d'entreprise*. Ce mécanisme consiste essentiellement en croyances des dirigeants sur les éventuelles réactions stratégiques des autres agents lorsqu'il se produit une contingence néfaste (comme l'impossibilité d'engendrer des quasi-rentes satisfaisantes). Celles-ci peuvent contraindre et discipliner son choix d'action *ex ante*. Il peut exister plusieurs mécanismes de ce type, tout comme il peut exister plusieurs états dans le domaine politique

En troisième lieu, notre analyse des mécanismes de gouvernance auto-exécutoires s'intéresse particulièrement aux *liens institutionnalisés* qui existent entre le domaine de l'organisation et le domaine des transactions financières, ainsi que sur les contraintes institutionnelles imposées par certains domaines complémentaires comme le domaine des transactions d'emploi et le domaine politique (il y a donc *complémentarité institutionnelle*). Comme nous l'avons déjà fait remarquer au chapitre IV.3., chaque type d'architecture organisationnelle soulève des problèmes de gouvernance spécifiques, dont la résolution requiert un type particulier de lien avec le domaine des transactions financières. La gouvernance d'entreprise est également définie par certaines règles codifiées précisant les droits des différents agents (en particulier des actionnaires et des employés) et les procédures qui leur sont associées. Ces droits et ces procédures définissent les règles exogènes du jeu qui prévalent dans le domaine de l'organisation d'entreprise et qui peuvent de ce fait influencer les croyances et les incitations des agents et donc la performance de l'entreprise (La Porta *et al.*, 1998). Cependant, les règles juridiques qui ne sont pas compatibles avec les équilibres qui s'établissent dans des domaines complémentaires peuvent ne pas influencer le domaine de l'organisation d'entreprise de la manière prévue par le législateur. Prenons l'exemple du Japon, dont le Code commercial accorde des droits très étendus aux actionnaires minoritaires lors des assemblées générales. On ne considère pourtant pas que le mécanisme de gouvernance de cette économie soit fondé sur le contrôle par les actionnaires[3]. Nous verrons également que certaines des règles juridiques qui encadrent la gouvernance d'entreprise peuvent être comprises comme la codification d'un arrangement d'équilibre prévalant dans un environnement institutionnel particulier (c'est le cas en Allemagne avec la codétermination, par exemple).

Les thèmes du présent chapitre font suite à la discussion préalable du chapitre IV.3. Nous y avions identifié les problèmes de gouvernance soulevés par les modes génériques d'architecture organisationnelle, mais sans considérer de manière explicite le domaine des transactions financières. Dans ce chapitre et dans ceux qui le suivent, nous nous demandons si certaines formes de liens institutionnalisés entre le domaine de l'organisation et le domaine financier peuvent apporter une solution à ces problèmes. Nous commençons par analyser la gouvernance des hiérarchies fonctionnelles (la décomposition hiérarchique nichée) lorsque le dirigeant subit une contrainte financière. La section XI.1. montre comment cette contrainte, en forçant le dirigeant à recourir à l'endettement ou à l'émission d'action, modifie la gouvernance de l'architecture organisationnelle hiérarchique étudiée par Hart et Moore.

Dans la section XI.2., nous étudions la complémentarité institutionnelle entre la codétermination (le partage des droits de contrôle entre les investisseurs et les salariés) et la détermination corporatiste du salaire au sein du domaine des transactions d'emploi. Nous montrons également comment cette dernière transforme la hiérarchie fonctionnelle en hiérarchie de participation. La section XI.3. analyse la gouvernance des hiérarchies horizontales, dont la particularité est de s'appuyer sur des actifs humains contextualisés. Nous commençons par montrer que la gouvernance relationnelle-contingente y constitue un mécanisme de gouvernance optimal en information imparfaite. Nous examinons ensuite les problèmes d'aléa moral que ce mécanisme peut soulever dans un monde composé de contrats incomplets.

XI.1. GOUVERNANCE DE LA HIERARCHIE FONCTIONNELLE

Lorsque nous avons étudié le domaine de l'organisation au chapitre IV.3., nous n'avons considéré le mode de décomposition hiérarchique que de manière isolée. Dans cette section et dans celle qui suit, nous analysons le lien que celui-ci entretient avec le domaine des transactions financières et nous identifions, dans différentes conditions (concernant le montant des fonds propres de l'entrepreneur, le type d'état prévalant dans le domaine politique, etc.), les mécanismes de gouvernances susceptibles de constituer des équilibres de ce lien. Nous spécifions la structure du jeu par une extension du modèle de Tirole (2001), dont l'objectif est d'expliciter la participation du salarié au jeu qui se déroule dans le domaine de l'organisation.

On suppose que le domaine de l'organisation est structuré comme une hiérarchie fonctionnelle composée d'un dirigeant neutre au risque et d'un salarié représentatif. Le dirigeant coordonne la stratégie qu'il adopte à l'égard des investisseurs du domaine financier et celle qu'il adopte vis-à-vis du salarié. Selon la nature des contrats noués au sein du domaine financier, on peut identifier le dirigeant à un entrepreneur ou à un dirigeant employé et l'investisseur à un créditeur ou à un actionnaire. Le dirigeant dispose d'un projet dont la réalisation prend une période et qui requiert un investissement initial I. Le dirigeant peut ne pas disposer de suffisamment de fonds propres pour financer le projet à lui seul. Si tel est le cas, il doit collecter des fonds dans le domaine financier au début de la période (la phase de financement) en empruntant ou en abandonnant ses droits de contrôle à des investisseurs. Supposons pour l'instant qu'il dispose de suffisamment de fonds propres pour financer le projet tout seul. La période de production est divisée en deux phases (comme au chapitre IV.3.) que nous appelons, pour une raison qui est très bientôt claire, « première phase d'aléa moral » et « seconde phase d'aléa moral ». Le dirigeant et le salarié investissent en actifs humains spécifiques durant la première phase, puis mettent en œuvre le projet en mobilisant leurs actifs humains et physiques au cours de la seconde phase.

Le projet engendre un revenu vérifiable à la fin de la période. Il rapporte un revenu positif $R > 0$ s'il est couronné de succès et un revenu nul en cas d'échec ($R = 0$). La probabilité de succès dépend des niveaux d'effort du dirigeant et du salarié. Par souci de simplicité, nous supposons que le dirigeant et le salarié sont chacun limités à un choix binaire entre un effort « élevé » et un effort « faible ». La probabilité de succès du projet s'écrit $p(e_m, e_w)$, où $e_m = H_m$ si le dirigeant consacre un effort élevé au cours des deux phases d'aléa moral, et $e_m = L_m$ autrement. De la même manière, on a $e_w = H_w$ si l'effort du salarié est élevé durant ces deux phases et $e_w = L_w$ dans le cas contraire. Nous supposons qu'est vérifiée la condition suivante :

$$p(H_m, H_w) > p(H_m, L_w) > p(L_m, H_w) = p(L_m, L_w).$$

Cela signifie qu'un niveau d'effort élevé de la part des deux parties au cours du processus de production maximise la probabilité de succès. On peut justifier la dernière inégalité par le fait que l'effort du dirigeant est « essentiel » au sein de la décomposition hiérarchique (rappelons-nous la condition mise en évidence au chapitre IV.3). Elle signifie qu'un effort élevé du salarié au cours des deux phases d'aléa moral ne suffit pas à élever la probabilité de succès s'il n'est pas accompagné d'un effort élevé de la part du dirigeant.

Nous supposons que le choix d'un effort élevé de la part du dirigeant ou du salarié leur impose un coût privé (ou le renoncement à un bénéfice privé) de montant ½ c_m et ½ c_w, respectivement. Les deux parties n'actualisent pas l'avenir au cours d'une seule période. Nous supposons par ailleurs que $p(H_m, H_w)R - c_m - c_w - I > 0$ mais que $p(L_m, L_w)R - I < 0$. Cela signifie que les quasi-rentes organisationnelles anticipées sont positives lorsque les efforts des deux parties sont élevés, mais qu'elles sont négatives s'ils sont faibles. Par ailleurs, nous faisons l'hypothèse que $[p(H_m, H_w) - p(H_m, L_w)]R - c_w \geq 0$, de sorte que la valeur marginale nette anticipée de l'effort du salarié est positive. Nous distinguons maintenant trois mécanismes de gouvernance, qui dépendent de la manière dont le domaine de l'organisation est lié au domaine financier ou au domaine politique ainsi que de la manière dont sont contrôlées les décisions de la direction : 1) le contrôle du propriétaire de la firme par un contrat de dette, 2) la gouvernance par les actionnaires et les marchés du contrôle des entreprises et 3) la codétermination.

(A) Contrôle du propriétaire de la firme (au sens de Hart et Moore) par le contrat de dette

Pour commencer, considérons la situation de référence où le dirigeant dispose de suffisamment de fonds propres pour financer à lui seul son projet, ce qui signifie qu'il est en mesure de posséder l'ensemble des actifs physiques utilisés lors de sa mise en œuvre. Autrement dit, le dirigeant est un entrepreneur (un propriétaire-dirigeant), au sens de la firme de Hart et Moore. Nous supposons par ailleurs que les salariés ne disposent d'aucun actif physique et que la valeur de leur option de sortie est constante (normalisée à zéro). Conformément à l'approche que nous avons suivie au chapitre IV.3., nous faisons l'hypothèse que l'entrepreneur décide au début de la seconde phase d'aléa moral s'il renouvelle ou non le contrat de travail du salarié. Cette décision dépend de l'effort du salarié au cours de la première phase, tel qu'il est observé par l'entrepreneur. Si l'entrepreneur constate que le salarié n'a pas consacré suffisamment d'efforts à l'acquisition d'actifs humains spécifiques à l'entreprise, il peut mettre un terme à son contrat de travail et lui verser une rémunération (rente) nulle, puis engager un autre salarié. La probabilité de succès du projet est alors de $p(.,L_w)$. Dans le cas contraire, l'entrepreneur propose au salarié de lui renouveler son contrat. Le salarié a besoin d'utiliser les actifs physiques de l'entrepreneur et d'être dirigé par lui pour être productif, alors que l'entrepreneur a besoin de la coopération du salarié pour élever la probabilité de succès du projet. Il est donc dans leur intérêt commun de fournir un effort élevé au cours de la première phase d'aléa moral et de faire en sorte que le contrat de travail soit renouvelé avant la seconde phase (à condition que chacun s'attende à ce que soit crédible l'engagement de l'autre à fournir l'effort requis au cours de la seconde phase).

Supposons que le contrat intermédiaire précise que le salarié recevra une rémunération ω (une partie des quasi-rentes) telle que $p(H_m, H_w)R - c_m - I > \omega \geq c_w$[4]. On peut se le représenter comme un contrat formel à salaire constant ou comme un accord implicite selon lequel la rémunération du salarié est conditionnelle à l'effort qu'il fournit au cours de la seconde phase. Le salarié fournit un effort élevé s'il est réengagé pour la seconde phase d'aléa moral, auquel cas l'entrepreneur respecte sa promesse de rémunération (que celle-ci soit formelle ou implicite). On peut imaginer que cette situation se déroule dans un cadre implicite de jeux répétés, de sorte que le salarié soit soumis à la discipline du salaire d'efficience et que l'engagement de l'entrepreneur sur la répartition de la rente soit auto-exécutoire car l'entrepreneur souhaite garder une bonne réputation[5]. Comme l'entrepreneur est le seul détenteur de droits de contrôle résiduels à la fin de la première phase, il est également incité à surveiller de près le niveau d'effort du salarié au cours de la seconde phase d'aléa moral. Son revenu à la fin du jeu est de $R - \omega$ en cas de succès et de $-\omega$ en cas d'échec (nous supposons que le capital initial de l'entrepreneur est supérieur à $I + \omega$). Il s'agit là d'une situation de référence.

Supposons maintenant que l'entrepreneur de la firme de Hart et Moore subit une contrainte de liquidité au début de la période et essaie d'emprunter les fonds qui lui manquent (disons $B = I + \omega - A$, où A représente les fonds propres de l'entrepreneur) auprès d'investisseurs du domaine financier. Nous supposons que les niveaux d'efforts de l'entrepreneur et du salarié au cours de la première phase d'aléa moral engendrent à la fin de celle-ci un signal non bruité (en terme de profits, par exemple) et que les investisseurs renouvellent le contrat de dette si et seulement si ils reçoivent un 'bon' signal (c'est-à-dire un signal engendré par des niveaux d'effort élevés). Dans le cas contraire, ils liquident la firme et récupèrent la valeur de liquidation des actifs $L < B$[6]. La menace de liquidation incite l'entrepreneur et le salarié à fournir des niveaux d'effort élevés au cours de la première phase d'aléa moral.

L'entrepreneur est cependant moins incité à fournir un effort élevé au cours de la seconde phase d'aléa moral, car en cas de succès une partie du revenu produit à la fin de la période de jeu revient aux investisseurs. Pour continuer à financer le projet, les prêteurs doivent s'assurer que le revenu anticipé de leurs prêts dépasse à valeur de leur mise de fonds B. Partant de l'hypothèse que le revenu net de l'entrepreneur est $M - \omega$ en cas de succès et $- \omega$ en cas d'échec, celui-ci fournit un effort élevé au cours de la seconde phase d'aléa moral si $[p(H_m, H_w) - p(L_m, L_w)]M \geq \frac{1}{2}\, c_m$, ou, de manière équivalente, si $M \geq \frac{1}{2}\, c_m/[p(H_m, H_w) - p(L_m, L_w)]$. Les investisseurs reçoivent alors $R - M$ en cas de succès et 0 en cas d'échec. Les investisseurs sont donc prêts à renouveler le contrat de dette de montant B avec l'entrepreneur si et seulement si (Tirole, 2001) :

$$p(H_m, H_w)\left[R - \frac{\frac{1}{2} c_m}{p(H_m, H_w) - p(L_m, L_w)}\right] \geq B.$$

Pour une technologie donnée, cette inégalité peut être vérifiée si B est suffisamment petit. L'entrepreneur a donc d'autant plus de chances d'être financé qu'il dispose déjà d'un capital important, qui a pour effet de réduire son besoin d'endettement B. Si le domaine financier est concurrentiel, les prêteurs épuisent entièrement les opportunités de prêt. La condition ci-dessus est alors vérifiée avec égalité et le revenu net anticipé de l'entreprencur devient $p(H_m, H_w)\,[R - B] - \omega$.

Si l'on applique la même logique à un contrat de dette à long terme noué sur un marché du crédit concurrentiel (donc sans menace de liquidation, puisque celle-ci était liée au terme court du contrat de dette), nous voyons que sur l'ensemble des deux phases les investisseurs acceptent de prêter un montant maximum de :

$$B^* = p(H_m, H_w)\left[R - \frac{c_m}{p(H_m, H_w) - p(L_m, L_w)}\right],$$

ce qui est inférieur à *B*. Cela signifie qu'un entrepreneur financièrement contraint peut collecter davantage de fonds dans le domaine financier s'il se soumet à la discipline imposée par le risque de faillite.

Figure 11.1.
Contrôle des entrepreneurs par la discipline du contrat de dettes

Phase de financement	Première phase d'aléa moral	Renouvellement intermédiaire du contrat	Deuxième phase d'aléa moral	Phase de résultat
Le projet coûte I. L'entrepreneur n'a pas assez de fonds propres et emprunte aux investisseurs.	L'entrepreneur et le salarié choisissent leurs niveaux d'investissements en actifs humains spécifiques	Liquidation si le signal (le profit de la première phase) est mauvais ; renouvellement du contrat d'emploi et du contrat de dettes dans le cas contraire	L'entrepreneur et le salarié choisissent leurs niveaux d'effort (la probabilité de succès du projet)	Revenu vérifiable R avec probabilité p. La répartition de R dépend du contrat intermédiaire.

(B) Gouvernance par les actionnaires et les marchés du contrôle des entreprises

Supposons maintenant que les deux inégalités ci-dessus ne sont pas vérifiées. Dans cette situation, les fonds propres de l'entrepreneur sont si faibles que les investisseurs du domaine financier considèrent qu'un contrat de dette est trop risqué. L'entrepreneur doit alors abandonner ses droits de contrôle aux investisseurs pour les inciter à fournir les fonds nécessaires à la mise en œuvre du projet. Les investisseurs deviennent les actionnaires de la firme et font de son dirigeant leur agent. Par souci de simplicité, nous supposons que le dirigeant ne dispose d'aucun fonds propre, de sorte que l'intégralité du projet est financée par les investisseurs. Faisons pour l'instant l'hypothèse que $p(L_m, L_w) R - I < 0$. Dans ce cas, seul un effort élevé de la part du salarié et du dirigeant peuvent convaincre l'investisseur qu'il a intérêt à devenir actionnaire. Nous supposons également que les actionnaires initiaux sont stables, au sens où ils restent actionnaires sur l'ensemble des deux phases d'aléa moral. Enfin, nous faisons l'hypothèse que le marché financier est rationné par l'offre, qui en représente le « côté court », alors que le marché du travail et le marché des dirigeants sont rationnés par la demande. Dans cette situation, les actionnaires proposent un contrat qui rend le dirigeant indifférent au fait de diriger ou non l'entreprise et ils rémunèrent son effort élevé au niveau de salaire c_m (discipline du salaire d'efficience). Supposons que l'on propose au dirigeant un contrat incitatif contingent à son résultat selon lequel il reçoit M en cas de succès et 0 en cas d'échec. Pour qu'il soit incité à fournir un niveau d'effort élevé, il faut que M soit tel que $[p(H_m, H_w) - p(L_m, L_w)]M = c_m$. Si ce contrat est effectivement offert, il est dans l'intérêt du dirigeant d'inciter le salarié à fournir un effort élevé. Il peut le faire en lui proposant une rémunération de ½ c_w à chaque sous-période. Les actionnaires réclament le revenu résiduel en cas de succès du projet, de sorte que la valeur de leurs actions avant la première phase d'aléa moral devient :

$$V = p\left(H_m, H_w\right)\left[R - \frac{c_m}{p\left(H_m, H_w\right) - p\left(L_m, L_w\right)}\right] - c_w$$

Considérons maintenant la possibilité que le dirigeant puisse prendre une décision qui est connue au milieu de la première phase d'aléa moral. Cette action intermédiaire élève uniformément la probabilité de succès du projet de $\tau > 0$ quelle que soit la combinaison des niveaux d'effort du dirigeant et du salarié au cours de chacune des phases, tout en imposant un coût privé $\gamma > 0$ au salarié au cours de la seconde phase d'aléa moral (Tirole, 2001). Ce coût peut correspondre, par exemple, au licenciement du salarié par le dirigeant. Si le salarié ne reçoit aucune compensation pour ce coût, il peut être tenté de se venger en adoptant un comportement non coopératif au cours de la seconde phase, une fois que cette décision a été prise. Il ne recevra, dans ce cas, aucun salaire (aucune part de la rente). Supposons néanmoins que $[p(H_m, L_w) + \tau] R - I - ½ c_w > 0$, de sorte que la valeur actuelle nette du projet est positive même lorsque le salarié adopte un comportement non coopératif. Comme le dirigeant anticipe la réaction du salarié, il n'est lui-même incité à fournir un effort élevé que si $[p(H_m, L_w) + \tau - p(L_m, L_w) - \tau]M^* = c_m$, où M^* représente la rémunération du dirigeant contingente au produit total de la firme. Comme $p(H_m, H_w) > p(H_m, L_w)$, l'inégalité $M^* > M$ doit être vérifiée. Cela signifie que le dirigeant doit être plus fortement incité à fournir un effort élevé à cause du comportement non coopératif du salarié. La valeur actionnariale anticipée suite à l'action nouvelle devient alors :

$$V^* = \left[p(H_m, L_w) + \tau\right]\left[R - \frac{c_m}{p(H_m, L_w) - p(L_m, L_w)}\right]$$

En conséquence, si la décision du dirigeant accroît le retour que reçoivent les actionnaires à la fin de la période de jeu (grâce à l'augmentation de la probabilité de succès et de l'économie de salaire durant la seconde phase d'aléa moral) d'un montant supérieur aux coûts entraînés par l'augmentation des incitations de l'entrepreneur et à la perte d'efficience provoquée par le manque de coopération du salarié, alors l'inégalité $V^* > V$ est vérifiée. Ce peut être le cas même lorsque $\gamma > \tau R$, ce qui signifie que cette décision peut réduire le bien-être agrégé, y compris celui du salarié (Tirole, 2001).

Le fait que $V^* > V$ peut produire le mécanisme suivant. Les actionnaires initiaux embauchent un dirigeant et lui offrent un contrat incitatif caractérisé par le montant M, alors que le dirigeant s'engage à verser au salarié une rémunération c_w. Au cours de la première phase d'aléa moral, le salarié fournit l'effort spécifique requis par la relation qu'il entretient avec le dirigeant. Les actions ont alors une valeur V. Au milieu de la première phase d'aléa moral, un autre groupe d'investisseurs anticipe que le dirigeant peut prendre une décision (une restructuration, par exemple) qui augmente la valeur des actions. Ils prennent le contrôle de la firme en achetant les droits de contrôle détenus par les actionnaires d'origine au prix V, puis mettent en place une nouvelle direction à laquelle ils proposent un contrat incitatif caractérisé par le montant M^*. La nouvelle direction prend la décision en question et inflige donc au salarié le coût γ au cours de la seconde phase d'aléa moral. Le salarié réagit à cette « rupture de la relation de confiance » (Shleifer et Summers, 1988) en fournissant un effort faible. La valeur actionnariale peut quand même s'élever malgré la perte de bien-être agrégé. Si $\gamma < \tau R$, de sorte que la décision de la nouvelle direction augmente le bien-être de tous les agents, alors les nouveaux actionnaires peuvent accepter de dédommager le salarié pour le coût privé qui lui est imposé et l'inciter ainsi à fournir un effort élevé au cours de la seconde phase d'aléa moral. Dans ce cas, le marché du contrôle des entreprises constitue un mécanisme qui élève l'efficience agrégée.

Figure 11.2.
Contrôle par les actionnaires

Phase de financement	Première phase d'aléa moral	Prise de contrôle et restructuration	Deuxième phase d'aléa moral	Phase de résultat
Les actionnaires initiaux financent le coût I du projet	Le dirigeant en place et le salarié choisissent leurs niveaux d'investissements en actifs humains spécifiques	Les nouveaux actionnaires nomment un nouveau dirigeant qui prend des décisions susceptibles d'augmenter la probabilité de succès du projet	Le nouveau dirigeant choisit son niveau d'effort. Le salarié choisit une attitude coopérative ou non coopérative	Revenu vérifiable R avec probabilité $p + \tau$. La répartition de R est stipulée dans les contrats

XI.2. CO-DETERMINATION ET HIERARCHIE DE PARTICIPATION

Dans la section précédente, nous avons montré que l'acquisition par le salarié d'actifs humains individualisés spécifiques à la firme, dans le cadre d'une organisation caractérisée par le mode de décomposition hiérarchique, lui permettait d'obtenir un contrat de salaire lui attribuant un niveau de revenu supérieur à la valeur de son option de sortie (telle qu'elle est déterminée par le marché). Le salarié est donc soumis à la discipline du salaire d'efficience lorsqu'il utilise les actifs humains qu'il détient au cours de la seconde phase d'aléa moral. Lorsque cette institution du marché du travail est en place, il est probable que le contrôle de la firme par le propriétaire des actifs physiques (la firme de Hart et Moore), ou bien son extension du contrôle des entreprises sous la forme du marché, constitue un équilibre.

Considérons maintenant une situation alternative dans laquelle les firmes (toujours caractérisées par le mode de décomposition hiérarchique) sont plongées dans un environnement institutionnel au sein duquel les niveaux de salaires correspondant à des emplois standardisés sont réglementés, à l'échelle de l'économie dans son ensemble, dans le cadre d'un corporatisme socialement compact (cf. chapitre VI.2.). Cela réduit les possibilités qui s'offrent à l'employeur d'inciter le salarié à acquérir et à mobiliser des actifs spécifiques à la firme en lui promettant une rémunération contingente particulière à l'entreprise en question. De la même manière, le salarié peut se trouver incapable de menacer de manière crédible de quitter l'employeur pour un autre emploi mieux rémunéré. Comment, dans cette situation, peut-on inciter le salarié à acquérir et à utiliser des actifs humains spécifiques à la firme ?

Imaginons d'abord que l'on se trouve dans une situation élémentaire analogue à celle du chapitre IV.3., dans laquelle l'employeur est le propriétaire-dirigeant d'une firme qui se finance entièrement sur fonds propres et ne subit aucune contrainte financière. Nous ne précisons pas pour l'instant la nature des domaines de marché extérieurs à la firme. Supposons que le propriétaire et le salarié participent au jeu de manière répétée. Au début de chaque période (avant la première phase d'aléa moral), le propriétaire choisit entre une stratégie d'échange à la Hart-Moore Σ^{**} et la stratégie de concession mutuelle Σ^{*} (que l'on précise ci-dessous) et s'y tient tout au long de la période. Le salarié choisit entre la stratégie d'échange de Hart et Moore Λ^{**} et la stratégie de concession réciproque Λ^{*}.

• Un entrepreneur qui adopte la stratégie Σ^{*} accorde au salarié une partie des « droits de contrôle résiduels » (Gorssman et Hart) si celui-ci a coopéré à toutes les périodes précédentes ; dans le cas contraire, il conserve l'ensemble des droits de contrôle résiduels et rémunère le salarié à la hauteur de ce qu'il obtiendrait à l'extérieur dans le domaine des transactions d'emploi. Un entrepreneur qui adopte la stratégie Σ^{**} ne partage jamais ses droits de contrôle résiduels avec le salarié, mais lui promet une prime de salaire c_w conditionnelle à son niveau d'effort.

• Un salarié qui adopte la stratégie Λ^{*} fournit un effort élevé si le propriétaire lui a toujours cédé une partie des droits de contrôle résiduels dans le passé et se soustrait à cet effort dans le cas contraire. Un salarié qui adopte la stratégie Λ^{**} fournit un effort élevé si le propriétaire s'engage à lui verser une prime de salaire et s'y soustrait dans le cas contraire.

Supposons que le salarié puisse réduire le coût de son effort s'il détient une partie des droits de contrôle résiduels ; c'est le cas si cette participation à la production améliore ses conditions de travail, lui permet de donner son avis sur la manière dont son travail doit être organisé, le rend plus autonome dans son travail, etc. Cela implique que la participation du salarié au contrôle résiduel transforme l'architecture organisationnelle, la faisant passer d'une hiérarchie fonctionnelle à une hiérarchie de participation (celle-ci a été introduite au chapitre IV.2.). Par ailleurs, l'abandon par le propriétaire d'une partie des droits de contrôle peut réduire son utilité car il n'est plus en mesure de mettre en œuvre l'organisation du travail qu'il préfère. Lorsque le propriétaire et le salarié adoptent des stratégies qui ne se correspondent pas (c'est le cas des couples (Σ^*, Λ^{**}) et (Σ^{**}, Λ^*)), alors le salarié choisit toujours de ne pas fournir l'effort coopératif et le propriétaire refuse toujours de partager ses droits de contrôle résiduels. Il existe cependant deux autres équilibres de Nash : l'équilibre de concessions réciproques caractérisé par la combinaison (Σ^*, Λ^*) et l'équilibre d'échange à la Hart-Moore caractérisé par la combinaison (Σ^{**}, Λ^{**}). Comme l'abandon d'une partie des droits de contrôle résiduels fait subir au propriétaire de la firme une certaine perte d'utilité, il n'est pas possible d'ordonner ces équilibres selon leur optimalité parétienne.

Jusqu'à présent, la détermination du salaire de base est demeurée implicite. Nous considérons maintenant les deux alternatives suivantes : 1) le salaire de base est déterminé sur un marché du travail concurrentiel extérieur à la firme, 2) il est réglementé par une négociation corporatiste à l'échelle du pays (cf. chapitre VI.2.).

Dans le premier cas, le propriétaire est libre de choisir le niveau de la prime de salaire, alors que dans le second celle-ci est nécessairement égale à zéro. Il est clair que la préférence des agents pour la stratégie de concession mutuelle est plus prononcée lorsque le domaine d'emploi et le domaine politique se caractérisent par une réglementation corporatiste du salaire. Inversement, les agents préfèrent la stratégie d'échange de Hart et Moore lorsque les marchés externes sont déréglementés. L'Etat corporatiste et la hiérarchie de participation sont donc institutionnellement complémentaires, alors que l'Etat libéral, qui n'intervient pas dans la détermination des conditions d'emploi, est institutionnellement complémentaire à la firme de Hart et Moore (hiérarchie fonctionnelle)[7].

Supposons maintenant, comme nous l'avons fait dans la section qui précède, que le propriétaire de l'entreprise subit une contrainte financière et qu'il doit recourir à un financement externe. Le propriétaire préfère toujours un financement par endettement, car celui-ci lui évite de devoir abandonner ses droits de contrôle aux investisseurs, à moins qu'il ne tombe en faillite. Le salarié préfère lui aussi le contrat de dette, car il est plus probable que ses propres intérêts convergent avec ceux d'un créancier qu'avec ceux d'un actionnaire. En effet, ses revenus non salariaux ne dépendent généralement pas du niveau de revenu de la firme, alors que la courbe de rendement d'un contrat de dette est concave (il augmente en fonction du revenu de l'entreprise quand celui-ci est faible, puis reste constant quand celui-ci dépasse un certain seuil)[8]. Le salarié et le créditeur ont donc tous deux intérêt à limiter le risque pris par le propriétaire (et dirigeant) de la firme. Le partage des droits de contrôle permet donc au créditeur de s'appuyer sur la surveillance du propriétaire par le salarié ; de ce fait, il est davantage enclin à assouplir la contrainte de financement du propriétaire de la firme (en lui proposant un contrat de dette à long terme) que dans le cas de la firme de Hart et Moore. Nous pouvons donc énoncer la proposition suivante :

> PROPOSITION 11.1. *La régulation corporatiste du salaire dans le domaine politique et le domaine des transactions d'emploi d'une part, et la hiérarchie de participation, qui instaure un partage des droits de contrôle résiduels (en cas de contingence non inscrite dans le contrat) entre l'employeur et le salarié d'autre part, sont institutionnellement complémentaires. Lorsque les droits de contrôle sont partagés avec le salarié, le financement externe sous la forme de contrats de dette à long terme est facilité.*

Lorsque les fonds propres du propriétaire initial de la firme sont encore trop faibles par rapport au capital requis, la propriété individuelle des fonds propres par le dirigeant/propriétaire doit être abandonnée. La structure de gouvernance ne peut alors être identique à celle du contrôle par les actionnaires examinée dans la section précédente, car le salarié détient une partie des droits de contrôle résiduels. Supposons qu'à la fois les salariés et les investisseurs (actionnaires et créditeurs) disposent d'un droit de veto sur les décisions de la direction lorsqu'ils leur préfèrent le *statu quo* ou qu'ils peuvent refuser le renouvellement du dirigeant à la période suivante du jeu, le privant ainsi des bénéfices liés à la poursuite de son travail. Les salariés et les investisseurs peuvent alors exercer des droits de contrôle séparés sur la direction. Nous qualifions ce mécanisme de gouvernance de « codétermination[9] ». Toute décision unilatérale qui serait dommageable au salarié (nous en avons donné des exemples dans la section précédente) peut ainsi être bloquée par l'exercice de son droit de veto, ce dont le dirigeant doit tenir compte dans son plan de carrière. Supposons par ailleurs que les investisseurs, en dépit du fait qu'ils financent l'intégralité des investissements, ne disposent pas de l'information qui leur permettrait de faciliter le fonctionnement harmonieux de la hiérarchie de participation au sein de la firme et qu'ils sont donc relativement passifs dans la formulation du plan de gestion. Les décisions qui sont prises après le financement initial (une restructuration, par exemple) ne peuvent alors être comprises que par le dirigeant lui-même, qui a investi dans les actifs humains spécifiques à la firme au cours de la première phase d'aléa moral. Les investisseurs peuvent cependant le menacer de retirer leurs fonds entre les deux phases, alors que les travailleurs peuvent choisir d'adopter un comportement non coopératif au cours de la seconde phase d'aléa moral.

Les conditions énoncées ci-dessus mettent en scène une situation de négociation à trois personnages (voir la figure 11.3). Pour simplifier, nous faisons l'hypothèse suivante : aucun jeu à deux ne peut donner lieu à une quasi-rente nette positive si la troisième personne refuse de coopérer et aucune personne ne peut à elle seule produire cette quasi-rente (de sorte que $p(e_m, e_w) = 0$ à moins que $e_m = H_m$, $e_w = H_w$ et $B > 0$, où B est la quantité totale de financement apportée par les investisseurs, sous la forme de fonds propres ou de crédit. Les trois parties ne s'entendront pour prendre une décision intermédiaire que si cette décision augmente le bien-être de chacune (sachant que le gain qui revient au salarié ne consiste alors plus en la rémunération réglementaire (cela correspond au cas où $\gamma < 0$). Certaines décisions qui augmenteraient la valeur des actions peuvent cependant ne pas être prises si elles réduisent le bien-être du dirigeant ou celui du salarié. On peut résumer cela à l'aide de la proposition suivante :

PROPOSITION 11.2. *Lorsqu'une décision stratégique susceptible d'augmenter la valeur des actions de l'entreprise réduit le bien-être du salarié et l'incite donc à adopter un comportement non coopératif en représailles, elle ne pourra être adoptée dans le cadre de la codétermination, alors qu'elle le pourrait dans le cadre du contrôle par les actionnaires. Ces mécanismes ne peuvent toujours être ordonnés en termes de pareto-optimalité.*

Figure 11.3.
La co-détermination

Phase de financement	Première phase d'aléa moral	Co-détermination intermédiaire	Seconde phase d'aléa moral	Phase de résultat
Les Investisseurs financent le coût I du projet.	Le dirigeant et le salarié choisissent leurs niveaux d'investissements en actifs humains spécifiques	Le dirigeant prend une décision qui augmente la probabilité de succès du projet, sous condition d'un accord de toutes les parties	Le dirigeant et le salarié choisissent leurs niveaux d'effort coopératif	Revenu vérifiable R avec probabilité $p + \tau$. La répartition de R s'opère selon une réglementation corporatiste des contrats.

XI.3. GOUVERNANCE RELATIONNELLE-CONTINGENTE DE LA HIERARCHIE HORIZONTALE

Dans les deux sections qui précèdent, nous avons étudié les mécanismes de gouvernance des architectures organisationnelles correspondant au mode de décomposition hiérarchique et à la hiérarchie de participation. Dans cette section, nous nous tournons vers le mécanisme de gouvernance de l'architecture organisationnelle du type hiérarchie horizontale (le mode d'assimilation nichée de l'information). Contrairement aux deux mécanismes de gouvernance précédents, la nature de celui-ci n'a pas été correctement expliquée par la littérature théorique relative à la gouvernance d'entreprise, si bien que les explications qui vont suivre sont plus élaborées que les précédentes. Tirole (2001) a fait prudemment remarquer que la perspective des parties prenantes restait jusqu'à ce jour dépourvue de fondements théoriques, parce qu'il est théoriquement difficile de concevoir des incitations multi-tâches pour le dirigeant ainsi qu'une répartition efficace des droits de contrôle entre les parties prenantes. Le mécanisme de gouvernance que nous élaborons dans cette section ne repose pas sur une « répartition » des droits de contrôle mais sur leur « circulation » entre les parties prenantes selon le résultat du jeu dans un cadre de jeu répété. Plus précisément, cette circulation s'opère entre les membres de la firme (les dirigeants et les employés) et un agent extérieur désigné par les investisseurs. Nous qualifions donc ce mécanisme de gouvernance de « relationnel-contingent ». Nous commençons par construire ce mécanisme de manière théorique en en faisant la solution optimale en information imparfaite du problème de passager clandestin posé par l'architecture organisationnelle du type assimilation de l'information. Nous présentons ensuite plusieurs institutionnalisations possibles de ce mécanisme dans le contexte de contrats incomplets.

(A) Parabole de la gouvernance relationnelle-contingente

Au chapitre IV.3., nous avons indiqué que le problème de passager clandestin inhérent aux organisations caractérisées par le mode d'assimilation de l'information ne pouvait être systématiquement résolu par une allocation *ex ante* de la propriété des actifs physiques. En revanche, nous suggérions qu'il pouvait être résolu en recherchant un équilibre optimal en information imparfaite qui impliquerait une menace de sanction extérieure en cas de mauvaise performance collective. La présente sous-section développe cette idée. Nous commençons par préciser comme suit la structure du lien qui existe entre le domaine de l'organisation et le domaine financier :

1) Le domaine de l'organisation se caractérise par une firme H (hiérarchie horizontale) composée de *N* membres homogènes que nous qualifions de *membres internes* (*insiders*). La production requiert une quantité fixe d'actifs financiers à chaque suite de périodes. La valeur de la production de la firme H à chaque période, notée *V*, résulte de la combinaison des niveaux d'effort des membres internes $\boldsymbol{e} = (e_1,..., e_i,...e_N)$ et de l'environnement technologique. Le niveau d'effort de chaque membre interne n'est pas observable. On suppose néanmoins que la valeur observée de *V* constitue un bon indicateur global de ces niveaux d'effort, au sens où un effort plus élevé des membres de la firme réduit la probabilité que la valeur de la production soit faible et augmente celle qu'elle soit élevée[10].

2) Chaque membre interne se caractérise par une fonction d'utilité par période du type $u^W(w, e_i) = w - c(e_i)$ pour $w \geq w_{min}$, où w est leur niveau de revenu courant et w_{min} leur revenu minimum de survie. La firme dispose d'actifs humains collectifs qui seraient détruits si la firme cessait son activité (cela signifie que les actifs humains de ses membres internes sont contextualisés). Dans le cas où la firme H mettrait un terme à son activité, chacun de ses membres interne subirait une réduction de son revenu d'un montant *J*, à toutes les périodes suivantes.

3) Il existe deux types de membres externes à la firme H. Les premiers sont les *investisseurs*, qui fournissent passivement une quantité fixe d'actifs physiques lorsqu'ils anticipent un certain rendement par période de montant ρ. Ils ne peuvent observer la valeur de la production de la firme H *ex post*, sauf lorsque sa liquidation est prononcée par un tribunal. Ils confient la mise en application des contrats financiers qui les lient à la firme à un *contrôleur relationnel (contrôleur R)*, qui peut observer la valeur de la production agrégée de la firme H à la fin de chaque période, puis exercer ses droits de contrôles sur celle-ci selon un contrat

signé avec elle au début de la période. Le contrôleur R exige une certaine rémunération (anticipée) M, à chaque période, pour ses services, qui est prélevée sur la production courante de la firme H.

La définition de la firme proposée dans (1) peut être considérée comme une abstraction dont l'architecture organisationnelle est structurée selon le mode d'assimilation (nichée) de l'information. La distinction entre dirigeant et employés n'est pas prise en compte de manière explicite (voir chapitre IV.3. pour une justification de ce point). Comme la valeur de la production de la firme H est observable par le contrôleur R et par la firme elle-même, il est possible de fixer la rémunération du premier ($s^{RM}(V)$) en fonction de valeur de la production de la seconde (V). La rémunération anticipée M du contrôleur R peut avoir été déterminée par son pouvoir relatif de négociation par rapport à celui des membres internes de la firme H, que nous considérons ici comme donné. En particulier, nous n'excluons pas la possibilité que sa rémunération *ex post* soit négative pour certaines valeurs de V. Le schéma de rémunération des investisseurs « passifs » ($s^I(V)$) doit en revanche dépendre d'un événement plus simple qu'ils sont capables d'observer (en l'occurrence, la poursuite ou la cessation de l'activité de la firme H à la fin de chaque période), sachant que leur rendement anticipé spécifié *ex ante* doit être égal au rendement exogène de marché ρ. Il faut maintenant préciser le schéma de rémunération $w(V)$ des membres internes de la firme, qui doit être compatible avec les contrats passés avec les agents extérieurs. La contrainte de richesse implique que le revenu minimum w_{min} doit être garanti aux membres internes de la firme quelle que soit la réalisation de V. Tout nœud de contrat doit donc vérifier la contrainte budgétaire globale suivante :

$$\text{(CB) } y = s^I(V) + s^{RM}(V) + Nw(V) \text{ et } w(V) \geq w_{min} \text{ pour tout } V$$

Supposons que chaque période soit divisée en trois phases : une phase de contrat en début de période, une phase d'aléa moral en milieu de période, où se situent la production et les éventuels problèmes de passager clandestin, et une phase de résultat en fin de période, durant laquelle le contrôleur R et les membres internes de la firme H observent la valeur de la production. Comme les niveaux d'effort des membres ne sont pas observables au cours de la période et qu'il est donc impossible de réviser les contrats en conséquence, les deux phases d'aléa moral des sections précédentes se fondent en une seule, au début de laquelle est écrit le contrat. Nous caractérisons donc ces trois phases comme suit :

(I) La phase de contrat

Les membres internes, les investisseurs et le contrôleur R nouent des contrats, à la suite desquels les investisseurs financent la firme H. Imaginons qu'ils tombent d'accord sur le nœud de contrats suivant (le nœud de contrats H), dont on suppose qu'il satisfait la contrainte budgétaire énoncée plus haut :

• *Le nœud de contrats H* sépare en quatre régions l'ensemble des valeurs possibles de la production de la firme H, de la plus élevée à la plus faible et précise dans chaque cas comment peuvent s'exercer les droits de contrôle des membres internes et du contrôleur R à la fin de la phase de résultat (voir figure 11.4).

• *La région du contrôle par les membres internes*

Lorsque la valeur de la production dépasse un certain seuil *b* appelé 'seuil de transfert du contrôle', les investisseurs reçoivent un rendement fixe supérieur au rendement anticipé ($s^I(V) = \overline{s}^I > \rho$). Le

Figure 11.4.
Structure de gouvernance contingente

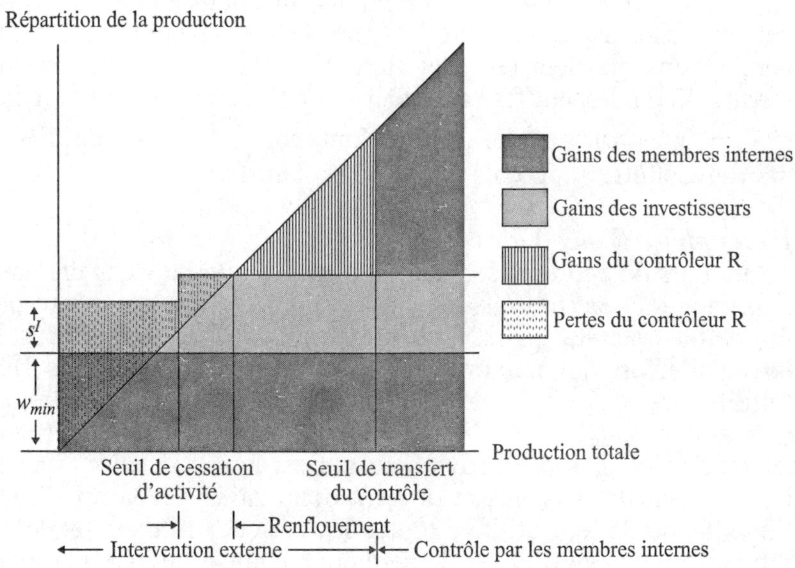

contrôleur R est rémunéré en tant qu'investisseur s'il a fourni une partie du financement, et ne reçoit rien de la firme H dans le cas contraire. Le reste de la production est réparti de manière égale entre les membres internes de la firme H, qui poursuit son activité à la période suivante.

• *La région du contrôle par le contrôleur R*

Lorsque la valeur de production est inférieure au seuil de transfert du contrôle, les droits de contrôle passent dans les mains du contrôleur R. Le contrôleur R rémunère les investisseurs au même taux que dans la région précédente, mais verse aux membres internes la rémunération la plus faible prévue par le contrat et accapare le reste de la production (s'il est positif). La firme H poursuit son activité à la période suivante.

• *La région de renflouement*

Les schémas de rémunération y sont les mêmes que dans la région qui précède, mais la production est si faible que le résidu qui revient au contrôleur R est négatif. La firme H poursuit néanmoins son activité à la période suivante, ce qui signifie que le contrôleur R « sauve » la firme H et ses membres internes.

• *La région de cessation d'activité*

Lorsque la valeur de la production tombe en dessous d'un certain seuil $\underline{b}$ appelé 'seuil de cessation d'activité', les droits de contrôle sur la répartition de la production et la décision de poursuivre ou non passent dans les mains du contrôleur R. Celui-ci met un terme à l'activité de la firme H après avoir versé à ses membres internes leur rémunération minimale et aux investisseurs un taux de rendement fixe inférieur au taux de rendement anticipé ($s^I(V) = \underline{s}^I < \rho$). Les déficits qui font suite à la cessation d'activité doivent être supportés par le contrôleur R.

(II) La phase d'aléa moral

Au cours de cette phase, chaque membre interne s'engage dans la production en fournissant un niveau d'effort qui n'est pas observable par ses pairs. Les membres internes choisissent le niveau d'effort qui maximise la valeur actualisée de leurs flux d'utilité présents et futurs. Ce faisant, ils doivent prendre en compte la possibilité que la valeur de la production soit inférieure au seuil de cessation d'activité, ce qui est le cas si leurs niveaux d'effort sont insuffisants, et doivent donc envisager la possibilité d'une baisse de leur utilité à toutes les périodes futures. Ils déterminent leur niveau d'effort de manière à égaliser le gain marginal apporté par une unité d'effort additionnelle et son coût marginal. Nous avons montré au chapitre IV.3. que ce gain marginal se décomposait en deux facteurs : l'accroissement marginal du revenu courant anticipé d'une part et la réduction marginale des gains futurs due à la cessation d'activité de la firme H d'autre part. Autrement dit, un accroissement des niveaux d'effort réduit la probabilité de cessation d'activité de la firme[11].

(III) La phase de résultat

Au cours de cette phase, les membres internes et le contrôleur R peuvent observer la combinaison des niveaux d'effort des membres internes et de l'état de l'environnement. Les modalités du nœud de contrats H sont alors appliquées en conséquence. Un problème de mise en application des contrats peut néanmoins apparaître. Imaginons que la valeur observée de la production de la firme H soit inférieure au seuil de cessation d'activité $\underline{b}$. Comme la cessation d'activité de la firme impose à ses membres une chute de la valeur de leurs actifs humains contextualisés d'un montant $\left[\delta/(1-\delta)\right]NJ$ (où δ est le taux d'escompte), dont aucun agent extérieur ne peut profiter, le contrôleur R et les membres de la firme H peuvent être tentés de renégocier le contrat de manière à éviter cette éventualité. Je suppose que la renégociation ne concerne pas les investisseurs, ce qui peut se justifier par le fait qu'ils sont trop nombreux pour s'organiser de manière efficace. En revanche, les membres de la firme H peuvent essayer d'éviter une cessation d'activité en soudoyant le contrôleur R et en lui versant une quantité de bien qui ne dépasse pas la perte sèche qu'ils encourraient autrement. Il faut donc qu'existe un dispositif qui oblige le contrôleur R à respecter son engagement à surveiller la production et à appliquer les sanctions appropriées lorsqu'elles sont nécessaires. Cette condition est vérifiée si le contrôleur R a intérêt, lorsque c'est justifié, à mettre un terme à l'activité de la firme H plutôt que de recevoir le pot-de-vin de ses membres internes et de la laisser survivre. Ce mécanisme peut être mis en place grâce à un système de rétribution des investisseurs qui ne leur accordent pas la même rémunération selon qu'ils se trouvent dans la région de cessation d'activité ou dans une autre. Supposons que l'on puisse écrire et rendre juridiquement exécutoire un contrat stipulant qu'en cas de cessation d'activité le contrôleur R réduira la rémunération des investisseurs 'passifs' d'un montant égal à la perte sèche (actualisée) liée à cette cessation d'activité (en termes de flux équivalents). Il n'est alors plus dans l'intérêt des membres internes de soudoyer le contrôleur R *ex post* pour l'empêcher de mettre un terme à son activité, de sorte que la menace de cessation d'activité devient crédible. Cela crée cependant un autre problème d'aléa moral du côté du contrôleur R, car celui-ci a désormais intérêt à mettre un terme à l'activité de la firme H lorsque la valeur de sa production se trouve dans la partie basse de la région de renflouement. Je montrerai plus loin comment ce problème peut être résolu dans un environnement institutionnel particulier.

Le nœud de contrats H définit un mécanisme de gouvernance élémentaire qui régule à la fois la répartition de la production de la firme H et la poursuite de son activité à la fin de chaque période. Comme les droits de contrôle circulent entre les membres de la firme H et le contrôleur R d'une manière qui dépend de la valeur de sa production, nous pouvons qualifier ce mécanisme de *gouvernance relationnelle-contingente*. Au sein de la région du contrôle par les membres internes, ceux-ci deviennent les ayants droit résiduels, comme dans le cas d'une firme contrôlée par ses membres internes. Le problème d'aléa moral inhérent à la firme H serait pourtant inévitable si ce statut d'ayant droit était étendu à l'ensemble des valeurs de la production. Par ailleurs, si la valeur de la production est trop basse, elle peut n'être pas suffisante pour garantir aux membres internes le revenu qu'ils exigent. Pour ces deux raisons, le statut d'ayant droit résiduel passe dans les mains du contrôleur R (selon la manière décrite par Aghion et Bolton, 1992) lorsque la valeur de la production est inférieure au seuil de transfert du contrôle. Ce dispositif, qui rappelle la discipline du salaire d'efficience, est à même d'inciter les membres de la firme à coopérer. Les domaines d'organisation dans lesquels des nœuds de contrats H sont correctement mis en œuvre évitent donc plus facilement la cessation d'activité. Par ailleurs, les membres internes sont sûrs de recevoir au moins la valeur de leur rémunération minimale quelle que soit la valeur de la production.

On peut montrer qu'il existe $\underline{b}$ et $\overline{b}$, avec $\underline{b} < \overline{b}$, tel que le nœud de contrats H correspondant constitue un mécanisme de gouvernance optimal en information imparfaite pour la firme H. Ce nœud de contrats est optimal au sens où il maximise la valeur des quasi-rentes organisationnelles, nettes des coûts d'effort, des sanctions anticipées et des niveaux de rémunération des investisseurs et du contrôleur R (donnés de manière exogène), à la condition que les choix d'efforts individuels des membres internes soient compatibles avec les incitations et que la contrainte budgétaire agrégée soit satisfaite[12].

LEMME 11.1. *Il existe un couple de seuil de transfert du contrôle et de seuil de cessation d'activité tel que le nœud de contrats H constitue un mécanisme de gouvernance optimal en information imparfaite pour la firme H.*

L'idée de rompre la contrainte budgétaire de la firme H *ex post* en recourant à une tierce partie se trouve initialement chez Holmstrom (1982). Ces deux dispositifs ont néanmoins des différences importantes, qui ne sont pas sans conséquences sur leur mise en œuvre. Le dispositif de Holmstrom constitue une approximation de la solution optimale en information parfaite, alors que le mécanisme de gouvernance relationnel-contingent ne peut atteindre qu'un résultat optimal en information imparfaite (c'est-à-dire le nœud de contrats incitatifs le plus efficient parmi tous ceux qui sont théoriquement possibles). Le modèle de Holmstrom n'atteint pourtant cet objectif qu'au prix d'un transfert de revenu très important des membres internes vers la tierce partie lorsque la valeur de la production tombe sous le seuil critique. Dans notre modèle, la rupture de la contrainte budgétaire par le contrôleur R s'opère sur la forme d'une assurance de revenu au bénéfice des membres internes dans les régions de renflouement et de cessation d'activité. L'amende qui limite l'effet désincitatif de cette assurance est égale à la perte correspondant à la rupture de la relation d'emploi qui fait suite à la cessation d'activité de la firme H (qui pourrait au contraire rester productive si les membres internes adoptaient une stratégie coopérative). En conséquence, le contrôleur R ne peut pas utiliser cette pénalité à son profit. Il ne peut donc pas s'attendre *ex ante* à pouvoir augmenter son rendement en formant une collusion avec un membre de la firme dans l'espoir de récupérer cette amende. Si les membres de la firme fournissent un effort faible, cela augmente la probabilité que la firme soit renflouée ou mise en cessation d'activité et réduit donc le bien-être du contrôleur R. Par ailleurs, les membres de la firme H ne peuvent pas renégocier avec le contrôleur R pour empêcher une coûteuse cessation d'activité, même lorsque la sanction potentielle prend la forme d'une perte sèche de revenu.

Lorsque le seuil de cessation d'activité $\underline{b}$ s'élève, nous disons que le contrôleur R resserre la contrainte budgétaire *ex post* des membres internes, puisque cela implique que la région de renflouement se réduit par le bas. Inversement, lorsque ce seuil s'abaisse, nous disons que le contrôleur assouplit la contrainte budgétaire *ex post* des membres internes car la région de renflouement s'étend vers le bas. Le mécanisme de gouvernance relationnel-contingent se caractérise par la propriété statique comparative suivante[13] :

LEMME 11.2. *L'abaissement de la valeur des options de sortie des membres internes fait du resserrement de leur contrainte budgétaire* ex post *par le contrôleur R un arrangement optimal en information imparfaite. En incitant les membres de la firme à fournir un effort plus élevé et en résolvant ainsi partiellement le problème de passager clandestin inhérent à ce type d'architecture organisationnelle, ces deux facteurs rendent la gouvernance relationnelle-contingente de la hiérarchie horizontale plus efficace.*

Les membres internes peuvent considérer la valeur de leur option de sortie comme exogène, mais on peut penser de la firme H que son abaissement constitue un phénomène d'équilibre général lié à l'extension de convention d'architecture organisationnelle de type hiérarchie horizontale. Autrement dit, si toutes les firmes ont la structure de la firme H et qu'elles s'appuient sur des compétences contextualisées dont chacune est orientée vers une firme particulière, alors ces compétences ne peuvent circuler librement d'une firme à l'autre sans que la valeur générée par leur utilisation prolongée ne se réduise[14]. L'instauration de la hiérarchie horizontale comme convention du champ organisationnel a donc pour effet d'améliorer l'efficacité de la gouvernance relationnelle-contingente. Inversement, le lemme 11.1 suggère que les hiérarchies horizontales sont plus efficaces lorsque c'est la gouvernance relationnelle-contingente qui est institutionnalisée (quand on s'attend à ce que la performance de l'organisation déclenche un transfert des droits de contrôle). La hiérarchie horizontale et la gouvernance contingente-relationnelle se renforcent donc l'une l'autre.

PROPOSITION 11.3. *La convention de type hiérarchie horizontale dans le champ organisationnel d'une part et la gouvernance relationnelle-contingente dans les domaines de l'organisation d'autre part sont institutionnellement complémentaires.*

Comme nous l'avons dit, la hiérarchie horizontale est plus efficace lorsque la gouvernance relationnelle-contingente est associée à un marché du travail imparfait pour les individus en milieu de carrière. Inversement, le développement des hiérarchies horizontales rend moins concurrentiel le marché du travail des individus en milieu de carrière. Ces deux effets se renforcent donc également l'un l'autre.

COROLLAIRE 11.1. *Un marché du travail imparfait pour les individus en milieu de carrière d'une part et les hiérarchies horizontales d'autre part sont institutionnellement complémentaires.*

(B) Dilemme lié à l'engagement à double tranchant du contrôleur relationnel

Comment le contrôleur relationnel peut-il s'engager de manière crédible à assumer son rôle de gouvernance, notamment lorsqu'il s'agit de prendre des décisions coûteuses *ex post* dans la région de renflouement ou de cessation d'activité en cas de très mauvaise performance ? Si la rupture des obligations contractuelles du contrôleur impliquées par le mécanisme de gouvernance relationnel-contingent était vérifiable par un tribunal, celui-ci pourrait toujours les faire respecter. Comme les obligations contractuelles du contrôleur dépendent uniquement d'un événement vérifiable par un tribunal (la cessation d'activité, c'est-à-dire la liquidation, de la firme H), celui-ci peut rendre exécutoires les obligations du contrôleur vis-à-vis des investisseurs « passifs ». Une tierce partie neutre (un tribunal) peut néanmoins avoir du mal à juger ou à vérifier si la valeur de la production de la firme H se trouve au-dessus ou en dessous du seuil de cessation d'activité, c'est-à-dire si la firme doit être, en fonction des termes du nœud de contrats H, renflouée ou mise en cessation d'activité au moment où elle rencontre des difficultés financières. La combinaison des choix d'actions des membres de la firme et des événements exogènes imprévus peut être trop complexe pour qu'il soit possible de préciser *ex ante* par contrat le niveau du seuil de cessation d'activité. Malgré les difficultés liées à la mise en œuvre pratique des contrats optimaux en information imparfaite, nous dirons que la gouvernance relationnelle-contingente est institutionnalisée dans une économie lorsque les agents des domaines de l'entreprise pensent globalement qu'une mauvaise performance de la firme est sanctionnée par sa liquidation, alors qu'une performance médiocre entraîne son sauvetage par des tierces parties relationnelles.

Nous avons suggéré plus haut qu'une rémunération faible des investisseurs passifs en cas de cessation d'activité pouvait réduire l'incitation du contrôleur relationnel à assouplir la contrainte budgétaire des membres interne par une renégociation *ex post*. Cependant, nous avons également souligné que ce même dispositif pouvait inciter le contrôleur à mettre un terme à l'activité de la firme H, même dans le cas où elle pourrait être renflouée. Pour limiter ce phénomène, le contrôleur relationnel doit pouvoir retirer un certain bénéfice (certaines rentes) de son engagement crédible à renflouer la firme lorsque c'est justifié. Sans préciser pour l'instant la nature de ces rentes, nous devons considérer un dilemme important inhérent au mécanisme de gouvernance relationnel-contingent. Il s'agit du problème de l'engagement à double tranchant lié à la difficulté pratique d'écrire et de rendre exécutoire, de manière explicite, un nœud de contrats H optimal en information imparfaite.

D'une part, si les rentes ne sont pas suffisamment élevées, le contrôleur relationnel peut être tenté de mettre un terme à l'activité de la firme au lieu de la renflouer. Cela signifie que certains actifs de valeurs spécifiques à l'organisation peuvent être détruits alors même que c'est un événement aléatoire incontrôlable, n'ayant rien à voir avec les actions des membres internes, qui est à l'origine de son faible résultat. On peut qualifier de « syndrome du court-termisme » cette propension du contrôleur à trahir son engagement à sauver la firme lorsque c'est justifié. D'autre part, si le contrôleur obtient une rente trop élevée lorsqu'il renfloue la firme, alors il peut être tenter de le faire même lorsque la firme s'arrête. Si les agents anticipent cette possibilité, le mécanisme de gouvernance relationnelle-contingente ne permet plus d'inciter les membres de la firme H à fournir l'effort suffisant. Cette tendance, qui s'interprète comme un manquement de la part du contrôleur relationnel à son engagement de sanctionner les entreprises qui enregistrent une mauvaise performance, est appelée par les économistes le « syndrome du laxisme budgétaire » (Kornai, 1980, 1999 ; Dewatripont et Maskin, 1995). Par analogie avec la théorie de l'inférence statistique, on peut également voir dans le syndrome du court-termisme une erreur de type I, au sens où ce qui devrait être accepté est rejeté et dans le syndrome du laxisme budgétaire une erreur de type II, au sens où ce qui devrait être rejeté est accepté.

De ces deux syndromes ou erreurs, lequel domine dans une économie particulière où s'est institutionnalisé un mécanisme de gouvernance relationnelle-contingente, cela dépend de l'importance des coûts et des rentes à la charge ou au bénéfice des contrôleurs relationnels. Comme on l'a vu, la complexité de l'environnement contractuel rend difficile la rédaction de contrats explicites de gouvernance relationnelle-contingente. En outre, les rentes provenant d'un renflouement peuvent ne pas être déterminables dans les domaines d'organisation considérés, mais seulement dans le contexte institutionnel plus vaste au sein duquel ils s'intègrent. En réalité, on ne peut pas supposer que les coûts et les rentes sont organisés de manière à mettre en œuvre dans chaque domaine et avec précision la solution optimale en information imparfaite. Il semble raisonnable de s'attendre à ce que l'un ou l'autre syndrome l'emporte. Toutefois, dans des environnements où les coûts et les rentes restent relativement stables, sinon équilibrés à la manière d'un équilibre optimal en information imparfaite, le comportement des contrôleurs relationnels peut devenir prévisible, si bien que les firmes organisées selon une hiérarchie horizontale peuvent être à la fois disciplinées et capables d'accumuler et de préserver des actifs spécifiques de manière assez régulière. En revanche, lorsque se produit un changement de l'environnement qui transforme radicalement la valeur des paramètres définissant les coûts et les rentes de renflouement, les anticipations relatives aux actions possibles du contrôleur deviennent incertaines, ce qui affaiblit leur rôle dans la gouvernance relationnelle-contingente.

(C) Formes institutionnelles de la gouvernance relationnelle-contingente

Notre analyse s'est située jusqu'ici à un niveau d'abstraction élevé. Nous avons en particulier passé sous silence certaines questions, comme le fait de savoir qui étaient les contrôleurs relationnels et quelles étaient leurs motivations à renflouer les entreprises en difficulté. Il peut se présenter plusieurs configurations institutionnelles en matière de relations de gouvernance relationnelle-contingente : entre (1) les entreprises et les banques, (2) les filiales et les sociétés mères, (3) les start-up et les sociétés de capital-risque, (4) les entreprises publiques et le gouvernement et

(5) les banques et les autorités de réglementation. Passons rapidement en revue ces différents cas.

(I) La gouvernance contingente fondée sur les banques

Dans le premier type de relations, les entreprises dont la situation financière est saine financent leurs investissements par leur cash-flow interne ou par un appel au marché obligataire. Lorsque leur situation financière et leur réputation ne sont pas suffisantes pour leur permettre de s'appuyer sur un financement de marché, elles doivent s'en remettre au crédit bancaire et verser en échange des rentes aux banques. Ces firmes peuvent alors compter sur un financement additionnel de ces banques lorsqu'elles sont confrontées à des difficultés financières modérées ou lorsqu'elles ont un besoin urgent d'injection de capitaux dans des circonstances non contractuelles (sachant que le pouvoir de contrôle des banques se renforce en proportion). Si la situation financière s'aggrave encore, les banques peuvent refuser de fournir le financement supplémentaire demandé et déclencher une procédure de liquidation. Plusieurs types de rentes sont possibles dans le cadre de la gouvernance relationnelle-contingente par les banques : les rentes d'information, les rentes de monopole, les rentes de réputation et les rentes politiques. Dans le prochain chapitre, nous précisons la nature de ces rentes et nous verrons dans quelles conditions elles peuvent conduire à l'institutionnalisation de la gouvernance relationnelle-contingente[15].

Il convient de noter ici que, tandis que la gouvernance par les actionnaires ne s'applique qu'aux entreprises dont le capital est ouvert au public, la gouvernance relationnelle-contingente par les banques peut être, au moins théoriquement, compatible avec différentes structures de propriété des entreprises. Qu'il s'agisse d'entreprises contrôlées par leur personnel, de coopératives ouvrières, de sociétés à responsabilité limitée et à participation restreinte, ou encore d'associations professionnelles. A moins qu'elles ne disposent d'une situation financière excellente, ces entreprises dépendent, pour leur fonctionnement et leurs investissements, des capitaux que leur fournissent les banques. L'incapacité à rembourser ces dettes déclenche automatiquement l'intervention des banques. Il n'est pas évident de savoir comment le système bancaire peut gérer les problèmes de l'engagement à double tranchant vis-à-vis de ces entreprises. Comme nous l'avons pourtant démontré, en théorie au moins le mécanisme de gouvernance-relationnelle contingente par les banques peut constituer un dispositif de gouvernance efficace pour chacune de ces structures de propriété, pourvu que les actifs humains y soient contextualisés.

Il existe des preuves empiriques (par exemple, Petersen et Rajan, 1995 ; Gande *et al.*, 1997) permettant d'affirmer que les relations entre les petites entreprises américaines et leurs banques commerciales ressemblent à une gouvernance relationnelle-contingente (nous développons ce point au chapitre suivant). Le système bancaire japonais de banque principale, à son âge d'or, entre les années 1950 et le milieu des années 1970, institutionnalisait un mécanisme de gouvernance relationnel-contingent. Les entreprises non financières, dont l'organisation interne reposait sur des actifs humains contextualisés, étaient disciplinées par la crainte d'une prise de contrôle par la banque principale en cas de difficultés financières sérieuses, mais elles pouvaient également en attendre assistance en cas de besoin de liquidité, y compris de problèmes financiers modérés (Aoki, Patrick et Sheard, 1994 ; Hoshi, Kashyap et Sharfstein, 1993 ; Sheard, 1994). Pour l'essentiel, les investissements de ces firmes étaient financés par des prêts bancaires auprès de plusieurs banques et chacune de ces entreprises était contrôlée par une banque relationnelle qualifiée de « banque principale ». De manière générale, les gens s'attendaient à ce que les difficultés financières des firmes emprunteuses soient couvertes par sa banque principale, qui en supportait donc le coût. Tant que les entreprises fonctionnaient normalement, les autres banques étaient assurées du remboursement de leurs prêts initiaux. Elles se trouvaient donc dans la position des « investisseurs extérieurs » du modèle du nœud de contrats H, puisque le contrôle des entreprises était délégué à leur banque principale[16]. Ce système a constitué un mécanisme de gouvernance efficace dans le contexte environnemental propre aux années 1960 et 1970. Il s'est pourtant mal adapté aux évolutions des environnements institutionnels, technologiques et internationaux des années 1980, ce qui a provoqué, dans les années 1990, une crise bancaire ainsi qu'un effondrement du contrôle des entreprises. Comme nous le verrons au chapitre XIII, la croyance partagée selon laquelle « le gouvernement s'occupe des créances douteuses des banques » a encouragé de manière systématique le syndrome du laxisme budgétaire et on a maintenu en vie un grand nombre d'entreprises qui auraient dû être restructurées.

(II) La gouvernance contingente fondée sur l'organisation

Dans ce second type de relations, la société mère (ou les partenaires d'une association de rachat d'actions ou d'une holding) peut laisser une relative autonomie aux directions des filiales qui sont bien gérées, tout en leur octroyant des incitations sous la forme d'un accès au capital ou d'autres avantages liés aux droits de contrôle informels. En revanche, elle contrôle de près le cash-flow de chaque filiale en imposant à celles-ci une structure financière caractérisée par un endettement élevé. Lorsqu'une filiale n'est pas gérée de manière efficace, le problème est très vite détecté et la société mère peut intervenir très tôt. Jensen (1989) a qualifié cette configuration de « privatisation de la faillite[17] ». Dans ce cas, les rentes provenant d'un renflouement qui reviennent à la société mère peuvent incorporer la valeur créée par une réorganisation ou encore par l'économie des coûts d'une liquidation provoquée par le court-termisme. Nous disons de cette variété de gouvernance relationnelle-contingente qu'elle est « fondée sur l'organisation ».

(III) La gouvernance fondée sur le capital-risque

Le financement et la gouvernance fondés sur le capital-risque se caractérisent par un financement échelonné, qui commence au démarrage du projet entrepreneurial et se termine par l'introduction en bourse ou le rachat par une entreprise installée. Tout au long de cette période, la société de capital-risque et l'entreprise innovante entretiennent des relations étroites, dans lesquelles les différents droits (comme les droits sur les cash-flows, les droits de vote, les droits de représentation au conseil d'administration et les droits de liquidation) sont regroupés de manière diverse qui dépendent de l'évolution de la performance de l'entreprise. A partir d'une analyse de deux cents cas de financement par capital-risque, Kaplan et Strömberg (2000) montrent que la société de capital-risque prend le contrôle de l'entreprise lorsque ses résultats ne sont pas satisfaisants. A l'inverse, l'entrepreneur conserve ou obtient davantage de droits à mesure que ses résultats s'améliorent. Si l'entreprise a de très bons résultats, la société de capital-risque conserve ses droits sur les cash-flows mais abandonne l'essentiel de ses droits de contrôle et de liquidation. Ces observations correspondent très exactement à la structure théorique de la gouvernance relationnelle-contingente mais ici c'est la société de capital-risque qui joue le rôle de contrôleur relationnel.

Ce n'est pas très surprenant si l'on reconnaît que la firme entrepreneuriale suppose très souvent la mise en œuvre d'un travail d'équipe. En effet, le développement et la commercialisation d'une nouvelle technologie dépendent essentiellement de l'effort collectif des membres de l'entreprise. Comme ces efforts sont étroitement entremêlés, on ne peut pas toujours clairement distinguer la contribution individuelle de chacun. Nous analyserons, chapitre XIV, certains aspects du contrôle du capital-risque, notamment les implications d'une forme spécifique des droits qui reviennent à la société de capital-risque en cas de cessation d'activité[18].

(IV) Le syndrome de laxisme budgétaire du gouvernement

Considérons les relations que l'on peut observer de manière récurrente entre le gouvernement (ou les banques contrôlées par le gouvernement) et les entreprises publiques dans les économies mixtes ou les économies en transition. Dans ces cas de figure, les rentes que le gouvernement tire de ses interventions de renflouement des entreprises en difficulté peuvent être considérées comme des rentes politiques constituées par la stabilité sociale et le soutien politique des travailleurs bénéficiant de la sécurité de l'emploi (Kormai, 1980 ; Shleifer et Vishny, 1994). Récemment, Che (2000) a proposé un modèle intéressant qui se rapproche de cette conception. Selon lui, le laxisme budgétaire peut contribuer à la stabilité macroéconomique et au soutien de la demande de travail car il permet de financer les entreprises qui font des pertes. Supposons que les fournisseurs d'actifs humains ne soient incités à améliorer leur qualité et leurs compétences que lorsque la demande de travail est suffisante. Supposons par ailleurs qu'un certain nombre d'entreprises en difficulté soient incitées à se restructurer lorsqu'elles sont en mesure de trouver des actifs humains de bonne qualité. Dans ces conditions, le fait d'engendrer une demande suffisante d'actifs humains peut créer certaines externalités. La centralisation du financement par l'Etat permet d'internaliser ces économies externes car la stabilité macroéconomique accroît le montant des dettes remboursées. Les petites banques ne peuvent opérer cette internalisation et restent donc sujettes au syndrome du court-termisme. Une question intéressante apparaît cependant : pourquoi le gouvernement ne subventionne-t-il pas directement les détenteurs d'actifs humains plutôt que d'assouplir les contraintes budgétaires des entreprises déficitaires ? Une réponse possible à cette question consiste à affirmer que les entreprises contrôlent mieux la qualité des actifs humains que le gouvernement. En faisant usage de la capacité de sélection qui leur permet de faire des profits (ou de réduire les pertes), les firmes se comportent comme des « intermédiaires »[19].

(V) Les relations entre les banques et le gouvernement

Si les banques jouent le rôle de contrôleur relationnel dans le mécanisme de gouvernance relationnelle-contingente fondé sur la banque, elles sont elles-mêmes des entreprises et sont donc elles aussi soumises à un mécanisme de gouvernance (Dewatripont et Tirole, 1992). Lorsque les banques internalisent les actifs informationnels spécifiques à la relation qu'elles entretiennent avec leurs emprunteurs (actifs dont la détention ne peut être décomposée entre leurs différents employés), il apparaît un problème d'incitations semblable à celui de l'organisation du mode d'assimilation de l'information. Par exemple, chacun des fondés de pouvoir peut adopter un comportement de passager clandestin consistant à s'appuyer sur la réputation de la banque sans contrôler les emprunteurs comme il convient et ainsi faire prendre à leur banque un risque excessif. Par ailleurs, la cessation d'activité d'une banque entraîne la destruction de ses actifs informationnels, qui sont intangibles et ne peuvent être transférés à des tiers. Comme les autres banques sont incapables se substituer immédiatement à la banque défaillante, cette destruction d'actifs peut provoquer une brutale restriction des crédits alloués aux emprunteurs sains et donc entraîner d'importantes déséconomies[20]. C'est pourquoi l'autorité publique de réglementation bancaire peut être contrainte d'assurer à l'égard des banques en difficulté un rôle analogue à celui d'un contrôleur relationnel, par exemple en leur injectant des fonds publics ou en coordonnant des mesures de sauvetage par d'autres institutions financières. La mise en œuvre de ces mesures de renflouement peut être impopulaire politiquement, notamment lorsqu'elle requiert l'emploi de fonds publics, ce qui empêche souvent le gouvernement d'agir aussi rapidement qu'il serait nécessaire. D'autre part, le fait de croire que le gouvernement ne pourra pas ignorer les difficultés des banques « trop grosses pour faire faillite » (*too big to fail*) peut entraîner de leur part des comportements d'aléa moral. On voit qu'ici aussi se manifeste le problème de l'engagement à double tranchant inhérent à la gouvernance relationnelle-contingente. En particulier, l'accumulation de créances douteuses par la banque résultant du syndrome de laxisme budgétaire systématique peut finir par provoquer une crise bancaire.

En résumé, une préoccupation centrale de la littérature relative à la gouvernance d'entreprise consiste à savoir par quels moyens (dispositions légales, contrats incitatifs, etc.) on pouvait rendre les actions des dirigeants compatibles avec les intérêts des investisseurs. Cette approche présuppose l'existence de marchés efficaces, ou considère que leur développement est extrêmement souhaitable du point de vue de l'efficience. Par contraste, un des objectifs principaux de ce chapitre a été de situer le rôle relatif des investisseurs dans la gouvernance d'entreprise. Pour clarifier ce point, nous avons commencé par rappeler la discussion préliminaire du chapitre IV.3. En se cantonnant au domaine de l'organisation, sans considérer explicitement ses interfaces avec le domaine financier, elle avait montré que chaque type d'architecture organisationnelle pouvait poser des problèmes de gouvernance spécifiques et requérir des solutions différenciées.

Nous avons démontré dans ce chapitre les liens qui existent entre le domaine de l'organisation et celui des transactions financières et, lorsque c'était justifié, les liens qu'ils entretiennent avec le domaine politique et le domaine des transactions d'emploi. Nous avons examiné la manière dont les agents coordonnaient leurs choix stratégiques à travers ces domaines. Nous avons ainsi identifié différents types d'institutions de gouvernance d'entreprise, correspondant à différents schémas d'équilibre des choix des agents dans les jeux liés. Comme nous l'avons indiqué dans la deuxième partie de ce livre, une fois que s'est établi un schéma d'équilibre global, il est perçu par chaque agent comme un ensemble de contraintes externes et il devient auto-exécutoire. Nous avons ainsi défini une institution de gouvernance d'entreprise comme un ensemble de contraintes auto-exécutoires qui s'imposent aux choix des agents (notamment les investisseurs, les dirigeants et les travailleurs) actifs dans les domaines de l'organisation et dans ceux qui leur sont liés.

Dans la perspective comparée que nous avons adoptée, une institution de gouvernance d'entreprise n'est pas modelée par les seuls marchés financiers. Nous l'avons démontré non pas à partir du point de vue normatif d'une communauté de parties prenantes, mais en analysant l'équilibre des relations et des complémentarités qui existent entre les domaines de l'organisation et les autres domaines de l'économie. Nous avons également suggéré qu'il pouvait y avoir des circonstances dans lesquelles le contrôle par les actionnaires n'était pas efficace. Nous avons vu que le contrôle par les actionnaires pouvait parfois provoquer des actes susceptibles de diminuer le bien-être collectif et d'être inefficaces dans le contrôle ou la préservation des actifs humains.

L'institutionnalisation d'un mécanisme de gouvernance d'entreprise peut être affectée par le type d'Etat en place (en raison d'une relation de complémentarité institutionnelle). Au chapitre VI, nous avons retenu comme caractéristique essentielle de l'Etat démocratique libéral la sujétion des revendications économiques de la classe ouvrière à la discipline des marchés non réglementés. Cette forme d'Etat est clairement complémentaire à la fois du contrôle par les propriétaires et du contrôle par les actionnaires, qui s'appuient tous deux sur la discipline du salaire walrasien ou du salaire d'efficience pour parer à la menace de *hold up* des travailleurs dans un contexte hiérarchique (section XI.2.). Inversement, la libre concurrence sur les marchés du travail renforce l'Etat démocratique libéral (proposition 6.1). D'autre part, nous avons démontré à la section XI.2. que la réglementation corporatiste des marchés du travail était complémentaire du partage des droits de contrôle résiduels entre les travailleurs et les propriétaires. Dans le chapitre qui suit, nous allons voir comment un certain type d'institutionnalisation de la gouvernance relationnelle-contingente, le système de la banque principale, a été rendu possible grâce à la création de rentes au profit des banques, liées au respect par celles-ci d'obligations demeurées implicites dans le contrat relationnel.

CHAPITRE XII

Les types de financement relationnel et la valeur de la connaissance tacite

> « L'objectif déclaré de la science moderne est d'établir une connaissance objective, strictement détachée. Toute entorse à cet idéal n'est acceptée que comme une imperfection temporaire qu'il faut chercher à éliminer. A supposer qu'une pensée tacite forme une part essentielle de toute connaissance, l'idéal d'élimination de tout élément personnel dans la connaissance conduirait en réalité à la destruction de celle-ci. L'idéal d'une science exacte se révélerait fondamentalement trompeur et peut-être source d'erreurs dévastatrices. »
>
> Michael Polanyi, *The Tacit Dimension* (1996, p. 20).

Au chapitre XI, nous avons indiqué qu'il était possible d'institutionnaliser la gouvernance relationnelle-contingente associée à l'architecture organisationnelle de type hiérarchie horizontale grâce à des banques jouant le rôle de contrôleurs relationnels. Toutefois, la crise bancaire japonaise des années 1990, ainsi que les crises bancaires et monétaires des autres économies de l'Est asiatique (Corée, Thaïlande, Indonésie et Malaisie) ont jeté un doute sérieux sur la viabilité du financement bancaire relationnel dans le contexte de marchés financiers de plus en plus intégrés et concurrentiels. Par exemple, analysant la cause et la nature de la crise est-asiatique, Rajan et Zingales (1998) suggèrent que les systèmes de financement relationnel ne fonctionnent bien que là où le respect des contrats est problématique et les capitaux rares. Ces systèmes assurent un profit au financier en lui octroyant un certain pouvoir sur l'entreprise à laquelle il prête, mais ils suppriment le jeu des prix et peuvent conduire à une mauvaise allocation des capitaux. C'est pourquoi, soutiennent les auteurs, même s'il peut y avoir quelques avantages à court terme pour les économies en crise de l'Est asiatique à restaurer leur système de financement relationnel, à long terme elles seront bloquées tant qu'elles ne disposeront pas d'une information financière transparente, d'une mise en application juridique des contrats et de la libre concurrence d'un système de financement impersonnel.

On ne peut qu'être d'accord avec la nécessité de réglementations bancaires et de règles prudentielles transparentes autant que possible. Cependant, notre but dans ce chapitre est de montrer qu'il existe des formes viables de financement relationnel, conçu comme mécanisme de traitement de l'information et de contrôle, et qu'on ne peut ni l'écarter d'une manière générale pour la raison qu'il serait intrinsèquement inférieur, ni le remplacer nécessairement par le financement impersonnel. Nous présentons une nouvelle conceptualisation du financement relationnel assez générale pour en couvrir les différentes modalités et nous examinons les bases de connaissance et les sources de rentes économiques qui leur sont associées et qui en assurent la viabilité. Nous examinons également leurs implications potentielles en termes de performance économique. Aux chapitres III et IV, nous avons vu que le domaine de l'échange et le domaine de l'organisation pouvaient être régulés de différentes manières en fonction de leur nature architecturale et de leur structure d'information. Ce que nous essayons de faire dans le présent chapitre est dans le même esprit. Les domaines de transactions financières peuvent être administrés différemment selon la nature de la connaissance dont dispose le financier face à l'asymétrie et à l'incomplétude de l'information inhérentes au financement externe.

Partons du principe important que la connaissance économique nécessaire pour entreprendre (investir, innover, etc.), aussi bien que celle qui est générée par l'action entreprise, est souvent tacite plutôt que codifiée. Nous entendons par connaissance *codifiable* une connaissance qui peut être formalisée sous forme de chiffres comptables, rapports écrits ou oraux, documents recevables en justice, etc., ainsi que celle qui peut être obtenue par l'analyse de leur contenu. Ce type d'informations sur les performances, les engagements, la situation financière des entreprises est de plus en plus disponible pour l'arbitrage sur les marchés internationaux. La standardisation des méthodes comptables et la diffusion des données sur les entreprises de tous les secteurs accroissent ainsi l'efficience des marchés financiers internationaux. Toutefois, le type d'information qui peut être numérisé et donc diffusé sur des réseaux publics ou des réseaux d'informations spécialisés n'est pas sans limite. Par ailleurs, les opportunités de gains d'arbitrages fondés sur une information accessible à tous sont limitées dans le temps. Paradoxalement, certains types de connaissances *tacites* (personnelles) et de connaissances codifiables mais pas encore codifiées (nous distinguons les deux plus loin) peuvent être génératrices de valeur en dépit de, ou plutôt à cause de la circulation croissante d'informations numérisées. Une connaissance tacite est définie comme une connaissance que l'on ne peut pas obtenir par la simple addition d'informations codifiées (numérisées). Elle peut résulter d'une « cohabitation » intime (K. Polanyi, 1996, p. 17) au sein d'un domaine local important, ou d'un savoir individuel acquis par une expérience particulière ou grâce à des qualités et des compétences par nature personnelles. C'est pourquoi elle n'est pas immédiatement disponible sur la place publique[1].

Voyons quelques exemples de cette situation paradoxale. Le premier est tiré du domaine le plus avancé du financement, le capital-risque, pour montrer que notre argumentation n'est pas spécifique au stade de démarrage des économies en développement. Si les sociétés de capital-risque tendent à se regrouper avec de jeunes firmes entrepreneuriales dans certaines zones (comme la Silicon Valley), c'est qu'elles peuvent ainsi accéder aux informations qui leur permettent de sélectionner les innovations prometteuses en offrant aux entreprises un financement échelonné. La connaissance au stade initial du financement par capital-risque est évidemment tacite et à peine articulée. La singularité du modèle de la Silicon Valley ne réside pas seulement dans l'aptitude des sociétés de capital-risque à fournir du capital-risque. Elle réside davantage dans leur aptitude à sélectionner de manière évolutionnaire, plutôt que selon un schéma *ex ante*, des projets prometteurs susceptibles de déboucher sur des produits-systèmes technologiquement innovants, en écartant aussitôt que possible ceux qui, pour des raisons technologiques ou commerciales, ne le sont pas. Le financement et la gouvernance par le capital-risque exigent donc une connaissance et un jugement fondés sur l'expérience, en même temps qu'une expertise technique très spécialisée. L'engagement de la société de capital-risque auprès des jeunes entreprises s'achève lorsque celles-ci sont rachetées ou introduites en bourse. On peut donc considérer que la fonction de traitement de l'information accomplie par la société de capital-risque est de transformer une connaissance à l'origine tacite et non formalisée (sur des possibilités d'innovation incertaines) en information codifiée (les contrats de rachat ou d'acquisition, les documents d'introduction en bourse, etc.). En 1996, environ la moitié des fonds de capital-risque ont été fournis par des organismes de placements collectifs, des banques et des compagnies d'assurances. Comme ces organismes travaillent principalement à partir d'informations codifiées, elles manquent de l'expérience et de l'expertise requises et doivent déléguer le contrôle et la gouvernance des jeunes pousses à des sociétés de capital-risque.

Le second exemple porte sur les projets de financement d'entreprises nouvelles ou déjà existantes dans les économies en développement ou en transition. Ces projets peuvent être très incertains et demander un jugement s'appuyant sur des connaissances moins standardisées et moins quantifiables concernant les qualités, les traits de caractère, la personnalité et la fiabilité des entrepreneurs et des dirigeants en quête de financement, ainsi que sur les compétences organisationnelles accumulées dont ils disposent. En l'absence d'un mécanisme efficace de mise en application des contrats par une tierce partie, leur bonne exécution doit s'appuyer sur un mécanisme de réputation (confiance personnelle) ressortant d'une information spécifique sur le comportement passé des entrepreneurs. Prenons l'exemple des banques autochtones des pays de l'Est asiatique avant les crises du change. Si les financiers internationaux se limitaient à leur prêter à court terme, c'était essentiellement parce qu'ils n'avaient pas accès à cette information locale et qu'ils s'assuraient de pouvoir ainsi retirer rapidement leurs fonds. Cependant, la mauvaise gestion des interfaces entre les marchés monétaires nationaux et internationaux (le marché des changes), ainsi que l'absence de mécanisme adapté de gouvernance des banques locales, a finalement abouti à une crise monétaire et bancaire des économies importatrices de capitaux (nous en discutons plus en détail un peu plus bas). Mettre la crise sur le compte des seuls pays emprunteurs en raison de leur manque de transparence en matière d'information ne paraît pas très constructif. Le problème du manque de compétence de traitement de l'information était symétrique puisqu'il existait des deux côtés des marchés financiers internationaux.

Enfin, des études empiriques de Petersen et Rajan (1994), Gande *et al.* (1997), entre autres, ont montré que, même aux Etats-Unis, le financement relationnel entre les banques et les petites et moyennes entreprises avant leur introduction en bourse était bénéfique. Certes, les entreprises qui s'appuient sur un financement relationnel consentent des rentes d'information monopolistiques à leurs banques, mais elles s'assurent des possibilités de refinancement lorsque surviennent des événements qui n'ont pu être inscrits dans le contrat (comme des difficultés financières temporaires, par exemple). Elles sont ainsi capables de se développer plus vite que des entreprises dépourvues de relations financières privilégiées et d'atteindre plus tôt le stade du financement sur le marché des titres, qui s'opère à un coût plus faible et mobilise une information codifiée. Cette situation est identique au financement par capital-risque. Ceci montre que, jusqu'à ce que l'information concernant ces entreprises puisse être codifiée et diffusée sur le marché, les banques relationnelles sont en mesure de monopoliser une connaissance tacite/non codifiée sur les entreprises et d'en retirer des rentes (Yasuda, 2001).

A l'évidence, il n'est pas très éclairant de rapprocher différents types de financement relationnels pris dans des contextes différents et de les mobiliser pour faire l'apologie du système de financement relationnel en général. Nous devons analyser soigneusement de quelle manière et dans quelles conditions un type de financement relationnel peut conduire à une meilleure utilisation d'une connaissance économique non codifiée, là où un autre type de financement en serait incapable. Pour ce faire, la section XII.1. introduit une nouvelle conceptualisation générique du financement relationnel et distingue les différents types de connaissance utilisés par le financier. La section XII.2. est consacrée aux différents types de rentes économiques qui lui sont consentis et qui l'incitent à remplir sa fonction. Ceci revient à étudier les relations entre la structure informationnelle et la gouvernance du financement relationnel. Cette seconde section examine également de quelle manière la concurrence croissante sur les marchés financiers, en particulier le développement des marchés obligataires internationaux, affecte les différents types de rentes prélevées par les financiers relationnels et donc leur viabilité.

XII.1. DEFINITION GENERIQUE DU FINANCEMENT RELATIONNEL ET TAXONOMIE DES CONNAISSANCES QUI LUI SONT ASSOCIEES

Commençons par donner une nouvelle définition du financement relationnel : « Le financement relationnel est un type de financement dans lequel le financier d'origine est censé fournir à l'entreprise des fonds supplémentaires dans une classe d'états futurs ne relevant pas de situations recevables juridiquement, dans l'espoir d'en obtenir certaines rentes dans un futur plus éloigné » (Aoki et Dinc, 2000).

Nous qualifions de financements *impersonnels* les types de financement qui ne sont pas relationnels. Dans cette définition, les anticipations (croyances) jouent un rôle important et s'inscrivent dans une structure à deux étages : celui des anticipations de l'emprunteur concernant le financement contingent à venir, et celui des anticipations du financier concernant les rentes à venir liées à ses opérations de refinancement. Le premier étage d'anticipation permet à des entrepreneurs ou à des petits propriétaires de réaliser des projets ou des investissements de développement qui auraient été impossibles dans le cadre de leurs seuls capitaux personnels ou d'un financement impersonnel. Il permet aussi à des entreprises d'investir dans des actifs spécifiques (humains et non humains), avec l'assurance d'un soutien financier dans l'éventualité de difficultés financières modérées. Ces anticipations doivent néanmoins avoir un fondement. Il s'agit là du problème de l'engagement du financier, tel qu'il a été d'abord discuté par Mayer (1988) et Hellwig (1991) et que l'on a évoqué dans le chapitre précédent au sujet du mécanisme de gouvernance relationnelle-contingente. Le souci de sa réputation, son avantage informationnel, son poids commercial dans les financements futurs de l'emprunteur, sa crainte d'une sanction réglementaire ou son espoir d'une récompense politique et économique de la part du gouvernement et ainsi de suite, peuvent inciter le financier à tenir ses engagements. Si les emprunteurs s'attendent à ce que certaines de ces incitations soient effectives, alors par induction à rebours ils peuvent espérer obtenir un type de refinancement contingent correspondant de la part du financier. Pour prévoir la viabilité et les implications économiques d'une institution de financement relationnel, il est donc essentiel de comprendre de quelle manière le financier est incité à consentir des financements supplémentaires lorsqu'il se produit certaines contingences. Nous dirons que le financement relationnel est institutionnalisé dans un domaine de transactions financières lorsque les financiers et les emprunteurs partagent les croyances qui rendent le financement relationnel auto-exécutoire.

D'après les définitions données ci-dessus de la connaissance codifiée et du financement relationnel, il est clair que ce dernier implique l'utilisation par le financier d'une certaine connaissance non codifiée. Lorsqu'une transaction financière peut être réalisée sur la seule base d'une connaissance codifiée du financier sur les emprunteurs, des conditions contractuelles juridiquement incontestables peuvent être clairement articulées *ex ante* et rendues exécutoires *ex post*. De tels contrats peuvent être cédés sur des marchés secondaires. C'est pourquoi un contrat financier fondé sur une connaissance codifiée est dit de type impersonnel. En revanche, lorsque l'établissement d'un contrat financier et l'anticipation de sa mise en application reposent sur les connaissances tacites et non codifiées du financier, il a nécessairement les caractéristiques du financement relationnel. La manière d'utiliser cette connaissance non codifiée a des conséquences importantes. En fait, on peut distinguer plusieurs types de financement relationnel, selon les types de connaissance utilisée par le financier aux différentes étapes de la décision financière. Afin d'établir une taxonomie économiquement significative, nous commencons par distinguer trois étapes de contrôle et les différents types de connaissance mobilisées. Par « contrôle », nous entendons le traitement par le financier de l'information relative au plan d'action de l'emprunteur, à son activité et à sa situation financière.

Nous appelons « contrôle *ex ante* » la mise en œuvre de la connaissance du financier lors de l'étape du financement initial. Il renvoie essentiellement à des problèmes de sélection adverse, c'est-à-dire d'asymétrie informationnelle entre le financier et l'emprunteur sur les risques de l'investissement proposé, les compétences de l'emprunteur, etc., avant même la réalisation du financement. Si, au contraire, le contrôle est fondé principalement sur l'analyse d'une information codifiée, il renvoie à ce qu'on appelle en pratique « l'attention requise » (*due diligence*). Cependant le champ du contrôle *ex ante* peut ne pas se limiter à un problème de sélection adverse. Il peut se présenter des situations où la valeur potentielle d'un projet proposé est plus incertaine pour l'emprunteur que pour le financier. Par exemple, la valeur de certains projets individuels peut dépendre de l'existence parallèle de projets complémentaires. Dans ce type de situations, un financier capable de regrouper le financement de projets complémentaires peut disposer d'un avantage informationnel sur chacun des emprunteurs, même si sa connaissance ne peut être entièrement codifiée (numérisée) car il n'existe pas de marchés permettant d'évaluer les effets de synergie des projets interdépendants.

Pour revenir à nos définitions relatives au financement relationnel, examinons maintenant la manière dont le financier utilise les connaissances qui lui permettent de savoir s'il se présente une situation non recevable juridiquement et nécessitant un refinancement et, lorsque c'est le cas, comment procéder pour effectuer ce refinancement. Ce cas requiert manifestement l'utilisation d'une connaissance non codifiée ; autrement, le refinancement pourrait relever du mode impersonnel. Nous appelons « contrôle *ex post* » cette phase de traitement de l'information par le financier relationnel et « contrôle intérimaire » la phase intermédiaire d'accumulation de connaissance tacite ou potentiellement codifiable relative aux projets en cours de l'emprunteur. On peut alors décrire le financement relationnel comme un regroupement par intégration des trois phases de contrôle et une utilisation conjointe des connaissances complémentaires qui s'y appliquent. Si nous définissons le contrôle *ex post* dans le cadre du financement impersonnel comme l'exécution des termes d'un contrat recevable juridiquement, alors nous pouvons assimiler le financement impersonnel à un type de financement dans lequel les trois stades du contrôle sont répartis entre des agents différents qui utilisent chacun une connaissance spécialisée et codifiée (par exemple, le contrôle *ex ante* est assuré par des banques d'investissement qui souscrivent de nouvelles émissions obligataires, le contrôle intérimaire par des analystes financiers qui portent un jugement sur les titres négociés sur le marché et le contrôle *ex post* par les tribunaux de commerce en cas de dépôt de bilan et par des spécialistes de la réorganisation).

Abordons maintenant la classification des connaissances utilisées par les financiers dans les domaines de transactions financières. Pour ce faire, nous utilisons le cadre taxonomique représenté sur la figure 12.1. L'axe vertical renvoie à la question de savoir si la connaissance peut ou ne peut pas, en principe, être représentée ou stockée sous formes codifiées, c'est-à-dire sous la forme de chiffres comptables, de documents contractuels, de prospectus d'émission ou des antécédents bancaires de l'emprunteur. L'axe horizontal correspond au degré d'évidence ou de latence de la connaissance. La connaissance peut rester latente soit parce qu'elle est en principe codifiable mais qu'il serait coûteux (par rapport aux bénéfices) pour le financier (case Nord-Est) de la codifier et de la partager de manière explicite dans un domaine, soit parce qu'il est intrinsèquement difficile (case Sud-Est) de réaliser un tel partage et une telle codification. Ce dernier cas se présente lorsque la connaissance nécessaire est fortement tacite et relève d'un jugement personnel fondé sur l'intuition, la compréhension immédiate, etc. Ce cadre taxonomique est emprunté à une étude éclairante de Cowan, Davis et Foray (2000), mais s'en écarte parce qu'elle s'appuie sur une conception du « tacite » qui est plus proche de celle développée initialement par Polanyi (1958, 1966), ensuite parce qu'elle fait une distinction entre la connaissance tacite et la connaissance codifiable mais non codifiée (case Nord-Est[2]).

Figure 12.1.
Types de connaissance et de financement

	Manifeste	**Latent**
Codifiable	impersonnel, CR au stade de l'introduction en bourse	contrôleur relationnel contingent : *ex post,* financement par copinage : *ex ante, ex post*
Tacite	relationnel : *ex ante* CR : *intérimaire/ex post*	[CR : *ex ante*]

A partir de ce cadre taxonomique, identifions les caractères informationnels structurels des différents types de financements relationnels. Considérons d'abord le financement par capital-risque (CR). Le contrôle *ex ante* dont il relève est qualifié de « tacite-latent » lorsque l'objet du financement est un projet innovateur très incertain. Plus précisément, lorsque la société de capital-risque (ou le *business-angel*) choisit de financer le développement initial d'une start-up (capital-amorçage), la valeur potentielle des projets proposés peut être très incertaine, de sorte que sa décision est fondée autant sur son appréciation intuitive des qualités personnelles des entrepreneurs que sur la nature de leurs projets[3]. Les refinancements successifs dans des situations non qualifiables juridiquement seront conditionnels aux progrès constatés au cours du développement des projets menés par l'entrepreneur. Ainsi, la connaissance accumulée et utilisée tout au long des étapes de financement s'articule progressivement tout en demeurant largement tacite. C'est seulement quand une firme entrepreneuriale a réussi et peut être introduite en bourse ou acquise par une entreprise établie que ses opérations s'opèrent principalement sur la base d'une connaissance codifiée, comme les prospectus boursiers ou les calendriers de fourniture d'information annexés à aux contrats de rachat (d'acquisition). Ainsi, le « financement échelonné » (Sahlman, 1990) de la société de capital-risque suit un chemin qui part du coin Sud-Est, va vers l'Ouest puis vers le Nord jusqu'au coin Nord-Ouest.

Considérons maintenant une situation dans laquelle un financier s'engage dans la gouvernance relationnelle-contingente d'une entreprise. Le refinancement par la banque d'un client ayant des besoins temporaires de financement supplémentaire est parfois prévu de manière explicite, comme dans le cas d'une ligne de crédit. Cependant, dans un contrat de gouvernance relationnelle-contingente, qui reste essentiellement implicite, la connaissance accumulée utilisée dans le contrôle *ex post* de la firme (par exemple dans le renflouement d'une entreprise en difficulté financière) peut rester non codifiée, au moins pour les personnes extérieures, alors qu'elle pourrait en principe être codifiée. Ce contrat a le mérite de permettre de découvrir plus tôt les éventuels problèmes financiers d'une entreprise et d'éviter une faillite coûteuse (Sheard, 1994 ; Aoki *et al.*, 1994). En revanche, pour discipliner la tendance au laxisme budgétaire des financiers relationnels, il ne faut pas qu'ils puissent compter sur le secours d'une tierce partie (le gouvernement, par exemple) en cas de conséquences négatives. Dans le cas contraire (dans le « capitalisme de copinage »), la possibilité pour la banque relationnelle de conserver une information non codifiée peut entraîner de sa part un comportement d'aléa moral (un laxisme excessif dans le contrôle *ex ante* et le contrôle intérimaire des emprunteurs). Ces dérives constituent un argument classique à l'encontre du financement relationnel et en faveur de la transparence de l'information (voir, par exemple, Rajan et Zingales, 1998).

Quoi qu'il en soit, il existe des situations où la connaissance ne peut être entièrement codifiée. Comme nous l'avons fait remarquer, dans les phases de développement et de transition d'une économie, les marchés peuvent ne pas être suffisamment matures pour mesurer la rentabilité et le risque d'un projet sous une forme objective (étude de marché, analyse de faisabilité technique, etc.). Il peut également être difficile d'acquérir une connaissance tacite relative aux aptitudes personnelles, à la qualité et à l'intégrité des entrepreneurs individuels, ou à la compétence organisationnelle des firmes qui présentent des projets. Dans les économies développées, le contrôle *ex ante* des petites firmes avant leur introduction sur les marchés financiers peut, lui aussi, impliquer une connaissance tacite. Celle-ci peut être manifeste pour un financier compétent capable d'observer de près un emprunteur, alors qu'elle n'est pas facilement disponible pour les autres. C'est pourquoi, lorsqu'il se produit un besoin de refinancement, le financier d'origine, à l'instar de la société de capital-risque, est en meilleure position pour apprécier rapidement ce qu'il faut faire et comment le faire. Dans toutes ces situations, la connaissance tacite peut avoir de la valeur. Toutefois, l'utilisation correcte et économiquement bénéfique de ce type de connaissance dépend des incitations auxquelles répondent les financiers relationnels. Nous nous tournons maintenant vers cet aspect du problème.

XII.2. VIABILITE INSTITUTIONNELLE DU FINANCEMENT RELATIONNEL

(A) Les types de rentes du financier relationnel[4]

Voyons maintenant quelles sont les différentes sources de rentes susceptibles d'inciter le financier relationnel à remplir sa fonction. Comme on l'a déjà indiqué, ces rentes dépendent étroitement de la manière dont le financement relationnel est réglementé et institutionnalisé dans le domaine des transactions financières. Elles peuvent être grossièrement réparties dans les quatre classes suivantes : (1) *les rentes de monopole*, qu'un financier peut tirer d'une entreprise qu'il finance grâce à sa position avantageuse par rapport aux autres financiers ; (2) *les rentes politiques,* qu'il peut tirer d'une intervention de l'Etat dans le domaine, en contrepartie de son engagement implicite au financement relationnel ; (3) *les rentes de réputation,* que le financier relationnel obtient du respect de ses engagements en matière de gouvernance relationnelle-contingente, et (4) *les rentes d'information* qu'un financier obtient de la firme en produisant une connaissance de valeur et qui n'est pas directement disponible aux autres. Nous verrons bientôt qu'il est impossible de distinguer précisément ces différents types de rentes. Cette classification se révéle néanmoins utile pour la suite de cette étude.

(I) Pouvoir de marché et rentes de monopole

Lorsque le financier dispose d'un pouvoir de marché, il peut espérer retirer de ses opérations de financement un rendement net positif. Comme ces rentes lui permettent de lisser ses coûts de financement dans le temps, elles peuvent l'inciter à consentir un financement dans des situations difficiles sachant qu'il en est dédommagé à plus long terme.

Dans cette catégorie de financement relationnel, on peut distinguer différents sous-types de financement, selon le stade de développement de l'économie. L'exemple le plus simple est celui où le financier possède l'entreprise. Les banques peuvent également s'entendre pour ne pas interférer dans les territoires commerciaux les unes des autres. Ce comportement collusoire peut à son tour être renforcé par l'Etat, si celui-ci restreint l'entrée de nouveaux concurrents dans le secteur bancaire. Il n'existe dans tous ces cas aucune garantie que les banques disposant d'une connaissance non codifiée et non accessible à l'extérieur l'utilisent judicieusement aussi bien au stade du contrôle *ex ante* de l'entreprise (c'est-à-dire des décisions relatives à un investissement nouveau) qu'à celui du contrôle *ex post* (c'est-à-dire des décisions de refinancement). Par exemple, le pouvoir de marché d'une banque peut la conduire à renflouer une entreprise en situation de difficulté financière lancée dans un projet qui aurait dû être jugé inefficient *ex ante*, même si le sauvetage *ex post* apparaît rentable. Il s'agit là du problème de laxisme budgétaire mis en évidence par Dewatripont et Maskin (1995).

Le financement relationnel peut aussi résulter du fait qu'une firme possède une banque, ou qu'une holding possède à la fois une banque et des firmes. Dans ce cas, les rentes anticipées reviennent à l'entreprise propriétaire ou à la holding. Certains économistes réservent l'expression de « financement relationnel » (ou plus crûment de « capitalisme de copinage ») au seul système dans lequel les banques sont prisonnières d'intérêts industriels et commerciaux politiquement influents et servent d'instrument de collecte de l'épargne des ménages ainsi que de moyen de transmission des fonds publics au bénéfice des intérêts qui les contrôlent. Dans ce système, la fonction de contrôle indépendant des banques est compromise et le syndrome de laxisme budgétaire peut devenir incontrôlable. C'est pourquoi on ne peut sérieusement s'opposer à la nécessité d'une réglementation restreignant les prêts consentis par une banque aux entités qui la contrôlent.

Même lorsque le comportement collusoire des banques est limité et que l'intervention de l'Etat est minimale, l'avantage informationnel de la banque sur les intervenants extérieurs peut lui permettre d'accéder à une position dominante de manière endogène. A la suite du financement initial de la firme, le financier a souvent accès à une information dont les autres financiers ne disposent pas. Cet avantage informationnel lui procure des opportunités de rente dont la nature se distingue assez difficilement de la quatrième catégorie présentée ci-dessous. La possibilité de se saisir de ces rentes peut inciter le financier à contrôler l'entreprise pour en tirer une meilleure information (voir, par exemple, von Thadden (1995)) et lui permettre ainsi de la refinancer dans des situations où les autres financiers (les financiers extérieurs) refuseraient de le faire.

A leur apogée (1950-1975), les banques principales japonaises avaient ce type de liens monopolistiques avec leurs entreprises clientes, auxquelles elles étaient rattachées par un réseau de participations croisées. Elles bénéficiaient d'un avantage informationnel important grâce à leur gestion quasi exclusive des mouvements de caisse des entreprises ainsi que des postes d'administrateurs qui leur étaient réservés. Ces canaux informationnels permettaient à la banque principale de suivre la situation financière d'une entreprise cliente comme si ses livres lui étaient ouverts à tout moment. Elle pouvait ainsi découvrir très tôt ses difficultés financières éventuelles et intervenir dans sa gestion, comme au sein de la gouvernance relationnelle-contingente. De manière comparable, on observe que les relations entre les banques américaines et les petites entreprises peuvent alléger les contraintes de liquidité de ces dernières. Cet effet est d'autant plus marqué que le nombre de banques avec lesquelles l'entreprise est en relation est faible et que l'étendue des autres services qu'elle reçoit de la même banque est élevé (voir Petersen et Rajan, 1994 ; Berger et Udell, 1995). Néanmoins, dans ces situations, les monopoles informationnels ne sont pas toujours favorables à l'emprunteur. La perspective de voir lui échapper le surplus engendré par un projet peut affecter de manière négative les incitations *ex ante* de l'entreprise à investir (Sharpe, 1990 ; Rajan, 1992).

En faisant l'hypothèse que le pouvoir de marché d'une banque diminue quand le nombre de banques augmente, Petersen et Rajan (1995) montrent que le lissage intertemporel opéré par les banques devient plus difficile à mesure que leur nombre s'accroît. Dans la mesure où une position dominante plus faible signifie qu'une banque recevra une part plus réduite du surplus dégagé par un projet, cette banque est moins encline à participer à des interventions dont elle devrait partager les bénéfices avec d'autres. Les auteurs présentent des résultats empiriques sur les prêts bancaires qui corroborent ce résultat théorique. Cependant, lorsque l'incitation principale du financier relationnel est la rente qui découle de son avantage informationnel, l'accroissement de la concurrence n'a pas nécessairement d'impact fortement négatif sur le financement relationnel. Rajan (1992) montre que ces rentes dépendent du nombre de financiers auprès desquels l'entreprise peut initialement choisir d'emprunter, et non du nombre de financiers extérieurs auxquels est confronté un financier après qu'il a établi une relation avec l'emprunteur. Il en résulte qu'en limitant le nombre de ses partenaires au moment de son financement initial, une entreprise peut créer une entente relevant du financement relationnel même si les financiers doivent affronter une concurrence croissante *ex ante*. D'un autre coté, en augmentant le nombre des ses financiers relationnels, une entreprise peut diminuer la capacité de ceux-ci à la contrôler et à en tirer une rente élevée[5].

(II) Rentes politiques et pseudo-rentes

Comme on l'a vu plus haut, l'Etat peut créer des rentes bancaires en limitant la concurrence entre banques sur le marché du crédit. A supposer que le marché du crédit soit concurrentiel, l'Etat peut quand même créer des rentes au profit des banques en agissant sur leur passif. Nous examinons ces possibilités dans deux situations : celle d'une économie où le secteur bancaire national est protégé et celle d'une économie ouverte aux marchés de crédit internationaux.

Restriction financière et rentes politiques contingentes. Hellmann, Murdock et Stiglitz (1997,1998) ont introduit le concept de rente politique contingente, largement inspiré de la phase « miraculeuse » du développement de l'Asie du Sud-Est. Ils avancent que les gouvernements peuvent réglementer la rémunération des dépôts pour la maintenir à un niveau inférieur au taux d'équilibre walrasien. Si cette politique est accompagnée d'une politique macroéconomique stable, ce taux réglementé peut rester positif en termes réels. Ils qualifient cette intervention de l'Etat de « restriction financière » et la distinguent de la « répression financière ». Dans cette dernière, l'inflation rend le taux d'intérêt réel négatif et il se produit un transfert de richesse des ménages vers l'Etat. La rente générée par ce mécanisme suscite alors un comportement de recherche de rente de la part de différents groupes d'intérêts. En revanche, expliquent-ils, une situation de restriction financière ne fait que créer des « opportunités de rente » pour le secteur bancaire, dont la concrétisation est contingente aux efforts concurrentiels déployés par chaque banque pour collecter des dépôts. On peut ainsi faire une analogie avec le système des brevets, qui crée des « opportunités de rente » au profit des inventeurs éventuels mais rend leur concrétisation dépendante du succès commercial de l'invention.

Les auteurs avancent que la réalisation de rentes politiques contingentes accorde une « valeur de franchise » aux banques licenciées, dont l'utilisation productive peut inclure l'expansion du réseau de succursales destinées à capter davantage de dépôts. Si la propension à épargner des ménages est inélastique au taux d'intérêt et si les efforts des banques les conduisent à détenir une proportion plus importante de leur épargne sous forme de dépôts plutôt que sous forme improductive (encaisses oisives, or, etc.), alors les marchés financiers s'approfondiront et la perte de richesse résultant de la distorsion des prix est minimisée. A l'âge d'or du système de la banque principale japonaise, l'obtention de rentes politiques contingentes par les banques était liée à leur respect de la politique gouvernementale, car l'autorité monétaire, par son contrôle des licences d'ouverture de succursales, disposait des moyens de sanctionner les banques récalcitrantes (Aoki *et al.*, 1994). Il est clair que le gouvernement avait une préférence pour le financement des firmes en pleine croissance ainsi que pour le renflouement par leur banque principale des entreprises en difficulté, car cela permettait d'éviter l'instabilité économique et sociale. Il convient toutefois de remarquer que le gouvernement n'intervenait pas directement dans la décision des banques.

Le mécanisme de restriction financière apparaît isomorphe à l'Etat promoteur favorable au marché que nous avons décrit au chapitre VI.2. C'est évident si on remplace le secteur agricole par les déposants et le secteur industriel par les banques. Les deux mécanismes sont identiques au sens où le gouvernement prélève les ressources financières d'un certain groupe (par la réglementation du taux des dépôts bancaires dans le cas présent) pour les distribuer aux membres d'un autre groupe (par la collecte des dépôts et la gouvernance relationnelle-contingente des entreprises), d'une manière qui dépend de la contribution du second groupe à la croissance. Les déposants sont partiellement indemnisés *ex post* par la sécurité de leurs dépôts. De leur côté, les banques capables de bénéficier de rentes politiques contingentes peuvent demander aux entreprises un taux de rentabilité plus faible que dans un contexte de marchés non réglementés (avec l'aide de la pression implicite du gouvernement). Ceci permet à la gouvernance relationnelle-contingente de stimuler les efforts de l'entreprise, car cette dernière conserve une part plus importante des profits[6]. Ainsi, nous pouvons formuler la proposition suivante :

PROPOSITION 12.1. *L'Etat promoteur et la gouvernance relationnelle-contingente par les banques sont institutionnellement complémentaires.*

Les politiques d'encadrement direct ou indirect de la rémunération des dépôts deviennent difficiles à maintenir avec l'intégration globale des marchés financiers. Dès lors que cet encadrement est supprimé, la source de rentes politiques contingentes disparaît.

Emprunts internationaux non couverts et garantie des dettes par l'Etat : la possibilité d'emprunts sur le marché international et la garantie implicite des emprunts peuvent créer auprès des banques une anticipation (infondée) de rentes, à la condition que le taux de change s'écarte de sa valeur d'équilibre de long terme. Le « syndrome du surendettement » (McKinnion et Pill, 1999) des économies de l'Est asiatique (Corée, Thaïlande, Malaisie et Indonésie), qui a abouti aux crises du change de 1997, a été le résultat de ces anticipations[7].

Imaginons une économie où le taux d'intérêt des dépôts nationaux i est plus élevé que le taux i^* en dollars américains pour la même maturité. S'il n'existe pas de barrières au flux des capitaux internationaux ni d'encadrement des taux de dépôt nationaux, les arbitrages de marché conduiront à un différentiel de taux d'intérêt égal à la prime de change à terme f, de sorte que $i = i^* + f$. Si cette égalité est vérifiée (dans le cas contraire, les arbitragistes de marché pourraient faire des profits illimités sans prendre de risque), une banque qui accepte des dépôts en dollars et qui les couvre sur le marché à terme aura une position équivalente à celle d'un emprunt en monnaie nationale. Par conséquent, si on impose aux banques de couvrir sur le marché à terme tous leurs emprunts en devises étrangères, elles ne sont plus incitées à « suremprunter » sur les marchés internationaux.

Supposons, au contraire, que les banques anticipent que les dépôts bancaires seront garantis par le gouvernement. Cette anticipation peut à elle seule induire un comportement d'aléa moral de la part des banques et les conduire à sous-estimer les risques de faillites. Supposons par ailleurs que les autorités réglementaires n'obligent pas les banques nationales à couvrir leurs emprunts en devises étrangères à 100 %. Le différentiel de taux d'intérêt $i - i^*$ s'interprète alors comme la prime de risque qui résulte de l'interaction entre les différentes estimations du risque de change faites par les intervenants de marché. Ce différentiel peut néanmoins inciter certaines banques à ignorer le risque de dévaluation et de faillite. « Par conséquent, l'aléa moral peut conduire les banques à prendre des positions de change non couvertes en empruntant des devises étrangères pour ensuite financer des résidents en monnaie nationale à des taux supérieurs. Le système de garantie des dépôts leur permet alors de répercuter leur risque de change sur le gouvernement » (McKinnon et Pill, *ibid.*). L'anticipation d'une garantie à 100 % des dépôts peut elle-même être renforcée par l'anticipation, en cas de crise de change, du renflouement par des organisations internationales comme le FMI ou les gouvernements étrangers. La pression concurrentielle sur le marché du crédit national tend à pousser les banques, même les plus prudentes, à adopter cette stratégie risquée de non-couverture, qui provoque une forte croissance de l'économie.

Le boom des investissements accroît la demande de facteurs de production non élastiques comme le travail. Le gouvernement peut tenter de maintenir la parité des changes malgré les pressions inflationnistes sur les biens de consommation. Cependant, il finit nécessairement par se produire un choc de productivité négatif. L'apparition de faillites déclenche sur les marchés internationaux le sentiment que le boom touche à sa fin et les prêteurs étrangers commencent à demander le remboursement de leurs prêts. On assiste alors inévitablement à une dévaluation de la monnaie dont l'amplitude peut être accrue par des attaques spéculatives. Les banques subissent de grosses pertes dues non seulement à la faillite de leurs emprunteurs nationaux mais également à leur exposition hasardeuse au risque du change. Elles sont forcées de restreindre leurs concours et la contraction du crédit qui en résulte les conduit à écarter même les projets les plus sains.

Un consensus s'est rapidement formé sur les marchés internationaux, immédiatement après la crise des économies emprunteuses, pour la considérer comme le résultat d'un mauvais alignement des parités de change et de l'opacité des pratiques bancaires. Les propositions de réformes politiques qui s'en sont suivies ont consisté à suggérer l'adoption d'un régime de change flexible, d'une supervision renforcée et d'une plus grande exigence de transparence des marchés financiers locaux, ainsi que d'une mise en application plus stricte des contrats. La banque relationnelle est alors devenue l'élément principal d'un « capitalisme de copinage » opaque, inefficient et inéquitable, tandis que certains proclamaient triomphalement la supériorité du système bancaire impersonnel anglo-américain.

La flexibilité du régime de taux de change n'est pourtant pas une panacée. Le choix d'un régime de change doit être jugé en fonction de son aptitude à limiter l'incitation des banques au surendettement, sachant qu'il ne peut prévenir la nécessité d'une réglementation prudentielle des banques nationales destinée à limiter leurs prises de risque excessives[8]. La question cruciale demeure de savoir comment, dans la phase intermédiaire du développement financier, favoriser l'émergence d'un système financier robuste et moins propice au comportement d'aléa moral de la part des banques. La nécessité de réglementations bancaires prudentielles clairement définies, comme l'imposition de ratios de capitalisation substantiels, est peu discutable dans son principe général[9]. Néanmoins, le traitement d'une connaissance tacite spécifique aux mécanismes de transformation des échéances reste un ingrédient essentiel voire exclusif de tout système en transition. C'est la raison pour laquelle le souhait de passer d'un seul coup et une fois pour toutes à un système financier impersonnel est peut-être un peu trop simpliste.

Parce qu'il est difficile d'imposer aux banques de ces économies des contraintes de couverture suffisamment importantes, certaines mesures de contrôle des flux de capitaux à court terme peuvent être nécessaires pour protéger les banques de leur volatilité et leur donner le temps de développer, au niveau de leur interface internationale, certaines compétences de gestion des risques et de transformation des échéances. Dans le cas du Chili par exemple, on a beaucoup étudié l'imposition en 1991 d'une contrainte de réserves à terme fixe et non rémunérées sur toutes les entrées de capitaux étrangers ne correspondant pas à des investissements physiques. On peut contrebalancer ce contrôle des changes en autorisant la concurrence d'un nombre limité de banques étrangères, ce qui favorise le transfert des compétences et des technologies bancaires ainsi que l'acclimatation de ces banques aux usages du pays et à la connaissance tacite locale[10].

(III) Primes d'assurance et rentes de réputation

L'une des incitations les plus répandues qui obligent le financier à tenir ses engagements et à fournir des concours successifs est bien sûr le souci de sa réputation. Si sa réputation conditionne les rendements futurs de ses opérations, il peut être amené à faire des interventions coûteuses dans des situations non recevables juridiquement (Sharpe, 1990 ; Boot *et al.*, 1993 ; Aoki, 1994 ; Dinç, 2000). En clair, une banque peut être incitée à secourir un emprunteur en difficulté parce qu'elle nuirait à sa réputation en refusant ce secours et perdrait de ce fait des opportunités de financement profitables à l'avenir. En fait, ces opportunités ne se limitent pas nécessairement à un seul emprunteur, mais elles peuvent également concerner d'autres emprunteurs. La banque doit seulement coupler ses opérations de prêts avec un engagement de renflouement.

A la suite de Dinç (2000), considérons un jeu du domaine des transactions financières dans lequel les joueurs sont des banques et des firmes neutres au risque, disposant chacune d'un projet dont la réalisation prend deux périodes. Chaque projet nécessite une unité de prêt bancaire à la date 0 (nous considérons la possibilité d'un financement obligataire plus tard) et dégage un résultat à la date 2. Comme nous concentrons notre attention sur le problème du respect des engagements de la banque, nous ne nous intéressons pas explicitement à la survie de l'entreprise au-delà de la date 2. A la date 1, le projet peut se trouver dans une des trois situations suivantes : succès (avec probabilité p_S), difficultés (avec probabilité p_D) et échec (avec probabilité $1 - p_S - p_D$). Si le projet est un succès, il produit un cash-flow π_S au bénéfice de l'entreprise. Un échec rapporte un rendement nul. En cas de difficultés, le rendement est le même qu'en cas d'échec, à moins que la banque ne renfloue l'entreprise en lui consentant une nouvelle unité de prêt à la date 1. Dans ce cas, le rendement est de Π_D à la date 2. En outre, les membres de l'entreprise obtiennent un rendement non transférable N_D. On suppose que l'opération de renflouement n'est pas profitable pour la banque même lorsqu'elle est en mesure de s'approprier l'intégralité du cash-flow Π_D (ce qui signifie que $\Pi_D < 1$). En revanche, cette opération est efficace socialement ($\Pi_D + N_D > 1$). Le coût net du renflouement est de $C_D = 1 - \Pi_D > 0$. Enfin, nous faisons l'hypothèse que le projet était profitable *ex ante*, à la date 0 (on a donc $p_S \Pi_S - p_D C_D > 1$).

Supposons que l'incertitude relative à l'état du projet soit levée à la date 1. Comme cet état est publiquement observable mais n'est pas vérifiable par un tribunal, on ne peut rendre exécutoire un contrat de prêt qui lui serait subordonné. Dans ces conditions, si le jeu entre l'entreprise et la banque ne se déroule qu'une seule fois, il est impossible qu'existe un équilibre où la banque renflouerait l'entreprise en cas de difficulté à la date 1. Imaginons, au contraire, que la banque dispose d'une durée de vie infinie et qu'elle puisse s'engager dans un schéma de financement répété, soit à la même entreprise, soit à des entreprises différentes. Considérons le profil de stratégies suivant de la part des banques et des entreprises. Si une banque ne renfloue pas une entreprise en difficulté, elle perd sa réputation et aucune entreprise n'accepte plus de cette banque un prêt comportant une promesse de renflouement ; une entreprise qui emprunte à cette banque n'est donc pas renflouée en cas de difficulté. Les banques sans réputation peuvent prêter au taux sans risque ρ, tandis que les banques ayant bonne réputation sont en mesure de prêter, avec la promesse d'un soutien en cas de difficulté, contre une prime de rendement R^G en cas de succès du projet. R^G est supposé donné pour l'instant. Pour qu'une banque de bonne réputation ait intérêt à ne pas se dédire lorsqu'elle doit sauver une entreprise, il faut qu'elle ait intérêt à tenir son engagement. Cette condition est vérifiée si :

$$\frac{\delta}{1-\delta}\left[p_S R^G - p_D C_D\right] - C_D \geq \frac{\delta}{1-\delta}\rho$$

où la partie gauche représente la valeur actuelle des revenus futurs de la banque si elle préserve sa réputation, nette du coût du renflouement à réaliser immédiatement, et la partie droite la valeur actuelle des revenus futurs dans le cas où elle perdrait sa réputation. Les entreprises préfèrent emprunter aux banques de bonne réputation aussi longtemps que le taux concurrentiel sans engagement ρ est supérieur à $p_S R^G - p_D N_D$. Les banques ayant perdu leur réputation pour n'avoir jamais tenu leurs engagements de renflouement n'ont aucune incitation à le faire par la suite, puisque aucune entreprise ne leur emprunte plus à un taux supérieur à ρ. On peut réécrire l'inégalité ci-dessus comme suit :

$$\delta \geq \frac{C_D}{\left(p_S R^G - \rho\right) + \left(1 - p_D\right) C_D}$$

La partie droite définit le facteur d'actualisation minimum qui rend l'engagement de renflouement de la banque auto-exécutoire. Ce facteur diminue quand la rente de réputation $p_S R^G - p_D C_D - \rho$ augmente.

Jusqu'ici, nous avons considéré le taux de rendement R^G comme donné. Dinç (2000) a exprimé ce taux en fonction du nombre de banques concurrentes capables d'analyser la solvabilité des projets et il en a tiré l'important résultat suivant[11]. Lorsque le nombre de banques est inférieur à un certain seuil, elles ne font que des prêts sans engagement car cela leur permet d'obtenir d'importantes rentes de monopole de la part des entreprises. En revanche, si le nombre des banques est très grand, le terme de droite de l'inégalité ci-dessus tend vers un, ce qui implique qu'il est de plus en plus difficile de soutenir un mécanisme de réputation. Cela signifie, lorsque le facteur d'actualisation est inférieur à

1, qu'une institution de financement relationnel n'est viable que lorsque le nombre des banques concurrentes susceptibles de s'engager dans une opération de sauvetage n'est ni trop élevé ni trop bas (voir aussi Aoki 1994). Du point de vue de l'entreprise, la rente $p_S R^G - p_D N_D - \rho$ peut s'interpréter comme une prime d'assurance qui lui garantit un renflouement de la part du financier relationnel en cas de difficulté financière. L'obtention de rentes de réputation par la banque sous la forme de primes d'assurance payées par les entreprises permet de résoudre le problème de l'engagement du financier/contrôleur relationnel discuté au chapitre précédent (le syndrome du court-termisme).

Jusqu'ici, nous avons supposé que l'état intermédiaire de l'entreprise à la date 1 était observable mais pas vérifiable par un tribunal. Considérons maintenant une situation dans laquelle cet état n'est observable que par la banque qui a consenti le financement initial et où ce savoir bancaire reste tacite. L'efficacité du mécanisme de réputation est alors compromise par les asymétries informationnelles. Par exemple, lorsque les entreprises ne peuvent pas savoir si les difficultés de l'une d'entre elles ne sont que temporaires ou si une liquidation s'impose, le souci de la banque de préserver sa réputation peut la conduire à sauver une entreprise qui n'est plus viable économiquement ; c'est ce qui donne lieu au syndrome du laxisme budgétaire. Si ce type de comportement bancaire est systématiquement soutenu par la croyance générale que le gouvernement protège de toutes façons les rentes des banques, celles-ci ne pourront accomplir de manière efficace leur rôle de contrôleur relationnel dans le cadre de la gouvernance contingente.

A première vue, il peut sembler que la concurrence des marchés obligataires, en diminuant les rentes de réputation, devrait nécessairement réduire la viabilité de l'institution bancaire relationnelle. Dinç (2000) a pourtant montré qu'il existait des situations où l'accroissement de la concurrence pouvait renforcer l'efficacité du mécanisme de réputation par rapport au financement impersonnel. On peut le voir en examinant l'inégalité (RF) ci-dessus, où le facteur d'actualisation minimum qui rend les opérations de renflouement des banques auto-exécutoires diminue en fonction de $p_S R^G - \rho$. Même si, du point de vue de la banque, une concurrence accrue des marchés obligataires réduit la rentabilité R^G du financement relationnel, elle peut faire baisser encore plus la valeur de son option de sortie (c'est-à-dire la rentabilité ρ des prêts impersonnels sur lesquels la banque est contrainte de se rabattre si elle ne conservait pas sa bonne réputation). Comme les émissions obligataires sont un substitut plus proche des prêts impersonnels que des prêts assortis d'un engagement relationnel de renflouement, l'apparition de la concurrence des marchés obligataires peut affecter plus sévèrement les relations bancaires relationnelles que les relations bancaires impersonnelles. En fait, il peut exister un équilibre dans lequel une concurrence « modérée » des marchés obligataires renforce la valeur du financement bancaire relationnel par rapport au financement bancaire impersonnel. Plusieurs équilibres sont d'ailleurs possibles. Selon la valeur des paramètres technologiques, le financement relationnel peut même disparaître complètement sous l'effet de la concurrence des marchés obligataires[12].

Nous pouvons donc résumer nos résultats par la proposition suivante :

> PROPOSITION 12.2. *(Dinç). On institutionnalise un mécanisme de gouvernance relationnelle-contingente dans un domaine organisationnel en l'enchâssant dans un domaine de transactions financières où le nombre des banques qui pratiquent le financement relationnel n'est ni trop élevé, ni trop faible. La concurrence modérée d'un marché obligataire ne compromet pas nécessairement l'institution de la banque relationnelle.*

(IV) Les rentes d'information

Comme nous l'avons évoqué ci-dessus, le financier qui a réalisé le financement initial a souvent accès à une information sur l'entreprise emprunteuse dont les autres financiers ne disposent pas. C'est pourquoi il est parfois difficile de distinguer les rentes de monopole des rentes d'information, ces dernières représentant le rendement associé au stock de connaissance du financier. Il existe cependant des situations dans lesquelles le financier dispose d'un avantage économique grâce à une connaissance tacite exclusive dès le stade du contrôle *ex ante* (c'est-à-dire dès le stade du financement initial). On peut penser à au moins deux situations de ce genre. D'abord, le financier peut créer de la valeur grâce à son aptitude entrepreneuriale à saisir intuitivement les nouvelles opportunités économiques[13]. Par exemple, il se peut que les projets présentés par les différentes entreprises soient technologiquement complémentaires et qu'ils constituent potentiellement les éléments d'un nouveau système-produit sans que cette perspective soit clairement perçue par chaque entreprise individuellement.

Puisqu'il dispose d'une vision systémique plus large, le financier peut être capable de produire une évaluation plus précise et une anticipation plus réaliste qui ne peuvent pas toujours être formulées de manière codifiée. Par exemple, lorsqu'il y a des complémentarités technologiques, il peut y avoir plusieurs équilibres. Un financier bien informé peut alors se faire une idée de la trajectoire qui conduit à l'un de ces équilibres, même s'il est incapable de la définir avec précision puisqu'il n'existe pas de marché à terme susceptible de la simuler. Nous avons vu plus haut que le financement par capital-risque commençait de cette manière. Il semble à première vue se réduire à un simple type de financement risqué. Nous avons pourtant montré que la société de capital-risque avait, au moment de la formation même des entreprises, la particularité de pouvoir apprécier intuitivement les nouvelles opportunités technologiques. Il s'agit là d'une aptitude assez analogue à celle qui permet de saisir la direction de nouvelles découvertes scientifiques. Comme on l'a indiqué précédemment, la valeur potentielle créée par le financier entrepreneurial ne peut se concrétiser que lorsque sa connaissance tacite aura pu être codifiée et transmise aux marchés financiers. Sans ce financement initial fondé sur une connaissance tacite, cette valeur n'aurait jamais existé.

Un deuxième type de connaissance tacite utile dès le stade du contrôle *ex ante* est celle qu'un financier a pu acquérir sur la compétence d'un entrepreneur ou d'une entreprise peu connus grâce aux contacts intimes entretenus avec eux dans un contexte particulier. Cette connaissance peut être très complémentaire d'une information codifiée comme le projet prévisionnel, sans pouvoir être elle-même transmise sous forme codifiée. Un financier qui dispose de cette connaissance personnelle peut se lancer dans le financement initial d'un entrepreneur et en tirer ultérieurement une rente économique en entretenant avec lui une relation interactive, jusqu'à ce que ce dernier soit prêt pour un financement de marché.

Dans ces deux types de cas, le rendement économique de la connaissance tacite des financiers d'origine peut prendre la forme de gains en capital, de commissions de souscription sur les émissions d'actions nouvelles, de nouvelles opportunités de prêt, etc. Bien que ces rentes soient générées par les actifs informationnels du financier, il convient de les distinguer des gains correspondant aux activités et aux expertises des banques d'investissement, fonds d'arbitrage et autres, lesquels traitent et analysent une information numérisée transmissible dans l'espace virtuel. A l'ère de la révolution numérique, ces capacités deviennent indispensables pour la gestion des portefeuilles d'investissement individuels. Cependant, le traitement d'informations numérisées ne crée pas en lui-même de valeur économique nouvelle, mise à part celle qui ressort d'une meilleure gestion du risque. Comme l'implique l'hypothèse des marchés efficients, cela peut paradoxalement devenir d'autant plus vrai au fur et à mesure qu'augmente la quantité d'information numérisée et accessible à tous. C'est pourquoi le fétichisme de la transparence, c'est-à-dire l'idéal visant à éliminer tout élément personnel dans la connaissance économique, est « fondamentalement trompeur » dans le domaine financier, comme Polanyi l'avait fait remarquer à propos de la connaissance scientifique.

Nous venons d'étudier les diverses sources de rentes qu'un financier peut retirer de son engagement dans un financement relationnel. Une institution de financement relationnel ne s'appuie pourtant pas nécessairement sur une seule source de financement. Ces rentes ne s'excluent donc pas mutuellement. Le fait que le financier relationnel puisse s'appuyer sur plusieurs sources de rentes signifie qu'une institution de financement relationnel peut se transformer en adaptant la composition des rentes aux évolutions de l'environnement et ce d'une manière qui dépende du chemin. Inversement, une institution de financement relationnel qui ne parvient pas à se transformer peut se fragiliser.

B) La dépendance par rapport au chemin : des réponses institutionnelles à l'intégration globale des marchés financiers

Comparons maintenant une situation de financement avec engagement de renflouement, c'est-à-dire l'institution de la banque relationnelle, à une situation correspondant à l'équilibre de Nash statique, à savoir l'institution de la banque impersonnelle. Même si les valeurs des paramètres du jeu satisfont la condition de viabilité de la banque relationnelle représentée par l'inégalité (RF) ci-dessus, la banque impersonnelle et la banque relationnelle peuvent toutes deux constituer des équilibres et être donc auto-exécutoires. Nous n'avons pas encore parlé de la sélection des équilibres. A l'instar de Dinç (1996), nous abordons ce problème en distinguant deux types de banques qui diffèrent dans leurs capacités de contrôle intérimaire : les banques informées (banques I) d'une part, et les banques non informées (banques U) d'autre part. Les banques I sont capables, moyennant un certain coût, d'analyser l'état réel d'un projet à la date 1, alors que les banques U sont incapables de distinguer entre l'état de difficulté financière et l'état d'échec. Seule la banque sait à quel type elle appartient, mais il y existe une croyance commune *a priori* que la probabilité qu'une banque soit de type U est η_0. Avant que leur type ne soit révélé, les deux types de banques peuvent promettre aux entreprises de les refinancer en cas de besoin, ce qui leur permet d'appliquer un taux d'intérêt plus élevé. Comme les entreprises ne peuvent pas savoir au départ à quel type de banque elles ont à faire, les taux d'intérêts dépendent d'abord de la confiance de l'emprunteur.

Au fil du temps, les banques U, qui n'assurent aucun contrôle, subissent davantage de liquidations *ex post* que les banques I, ce qui est observable par le public. En conséquence, la probabilité *a posteriori* qu'une banque soit de type I est d'autant plus élevée que celle-ci est moins souvent conduite à liquider une entreprise. Les entreprises souhaiteront alors emprunter à cette banque dans l'espoir d'être renflouées en cas de difficulté, même si les taux qu'elle pratique sont plus élevés. Cela signifie qu'une banque dont la probabilité *a priori* d'être de type I dépasse un certain seuil est incitée à développer sa réputation et à s'engager dans un financement relationnel comprenant un engagement de renflouement. Toutefois, la concurrence des marchés obligataires est susceptible de faire baisser le taux d'intérêt qu'une banque I peut faire payer aux entreprises. Comme nous l'avons démontré précédemment, le développement des marchés obligataires peut même anéantir complètement la faisabilité de la banque relationnelle.

Imaginons maintenant que les émissions obligataires des entreprises soient réglementées dans une certaine économie (disons l'économie R), alors que les marchés obligataires sont pleinement développés dans une autre (disons l'économie A), de sorte que ce soit le financement impersonnel qui y domine. Supposons que les deux économies soient intégrées d'un seul coup (à la manière d'un « big bang »), permettant ainsi aux entreprises de l'économie R d'émettre à leur tour des obligations. Les conditions technologiques des deux économies sont identiques après l'intégration, à l'exception de la réputation des banques, c'est-à-dire de l'histoire des institutions financières. Un certain nombre de banques de type I ont révélé leur type dans l'économie R, tandis qu'aucune ne l'a fait dans l'économie A. Que devient alors l'institution de financement relationnel dans l'économie R après le choc de l'intégration ?

Si la valeur des paramètres technologiques est telle que les prêts avec engagement de renflouement ne sont pas possibles en présence d'un marché obligataire, alors le financement relationnel est condamné à disparaître. En revanche, les chose se passent différemment si la banque relationnelle ne s'est pas développée dans l'économie A pour la seule raison que les coûts d'acquisition d'une réputation étaient trop élevés en présence d'un marché obligataire actif (c'est-à-dire si les taux d'intérêt que les banques I auraient pu faire payer pendant la phase d'acquisition d'une réputation étaient trop faibles par rapport aux coûts de renflouement). Dans ce cas, les banques de type I qui ont révélé leur type dans l'économie R ont déjà amorti leurs coûts d'acquisition de réputation et sont donc capables de survivre. Bâtir une réputation est évidemment plus coûteux que de la conserver. Par conséquent, même si de nouveaux financiers ne sont pas incités à bâtir une réputation après intégration, ceux qui en possèdent déjà une peuvent avoir intérêt à poursuivre leur financement bancaire relationnel. Dinç (1996) a formalisé cette idée et démontré la proposition suivante :

PROPOSITION 12.3. (Dinç). *Supposons que le financement bancaire relationnel se soit développé dans l'économie R en l'absence de marchés obligataires, mais pas dans l'économie A où des marchés obligataires sont actifs. Suite à une intégration financière de type « big-bang », il existe deux possibilités :*

Cas 1 (convergence) : Si la banque relationnelle n'est pas réalisable en présence de marchés obligataires actifs, l'institution de la banque relationnelle dans l'économie R disparaît après intégration.

Cas 2 (dépendance par rapport au chemin) : La banque relationnelle peut survivre après intégration si les coûts d'acquisition d'une réputation en l'absence d'un marché obligataire développé sont suffisamment bas dans l'économie R. Cependant, les emprunteurs commencent à lever parallèlement des fonds par émission d'obligations et le profit des banques diminue.

Ce résultat a d'importantes conséquences sur l'évolution des institutions financières. Il indique que, si deux économies ont démarré avec des réglementations bancaires et obligataires différentes et les ont maintenues suffisamment longtemps en place, non seulement les types d'institutions financières qui s'y établissent peuvent être différents, mais encore ces différences peuvent survivre à une déréglementation. La dépendance par rapport au chemin qui caractérise le cas 2 suggère que des restrictions à la libre concurrence sur les marchés obligataires peuvent être nécessaires pour faire émerger le financement bancaire relationnel, mais qu'il n'est pas indispensable qu'elles restent en place une fois que celui-ci s'est institutionnalisé (la proposition 5.2 du chapitre V faisait état d'un résultat analogue). En revanche, cet argument n'empêche pas le nombre de financiers relationnels viables de diminuer (par fusion ou sortie du marché) sous l'effet d'une concurrence accrue. Elle n'exclut pas non plus que les financiers relationnels doivent modifier la source des rentes sur lesquelles ils s'appuient.

Comme nous l'avons déjà remarqué, la concurrence rend de plus en plus improbable la collecte de rentes politiques ou de rentes de monopole. Cependant, lorsque les financiers relationnels disposent d'une connaissance tacite exclusive sur les emprunteurs et leurs projets, ils maintiennent leurs engagement dans l'espoir d'obtenir davantage de rentes d'information à l'avenir (sous forme de gains en capital, de commissions de souscription, de primes d'assurance, etc.). Par ailleurs, les jeunes entreprise qui sont liées à des financiers relationnels sont en mesure d'émettre des titres plus tôt qu'elles ne l'auraient fait en l'absence de ces liens. Pour toutes ces raisons et pour d'autres encore qui ont trait à l'information traitée, la concurrence n'élimine pas nécessairement le financement bancaire relationnel. En revanche, celui-ci ne peut survivre s'il s'appuie sur des rentes qui disparaissent en milieu concurrentiel. Dans le prochain chapitre, nous examinons le cas d'une institution de financement relationnel disposant d'une bonne réputation qui a connu une crise à cause de son incapacité à adapter ses connaissances de base aux évolutions de l'environnement.

CHAPITRE XIII

Les complémentarités institutionnelles, la co-émergence et les crises : le cas du système japonais de la banque principale

> « Il est probable que le dilemme du pluralisme administratif persiste encore un certain temps. Il se pourrait que l'alliance de la bureaucratie et du Parti Libéral Démocrate conserve son rôle de quasi-agent des récipiendaires d'avantages divers et des groupes arriérés ou appartenant à des secteurs économiques en déclin, tout en se limitant progressivement à une politique de laisser-faire dans les secteurs où les initiatives entrepreneuriales privées sont actives. Au bout du compte, cependant, ce mouvement ne résoudra pas le problème. Reste à voir si les tensions qu'engendre ce dilemme déboucheront sur un conservatisme stagnant et inactif qui menacerait l'efficacité, l'impartialité, la stabilité politiques et l'harmonie internationale, ou si le régime politique japonais pourra continuer à manœuvrer et parvenir ainsi à une solution harmonieuse et cohérente avec le pluralisme et l'environnement international. »
>
> Masahiko Aoki, *Information, Incentives and Bargaining in the Japanese Economy* (1998, p. 297).

Dans la deuxième partie de cet ouvrage, nous avons proposé une conceptualisation des institutions fondées sur l'équilibre et présenté un cadre théorique permettant d'analyser les interdépendances institutionnelles synchronique et diachronique d'une économie. Dans les deux derniers chapitres, nous avons utilisé ce cadre pour identifier les institutions multiples susceptibles d'émerger dans les domaines du contrôle d'entreprises et de la finance par le jeu des complémentarités diachroniques. Le présent chapitre propose une étude de cas correspondant à ce type de complémentarités institutionnelles diachroniques. Nous y étudions une institution de financement particulière et nous tentons de faire le récit de son émergence, de son activité et de la crise qu'elle a connue. L'institution dont nous allons parler constitue un exemple important de financement relationnel : il s'agit du système japonais de la banque principale.

Le système japonais de la banque principale constitue un cas d'évolution institutionnelle intéressant à plusieurs égards. Pour commencer, presque tout le monde au Japon connaissait plus ou moins vaguement l'existence de cette institution et son rôle. Il n'existait pourtant ni loi statutaire ni contrat explicite pour définir et organiser son fonctionnement ou les obligations de ses agents. En ce sens, on peut considérer que c'est un exemple emblématique d'institution reposant sur un système auto-entretenu de croyances partagées. La section XIII.1 explicite en quoi consistaient ces croyances. Bien que le système japonais de la banque principale ait commencé dès le milieu des années 1970 à perdre de sa vigueur et à montrer des signes d'inadaptation à l'évolution de l'environnement international et technologique, la crise ne s'est manifestée qu'à partir des années 1990 et il n'a disparu en tant que système de croyances partagées qu'à la fin de la dernière décennie.

En second lieu, le système de la banque principale constitue un exemple intéressant d'émergence d'une institution. Au chapitre X.3., nous avons suggéré qu'une politique visant à créer une institution dans un certain domaine de l'économie ne pouvait fonctionner sans le soutien de certaines compétences et sans l'existence préalable ou l'apparition conjointe d'institutions complémentaires. Nous avions illustré ces propositions en étudiant la tentative par les autorités russes de créer une gouvernance d'entreprise tournée vers le marché. Cette politique a eu comme résultat involontaire l'émergence de ce qu'on appelle l'économie virtuelle (exemple 10.9). Dans le même ordre d'idée, nous pouvons conjecturer que les interactions entre, d'une part, une politique visant à créer une institution dans un certain domaine et, d'autre part, l'accumulation d'un nouveau type de compétences (actifs humains) dans un domaine complémentaire, peuvent aboutir à la co-évolution spontanée d'arrangements institutionnels imprévus. Le système de la banque principale en offre un exemple spectaculaire. De nombreux spécialistes pensent que le système japonais de la banque principale trouve son origine dans la politique que le gouvernement avait adoptée pendant la guerre. Son intention manifeste était de renforcer son contrôle sur l'économie. Ce projet a échoué avec la défaite. Comment le système de la banque principale a-t-il pu naître, malgré les réformes démocratiques d'après-guerre, des cendres de dispositions organisationnelles malsaines instituées par le gouvernement de guerre ? Pour comprendre cela, il nous faut examiner l'engrenage complexe des complémentarités diachroniques spontanées qui existent entre le domaine de la finance et le domaine de l'économie politique d'une part et les domaines des organisations privées d'autre part. C'est ce que nous faisons dans la section 13.2, en rassemblant les éléments analytiques que nous avons jusqu'ici (chapitres IV, VI, XI et XII) considérés isolément dans différents domaines et en les plaçant dans un contexte dynamique.

En troisième lieu, le passé récent du système de la banque principale illustre la robustesse des arrangements institutionnels. Il illustre parfaitement le fait que le succès même d'un arrangement institutionnel du point de vue du développement économique nourrit les germes de son incohérence interne et que les représentations mentales des agents font persister cet arrangement alors même que l'évolution des environnements technologiques et internationaux aggrave ses faiblesses. Au chapitre IX, nous avons fait l'hypothèse qu'une forte crise de la perception était nécessaire pour modifier les croyances partagées et déclencher un véritable changement institutionnel. On attribue communément les origines du délabrement persistant de l'économie japonaise au cours des années 1990 aux erreurs du gouvernement en matière de politique macroéconomique, à la sur-réglementation imposée par les bureaucrates, à l'incompétence des hommes politiques et ainsi de suite. La section XIII.3. montre que la situation n'était pas aussi simple et qu'elle révélait au contraire la nécessité de redéfinir de manière plus fondamentale les arrangements institutionnels existants. On peut considérer que la nécessité d'une telle transformation est aujourd'hui bien comprise par le public, ce qui ne veut pas dire que sa direction soit claire et consensuelle. Le processus de transition, caractérisé par la sélection évolutionnaire de l'un des nombreux programmes politiques concurrents, est en cours et nous ne savons pas pour l'instant combien de temps il se poursuivra et à quoi ressemble son résultat. Nous verrons qu'il existe un certain nombre de raisons pour lesquelles ce processus est lent et progressif.

XIII.1. LE SYSTEME DE LA BANQUE PRINCIPALE COMME SYSTEME DE CROYANCES PARTAGEES

Pour comprendre la dynamique institutionnelle du système japonais de la banque principale, nous avons besoin d'un point de repère logique. Nous le cherchons dans une modélisation des arrangements institutionnels synchroniques dominant à l'âge d'or du système de la banque principale (la période comprise entre le milieu des années 1950 et le milieu des années 1970) dans le domaine des transactions financières et dans ses domaines complémentaires, modélisation qui en reflète les faits stylisés essentiels[1]. Ce modèle est présenté ci-dessous et montre les résultats analytiques obtenus jusqu'ici. Il rend compte de l'ensemble des croyances collectives stables des agents et de leurs interactions stratégiques auto-exécutoires dans les domaines considérés et dans une classe particulière d'environnements. Il s'agit essentiellement d'une construction logique et non d'une description fidèle de la réalité. Cependant, grâce à sa cohérence interne, ce modèle de la structure synchronique du système de la banque principale fournit une référence solide grâce à laquelle on peut examiner ensuite certaines questions diachroniques, comme celle de savoir comment le système japonais de la banque principale a émergé dans les circonstances historiques observées, quel a été le rôle de la politique dans ce développement, pourquoi il a constitué un élément essentiel des arrangements institutionnels d'ensemble pendant la période de forte croissance de l'économie et comment il a développé de manière endogène les germes de sa propre crise face aux évolutions des environnements technologiques et internationaux.

On peut considérer que le système de la banque principale, en tant qu'institution chevauchant le domaine de l'organisation, le domaine des transactions financières et le domaine politique, était constitué des trois arrangements suivants et des croyances qui leur étaient associées :

La gouvernance relationnelle-contingente : une seule grande banque, qualifiée de « banque principale », jouait le rôle de financier relationnel/contrôleur relationnel exclusif dans la gouvernance contingente des entreprises non financières. Ces entreprises, dont la convention organisationnelle était la hiérarchie horizontale, étaient disciplinées par la crainte d'une prise de contrôle par la banque dans le cas de difficulté financière sérieuse, mais pouvaient espérer leur refinancement en cas de difficultés financières modérées.

Le regroupement financier de type « keiretsu » : chaque banque couplait la relation exclusive qui la liait à la banque principale aux relations qu'elle entretenait avec ses multiples entreprises clientes, selon un *keiretsu* financier dans lequel les deux parties étaient liées par des participations croisées[2]. A moins d'être dans une situation suffisamment favorable pour obtenir l'autorisation réglementaire d'émettre des obligations, les entreprise non financières obtenaient l'essentiel du financement de leurs investissements par des prêts bancaires de la part de plusieurs banques et d'autres institutions financières (ces relations de prêt n'étant pas exclusives). En revanche, seule la banque principale était tenue pour responsable de la gouvernance contingente qui, elle, consistait en une relation exclusive. Autrement dit, les banques assurant le cofinancement des entreprises emprunteuses déléguaient à leur banque principale la surveillance de celles-ci. L'anticipation générale était que les difficultés financières d'une entreprise devaient être résolues par sa banque principale, à ses frais. En contrepartie, les banques principales pouvaient espérer tirer des rentes de réputation et des rentes de monopole grâce à leur appartenance au *keiretsu* (proposition 12.2).

La gouvernance pluraliste des banques : l'administration chargée du secteur bancaire (le bureau des affaires bancaires du ministère des Finances, MDF) assurait aux banques des rentes contingentes grâce à une politique de restriction financière et de limitation de l'accès aux émissions obligataires pour les entreprises non financières (proposition 12.1). En revanche, il n'intervenait pas directement dans les décisions de financement des banques. L'actionnariat des banques était largement dispersé, de sorte que celles-ci n'étaient pas soumises à un véritable contrôle des actionnaires. A défaut, on attendait du bureau des affaires bancaires qu'il joue le rôle de superviseur quasi relationnel des banques : le MDF avait la responsabilité d'organiser les solutions permettant d'éviter la liquidation des banques en difficulté, comme leur reprise par une banque plus saine et plus importante, à laquelle on accordait en contrepartie un traitement réglementaire préférentiel (notamment en matière de licences d'ouverture de succursales). Le mécanisme de gouvernance bancaire japonais était connu sous le terme de « système du convoi », parce que le gouvernement était censé assurer la sécurité des dépôts même auprès des banques les plus faibles financièrement. Un des traits importants du pluralisme administratif était la séparation juridictionnelle entre les activités de banque et les activités de titres qui dépendaient de deux administrations distinctes du MDF. Les banques avaient interdiction de souscrire des émissions de titres, tandis que les maisons de titres étaient en mesure de profiter du rôle de contrôleur des banques, tout en engrangeant de jolies commissions de souscription et de courtage.

A part la séparation juridictionnelle de la supervision financière entre le bureau des affaires bancaires et celui des activités de titres (introduite en 1967) d'une part et les réglementations relatives aux émissions d'obligations d'autre part, aucune des caractéristiques précédentes n'était explicitement inscrite dans la législation ou dans des contrats. Il s'agissait fondamentalement d'un système de croyances partagées par les agents, formées de manière endogène et soutenues par leurs interactions stratégiques.

Dans la première période de l'institution de la banque principale, les entreprises emprunteuses se sont efforcées d'améliorer les technologies importées en mobilisant leurs expériences de production et de commercialisation et, en même temps, de promouvoir la coordination inter-fonctionnelle dans le cadre de l'apprentissage organisationnel. Cette organisation orientée vers des hiérarchies horizontales imposait une association à long terme de l'entreprise et de ses employés et on s'est mis à pratiquer l'« emploi permanent » même au niveau des cols bleus (chapitre V.1). L'imperfection du marché du travail qui en résultait faisait de la crainte d'une prise de contrôle par la banque (et d'une possible liquidation), en cas de mauvaise performance, un garde-fou extérieur très efficace pour les entreprises. En même temps, l'anticipation d'un refinancement par la banque principale mettait l'accumulation des actifs organisationnels à l'abri des chocs temporaires (proposition 11.3).

Par ailleurs, le mécanisme de contrôle délégué mutuel imposait aux banques principales une surveillance effective de leurs clients car elles supportaient seules la faillite d'une entreprise appartenant au même *keiretsu* financier. Enfin, le cadre de la politique économique constitué par l'Etat bureau-pluraliste dominé par les intérêts industriels transformait l'épargne abondante des ménages en fonds de croissance pour le secteur industriel (proposition 12.1). Les rentes des banques qui contribuaient au développement et au maintien du système japonais de la banque principale se composaient donc d'un mélange 1) de rentes politiques contingentes tirées des ménages épargnants grâce à l'encadrement financier, 2) de rentes de monopole rendues possibles par la réglementation des entrées sur le marché bancaire, la restriction des émissions obligataires et les *keiretsu* financiers, 3) de rentes de réputation produites par les entreprises clientes en échange du rôle d'assureur unique de la banque dans le cadre de sa gouvernance relationnelle contingente et 4) dans certains cas, de rentes d'information provenant de la connaissance tacite développée par des banquiers entrepreneuriaux sur leurs entreprises clientes ainsi que sur de petites entreprises émergentes qui finissaient par se hisser au niveau d'entreprises mondiales[3].

XIII.2. L'EMERGENCE INSTITUTIONNELLE : DES ADAPTATIONS NON INTENTIONNELLES

Nous avons observé que la hiérarchie horizontale, la gouvernance relationnelle contingente, le financement relationnel par la banque principale et le pluralisme administratif constituaient des éléments liés entre eux par des relations de complémentarité et qu'ils formaient donc un arrangement institutionnel cohérent (propositions 11.3 ; 12.1). Comment le système de la banque principale est-il apparu ? A-t-il résulté de la politique consciente du gouvernement ? A-t-il été induit par l'environnement technologique et international auquel était confrontée l'économie japonaise ? A-t-il été le résultat spontané et endogène d'un processus évolutionnaire ? Certains événements exogènes ont-ils joué un rôle dans son apparition ? Les politiques, les facteurs environnementaux, spontanés ou relevant des aléas de l'histoire, ont tous joué un rôle, mais aucun n'a été suffisant pour expliquer ce phénomène. Nous montrons que les dynamiques diachroniques qui ont conduit au développement du système de la banque principale étaient cohérentes avec la prédiction théorique du théorème du moment discuté au chapitre X.3. Si les paramètres qui influencent les institutions, comme les politiques réglementaires, les dispositions organisationnelles et l'accumulation d'un type particulier d'actifs humains et de compétences, évoluent de manière cohérente (bien que non intentionnelle) dans des domaines complémentaires, il peut alors se déclencher un processus dynamique de changement institutionnel. Par-dessus tout, certaines *complémentarités* entre les variables endogènes (les stratégies des agents) sont nécessaires pour produire l'effet d'entraînement capable de faire émerger un arrangement institutionnel nouveau. Examinons cet argument d'un point de vue historique.

On peut assimiler les dispositions d'ensemble des politiques publiques à l'égard des marchés de capitaux dans les années 1920 à une politique de laisser-faire, à l'exception du refinancement par la BDJ des créances douteuses des banques suite au grand tremblement de terre de Tokyo en 1923[4]. Jusqu'à la réforme de la loi bancaire de 1927, n'importe qui pouvait ouvrir une banque dès lors qu'il satisfaisait à certains ratios de capitalisation assez peu contraignants. De fait, le nombre de banques était considérable jusqu'en 1927 : 2 001 en 1920 et 1 283 en 1927. La structure du secteur bancaire était très hétérogène. On trouvait d'un côté cinq grands *zaibatsu* bancaires[5] qui rassemblaient 24 % des dépôts en 1925 et quelques banques commerciales bien gérées disposant d'une solide implantation locale. Le reste du secteur était occupé par des banques qui collectaient des dépôts en proposant des taux d'intérêt plus avantageux et qui étaient étroitement liées à certains groupes d'entreprises industrielles et commerciales dont les directeurs siégeaient à la fois au conseil d'administration de la banque et à celui de l'entreprise. Comme c'est généralement le cas dans les relations bancaires exclusives, un grand nombre de ces banques étaient exposées à des risques spécifiques excessifs. De manière un peu surprenante, les grands *zaibatsu* bancaires ne jouaient pas, dans les années 1920, un rôle de premier plan dans le financement des entreprises. La principale source de financement externe des sociétés les plus importantes était le marché des titres (émissions d'obligations et d'actions), et non pas les prêts bancaires[6].

L'aléa moral des banques, dû au laxisme de la politique de refinancement de la banque du Japon et aux pratiques de copinage de la banque relationnelle, aboutirent à la crise financière de 1927 qui provoqua quarante-deux faillites bancaires. Cette crise eut un impact profond sur les décideurs politiques. La loi bancaire de 1927 éleva les ratios de capitalisation des banques et n'autorisa aucune banque à les satisfaire par recapitalisation, ce qui eut pour effet de forcer les petites banques à fusionner. La non-convertibilité-or fut également levée en 1929, le mécanisme de règlement sous régime de l'étalon-or étant censé imposer une forte discipline de marché aux segments faibles de l'économie. Ces deux mesures de politique monétaire imposèrent de sévères pressions déflationnistes à l'économie[7]. Des fusions-acquisitions et des fermetures ramenèrent le nombre de banques commerciales à 625 en 1932, ce qui provoqua une contraction généralisée du crédit. Cette politique fut inversée en 1932 par le ministre des Finances Takahashi, qui mit en place un *policy-mix* préfigurant les politiques keynésiennes (accroissement des dépenses publiques, dévaluation du taux de change par la réinstauration de la non-convertibilité-or, et politique de taux d'intérêt bas par l'intermédiaire du financement du déficit budgétaire par la Banque du Japon)[8]. Ce changement d'orientation politique permit d'endiguer le ralentissement économique plus rapidement que dans aucune des autres économies industrielles frappées par la Grande Dépression. A ce stade cependant, les interventions du gouvernement dans l'économie se limitaient toujours à une stimulation de la demande à laquelle le secteur industriel répondait selon les mécanismes de marché. En 1934, les émissions obligataires des sociétés dépassaient leur sommet d'avant la crise, et la mobilité de la main-d'œuvre entre grandes entreprises, aussi bien qu'entre celles-ci et les entreprises plus petites, redevint significative, reflétant une pénurie de travail qualifié[9]. Ainsi, au moins en ce qui concerne le domaine industriel, la voie suivie a pu sembler peu différente de celle des Etats-Unis avant et après la Grande Dépression.

Le domaine industriel japonais était néanmoins enchâssé dans des secteurs traditionnels dont l'inadaptation institutionnelle au mécanisme du marché concurrentiel devint de plus en plus apparente[10]. Si la dépression de 1929-1931 ne fut pas trop sévère en termes de taux de croissance du PNB, les taux de déflation n'étaient pas homogènes et frappèrent surtout le secteur agricole et le secteur des industries rurales traditionnelles[11]. Une rhétorique anti-marché et anti-entreprises s'empara des intellectuels et des officiers militaires subalternes originaires des zones rurales. Les *zaibatsu* s'efforcèrent de réagir à cette crise institutionnelle en rendant leur gouvernance des groupes industriels plus ouverte et plus transparente (en mettant sur le marché des titres des entreprises membres et en professionnalisant leurs structures de direction, par exemple). Les bureaucrates militaires réussirent néanmoins à usurper le pouvoir en 1937[12]. Ils purent ainsi introduire des mesures politiques anti-marché et anti-capitalistes destinées à renforcer leur contrôle bureaucratique sur l'économie et à mobiliser des ressources en faveur de l'industrie d'armement. On créa l'Agence de planification dans le but de mener la production d'équipements militaires et de réglementer l'approvisionnement en ressources et en capitaux nécessaires à sa mise en œuvre. On créa également des Associations de contrôle industriel (*Sangyo Tosei Kai)* pour servir d'intermédiaires industriels entre l'Agence de planification et les entreprises dans la collecte d'information et la diffusion des plans[13].

On prit aussi deux mesures politiques particulièrement importantes dans le développement du système de la banque principale : l'encouragement des consortiums bancaires pour les prêts d'investissement à long terme dans les années 1930 et l'introduction du système de la banque désignée en 1944. Les grandes banques répondirent à la promotion des consortiums de prêt en modifiant leur organisation interne et en établissant une section indépendante d'analyse du crédit[14]. Durant la première phase de la guerre, les banques conservaient encore leur pouvoir de décision sur les prêts. Dans la dernière phase de la guerre cependant, le gouvernement attribuait une banque spécifique à chaque entreprise bénéficiant d'un ordre de fourniture militaire (société munitionnaire) et les capitaux nécessaires lui étaient fournis par celle-ci exclusivement. Chaque entreprise devait avoir ses comptes de dépôts et ses comptes de prêts dans cette banque désignée (il s'agissait du prototype du compte de règlements que l'on trouve plus tard entre une banque principale et une entreprise cliente). Avant la guerre, les grandes banques évitaient soigneusement de se sur-engager vis-à-vis des entreprises individuelles. Cependant, les prêts du temps de guerre se transformèrent en créances douteuses après la guerre et instaurèrent ainsi des « liens involontaires » entre les banques et les sociétés. A la fin de la guerre, le système de la banque désignée concernait 2 240 entreprises, dont 1 582 étaient rattachées à l'un des cinq grands *zaibatsu* bancaires. Par ailleurs, les fusions-acquisitions forcées réduisirent le nombre de banques, qui tomba à 65 à la fin de la guerre. Parallèlement, le gouvernement introduisit des mesures destinées à restreindre le rôle des actionnaires dans la gouvernance des entreprises. La loi sur les sociétés de fourniture militaire exigeait de chacune d'elles qu'elle nomme un responsable de production approuvé par le gouvernement. Celui-ci était censé disposer du pouvoir exclusif de représenter la société et de court-circuiter les décisions des assemblées d'actionnaires. De plus, la distribution de dividendes était limitée, et la bourse des valeurs fut fermée en 1944.

Les paramètres politiques furent réglés de manière à limiter le contrôle des sociétés par le marché concurrentiel des capitaux et l'allocation des ressources par les incitations de marché. Certains auteurs, comme Noguchi (1995, 1998), soutiennent que les arrangements institutionnels japonais actuels ne sont fondamentalement rien d'autre que le produit des politiques du « régime des années 1940 ». Comme l'a pourtant décrit et analysé Okazaki (1993), même si on met de côté l'évidente destruction des équipements de production et la diminution des approvisionnements en énergie et autres ressources naturelles[15], l'économie de guerre planifiée était condamnée à échouer car elle privait les dirigeants d'incitations de marché. Comment, dans ces conditions, ce régime a-t-il pu soutenir la forte croissance d'après guerre ? Si nous concevons le système de la banque principale comme un système de croyances partagées, comme nous l'avons fait dans la section précédente, le mécanisme de gouvernance que le gouvernement militaire avait tenté de mettre en place était loin de soutenir ce type de croyances. Tous les agents économiques, banquiers, responsables de production et ouvriers comprenaient bien que l'intention du gouvernement militaire était de contrôler l'allocation des ressources en faveur de la production de guerre. Il ne se préoccupait pas au premier chef de la survie des entreprises et des banques et il encadrait de près leurs incitations par son intervention discrétionnaire.

Cependant, il se produisait une évolution parallèle, subtile mais significative, dans le domaine de l'organisation et dans le domaine des transactions d'emploi. A partir de 1938, le gouvernement militaire intervint également sur le marché du travail et introduisit une série de mesures destinées à limiter la mobilité inter-entreprise des ouvriers et des cadres[16]. Pour améliorer la formation des ouvriers, les usines dépassant une certaine taille avaient l'obligation d'organiser des programmes de formation interne. Comme la planification de la production de guerre devenait de plus en plus difficile vers la fin de la guerre en raison de la pénurie de main-d'œuvre, d'équipement, de matières et de ressources, il devint indispensables de trouver des modes contextuels de résolution des problèmes au niveau de chaque site de production. On modifia les hiérarchies classiques, qui ne permettaient pas de déléguer les prises de décisions à des niveaux hiérarchiques inférieurs. Cela s'appliqua non seulement au niveau des relations entre les associations de contrôle industriel et les usines, mais également à l'échelle des relations entre les usines et les ateliers. Nous avons vu au chapitre X.1. (exemple 10.4) que la nécessité de résoudre les problèmes de manière contextuelle au niveau hiérarchique le plus bas de l'usine avait provoqué l'émergence spontanée du travail en équipe. On peut considérer cette évolution comme l'embryon de la hiérarchie horizontale qui apparut ultérieurement. Cependant, de la même manière que le système de la banque principale n'était pas encore devenu une institution du domaine des transactions financières, les hiérarchies horizontales n'étaient pas encore institutionnalisées dans le domaine de l'organisation, du moins sous une forme claire.

Après la défaite de la guerre du Pacifique et sous la gouvernance du Commandement suprême des forces alliées (CSFA), le contexte idéologique des orientations politique se transforma radicalement, de la valorisation autoritaire du dévouement à une cause nationale pour la défense des principes démocratiques. Pourtant, dans de nombreux domaines importants et notamment ceux dans lesquels se formèrent les institutions ultérieures, les paramètres politiques demeuraient orientés dans la même direction (voir figure 12.2). Les conglomérats *zaibatsu* furent dissous et les holdings prohibées afin de démocratiser l'actionnariat selon les idées des partisans du New Deal au sein du CSFA, ce qui conduisit au démantèlement du contrôle par les *zaibatsu* que le gouvernement militaire avait initialement cherché à mettre en place. La Bourse demeura fermée entre 1945 et 1949, années durant lesquelles furent effectués des transferts massifs d'actions des familles *zaibatsu*, des holdings et de leurs principales entreprises membres au profit du gouvernement dans le cadre du processus de dissolution des *zaibatsu*. On estime que le gouvernement possédait 40 % des actions en circulation en 1947, avant que celles-ci ne soient vendues au public. Priorité dans l'achat des titres cédés par le gouvernement fut donnée aux employés des entreprises et aux résidents des régions où étaient implantées les industries[17]. Quand la Bourse fut rouverte en 1949, presque 70 % des titres étaient détenus par des particuliers. La démocratisation de l'actionnariat semblait accomplie, mais elle porta un coup décisif à la gouvernance des sociétés par les actionnaires. Les dirigeants qui prirent le pouvoir après l'épuration de l'après-guerre devinrent des joueurs décisifs dans le domaine de l'organisation des entreprises[18]. Progressivement, ils tissèrent un réseau de participations croisées entre les entreprises des anciens *zaibatsu*. Il ne s'agissait toutefois pas d'une renaissance de ceux-ci mais d'une manière astucieuse de se protéger contre les menaces de prise de contrôle, dont l'effet fut l'établissement d'un micro-corporatisme (chapitre VI.2.).

Afin de contenir les tensions inflationnistes, le gouvernement japonais dénonça en 1946 sa garantie sur les crédits aux entreprises munitionnaires ainsi que ses dettes et ses obligations d'assurance à leur égard[19]. Les banques et les entreprises touchées par cette décision durent diviser leurs bilans en comptes « anciens » et comptes « nouveaux ». Les dettes et le capital souscrit furent inscrits dans les anciens comptes et les enregistrements dans les nouveaux comptes furent limités aux seuls actifs absolument nécessaires aux opérations courantes (stocks, trésorerie), dont le montant était enregistré comme crédit-fournisseur dû aux anciens comptes. « L'idée de l'opération était d'effacer les mauvaises créances (ou bien les "mauvaises dettes") [en les inscrivant dans les anciens comptes] sans interférer avec la poursuite des affaires » (Hoshi 1995, p. 305). Les deux séries de comptes devaient être fusionnées après la réorganisation des entreprises, ce qui se produisit effectivement après plusieurs années de travail commun des entreprises et de leurs anciennes banques désignées. Hoshi (1995) a décrit ce processus en détail et a montré que ces relations étroites entre les banques et les entreprises, ainsi que le partage d'information qui les accompagnait, ont beaucoup contribué à l'évolution ultérieure de la relation de banque principale.

Dans le domaine politique relatif aux relations gouvernement-entreprises, on abolit les associations de contrôle industriel. Toutefois, le personnel de ces associations était constitué de fonctionnaires et de cadres détachés par les grandes entreprises, et leur expérience du travail en commun façonna les interactions entre gouvernement et milieux d'affaires après la guerre. Ces interactions intervenaient dans des « conseils consultatifs industriels », dont la fonction principale était d'assimiler l'information relative à l'environnement des investissements (et non pas de planifier à proprement parler). Au cours de la même période se constituèrent des associations industrielles, c'est-à-dire des organisations quasi administratives qui devinrent le catalyseur de l'Etat bureau-pluraliste en cours d'émergence (chapitre VI.2.).

A ce stade, il est nécessaire de souligner à nouveau la distinction entre, d'une part, les paramètres organisationnels et les paramètres politiques qui définissent les règles du jeu et, d'autre part, les institutions qui apparaissent comme des équilibres endogènes lorsque ces règles sont en place. Nous l'avons vu, les paramètres qui prévalaient pendant la guerre et dans la période qui suivit étaient particulièrement adaptés à l'émergence du système de la banque principale et de l'Etat bureau-pluraliste qui s'y enchâssait. Ces paramètres contribuèrent à renforcer l'avantage relatif des stratégies privées qui, adoptées conjointement, allaient conduire à l'émergence de ces institutions. Ils ne pouvaient néanmoins conférer à ces stratégies un avantage absolu. Comme nous l'avons formalisé au chapitre X.3., il fallait qu'un mécanisme endogène et auto-entretenu favorisât l'émergence de ces institutions, au-delà de l'impulsion initiale insufflée par les paramètres organisationnels et politiques. Ce mécanisme reposait sur les complémentarités diachroniques entre les stratégies de financement relationnel dans le domaine des transactions financières et les stratégies favorables aux hiérarchies horizontales dans le champ organisationnel.

Figure 13.1.

Structure des adaptations non intentionnelles

histoire		**organisation**	**finance et contrôle**	**finance-gouvernement**
institutions des années 20		hiérarchie classique	financement de marché, contrôle par les actionnaires	laissez-faire
		⇓	⇓	⇓
changements des paramètres par le gouvernement militaire	⇒	émergence du travail en équipes pour la résolution contextuelle des problèmes	consortiums bancaires, réduction des droits des actionnaires	banques comme instruments du contrôle centralisé
		⇓	⇓	⇓
changements des paramètres au cours et à la suite des réformes de l'après-guerre	⇒	démocratisation de l'organisation interne	dissolution des *zaibatsu* résolution conjointe banque-entreprise des créances douteuses	associations bancaires comme intermédiaires d'information et de régulation
		⇓	⇓	⇓
institutions complémentaires (variables endogènes)		convention de la hiérarchie horizontale	système de la banque principale : financement relationnel, gouvernance contingente	système de la banque principale : pluralisme administratif (système du convoi)

Rappelons un aperçu théorique important dégagé dans la section XII.2., selon lequel le financement relationnel ne peut se développer si le nombre des banques est ou trop faible ou trop important (proposition 12.2). Comme nous l'avons vu, le nombre des banques s'est réduit de manière spectaculaire entre 1920 et 1945, d'abord parce que le gouvernement s'est soucié de la stabilité du système financier, ensuite parce qu'il a souhaité contrôler davantage l'allocation des capitaux. Toutefois, la réduction du nombre des banques ne garantit pas qu'elles jouent automatiquement un rôle actif de financier/contrôleur dans la gouvernance relationnelle-contingente. Il faut également que les firmes leur demandent de l'endosser. Le travail commun des sociétés munitionnaires et de leurs anciennes banques désignées dans la période d'après-guerre a pu favoriser le développement d'une confiance mutuelle, mais c'est essentiellement la complémentarité entre les hiérarchies horizontales et la gouvernance relationnelle-contingente qui fit du système de la banque principale un arrangement institutionnel cohérent (proposition 11.3).

Les tenants de la thèse du « régime des années 1940 » soutiennent que ces arrangements institutionnels furent créés par le gouvernement parce qu'il souhaitait les substituer aux marchés et qu'ils constituaient donc une aberration par rapport au laissez-faire qui existait auparavant. Il faudrait, pour être conséquent avec cette politique, retourner au « fondamentalisme de marché » qui caractérise le laissez-faire (Sakakibara, 1999). A l'opposé, nous pensons que les changements institutionnels considérables introduits par le gouvernement militaire (dans les sphères de la finance, du contrôle d'entreprise et des relations gouvernement-entreprises) étaient effectivement destinés à se substituer aux marchés, mais que cet objectif n'a pas été réalisé. Si ces changements (ainsi que ceux de l'après-guerre) ont eu un effet durable sur l'économie, c'est qu'ils sont entrés en relation de complémentarité diachronique avec la convention de la hiérarchie horizontale. Bien que le résultat final de ce mécanisme n'ait pas été initialement souhaité par le gouvernement, il a fini par constituer un système cohérent. Cette cohérence empêchait le système de retourner facilement au laissez-faire ou d'être modifié de manière parcellaire. Cependant, lorsque ce système a commencé à ne plus être en harmonie avec les évolutions de l'environnement technologique et de l'environnement de marché, son inertie institutionnelle a provoqué une crise interne. C'est cette phase du système japonais de la banque principale que nous examinons maintenant.

XIII.3. INERTIES ENDOGENES, INADAPTATIONS AUX MODIFICATIONS DE L'ENVIRONNEMENT ET CRISE DES CROYANCES PARTAGEES

Pendant les deux décennies de forte croissance, du milieu des années 1950 au milieu des années 1970, le système de la banque principale a constitué, grâce à ses prêts à long terme et à ses prêts relationnels, un mécanisme efficace d'intermédiation entre l'épargne des ménages et l'accumulation du capital industriel. Il résolvait parfaitement le problème de la transformation des échéances propre à une économie en développement. Parallèlement, les banques principales faisaient fonctionner la gouvernance relationnelle-contingente (ou du moins on pensait que c'était la cas). Bien que le système du convoi ait pu engendrer un certain laxisme budgétaire, le gouvernement (le MDF et la BDJ) sanctionnait les directions défaillantes lorsqu'il renflouait les banques ou les autres établissements financiers en difficulté (en les remplaçant par ses propres cadres ou par d'autres banquiers de confiance). De la même manière, une banque qui renflouait une entreprise en difficulté financière punissait sa direction fautive en la remplaçant par des hommes à elle. Cette éventualité imposait une pression crédible à la direction des entreprises financières et non financières. Les entreprises non financières cherchaient donc à être aussi peu dépendantes des prêts bancaires que possible.

Cependant, le succès du système nourrissait les germes de sa propre destruction. Le pouvoir de négociation des entreprises les mieux gérées (dans le cadre de la gouvernance contingente) vis-à-vis des banques s'élevait à mesure que ces entreprises développaient leurs sources de financement interne. Cette tendance devint manifeste au milieu des années 70, qui constituent un moment déterminant. En 1974, l'économie japonaise a connu sa première récession de l'après-guerre et les entreprise industrielles s'y sont ajustées en restructurant leurs actifs et en réduisant la charge de leur endettement. Les entreprises les plus saines ont profité de l'occasion pour alléger leurs dépôts de contrepartie, c'est-à-dire les dépôts à vue à faible taux d'intérêt qu'elles devaient conserver en contrepartie d'emprunts à taux plus élevés dans le cadre de leur relation avec la banque principale. Au même moment, le gouvernement a renoncé à contrôler directement les taux sur les dépôts, supprimant ainsi le pilier central de la restriction financière. Ces deux événements ont provoqué une très forte réduction des rentes bancaires[20].

Par ailleurs, le gouvernement a commencé à émettre d'importants emprunts obligataires à partir de 1975 afin de financer le déficit budgétaire provoqué par l'accroissement des dépenses de sécurité sociale et autres. Pour placer ces émissions, le MDF s'est appuyé sur un consortium d'institutions financières comprenant des banques. Cela devait nécessairement conduire le MDF à déréglementer le marché secondaire des obligations nationales. Sous la pression des forces de marché, l'autorité réglementaire a eu de plus en plus de mal à empêcher les banques de s'engager plus activement encore sur les marchés de capitaux. En 1980, la loi de contrôle du commerce et des activités de change a été modifié de manière à permettre aux banques désignées (*tamegin*) de se livrer sans restriction au courtage du change. Les entreprises bien gérées ont alors pu émettre des obligations à un coût moindre sur l'euromarché et contourner ainsi, grâce à leurs banques principales et aux maisons de titres, les réglementations nationales sur les émissions obligataires. Leurs banques principales se sont efforcées de préserver ces relations en utilisant des maisons de titres filiales basées à l'étranger et en proposant aux entreprises des services de souscription et de change à la place de leurs prêts nationaux traditionnels. Ainsi, la déréglementation de l'interface entre le marché national et le marché international a affaibli la séparation juridictionnelle, caractéristique du pluralisme administratif, entre les bureaux chargés des activités bancaires et les bureaux chargés des activités de titres.

Au début des années 1980, des discussions eurent effectivement lieu au sein du MDF et de son comité consultatif sur la manière de supprimer cette frontière juridictionnelle (déréglementation de la banque universelle, des holdings financières, des filiales bancaires spécialisées dans les activités de titres, etc.). Cependant, cette initiative fut rapidement étouffée par le lobbying des maisons de titres et, peut-être aussi, des banques de crédit à long terme qui bénéficiaient de positions privilégiées sur les marchés de titres en raison de leurs droits exclusifs sur les émissions d'obligations bancaires. Trois bureaux du MDF (affaires bancaires, activités de titres et finance internationale) promulguèrent un texte qui interdisait aux filiales étrangères des banques d'être chef de file d'un consortium d'émission obligataire pour le compte d'entreprises japonaises. Il s'agit là d'un exemple tout à fait représentatif du fonctionnement d'un Etat bureau-pluraliste. Il montre également que le pluralisme administratif accordait davantage de pouvoir de négociation à l'industrie financière qu'au MDF. Celui-ci perdait le pouvoir d'imposer des politiques qui auraient pu favoriser l'adaptation de l'économie aux évolutions de l'environnement, mais qui allaient à l'encontre d'intérêts juridictionnels privés. Comme nous le verrons, l'inertie du pluralisme administratif ne fit qu'aggraver le fossé entre le système de la banque principale et un environnement de marché de plus en plus globalisé. Avant d'aborder ce point, il est nécessaire d'évoquer l'impact d'un autre changement fondamental dans l'environnement du système de la banque principale, la révolution dans les technologies de l'information et de la communication (TIC).

Le développement des TIC a eu deux effets interdépendants sur les arrangements institutionnels du domaine financier mondial. D'une part, la disponibilité croissante d'informations financières numérisées sur les entreprises valorisa une expertise financière tournée vers les marchés, comme celle des gestionnaires de fonds, des arbitragistes de marché et des services d'analyse financière. D'autre part, ce même facteur renforça la valeur potentielle de la connaissance économique que l'on ne pouvait immédiatement numériser. Aux Etats-Unis, ces transformations de l'environnement provoquèrent une forte croissance des banques d'investissement, dont les profits dépassèrent ceux des banques commerciales dans les années 1980. En même temps, les fonds de capital-risque formèrent une niche des marchés financiers grâce à leur capacité unique à évaluer les systèmes technologiques potentiellement innovants.

Les banques japonaises (et les autres établissements financiers) avaient intérêt à réorganiser leurs portefeuilles de financement/contrôle, plutôt que de continuer à regrouper les stades de contrôle *ex ante*, de contrôle intérimaire et de contrôle *ex post* comme elles le faisaient dans le cadre d'opérations de prêt réalisées par la banque principale. Pour préserver des relations productives avec les entreprises les mieux gérées, les banques se sont tournées vers des sources de rente relevant d'une connaissance spécifique et d'une compétence dans le traitement de l'information (section XII.2.). Cependant, le cadre réglementaire du pluralisme administratif et les arrangements institutionnels propres au système de la banque principale empêchèrent les banques et les autres établissements financiers (les maisons de titres, par exemple) de développer cette expertise financière tournée vers les marchés. De leur côté, les entreprises non financières, dont l'organisation interne relevait de la hiérarchie horizontale, n'étaient pas préparées aux fusions, acquisitions et cessions d'actifs nécessaires à leur restructuration (voir exemple 10.10 au chapitre X.2.) ; il n'existait donc pas de demande pour les services fournis par les banques d'investissement. Ce cadre réglementaire peut sembler analogue à la séparation entre les activités de titres et les banques commerciales tel qu'il existe aux Etats-Unis depuis le *Glass-Steagall Act*. Aux Etats-Unis cependant, les banques pouvaient faire appel aux tribunaux. En effet, au milieu des années 1980, une décision de la Cour Suprême a autorisé les banques à contourner les restrictions réglementaires en utilisant des holdings financières. A l'inverse, l'interdiction des holdings au Japon a empêché les banques et autres établissement financiers de réorganiser leurs domaines d'activités, alors même que l'autorité réglementaire limitait leur capacité à développer de nouveaux produits. Les banques protégées par l'Etat bureau-pluraliste ne pouvaient envisager de faire appel aux tribunaux. Enfin, l'association des banques et les autres associations d'établissements financiers (maisons de titres, gestionnaires de fonds, assurances) constituaient des intermédiaires du pluralisme administratif qui favorisaient l'assimilation de l'information et un certain comportement mimétique entre les firmes membres, et pas le recentrage concurrentiel des activités entrepreneuriales.

Confrontées à l'infidélité des entreprises les plus rentables, écartées des services liés aux titres et dépourvues d'expertise en phase avec la technologie émergente, les banques se sont précipitées dans le financement immobilier, avec ses risques et ses rendements élevés. Leurs nouveaux clients furent de riches particuliers (dont certains n'étaient que des spéculateurs) et des petites entreprises[21]. Plutôt que d'avoir des coûts de surveillance élevés, les banques ont considéré les risques couverts par la hausse anticipée du prix des actifs immobiliers comme des crédits négociables. Ce faisant, elles transféraient implicitement le risque sur le gouvernement (par le système du convoi). On attribue communément la grande inflation des actifs à la fin des années 1980 à l'offre excessive de liquidités par l'autorité monétaire, qui craignait l'impact déflationniste de l'appréciation du yen après les accords du Plazza en 1985. Les indices des prix de gros et des prix de détail n'ont pourtant pas augmenté de manière simultanée. Le fait que seuls les prix des actifs se soient envolés montre que l'augmentation de l'offre de liquidité nourrissait une demande créée par le comportement moutonnier des banques dans le financement spéculatif de l'immobilier et de la bourse (Yoshitomi, 1998). Incitées par leurs banques, quelques entreprises non financières ont elles aussi spéculé sur la valeur de ces actifs, mais les entreprises les plus saines ont pris de l'indépendance par rapport aux banques et se sont affranchies de la gouvernance contingente (Miyajima et Arikawa, 2000). Cela a causé une certaine déconnexion entre le secteur financier et le secteur non financier et l'apparition d'un vide dans la structure de gouvernance (Jensen, 1989). Il faut donc avant tout considérer la grande bulle de la fin des années 1980 comme le symptôme d'une inadaptation des institutions en place aux marchés concurrentiels.

L'éclatement de la bulle au début des années 1990 a entraîné une décennie de créances douteuses et de sous-capitalisation des banques. La crise a commencé dans le segment du secteur financier constitué d'établissements de crédit à la construction (*jusen*), c'est-à-dire d'institutions non bancaires détenues et financées par des banques et par d'autres établissements financiers et qui, pendant la période d'inflation des actifs, s'étaient spécialisés dans des financements à haut rendement et à haut risque. Ces établissements ont dû être liquidés suite à l'infusion de capitaux publics destinés à couvrir leurs dettes. Le bras financier du puissant lobby agricole, qui avait abondamment prêté aux *jusen*, s'est trouvé le plus important bénéficiaire de ces mesures. Le montant des fonds publics nécessaires à ces liquidations a été relativement faible par rapport aux sommes qu'il a fallu consacrer par la suite au renflouement des banques, mais il a été politiquement très impopulaire. De ce fait, le MDF et les hommes politiques ont hésité à intervenir rapidement et radicalement. Cela a conduit le système du convoi sur une voie de garage. La confiance dans le système de la banque principale a d'autre part été ébranlée par une succession de scandales, à la fois au sein du MDF et dans les banques, qui ont rendu les solutions collusoires de plus en plus difficiles à dissimuler. Le MDF se trouva alors confronté au problème de sa légitimité organisationnelle et de sa survie individuelle. On mit au programme la séparation de ses fonctions de réglementation et de supervision[22]. Le MDF commença à prendre ses distances vis-à-vis des banques et des maisons de titres dont la réputation était ternie.

Le MDF annonça un « big-bang » financier pour 1996 qui, en l'espace de cinq ans, devait supprimer progressivement les réglementations traditionnelles de l'industrie financière (comme les barrières entre les différentes activités financières, l'exclusivité du courtage sur le marché des changes accordé aux banques licenciées, la garantie illimitée des dépôts, les commissions de courtage et les primes d'assurance réglementées[23].) Ce changement de politique n'aurait pas été possible si la réputation des entreprises financières n'avait pas été compromise par des scandales internes, des fautes de comportement et des erreurs de gestion. Quoi qu'il en soit, l'effondrement ultime du système de la banque principale en tant qu'institution (c'est-à-dire en tant que système de croyances partagées) accompagna la fin du système du convoi, avec le dépôt de bilan d'une grande banque, l'annulation de la licence puis la liquidation de l'une des quatre grandes maisons de titres à l'automne 1997, ainsi que la déclaration d'insolvabilité de deux banques de crédit à long terme. Ces accidents étaient inévitables en raison des ventes massives d'actions de ces établissements, que le MDF n'avait plus la capacité de renflouer. Ces faillites déclenchèrent une grave crise de confiance à l'égard des institutions financières et propagèrent les déséconomies externes généralisées associées à la contraction du crédit. Cette crise affecta les bilans des entreprises, particulièrement de taille petite et moyenne et provoqua une instabilité macroéconomique qui étouffa les signes de rétablissement de 1996. La nécessité d'une résolution de la crise bancaire fut alors largement acceptée. A la fin d'une série de marchandages nationaux et internationaux assez compliqués, on adopta des mesures législatives prévoyant la nationalisation provisoire des banques insolvables et l'injection massive de fonds publics avant que ne se produisent d'autres faillites bancaires[24].

Cette brève vue d'ensemble de l'histoire récente du système de la banque principale montre que les crises bancaires et la stagnation prolongée de l'économie japonaise dans les années 1990 n'étaient pas seulement dues à des erreurs de politique macroéconomique, au pouvoir réglementaire unilatéral de la bureaucratie ou à l'aléa moral et à l'incompétence de l'industrie financière. Il fut avant tout provoqué par l'inadaptation des arrangements institutionnels globaux constitutifs du système de la banque principale aux évolutions de l'environnement et, notamment, à la globalisation des marchés financiers et à la révolution des TIC. Cependant, comme le système de la banque principale avait constitué un système cohérent, il était difficile de le transformer de manière parcellaire, au début des années 1980, alors que l'économie paraissait florissante et que de puissants groupes d'intérêts privés prenaient le pas sur la bureaucratie. Dans une économie comme celle du Japon, où les différentes institutions étaient intimement complémentaires et étroitement liées les unes aux autres, il était nécessaire qu'un déséquilibre cognitif général se produisît pour que les agents cherchent à s'adapter aux évolutions de leur environnement. Ce n'est qu'à partir de ce moment que le MDF et les hommes politiques ont pu prendre leurs distances vis-à-vis des groupes d'intérêts privés et briser l'inertie du cadre de protection bureau-pluraliste, même de manière partielle et inachevée.

Trois propriétés sous-jacentes au pluralisme administratif sont apparues au cours de ce processus. En premier lieu, la connexion entre les bureaux et leurs intérêts juridictionnels ne consiste ni en un ordre naturel invariant dicté par une norme culturelle, ni en un pouvoir bureaucratique inébranlable, mais dans le résultat collusoire de mouvements stratégiques calculés par les deux parties (chapitre VI.2). Lorsque la survie ou la légitimité de l'une ou l'autre des parties est mise en cause, un arrangement collusoire peut être rompu, ne serait-ce que temporairement, jusqu'à ce qu'apparaisse un nouvel équilibre stratégique.

En second lieu, le démantèlement du cadre réglementaire et institutionnel traditionnel fut décidé par le MDF de manière assez inattendue et brutale, au moment même où sa réputation était au plus bas. Suite aux scandales dont il fut l'objet (c'est-à-dire aux pratiques douteuses qui semblaient normales jusqu'à l'éclatement de la bulle), sa conduite et sa politique étaient sévèrement surveillées par l'opinion publique. Ne pas répondre à la crise de l'« intérêt public » aurait également pu être coûteux pour les hommes politiques. Selon Toya (2000), cette situation révèle que la médiation des intérêts par le pluralisme administratif constitue aujourd'hui un enjeu électoral et qu'elle est donc davantage contrainte par l'opinion publique.

En troisième lieu, l'Etat bureau-pluraliste est de plus en plus enchâssé dans des marchés (financiers) concurrentiels et globalisés. Les mesures réglementaires destinées à protéger des groupes d'intérêt nationaux ne peuvent que nourrir les germes de leurs propres incohérences et rendre le système plus instable. Le MDF n'était pas capable de remplir le rôle traditionnel de gouvernance qu'on attendait de lui dans le système du convoi et il dut, bon gré mal gré, accepter la discipline de marché au cours de la résolution de la crise. Cependant, il n'est pas encore évident de prévoir la manière dont cette situation affecte la nature de l'Etat japonais dans un avenir proche. D'une part, les bureaux en charge des industries compétitives à l'échelle mondiale (comme les industries d'exportation), ou difficiles à isoler de la concurrence internationale, adoptent une attitude non interventionniste et tournée vers les marchés de manière à préserver leur légitimité et leur raison d'être. D'autre part, certains secteurs moins productifs s'assurent la protection des bureaux grâce au soutien électoral qu'ils apportent aux hommes politiques. Par ailleurs, le laxisme budgétaire prolongé des banques, favorisé par la protection de l'Etat bureau-pluraliste, a créé un problème d'accumulation de créances douteuses encore irrésolu. Ces deux tendances ne sont ni compatibles ni soutenables. Il en est ainsi parce que le fonctionnement de l'administration bureau-pluraliste ne peut être financé que par le secteur concurrentiel et les générations futures, ce qui finit par affecter la compétitivité à long terme de l'économie ; c'est ce que j'ai qualifié de « dilemme du pluralisme administratif » (Aoki, 1988, chap. 7 ; 1995/2000, chap. 7). La question de savoir si ce dilemme conduira à une stagnation politique ou, au contraire, à l'abandon de la protection des groupes d'intérêts traditionnels les moins productifs et du laxisme budgétaire dans le secteur public et dans le secteur financier, dépendra largement des choix collectifs faits par les électeurs/contribuables dans le domaine politique.

CHAPITRE XIV

L'innovation institutionnelle du modèle de la Silicon Valley dans le développement de produits-systèmes

> « Les machines à apprendre doivent travailler selon une norme de bonne performance. Dans le cas de machines à jouer où les mouvements permis sont arbitrairement fixés à l'avance et où le but du jeu est de gagner par une série de règles permises, selon une stricte convention qui détermine si l'on gagne ou si l'on perd, cette norme ne pose pas de problème. Il y a beaucoup d'activités que nous aimerions améliorer par des processus d'apprentissage dans lesquelles le succès doit être jugé par un critère qui implique des êtres humains et dans lesquelles le problème de la réduction du critère à des règles formelles est loin d'être facile. »
>
> Norbert Wiener, *God and Golem, Inc.* (1964, p. 76-77).

Ce chapitre est consacré au modèle de la Silicon Valley en tant que mécanisme nouveau de coordination et de gouvernance du développement des produits-systèmes technologiques. Nous avons déjà évoqué dans cet ouvrage plusieurs aspects du « phénomène de la Silicon Valley » en nous en servant pour illustrer des discussions relatives aux institutions et à leurs liens réciproques. Nous en avons parlé lors de l'étude des architectures informationnelles systémiques (chapitre IV.2.), des structures de gouvernance complémentaires (chapitre IV.3.), du regroupement synchronique du financement de la R-D (chapitre VIII.2.) et du re-regroupement diachronique schumpeterien des activités d'innovation (chapitre X.2.), et enfin du financement par capital-risque en tant que financement de type relationnel (chapitre XII.1.).

Quoique ces aspects soient bel et bien différents, le raisonnement allait toujours dans le même sens : pour comprendre la nature réellement innovante du modèle de la Silicon Valley et ses implications au-delà de la Silicon Valley elle-même, on ne peut le réduire ni à une relation d'agence entre un entrepreneur individuel et une société de capital-risque, ni à un arrangement de droits de propriété non intégrés[1]. Il est nécessaire d'appréhender le phénomène comme l'émergence d'un système composé d'une part d'un ensemble de firmes entrepreneuriales et d'autre part de différents intermédiaires comme les sociétés de capital-risque, les entreprises leaders dans les niches de marché correspondantes, ainsi que les autres fournisseurs de services. En d'autres termes, il est indispensable de prendre une perspective plus large et d'analyser le phénomène de la Silicon Valley dans sa globalité comme un système cohérent. Ce n'est que de cette manière que nous pourrons comprendre en quoi il constitue une innovation institutionnelle dans le domaine du développement des produits-systèmes technologiques.

L'annexe de ce chapitre montre que la société de capital-risque détient généralement un bloc d'actions de contrôle des firmes entrepreneuriales qu'elle finance et y exerce une multitude de fonctions de gouvernance. Lorsque les entrepreneurs subissent au départ une contrainte de financement, il est évident qu'ils ne peuvent détenir l'ensemble des droits de contrôle résiduels sur les actifs physiques de leur entreprise. Ceci n'implique pourtant pas que les entrepreneurs spécialisés dans les produits de développement soient moins autonomes dans leur traitement de l'information. En réalité, dans certains domaines technologiques, leur production de connaissance s'opère de manière plus autonome que dans les laboratoires traditionnels de R-D des entreprises établies. Saxenian (1994) a cependant montré qu'il existait un partage d'information important entre ces firmes entrepreneuriales par l'intermédiaire des sociétés de capital-risque. Comment ces caractéristiques évidemment contradictoires peuvent-elles coexister ? Comment peut-on comprendre leur contribution singulière au processus d'innovation en matière de produits-systèmes technologiques ? Quel effet d'incitation la fonction de gouvernance de la société de capital-risque engendre-t-elle ? Y a-t-il quelque chose que le modèle de la Silicon Valley soit capable de réaliser et qui ne peut être imité ni par une entreprise individuelle, ni par des relations de marché impersonnelles ? Le modèle de la Silicon Valley peut-il s'appliquer ailleurs que dans les industries de haute technologie ? A côté de ses bénéfices collectifs, ce modèle engendre-t-il des coûts collectifs et des gaspillages ?

Pour répondre à ces questions, nous rassemblons ici les éléments conceptuels et analytiques développés précédemment pour essayer d'élaborer une construction théorique cohérente, que nous appelons le « modèle de la Silicon Valley ». Cette construction se fonde sur l'observation des phénomènes stylisés de la Silicon Valley, tels qu'ils sont résumés dans l'annexe de ce chapitre. Les faits stylisés changent rapidement et aucun modèle ne peut à lui seul rendre compte de la totalité de leur trajectoire dynamique. Tandis que certains de ces changements peuvent refléter le développement endogène d'une institution nouvelle, d'autres ne sont que le résultat de simples facteurs cycliques. C'est pourquoi, au cours de la construction du modèle, nous nous limitons aux caractères génériques et systémiques des phénomènes liés à la Silicon Valley, c'est-à-dire ceux que nous considérons comme essentiels pour répondre aux questions évoquées ci-dessus.

Le chapitre est organisé de la manière suivante. La première section traite de l'architecture informationnelle systémique qui caractérise le modèle de la Silicon Valley. Comme les firmes entrepreneuriales de la Silicon Valley sont en concurrence pour l'innovation dans certaines niches de marché, leurs activités sont fondamentalement substituables. De ce fait, leurs activités de traitement de l'information doivent être encapsulées de manière à les protéger contre leurs concurrents (chapitre IV.1.). Cependant, à la différence des anciennes entreprises intégrées comme IBM, qui définissent de manière centralisée et *ex ante* les concepts nécessaires à l'élaboration d'un nouveau produit technologique, ces firmes s'engagent de manière décentralisée dans des efforts d'innovation, au sein de certaines niches de marché. Un produit-système technologique nouveau est donc créé de manière évolutionnaire par la sélection et la combinaison *ex post* de produits modulaires mutuellement compatibles et développés par les firmes prospères. La première section examine les conditions technologiques et organisationnelles dans lesquelles ce type d'architecture informationnelle systémique favorise davantage l'innovation des produits-systèmes technologiques que les organisations traditionnelles de R-D, malgré certains coûts collectifs liés à la duplication des efforts d'innovation et de financement. En mettant ici l'accent sur la flexibilité *ex post* dans la mise au point des nouveaux produits-systèmes technologiques, nous nous écartons de la littérature traditionnelle qui insiste sur les rendements croissants (Arthur,

1989 ; Romer, 1986). Bien entendu, ces deux approches impliquent des politiques publiques différentes.

La seconde section s'attache ensuite à analyser le rôle de gouvernance de la société de capital-risque qui est complémentaire de ce type d'architecture informationnelle systémique. Nous identifions le mécanisme de gouvernance par capital-risque à un tournoi entre un certain nombre de firmes souhaitant obtenir le financement échelonné nécessaire à la réalisation de leur projet (chapitre IV.3.). Nous examinons dans quelles conditions la menace par la société de capital-risque de suspendre son soutien financier peut fournir à l'entrepreneur des incitations plus prononcées que dans le cadre du financement impersonnel. Nous verrons que la confiance de l'entrepreneur dans la capacité de la société de capital-risque à apprécier de manière précise et équitable les chances de succès de chacun dans le tournoi joue, entre autres facteurs, un rôle essentiel dans ses efforts d'innovation. Cela indique que la manière dont les sociétés de capital-risque elles-mêmes sont incitées à fournir cet effort de gouvernance et de contrôle constitue un élément essentiel du modèle de la Silicon Valley. La troisième section aborde ce dernier aspect du modèle et montre l'importance de la réputation et des normes de club sur les marchés de capitaux. Elle décrit également certaines ramifications institutionnelles plus générales du modèle. Elle montre, en particulier, que la tendance des entrepreneurs à prendre des risques, la mobilité des ingénieurs sur le marché et la gouvernance par la société de capital-risque sont mutuellement complémentaires. L'annexe présente les faits stylisés qui soustendent la modélisation. Nous conseillons donc à ceux qui méconnaîtraient les ressorts du financement par capital-risque de commencer leur lecture par l'annexe.

XIV.1. L'ARCHITECTURE INFORMATIONNELLE SYSTEMIQUE DU MODELE DE LA SILICON VALLEY

A) Analyse comparée des architectures de R-D

Avant d'étudier le phénomène de la Silicon Valley dans sa globalité, arrêtons-nous un moment sur son architecture information-

Figure 14.1.
Architectures systémiques d'information comparées des organisations de R&D

<table>
<tr><th colspan="2">Environnement
Organisation</th><th rowspan="2">(E_s)
environnement systématique industriel</th><th rowspan="2">(E_e)
environnement d'ingénierie systématique</th><th rowspan="2">(E_i)
environnement d'ingénierie spécifique</th><th rowspan="2">environnement d'ingénierie correspondant :</th></tr>
<tr><th>modèle</th><th>caractéristiques</th></tr>
<tr><td>modèle de la cascade (hiérarchie fonctionelle)</td><td rowspan="2">conception hiérarchique ex ante du produit-système</td><td>conception d'ensemble par le directeur du développement</td><td>conception analytique par les dirigeants intermédiaires</td><td>conception de détail par les unités fonctionnelles</td><td>forte incertitude systématique, disparité des compétences de traitement de l'information</td></tr>
<tr><td>modèle de la vedette</td><td colspan="2">conception intégrative par le directeur du développement</td><td>conception annexe par les subordonnés</td><td></td></tr>
<tr><td>organisation interactive de la RD (hiérarchie horizontale)</td><td>amélioration interactive de la conception</td><td>assimilation de l'information pilotée par un responsable du développement « poids lourd »</td><td>partage de l'information entre les unités de travail</td><td>conception des produits modulaires par les unités de travail</td><td>fortes complémentarités technologiques et d'attributs</td></tr>
<tr><td>modèle de la Silicon Valley</td><td>constitution évolutionnaire du produit-système</td><td>assimilation de l'information intermédiée par le CR, sélection ex post des produits modulaires</td><td colspan="2">encapsulation de l'information par les entrepreneurs entre les niches de marché et en leur sein</td><td>complémentarité faible, indépendance relative des problèmes de conception modulaire</td></tr>
</table>

nelle systémique. Pour ce faire, nous appliquons au domaine de l'innovation des produits-systèmes le cadre organisationnel comparé présenté au chapitre IV.1., que nous développons dans cette direction. Nous examinons dans quelles conditions technologiques et organisationnelles le regroupement des entreprises au sein de la Silicon Valley, intermédié par les sociétés de capital-risque, peut se révéler supérieur aux départements internes traditionnels de R-D.

Imaginons qu'un produit-système technologique innovant puisse être réalisé par une nouvelle combinaison de produits modulaires (technologies élémentaires). Par exemple, un ordinateur portable est un produit-système technologique constitué de certains composants, comme l'écran à cristaux liquides, le microprocesseur, le traitement d'image LSI, l'unité centrale, l'OS, le logiciel d'application, les dispositifs audio et de communication, etc. Pour développer un produit-système technologique cohérent, performant et concurrentiel, les composants modulaires doivent être conçus pour s'adapter les uns aux autres. Supposons, pour simplifier, qu'une organisation générique de R–D soit constituée d'une unité de direction du développement, notée M, et de deux unités de travail, notées T_i $(i = a, b)$. La direction se consacre à la conception systémique et à l'échéancier d'une innovation de produit-système technologique, qui contiennent des décisions relatives aux attributs du système, à la composition des composants et à l'allocation des ressources de R–D entre les différentes unités de travail. Ces dernières se consacrent à la conception des produits modulaires, dont chacun est destiné à constituer un composant du système technologique intégré.

L'environnement organisationnel est présenté dans la première ligne de la figure 14.1. On y trouve un segment systémique E_s (constitué des standards industriels émergents, des capitaux disponibles à la R–D, etc.), qui influence le rendement organisationnel global du produit-système. Nous supposons que l'information relative à ce segment est principalement traitée par la direction. L'environnement est par ailleurs constitué de deux autres segments, qualifiés d'« environnements d'ingénierie », qui affectent les rendements organisationnels des modules produits par les T_i, et qui peuvent à leur tour être subdivisés en trois sous-ensembles : E_e, qui représente un segment d'environnement commun aux deux unités de travail, et E_a et E_b, qui sont propres à chaque unité. Le traitement de l'information relative au segment commun est nécessaire à la résolution des problèmes d'ingénierie sous-jacents à la conception des deux produits modulaires (par exemple, la minimisation des problèmes d'interface entre des modules de performances médiocres qui peuvent apparaître au moment de leur intégration). L'information relative à un segment particulier de l'environnement d'ingénierie ne concerne que la conception du module correspondant. L'environnement du développement d'un produit-système innovant constitue donc un ordre hiérarchique. En revanche, si le traitement de l'environnement spécifique au plus bas niveau ne peut être réalisé que par l'unité de travail concernée, le segment commun de l'environnement d'ingénierie (et, dans une certaine mesure, l'environnement industriel systémique) peut être analysé soit par *M*, soit par les T_i, selon différentes manières que nous allons préciser. Nous qualifions de « développement » le traitement de l'information concernant les environnements d'ingénierie, et de « conception » les actions entreprises sur la base du développement.

Conformément à la taxonomie des trois modes génériques de connexion de l'information que nous avons présentée au chapitre IV.1., nous définissons trois types d'architectures informationnelles systémiques dans le domaine de l'innovation des produits-systèmes technologiques.

(I) Le modèle de la cascade et le modèle de la « vedette »

Ce modèle correspond à la hiérarchie fonctionnelle (le mode de décomposition hiérarchique niché) présentée au chapitre IV.2. A titre d'exemple, *M* est le directeur de la recherche d'une firme intégrée, et les T_i sont ses unités de travail internes. Introduisons entre eux un agent intermédiaire, le directeur du développement des produits intermédiaires, noté *DI*. *M* analyse l'environnement systémique E_s, conçoit l'ensemble du produit-système technologique innovant, puis communique ses décisions à *DI*. Après avoir analysé l'environnement systémique d'ingénierie E_e, celui-ci conçoit de manière analytique la répartition des tâches de conception entre les unités subordonnées, dans le cadre de son budget et des autres contraintes systémiques imposées par *M*. Il transmet ensuite ses décisions à T_a et à T_b. Ces deux unités résolvent les problèmes spécifiques de conception qui se posent dans leurs environnements d'ingénierie particuliers E_i ($i = a, b$). Ce type d'organisation rappelle certains aspects essentiels de l'organisation de la R-D dans les grandes entreprises hiérarchiques traditionnelles. Elle est parfois qualifiée de « modèle de la cascade » (Klein et Rosenberg, 1986).

On trouve une organisation du même type dans ce que Hannan *et al.* (1996) ont qualifié de « modèle de la vedette ». Il s'agit d'une catégorie de mécanismes de coordination interne qu'ils ont mis au jour dans les firmes entrepreneuriales de la Silicon Valley, où la conception systémique d'ensemble (« les grandes directives stratégiques encadrant le travail ») est confiée à une « vedette » (*star*). Celle-ci joue un rôle essentiel dans l'analyse des segments systémiques très incertains de l'environnement. Une fois que cette conception analytique d'ensemble est réalisée, les conceptions de détail peuvent se réduire à des tâches relativement routinières. Ce modèle est adopté lorsque le développement d'un produit-système technologique innovant est frappé d'une incertitude systémique importante et qu'il exige des compétences exceptionnelles (proposition 4.3). C'est une caractéristique fréquente des groupes de recherches universitaires dans des domaines comme la biotechnique.

(II) Organisation interactive de la R-D

Ce modèle correspond à la hiérarchie horizontale (mode d'assimilation de l'information nichée) présentée au chapitre IV.2. Dans ce type d'organisation, M est le responsable de projet et les T_i les unités de conception. Ils partagent l'information relative à l'environnement systémique E_s. Les deux unités de conception collaborent dans le développement affecté par l'environnement d'ingénierie systémique, mais s'occupent chacune de leur côté des problèmes techniques et d'ingénierie qui se posent dans leur propre segment d'environnement d'ingénierie, E_i ($i = a, b$). Chaque unité de travail dispose ainsi d'une information étendue sur les segments de l'environnement, partiellement partagée et partiellement individualisée, à partir de laquelle elle prend certaines décisions relatives à la conception du produit modulaire dont elle a la charge. Ce système correspond à ce que S. Klein a appelé le « modèle de la chaîne » (Klein et Rosenberg, 1986 ; Aoki et Rosenberg, 1989). L'assimilation d'information y est réalisée par la circulation de l'information des niveaux inférieurs vers le niveau supérieur, en même temps que par le partage de l'information et des efforts de développement entre les unités de même niveau, au sein d'un système de liens multiples. Ce modèle engendre des innovations (et est donc efficient du point de vue informationnel) lorsqu'il existe de fortes complémentarités d'attributs ou de fortes complémentarités technologiques entre les composants modulaires et lorsque la résolution des problèmes de conception propres à chaque unité de travail requiert une expertise spécifique (propositions 4.2 et 4.4).

On peut rapprocher ce type de coordination de ce que Hannan *et al.* ont qualifié de « modèle du contrôle culturel et social, dans lequel les collaborateurs contrôlent largement les moyens de réaliser leur travail mais ont peu d'influence sur les orientations stratégiques et les projets à engager » (1996, p. 512-513). Les auteurs ont montré que certaines firmes entrepreneuriales de la Silicon Valley correspondaient à ce modèle. Nous avons également montré que le mode de fonctionnement des équipes de développement dans certaines industries automobiles partageait les caractéristiques de ce type d'architecture. Clark et Fujimoto ont montré que les équipes de développement de cette industrie étaient les plus efficaces lorsqu'un « poids lourd » y endossait la fonction de responsable du développement-produits et coordonnait simultanément le développement et la conception des projets (Clark et Fujimoto, 1991 ; voir aussi Fujimoto, 1999, chap. 6). Le responsable du développement-produits dirige une équipe de développement qui comporte des groupes de travail tirés des différentes unités fonctionnelles du secteur du développement, ainsi que des représentants des services de marketing et de production. Il exerce un leadership puissant sur l'ensemble du processus de développement du nouveau produit, depuis sa conception initiale, fondée sur la perception des marchés potentiels, jusqu'aux différents stades ultérieurs, comme la conception de détail du produit ou la conception du processus de production. En même temps, il assure la circulation des expériences de commercialisation et de production vers les stades de conception en amont, afin d'améliorer la conception du produit. Il va sans dire que les composants modulaires d'une voiture (entendue comme produit-système technologique) présentent de fortes complémentarités d'attributs. Par exemple, réaliser un véhicule compact, peu bruyant, économe en énergie, résistant à une large variation de température, etc., suppose une compatibilité mutuelle et une conception finement coordonnée des parties modulaires, en même temps que l'expertise d'ingénierie spécifique nécessaire à la résolution des problèmes qui se posent à chaque unité de conception.

(III) Le modèle de la Silicon Valley

Ce modèle constitue une variante de la combinaison architecturale *AI-EI* introduite au chapitre IV.2. Ce système se caractérise par une assimilation minimale de l'information sur l'environnement systémique entre M et les T_i, un peu comme dans l'organisation interactive de la R-D. Il possède néanmoins deux propriétés supplémentaires. D'abord, les tâches de conception sont modularisées, puisque la corrélation statistique de leur environnement d'ingénierie est plus faible. Cela signifie que les problèmes d'ingénierie qui se posent à chacune des unités de conception peuvent être résolus indépendamment, car chacune se situe dans un schéma intégré et non dans un schéma interdépendant. Ensuite, chaque tâche de conception est accomplie simultanément par plusieurs unités de travail concurrentes et le produit technologique final est reconstitué en sélectionnant *ex post* la meilleure combinaison de produits de chaque unité de conception. La première caractéristique signifie que l'encapsulation par chaque unité de conception du traitement de l'information relative à l'environnement d'ingénierie est plus efficace du point de vue informationnel. La seconde implique que cette encapsulation est pratiquée par plusieurs unités concurrentes travaillant à la même tâche (proposition 4.1). Un minimum d'assimilation d'information entre les unités de conception doit néanmoins avoir lieu pour que les produits modulaires soient compatibles lors de leur intégration dans un produit-système technologique. Le rôle de M est alors de servir d'intermédiaire dans cette assimilation d'information et de sélectionner la meilleure combinaison de produits modulaires correspondant aux différentes tâches de conception. Cette sélection peut s'opérer au cours du développement des produits modulaires (après que les unités se sont engagées dans leur tâche de conception, mais avant qu'elles ne l'aient achevée) ou bien *ex post* (lorsque le projet est arrivé à son terme).

Nous pensons que ce modèle rend compte, de manière embryonnaire, de l'architecture informationnelle systémique du modèle de la Silicon Valley. Selon cette interprétation, les multiples unités T_i sont des firmes entrepreneuriales indépendantes. Au lieu de chercher à produire elles-mêmes des produits concurrentiels intégrés, elles se spécialisent dans le développement de produits innovants susceptibles de constituer les modules technologiques d'un produit-système en cours de développement. Elles peuvent ainsi se créer une niche dans le marché ou se positionner favorablement vis-à-vis d'entreprises plus importantes cherchant à acquérir des technologies nouvelles. La standardisation des interfaces et des protocoles de communication entre les produits modulaires peut résulter des architectures définies par les entreprises dominantes (Intel, Cisco Systems ou Microsoft, par exemple,) ou par les organismes de standardisation (comme Semiconductor Equipment and Materials International [SEMI] ou l'Internet Engineering Task Force [IETF]). De la même manière, des entreprises comme Sun, qui développe Jini et Java, ou des coopératives comme Linux, peuvent contribuer à créer de nouveaux standards sur les marchés émergents. Ainsi, les standards se forment et se modifient de manière évolutionnaire par l'interaction d'entreprises de taille diverse et d'âge varié. Les sociétés de capital-risque jouent également un rôle important, car elles font circuler entre ces agents l'information nécessaire à l'évolution des standards industriels.

Au sein de chaque niche de marché, la sélection des produits en concurrence s'opère par étapes. Au stade de la start-up, la société de capital-risque n'engage qu'une fraction du capital nécessaire au développement complet du projet, le financement restant n'étant fourni que de manière progressive et conditionnelle au bon déroulement du projet, sans que ses modalités soient forcément contractualisées. Ce type d'engagement financier, que Sahlman (1990) a qualifié d'« échelonné », explique pourquoi un grand nombre de start-up font faillite. Si le projet réussit, le financement relationnel accompagne l'entreprise jusqu'à son introduction en Bourse ou son rachat (acquisition) par d'autres entreprises. Bien souvent, ces dernières sont elles aussi des firmes entrepreneuriales heureuses, ayant réussi à imposer leur leadership dans une niche de marché grâce à la création de standards technologiques. Elles désirent acquérir des start-up performantes soit pour tuer dans l'œuf les tentatives de contestation de leurs standards, soit pour renforcer leur position de marché en regroupant les produits complémentaires nécessaires à la création d'un produit plus complet. Par rapport aux organisations de R-D de types précédents, elles parviennent à raccourcir la période d'innovation d'un produit-système technologique en remplaçant la R-D interne et fermée sur elle-même par l'A-D (« acquisition et développement »). Le lecteur trouve en annexe une présentation plus complète des faits stylisés caractéristiques de la Silicon Valley.

La figure 14.1 classifie de manière synthétique les organisations de R-D que l'on trouve dans le domaine des innovations concernant les produits-systèmes technologiques et compare leur performance. Au total, le modèle de la cascade constitue l'arrangement le plus productif (au sens de l'efficience informationnelle définie au chapitre IV) lorsque la conception d'ensemble du produit-système est très incertaine ou que les compétences de développement des membres de l'organisation sont très disparates. En revanche, s'il s'agit de traiter, au niveau des produits modulaires eux-mêmes, les problèmes posés par la conception intégrée et relativement indépendante des produits, le modèle de la Silicon Valley permet le plus d'innovations. On s'attend à ce que l'organisation interactive de la R-D soit plus efficace dans les industries dont les produits modulaires présentent de fortes complémentarités d'attributs et où les segments systémiques et spécifiques d'ingénierie doivent être analysés avec une attention équivalente. Lorsque l'on prend en compte les conditions industrielles et techniques propres à chaque industrie, il apparaît qu'aucun modèle ne dispose d'un avantage absolu. La section suivante étudie les conditions organisationnelles et institutionnelles susceptibles de favoriser le caractère innovant du modèle de la Silicon Valley.

B) Encapsulation de l'information et conception évolutionnaire des produits-systèmes

(I) Conséquences de l'établissement de standards

Nous avons indiqué que le modèle de la Silicon Valley se distinguait des autres par deux propriétés : une relative indépendance des unités de conception dans le traitement de leur environnement d'ingénierie et la concurrence entre une multitude d'unités dans la conception de chaque composant modulaire. Commençons par examiner les implications de la première de ces deux spécificités et remettons à la sous-section suivante l'étude de la seconde. En d'autres termes, nous supposons pour l'instant que toutes les étapes de la conception à la Silicon Valley sont réalisées par une seule unité (une seule firme entrepreneuriale) et appelons cela le modèle de « quasi-Silicon Valley ». Le traitement de l'information nécessaire à la conception et au développement d'un produit modulaire s'y trouve encapsulé. L'avantage ou la faisabilité de ce modèle serait pourtant moindre s'il existait de fortes complémentarités d'attributs entre les composants modulaires nécessaires à la constitution d'un système cohérent et ce, même si les environnements d'ingénierie traités par les différentes unités de conception (entreprises) étaient indépendants du point de vue informationnel (par exemple, le développement du software est indépendant du développement du hardware). En conséquence, même si la conception des composants peut être modularisée, leurs interfaces et leurs protocoles de communication doivent être standardisés[2].

Des standards d'interface peuvent être établis de manière centralisée et *ex ante* (c'est-à-dire avant la phase de R–D) par une firme dominante ou même par l'Etat dans certains cas. Cependant, cette approche centralisée et *ex ante* peut ne pas donner de bons résultats lorsque la conception du produit-système ou des produits modulaires comporte une forte incertitude *ex ante*. Lorsque c'est le cas, il faut utiliser au mieux l'information qui émerge au cours du processus de développement des produits. Cette flexibilité dans l'ajustement continu des interfaces constitue sans doute l'un des avantages informationnels de l'organisation interactive de la R–D par rapport au modèle de la cascade. Cependant, l'adaptation intermédiaire aux informations nouvelles qui prend place dans l'organisation interactive de la R–D ne se limite en général pas à la conception des interfaces, mais s'étend souvent à la conception du contenu des produits des unités de travail. Dans ces conditions, le traitement de l'information peut devenir très lourd et les ajustements intermédiaires peuvent requérir du temps et des efforts.

Dans le modèle de la Silicon Valley, en revanche, le rôle d'assimilation de l'information dont la société de capital-risque est investie consiste seulement à faire circuler entre les T_i l'information d'ingénierie systémique relative à l'évolution des standards d'interfaces, que cette information soit créée de manière endogène au cours de leur développement ou qu'elle émane d'organismes de standardisation ou de firmes établies. De cette façon, les unités de travail individuelles (les firmes entrepreneuriales) peuvent s'adapter aux standards émergents sans que le contenu de la conception de leur produit en soit affecté.

LEMME 14.1. *La capacité innovante du modèle de la Silicon Valley est renforcée lorsque la conception des produits modulaires par les firmes entrepreneuriales individuelles est plus autonome et moins complémentaire. La médiation de l'information par la société de capital-risque peut engendrer cette situation de manière endogène, en facilitant la diffusion de standards d'interface. La société de capital-risque est donc complémentaire des efforts de développements indépendants des firmes entrepreneuriales individuelles.*

C) Nature évolutionnaire du processus d'innovation dans le modèle de la Silicon Valley

La comparaison de l'efficience informationnelle des différents types d'organisation que nous venons de proposer est fondée sur l'hypothèse que la distribution stochastique des paramètres qui caractérisent les environnements technologiques (et autres) est connue *ex ante* et ne change pas au cours de la période de conception et de développement du produit (chapitre IV.1.). Cette hypothèse peut néanmoins perdre de sa validité lorsque les environnements deviennent plus complexes. L'arrivée de nouvelles inventions et de nouvelles innovations peut modifier de manière inattendue la configuration des environnements technologiques. La rationalité nécessairement limitée des agents peut les contraindre à réviser de temps à autre leur évaluation de la distribution des événements aléatoires, au-delà d'un simple processus d'apprentissage bayesien puisqu'ils ne peuvent jamais disposer *ex ante* d'une description complète des états possibles de la nature. Le modèle de la Silicon Valley dispose-t-il d'une propriété singulière lui permettant de s'adapter à des environnements technologiques aussi incertains et de plus en plus complexes ?

Considérons le processus d'innovation d'un produit-système technologique complexe et de grande ampleur. Supposons que l'on puisse décomposer ce processus en plusieurs étapes distinctes, comme la conceptualisation élémentaire, l'analyse du système, la conception des modules, la conception du processus de production, la fabrication du produit pilote et les essais. Certaines étapes peuvent à leur tour être décomposées en différentes sous-unités de travail. Dans le cadre de cette décomposition hiérarchique, une fois que l'idée et la conception du système ont été conçues de manière centralisée, il peut être trop coûteux de réorganiser entièrement le processus lorsque des événements inattendus nécessitent de modifier le système. On devra se contenter de modifier la conception du système de manière partielle et contextuelle, en perdant parfois la cohérence interne qui était souhaitée au départ. S'il faut mettre au point une nouvelle génération du système, tout le processus devra être recommencé, ce qui prend du temps et des ressources.

L'organisation interactive de la R-D est éventuellement mieux adaptée à l'occurrence d'événements imprévus, car elle utilise à la fois l'information qui circule entre les différentes étapes de développement du produit et la collaboration entre les unités de travail de même niveau chargées de tâches de conception interconnectées. Dans ce type d'organisation, il est possible d'améliorer en permanence le produit-système technologique et l'apprentissage accumulé grâce à l'enregistrement des événements inattendus à tous les stades de développement, ce qui peut aider à concevoir une nouvelle génération dudit système. Il est néanmoins difficile de modifier en profondeur l'architecture organisationnelle élémentaire du développement, (en remplaçant un groupe de tâches, par exemple) une fois que les canaux de communication entre les différents stades de développement et les différentes unités de travail sont en place. L'innovation des produits-systèmes technologiques a donc tendance à être incrémentale.

Il est ainsi possible, au sein des hiérarchies fonctionnelles ou des hiérarchies horizontales, de modulariser la conception des composants d'un produit-système technologique complexe et de grande ampleur. Dans le premier cas cependant, la structure modulaire est conçue de manière centralisée et elle reste figée une fois pour toutes. Dans le second, les unités de travail doivent échanger des informations pour maintenir la compatibilité de leurs produits lorsqu'il se produit des événements imprévus. Les unités de travail maintiennent donc entre elles une forte connexion informationnelle et les composants modulaires qu'elles créent sont difficilement compatibles avec les produits des autres organisations.

En revanche, si chaque tâche de conception est réalisée par une multitude d'unités de travail en concurrence, comme c'est le cas dans le modèle de la Silicon Valley, le développement d'un produit-système technologique complexe et de grande ampleur peut être évolutionnaire. Ce produit-système peut alors se développer sans conception centralisée ni structure fixe. Pour le comprendre, il est important de reconnaître que, dans ce modèle, non seulement chaque firme entrepreneuriale développe des composants modulaires, mais *son activité de traitement de l'information (conception, analyse et développement) est elle-même modularisée (et donc encapsulée) par les unités de travail.* Cette double modularisation du produit et du traitement de l'information implique que la complexité du fonctionnement interne et du contenu informationnel des produits modulaires est cachée aux autres firmes, et qu'il existe seulement un lien relativement faible avec les autres systèmes possibles (la standardisation des interfaces).

Cela implique deux conséquences interdépendantes. D'abord, l'encapsulation de l'information par les unités de travail isole chaque projet de conception des interventions extérieures et leur permet de ne pas entrer dans le détail des évolutions des autres produits modulaires. On peut ainsi améliorer de manière autonome et continue les produits modulaires de chaque projet entrepreneurial sans compromettre l'intégrité des systèmes existants. Par ailleurs, la concurrence d'une multitude d'unités (de firmes entrepreneuriales) engagées dans la conception d'un même composant modulaire implique qu'un produit-système technologique innovant peut évoluer grâce à la reconfiguration continue des produits modulaires et sans conception centralisée *a priori*. La conception du système peut être libérée des contraintes interdisant une rupture radicale par rapport aux schémas d'assemblage des modules existants. Le système peut ainsi passer rapidement d'un prototype relativement simple vers un système plus complexe grâce au regroupement flexible des produits modulaires fournis par les différentes firmes entrepreneuriales. On fait souvent l'analogie entre cette flexibilité *ex post* et le jeu de Lego, qui repose sur l'emboîtement de cylindres. Le nombre d'objets que l'on peut construire avec un Lego n'est limité que par l'imagination du joueur (Pine, 1993). Bien entendu, il existe des coûts de transaction associés au processus de sélection évolutionnaire du modèle de la Silicon Valley, en particulier la duplication des efforts de développement. Nous analysons dans la prochaine section la manière dont la gouvernance du modèle de la Silicon Valley tente, de manière spécifique, de réaliser un équilibre entre ces coûts et ces bénéfices.

D) Développement d'un paradigme parallèle dans la technologie des logiciels

Les observations des paragraphes qui précèdent trouvent un parallèle intéressant dans le développement de l'industrie du logiciel. Au commencement, le développement des logiciels à grande échelle obéissait au paradigme de la « cascade », selon lequel on commençait par analyser une tâche de programmation avant d'organiser successivement et de manière hiérarchique les tâches de conception, de codage, d'essais et de maintenance. Ce n'est qu'après la réalisation d'une certaine tâche qu'on entreprenait la tâche suivante, allant ainsi du haut vers le bas, à la manière de l'écoulement de l'eau. Il va sans dire que ce paradigme est isomorphe au modèle d'organisation hiérarchique de la R-D[3].

Cependant, l'accroissement considérable de l'accessibilité et des capacités de calcul du matériel informatique rendit le développement des logiciels de plus en plus exigeant et complexe. Le paradigme de la programmation itérative, caractérisé par un effet de retour des étapes de développement aval vers les étapes amont, constitua une solution naturelle pour améliorer et accélérer le processus de développement des logiciels. Par exemple, l'accumulation d'un stock de routine permettait de raccourcir le temps nécessaire à la conception d'une version améliorée d'un programme. De la même manière, les problèmes fréquemment rencontrés au cours de la phase de maintenance pouvaient suggérer une nouvelle manière d'organiser la phase de conception et ainsi de suite. Ce paradigme itératif ressemble au modèle d'organisation interactive de la R-D en raison du rôle fondamental joué par le partage d'information entre les différentes unités de travail. Le découpage élémentaire du cycle de développement restait cependant inchangé et, une fois que la programmation dépassait la phase d'analyse générale, il n'était plus possible de le modifier de manière radicale. Lorsque les tâches de programmation devinrent encore plus complexes et changeantes en raison de l'évolution rapide du marché, des connaissances scientifiques et du matériel informatique, la méthode interactive se révéla assez lourde. A mesure que l'on accumulait les modifications sur des programmes anciens, il devenait plus difficile de prévoir les effets d'une amélioration localisée sur le fonctionnement du programme dans son ensemble. Tomber d'accord sur une conception élémentaire du système qui le mettrait à l'abri des problèmes éventuels prenait également du temps.

Pour répondre au besoin de logiciels plus rapides, il apparut une manière moins centralisée de développer des programmes. Elle vit d'abord le jour chez les spécialistes, puis constitua un nouveau paradigme connu sous le nom de « programmation objet ». Selon ce paradigme, la conception d'un programme complexe utilise des classes de « paquets » de codes réutilisables appelés « objets ». Les objets encapsulent un ensemble de données interdépendantes et de procédures (méthodes) opérant sur ces données. Les objets de classes différentes ne communiquent entre eux qu'à travers des messages de requêtes simples que l'objet auquel on s'adresse exécute et dont il retransmet le résultat. De cette manière, chaque objet est protégé des altérations des autres objets et n'est pas affecté par les modifications qui sont opérées à l'intérieur d'une classe. Des prototypes de programmes correspondant à des besoins spécifiques peuvent être construits en combinant des objets de différentes classes, d'une manière qui simule le processus réel. Dans ce paradigme, la combinaison d'objets est progressivement modifiée et raffinée par des approches successives, en même temps que les classes d'objets sont enrichies par l'introduction d'éléments nouvellement repensés. Puisque les objets dissimulent les détails de leur réalisation derrière une interface de message commune, la technologie des objets permet d'accroître la complexité d'un système en additionnant de nouvelles variétés d'objets sans avoir à réécrire les procédures existantes (comme c'était le cas dans les anciens paradigmes).

Cette construction évolutionnaire des nouveaux programmes est assez analogue au processus d'innovation du mode d'encapsulation de l'information/modularisation des produits. Il y a toutefois une différence importante. Les classes d'objets de la programmation objet sont des ensembles de paquets de logiciels dont la vitesse et la précision dans le traitement des données numérisées sont très supérieures à celles de l'esprit humain, mais qui sont en eux-mêmes assez stupides (incapables de modifier eux-mêmes leur programme lorsqu'ils sont fatigués ou stimulés). Le processus d'innovation avec encapsulation de l'information se caractérise non pas par des objets, mais par des agents humains (les firmes entrepreneuriales) qui disposent de leurs propres « principes de mouvement » (Adam Smith). Comment les entrepreneurs sont-ils incités à contribuer à la bibliothèque d'objets alors même que leurs produits ont peu de chance d'être utilisés ? Comment la société de capital-risque (le concepteur du programme) est-elle amenée à supporter les coûts liés à l'accroissement du stock d'objets présent dans la bibliothèque ? Il s'agit là de la question de l'institutionnalisation du modèle de la Silicon Valley, que nous étudions dans la section qui suit.

XIV.2. GOUVERNANCE DE L'INNOVATION PAR LA SOCIETE DE CAPITAL-RISQUE PAR LE MOYEN DU TOURNOI

La section précédente a été consacrée à l'architecture informationnelle systémique du modèle de la Silicon Valley. Cependant, nous n'avons pas encore analysé de manière explicite les incitations qui soutiennent cette architecture informationnelle systémique. La section qui suit tente de découvrir, dans un cadre dérivé de la théorie des jeux, quel sorte de mécanisme de gouvernance peut être complémentaire de cette architecture et ainsi engendrer chez la société de capital-risque (CR) et les entrepreneurs des anticipations susceptibles de résoudre les problèmes d'incitation qui lui sont inhérents.

A) La structure de jeu du tournoi introduite par la société de capital-risque

Pour formuler le modèle ci-dessous, imaginons que le temps est constitué d'une suite infinie de phases de jeu, dont chacune est divisée en trois périodes successives. Les participants en sont les sociétés de capital-risque et les firmes entrepreneuriales. Les sociétés de capital-risque sont en concurrence permanente les unes avec les autres pour materner des entreprises prometteuses. Ces derniéres commencent leur activité à la période 1 du jeu et en sortent à la fin de la période 3, au terme de laquelle elles sont introduites en bourse, rachetées par une entreprise ou obligées d'interrompre leur activité. Dans le dernier cas, les entrepreneurs peuvent commencer une nouvelle phase de jeu en lançant une nouvelle start-up. Dans cette section, nous n'envisagons pas les effets de la répétition du jeu sur la réputation des sociétés de capital-risque ou sur l'évolution du comportement des entrepreneurs face au risque. Au lieu de cela, nous nous concentrons sur l'analyse d'une phase de jeu entre une société de capital-risque et la multitude de start-ups engagées dans le jeu répété. Nous qualifions une phase de jeu de « jeu du tournoi-CR ». Nous abordons dans la prochaine section les effets possibles de la répétition du jeu et de la concurrence entre les sociétés de capital-risque. Nous supposons qu'avant la période 1 (et donc en dehors du modèle), une société de capital-risque, appelée CR, a étudié un grand nombre de projets de développement et qu'elle en a retenu quelques-uns pour un financement de départ (contrôle *ex ante*). Par soucis de simplicité, nous faisons l'hypothèse qu'il n'y a que deux types de projets (qui correspondent aux tâches de conception de la section précédente) et que le CR a sélectionné deux propositions pour chacun d'eux[4]. Les start-up sont indexées par les indices ij, où $i = a, b$ indique le type de projet et $j = 1,2$ distingue les entrepreneurs. Par la suite, nous utilisons de manière interchangeable les termes de « start-up » et d'« entrepreneur ». Les entrepreneurs ont des caractéristiques paramétriques symétriques *ex ante* et ne se distinguent que par le type de projet dans lequel ils sont engagés. A la période 1, chaque start-up ij financée par le CR s'engage dans un effort de développement fondé sur l'observation bruitée d'un paramètre de son environnement d'ingénierie spécifique E_i[5]. Le choix du niveau d'effort entrepreneurial (l'investissement dans la connaissance) de la firme ij est noté e_{ij} et son coût $c(e_{ij})$; ce dernier satisfait la propriété usuelle de croissance du coût marginal ($c'(e_{ij}) > 0$ et $c'(e_{ij}) > 0$). Les niveaux d'efforts déployés par les start-up ne sont pas observables et ne peuvent donc être inscrits dans le contrat. L'environnement d'ingénierie E_i peut être représenté par un paramètre de dimension 1 et l'effort de développement de l'entrepreneur ij engendre une observation bruitée ξ_{ij} de dimension un (le résultat de la recherche) elle aussi, et dont la précision est notée $\Pi_{ij}(e_{ij})$. La précision de l'estimation *a posteriori* de l'environnement d'ingénierie auquel l'entrepreneur est confronté est d'autant plus grande que son niveau d'effort est élevé. Chaque entrepreneur fait une conjecture sur l'environnement systémique E_s.

Celle-ci constitue un sous-produit de son effort de développement et ne lui fait donc supporter aucun coût additionnel. La quantité fixe de financement avancée par le CR à chaque entrepreneur ne couvre que le coût de traitement de l'information de la période courante (salaires compris), mais n'est pas suffisante pour assurer le développement futur du produit de la start-up.

Au début de la période 2, alors que l'environnement est encore incertain, les entrepreneurs utilisent les produits de leur recherche obtenus à la période 1 pour esquisser les attributs de conception du produit, $y_{ij,}$ d'après un ensemble à une dimension $\mathcal{Y}_i (i = a, b)$, reflétant les caractéristiques de performance et de propriétés d'interface *observables*. Nous qualifions de « spécification externe » cette partie observable de la conception. Outre l'information obtenue en période 1, chaque entrepreneur doit prendre en considération l'évolution des standards industriels au cours de son travail de conception. Pour obtenir de l'information sur les choix des autres, les entrepreneurs entrent en communication par l'intermédiaire du CR, et utilisent comme messages les spécifications externes de leurs produits tout en dissimulant leur fonctionnement interne. Les hypothèses provisoires des entrepreneurs concernant l'environnement systémique sont implicitement contenues dans les spécifications externes. Le CR rassemble les messages envoyés par les entrepreneurs et les combine avec sa propre appréciation du cadre industriel émergent pour produire un message paramétrique de dimension 1 appartenant à l'espace de l'environnement systémique E_s. En d'autres termes, le CR produit une estimation bruitée du paramètre d'environnement systémique. Les entrepreneurs révisent graduellement la conception interne et externe des attributs de leurs produits en fonction de ce message. Cette communication et ces révisions se poursuivent jusqu'à ce que leur estimation globale du paramètre de l'environnement systémique converge vers une valeur d'équilibre ξ_{Es} (nous supposons que cette convergence se réalise à la période 2). Supposons, pour simplifier, que la précision de l'information agrégée est une fonction Π_{vc} de l'effort d'intermédiation du CR, e_{vc}. Le coût des efforts d'intermédiation et de contrôle encourus par le CR sont représenté par une fonction $\kappa(e_{vc})$ croissante. Supposons que la précision de l'information du CR est observable par les entrepreneurs (sans être vérifiable par un tribunal). A l'équilibre, l'entrepreneur *ij* précise l'attribut y_{ij} de son produit sur la base d'une combinaison de l'information assimilée et intermédiée par le CR ξ_{Es} et des résultats de ses propres recherches ξ_{ij}, en leur attribuant respectivement les pondérations $\Pi_{vc}(e_{vc})$ et $\Pi_{ij}(e_{ij})$[6].

En début de période 3, le CR évalue lesquels des produits conçus par chaque type de firme créeront le plus de valeur lorsque, à la fin de la période, les firmes considérées seront introduites en bourse ou cédées à une entreprise établie. En fonction de cette évaluation, le CR sélectionne une proposition pour chaque type de projet, et alloue une unité de fonds additionnelle à chacune des firmes choisies afin qu'elles achèvent leur projet. Nous qualifions cette opération de « sélection intermédiaire par le CR ». La décision du CR est représentée par le vecteur $x = (x_{a1}, x_{a2}, x_{b1}, x_{b2})$, où $x_{ij} = 1$ lorsque le produit ij est sélectionné alors que $x_{ij} = 0$ s'il ne l'est pas. Si $x_{ij} = 1$ alors $x_{ik} = 0$ quel que soit $k \neq j$. Les firmes qui ne sont pas retenues par le CR sortent du jeu.

A la fin de la période 3, les projets sélectionnés sont réalisés et le CR propose soit au public (par l'intermédiaire d'une introduction en Bourse), soit à une autre entreprise, de les acquérir. Toute l'incertitude sur l'environnement est alors levée et la valeur totale de marché $V(x_{a1}y_{a1}, x_{a2}y_{a2}, x_{b1}y_{b1}, x_{b2}y_{b2}; \boldsymbol{E})$, qui dépend de l'environnement $\boldsymbol{E} = (E_s, E_a, E_b)$, peut être réalisée. La valeur réalisée est partagée entre le CR et les entrepreneurs. Nous appelons α_{ij} la part de la valeur qui revient à la firme ij et $\alpha_{vc} = 1 - \Sigma_{ij}\alpha_{ij}$ celle qui revient au CR. Si l'on fait l'hypothèse que les gains du tournoi ne sont pas actualisés, le résultat net de chaque firme est de $\alpha_{ij}V - c(e_{ij})$ ($i = a, b$; $j = ½$) et celui du CR de $\alpha_{vc}V - \kappa(e_{vc})$. Avant le début du tournoi, le CR et les entrepreneurs doivent s'entendre sur la manière dont ils se partageront la valeur de réalisation des projets à la fin de la période 3 (nous précisons sous peu de quelle manière). L'objectif de chaque agent est de maximiser son espérance de résultat, compte tenu de cet accord. Le déroulement du tournoi organisé par le CR est résumé par la figure 14.2.

B) Coûts et bénéfices institutionnels du modèle de la Silicon Valley

Supposons un instant que les agents ont effectué certaines dépenses de développement et qu'ils disposent d'une information imprécise sur l'environnement d'ingénierie. Dans cette situation, les entrepreneurs et le CR ont tous deux intérêt à mobiliser l'information qu'ils détiennent pour prendre les décisions qui maximisent la valeur totale anticipée de V, puisque, compte tenu de leur accord *ex ante* sur sa répartition, la part de leur revenu est

Figure 14.2.
Le déroulement du tournoi

	Début du jeu	Période 1 : développement	Période 2 : spécification de la conception	Période 3 : refinancement sélectif	Fin du jeu
Entrepreneurs	accord de financement d'amorçage	effort de développement	spécification de la conception	sortie ou implémentation du projet	réalisation de la valeur et répartition
Société de capital-risque			intermédiation informationnelle	financement sélectif de la phase finale	

d'autant plus grande que V est important. Supposons que la valeur totale anticipée est une fonction séparable des efforts des joueurs :

$$E[V] = H\Pi_{vc}(e_{vc}) + x_{a1}Z(\Pi_{a1}(e_{a1})) + x_{a2}Z(\Pi_{a2}(e_{a2})) + x_{b1} Z(\Pi_{b1}(e_{b1})) + x_{b2}Z(\Pi_{b2}(e_{b2}))$$

où H est une constante positive et $Z(.)$ une fonction croissante monotone à valeurs positives. L'encapsulation de l'information par les entrepreneurs justifie l'hypothèse de séparabilité[7].

On a supposé que le CR, après avoir observé les attributs externes des projets conçus, pouvait obtenir au début de la période 3 une estimation bruitée des contributions de chaque entrepreneur à la valeur anticipée des projets. Supposons que les entrepreneurs pensent que le CR sélectionne les entrepreneurs gagnants avec un certain degré d'erreur, que l'on formalise comme suit : la mesure de la contribution potentielle de l'entrepreneur $i1$ est égale à $Z(\Pi_{i1}(e_{i1})) - \zeta/2$ et celle de $i2$ à $Z(\Pi_{i1}(e_{i1})) + \zeta/2$ (avec $i = a, b$), où ζ est une variable aléatoire représentant une erreur d'estimation de distribution symétrique, de moyenne nulle, de densité $f(.)$ et de répartition $F(.)$. Lorsque la fonction $f(.)$ est peu dispersée autour de zéro, l'évaluation par le CR est plus précise donc plus sensible aux véritables niveaux d'efforts déployés par les entrepreneurs. Faisons l'hypothèse que le CR choisisse de refinancer le projet de l'entrepreneur j plutôt que celui de l'entrepreneur k si et seulement si $Z(\Pi_{ij}(e_{ij})) - \zeta/2 > Z(\Pi_{ik}(e_{ik})) + \zeta/2$ ($i = a, b$; $k = 1,2 \neq j$). Cela signifie qu'à la période 3 le CR choisit de financer l'achèvement des projets dont il anticipe qu'ils auront la valeur la plus élevée.

Supposons que le contrat initial précise que la part attribuée aux gagnants soit $\alpha_{ij} = \alpha_i > 0$ lorsque i est choisi ($i = 1,2$) alors que les entrepreneurs non financés n'obtiennent rien. Nous qualifions ce schéma de financement de « gouvernance du CR par le tournoi ». Compte tenu de ces critères de sélection, la fonction objectif de l'entrepreneur ij à la période 1 consiste à choisir e_{ij} tel que :

$Max_{e_{ij}} [\alpha_i F((Z(\Pi_{ij}(e_{ij})) - Z(\Pi_{ik}(e_{ik})))(Z(\Pi_{ij}(e_{ij})) - c(e_{ij}))], i = a, b ; j = 1,2, k \neq j.$

Puisque les deux firmes entrepreneuriales engagées dans le même projet sont supposées avoir exactement les mêmes caractéristiques et que la fonction de densité de ζ est symétrique autour de zéro, on peut s'attendre à ce qu'elles choisissent, toutes choses égales d'ailleurs, le même niveau d'effort et qu'elles aient la même chance d'être sélectionnées *ex ante*. Le choix de l'entrepreneur doit donc satisfaire la condition de premier ordre suivante :

$\alpha_i [F(0) + f(0)Z(\Pi_{ij}(e_{ij}))]Z'(\Pi_{ij}(e_{ij}))\Pi_{ij}'(e_{ij}) = c'(e_{ij})$

où $i = a, b, j = ½, k \neq j$. Rappelons que les niveaux d'efforts de chaque entrepreneur ne sont pas observables par les autres (ils sont encapsulés) et que leur choix ne fait donc pas l'objet d'interactions stratégiques. Chaque entrepreneur choisit e_{ij} de manière à égaliser l'espérance de son profit marginal anticipé et celle de son coût marginal. Son profit marginal espéré (la moitié gauche de l'égalité ci-dessus) est constitué de deux éléments : la part de son revenu multipliée par la probabilité d'être choisi au moment du refinancement, le tout multiplié par sa contribution marginale à la valeur espérée, *plus* sa part de revenu multipliée par l'accroissement marginal de la probabilité d'être sélectionné. F et f sont construites de manière à ce que la valeur de f (.) en fonction de e_{ij} représente, pour un niveau de e_{ik} donné, l'accroissement de la probabilité marginale que j a de gagner le tournoi en fonction de l'accroissement de son niveau d'effort. Nous qualifions le second terme d'« effet tournoi ».

Comparons cette situation au cas de référence suivant. Supposons que le financier sélectionne *ex ante* (avant le début de la période 1) une seule proposition pour chaque projet et qu'il promette à chacun la même part de la valeur V que celle qu'il attribue à l'entrepreneur gagnant le jeu du tournoi. A part cela, le financier n'endosse pas la fonction d'intermédiation dans l'assimilation d'information entre les entrepreneurs et n'opère pas de sélection intermédiaire des projets. Il peut également vendre sa part des projets à tout moment et à n'importe quel acheteur présent sur le marché. Nous qualifions ce schéma de *contrat de financement impersonnel*. Puisque les niveaux d'efforts des entrepreneurs ne sont pas observables, l'effort qu'un entrepreneur choisit d'investir dans le projet i doit satisfaire l'égalité $\alpha_i Z'(\Pi_i(e_i))\Pi_i'(e_i) = c'(e_i)$.

En conséquence, si

$1 - F(0) < f(0)\, Z(\Pi_{ij}(e_{ij}))$,

c'est-à-dire 1) si les entrepreneurs croient que la sélection des projets à financer par le CR ne comporte pas trop d'erreur, de sorte que l'augmentation de la probabilité de gagner suite à un effort supplémentaire est élevée (ce qui correspond à une élasticité $f(0)/(1 - F(0))$ importante), et 2) si l'on anticipe que la valeur totale que peut produire l'entrepreneur est très grande, alors la gouvernance par tournoi peut inciter les entrepreneurs à fournir des efforts de développement supérieurs à ceux qu'ils investiraient dans le cadre du financement impersonnel.

Dressons le bilan des bénéfices et des coûts encourus par le CR. Le bénéfice qu'il retire de l'organisation d'un tournoi correspond à sa part des gains additionnels engendrés par l'effet tournoi. Ses coûts proviennent : 1) de la multiplication des financements de démarrage à la période 1, et 2) de son travail d'intermédiation et de contrôle aux périodes 2 et 3, qui joue sur la confiance qu'ont les entrepreneurs dans son aptitude à choisir ceux qui créent de la valeur. Nous pouvons donc avancer la proposition suivante.

PROPOSITION 14.1. *Si l'espérance de la valeur totale engendrée par les efforts de développement des entrepreneurs est élevée et si ceux-ci pensent que la sélection des gagnants par la société de capital-risque est précise, alors la gouvernance du CR par le tournoi peut engendrer des efforts de développement supérieurs au financement impersonnel et l'effet sur la valeur totale compenser la duplication des financements de démarrage et des coûts de contrôle intermédiaire et ce, même si la répartition du revenu entre les entrepreneurs et les financiers est égalitaire. A l'inverse, la société de capital-risque ne parviendra pas à susciter des efforts de développement adéquats si les entrepreneurs ont peu confiance en sa capacité à sélectionner et à financer des projets créateurs de valeur.*

La gouvernance par la société de capital-risque et par le tournoi, qui institutionnalise une sélection intermédiaire des produits modulaires, entraîne des coûts et des bénéfices collectifs spécifiques. L'un de ces coûts consiste en la duplication, en période 1, des efforts de recherche et développement des entrepreneurs. En effet, les efforts des entrepreneurs qui perdent le tournoi n'engendrent aucune valeur. Comme nous l'avons signalé, il faut ajouter à ce coût d'effort le financement qui leur a été initialement consenti par le CR. Le bilan collectif de ces pertes et des bénéfices liés aux efforts accrus des entrepreneurs n'est pas évident tant que l'on ne précise pas davantage les paramètres du modèle. Il peut, en tout cas, être négatif. Comme l'indique néanmoins la proposition précédente, cette situation n'est pas contradictoire avec une institutionnalisation du financement par capital-risque. Si les entrepreneurs aiment le risque et que le prix du tournoi leur apporte une utilité élevée malgré la forte incertitude de l'obtenir, ils peuvent préférer s'adresser à une société de capital-risque plutôt qu'à un financier impersonnel et ce, malgré la possibilité d'encourir une pure perte *ex post*. J'expliquerai dans la section suivante comment ce comportement face au risque peut se former de manière endogène lorsque la gouvernance par le tournoi est institutionnalisée.

Comme nous l'avons déjà affirmé, la gouvernance par la société de capital-risque est particulièrement avantageuse lorsque les environnements d'ingénierie de développement des produits modulaires sont très incertains et statistiquement peu corrélés et que leurs complémentarités d'attributs sont faibles.

PROPOSITION 14.2. *La gouvernance par tournoi du CR engendre une perte totale des efforts de développement des perdants et une duplication des coûts de financement. En contrepartie, elle permet de mettre en place un système intérimaire de conception des produits et une adaptation aux évolutions très incertaines de l'environnement systémique et de l'environnement d'ingénierie. Ce système peut constituer un avantage décisif lorsque les attributs ne sont pas fortement complémentaires et que les tâches de conception ne sont pas très corrélées. La surveillance intérimaire réalisée par la société de capital-risque permet de soutenir ce système.*

XIV.3. NORMES ET VALEURS DANS LE MODELE DE LA SILICON VALLEY

A) Réputation de marché et normes de club des sociétés de capital-risque

Etudions maintenant les incitations de la société de capital-risque. Dans le modèle de la section précédente, le résultat net de la société de capital-risque au cours d'une phase de jeu (un tournoi CR) était de $\alpha_{vc}\ E[V] - \kappa(e_{vc})$. Si le CR maximisait son gain sur le seul horizon du tournoi en cours, la condition d'équilibre de Nash statique serait $\alpha_{vc}\, E[dV/de_{vc}] = \kappa'(e_{vc})$. En revanche, le niveau d'effort optimal du CR correspond à la condition $E[dV/de_{vc}] = \kappa'(e_{vc})$. Par conséquent, un CR myope fournirait un effort sous-optimal, puisque le gain marginal de son effort ne serait alors égal qu'à la part de sa contribution marginale à la valeur totale.

A ce stade, il est nécessaire d'analyser de manière explicite la nature répétitive du financement par capital-risque, même si le jeu se déroule avec des entrepreneurs chaque fois différents. Il faut également analyser le rôle de la réputation et de la concurrence entre les différentes sociétés de capital-risque. Les sociétés de capital-risque sont des intermédiaires financiers qui gèrent les fonds que leur apportent de riches particuliers, des banques, des organismes de placement, des fondations et autres, qui ne disposent pas de la connaissance et de l'expertise nécessaires à la mise en œuvre du système de gouvernance par tournoi. Les sociétés de capital-risque sont en concurrence permanente pour obtenir les capitaux avec lesquels constituer leurs fonds. En même temps, elles investissent souvent de manière conjointe dans les start-up en s'attribuant à tour de rôle la fonction de financier principal (cet aspect du financement par capital-risque est développé dans l'annexe). Dans ces conditions, les mécanismes de réputation, qui entrent en jeu aussi bien sur le marché de la collecte des capitaux qu'entre les sociétés de capital-risque, jouent un rôle important. Si une société de capital-risque ne parvient pas à procurer à ses investisseurs une valorisation élevée de leurs investissements au moment de l'échéance contractuelle du fonds, elle aura du mal à trouver de nouveaux capitaux. Si elle ne réussit pas à garantir un rendement élevé aux sociétés de capital-risque qui lui ont délégué la fonction de contrôle, elle est exclue des financements conjoints à venir par l'intermédiaire d'une « norme de club » régulant la délégation tournante du contrôle (pour un exemple de norme de club, voir le chapitre III.1)[8]. Pour la société de capital-risque, les bénéfices associés à la maximisation de la valeur des fonds existants ne se limitent pas à obtenir la part qui lui revient dans les capitaux qu'il a engagés à la période courante, mais incluent le fait de maintenir sa réputation sur le marché et dans le club. Supposons donc qu'à chaque période la société de capital-risque choisisse son niveau d'effort de manière à maximiser la valeur liée à la continuation de son activité, compte-tenu de cette possibilité de sanction en cas de mauvaise performance. Il faut néanmoins remarquer que les efforts de la société de capital-risque sont partiellement dissimulés par l'état de l'environnement et que les autres sociétés de capital-risque ne peuvent observer que la valeur réalisée à la fin de chaque période et non le niveau d'effort effectif.

Pour étudier de manière plus formelle l'effet de la concurrence de marché et des normes de club sur les incitations des sociétés de capital-risque, écrivons la fonction de répartition de la valeur *V* créée à la fin de la période 3 sous la forme $F(V : e_{vc})$, où e_{vc} représente le niveau d'effort du CR. Supposons que, lorsque la valeur d'un fonds de capital-risque tombe en dessous d'une valeur seuil $\underline{V}$ à la fin de la période 3, la capacité du CR à lever d'autres capitaux ou à participer à des financements profitables dirigés par d'autres sociétés de capital-risque est réduite au tour suivant, de sorte que son flux potentiel de gains futurs se réduit d'un montant *J*. Dans un contexte de jeux répétés où l'environnement est stationnaire, le CR choisit un même niveau d'effort pour un même niveau de capitaux collectés. Le choix de *e* obéit alors à : $\upsilon = \max_{e} \ (1-\delta)\left(\alpha_{vc}E[V]-\kappa(e_{vc})\right)+\delta\left[\left(1-F(\underline{V}:e_{vc})\right)\upsilon+F(\underline{V}:e_{vc})(\upsilon-J)\right]$, où υ est la valeur actuelle de ses revenus futurs, exprimée en termes de flux équivalent, et δ le facteur d'actualisation. Au cours d'un tour de jeu, le CR reçoit sa part contractuelle de la valeur réalisable $a_{vc}\,E[V]$ et paie un coût d'effort $\kappa(e_{vc})$. S'il peut lever des capitaux au tour suivant, ce qui se produit avec la probabilité $1 - F(\underline{V} : e_{vc})$, il reçoit un flux de valeur υ à la fin de la période. S'il échoue à lever les capitaux nécessaires pour le tour suivant parce que la valeur de réalisation a été inférieure à $\underline{V}$, ce qui se produit avec la probabilité $F(\underline{V} : e_{vc})$, il ne peut plus s'attendre à recevoir que $\upsilon - J$ à chaque période future. Dans l'équation ci-dessus, les poids relatifs associés aux résultats immédiats et futurs sont respectivement de $1 - \delta$ et δ. La pondération exprime la valeur actuelle en terme de flux équivalents υ. La valeur totale est obtenue en divisant par $1 - \delta$.

Le niveau d'effort correspondant à l'équilibre de Nash est tel que :

$$\alpha_{vc}E\left[\frac{dV}{de_{vc}}\right]-\frac{\delta}{1-\delta}\times\frac{JdF(\underline{V}:e_{vc})}{de_{vc}}=\kappa'(e_{vc}).$$

A l'évidence, la crainte d'une perte de réputation amputant ses futurs revenus incite le CR à fournir davantage d'effort que dans le cas d'une maximisation myope et ce, en raison du second terme de la partie gauche de l'équation, qui reflète la diminution de la valeur de continuation entraînée par une perte de réputation. Supposons que les investisseurs peuvent agir de manière à fixer la valeur seuil $\underline{V}$ juste en dessous de la valeur optimale anticipée, pour laquelle la probabilité d'échec $1 - F(\underline{V} : e_{vc})$ peut être fortement réduite par un effort supplémentaire. Alors la stratégie d'équilibre de Nash de la société de capital-risque soumise au mécanisme de réputation peut approcher la solution optimale en information parfaite[9].

PROPOSITION 14.3. *La décision des apporteurs de capitaux de renouveler leurs contrats de partenariat avec une société de capital-risque, sur la base de ses plus-values passées ainsi que d'une norme de club régulant la délégation réciproque du contrôle entre les sociétés de capital-risque, sont de nature à inciter ces sociétés à fournir des niveaux d'effort de contrôle et de gouvernance supérieurs. Cet effet de réputation est encore plus fort si la distribution de probabilité des résultats des fonds n'est pas très dispersée lorsque l'effort de la société de capital-risque est proche de son niveau optimal en information parfaite.*

B) Autres ramifications institutionnelles du modèle de la Silicon Valley

(I) Pari du jeu et coût social du tournoi

Une société de capital-risque qui participe à plusieurs tours de jeu est capable d'accumuler la connaissance et l'expertise nécessaires à l'organisation de la gouvernance par tournoi (comme l'intermédiation des échanges d'information entre les entrepreneurs et l'évaluation de la valeur potentielle des produits modulaires dans un contexte systémique) et ainsi contribuer à l'adaptation évolutionnaire de systèmes complexes. La société de capital-risque accumule également, comme produit dérivé de son activité, des connaissances sur les environnements de développement ainsi que sur les compétences d'ingénierie et les qualités entrepreneuriales des fondateurs de start-up, qui sont partiellement indépendantes du succès ou de l'échec de leurs projets de conception de produit lors d'un tournoi particulier. L'échec d'un entrepreneur lors d'un tournoi n'est pas nécessairement dû à son incompétence.

Il peut provenir de la malchance, de l'inadaptation d'un concept intrinsèquement bon à un système en évolution, d'un léger retard dans la réalisation du projet, etc. Par conséquent, le CR peut considérer qu'un entrepreneur malheureux est qualifié pour un nouveau tournoi. Ce type d'évaluation constitue une autre fonction importante des sociétés de capital-risque. La connaissance tacite des entrepreneurs acquise *in situ* lors des tournois passés peut être particulièrement utile pour sélectionner les concurrents des tournois à venir. Le contrôle intermédiaire que la société de capital-risque exerce au cours d'un tournoi est donc complémentaire du contrôle *ex ante* qu'elle opère avant le suivant. A l'étranger, on pense souvent que le modèle de la Silicon Valley gère efficacement les innovations parce qu'il donne facilement une seconde chance à quelqu'un qui a connu l'échec. Cette vision n'est cependant pas assez précise tant que l'on n'a pas compris que la capacité du CR à évaluer le véritable potentiel d'un entrepreneur malchanceux s'est développée de manière endogène au cours du processus.

Par ailleurs, lorsque les entrepreneurs disposant d'un bon potentiel peuvent raisonnablement s'attendre à être admis à participer à de nouveaux tournois en dépit de leurs échecs passés, leur comportement face au risque se modifie de manière endogène. Autrement dit, même s'il existe à chaque fois un risque de perdre le tournoi, et donc des coûts d'effort correspondants, les entrepreneurs peuvent être tentés de participer à de nouveaux défis dans l'espoir de gagner un jour le gros lot. Il faut cependant remarquer que l'inflation des actifs introduits en Bourse au cours du stade de formation d'un produit-système innovant peut augmenter la valeur de ce lot, au-delà de la valeur sociale du produit. Dans ce cas, la perte collective liée à la multiplication des financements et des efforts de développement peut devenir importante.

CONJECTURE 14.1. *La répétition du contrôle par tournoi peut modifier de manière endogène l'attitude face au risque des entrepreneurs et faire ainsi du tournoi une sorte de pari.*

(II) Complémentarité entre la gouvernance par le CR et le marché des ingénieurs

Nous avons fait l'hypothèse que la société de capital-risque était capable, pour chaque produit modulaire, de sélectionner le projet le mieux adapté à un produit-système technologique nouveau. En réalité, son expertise et ses capacités à juger du potentiel technologique des firmes entrepreneuriales peuvent être limitées. Ces lacunes sont cependant compensées par la mobilité des ingénieurs d'une entreprise innovante à l'autre. Les ingénieurs ambitieux et compétents recherchent en permanence une technologie « dans le vent ». Si la recherche-développement d'une nouvelle firme entrepreneuriale ne donne pas de résultat satisfaisant à la période 1, ou si elle se révèle incompatible avec les standards technologiques qui apparaissent à la période 2, il est vraisemblable que les ingénieurs de cette firme seront les premiers à s'en apercevoir. S'il se crée en permanence de nouvelles firmes, grâce à l'aide du CR, pour chercher des technologies « dans le vent », ces ingénieurs quitteront probablement les firmes vouées à l'échec pour en rejoindre de nouvelles. La part importante des *stock-options* dans leur rémunération peut freiner leur mobilité, mais elle ne peut les retenir dans une firme qui paraît vouée à l'échec. Cette fuite des ingénieurs compromet le processus de recherche-développement de l'entreprise et signale au CR que celle-ci est en train de perdre le tournoi[10]. Nous pouvons donc faire la conjecture suivante :

> CONJECTURE 14.2. *La capacité limitée des sociétés de capital-risque à se faire une idée du vainqueur probable d'un tournoi peut être compensée par le signal donné par les ingénieurs qui abandonnent les entreprises qu'ils estiment vouées à l'échec. Par ailleurs, la mobilité des ingénieurs est favorisée par la répétition du jeu du tournoi. Ainsi, la gouvernance par le CR d'une part et un marché des ingénieurs très actif d'autre part, sont institutionnellement complémentaires.*

Nous avons expliqué dans ce chapitre qu'il ne suffisait pas d'étudier la relation qui se noue entre une firme entrepreneuriale et une société de capital-risque pour comprendre le rôle spécifique joué par les sociétés de capital-risque dans le modèle de la Silicon Valley. On ne peut non plus considérer ces dernières comme de simples fournisseurs de capital-risque. Dans la mesure où la nature véritablement révolutionnaire du modèle de la Silicon Valley repose sur sa capacité à produire des produits-systèmes technologiques innovants grâce à une sélection évolutionnaire des produits modulaires créés par les firmes entrepreneuriales, il est essentiel d'examiner les relations multiples qui existent entre les sociétés de capital-risque d'une part et l'ensemble des firmes entrepreneuriales d'autre part. Nous avons donc cherché à comprendre de manière intégrée les relations informationnelles systémiques et les relations structurelles de gouvernance qui se nouent entre elles et tenté d'identifier les coûts et les bénéfices collectifs de ce modèle.

Il ressort de cette analyse que la gouvernance par le capital-risque et par le tournoi n'incite les entrepreneurs à fournir davantage d'effort que si le prix attribué aux vainqueurs est très élevé. Par conséquent, l'application du modèle de la Silicon Valley se limite aux domaines où la réussite d'un projet de développement laisse espérer de très fortes plus-values de marché, un peu comme dans une loterie. En même temps, l'identification des conditions sous lesquelles l'encapsulation de l'information est efficiente du point de vue informationnel peut avoir des conséquences plus générales en ce qui concerne l'organisation des entreprises. En raison du développement des technologies de communication et de transport, les produits mûrs (l'automobile, par exemple) sont eux aussi de plus en plus décomposés en modules dont la production et l'approvisionnement sont de moins en moins intégrés (si on compare ce mode d'organisation aux entreprises hiérarchiques traditionnelles, comme les firmes américaines traditionnelles d'il y a une dizaine d'années ou à la sous-traitance relationnelle des *keiretsu* japonais). Cette tendance a pour effet d'accroître la viabilité et l'efficience des organisations modulaires compactes, que celles-ci prennent la forme d'entreprises indépendantes ou de filiales. Les firmes traditionnelles voient se développer en leur sein des innovations de gouvernance qui rappellent le modèle de la Silicon Valley. C'est par exemple le cas de la gouvernance organisationnelle contingente que l'on a étudiée au chapitre XI.3. Dans cette structure, les unités opérationnelles sont modularisées en filiales relativement autonomes et le traitement de l'information nécessaire à leurs opérations est de plus en plus encapsulé. Leurs organisations mères (compagnies holdings ou sociétés de gestion) interviennent peu dans leur fonctionnement, mais la modularisation organisationnelle les aide à s'adapter de manière stratégique aux évolutions rapides des marchés et de l'environnement technologique.

Annexe

DONNEES FACTUELLES STYLISEES DE LA MODÉLISATION[11]

Du point de vue purement financier, les fonds de capital-risque sont des intermédiaires qui collectent d'importants montants de la part d'autres intermédiaires financiers, comme les fonds de pension (45 % en 1996), les compagnies d'assurances et les banques (6 %), les fondations et les universités (20 %), les riches particuliers et les familles (7 %), les sociétés (18 %), les investisseurs étrangers (4 %), et qui cherchent à les investir dans des firmes entrepreneuriales en démarrage[12]. En tant qu'intermédiaires, les fonds de capital-risque ont une structure juridique très particulière. Ils constituent un système de commandite dans lequel il existe deux classes d'associés : les commandités et les commanditaires. Les commandités *(general partners)* sont les organisateurs du fonds qui ont personnellement la pleine responsabilité juridique de sa gestion. Les commanditaires *(limited partners)* apportent l'essentiel des capitaux, mais ne sont impliqués ni dans la gestion ni dans les décisions d'investissement et bénéficient d'un statut de responsabilité limitée tout en évitant une double imposition[13]. Les commandités perçoivent une commission annuelle de 2 ou 3 % du capital total souscrit et touchent 15 à 25 % des plus-values réalisées, pour une contribution en capital très inférieure. Les fonds sont créés pour une durée limitée, par exemple dix ans mais, dans de nombreux cas, des sociétés de gestion sont constituées et gérées par les commandités afin d'assurer la continuité de la gestion. Il se pose donc un problème habituel d'agence entre les commanditaires et les commandités que nous évoquons à la fin de cette annexe. Dans ce chapitre, nous ne faisons pas de différence explicite entre les fonds de capital-risque et les sociétés de capital-risque, nous les appelons simplement « sociétés de capital-risque ».

Les sociétés de capital-risque recherchent des projets d'investissement prometteurs, tandis que des entrepreneurs potentiels qui ont des projets, mais des capitaux insuffisants, sont en quête de financement par capital-risque. Il existe plus de deux cents sociétés de capital-risque dans la seule

Silicon Valley et on dit que les plus expérimentées reçoivent plusieurs centaines de demandes chaque année. La recherche et la sélection d'un partenaire ne sont faciles pour aucune des deux parties. Supposons néanmoins qu'un appariement prometteur ait lieu. A moins que la réputation d'un entrepreneur ne soit déjà connue de la société de capital-risque et que le projet proposé lui paraisse sûr et prometteur, celle-ci ne fournira au départ que les capitaux d'amorçage qui permettront de vérifier si l'entrepreneur est capable de lancer le projet et s'il est possible d'en étendre le financement au stade de démarrage (c'est le stade d'« amorçage », *seed stage*). Si la société de capital-risque décide de financer une start-up, alors les deux doivent s'entendre sur les modalités de financement et d'emploi (il s'agit du stade de « démarrage », *start up stage*)[14]. Ces accords précisent les conditions du financement et les conditions d'emploi de l'entrepreneur en tant que cadre dirigeant (Testa, 1997 ; Hellmann, 1998a).

Le financement de démarrage peut provenir du financement conjoint de plusieurs sociétés de capital-risque, dont l'une joue le rôle de chef de file financier et gestionnaire, encore que cette pratique devienne moins fréquente aujourd'hui[15]. Le rôle de chef de file est assuré de manière tournante par des sociétés de capital-risque expérimentées et qui se connaissent entre elles. Cet arrangement est moins un mécanisme de diversification du risque qu'un dispositif de délégation réciproque des fonctions de contrôle au sein d'un groupe de sociétés de capital-risque. Non seulement cette délégation évite la duplication des coûts associés au contrôle approfondi de l'entreprise, mais elle permet également de limiter l'éventuel laxisme des sociétés de capital-risque dans l'exercice de leur contrôle (Lerner, 1994 ; Fenn, Liang et Prowse, 1995). Si un chef de file est incompétent ou négligent dans son contrôle *ex ante* et qu'un nombre anormal des projets dont il a la responsabilité échoue, sa réputation en est ternie et il aura du mal à collecter de nouveaux capitaux ou à participer à des projets potentiellement profitables organisés par d'autres sociétés de capital-risque. Cet aspect du financement par capital-risque est analysé dans la dernière section du chapitre. Pour le reste, nous faisons abstraction de cette relation de réciprocité entre les sociétés de capital-risque et nous analysons la relation entre un entrepreneur et un fonds de capital-risque, en considérant que celui-ci est seul.

Au moment du démarrage du projet, la société de capital-risque n'engage qu'une fraction des capitaux nécessaires à son développement complet, étant entendu que le financement complémentaire est réalisé étape par étape, de manière conditionnelle au degré d'avancement du projet. Il peut être impossible d'inscrire ce processus, que Sahlman (1990) a qualifié d'« engagement financier échelonné », dans un contrat. Depuis peu, le financement des différentes étapes de développement tend de plus en plus à être confié à des sociétés de capital-risque spécialisées[16]. Nous avons cependant ignoré cet aspect du problème dans la modélisation et nous avons fait comme si le financement étagé était réalisé par une société de capital-risque unique. Le financement par capital-risque prend habituellement la forme d'actions privilégiées convertibles, de dettes subordonnées avec option de conversion, ou d'une combinaison d'actions ordinaires et d'actions privilégiées (Fenn, Liang et Prowse, 1995 ; Gompers et Lerner, 1996 ; Gompers, 1998 ; Kaplan et Strömberg, 2000). Dans tous les cas, les sociétés de capital-risque sont protégées du risque d'échec parce qu'elles sont payées avant les détenteurs d'actions ordinaires. Elles disposent également d'une option de sortie qu'elles peuvent exercer en refusant d'accorder un financement supplémentaire au moment où la start-up en a besoin pour survivre ou pour passer à la phase de développement suivante. En revanche, il existe une clause typique qui permet à l'entrepreneur, lorsque certains objectifs sont atteints, d'accroître sa participation aux dépens des investisseurs initiaux (généralement sous forme d'actions ordinaires). Les entrepreneurs renvoyés abandonnent leurs droits sur les actions qui n'ont pas été attribuées.

Les sociétés de capital-risque, qu'elles soient chef de file ou non, disposent d'une représentation significative au conseil d'administration des start-up. Par exemple, Lerner (1994) affirme que les sociétés de capital-risque occupent plus d'un tiers des sièges du conseil d'administration des firmes de biotechnologies financées par capital-risque, c'est-à-dire plus que le nombre de sièges détenus par la direction et par les administrateurs extérieurs. Kaplan et Strömberg (2000) observent le même phénomène (les sociétés de capital-risque disposent de la majorité des sièges dans 26 % de leur échantillon, qui est constitué de 190 entreprises) et ils remarquent que le contrôle par les sociétés de capital-risque tend à s'accroître comme le nombre des étapes de financement. En plus de leur participation aux réunions du conseil, les chefs de file rendent fréquemment visite aux entrepreneurs dirigeants qu'ils financent (ils « restent proches »). Ils leur fournissent des conseils et des consultations, les aident à trouver de nouveaux fonds, contrôlent et aident à l'établissement des plans stratégiques, ils les assistent dans leur recrutement en ressources humaines et financières, leur présentent des clients et des fournisseurs potentiels, leurs apportent des conseils juridiques et les soutiennent dans leurs relations publiques, etc. Ils exercent activement leur rôle statutaire de gouvernance en renvoyant, si nécessaire, les dirigeants fondateurs. Selon le *Stanford Project on Emerging Companies* (SPEC), qui a rassemblé des données sur cent start-up de haute technologie, la probabilité qu'un non-fondateur soit désigné comme président dans les vingt premiers mois de la vie d'une société est de l'ordre de 10 % ; elle passe environ à 40 % après quarante mois et à plus de 80 % après quatre-vingts mois, sans parler des sociétés qui ont cessé leur activité et qui ne sont donc pas incluses dans l'échantillon (Hannan, Burton et Baron, 1996).

Le taux d'échec des start-up est très élevé[17]. Beaucoup de faillites se produisent assez tôt, en général au cours des deux premières années. Bien souvent, ces faillites ne proviennent pas seulement de la concurrence exacerbée que se font ces entrepreneurs ambitieux, mais également du comportement des sociétés de capital-risque elles-mêmes. Par exemple, Sahlman et Stevenson ont observé le phénomène suivant dans un segment émergent du stockage des données, au milieu des années 1980 : « En tout, quarante trois start-up ont été financées, dans un secteur de l'industrie où il y avait peut-être place, à long terme, pour quatre entreprises seulement. » Ainsi, « la faillite est pour le moins endémique dans le processus de financement par capital-risque, c'est un événement banal ; dans certains cas, le processus lui-même peut favoriser la faillite » (Gorman et Sahlman, 1989, p. 238). Lorsqu'ils en parlent de manière informelle, les dirigeants des sociétés de capital-risque de la Silicon Valley considèrent généralement que trois succès sur dix financements initiaux constituent un bon résultat et que deux succès sur dix forment un résultat acceptable.

Lorsqu'un projet a réussi, le financement relationnel s'achève et ouvre soit sur une introduction en bourse, soit sur un rachat par une autre entreprise. Il faut en général cinq à sept ans pour qu'une start-up soit introduite en bourse, même si on a observé récemment une tendance au raccourcissement de ce délai (qui peut dans certains cas se limiter à deux ans). Cela peut néanmoins s'expliquer, en partie, par l'explosion des valeurs boursières, comme on l'a déjà observé par le passé. Une autre raison peut être que les entreprises introduites en bourse très précocement travaillaient sur des applications de technologies relativement connues, ce qui raccourcissait le temps de développement de leurs produits[18]. Les sociétés de capital-risque choisissent la date de leur introduction en bourse en fonction d'une étude de marché. Lorsque l'introduction en bourse dépasse un critère de performance spécifié à l'avance (comme le prix d'une action privilégiée), les titres détenus par les sociétés de capital-risque (actions ou dettes convertibles) sont automatiquement convertis en actions ordinaires. Les plus-values sont alors réparties entre les fonds de capital-risque et l'entrepreneur, selon la part de capital qu'ils détiennent. On observe que les sociétés de capital-risque expérimentées attendent que la valorisation de leur portefeuille d'entreprises soit très élevée pour les introduire en bourse, tandis que les moins expérimentées ont tendance à le faire prématurément (Lerner, 1994 ; Gompers, 1995).

Certains auteurs affirment que l'existence d'un marché de l'introduction en bourse actif constitue un élément essentiel du succès du financement par capital-risque et donc des innovations de produit et que leur absence peut expliquer pourquoi d'autres économies peinent à imiter le modèle de la Silicon Valley (voir, par exemple, Bankman et Gilson, 1996). Bien que cette thèse soit certainement justifiée, il convient de remarquer que, dans la période récente, de plus en plus de start-up couronnées de succès n'ont pas été introduites en bourse mais ont été acquises par des entreprises leaders dans le même marché (Hellmann, 1998b).

Bien souvent, ces dernières sont elles-mêmes des firmes entrepreneuriales qui sont parvenues à s'imposer en établissant des standards dans leur niche de marché. Elles cherchent à acquérir des start-up prometteuses soit pour tuer dans l'œuf une menace potentielle à l'égard des standards qu'elles ont établis, soit pour renforcer leur position de marché en raccourcissant leurs délais de recherche-développement (R-D) grâce à de ce qu'on a qualifié d'acquisition et développement (A-D). On dit que ces entreprises leaders influencent les sociétés de capital-risque et guident leur activité.

Les entrepreneurs de start-up, pour leur part, semblent préférer un rachat à une introduction en bourse, surtout lorsqu'ils n'ont qu'une seule ligne de produit innovant (Hellmann, 1998b) La concurrence qu'ils se font pour être rachetés est néanmoins farouche[19]. En regroupant des technologies complémentaires, les entreprises acquéreuses peuvent établir des positions monopolistiques sur leurs marchés respectifs. Comme ce regroupement intervient *ex post* (après le développement des produits), on ne peut néanmoins considérer que leur position monopolistique est la conséquence immédiate de rendements technologiques croissants ; elle relève plutôt d'une stratégie de marché. Comme nous l'avons souligné dans le corps du chapitre, la nature innovante du modèle de la Silicon Valley repose sur la flexibilité *ex post* avec laquelle les produits-systèmes technologiques innovants sont reconfigurés. Cela a une conséquence importante en matière de politique publique : tout regroupement de produits modulaires par une firme leader qui ne répond pas à un impératif technologique, mais qui sert à dissuader les nouvelles combinaisons innovantes (par exemple, la combinaison de l'OS et du navigateur internet par Microsoft), devrait être réglementé.

Les sociétés de capital-risque exercent sur les entreprises qu'elles financent un contrôle *ex ante* (sélection des projets proposés afin d'éviter les problèmes de sélection adverse), un contrôle *intermédiaire* (surveillance des efforts des entrepreneurs et prévention du gaspillage des ressources) et un contrôle *ex post* (vérification des résultats des projets et choix de la stratégie de sortie à adopter). Ces fonctions tendent à être exercées par différentes catégories de sociétés de capital-risque spécialisées. Le contrôle *ex ante* d'un projet entrepreneurial et dans une certaine mesure son contrôle intermédiaire exigent certaines compétences d'ingénierie dans des domaines spécifiques, tandis que le contrôle *ex post* s'appuie sur une expertise financière. Les sociétés de capital-risque satisfont ces besoins et tendent à se concentrer sur des secteurs industriels spécifiques. Bien que les sociétés de capital-risque aient un rôle déterminant dans la gouvernance des firmes qu'elles financent, les arrangements de droits de propriété qui les caractérisent comportent des éléments complexes de propriété conjointe. Ils comprennent certains droits optionnels bilatéraux, comme les droits de la société de capital-risque à exercer une option de sortie contre les intérêts de l'entrepreneur dans les situations difficiles (droits de liquidation), ou les droits de l'entrepreneur à exercer leur option lorsque leur performance est satisfaisante. L'entrepreneur renonce *ex ante* à ses droits de contrôle, surtout s'il manque de capitaux initiaux (Hellmann, 1998a). Il en recouvre néanmoins une partie à mesure que le projet se développe avec succès et que la société de capital-risque renonce à ses droits de liquidation. Comme nous l'avions affirmé au chapitre XI.3, ce mécanisme n'est pas sans rapport avec la gouvernance relationnelle contingente (voir également Black et Gilson, 1998 ; Kapalan et Stromberg, 2000).

CHAPITRE XV

Pourquoi la diversité institutionnelle continuera-t-elle à se développer ?

Cet ouvrage avait pour principal objectif de développer un cadre conceptuel et analytique permettant de comprendre de manière unifiée le rôle des institutions dans les économies passées et contemporaines. Nous avons défini les institutions comme des systèmes auto-entretenus de croyances partagées et nous avons étudié comment elles pouvaient constituer un arrangement global cohérent. Nous avons insisté sur la manière dont les complémentarités stratégiques, en donnant lieu à une multiplicité d'équilibres, pouvaient engendrer une grande diversité d'arrangements institutionnels viables. La section XV.1. rassemble les éléments analysés et utilisés comme exemples tout au long du livre et les intègre au sein de certains modèles théoriques et contemporains des arrangements institutionnels globaux.

Tout arrangement institutionnel (régional, national ou local) a pour environnement l'état émergent de la technologie et les institutions de marché internationales. On peut donc considérer que les arrangements institutionnels sont liés les uns aux autres par la technologie et les marchés. Nous pouvons voir que ce lien est aujourd'hui de plus en plus extensif aussi bien qu'intensif en raison des progrès remarquables des technologies de l'information et de la communication (TIC) et de l'intégration internationale croissante des marchés. Il reste donc à analyser quelques questions importantes : comment les arrangements institutionnels nationaux et locaux s'adaptent-ils aux effets puissants de l'évolution de leur environnement ? En dépit des complémentarités institutionnelles diverses qui les rendent robustes et inertes de manière endogène, les arrangements institutionnels sont-ils voués à converger vers un système unique ? L'arrangement institutionnel international global va-t-il devenir (et doit-il devenir) uniforme et monotone, dominé par des organisations et des règles transnationales, sans même que nous

Figure 15.1
Quelques modèles de liens institutionnels

Domaine / Modèle	Convention d'architecture organisationnelle	Gouvernement d'entreprise	Institutions financières	Institutions des marchés du travail et de l'emploi	marché des produits et relations industrielles	Relations avec les fournisseurs	Règles de droits de propriété et mise en application	Enchâssement social, normes et valeurs	Etat
W	Boîte noire technologique	Contrôle entrepreneurial	Commissaires-priseurs				Déterminées et rendues exécutoires de manière endogène	Utilitarisme	Libéralisme
HM	hiérarchie fonctionnelle	Contrôle par le propriétaire (firme de Hart et Moore)	Marchés des titres actifs	Salaire d'efficience		Intégration des actifs physiques complémentaires	Contrats incomplets/droits de contrôle résiduels		Libéralisme
A	Hiérarchie fonctionnelle	Contrôle par les dirigeants	Titrisation (marchés du contrôle des entreprises)	Bureaucratie employante, syndicalisme de contrôle de l'emploi	Concurrence oligopolistique réglementée	Intégration verticale	Interprétées et rendues exécutoires par le tribunal	Communautés diverses	Démocratie représentative
D	Hiérarchie de participation	Co-détermination	Engagement des actionnaires	Réglementations corporatistes	Associations professionnelles autorisées	Fournisseurs autonomes	Réglementations associatives	Citoyenneté industrielle	Corporatisme social-compact
J	Hiérarchie horizontale	Contrôle relationnel-contingent	Système de la banque principale	Contrôle du personnel à l'échelle de l'entreprise dans son ensemble	Associations industrielles	Fournisseurs *keiretsu*	Renégociation *ex post*	Stratification par le statut social	Pluralisme administratif
SV	Diversité encapsulée	Contrôle par le capital-risque et par le tournoi	Financement échelonné par la société de capital-risque, introduction en bourse	Forte mobilité due au court cycle de vie des jeunes entreprises	Regroupement et association de détermination des standards	Firmes dépourvues d'usines	Elaboration et rédaction des contrats par les avocats	Communautés professionnelles, tournoi entre les dirigeants	Favorable aux entrepreneurs
G	Hiérarchies fonctionnelles intégrées en réseau	Contrôle de marché	Marché des titres mondial	Concurrence internationale	Alliance stratégique, commerce électronique	A-D, commerce électronique interentreprises	« Contrats en tant que produits »	ONG variées	Etats à plusieurs niveaux

nous posions la question de savoir si nous souhaitons un monde comme celui-ci ? La section XV.2. résume les arguments que nous avons développés plus haut en avançant quelques conjectures sceptiques. Nous montrons que la diversité institutionnelle de l'arrangement global mondial persiste en dépit du développement des TIC et du lien de plus en plus puissant entre les marchés nationaux.

XV.1. QUELQUES MODELES STYLISES D'ARRANGEMENTS INSTITUTIONNELS GLOBAUX

Les complémentarités institutionnelles peuvent rendre sous-optimaux les arrangements institutionnels d'équilibre qui apparaissent entre les domaines et en leur sein. Ces arrangements sont également façonnés par la répartition du capital social et les capacités des agents (internes ou de tierce partie), qui, par leur recherche de rentes entrepreneuriales et leur destruction créatrice des regroupements anciens, contribuent à regrouper les différents domaines de jeu. La structure synchronique des arrangements institutionnels globaux peut donc être multiple et diverse (chapitre VIII). Nous observons en effet une remarquable diversité des arrangements institutionnels nationaux, même si certaines de leurs propriétés tendent à converger en raison de l'intégration croissante des marchés mondiaux et des TIC.

La figure 15.1. représente plusieurs modèles d'arrangements institutionnels en fonction de leurs institutions interdépendantes constitutives, telles qu'elles apparaissent dans les domaines et entre eux (champs organisationnels, domaine du contrôle d'entreprise, domaine financier, domaine du travail, domaine des fournisseurs, domaine des transactions sur les produits, domaine des droits de propriété et de la mise en application des contrats, domaine de l'échange social et domaine politique). On peut classer ces arrangements en trois sous-groupes. Le premier se compose de deux constructions théoriques pures qui servent de point de référence dans l'analyse des complémentarités institutionnelles : le modèle néoclassique walrasien et le modèle des droits de propriété de Grossmann, Hart et Moore. Le second sous-groupe comprend certains modèles représentatifs déduits d'observations stylisées de certaines économies nationales avancées comme les Etats-Unis, l'Allemagne et le Japon avant l'arrivée des TIC. (Nous ignorons les modèles caractéristiques des faits stylisés français, italiens, scandinaves, etc. Cette omission ne rend pas compte d'un manque de pertinence ou d'importance de ces économies, mais nous manquons des connaissances indispensables à une analyse qui aille au-delà de commentaires superficiels[1].) Le troisième sous-groupe incorpore deux modèles importants qui sont en train d'émerger suite à la révolution des TIC : un modèle mondial (transnational) et un modèle local (la Silicon Valley). La question de savoir si ces deux modèles vont dominer les modèles du second sous-groupe, ou ci ces derniers vont poursuivre leur évolution propre en s'adaptant au défi concurrentiel lancé par les modèles du troisième sous-groupe est un important sujet de débat aujourd'hui. Avant d'essayer d'y répondre (c'est l'objet de la prochaine section), nous devons avant tout identifier les différences systémiques essentielles qui existent entre les modèles du second sous-groupe

La discussion qui suit ignore deux classes importantes d'arrangements institutionnels globaux, à savoir ceux que l'on trouve dans les économies en développement et dans les économies en transition. Nous avons fait quelques allusions rapides aux économies en transition aux chapitres VI.2. et X.3. (exemple 10.11.). Les économies en développement sont tellement variées que même une sous-classification élémentaire dépasse notre domaine de compétence. On découvre bien souvent que certains phénomènes institutionnels caractéristiques des économies en développement tendent à se regrouper ; c'est le cas des hiérarchies classiques, des relations bancaires relationnelles ou contrôlées par le gouvernement (chapitre XII), des groupes diversifiés (exemple 8.10.), du sous-développement des fournisseurs spécialisés, des réseaux sociaux ou familiaux (exemple 10.2.), des Etats promoteurs favorables au marché ou dégénérés (chapitre VI.3.), de la répression des mouvements ouvriers ou de la force des organisations du travail et enfin de la faiblesse de l'application juridique des contrats. La question de savoir dans quelle mesure la coexistence de ces phénomène peut être expliquée par des relations de complémentarité, dans quelles conditions leur arrangement systématique contribue au développement économique et dans quel ordre on peut les reconstituer, constitue indubitablement le programme de recherche le plus important de l'analyse institutionnelle comparée.

A) Modèles théoriques de référence

(I) Le modèle W

Il s'agit du modèle néoclassique walrasien qu'on utilisait pour évaluer l'efficience des économies de marché ou traditionnelles avant l'analyse des systèmes économiques comparée par la théorie des jeux néoclassiques (voir par exemple Bergson, 1964). Le modèle est construit sur la prémisse que les arrangements implicites de droits de propriété qui accompagnent la répartition initiale des dotations en capital, en travail et en terre sont prédéterminés et rendus exécutoires à l'extérieur du modèle, probablement par un Etat libéral non interventionniste[2]. On suppose également que tous les biens et services peuvent être vendus sur le marché et que leurs prix concurrentiels sont déterminés par des commissaires-priseurs et connus de tous. La firme y est considérée comme une boîte noire technologique dirigée par un entrepreneur qui combine les facteurs de production (les services du travail, le capital, la terre et les biens intermédiaires) dans le but de maximiser son profit. On suppose également que le modèle s'adapte de manière continue aux évolutions de l'environnement technologique parce que les entrepreneurs réagissent en permanence à l'ajustement des prix concurrentiels. Les commissaires-priseurs et les entrepreneurs constituent ainsi les personnifications des institutions essentielles de l'économie (les marchés et les firmes capitalistes) et se comportent selon des règles très précises qui sont comprises et anticipées par tous les agents. On peut néanmoins avancer que l'un des avantages du modèle walrasien est de montrer l'importance d'institutions extérieures au marché, puisqu'il permet de comprendre en quoi « l'économie réelle en diffère de manière significative » (Arrow, 1998, p. 39), notamment en matière d'incomplétude des marchés. Ainsi, les institutions extérieures au marché coordonnent les anticipations des agents lorsque certains marchés sont absents.

(II) Le modèle HM

Ce modèle, qui s'appuie sur les contributions de Grossman, Hart et Moore, est considéré comme une variante importante du modèle W qui prend explicitement en compte le rôle des droits de propriété sur les biens d'équipement physiques[3]. Nous avons déjà discuté de la nature de ce modèle au chapitre IV.3. La firme HM est dirigée par un propriétaire-dirigeant qui contrôle une hiérarchie fonctionnelle par l'exercice de ses droits de contrôle résiduels sur les actifs physiques et humains. Les droits qui sont associés à la détention des actifs physiques peuvent combler le vide laissé par l'incomplétude des contrats de travail. Si on applique la même logique que celle qui a servi à expliquer l'intégration de la propriété et de la direction des actifs physiques, on peut montrer que le propriétaire-dirigeant étend les frontières de la firme jusqu'au point où les actifs physiques complémentaires sont pleinement intégrés[4]. Comme les employés ne sont pas suffisamment incités à accumuler et à utiliser de manière efficace les actifs humains spécifiques à l'organisation, le propriétaire-dirigeant peut avoir intérêt à adopter et à développer des technologies qui nécessitent un minimum de traitement de l'information de la part des employés.

Ce modèle a donc peut-être moins d'intérêt lorsque la production d'actifs informationnels aliénables accompagne l'utilisation d'actifs informationnels humains aliénables et immatériels (chapitre IV.3.).

B) Quelques modèles traditionnels des économies nationales avancées

(I) Le modèle A

Il s'agit du modèle reposant sur les caractéristiques stylisées traditionnelles des entreprises oligopolistiques et des environnements institutionnels qui avaient cours dans l'économie américaine avant la révolution des TIC. Ces firmes étaient organisées selon la tradition juridique des « entreprises collectives », qui attribuait au conseil d'administration des droits de contrôle interne quasiment autonomes[5]. Dans ces entreprises, la coordination des activités des dirigeants et des employés des différents niveaux était organisée selon des hiérarchies fonctionnelles nichées (chapitre IV.1.)[6]. Le rôle de traitement de l'information de chaque nœud (la définition de poste) de la hiérarchie était clairement articulé et délimité et le contrat de travail était déterminé à l'avance en fonction du contenu de l'emploi (compétences et expérience requises, responsabilité, risques, etc.) et de la capacité de l'employé à accomplir le travail requis. La bureaucratisation des ressources humaines par la « bureaucratie employante » (Jacobi) et sa contrepartie, le « syndicalisme de contrôle de l'emploi », permettaient d'institutionnaliser ces pratiques[7]. Les parties n'étaient liées par aucune obligation au-delà de l'accord contractuel. Les intérêts collectifs de la classe ouvrière étaient partiellement représentés par le parti démocrate dans le cadre d'un Etat démocratique, représentatif et à deux partis.

Après paiement des rémunérations contractuelles dues aux employés, les revenus résiduels revenaient à l'entreprise. Si la rémunération des employés et des autres facteurs de production reflète leur contribution à la production marginale grâce à une concurrence sur les marchés internes et externes, la maximisation résiduelle est théoriquement compatible avec l'efficience interne. On considère traditionnellement que le conseil d'administration a certains devoirs fiduciaires vis-à-vis des actionnaires lorsqu'il évalue la politique des dirigeants ou qu'il choisit la direction de l'entreprise[8]. L'existence d'un marché concurrentiel de l'évaluation des entreprises (et de ses droits de contrôle) peut théoriquement imposer une discipline externe effective au conseil d'administration et le forcer à maximiser les revenus résiduels (Manne, 1965). Au niveau théorique, la concurrence sur les marchés du travail (internes et externes) et la concurrence sur les marchés financiers sont donc complémentaires, et permettent à une entreprise organisée selon la hiérarchie fonctionnelle de maximiser de manière optimale la valeur de ses actions.

Le modèle HM suggère que les droits de contrôle résiduels sur les actifs physiques, à la fois en amont et en aval, permettent au dirigeant qui est à la tête d'une hiérarchie fonctionnelle d'accroître son pouvoir de négociation vis-à-vis des cadres qui utilisent ces actifs, lorsque ceux-ci n'ont pas particulièrement intérêt à développer une réputation de coopération. Le dirigeant est donc incité à intégrer la firme à la fois en amont et en aval[9]. Jusque dans les années 1970, les firmes américaines représentatives tendaient à se mouvoir confortablement sur des marchés de biens oligopolistiques dont les firmes dominantes déterminaient les prix. La position de marché de ces firmes leur permettait de tolérer l'inefficience interne provoquée par la rigidité croissante de leur architecture organisationnelle. Cette rigidité s'exprimait notamment par l'allongement progressif des lignes de coordination managériales. De plus, le syndicalisme de contrôle de l'emploi qui, au départ, avait été développé pour limiter l'arbitraire, le népotisme et le favoritisme liés au contrôle hiérarchique des contremaîtres, décourageait l'attribution flexible des tâches pourtant requise par les évolutions de l'environnement technologique et de l'environnement de marché. Cette observation indique qu'il existe une certaine complémentarité entre la concurrence sur le marché des biens et l'existence d'un marché du contrôle des entreprises. Plus précisément, la discipline exercée par le marché du contrôle sur la direction interne des entreprises peut se réduire lorsque le marché des biens devient moins concurrentiel. Inversement, cette discipline est plus forte lorsque la concurrence sur le marché des biens est plus prononcée.

(II) Le modèle D

Ce modèle est construit à partir des faits stylisés de l'économie allemande antérieurs à la révolution des TIC et à la réunification qui a suivi l'effondrement de l'Allemagne de l'Est communiste. Nous avons vu aux chapitres IV.2. et VI.2. que ce modèle reposait sur la convention organisationnelle de la hiérarchie de participation et sur l'enchâssement des conseils du travail dans un Etat corporatiste social-compact. L'Etat « habilite » (Streeck) les syndicats et les associations professionnelles à développer eux-mêmes la gouvernance du domaine des transactions d'emploi. Le résultat des négociations peut ensuite être juridiquement étendu aux non-membres. La combinaison de ce mode de gouvernance d'une part et de normes de solidarité sociale et de « citoyenneté professionnelle » (Marshall, 1964) d'autre part, permet aux travailleurs de jouir d'une multitude de droits socialement reconnus, distincts des droits politiques et civils et limite considérablement les différentiels de salaires entre les individus, les secteurs industriels et les entreprises de taille différente.

Dans le domaine du gouvernement d'entreprise, la structure d'appariement est assurée par des schémas de codétermination définis statutairement. Beaucoup d'entreprises allemandes appartiennent encore à des individus ou sont liées à un petit nombre de banques universelles qui possèdent une proportion importante de leurs fonds propres et de leurs dettes et qui préservent les intérêts des actionnaires individuels et des membres du conseil d'administration[10]. Au chapitre XII, nous avons analysé de manière formelle la complémentarité institutionnelle entre le corporatisme social-compact national et la codétermination[11]. Pour que cette complémentarité soit vérifiée, il est essentiel que la structure de l'actionnariat soit relativement stable, ce qui arrive soit par une forte concentration du capital, soit par l'attribution de la majorité des droits de vote à des actionnaires à long terme ; cela permet de mettre le *Aufsichtsrat* (conseil de surveillance) à l'abri d'une pression trop forte des marchés financiers.

Certains estiment toutefois qu'un changement fondamental est en train de se produire de ce point de vue, parce que les firmes D et les banques universelles ont de plus en plus souvent recours à des financements et à des opérations de marché (par exemple, Edwards et Fischer, 1994). Cet argument doit néanmoins être utilisé avec précaution. Même dans le nouvel environnement de marché, les banques universelles allemandes ont sans aucun doute une position privilégiée pour conserver leur rôle de banques d'investissement dans le financement des firmes D. A la différence des banques commerciales japonaises, elles n'ont, jusqu'au milieu des années 1990, pas été gênées par des réglementations sur le financement de marché, qui peut également être favorable à la firme D[12]. De plus, le développement des marchés de titres assurant le financement des entreprises et le développement des marchés du contrôle sont deux choses différentes, et le premier ne s'accompagne pas nécessairement du second. Bien que les dirigeants formés dans les écoles de commerce américaines soient de plus en plus présents sur les marchés d'actifs et dans les restructurations, il n'existe aucun signe suggérant que les marchés du contrôle des entreprises pourraient devenir l'environnement institutionnel du gouvernement d'entreprise des firmes D[13]. Cependant, une réglementation récente réduisant les impôts sur les plus-values liées à des opérations d'achat et de vente d'actions incite peut-être les banques à réduire leurs participations dans les firmes D clientes. La perspective d'une mobilité croissante de l'actionnariat liée au développement des fonds de pension peut, plus que toute autre considération, affecter la cohérence du modèle D.

(III) Le modèle J

Il s'agit d'un modèle dérivé des faits stylisés de l'économie japonaise entre les années 1960 et le début des années 1990. Nous avons parlé à plusieurs reprises des complémentarités institutionnelles susceptibles de lier la convention organisationnelle de la hiérarchie horizontale, le système de la banque principale et l'Etat bureau-pluraliste. Dans ce modèle, le domaine de l'organisation, le domaine politique et les différents domaines de transaction économique sont enchâssés dans un réseau de domaines d'échanges sociaux au sein desquels un capital social symbolique et intangible (le prestige, l'estime ou l'assentiment social, par exemple) est progressivement réparti entre les membres de la communauté (organisations et individus) selon leurs compétences, leur réussite, leur réputation, leur contribution aux biens collectifs et ainsi de suite. Un enchâssement social très dense peut contribuer à limiter les différentiels de revenus, comme dans le cas du corporatisme social-compact caractéristique du modèle D. Cela signifie aussi qu'il a fallu mettre en place un filet de sécurité sous la forme d'une renégociation *ex post* entre les partenaires en relation (par exemple entre les entreprises en difficulté et leur banque principale, ou entre un secteur en déclin et le ministère compétent). Cette possibilité de renégociation a pu favoriser la stabilité sociale et la cohérence institutionnelle du modèle dans un environnement relativement stable, mais elle a également pu créer des problèmes systémiques d'aléa moral lorsque les risques étaient eux-mêmes systémiques. Nous avons vu au chapitre XIII.3. que la globalisation des marchés financiers et le développement des TIC a provoqué au Japon une crise des croyances partagées dans la seconde moitié des années 1990, qui s'est propagée grâce aux liens et aux réseaux de complémentarités institutionnelles qui existaient entre les différents domaines. Le cadre institutionnel décrit par ce modèle a donc commencé à se modifier de manière significative, bien que le processus soit resté progressif et que sa trajectoire ne soit pas encore parfaitement connue (chapitre X.2. et chapitre XIII).

C) Apparition de modèles liés aux TIC

(I) Le modèle SV

Ce modèle dérive des observations stylisées du phénomène de la Silicon Valley. L'histoire fascinante de la Silicon Valley a débuté lorsqu'un petit nombre de sociétés de capital-risque audacieuses et un petit nombre d'entrepreneurs ont commencé à se rencontrer. Les sociétés de capital-risque se sont mises à expérimenter une nouvelle stratégie dans le domaine des transactions financières : la stratégie de financement par capital-risque, caractérisée par un financement relationnel échelonné (chapitre IV.2. et chapitre XIV.1.). Parallèlement, les entrepreneurs ont adopté une nouvelle stratégie dans le domaine de l'organisation, l'encapsulation de l'information, caractérisée par des projets de développement modulaires indépendants menés en dehors des hiérarchies d'entreprise traditionnelles. Nous avons vu au chapitre XIV que ces deux stratégies pouvaient être complémentaires mais que, pour évoluer conjointement, il fallait qu'elles soient soutenues par des compétences, des politiques et d'autres paramètres compatibles d'un point de vue institutionnel. Les paramètres importants étaient les suivants[14] :

• la présence proche d'une université et d'autres établissements dotés d'une culture de communication intellectuelle ouverte et capables de produire des ingénieurs acceptant de prendre des risques et des techniciens disposant d'une vaste gamme de compétences,

• l'existence de compétences techniques en partie héritées de l'industrie de défense et qui facilitent la fabrication rapide de produits-pilotes sur mesure[15],

• une politique publique visant à déréglementer les choix de portefeuille des fonds de pensions engagés dans le capital-risque, à réduire l'impôt sur les sociétés et à légaliser l'immigration des techniciens étrangers qualifiés[16].

Lorsque tous ces facteurs ont été rassemblés au même endroit, les stratégies expérimentales sont devenues de plus en plus efficaces. L'apprentissage par la pratique et la complémentarité inhérente des deux stratégies ont créé l'élan nécessaire pour attirer des ressources extérieures adaptées. Ces deux stratégies ont soutenu conjointement le nouvel équilibre et donc un nouvel arrangement institutionnel global dont les effets ont commencé à se propager au-delà de la région et du secteur de la haute technologie.

Dans ce modèle, les firmes entrepreneuriales se sont spécialisées dans la conception de produits modulaires destinés à s'insérer dans des produits-systèmes plus importants, alors que la fabrication elle-même des produits est souvent sous-traitée (ces entreprises sont donc dépourvues d'infrastructures de production). L'information engendrée par les inventions des entrepreneurs peut avoir de la valeur pour d'autres entrepreneurs, mais celle-ci peut se déprécier très rapidement à une époque de progrès technologiques rapides. Cela a rendu la conception juridique traditionnelle des droits de propriété (à la fois leur définition et leur mise en application) difficile et coûteuse, sauf dans le cas où l'on pouvait faire de l'information traitée un produit commercial breveté. En effet, la clause selon laquelle un employé n'a pas le droit de faire concurrence à l'entreprise qu'il vient de quitter, et qui provient d'une disposition juridique datant du siècle dernier, n'est plus respectée aujourd'hui (Gilson, 1999). Les droits de propriété intellectuels se sont donc quelque peu dilués[17] et la frontière de la firme fondée sur des droits de propriété concernant des bien physiques, à la manière de Hart et Moore, est devenue floue[18].

En conséquence, les entrepreneurs doivent se dissimuler leurs activités inventives les uns aux autres et retenir leurs employés avec des stock-options et d'autres avantages, tout en faisant circuler l'information mutuellement avantageuse et dont ils ne sont pas propriétaires, en précisant les performances de leurs produits et de leurs interfaces. Cette double stratégie des entrepreneurs est facilitée par leur enchâssement dans des communautés professionnelles de durée indéterminée et fondées sur des liens universitaires, des liens professionnels, des caractéristiques ethniques, etc. Ces communautés facilitent l'échange rapide et intense des connaissances technologiques et des idées. Ces communications ont souvent lieu seulement par contacts directs ou par la grande considération et la réputation, accompagnés de récompenses pécuniaires, dont jouissent les individus les plus habiles qui ont la réussite la plus spectaculaire. En même temps, ces communications facilitent les combinaisons et les recombinaisons flexibles de leurs membres, ce qui favorise la formation de nouvelles start-up.

(II) Le modèle G

Le modèle G est construit à partir de l'observation stylisée des pratiques émergentes des entreprises globales, souvent mais pas toujours d'origine américaine, et de leur environnement institutionnel à l'ère des TIC. Après leur âge d'or dans les années 1960, les firmes A (antérieures à l'apparition des TIC) commencèrent à subir la concurrence des firmes D et J, ce qui eut pour effet de réduire progressivement leurs profits oligopolistiques. Le déclin relatif des firmes oligopolistiques aboutit au démembrement des activités commerciales qui étaient intégrées dans la forme ancienne de l'entreprise, et conduisit à l'émergence d'une recomposition plus souple à la périphérie du tissu industriel américain (comme ce fut le cas pour la Silicon Valley). Cette recomposition commença alors à menacer de l'intérieur les capacités d'innovation des firmes A traditionnelles (Baldwin et Clark, 2000 ; voir aussi l'exemple 10.9), qui durent se restructurer pour survivre.

Deux facteurs importants ont facilité cette évolution : l'explosion des TIC d'une part et l'accumulation des compétences favorables au fonctionnement efficient des marchés financiers d'autre part. Le développement des TIC a permis à de grandes firmes concurrentielles (les firmes GL) d'étendre leurs activités dans le monde entier sans démultiplier leurs niveaux hiérarchiques. On peut assimiler leur architecture organisationnelle à la hiérarchie fonctionnelle intégrée par réseaux que nous avons analysée au chapitre IV.2. En utilisant des réseaux d'information reposant sur les TIC, ces firmes ont réorganisé et étendu le champ des hiérarchies fonctionnelles. D'autre part, le développement des TIC, combiné à la montée en puissance des investisseurs institutionnels (fonds de pension et fonds collectifs) provoquée par les évolutions démographiques (l'allongement de l'espérance de vie), a rendu plus concurrentiels les marchés financiers qui reposent sur une information codifiable (comme les données financières sur les firmes en portefeuille), tout en faisant pression sur les entreprises pour qu'elles diffusent une information plus transparente et qu'elles maximisent leur valeur actionnariale. Les firmes GL se sont donc concentrées sur la maximisation de leur valeur en achetant à l'extérieur leurs produits modulaires et en se procurant sur Internet les biens standardisés dont elles avaient besoin (c'est ce qu'on appelle le *b2b e-commerce*, c'est-à-dire le commerce électronique interentreprises), tout en acquérant des firmes entrepreneuriales qui réussissaient et en nouant des alliances stratégiques en amont et en aval de leur marché (voir l'annexe du chapitre XIV).

La globalisation croissante des firmes GL soulève certaines questions intéressantes concernant, entre autres, le domaine de l'échange commercial. Ces firmes peuvent refuser de s'installer dans des économies dont le gouvernement impose des réglementations trop strictes, ce qui réduit la capacité des Etats à prélever des taxes. L'architecture réglementaire internationale traditionnelle n'est pas nécessairement adaptée à la croissance sans précédent du commerce, des communications et des transports à l'échelle mondiale. Dans cette situation, les firmes globales cherchent à protéger leurs droits de propriété en s'appuyant sur des dispositifs technologiques de mise en application des contrats comme la cryptologie (Radin, 1999 ; voir le chapitre III.5.). Ces firmes commencent à s'enchâsser dans une multitude de communautés définies géographiquement ou non (comme dans le cas des ONG transnationales) et liées entre elles par des standards professionnels, une éthique ou un engagement à respecter certaines valeurs. Ces communautés prennent la place des Etats en recul. Malgré leur influence et leur enchâssement interne dans une culture d'entreprise d'origine nationale, les firmes GL sont incapables de protéger leurs positions sur les marchés des produits si elles négligent l'influence de ces organisations et de ces communautés.

XV.2. DIVERSITE AUTO-ORGANISEE DE L'ARRANGEMENT INSTITUTIONNEL MONDIAL

L'Etat, en tant qu'équilibre de jeu du domaine politique, est un élément essentiel de tout arrangement institutionnel global. Le domaine politique, pour sa part, est souvent structuré de telle sorte que le gouvernement en constitue l'agent focal. On peut donc penser que la nature des arrangements institutionnels est largement définie de manière nationale. Cependant, face à l'intégration croissante des économies nationales dans des marchés globaux, certains théoriciens de l'économie politique et d'autres domaines prétendent que l'analyse comparée en termes de pays est moins pertinente aujourd'hui. Après avoir affirmé que l'accélération du progrès technique aurait poussé les firmes à opérer au-delà des confins étroits des frontières nationales et que les différences organisationnelles entre les secteurs (oligopolistiques) seraient par conséquent devenues plus importantes que les différences organisationnelles entre les nations, Susan Strange a avancé :

> « Il y a trois raisons supplémentaires de penser que l'approche suivie par la plupart des comparatistes exagère beaucoup le rôle des institutions et des politiques nationales. La première est le déclin général de la capacité des gouvernements à diriger leurs économies nationales comme ils le voudraient… La seconde est l'importance croissante des réglementations transnationales du comportement capitaliste, qui supplantent les réglementations nationales et érodent les différences nationales. La troisième est ce que l'on pourrait appeler la dénationalisation des firmes, c'est-à-dire la perte d'identification entre le lieu où se trouve leur siège social et leur comportement dans l'économie mondiale » (1996, p. 188).

Si cette description rend bien compte de certains aspects des phénomènes émergents, elle semble un peu trop univoque. Elle considère en effet que l'économie mondiale tend vers un état uniforme marqué par le reflux des institutions nationales et dominé par des marchés internationaux intégrés et des entreprises transnationales. Notre approche, ainsi que les conséquences qu'elle implique, est différente de celle qui est suivie par les comparatistes nationaux ou transnationaux. Quelles sont donc ces différences radicales ?

Il convient tout d'abord de remarquer que nous prenons pour unité d'analyse un domaine (transactionnel) décrit par un ensemble d'agents et des ensembles de choix d'action. Les caractéristiques du domaine et la règle (la fonction de conséquence) qui attribue une conséquence à chaque profil de choix d'action constituent les règles « exogènes » du jeu (ou un « mécanisme »). Une institution est ensuite conçue comme la représentation synthétique de l'un des équilibres du jeu susceptibles d'apparaître dans le domaine (chapitres I et VII). On peut identifier les domaines à des économies nationales (comme le font les comparatistes), mais ils peuvent également être infranationaux ou supranationaux (comme le considèrent les transnationalistes). Une convention d'architecture organisationnelle peut ainsi donner lieu à un champ organisationnel national (c'est le cas des firmes A, J et D) mais également à un champ organisationnel infranational (comme dans les districts industriels italiens ou dans la Silicon Valley) ou supranational (la firme GL, par exemple).

Nous avons également cherché à comprendre pourquoi des conventions organisationnelles différentes ont pu se développer et constituer des équilibres multiples dans des domaines ayant des caractéristiques contrastées. Telle est pour nous la signification de « l'analyse comparée ». Nous ne devons pas nous contenter de comparer les systèmes nationaux, bien qu'il s'agisse là d'un programme de recherche important et pertinent. Par ailleurs, il n'y a aucune raison de penser que le champ organisationnel doive avoir un équilibre unique analogue à celui des firmes GL. Même si certains marchés semblent dominés par des entreprises homogènes et dénationalisées, l'évolution des architectures organisationnelles d'origines locale, nationale ou régionale dans d'autres marchés peut être dépendante du chemin, et sa dynamique d'interaction avoir des conséquences importantes pour la compréhension des futures trajectoires de l'économie mondiale.

Nous avons souligné au premier chapitre que notre analyse ne pouvait partir d'un domaine dont les règles exogènes du jeu seraient totalement dépourvues d'institutions et entièrement déterminées par la technologie. Dans n'importe quel domaine, les règles du jeu sont plus ou moins déterminées par des mécanismes (règles) qui ont été conçus par les hommes. Ainsi, certaines transactions peuvent prendre place dans le domaine de l'échange à un moment et dans un lieu donné, puis dans le domaine organisationnel dans un autre endroit et à une autre période (Williamson, 2000). De la même manière, certaines transactions peuvent prendre place soit dans le domaine politique soit dans le domaine de l'échange, en fonction de la trajectoire historique. Dans cette perspective, on peut interpréter l'analyse des transnationalistes comme suit : ils estiment que les mécanismes nationaux (qu'ils soient politiques, organisationnels, commerciaux ou de l'ordre de l'échange social) sont progressivement envahis et remplacés par des mécanismes transnationaux et donc que les institutions qui prévaudront à l'avenir seront elles aussi de nature transnationale (la distinction qu'ils opèrent entre un mécanisme et une institution d'équilibre n'est cependant pas totalement claire).

La perspective d'une évolution linéaire de ce type ne peut être tenue pour acquise, même si la globalisation des marchés a sans aucun doute des effets importants. Il y a au moins deux raisons à cela. La première est l'augmentation (paradoxale) de la valeur de la connaissance tacite malgré, ou plutôt à cause du développement des TIC (chapitre XII.1.). En raison de la valeur économique de cette connaissance, les institutions « locales », au sens de la géographie naturelle ou de l'héritage culturel, sont contraintes d'évoluer en même temps que les institutions transnationales. La seconde est la nature systémique des arrangements institutionnels. Nous avons insisté tout au long du livre sur les interdépendances et les liens synchroniques et diachroniques entre les institutions des différents domaines. Les Etats-nations ont pu constituer un point focal important de ces interdépendances. Nous ne voulons pas dire par là que les politiques et les plans organisationnels des Etats nationaux ont dicté leur trajectoire évolutionnaire aux arrangements institutionnels globaux des économies nationales. Nous avons plutôt conçu l'Etat comme un équilibre du jeu du domaine politique, dont les institutions des autres domaines (y compris les domaines d'échange internationaux) constituent l'environnement. Inversement, les institutions des autres domaines forment des équilibres dont l'Etat constitue l'environnement. L'Etat et les autres institutions sont codéterminés. Comme le domaine de l'échange international (les marchés mondiaux) constitue un environnement important des Etats-nations, ceux-ci vont certainement s'adapter aux effets de la globalisation des marchés et des firmes transnationales. Cela n'implique pourtant pas que les différences entre les domaines nationaux vont toutes disparaître et que l'économie mondiale est régulée par des arrangements institutionnels uniformes et transnationaux. Nous devons comprendre la manière dont les institutions transnationales et nationales, ainsi que celles qui fonctionnent à d'autres niveaux, interagissent et évoluent conjointement. Dans ce processus, les institutions transnationales et régionales d'une part (les marchés mondiaux, la mise en application des droits de propriété dans l'espace virtuel, la gouvernance des marchés financiers internationaux, le fédéralisme supranational comme l'Union européenne, etc.) et les institutions nationales et infranationales d'autre part, peuvent très bien se révéler complémentaires et non pas se substituer les unes aux autres.

Cet ouvrage a cherché à construire un cadre permettant d'analyser les complémentarités institutionnelles complexes que l'on trouve à l'échelle mondiale. On peut reconnaître que ce livre n'étudie pas de manière adéquate les économies en développement et les économies en transition. On peut néanmoins déduire certaines conséquences des analyses qu'il propose et émettre certaines conjectures quant aux évolutions des arrangements institutionnels mondiaux. Pour décrire les effets possibles de l'intégration mondiale des marchés, de la prééminence des firmes transnationales et du développement des TIC[19], nous faisons référence aux éléments suivants :

Les champs organisationnels et les domaines de l'organisation.

a) Le développement des TIC devrait rendre viables les firmes transnationales ou mondiales (les firmes GL) dont l'architecture organisationnelle se caractérise par une hiérarchie fonctionnelle étendue au niveau mondial et intégrée en réseau. Cependant, nous avons vu au chapitre XII.1. que l'information de valeur ne pouvait être numérisée en temps réel. Certaines informations ne peuvent être traitées et utilisées que de manière tacite et contextuelle. D'un autre côté, le développement des TIC facilite l'encapsulation efficace de l'information par les petites firmes, qui conduit au développement d'un produit (modulaire) unique dans chaque niche de marché (chapitre XIV.1.). Alors que la firme GL prend de plus en plus de place sur les marchés mondiaux, les petites firmes, comme celles que l'on observe dans des regroupements comme la Silicon Valley ou les districts industriels italiens, peuvent donc rester actives dans certaines niches de marché.

b) L'efficience du traitement encapsulé de l'information par des petites unités organisationnelles, qu'il s'agisse de petites entreprises ou de sous-unités d'entreprises de plus grande taille, ne provoque pas la supériorité inconditionnelle du type d'architecture organisationnelle qui s'est développée en leur sein. La comparaison de l'efficience informationnelle des types d'architecture organisationnelle dépend de certains facteurs comme la microtechnologie, l'histoire organisationnelle, les types d'actifs humains disponibles sur les marchés locaux ainsi que les arrangements institutionnels environnants, y compris les normes sociales (chapitre IV.1. et chapitre V). C'est pourquoi la diversité organisationnelle subsistera, même si l'observation de pratiques plus efficaces doit mener à un certain apprentissage organisationnel[20].

c) Lorsque des unités organisationnelles (modulaires) de petite taille sont reliées au sein d'un système efficace, il peut apparaître de nouvelles organisations d'intermédiation et de conseil. Les sociétés de capital-risque de la Silicon Valley en constituent un exemple que nous avons abondamment étudié (chapitres IV.2., XII et XIV)[21]. Nous avons également montré comment on pouvait interpréter dans cette perspective le rôle des directions et des holdings, qui n'interviennent pas dans les décisions opérationnelles des unités constitutives mais sont actives dans leur reconfiguration.

Le domaine des transactions financières et les autres domaines d'échange. a) Nous avons montré au chapitre XII.1. que la connaissance tacite avait une valeur économique dans certains domaines de transaction financière. Même si le financement relationnel de « copinage » dirigé par des intérêts industriels comporte un risque élevé d'aléa moral et si les restrictions financières et les barrières à l'entrée imposées par les Etats nationaux perdent de leur viabilité dans un environnement de marché financier mondialisé, on ne peut ignorer complètement la valeur économique du financement relationnel fondé sur une connaissance non codifiable. Nous avons montré théoriquement que le financement relationnel pouvait rester viable lorsque les marchés des titres sont intégrés au niveau mondial, quoique son émergence puisse au départ nécessiter la protection des gouvernements nationaux (restrictions financières, barrières à l'entrée, contrôle des flux de capitaux à court terme, etc.).

b) Les financiers mondiaux peuvent disposer de compétences supérieures en matière de choix de portefeuille et de couverture des risques grâce à leur utilisation d'informations codifiables diffusées sur les marchés globalisés. Cependant, ils peuvent être incapables de surveiller directement les emprunteurs finaux ou de déléguer ces fonctions à d'autres financiers (les sociétés de capital-risque ou les banquiers locaux des marchés émergents, par exemple). Si l'interface qui relie les financiers internationaux et les financiers locaux des pays émergents n'est pas conçue et réglementée correctement et si ces derniers ne disposent pas de capacités de contrôle fiables, cela peut provoquer une instabilité des marchés qui rassemblent ces financiers (chapitre XII.2.). Pour autant, les règles de gouvernance des flux de capitaux internationaux sur les marchés émergents ne peuvent se réduire de la part des emprunteurs à exiger une meilleure transparence de l'information, une réglementation prudente et la mise en application des contrats par une tierce partie[22]. La crise financière est-asiatique s'est produite en raison d'une incapacité, partagée par les deux côtés des marchés financiers (le côté mondial et le côté « autochtone »), à faire bon usage de connaissances non codifiées. L'anticipation que les pays frappés par une crise de change seraient renfloués par des organisations internationales comme le FMI a également pu conduire à négliger le comportement d'aléa moral des prêteurs.

c) Le développement du commerce électronique au sein de l'espace virtuel mondial peut permettre de relier les domaines d'échange au niveau mondial. Cependant, nous avons vu au chapitre III qu'aucun domaine d'échange ne pouvait fonctionner sans un mécanisme crédible de mise en application des droits de propriété et des contrats. Le rôle des gouvernements nationaux peut certainement s'estomper si la définition des droits de propriété et les règles destinées à les rendre exécutoires (qui sont elles-mêmes conçues par les gouvernements nationaux) sont incohérentes. Tout comme le développement des marchés dans la phase initiale du capitalisme a dû s'appuyer sur la capacité des gouvernements nationaux émergents à rendre les contrats exécutoires, le développement du commerce électronique nécessite une harmonisation des lois nationales et une coopération des gouvernements nationaux dans la mise en application des contrats, dans la protection des droits de la propriété intellectuelle et dans la prévention de leur exploitation abusive (Radin, 1999). Il faut également remarquer que, même dans le domaine du commerce électronique, les mécanismes de mise en application par une tierce partie doivent être remplacés ou complétés par d'autre dispositifs comme les mécanismes multilatéraux de réputation (les sites internet d'enchères, par exemple) ou les mécanismes numériques fondés sur la technologie (chapitre III)

Le domaine politique. a) La distinction que nous avons faite au chapitre VI entre le gouvernement (en tant que joueur du domaine politique) et l'Etat (en tant qu'équilibre) s'avère particulièrement utile pour comparer la manière dont les Etats-nations s'adaptent aux évolutions de leur environnement. Au chapitre XIII, nous avons étudié une situation dans laquelle les réglementations politiques nationales devenaient incompatibles avec un environnement de plus en plus mondialisé, ce qui déclenchait une crise institutionnelle (la crise bancaire japonaise). Ce type d'incompatibilité peut être encore plus prononcé dans des économies nationales dont les institutions politiques (les Etats) ne sont pas libérales (au sens défini au chapitre VI.1.) et dont les constituants élémentaires sont des groupes d'intérêts nationaux (les syndicats nationaux du corporatisme social-compact ou les associations industrielles du pluralisme administratif, par exemple). Ces Etats peuvent être contraints de s'adapter à un environnement de plus en plus mondialisé. Nous avons vu dans l'exemple qui précède que cette adaptation était nécessairement progressive, car les gouvernements et les autres institutions sont étroitement liés entre eux dans ces économies[23]. Les différentes caractéristiques des Etats-nations que nous avons identifiées au chapitre VI.2. continueront à exercer une influence déterminante sur la manière dont ces économies s'adapteront aux transformations de leur environnement.

b) Les gouvernements nationaux peuvent répondre aux tensions croissantes entre les réglementations nationales et la mondialisation des marchés en élaborant des arrangements organisationnels supranationaux capables de passer outre aux cadres nationaux. Ce mouvement peut être plus facile pour les nations dont les domaines de transaction sont fortement interconnectés. La formation d'arrangements fédéralistes supranationaux comme l'Union européenne en constitue un exemple (chapitre VI.2.). Par ailleurs, certaines fonctions du gouvernement (la réglementation, la sécurité sociale, l'offre de biens publics, la protection de l'environnement, etc.) peuvent être réalisées de manière plus efficace à une échelle juridictionnelle plus petite que celle de l'économie nationale (communautés locales ou ONG), de la même manière que de petites unités organisationnelles constituent des entités viables des champs organisationnels. Ainsi, la décentralisation du pouvoir exécutif dans un fédéralisme favorable au marché peut limiter la tendance du gouvernement au laxisme budgétaire (chapitre VI.2.). Les institutions politiques tendent donc à évoluer à plusieurs niveaux et à constituer des structures qui se chevauchent, et non à se réduire à une collection d'Etats-nations westphaliens mutuellement exclusifs (ce qui ne fut d'ailleurs jamais le cas, voir Krasner, 1999).

c) La globalisation des marchés et le développement des TIC confèrent de plus en plus d'importance au domaine politique mondial. Les architectures de gouvernance internationale, comme les Nations unies, le FMI, l'OMC et la Cour de justice internationale, furent conçues avant la mondialisation et se fondaient exclusivement sur l'adhésion des gouvernements nationaux. On commence à douter de la capacité de ces organisation à résoudre un certain nombre de problèmes internationaux nouveaux (comme l'attribution des droits environnementaux, l'incohérence des réglementations nationales, la gouvernance des marchés financiers et des conflits commerciaux, la mise en place d'infrastructures globales de marché et les conflits Nord-Sud) et à se demander si l'on ne doit pas faire appel à un nouveau mécanisme de gouvernance mondial. Compte tenu des différences entre les Etats-nations (interprétés comme des systèmes de croyances collectives) du Nord et du Sud ou de l'Est et de l'Ouest, ainsi que des différentes causes politiques, sociales ou morales défendues par les ONG internationales, on peut douter de l'émergence d'un Etat « mondial » (un système de croyances partagées à l'échelle mondiale) dans un avenir proche.

Les domaines d'échange social. a) L'un des paradoxes de la globalisation est que les normes, dont on pense généralement que les origines sont localisées, continuent à enchâsser et à contraindre les transactions internationales. Nous pensons ici aux situations dans lesquelles les normes qui prévalent dans des communautés professionnelles ou ethniques favorisent le développement d'une technologie de logiciels dans l'espace virtuel et de certains liens internationaux entre les centres de haute technologie (chapitre II.3.).

b) La mobilité physique accrue et la possibilité de communiquer rapidement dans l'espace virtuel ont donné naissance à des réseaux globaux d'ONG consacrées à des causes diverses (protection de la nature, sécurité ou droits de l'homme, par exemple). Les firmes transnationales, les Etats-nations et les organisations internationales sont aujourd'hui surveillés de près par ces réseaux, dont les causes morales, les objectifs politiques et les objectifs sociaux sont variés et parfois contradictoires.

L'évolution des arrangements institutionnels globaux à l'échelle mondiale est donc loin de donner un Etat monotone et uniforme, dominé par des entreprises transnationales et par des marchés financiers mondialisés qui seraient capables de remplacer les institutions nationales et locales. L'environnement mondial est devenu une structure complexe dans laquelle des institutions diverses s'entrecroisent et interagissent de manière concurrentielle et complémentaire. En raison de la mondialisation rapide des marchés et du développement des TIC, cette structure se transforme régulièrement, même si elle comprend certains éléments inertiels et robustes, comme toujours dans le cas des institutions. Autrement, l'économie mondiale ne serait ni stable ni viable. Dans l'ensemble, on peut s'attendre à ce que les institutions nationales s'adaptent aux évolutions de l'environnement international et de l'environnement technologique. Nous continuons donc à observer cette tendance duale des arrangements institutionnels mondiaux, qui accordent de plus en plus d'importance aux institutions nationales tout en valorisant le développement d'une diversité régionale, nationale et locale. Nous pensons toutefois que c'est la diversité qui renforce la robustesse de l'économe mondiale face à des chocs imprévus et qui permettra une adaptation novatrice aux évolutions futures de l'environnement. Comme nous ne pouvons pas connaître *a priori* le modèle idéal des dispositions institutionnelles mondiales, il faudra l'apprentissage, les expérimentations et les aléas de la diversité pour nous permettre de nous adapter de manière créative aux transformations de l'environnement.

Notes

I. Que sont les institutions ? Comment les définir ?

1. *NdT* : Le terme a plusieurs équivalents courants en français (« faire respecter », « imposer », « mettre en application », « rendre exécutoire »). Suivant les recommandations de l'auteur, nous traduisons cependant les composés de *enforce* systématiquement par leurs équivalents juridiques. *Enforcement* est ainsi traduit par « mise en application », *enforceable* par « exécutoire », *enforceability* par « possibilité de rendre exécutoire », *self-enforceable* par « auto-exécutoire ».

2. Greif (1994, 1997b, 1998b), Aoki (1995/2000, 1996), Aoki et Okuno-Fujiwara (1996), Okazaki et Okuno-Fujiwara (1995 [1998]). Greif qualifie cette approche d'Analyse institutionnelle historique comparée (AIHC).

3. Veblen définit les institutions comme des « habitudes de pensées installées, collectives aux hommes en général » (1909 [1961], p. 239).

4. *NdT* : En théorie des jeux, l'adjectif « évolutionnaire » s'est imposé en français comme en anglais pour marquer la distinction avec « évolutionniste » qui s'applique spécifiquement à la théorie économique évolutionniste.

5. Ostrom est un autre partisan de cette conception (1990, p. 51).

6. Bien qu'une tierce partie représente un mécanisme exogène de mise en application des règles formelles, le déroulement efficace du jeu doit dépendre de l'efficacité de la surveillance et des sanctions. North pose la question suivante : « Que se passe-t-il lorsqu'un même ensemble de règles est imposé à deux sociétés différentes ? Les résultats ne sont pas les mêmes. Bien que les règles soient identiques, les mécanismes de mise en application, la façon dont celle-ci se déroule, les normes de comportement et les modèles subjectifs des acteurs ne le sont pas. En conséquence, les structures réelles d'incitation et la manière dont les conséquences des politiques sont perçues sont toutes deux différentes. Une même modification de l'ensemble des prix relatifs ou l'imposition d'un même ensemble de règles conduisent donc à des résultats divergents lorsque diffèrent les arrangements institu-

tionnels des sociétés » (North, 1990, p. 101). North mobilise la notion plus large de cadre institutionnel, qui inclut « les règles juridiques, les formes organisationnelles, la mise en application et les normes de comportement » (North, 1961, p. 33. Voir aussi p. 58, 101). Il utilise ailleurs l'expression d'échafaudage institutionnel (North, 1998) pour qualifier cet ensemble.

7. L'image de la fonction de résultat est l'espace des résultats physiques plutôt que celui des gains d'utilité. Hurwicz considère que les fonctions d'utilité des joueurs ne font pas partie des règles du jeu. Il utilise donc l'expression « forme de jeu » et non celle de « jeu » pour qualifier le triplet composé de l'ensemble des joueurs, de leur espace de choix et de la fonction de résultat.

8. A strictement parler, une représentation paramétrique de ce type peut être trop restrictive et trop étroite pour qualifier le prix plafond d'« institution », car le gouvernement peut choisir celui-ci de manière discrétionnaire. Hurwicz permet donc à la valeur du paramètre de changer et conçoit l'institution comme une famille de mécanismes (par exemple une échelle de prix plafond) et non comme un mécanisme unique (par exemple un prix plafond particulier).

9. Un équilibre de Nash est un résultat auquel parviennent deux joueurs, tel qu'aucun joueur n'a pas intérêt à modifier sa stratégie unilatéralement.

10. Schotter définit une institution sociale comme « une certaine régularité du comportement social sur laquelle s'accordent tous les membres de la société, qui en précise le comportement dans des situations récurrentes spécifiques et qui soit se contrôle d'elle-même, soit est contrôlée par une autorité extérieure » (1981, p. 11). A l'instar de la seconde conceptualisation des institutions, celle-ci les considère comme des règles de conduite. Cependant, au lieu d'être données de manière exogène par le processus politique ou législatif, on suppose que ces règles sont endogènes au processus économique lui-même et constituent la solution d'un jeu.

11. Hodgson (1993) propose un aperçu général de la pensée évolutionnaire appliquée à l'économie institutionnelle. Il n'adopte cependant pas un cadre explicite de théorie des jeux.

12. *NdT*. Comme il est d'usage dans les textes français de la théorie des jeux d'évolution, « évolutionnaire » est la traduction d'*evolutionary* pour le distinguer du terme de la théorie économique « évolutionniste »

13. L'équivalent sociologique d'un plan exhaustif d'action se trouve dans la notion de script introduite par Schank et Abelson (1977), qui décrit les schémas et les séquences de comportement déclenchés par certains rôles et certaines situations spécifiques.

14. Pour une conceptualisation plus récente et ses ramifications, voir Greif (1998b). Une différence subtile entre sa conception et la nôtre, qui apparaîtra plus clairement dans la suite de l'ouvrage, est que nous traitons explicitement du mécanisme cognitif à l'œuvre dans le processus d'institutionnalisation ainsi que de ses implications pour l'évolution institutionnelle (voir en particulier les sections des chapitres V.2., VII.2., IX.2.).

15. Dans le chapitre VII, les différentes conceptions de l'équilibre, et en particulier l'équilibre classique et l'équilibre évolutionnaire, ne s'excluent pas mutuellement. Elles sont au contraire complémentaires. Le concept

d'équilibre approprié peut également dépendre du niveau de spécification des caractéristiques du domaine.

16. Cet aspect est compatible avec la conception phénoménologique des institutions initialement développée en sociologie de la connaissance par Berger et Luckmann (1966). Selon eux, « l'institutionnalisation se produit dès que certains types d'acteurs réalisent une typologie réciproque des actions rendues habituelles » (1966, p. 54). En revanche, « ce monde institutionnel est vécu comme une réalité objective » (*ibid.*, p. 60).

17. Dans une revue de littérature exhaustive sur l'analyse des institutions dans les sciences sociales, Scott (1995) avance que les aspects régulateurs, normatifs et cognitifs des institutions sont tous présents dans les institutions, même si les différentes disciplines et les différentes écoles de pensée des sciences sociales se concentrent seulement sur l'un d'entre eux. On peut également considérer que notre conceptualisation incorpore ces trois aspects : une institution est régulatrice en ce qu'elle contraint les choix des agents individuels, normative en ce qu'elle prescrit certaines actions à tous les agents par l'intermédiaire des croyances partagées et cognitive car elle se construit en tant que croyance partagée.

18. Searle, l'auteur de *La Construction de la réalité sociale*, affirme ainsi que « tous les faits institutionnels sont subjectifs du point de vue ontologique, même si en général ils sont objectifs du point de vue épistémique » (1995, p. 63). Remarquons cependant que Berger et Luckmann, qui sont à l'origine de l'approche phénoménologique des institutions exposée dans *La Construction sociale de la réalité*, soutiennent que « [le monde institutionnel] n'acquiert pas un statut ontologique en dehors de l'activité humaine qui le produit » (1966, p. 60). Notre approche, tournée vers l'équilibre, reconnaît qu'à la fois les activités humaines et les croyances se constituent réciproquement comme institutions (voir figure 1.1.).

19. Il s'agit là de la manière dont les économistes considèrent l'aspect cognitif des institutions à laquelle Scott (1995) fait référence (voir la note 17 ci-dessus).

20. Selon Arrow, « on peut concevoir l'anticipation en soi comme un élément de la psychologie individuelle, mais en pratique les institutions sociales jouent un rôle important dans l'orientation et la formation des anticipations. On comprend [...] que les autres n'exploiteront pas toutes les opportunités de profit à court terme possibles et qu'ils élaboreront un réseau de services financiers destiné à prévoir et à accommoder les difficultés passagères » (Arrow, 1998, p. 6).

21. La robustesse est présentée plus loin comme une propriété essentielle de l'institution. En ce sens, le vecteur prix, en tant que représentation synthétique des goûts et de la technique, ne peut constituer une institution puisqu'il s'adapte aux modifications de ces paramètres. L'analogie s'arrête donc ici. En revanche, les croyances selon lesquelles on peut acheter des biens en payant le prix convenu et se les faire livrer comme promis peuvent constituer une institution.

22. Les arguments qui suivent ont été développés à partir de mes propres travaux (voir Aoki, 1994a, 1995/2000, 1996). Greif (1989, 1994, 1998b) a également développé les mêmes idées sur la base de sa recherche originale

et les a présentées sous forme succincte dans Greif (1997, 1998a). Il faut aussi faire état des contributions de Milgrom et Roberts (1990a, 1992, 1994) sur le troisième argument, ainsi que de ma dette à leur égard.

23. En ce qui concerne cette dernière approche, voir Hurwicz (1996). Young finit par suivre cette approche du point de vue de la théorie des jeux évolutionnaires (1998, chapitre 9).

24. Basu (1997b) propose une parabole intéressante pour illustrer ce point. Comparons deux jeux : l'un d'entre eux (appelons-le jeu du droit) dispose d'un droit et de fonctionnaires, alors que l'autre (le jeu anarchique) n'en dispose pas et se trouve ainsi dépourvu d'institution. Supposons cependant que les ensembles de stratégies ou les gains des agents sont identiques dans ces deux jeux, parce que toute action réalisable par « le fonctionnaire » dans le premier jeu l'est aussi par le même agent (qui n'a plus ce nom) dans le second. Supposons que nous puissions identifier les équilibres de chaque jeu et que nous appelions le premier équilibre de droit et le second équilibre anarchique. Imaginons maintenant que ce soit l'équilibre de droit qui prévale, la question reste cependant de savoir pourquoi les agents choisissent « l'équilibre de droit » plutôt que l'équilibre anarchique. Certaines caractéristiques d'ordre non technique doivent influencer le choix de l'équilibre. Si c'est le cas, le droit constitue un point focal (Schelling, 1960).

25. Sugden souligne que l'idée de convention requiert l'existence de plusieurs équilibres. Il avance qu'« on peut considérer qu'une règle auto-exécutoire est une convention si et seulement si on peut imaginer qu'une règle *différente* pourrait être auto-exécutoire elle aussi si elle était en place » (Sugden, 1986, p. 32).

26. Nous discutons de ce point en détail au chapitre X.3.

27. Concernant les contributions de Milgrom et Roberts sur l'analyse comparée des institutions et des organisations, voir Milgrom et Roberts (1990b, 1992, 1994) ainsi que Holmstrom et Milgrom (1994). Pagano (1993), et Pagano et Rowthorn (1994) constituent les premières contributions analytiques sur les complémentarités institutionnelles.

28. L'économie des coûts de transaction fait de la transaction l'unité de base de l'analyse, par opposition à la théorie de l'agence qui considère les agents individuels eux-mêmes (voir Williamson, 1996, chapitre VII pour une comparaison des deux approches). En ce sens, l'approche suivie par l'économie des coûts de transaction est similaire à la nôtre, qui prend le domaine de jeu comme unité d'analyse. Williamson, une référence dans l'économie des coûts de transaction, analyse de manière explicite la nature institutionnelle de l'environnement de la transaction : ces définitions des institutions [celle de North, Schotter *et al.*] opèrent principalement au niveau de l'environnement institutionnel, ce qu'on appelle les règles du jeu. Le deuxième niveau sur lequel l'économie institutionnelle travaille, plus micro-analytique, est celui des institutions de contrôle. Cet ouvrage s'intéresse essentiellement à celles-ci (marchés, hybrides, hiérarchies, bureaux) (Williamson, 1996, p. 4-5).

29. Bhagwati *et al.* (1984), Basu (1997a), Calvert (1995), Weingast (1995, 1997), Greif (1997b).

30. Greif (1998a, 1998b), Basu (1997b, 1998), Kornhauser (1999a, 1999b).

31. Greif (1998a, 1998b).

32. North (1990, 1995), Basu (1997a).

33. Le chapitre IX présente une situation dans laquelle les perceptions subjectives des agents définissent les ensembles de choix d'action qu'ils mobilisent.

34. La notion de ressources collectives est proche de celle de « ressources mises en commun » utilisée par Ostrom. Nous y incluons les bienfaits et les méfaits collectifs comme la pollution tant que les ensembles d'actions des agents du domaine sont qualitativement symétriques. Quand les ressources collectives sont distribuées par l'autorité publique de manière unilatérale, nous les appelons biens publics et les renvoyons au domaine politique analysé plus loin.

35. Les phénomènes d'économie échelle font baisser le coût moyen de production lorsque l'échelle ou la capacité de production augmente ; à l'inverse, des problèmes peuvent apparaître au sein ou à l'extérieur d'une organisation au fur et à mesure que celle-ci grandit. On parle alors de déséconomies d'échelle.

36. Nous nous intéressons particulièrement à l'organisation en tant que mécanisme de coordination, bien que celle-ci puisse avoir d'autres aspects. Dans cette perspective, on peut considérer que même les organisations dont le contrôle est égalitaire ou collectiviste disposent d'un agent focal (la direction).

37. C'est une caractéristique typique des organisations, selon le traité classique de Barnard (1938).

38. En considérant le gouvernement comme un joueur autonome du jeu, l'approche suivie ici s'accorde avec celle développée par les sciences politiques, par exemple chez Skocpol (1979, 1985), Krasner (1978, 1984) et Weingast (1997). Ces auteurs dénomment cependant « Etats » les gouvernements souverains, plutôt que de réserver à ce terme le sens d'un équilibre du domaine politique.

39. Ce type de domaine a fait l'objet d'une analyse institutionnelle chez plusieurs écoles de sociologues, comme les théoriciens de l'échange social (par exemple chez Homans, 1961), les phénoménologues (par exemple Berger et Luckman, 1966), les nouveaux sociologues institutionnalistes (Meyer et Rowan, 1977, Zucker, 1977, Scott et Meyer, 1983, DiMaggio et Powell, 1983), les théoriciens de l'enchâssement social (Granovetter, 1985) et les théoriciens du choix rationnel (par exemple Coleman, 1990). Pour une revue de littérature sur la manière dont les institutions sont analysées par la sociologie ou par les autres sciences sociales, voir Scott (1995).

40. Dans la mesure où les échanges de symboles et de langages affectent directement les gains des agents, on les distingue des « paroles en l'air » (*cheap talk*) de la théorie des jeux. Pour une revue de littérature à ce sujet et à l'intention des non-spécialistes, voir Farrel et Rabin (1996).

II. Le droit coutumier de propriété et les normes communautaires

1. Nous supposons que quels que soient x, y'et y'' :
$u(x{:}y') = u(x{:}y'')$ à chaque fois que $x + y'$, $x + y'' \leq 100$, et que, quels que soient y, x'et x'' :
$v(y{:}x') = v(y{:}x'')$ à chaque fois que $x'+y$, $x'' + y \leq 100$.

2. *Idée de la démonstration.* Ne considérons, par souci de simplicité, que le cas où $k(A) = k(B) = k$. Supposons que dans les périodes comprises entre 1 et k, A et B retiennent toujours les mêmes échantillons, composés des prises des périodes précédentes entre $-k + 1$ et 0 (ce qui est possible parce que $2k < m$), en conséquence de quoi ils obtiennent toujours les quantités x et y, respectivement. Supposons que dans les périodes qui suivent, entre $k + 1$ et $2k$, A et B choisissent toujours les échantillons composés des observations précédentes comprises entre 0 et k, de sorte que le nombre optimal de prises est toujours $100 - y$ pour A et $100 - x$ pour B. Supposons ensuite qu'à la période $2k + 1$ les échantillons de B ne contiennent que des observations provenant des périodes comprises entre l et k, et que les échantillons de A proviennent des périodes comprises entre $k + 1$ et $2k$. Leurs prises sont alors de x et $100 - x$, respectivement. Supposons qu'à la période $2k + t$ $(1 < t \leq k)$, l'échantillon de B contienne des observations sur les périodes comprises entre $2k + 1$ et $2k + t - 1$ et entre t et k, alors que A tire ses échantillons des périodes comprises entre $k + 1$ et $2k$. Supposons enfin que de $3k + 1$ à $3k + m$ les deux échantillons ne contiennent que des observations des k périodes immédiatement passées. La combinaison des prises x et $100 - x$ sont alors répétées. En conséquence, à partir de la période $3k + m + 1$, les nombres optimaux de prises de A et B seront toujours de x et de $100 - x$ respectivement, ce qui implique l'établissement d'une convention. Puisque le choix des k échantillons à partir des m enregistrements est aléatoire, la situation décrite se produira avec une probabilité positive. La probabilité qu'une convention ne s'établisse *pas* sur les $T(3k + m)$ périodes est donc de $(1 - p)^T$, ce qui tend vers 0 quand T tend vers l'infini.

3. Idée de la démonstration : supposons qu'une convention $X = (x^*, 100 - x^*)$ soit établie. Soit le coût de la transition de de x^* à $x^* + 1$ le nombre d'expérimentations p minimum que le joueur A doit faire s'il veut que le joueur B accepte $100 - x^* - 1$ comme meilleure réponse (on appelle individu A (ou B) le joueur A (ou B) ainsi que ses ancêtres). Cela se produit si le joueur A réalise p chasses expérimentales successives de $x^* + 1$ prises chacune, et que le joueur B inclut cette information dans son échantillon k (B), de sorte que $v(100 - x^* - 1{:}x^* + 1) \geq (1 - p/k(B))v(100 - x^*{:}x^*)$. On vérifie alors que : $p \geq k(B)[- v(100 - x^* - 1{:}x^* + 1) + v(100 - x^*{:}x^*)]/v(100 - x^*{:}x^*)$. Si l'on ignore le critère selon lequel les nombres doivent être entiers, on peut faire une approximation du côté droit par $k(B)v'(100 - x^*{:}x^*)/v(100 - x^*{:}x^*)$, et le définir comme le coût de transition de x^* à $x^* - 1$. De manière symétrique, on peut définir le coût de la transition de x^* à $x^* + 1$ par l'expression $k(A)$ $u'(x^*{:}100 - x^*)/u(x^*{:}100 - x^*)$. Imaginons que les expérimentations aléatoires

orientent la convention en direction du coût de transition le plus faible, et renouvelons le raisonnement. Nous pouvons conjecturer, avec une certaine imprécision, que le processus stochastique de long terme caractérisé par des mutations aléatoires tendra, à long terme, à se stabiliser avec une probabilité plus élevée autour d'une convention sur laquelle le coût de transition dans chaque direction est identique. Si l'on divise par m la condition d'équilibre $k(A)\ u'(x^*{:}100-x^*)/u(x^*{:}100-x^*)\ -\ k(B)v'(100-x^*{:}x^*)/v(100-x^*{:}x^*)=0$, on obtient $d[(k(A)/m)\log u(x{:}100-x^*)\times k(B)/m)\times\log v\ (100-x{:}x^*)]/dx/x=x^*=0$. C'est équivalent à la condition $x^*\in \text{argmax}\ u(x{:}100-x^*)^{k(A)/m}\times v(100-x{:}x^*)^{k(B)/m}=\text{argmax}\ u(x{:}100-x^*)^{I(A)}\times v(100-x{:}x^*)^{I(B)}$. Voir Young (1993) pour une démonstration précise.

4. On peut soutenir que l'ignorance complète des préférences face au risque (de la fonction d'utilité) de l'autre partie ne constitue pas une hypothèse raisonnable dans une situation où les joueurs participent au jeu de manière répétée alors que les préférences face au risque restent stationnaires. Supposons que chaque partie parvienne à conjecturer correctement les préférences des autres. Dans ce cas le coût de la transition de x^* à x^*+1 défini auparavant, divisé par $k(A)$, peut être interprété comme l'évaluation par le joueur A de la témérité (Aumann et Kurz, 1977) ou du pouvoir local de négociation (Harsanyi, 1977) du joueur B, puisqu'on peut l'interpréter comme la probabilité maximum de situation de conflit (d'utilité nulle) que le joueur peut tolérer au point x^* pour supporter la pression agressive du joueur A en direction de x^*+1. Si nous faisons alors l'hypothèse que le résultat de la négociation s'oriente en faveur de l'agent ayant le pouvoir local de négociation le plus élevé, le processus se stabilise au point où celui-ci est équilibré entre les joueurs. A l'équilibre, nous obtenons la solution ordinaire d'un processus de négociation à la Nash : $x^*\in \text{argmax}\ u(x{:}100-x^*)v(100-x{:}x^*)$. Voir Aoki (1984, Partie II) pour une discussion détaillée de cette idée et de ces implications pour la théorie de la firme en termes de négociations, lorsque l'on considère que les employés sont, à côté des actionnaires, parties prenantes des intérêts de la firme.

5. Voir De Alessi (1980), Libecap (1986), Eggertsson (1990) et Platteau (1999) pour un aperçu des faits historiques sur le développement des droits de propriété.

6. Ce point a été souligné par North (1990).

7. Voir la démonstration dans la note 2. La convergence vers une convention devient problématique lorsque les capacités de traitement de l'information des agents, mesurées par I (.), dépassent 0,5.

8. Dans un ouvrage fondé sur une recherche de terrain et enquêtant sur les différends de voisinage dans le comté de Shasta en Californie, Robert Ellickson montre que les propriétaires terriens réglaient la plupart de leurs conflits (financement des clôtures ou dégâts provoqués par la collision entre un véhicule et du bétail perdu) sans le recours aux codes juridiques et parfois de manière incompatible avec eux. Il affirme que « les voisins réalisent le résultat coopératif [...] en développant et en rendant exécutoires des normes adaptatives de relations de voisinage qui surpassent les droits juridiques formels » (1991, p. 4). De ce point de vue, il critique le centrisme juridique de ce qu'on appelle le théorème de Coase sur les coûts sociaux. Selon lui,

le théorème a pris les droits définis juridiquement comme point de départ du règlement des différends et a « échoué à reconnaître que, dans certains contextes, le droit peut provenir de normes nées d'un processus social décentralisé et non de la loi » (1991, p. 138-139).

9. Black et Baumgartner (1983).

10. Schlicht (1998, chap. XII) offre une conceptualisation récente du droit comme codification des habitudes.

11. D'un certain point de vue, on peut penser que la distinction entre *nomos* et *thesis* correspond à celle que nous avons faite au chapitre I.3. entre règles endogènes et règles exogènes du jeu. Ces dernières précisent la forme du jeu en termes de fonction de conséquence (les sanctions infligées aux agents, privés ou publics, en fonction des actions qu'ils choisissent), alors que les premières renvoient à un ordre d'équilibre dans une certaine forme de jeu. Si nous retenons une interprétation étroite du droit qui le définit comme un texte codifié *(thesis)*, on ne peut le qualifier de *nomos* au sens d'équilibre de Nash. Certaines lois sont effectivement promulguées et, à l'occasion, rendues exécutoires. Il se peut aussi qu'un agent, parce qu'il pense que tous les membres de la société s'y conforment, ne les respecte pas lui-même. Voir Kornhauser (1999a, 1999b).

12. Pour une étude des différents facteurs à l'origine du choix de la privatisation plutôt que de la propriété collective, voir Platteau et Baland (1998). Dans chapitre IX.3, la sélection peut ne pas être entièrement déterminée par les facteurs techniques.

13. Les références sur ce sujet sont nombreuses. Voir par exemple Ostrom (1990, 1992), Ostrom et Walker (1994), Bardhan (1993), Platteau (1999), Baland et Platteau (1996) pour des travaux réalisés dans une perspective comparée.

14. Voir Hall (1991) pour un aperçu historique succinct de la période Tokugawa. Ikegami (1995) propose une analyse historique et institutionnelle intéressante du rôle des samouraïs du point de vue sociologique.

15. Pour des raisons politiques, le gouvernement Tokugawa a tracé une démarcation nette entre les villes et les villages. Il n'a qualifié de villes officielles (*machi*) que les villes dans lesquelles résidaient les seigneurs des gouvernements Han, réservant aux autres le nom de villages (*mura*). Ceux-ci comprenaient également des regroupements de population qui étaient déjà devenus des villes parce qu'ils constituaient des carrefours stratégiques pour le transport ; c'était aussi le cas des marchés et des villes temples. Même dans ces « pseudo-villages », les contribuables habituels étaient classés comme cultivateurs (*hyakusho*) et leur charge fiscale était fixée en termes de quantités de riz, alors même qu'ils pouvaient exercer les métiers de marchands, d'artisans, etc. (Amino, 1997, p. 127-128). Ce chapitre n'étudie que les villages ordinaires, habités principalement par des paysans propriétaires de leurs terres et réglant leurs obligations fiscales collectives à un gouvernement. Ces paysans s'impliquèrent cependant progressivement dans la production de cultures commerciales comme la soie, le coton, les graines de colza, ainsi que dans des activités non agricoles comme la filature, le tissage et la distillation. Au chapitre X.1. (A), nous étudions les activités commer-

ciales et industrielles des familles paysannes ainsi que leurs conséquences sur la transition vers l'économie de marché.

16. S. Hayami et M. Miyamoto (1988).

17. Le concept de capital social trouve son origine dans les travaux de Coleman, qui le définit comme suit : « Je conçois ces ressources socioculturelles comme un actif pour l'individu, c'est-à-dire comme un capital social. Le capital social se définit par sa fonction. Ce n'est pas une entité unique mais une variété d'entités différentes, qui ont deux caractéristiques en commun : elles consistent toutes en certains aspects de la structure sociale et elles facilitent certaines actions de la part des individus qui se trouvent à l'intérieur de cette structure [...]. A la différence des autres formes de capital, le capital social s'enracine dans la structure des relations entre les personnes et parmi les personnes. Il ne réside ni dans les individus ni dans les outils physiques de production » (Coleman, 1990, p. 302). Il n'y a pas de référence explicite à une situation de jeu, bien qu'il évoque un argument analogue ailleurs (1990, p. 1). Il n'y a cependant pas de contradiction explicite entre sa définition et la mienne.

18. Pour d'autres applications des jeux liés, voir Fudenberg et Kreps (1987), Bernheim et Whinston (1990), Spagnolo (1999).

19. Field (2001) étudie la sélection évolutionnaire au niveau supra-individuel (au niveau du groupe en général).

20. Par exemple, vers la fin de la période Tokugawa, les familles des villages ont commencé à échanger des parcelles de rizières dispersées et à construire des petits fossés pour séparer les rizières individuelles, afin d'instaurer un certain contrôle individuel de la distribution et de l'écoulement de l'eau (Nagata, 1971, p. 34-56). Les droits individuels sur le contrôle de l'eau dans le village ont fini par être codifiés par un règlement promulgué quelque vingt années après la restauration Meiji (1887), bien que les droits sur les prises d'eau du système de distribution (par exemple la rivière) soient restés collectifs et confiés au syndicat d'utilisation de l'eau du village, qui fonctionnait formellement sur la règle du vote à la majorité.

21. Voir note 39 du chap. I.

22. Ulmann-Margalit (1977) a proposé une analyse des normes dans un cadre de théorie des jeux, bien qu'il ne s'agisse pas d'une modélisation en termes de jeux liés.

23. Le rôle des normes communautaires dans le développement du marché est le thème commun d'un projet collectif, *Communities and Markets in Economic Development*, parrainé par le Economic Development Institute de la Banque mondiale et le Stanford Institute for Economic Policy Research. Les quatorze contributions ont été rassemblées dans Aoki et Hayami (2001).

24. A ma connaissance, la relation entre les jeux liés et l'enchâssement social fut en premier soulignée dans une version préliminaire du travail de Spagnolo (1999) datant de 1994.

25. Aux chapitres IX et X, la notion de jeux liés est étendue au-delà du domaine de la propriété collective, de manière à comprendre comment les institutions peuvent être le résultat de ce type de jeux.

26. Pour cet exemple, je dois beaucoup aux textes d'Ikeda de 1997 et 1999, ainsi qu'à mes conversations avec lui.

27. TCP/IP selon l'abréviation anglaise.

28. On peut aussi faire des affaires grâce au logiciel libre. Linux fait des profits en proposant des lots commerciaux aux services d'aide aux utilisateurs.

29. Comme je n'ai pas la formation d'un historien de l'économie, les interprétations historiques qui suivent sont spéculatives et conjecturales. Dans l'écriture de ces paragraphes, j'ai néanmoins bénéficié de conversations avec les professeurs Hiroshi Miyajima et Meredith Woo Cummings, ainsi que de leur enseignement sur les faits historiques et sur la littérature. En revanche, les interprétations développées par la suite sont les miennes.

30. Voir Palais (1975, en particulier les chapitres I et IV, et 1996, chapitre VI) et Wagner (1972). Je m'appuie davantage, pour élaborer mes propres interprétations, sur Miyajima (1983, 1995).

31. La dynastie Choson nommait des fonctionnaires centraux comme magistrats pour une période limitée. Cependant, on leur interdisait de résider dans la localité à laquelle on les affectait (les villes *yangban*), de sorte qu'il leur manquait les moyens réels pour gouverner. Ils déléguaient la collecte de l'impôt et l'administration locale à des employés locaux, mais ces derniers étaient en fait contrôlés par les *yangban* locaux, dont les ancêtres avaient autrefois été fonctionnaires centraux. Voir Palais (1975, chap. VII) pour une étude du système des prêts agricoles.

32. On cite largement une estimation historique de Hiroshi Shikata, un spécialiste japonais qui a étudié les archives d'enregistrement de la dynastie Choson lorsqu'il exerçait la fonction de professeur à l'Université impériale de Séoul, au cours de la période coloniale. En 1960, les proportions de *yangban*, roturiers et *nobi* dans la population étaient respectivement de 7,4 %, 49,5 % et 43,1 %. Le recensement de 1858 offre un tableau différent : 48,6 %, 20,1 % et 31,2 % respectivement. Son étude fut ensuite critiquée pour l'étroitesse de sa couverture et ses méthodes de classification (Palais, 1996, p. 251). Les critiques portant sur les critères de classification semblent s'adresser plutôt aux caractéristiques politiques, comme l'éligibilité de l'administration centrale, qu'aux caractéristiques sociales. Le tableau global présenté par Shikata semble conforme à la conception qui est généralement partagée par les spécialistes coréens.

33. Cette théorie se trouve dans les manuels scolaires officiels coréens (Cho et Sung, 1995 [1997]). James Palais, spécialiste nord-américain de la dynastie Choson, semble fondamentalement d'accord avec cette thèse. Il existe une autre interprétation chez les savants coréens, qui consiste à donner de l'importance aux fermiers gérants, devenus entrepreneurs suite au passage au marché dans le courant du XIXe siècle.

III. Le contrôle privé de l'échange, des contrats et des marchés

1. Dans le chapitre I.3. nous appelons « formes du jeu » ou « mécanismes » les règles exogènes du jeu. Ici nous concevons le « mécanisme de contrôle » comme une institution, ou, de manière équivalente comme des règles endogènes du jeu supportant les anticipations stables des échangistes

sur le déroulement honnête des échanges. Nous concevons les règles endogènes comme l'équilibre stable d'un jeu d'échange répété. Une fois qu'elles sont fixées en tant qu'institutions, les règles peuvent alors réguler les choix individuels au sein du jeu d'échange.

2. Le commerce électronique reproduit aujourd'hui, à une échelle beaucoup plus vaste, les caractéristiques d'un bazar, en particulier le fait qu'un grand nombre d'échangistes se rencontrent sans se connaître.

3. Appelons M la matrice des gains représentée sur la figure 3.1. et $x = (x_1, x_2)$ la stratégie mixte d'un agent, où x_1 est la probabilité de jouer H et x_2 celle de jouer T. Les éléments de x peuvent également représenter les proportions d'agents qui, dans le domaine, emploient respectivement chacune des stratégies disponibles. La stratégie évolutionnairement stable est alors x^* tel que, pour tous les x possibles, lorsque $x^* \# x$, on a soit (1) $x'Mx^* < x^{*\prime}Mx^*$ soit (2) $x'Mx < x^{*\prime} Mx$, si $x'Mx^* = x^{*\prime}Mx^*$ (c'est-à-dire que x^* est une meilleure réponse que x face à x).

4. Puisque l'on suppose que l'échange de signes langagiers et de symboles se fait sans coût et n'affecte pas les gains des agents directement (même s'ils influencent leurs stratégies), on doit le distinguer de l'échange social. Voir la note 40 du chapitre I.

5. Robson décrit la condition à laquelle une mutation peut bouleverser un équilibre inefficient, c'est-à-dire l'absence d'échange dans le cas présent : « [Les] mutants doivent impliquer plus qu'une simple différence de choix par rapport à l'ensemble originel de stratégies. En effet, dans ce cas la présence des mutants implique la détention d'un signal, c'est-à-dire une caractéristique observable dont on peut considérer qu'elle a un coût intrinsèque nul ». Robson fait une analogie avec le jeu des moineaux de Harris, qui déterminent leur comportement face à l'adversaire en fonction de leur plumage.

6. La raison pour laquelle Carmichael et MacLeod ont dû utiliser le concept d'équilibre évolutionnaire faiblement stable (ou, plus techniquement, le concept de stabilité neutre) est que le concept de SES (stratégie évolutionnairement stable) requiert l'unicité locale de l'équilibre. Leur modèle, ainsi que les modèles du même type qui s'appuient sur la communication, rencontrent un problème lié au fait qu'un grand nombre d'équilibres de Nash ne peuvent être envahis et qu'ils correspondent chacun à différents niveaux de cadeaux et de « langages ».

7. Conformément aux prédictions de la théorie des jeux, Geertz suggère que « la clientélisation est la tentative, à l'échelle de l'acteur, de contrecarrer les déficiences systémiques du bazar en tant que réseau de communication (sa complexité et son irrégularité structurelles, l'absence de système de signalement et le sous-développement des autres, ainsi que l'imprécision, l'éparpillement et la distribution inégale de la connaissance sur les faits économiques) et d'en profiter en améliorant la richesse et la fiabilité de l'information transmise en son sein par des liens élémentaires » (Geertz, 1978, p. 31).

8. Dans le modèle de Carmichael et MacLeod (1997), l'existence de l'équilibre requiert que l'échange de dons se produise avant ou pendant la communication. Si la communication se produit avant l'échange de dons, alors c'est l'absence de l'équilibre qui prévaut de nouveau. Il s'agit là d'un

point intéressant non seulement parce que nous observons qu'en effet les cadeaux sont offerts au début de la relation, mais aussi parce que cela souligne l'importance du protocole dans l'obtention de l'efficience. Je dois cet élément de l'argumentation à une discussion personnelle avec MacLeod.

9. Par exemple Calvo (1979), Solow (1980), Shapiro et Stiglitz (1984), Bowles (1985). La structure du jeu d'échange considérée par Greif était asymétrique, en ce que le comportement malhonnête n'était possible que du côté des agents (c'est-à-dire des employés). En réalité, dans les contrats de travail, les deux parties peuvent se comporter de manière malhonnête. Supposons, par exemple, qu'un contrat précise que le salaire est indexé sur les performances, mais que la performance est difficile à vérifier par une tierce partie ; l'employeur peut alors être tenté de ne pas respecter les termes du contrat. Dans le modèle de Greif, l'essence de la stratégie individualiste consistait à créer des gains endogènes (le salaire d'efficience ω_I) associés à un comportement honnête de la part de l'agent, de sorte que le contrat devienne auto-exécutoire. Est-il possible, dans une situation de dilemme du prisonnier symétrique, d'employer un mécanisme similaire afin de rendre auto-exécutoires les contrats de travail indexés sur la performance, de manière à ce que la relation se poursuive ? Oui ! Voir par exemple MacLeod et Malcomson (1989) et Levin (2000).

10. Pour prouver cette conjecture il suffit, comme auparavant, de vérifier qu'une déviation de la stratégie prescrite à un agent à un moment donné peut élever la somme actualisée de ses gains anticipés, compte tenu de ses croyances. Si ce n'est pas le cas, le principe optimal de programmation dynamique implique qu'à aucun moment une déviation de nature plus complexe ne pourrait être profitable. Demandons-nous par exemple si un échangiste malhonnête a intérêt à ne pas payer la pénalité. S'il ne la paie pas, il peut économiser J à la période courante, mais obtiendra un gain nul à chacune des périodes futures puisque son comportement est enregistré par le LM. S'il la paie, il pourra obtenir $\Gamma/2 - Q$ à chaque période future, ce qui équivaut à une valeur actualisée de $\delta(\Gamma/2 - Q)/(1 - \delta)$. Si cette somme est supérieure à J, un échangiste n'aura jamais intérêt à refuser de payer les pénalités. De la même manière, on peut vérifier qu'il n'existe pas d'autre situation dans laquelle un échangiste aurait intérêt, à un moment donné, à dévier de la stratégie prescrite. La croyance partagée que l'échange malhonnête sera sanctionné par le jugement et enregistré par le LM peut donc dissuader les échangistes d'adopter un comportement malhonnête de la part des échangistes, pourvu que le LM agisse de façon neutre et honnête.

11. Si un joueur dévie une fois de sa stratégie en payant un pot-de-vin, alors même qu'il n'en a jamais payé auparavant, le gain qui en résulte est de $\alpha - Q - B$ cette année puis 0 à l'avenir puisque son nom sera inscrit sur la liste du LM (remarquons que l'on suppose que le LM, après avoir collecté le pot-de-vin cette année, se comporte de manière honnête). Si au lieu de cela il refuse de payer le pot-de-vin, son gain espéré est celui du résultat d'équilibre de Nash à un coup, c'est-à-dire l'absence d'échange cette année, puis un gain de $\Gamma/2 - Q$ à chaque période future. Si la relation

$\alpha - Q - B < \frac{\delta(\Gamma/2 - Q)}{1-\delta}$, est vérifiée, alors les échangistes n'ont pas intérêt à corrompre le LM. Si un échangiste n'a jamais payé de pot-de-vin auparavant et qu'on lui en demande un cette année, suivre cette stratégie lui rapporte $\alpha - Q - B$, alors que ne pas payer lui rapporte un gain nul. Il aura donc intérêt à payer le pot-de-vin si $B \leq \alpha - Q$. Le LM demandera donc un pot-de-vin $B = \alpha - Q$, de manière à maximiser ses gains.

12. L'exemple fourni dans ce paragraphe a été improvisé lors d'une discussion de séminaire avec Stephen Krasner. J'ai appris plus tard que cet exemple était conforme aux théories récentes et aux résultats empiriques de la psychologie culturelle sur les jugements moraux et les émotions. Une revue de littérature faisant autorité sur l'état de la psychologie culturelle et sur ses implications pour la psychologie sociale en général soutient que, jusqu'à récemment, presque toute la recherche psychologique sur la moralité et le développement du raisonnement moral s'enracinait dans la « tradition de la justice » ; elle souligne que ce paradigme est spécifique au système culturel occidental fondé sur la notion individualiste de liberté personnelle et de contrat social : « Cette tradition juge les individus selon que leurs actions violent ou non les 'droits'des autres [...] Les aider ne constitue pas une exigence morale, car en raison de l'insistance individualiste particulière sur une conception fondée sur la justice, les gens n'ont pas de droit à être aidés ; les aider...est donc un choix discrétionnaire, non une exigence morale » (Fiske *et al*, 1999, p. 940). D'autre part, « dans les cultures interdépendantes [comme celles que l'on trouve en Asie], on insiste sur le fait de se maintenir à la hauteur de standard socio-relationnels : des performances inadéquates conduisent d'abord à la honte » (*ibid.*, p. 943). En bref, la manière selon laquelle les individus se livrent à des jugements moraux ne s'enracine pas dans une nature humaine invariante, mais se constitue avec une réalité sociale que les spécialistes de psychologie culturelle qualifient de « système culturel » ou de « modèle culturel local » (c'est-à-dire un ensemble de significations et de pratiques). Notre attention se porte plutôt sur les systèmes économiques en tant que parties de ce type de réalités collectives.

13. J.-P. Platteau (1994) appelle « jeu de l'assurance » un jeu ayant cette structure de gains, et discute les liens qu'il entretient avec les normes morales.

14. Voir par exemple Landa (1994, chap. VI).

15. Il semble que, dans les économies en développement, l'amélioration des échanges de marché dépende aujourd'hui de ce type de développements institutionnels. Marcel Fafchamps et ses co-auteurs ont réalisé, pour l'Afrique contemporaine, une vaste étude comparative sur l'utilisation du crédit dans l'échange ; ils résument leurs résultats comme suit : « Au Ghana, on ne propose pratiquement jamais à de nouveaux clients de leur faire crédit à partir du jour de leur premier achat. La façon normale d'accéder au crédit est de construire une relation en empruntant du liquide pendant une durée de six à douze mois. Beaucoup d'entreprises kenyanes, en revanche, obtiennent du crédit à partir de la date de leur premier achat. Par exemple, un individu interrogé à Nairobi a pu, au moment de l'ouverture de son magasin, remplir

celui-ci avec des biens achetés à crédit, parce qu'il était recommandé à ses nouveaux fournisseurs par des amis et des parents. Seuls les membres de la communauté kenyano-indienne semblent pourtant bénéficier de ce système. D'autres entrepreneurs, au Ghana par exemple, doivent emprunter du liquide pendant un certain temps. Le Zimbabwe fonctionne sur un autre modèle. La présence d'un service de crédit, combinée à un partage informel d'information, permet aux fournisseurs de sélectionner les nouveaux clients de manière plus efficace qu'au Kenya ou au Ghana. Le résultat est qu'il est facile pour des firmes établies de changer de fournisseur. Les nouvelles firmes, particulièrement celles qui sont dirigées par des Noirs, semblent cependant rester en dehors du système » (1996, p. 4).

16. Les transactions immobilières sont généralement plus complexes que dans le modèle simple esquissé ci-dessus. Un accord de prêt de la part d'une institution de crédit, comme une banque commerciale, est fréquemment envoyé à l'agent de dépôt en lieu et place du paiement direct. Les instructions données à l'agent de dépôt (qui délimite les conditions que chaque partie doit remplir pour réaliser la transaction) peuvent de plus être assez complexes ; la transaction ne sera pas réalisée tant que les parties n'auront pas rempli ces conditions.

17. Le dépôt fiduciaire s'est développé au cours du siècle dernier. Dans un article de 1928 de T.I. News, L.J. Benyon, vice-président de *Title Insurance and Trust Company*, retrace l'histoire du premier agent de dépôt dans le sud de la Californie : « Un jour de 1895, un homme est arrivé dans les bureaux de *Title Insurance and Trust Company* et a laissé un ordre pour un certificat de titre. Il a dit qu'il était obligé de quitter la ville pour quelques jours et a demandé à l'employé responsable des ordres s'il acceptait, par commodité, de prendre en charge l'acte de vente, de le livrer à l'acheteur en même temps que le certificat, et de récolter les 1 000 dollars et de les lui envoyer. C'était notre premier agent de dépôt, à l'origine de celui que l'on connaît aujourd'hui » (*Title Insurance and Trust Company*, 1977, p. 11). La demande a rapidement commencé à croître. Les gens avaient recours à l'agent de dépôt s'ils ne pouvaient rencontrer l'autre partie à une date commode ou bien s'ils avaient des difficultés à comprendre tous les détails de l'accord. Les compagnies de la *Title* n'ont rapidement plus été capables de faire face à la demande. Les banques ont alors commencé elles aussi à fournir ces services. Alors que les ventes de logement continuaient d'augmenter dans le sud de la Californie, « des compagnies de dépôt indépendantes, créées dans le but d'encadrer des agents de dépôt, se sont développées naturellement » (Reyburn, 1980, p. 5).

18. Au cours des trois premiers mois de l'année 2000, le site eBay avait géré 53,6 millions d'enchères, sur lesquelles ont été vendus des biens pour une valeur totale de 1,15 milliard de dollars.

19. Pour une étude de référence sur ces questions, voir Dunlop (1958).

20. Suchman (2000), Johnson (2000).

21. Nous irons plus loin au chapitre VI, en avançant qu'une relation endogène de codétermination peut s'établir entre d'une part la forme de l'Etat, et d'autre part le degré de développement du marché, le mode

d'architecture des organisations (qui jouent le rôle d'agents dans le domaine du marché) et les structures des classes économiques qui leur sont associées.

22. Il est bien connu que, durant la grande bulle des prix réels de l'immobilier dans les années 80, des organisations du type de la mafia œuvraient en coulisse en facilitant les transactions immobilières.

23. Pour une argumentation convaincante en faveur d'une harmonisation internationale des contrats et du droit de la propriété, voir Radin (2000).

24. Le dépôt de brevet sur la méthode de l'ordre « à un clic » par Amazon.com a provoqué un torrent de courriers électroniques de protestations organisés par Richard Stallman, qui en appela à un boycott de Amazon.com. J. Bezos, son président, a dû réagir rapidement en proposant une réforme du modèle de dépôt des brevets (et notamment le raccourcissement de la période d'exclusivité), tout en prétendant qu'il n'y avait de leur côté aucun abus sur ceux qu'ils détenaient. Cet épisode suggère que les échangistes du domaine du commerce électronique peuvent être soumis à la surveillance d'une multitude d'échangistes anonymes, si bien que leur réputation peut être ternie instantanément s'ils ne se comportent pas de manière satisfaisante.

25. Jones (1976) propose un cadre dans lequel la monnaie est utilisée comme intermédiaire des échanges. Matsuyama, Kiyotaki et Matsui (1993) présentent un modèle évolutionnaire intéressant de monnaie internationale, dans lequel existe une multiplicité d'équilibres.

IV. L'architecture et la gestion de l'organisation

1. Les marchands peuvent par exemple réduire les coûts de transport ou de stockage en faisant jouer les effets d'échelle, limiter les coûts de transaction, résoudre le problème d'absence de coïncidence des besoins (voir l'annexe du chapitre précédent, ainsi que Rubinstein et Wolinsky, 1987), localiser les « déséconomies » externes qu'une rupture de contrat pourrait propager le long d'une chaîne de relations contractuelles (Landa, 1994, chap. 3), ou encore répondre aux possibles asymétries d'information entre vendeurs et acheteurs individuels (voir l'exemple B2 du chapitre VIII.1.).

2. Les théoriciens du droit de propriété expliquent qu'il n'est pas possible, dans un environnement complexe, de faire des contrats complets (de long terme) précisant l'ensemble des contingences. Cela signifie que les droits de contrôle résiduels doivent, en cas de contingence, être attribués au propriétaire des actifs physiques (Grossman et Hart, 1986 ; Hart et Moore, 1990). Les théoriciens des coûts de transaction comme Williamson (1975, 1985) montrent comment le contrôle hiérarchique et discrétionnaire des actifs humains et physiques permet, lorsque les actifs sont spécifiques à la transaction, de limiter le comportement opportuniste des contractants. Les théoriciens des contrats, comme Holmstrom et Milgrom (1994), examinent les complémentarités qui peuvent apparaître entre i) les contrats d'emploi à long terme et à salaire constant, ii) la direction hiérarchique des actifs humains et iii) la détention des actifs physiques par l'employeur. Ces

complémentarités facilitent le contrôle hiérarchique et constituent une réponse efficace à l'aversion au risque des travailleurs et à l'incertitude de l'environnement de marché. Enfin, des théoriciens des jeux comme Kreps (1990b) nous rappellent l'importance de la culture d'entreprise, définie comme des croyances généralement partagées dans les choix de l'entreprise dans des circonstances imprévisibles par contrat. Nous parlons de ces théories dans ce chapitre et aussi plus loin.

3. Voir par exemple Nelson et Winter (1982), Dosi et Marengo (1994), Dosi (1995).

4. J'utilise les expressions « mécanisme de coordination organisationnelle » et « architecture organisationnelle » de manière interchangeable, quoique la première soit plutôt utilisée pour l'opposer aux mécanismes de coordination qui sont à l'œuvre dans des domaines autres que celui de l'organisation (par exemple le mécanisme des prix). Le second convient lorsqu'il s'agit de faire référence au type de connexion de l'information entre unités d'une organisation, sans nécessairement préciser le contenu des signaux qu'elles échangent.

5. Au sens de Marschak et Radner (1972).

6. Pour une formulation plus technique de cette sous-section, se référer à Aoki (1995a).

7. Au sens d'Edgeworth : le gain marginal lié à l'accroissement d'une variable de décision est plus élevé lorsque l'autre variable de décision s'accroît simultanément. Dans le cas contraire, les tâches sont *en concurrence* (ou bien, selon le contexte, *substituables*). Nous pouvons formaliser cette situation de manière simple en utilisant la fonction de gain quadratique suivante :

$$V = V^* + (\gamma_s + \gamma_1)\, x_1 + (\gamma_s + \gamma_2)\, x_2 - 1/2\, [G\,(x_1 + x_2)^2 + H\,(x_1 - x_2)^2]$$
$$= V^* + (\gamma_s + \gamma_1)\, x_1 + (\gamma_s + \gamma_2)\, x_2 - 1/2\, (G + H)\, (x_1^2 + x_2^2) - (G - H)\, x_1 x_2]$$

où γ_i est le paramètre aléatoire qui représente l'état du segment i de l'environnement $E_i (i = s, 1, 2)$. Supposons que ex ante les agents pensent que ce paramètre suit une loi normale indépendante du temps, de moyenne nulle et de variance σ_i^2. On peut imaginer que cette fonction de gain représente l'approximation de Taylor à l'ordre deux d'une fonction de coût plus générale autour des valeurs optimales (les valeurs standard) des x, compte tenu de la distribution *a priori* du paramètre stochastique (le gain espéré est donc V^* lorsque la seule information *ex post* est constituée des distributions *a priori*). Le paramètre G représente l'intensité de la contrainte de ressources ou le degré de diversité des tâches requis, et le paramètre H mesure le degré de complémentarité/substituabilité technique. On voit facilement que si $G - H < 0$ (> 0, respectivement), on a

$$\frac{\delta^2 V}{\delta x_1 \delta x_2} = -(G - H) > 0 \text{ (< 0, respectivement),}$$

c'est-à-dire que le gain marginal associé à l'ajustement positif (négatif) de la variable de choix augmente (baisse) si la variable de choix de l'autre unité de travail est modifiée dans la même direction (dans la direction opposée). Nous disons que les deux tâches sont complémentaires lorsque $G - H < 0$, et qu'elles sont concurrentes lorsque $G - H > 0$.

8. Dans ce chapitre et au chapitre XIV, nous mesurons la précision des observations de la manière suivante, conformément à la théorie de la déduction bayesienne. Supposons que la variance *a priori* du paramètre environnemental observé soit σ_i^2 $(i = s,\ 1{,}2)$ et que la variance de l'erreur d'observation par l'unité de travail i soit s_i^2. La précision de l'information est alors définie par $\Pi_i = \sigma_i^2/(\sigma_i^2 + s_i^2)$. Π_i est une fonction croissante de la précision relative *ex post* de i (l'inverse de s_i^2) part rapport à la précision de son estimation *a priori* (l'inverse de σ_i^2). Elle prend une valeur comprise entre 0 et 1. En langage bayesien, nous interprétons la situation de la façon suivante. Au début de la période de production, chaque agent prélève un échantillon des valeurs prises par le paramètre environnemental, qui suit une distribution normale de variance constante. Puis, en utilisant la règle de Bayes, il révise sa distribution *a priori* en fonction de son observation (la moyenne de l'échantillon). La précision de la distribution *a posteriori*, mesurée par l'inverse de la variance *a posteriori*, est une fonction linéaire croissante de la précision de l'observation, mesurée par l'inverse de la variance de la distribution du paramètre *multiplié* par le nombre d'échantillons.

9. Lorsque la fonction objectif (la fonction de gain) est quadratique, comme c'est le cas dans la note 6, nous savons que les règles de choix optimales en information imparfaite sont des fonctions linéaires de l'observation du paramètre définissant l'environnement. Pour les modes d'assimilation de l'information et d'encapsulation de l'information, ces règles sont les suivantes :

$$x_i^{IA} = \frac{1}{2G}\Pi_{1\oplus 2}\xi_{S,1\oplus 2} + \frac{1}{G+H}\Pi_i\xi_{i,i} \quad \text{pour } i = 1{,}2,$$

$$x_i^{IE} = \frac{1}{(G+H)+(G-H)\Pi_i}\Pi_i\xi_{s,i} + \frac{1}{G+H}\Pi_i\xi_{i,i} \quad \text{pour } i = 1{,}2$$

où $\xi_{j,\,i}$ représente, pour chaque mode, l'observation (la moyenne d'échantillon) du segment j de l'environnement par l'agent i ($\xi_{s,\,1\oplus 2}$ représente l'erreur d'observation commune à T_1 et T_2), et Π_i la capacité de traitement de l'information de l'unité de travail i telle qu'elle a été définie dans la note 7. Dans le mode de décomposition hiérarchique, la règle de choix optimale en information imparfaite est approximativement :

$$x_1^{HD} = \frac{(G+H)-(G-H)\Pi_2}{(G+H)^2-(G-H)^2\Pi_2}\Pi_1\xi_{s,1} + \frac{1}{G+H}\Pi_1\xi_{1,1,}$$

$$x_2^{HD} = \frac{2H\Pi_1}{(G+H)^2-(G-H)^2\Pi_2}\Pi_2\left(\xi_{s,1}+\varepsilon_{c,2}\right) + \frac{1}{G+H}\Pi_2\xi_{2,2,}$$

où $\varepsilon_{s,\,2}$ représente une erreur dans la transmission de l'information de T_1 vers T_2. Π_2 est défini par $(\sigma_s^2 + s_1^2)/(\sigma_s^2 + s_1^2 + s_2^2)$, où est la variance de l'erreur de transmission de T_1 à T_2. On peut penser que cette dernière mesure la précision des communications hiérarchiques.

En insérant cette règle optimale en information imparfaite dans la fonction de gain et en comparant ce qu'elle rapporte dans les différents modes de traitement de l'information, on peut comparer leur efficience informationnelle et obtenir les propositions énoncées dans le corps du texte.

10. Si l'on suppose que les unités constituantes ont les mêmes capacités de traitement de l'information Π quel que soit le mode de traitement de l'information (encapsulation ou assimilation), que l'on insère dans la fonction de gain les décisions optimales en information imparfaite correspondantes et que l'on calcule la différence entre les gains anticipés dans chacun des modes, on obtient :

$$E\left[V^{\mathrm{IE}}\right]-E\left[V^{\mathrm{IA}}\right]=\frac{(G-H)(1-\Pi)}{2G\left[G+H+(G-H)\Pi\right]}\Pi\sigma_s^2$$

Comme Π est inférieur à 1 (voir la note 7), $E\ [V^{\mathrm{IE}}]$ est supérieur à $E\ [V^{\mathrm{IA}}]$ si et seulement si $G < H$. Cette proposition fut pour la première fois démontrée par Cremer (1990), sans tenir compte l'existence des segments particuliers de l'environnement. Aoki (1995a) en présente une extension. Prat (1996) a étendu la démonstration de Cremer dans le cas général où l'on ne peut ni dériver la fonction de gain ni en faire une approximation.

11. Dans un contexte bayesien, on peut fonder cette hypothèse en supposant que chacune des unités de travail passe la moitié de son temps de traitement de l'information à prélever des échantillons indépendants sur son environnement et le reste à rassembler les échantillons observés et à construire la distribution *a posteriori* du paramètre environnemental qui servira de base à la prise de décision.

12. On peut, également, insérer entre T_1 et T_2 une unité intermédiaire spécialisée dans le traitement de l'information relative à l'environnement local. Dans ce cas, l'unité envoie aux subordonnés un message qui articule la décision du supérieur hiérarchique ainsi que son observation. Cela conduit à une hiérarchie à deux étages (DH-DH), avec les coûts supplémentaires que cela implique.

13. Par exemple Simon (1951), Williamson (1975, 1985), Geanakoplos et Milgrom (1991), Radner (1992, 1993), ainsi que Hart et Moore (1999).

14. Williamson (1985, chap. 9). Voir également Aoki (1988, chap. 2) pour une discussion plus détaillée des hiérarchies fonctionnelles dans une perspective comparée.

15. Les rapports de ces délégués furent réimprimés conjointement aux remarques introductives de N. Rosenberg (voir Rosenberg, 1969). Voir également Pine (1993, chap. 2).

16. Qian et Xu (1993) utilisent l'opposition entre la forme *U* et la forme *M* pour comparer la planification économique de l'URSS et de la Chine avant leur transition vers des économies de marché. Voir la note 26 du chapitre X.

17. Si l'on prend l'exemple de l'industrie automobile, certaines équipes de développement particulièrement efficaces présentent des caractéristiques semblables à ce type d'architecture organisationnelle. Selon Clark et Fujimoto (1991) ou Fujimoto (1999) ces équipes sont dirigées par des poids lourds. Nous les étudions de plus près au chapitre XIV.

18. Voir Aoki (1986, 1988, 1990).

19. Voir Monden (1983), Aoki (1988, chap. 2), Womack *et al.* (1990), Fujimoto (1999).

20. Pour les conseils de travail, voir Streeck (1997b). Sako (1994) propose une étude de terrain intéressante sur les entreprises hybrides créées par la transplantation des usines japonaises en Allemagne.

21. Pour plus d'information sur les *keiretsu* japonais de l'industrie automobile, on peut se référer à Aoki (1988, chap. 6), Asanuma (1984, 1989), Nishiguchi (1994), Fujimoto (1999). Voir également Womack *et al.* pour une interprétation américaine du système de fournisseurs japonais et de ce qui les oppose aux hiérarchies fonctionnelles intégrées des entreprises américaines. Williamson (1985) et Hart (1995) se sont tous deux appuyés sur une anecdote rapportée par Klein, Crawford et Alchian (1978), à propos de l'acquisition par General Motors de Fisher Body dans les années 1920. Il s'agit d'une validation empirique importante des théories qu'ils proposent, aussi bien de celle des coûts de transaction que de celle des droits de propriété. Avant l'acquisition, Fisher Body vendait des carrosseries à GM en tant que fournisseur indépendant. L'entreprise refusa de se plier à la demande croissante de GM en investissant d'avantage dans des actifs spécifiques, car elle craignait une appropriation *ex post* du surplus par GM. Les auteurs ont avancé que la fusion avec GM constituait une réponse efficace à cette situation, parce qu'elle offrait à la direction de GM le contrôle hiérarchique (pour la théorie des coûts de transaction) ou les droits de contrôle résiduels (pour la théorie des droits de propriété) sur la direction de Fisher Body. Ces théories ne peuvent expliquer pourquoi une architecture organisationnelle différente est apparue au Japon. Certains économistes ont attribué la faible intégration de l'industrie automobile japonaise à la rareté du capital à laquelle les producteurs avaient dû faire face. Cette explication a un défaut et pas seulement du point de vue du coût du capital (on voit en effet mal pourquoi les producteurs souffriraient d'un manque de capital et pas les fournisseurs). Elle n'explique pas pourquoi l'intégration ne s'est pas étendue par la suite, à mesure que les principaux producteurs accumulaient des capitaux propres. Une étude historique récente, fondée sur un examen détaillé des archives de GM, révèle que le problème d'accaparement décrit par Klein *et al.* n'a pas disparu après l'intégration de Fisher Body (Freeland, 2000).

22. Clark et Fujimoto (1991) ont défini les relations avec les fournisseurs *keiretsu* comme un système de transactions « dont les parties sont une boîte noire », et Asanuma (1984) comme un « système de dessin approuvé » (le dessin est conçu par le fournisseur et approuvé par l'entreprise centrale), par opposition au « système de dessin fourni » (celui-ci est conçu par le producteur et donné au fournisseur). L'idée est que, au sein d'un mode de partage de l'information systémique, les fournisseurs ont bien plus d'autonomie dans la conception des pièces modulaires, sur lesquelles le producteur n'intervient pas.

23. Piore et Sabel (1984), Pyke, Becattini et Sengenberger (1990), Ogawa (1998).

24. Il paraît que l'on trouve jusqu'à mille convertisseurs à Côme, pour une population totale de 85 000 habitants, qui vont de l'entreprise indivi-

duelle à des entreprises de plus grande taille possédant un matériel spécifique à certains processus de production. Voir Ogawa, 1998.

25. Cette caractérisation ressemble beaucoup à ce que Baldwin et Clark (2000) appellent des « regroupements modulaires ».

26. En s'appuyant sur des données de panel comportant plus d'une centaine d'entreprises de la Silicon Valley, Baron, Burton et Hannan ont identifié trois types de coordination du travail et de contrôle du fondateur (Baron *et al.*, 1996, p. 251-252, Hannan *et al.*, 1996, p. 512-513). (1) le contrôle par le dirigeant, (2) le contrôle réciproque et culturel, lorsque les employés disposent d'un vaste contrôle des moyens qui leur permettent de travailler mais pas des orientations stratégiques de l'entreprise ou du type des projets qui y sont poursuivis, et (3) la délégation à des professionnels du droit d'influencer la manière dont le travail se fait et de façonner les orientations stratégiques générales de l'entreprise. Ils qualifient ce dernier mode de « modèle des stars » car il s'appuie sur le recrutement de talents potentiels au cours du processus de sélection des employés. La coordination caractéristique du modèle 1 correspond à peu près à la hiérarchie fonctionnelle, celle du modèle 2 à la hiérarchie horizontale ou à la hiérarchie de participation et celle du modèle 3 aux équipes contrôlées hiérarchiquement par une « star ». Dans la Silicon Valley, le modèle 1 est plutôt rare comparé aux modèles 2 et 3, quoique ceux-ci soient relativement instables et connaissent plus de changements. Malgré cette instabilité, ces modèles constituent le développement initial standard des entreprises, et les entreprises qui l'ont adopté ont eu plus de succès lors de leur introduction en Bourse.

27. Dans cette situation, Hart et Moore (1990) qualifient le dirigeant d'« indispensable » à l'usage des actifs physiques, mais j'utilise ici la terminologie utilisée par Hart (1995).

28. On voit bien que l'on peut étendre le modèle ci-dessus au cas d'une hiérarchie fonctionnelle à deux étages, dans laquelle un grand nombre de travailleurs se spécialiseraient dans des tâches élémentaires et seraient dirigés par une seule personne. Dans cette situation, le fait que le dirigeant soit indispensable peut se manifester au travers de son rôle de coordination hiérarchique spécifique à l'organisation. Comme dans la hiérarchie fonctionnelle, les tâches opérationnelles se subdivisent de manière indépendante car la fonction du dirigeant est indispensable à la bonne utilisation des actifs humains du travailleur ainsi que des actifs physiques sur lesquels ils opèrent.

29. Se référer à Brynjolfsson (1994, p. 1654) pour une démonstration analogue, associée à une interprétation en termes de « prescription tayloriste ».

30. Ici, le propriétaire/dirigeant peut être intéressé par le développement ou l'adoption d'une technique nécessitant moins d'investissement en actifs humains. L'idée que les droits de propriété et les relations de pouvoir façonnent la technique et l'organisation du travail a été largement soulignée par Marx et par les économistes radicaux (voir par exemple Marglin, 1974 ; Bowles, 1985 ; Bowles et Gintis, 1986). Voir également Pagano (1993).

31. On représente mathématiquement cette hypothèse par la condition selon laquelle la fonction de densité satisfait la propriété de « monotonie du rapport des probabilité » *(monotone likelyhood ratio property*, MLRP), c'est-à-dire que $f_i(y,e)/f(y,e)$ est une fonction monotone croissante de y quel

que soit $\boldsymbol{e} = (e_m, e_w)$, où $f(y,\boldsymbol{e})$ est la fonction de densité de probabilité de F et $f_i(y,\boldsymbol{e})$ la dérivée partielle de f par rapport à e_i.

32. Rajan et Zingales (2000) avancent le même argument.

V. L'évolution simultanée des conventions et des types d'actifs humains

1. La théorie des contrats s'intéresse à des questions voisines, comme celle de savoir s'il faut affecter les tâches multiples aux ouvriers de manière conjointe ou séparée et considère que l'on peut y répondre en se cantonnant aux paramètres technologiques. Par exemple, si les tâches sont technologiquement très interdépendantes, au sens où leur corrélation statistique est élevée, alors il est préférable, du point de vue des incitations, d'y affecter les travailleurs de manière séparée. C'est l'inverse qui est vrai lorsque la corrélation statistique des tâches est faible (Holmstrom et Milgrom, 1991 ; Itoh, 1992). La théorie des coûts de transaction soutient qu'une réduction de la spécificité des actifs physiques peut entraîner l'adoption d'un mécanisme de contrôle non hiérarchique destiné à en contrebalancer les effets négatifs sur les incitations (Williamson, 1985). Voir Williamson (1995) pour une argumentation en faveur du critère du coût de transaction unidimensionnel.

2. Pagano (1999a, 1999b) applique le concept biologique de « spéciation allopatrique » pour rendre compte de ces phénomènes.

3. Voir par exemple Aoki (1986, 1990), Dosi, Pavitt et Soete (1990), Saxenian (1994), Teece *et al.* (1994).

4. La notion de champ organisationnel provient des sociologues néo-institutionnalistes. Selon eux, ce terme désigne les « organisations qui, dans leur globalité, constituent une région reconnue de la vie institutionnelle » (DiMaggio et Powell, 1983, p. 143). Il renvoie à « l'existence d'une communauté d'organisations qui participent d'un système commun de signification et dont les participants interagissent de manière plus fréquente et plus concluante qu'avec les acteurs extérieurs au champ » (Scott, 1994, p. 207-208). Nous le définissons comme le domaine dans lequel une convention d'architecture organisationnelle forme le résultat d'un jeu évolutionnaire. Pour une application sociologique de l'approche évolutionnaire à la dynamique des populations, voir Caroll et Hannan (1989) et Hannan et Caroll (1992).

5. Le cadre qui sous-tend l'analyse est bayesien. Les agents construisent leurs croyances *a posteriori* sur l'état de l'environnement en révisant leurs croyances *a priori* sur la base des échantillons observés (compte tenu d'un certain degré d'erreur). Nous avions ensuite défini les capacités de traitement de l'information comme le rapport entre la variance de la distribution *a priori* des variables observées et la variance de l'erreur de l'échantillon.

6. En ce qui concerne les travaux analytiques sur la co-évolution de l'ordre social et des préférences individuelles, voir Kuran (1991) et Bowles (1996). Pagano (1993) et Pagano et Rowthorn (1994) analysent également la détermination conjointe des arrangements de droits de propriété (régime de droit fondé sur le capital ou régime de droit fondé sur le travail) et de la

technologie de surveillance en vigueur (c'est-à-dire de la facilité à contrôler le travail ou l'utilisation du capital). Les complémentarités stratégiques à l'œuvre au cours de cette co-évolution engendrent des « équilibre organisationnel » (des équilibres de Nash), caractérisés par le fait que les dirigeants en charge de la production choisissent la technique qui maximise les profits compte tenu du système du droit de propriété en vigueur, alors que les « investisseurs » organisent le régime de droit de propriété de manière à maximiser la rente de la propriété compte tenu de la technologie existante. Les auteurs soutiennent ensuite que des « externalités de réseau » (c'est-à-dire des complémentarités stratégiques à l'échelle de l'économie dans son ensemble) provoquent l'« homogénéisation » (c'est-à-dire la « conventionnalisation ») du régime de droit de propriété et du régime technologique.

7. Nous construirons au chapitre IX un modèle mental plus complexe qualifié de modèle de jeu subjectif.

8. Dans ce chapitre, nous concevons les programmes mentaux ou les actifs humains comme analogues aux « modèles mentaux » conceptualisés par Denzu et North (1984). Nous explorons au chapitre IX les relations qui existent entre les deux.

9. Comme nous l'avons remarqué plus haut, les résultats théoriques et empiriques récents de la psychologie culturelle et de la psychologie sociale confirment largement la distinction que nous faisons ici. Par exemple, Peng et Nisbett (1999) ont démontré de manière expérimentale que les sujets chinois, lorsqu'on leur présentait des versions contradictoires d'une même situation, cherchaient à trouver un « juste milieu » dans laquelle chaque version était partiellement validée, alors que les sujets américains avaient tendance à rejeter radicalement celle qui n'avait pas leur préférence. Voir Fiske *et al.* (1998) pour une revue de la littérature récente sur les modes de pensée analytiques et holistes.

10. En revanche, les représentations cognitives des agents ne convergent pas facilement lorsque l'environnement est volatile et très incertain. Dans cette situation, le mode d'assimilation de l'information peut ne pas fonctionner de manière efficiente. Nous étudions les conséquences de ce problème au chapitre IX.

11. Markus et Kitayama ont cherché à intégrer les différences interculturelles constatées dans un grand nombre de domaines psychologiques (cognition, émotion, motivation, etc.). Ils résument leurs travaux ainsi : « Les cultures des classes moyennes occidentales, particulièrement européennes et américaines, sont organisées selon des significations et des pratiques qui favorisent l'indépendance et l'autonomie d'une conscience séparée des autres "moi" et du contexte social. [...] Les individus qui en font partie peuvent donc souhaiter découvrir et identifier des attributs intérieurs positifs du "moi". [...] Par contraste, de nombreuses cultures asiatiques n'insistent pas sur une séparation explicite entre les individus. Ces cultures sont organisées selon des significations et des pratiques qui valorisent une connexion fondamentale entre les individus rattachés par un lien particulier (par exemple la famille, le lieu de travail, la classe à l'école). Le moi n'a d'importance qu'en référence aux relations sociales auxquelles il prend part. Les individus de culture asiatique vont donc plutôt chercher à s'ajuster et à s'adapter aux

relations sociales importantes » (Kitayama, Markus, Matsumoto et Norasakkunikit, 1997, p. 1247).

12. Cette section et celle qui suit s'inspirent de Aoki (1998). Elles sont relativement techniques, et les lecteurs qui ne s'intéressent pas à la formalisation de la pensée évolutionnaire au-delà de ce qui a été présenté à la section 5.1 peuvent sauter la fin de ce chapitre. Les démonstrations des propositions se trouvent dans Aoki (1998).

13. Une stratégie alternative de modélisation consisterait à construire un jeu où les individus de deux populations, et non d'une seule, se rencontreraient. L'une d'elles serait la population des entrepreneurs, dont la stratégie consisterait à choisir le type d'architecture organisationnelle et d'industrie à investir, et l'autre la population des travailleurs, dont l'ensemble de stratégies se composerait du choix des actifs humains dans lesquels se spécialiser et de l'industrie dans laquelle travailler. Quoique cette modélisation alternative puisse sembler plus réaliste, elle ajouterait peu de chose aux résultats obtenus dans ce chapitre. En supposant que la rencontre d'actifs humains individualisés conduise à une hiérarchie fonctionnelle, je ne considère pas explicitement le fait que les agents puissent disposer de capacités de traitement de l'information différentes, ce qui constitue une caractéristique essentielle de la hiérarchie fonctionnelle (cf. proposition 4.3.). Dans le présent contexte, cette disparité « quantitative » parmi la classe des actifs humains individualisés est secondaire par rapport à la différence qualitative entre les actifs humains individualisés et contextualisés. Par conséquent, nous l'ignorons.

14. Rappelons les propositions 4.1. et 4.5.

15. Dans le modèle présenté ici, tout équilibre évolutionnaire est constitué de stratégies évolutionnairement stables (SES) au sens de M. Smith (1982).

16. Plusieurs modèles évolutionnaires analysent les interactions entre les économies et leurs implications. Boyer et Orléan (1992) proposent une analyse des firmes, Matsui et Okuno-Fujiwara (1997) étudient la culture et Matsuyama, Kiyotaki et Matsui (1993) les monnaies.

17. Plus précisément, nous supposons que

$$b_{II} - b_{IC} = d_{CC} - d_{CI}, \; b_{II} - b_{CC} = d_{CC} - d_{II} \text{ et } \beta = \Delta = \frac{1}{2}$$

18. On peut formuler ces conditions de manière plus rigoureuse comme suit : (1) « plus $b_{IC} - b_{CC}$ est faible par rapport à $b_{IC} - b_{II}$, (2) plus β est faible, (3) plus γ est faible, et (4) plus b_{CC} - d_{CC} est élevé ».

19. Si l'on se réfère à la figure 5.2., cette spécification signifie que la dynamique évolutionnaire de la distribution *(0,* m_{CD}, m_{IB} + m_{ID}*)* de la population entre les deux types d'actifs humains et les deux industries est représentée par le segment qui relie *I* et *CD*, c'est-à-dire par un simplexe unidimensionnel.

20. Voir Krugman (1991) et Matsuyama (1991).

21. Cette condition est donnée par

$$d_{IC} + d_{CI} - d_{CC} - d_{II} > \rho / 4\lambda$$

22. Voir, par exemple, Okazaki (1993, 1997), Aoki (1996b), Okazaki et Okuno-Fujiwara (1998), Moriguchi (1998), Fujimoto (1999).

VI. Les Etats comme équilibres stables du domaine politique

1. Selon Williams (1976/1983), l'origine du mot « institution » remonte au mot latin *stature* (« établir »).

2. Le modèle original de Weingast se consacre essentiellement à la compréhension de la nature de l'Etat démocratique et de l'autorité du droit. Il constitue un cadre fertile d'analyse comparée dans lequel on peut assimiler les différents types d'Etats à des phénomènes d'équilibre. Sened analyse le rôle du gouvernement en suivant une approche de théorie des jeux assez semblable. En revanche, je ne suis d'accord ni avec son centrisme politique fondé sur « la prémisse que nos caractéristiques et nos droits humains les plus fondamentaux sont le résultat d'un processus politique » (1997, p. 83), ni avec sa conception des institutions en termes de règle du jeu (chap. III).

3. Bhagwati *et al.* (1984), Basu (1997a) et Calvert (1995), entre autres, considèrent que le gouvernement fait partie des joueurs.

4. Voir Medina (2000) pour une analyse institutionnelle comparée du gouvernement en tant qu'organisation. Il analyse les conséquences de la diversité organisationnelle que l'on trouve dans les législatures (le fait que le système soit fermé ou ouvert) et dans les partis politiques (le fait qu'ils soient dominés par l'opportunisme ou par l'activisme), ainsi que les complémentarités institutionnelles qu'ils entretiennent.

5. D'un point de vue théorique, le concept d'anonymat des marchés a été créé pour rendre compte d'un état dans lequel aucun joueur n'a d'influence identifiable sur les termes de l'échange. Considérons, en suivant ainsi Gale (1986), le cas où le nombre de biens est limité mais le nombre de joueurs très important. Les joueurs sont classés selon un nombre fini de types en fonction de la nature de leurs dotations initiales et de leurs préférences mais, contrairement à ce que nous avons supposé jusqu'ici, le type de chaque échange est de connaissance commune. Gale a analysé un jeu d'échange de marché correspondant à cette structure sans imaginer de commissaire-priseur walrasien qui annonce les prix. Dans ce jeu, un joueur d'un certain type est apparié à un partenaire d'un autre type de manière aléatoire et ils négocient les termes de l'échange jusqu'à ce qu'ils tombent d'accord. Les partenaires de la négociation doivent se séparer s'ils ne parviennent pas à tomber d'accord et la probabilité qu'ils se rencontrent de nouveau est alors nulle, même lorsqu'ils restent sur le marché. C'est comme cela qu'il conçoit des « marchés anonymes ». Gale a montré qu'il existait quelque chose d'analogue à un équilibre de marché parfait en sous-jeu, tel que les joueurs proposent une allocation walrasienne ou l'acceptent lorsqu'on la leur propose (c'est-à-dire un point de la courbe des contrats de la boîte d'Edgeworth sur lequel passe la tangente commune aux courbes d'indifférence de chaque type, par le point qui représente la distribution initiale des paniers de biens).

Le jeu de ces stratégies d'équilibre aura comme résultat final l'allocation walrasienne avec probabilité 1, ce qui est pareto-optimal.

6. Voir Luebbert (1991).

7. Le reste de cette sous-section s'appuie largement sur Luebbert (1991), Lehmbruch (1999) et Streeck (1995, 1997).

8. Streeck (1995, p. 22) avance l'argument suivant : « La décentralisation du contrôle des Etats vers les associations, qui consiste à leur accorder une certaine autonomie en échange d'un comportement responsable, a une longue histoire en Allemagne, et reflète des traditions idéologiques aussi différentes que le catholicisme social, qui insiste sur la subsidiarité, l'organicisme hégélien, dans lequel les corporations constituent l'une des racines morales de l'Etat, et le socialisme démocratique avec son idée de *Verbändedemokratie*, ou démocratie associative. »

9. Pour une analyse de référence du corporatisme, voir Schmitter et Lehmbruch (1979).

10. Weingast (1995) avance, à raison, que l'Etat qui a fait son apparition en Angleterre après la Glorieuse Révolution peut être compris comme un fédéralisme *de facto*.

11. Le principal opposant à la Première Banque des Etats-Unis, James Madison, mettait en doute la constitutionnalité d'une telle banque (Timberlake, 1978, p. 7). Il pensait qu'une « banque nationale émettant des billets au niveau national interférerait directement avec le droit des Etats à interdire ou à établir leurs banques, ainsi qu'avec la circulation des billets de banque [des Etats] » (*ibid.*). De l'autre côté, Alexander Hamilton s'appuyait sur la théorie économique classique d'Adam Smith pour s'engager en faveur d'une banque nationale capable d'influencer l'économie nationale.

12. Le gouvernement fédéral chercha à centraliser davantage l'industrie bancaire en taxant la monnaie *wildcat* à 10 %. Cet impôt rendait non rentable le seigneuriage qui permettait aux banques des Etats de se financer en émettant de la monnaie : « On espérait que les banques des Etats entreraient en liquidation et souscriraient aux chartes nationales. En fait, au moment même où l'imposition des billets de banque fut introduite, le Congrès annonça que son intention était d'obtenir un système de banques nationales exclusivement, un système bancaire unifié » (Clark, 1935, p. 6). La taxe contraignit effectivement à la fermeture une grande partie des banques encadrées par les Etats. Cependant, le dépôt bancaire se répandit au cours des années 1880, de sorte que les banques des Etats furent de nouveau en mesure de générer des profits. Un système bancaire dual fit donc son apparition. Chaque Etat disposait d'un pouvoir réglementaire sur les banques d'Etat qui se trouvaient dans sa juridiction, alors que le gouvernement fédéral réglementait un système de banques nationales.

13. L'indice des prix à la consommation s'éleva de 14,7 % en 1993, de 24,1 % en 1994 et de 17,1 % en 1995, mais déclina de 8,3 % en 1996 et de 2,8 % en 1997.

14. La décentralisation du contrôle par le gouvernement a d'autres caractéristiques en Chine, où le retrait de la bureaucratie de la planification centrale s'est opéré par un transfert progressif et spontané aux gouvernements de niveau inférieur du pouvoir de définir le droit à la propriété. Les niveaux

inférieurs de l'appareil administratif, c'est-à-dire les communes et les gouvernements des villages, s'investissaient dans la création d'entreprises dont ils conservaient la propriété (ce que l'on appelait les TVE) et ils remplissaient une fonction d'intermédiaire qui limitait le comportement prédateur du gouvernement central (Che et Qian, 1998 ; Li, 1996). Ils fonctionnaient comme des holdings détenant des TVE et s'engageaient dans une concurrence soutenue sur les marchés des produits et pour les importations de capitaux extérieurs. Les TVE constituèrent un véhicule très important de la forte croissance du PIB dans les deux décennies qui suivirent la fin des années 1970.

15. Pour une analyse complète du corporatisme en Amérique latine, voir Berins-Collier et Collier (1991).

16. L'Etat japonais qui apparut après la restauration des Meiji en 1867 peut également être considéré comme un exemple de l'Etat promoteur que nous analysons plus loin. Cependant, il s'est peu à peu transformé en ce que nous qualifions dans la prochaine section d'« Etat pluraliste ».

17. Il est largement reconnu que la taxation de l'agriculture pour en extraire les ressources nécessaires à l'industrialisation a constitué une stratégie commune aux économies en développement et aux économies communistes planifiées. Voir par exemple Anderson et Hayami (1986) ainsi que Krueger *et al.* (1991).

18. Voir Oshima (1987), Bates (1981), Hayami et Ruttan (1985, chap. 13).

19. Voir Aoki *et al.* (1997) pour une étude du concept de développementalisme du monde rural et Hayami (1998) pour le concept rattaché de fondamentalisme paysan en Asie du Sud-Est. Le manque de ressources naturelles exportables permettant aux gouvernements de prélever les ressources nécessaires au développement ou à l'obtention de rentes peut expliquer en partie l'émergence du développementalisme qui prend en compte les zones rurales. Le Japon, la Corée, Taïwan, Singapour, Hong Kong et la Chine sont tous dépourvus de ces ressources. L'Indonésie constitue une exception notable en Asie du Sud-Est. Du fait de ses riches dotations en gaz naturel, l'Indonésie a cependant été amenée à situer sa stratégie de développement à la frontière entre le développementalisme dégénéré (capitalisme de copinage) et le développementalisme rural favorable au marché. Voir Thornbeck (1998) sur ce point.

20. Ichiishi (1993) construit et analyse un modèle de ce type.

21. J'utilise le terme d'administration de manière générique pour désigner toute unité bureaucratique qui dispose de domaines de juridiction autonomes. Il peut s'agir de ministères ou d'agences, comme c'est le cas du ministère de l'Agriculture, de l'agence pour les petites et moyennes entreprises, ou du ministère de la Sécurité sociale.

22. *NdT.* Le terme de « pluralisme administratif » traduit le mot *bureaupluralism.* L'expression (équivalente) de *bureaupluralistic state* a été traduite par « Etat pluraliste ».

23. Voir Okuno-Fujiwara (1997) pour la négociation à l'étage inférieur du pluralisme administratif, et Aoki (1988, chap. 7) pour la négociation à l'étage supérieur.

24. Toya (2000) avance cet argument en examinant le rôle de la bureaucratie permanente dans la mise en place du grand chambardement financier du milieu des années 1990. Voir le chapitre XIII.3.

25. Voir Aoki (1988, chap. 7).

26. Nous étudions cet exemple dans le contexte de l'industrie financière (ce qu'on appelle le système du convoi) au chapitre XIII.3.

27. Okimoto (1989) assimile donc l'Etat japonais à un Etat réseau.

VII. Une conception des institutions en termes de théorie des jeux

1. L'expression de forme du jeu remonte à Hurwicz (1993, 1996). Il s'agit bien de la forme du jeu plutôt que du jeu lui-même, puisqu'il n'inclut pas l'information relative aux gains d'utilité subjectifs des agents. La notion de « forme du jeu » est utile car elle permet de distinguer le concept de règles exogènes du jeu de celui de règles endogènes du jeu, que nous introduirons plus loin. Ma théorie est différente de celle d'Hurwicz car, selon moi, seule la technologie contraint les ensembles d'action des agents. Hurwicz considère que les ensembles d'action et la fonction de conséquence sont conçus de manière institutionnelle. Je soutiens que les règles conçues juridiquement peuvent être représentées par une fonction de conséquence qui attribuerait, par exemple, une sanction conforme à la loi aux actions illégales techniquement possibles. Les conséquences de cette différence apparaîtront plus clairement dans la suite de ce chapitre. Il est quand même utile de la mentionner dès le début.

2. Le choix d'action peut dépendre, de manière plus générale, de l'histoire longue des conséquences. Soit $h(t\,;\tau) = (\omega(t-1), \omega(t-2),\dots \omega(t-\tau))$ l'histoire de durée τ à la période t, et ω^0 l'histoire de durée nulle. Nous appelons $\mathscr{H}^t$ l'ensemble de toutes les histoires de durée τ. Une règle privée de choix d'action peut alors s'écrire sous la forme d'une fonction $s_i(.)$: $\mathscr{H}^t \rightarrow \mathscr{A}_i$, qui attribue $a_i(t+1) = s_i(h(t))$ à chaque $h(t)$ de $\mathscr{H}$.

3. Par souci de simplicité, nous nous limitons à l'étude de l'équilibre stationnaire, sans considérer la possibilité d'équilibres cycliques.

4. Comme nous l'avons déjà signalé, les lecteurs qui connaissent le concept d'équilibre parfait en sous-jeu de la théorie des jeux répétés peuvent sauter cette section. Pour une analyse plus rigoureuse de ce concept et une discussion de sa signification, on peut consulter les manuels de théorie des jeux, comme Fudenberg et Tirole (1991), Osborne et Rubinstein (1994), Gibbons (1992), Gintis (2000).

5. Nous pouvons facilement étendre ce concept de solution aux situations dans lesquelles les agents anticipent une série de transformations de l'environnement ($\boldsymbol{e} = \{e(t), e(t+1), e(t+2),\dots\}$) ; cela rend seulement les notations plus complexes.

6. Le lecteur intéressé par un manuel de théorie des jeux évolutionnaires peut consulter Weibull (1995). Young (1998), Bowles (2000) et Gintis (2000) présentent différentes applications institutionnalistes de la théorie

des jeux évolutionnaires. Matsui (1996) offre un aperçu intéressant de l'application de la théorie des jeux évolutionnaires aux institutions.

7. Nous imposons à F les deux propriétés suivantes : (1) $\Sigma_j F_j(\hat{a}) = 0$ pour tout $\hat{a} \in \mathscr{A}$, et (2) $\hat{a}_j = 0$ implique $F_j(\hat{a}) = 0$, où l'indice j renvoie au choix j parmi l'ensemble de choix. Ces deux conditions garantissent que la distribution des agents n'est jamais négative et que leur somme est toujours égale à 1.

8. Damme (1987), Friedman (1991), Kandori (1997) exposent les relations qui existent entre les différents concepts d'équilibre proposés par la théorie des jeux évolutionnaires.

9. Prenons l'ensemble des quatre états absorbant du modèle du chapitre V(P, H, F et L), et considérons tous les « arbres » » possibles qui peuvent y apparaître. Un « arbre » est une relation d'ordre définie sur l'ensemble des états et telle que (1) tous les éléments sauf un ont un successeur immédiat et un seul et (2) seul un élément est le successeur (immédiat ou indirect) de tous les éléments de l'ensemble. Le dernier élément, c'est-à-dire celui que la condition (1) exclut, est appelé « racine » de l'arbre. Calculons, pour chaque arbre, le coût agrégé de transition (tel qu'il est défini dans le texte) et isolons parmi tous les arbres ayant un état absorbant celui (disons S) dont le coût agrégé de transition est le moins élevé. Nous qualifions le coût agrégé minimum de « coût de transition vers S ». Enfin, comparons les coûts de transition vers chacun des états absorbants. Dans notre modèle, P représente, parmi les quatre états absorbants (les quatre conventions), la racine dont le coût de transition est le moins élevé. Le « théorème de réduction » de Young (1993) permet d'affirmer que la racine de l'arbre dont le coût de transition est le moins élevé est le seul équilibre stochastique stable de la dynamique évolutionnaire, lorsque les agents d'une population finie ont une très petite probabilité de muter à chaque période (le temps est discret). Dans certains jeux, ce n'est pas l'équilibre stochastiquement stable qui est efficace, mais l'équilibre dit de « profil de stratégie stochastiquement dominant ». Sur ce point, on peut consulter Kandori, Mailath et Rob (1993).

10. Fudenberg et Maskin (1993) offrent une autre illustration intéressante du rôle des événements aléatoires (les « mutants »). Ils ont construit un processus dynamique dans lequel deux agents, tirés au hasard dans la population, se rencontrent et participent à un jeu symétrique de mémoire finie, dans lequel ils ont une probabilité non nulle de commettre une erreur. A intervalles de temps discrets, cette population est envahie par des mutants qui jouent une stratégie distincte de la stratégie en vigueur, alors même qu'une partie de ceux qui jouaient cette dernière sortent du jeu. Les auteurs élaborent, dans le cadre de ce processus dynamique, le concept de « stratégie évolutionnairement stable » (c'est-à-dire immunisée contre l'intrusion de mutants), inspirée de la notion statique de stratégie évolutionnairement stable inventée par Maynard-Smith (1982). Ils montrent ensuite que, sous certaines conditions, une stratégie évolutionnairement stable a une forte probabilité de survivre une fois qu'elle s'est imposée comme stratégie dominante et qu'elle constitue une bonne approximation du résultat efficace. Là aussi, ce sont des erreurs de la part de ceux qui poursuivent la stratégie

habituelle qui permettent à un plus grand nombre de mutants « efficaces » d'être viables, et donc au résultat optimal d'émerger.

11. Supposons que les fonctions de gains appartiennent à leur information privée, de sorte que les croyances portant sur les choix des autres ne peuvent être découvertes par un raisonnement inductif mais doivent être induites de l'observation des états passés. Le problème est alors de savoir s'il existe une règle d'inférence qui permet la convergence simultanée des croyances et des choix de tous les agents, quels que soient les croyances et les choix initiaux. On ne sait généralement pas s'il existe une règle d'inférence qui garantisse cette stabilité. Prenons l'exemple suivant. On appelle « jeu fictif » le processus d'apprentissage par lequel des agents dotés d'une mémoire parfaite forment leurs croyances en t sur la base de la distribution empirique des actions choisies par les autres jusqu'à la période $t-1$. Il existe un grand nombre de jeux fictifs dont les croyances ou les profils d'action ne convergent pas. Foster et Young (1998) ont en effet démontré une sorte de théorème d'impossibilité : en l'absence d'aléa, un processus d'apprentissage raisonnable ne conduit ni à la convergence des croyances, ni à celle des actions, à moins que les croyances initiales des agents soient très proches d'un équilibre de Nash pur isolé et que l'incertitude initiale sur les stratégies des autres puisse être résolue dans un temps fini. Il est généralement nécessaire d'introduire un aléa, soit dans les choix stratégiques des agents (on peut alors parler d'« erreurs »), soit dans la formation de leurs croyances (ce que Foster et Young appellent « imprécision »), pour que le processus converge vers un équilibre (quasi stable). Rappelons également un résultat de Milgrom et Roberts (1990). Ils ont montré, dans une certaine classe de jeux qualifiés de « supermodulaires », que seules les stratégies de Nash survivent lorsque les agents adoptent toujours la stratégie de meilleure réponse tout en révisant leurs croyances de manière adaptative. Un grand nombre de jeux intéressants du point de vue de l'analyse institutionnelle comparée peuvent être rangés dans la classe des jeux supermodulaires et nous les introduirons dans le chapitre suivant.

12. Scott (1995, chap. 3).

13. M. Kandori (1997, pp. 254-248 en particulier) passe en revue la littérature relative à la manière dont l'approche évolutionnaire justifie les concepts rationnels de solution.

14. Voir la note 5 du chapitre VI, relative à la contribution de Gale (1986), dont l'importance est de montrer que les prix walrasiens peuvent constituer l'équilibre d'un jeu d'échange.

15. Comme nous l'avons signalé au premier chapitre, on peut considérer que notre définition de la représentation synthétique d'équilibre (Σ^*) est analogue à celle de « statistique suffisante » de la théorie de l'inférence statistique. Le concept de « « statistique suffisante » est défini comme la quantité minimale de données nécessaire à une inférence statistique dotée de certaines propriétés (telles que l'absence de biais). Nous avons montré que le vecteur-prix constituait une statistique suffisante permettant aux agents de déterminer leurs choix d'équilibre. Par contraste, certains économistes néoclassiques qui, comme Koopmans (1957) et Hurwicz (1960), s'intéressaient à l'efficience informationnelle du mécanisme des prix, se sont demandé si

les prix constituaient une statistique suffisante à l'obtention de l'optimum de Pareto. Il faut pourtant considérer le fait que les marchés ne peuvent être complets et qu'ils ne peuvent fonctionner sans que l'on paie les coûts associés à leur mécanisme de gouvernance. De manière plus fondamentale, on ne peut considérer que les préférences sur les biens sont données et ne varient pas. Il faut plutôt considérer qu'il y a co-évolution entre les institutions et la manière dont les agents évaluent le résultat de l'équilibre économique (voir par exemple Bowles, 1998). C'est pourquoi l'affirmation selon laquelle les prix sont « pareto-efficients » peut perdre un peu de son sens, même s'il faut reconnaître que le mécanisme des prix constitue (du point de vue informationnel) une institution relativement efficiente lorsqu'il est à l'œuvre dans une économie concurrentielle et dotée de dispositifs de gouvernance efficaces.

16. Cette distinction entre une institution et un droit conçu peut être ramenée à celle que Greif (1989) opère entre les « contraintes institutionnelles » et les « constructions sociales ». Il appelle « constructions sociales » les organisations et les mécanismes de coordination, alors que les « contraintes institutionnelles » sont considérées comme « endogènes au sens où elles résultent des interactions entre les membres de la société, mais exogènes au sens où elles constituent les propriétés saillantes exogènes de la société du point de vue de ses membres individuels » (1989, p. 14).

17. North distingue, du point de vue de l'analyse des institutions en termes de règle du jeu, les « règles informelles » (les normes et les habitudes) des « règles formelles » (les contrats, les droits de propriété, les constitutions). Ses « règles informelles » correspondent à la construction d'une institutionnalisation autonome, au sens où nous l'avons définie plus haut. Cependant, nous ne considérons pas que la formalisation des lois constitue un exemple d'institutionnalisation. Les lois doivent être mises en œuvre, et elles peuvent toujours engendrer des résultats imprévus en raison des interactions stratégiques qui existent entre les agents (y compris l'autorité en charge de les faire respecter).

18. L'autre extrémité de ce processus de spirale est la « régression à l'infini », qui situe l'origine des institutions dans le passé historique (chapitre I.3.). Cette propriété de spirale du processus d'institutionnalisation est élaborée par Greif (1998).

VIII. Les liens synchroniques entre les institutions

1. Comme nous l'avons signalé au chap. II, le concept de « capital social » trouve son origine chez Coleman (1990).

2. Formellement, la situation peut se représenter de la façon suivante. Soit $\mathscr{D}_s$ un domaine d'échange social et $\mathscr{D}_t$ un domaine de transaction de type différent, tous deux composés du même ensemble d'agents $\mathscr{N}$. Appelons $\mathscr{S}_s$ et $\mathscr{S}_t$ le produit des ensembles de règles de choix d'action des agents (l'ensemble des profils de choix, pour être bref). Supposons que l'environnement est stationnaire. Nous dénommons S_t* l'ensemble des profils de

choix d'équilibre de $\mathscr{D}_t$ lorsque le jeu est joué de façon isolée. Supposons que les agents coordonnent les choix stratégiques individuels qu'ils font dans les deux jeux et qu'ils jouent dans $\mathscr{D}_s$ et dans $\mathscr{D}_t$ simultanément. Soit $S^*(s \cup t)$ l'ensemble des profils de choix d'équilibre du jeu lié, et $S_t^*(s \cup t)$ sa projection dans l'ensemble des profils de choix du jeu $\mathscr{D}_t$. Supposons également qu'il existe un profil de choix $\{s_t^*\}$ tel que $\{s_t^*\} \cap S_t^* = \varnothing$ mais que $\{s_t^*\} \cap S_t^*(s \cup t) \neq \varnothing$. Cela signifie la chose suivante : bien que le profil de choix $\{s_t^*\}$ ne soit pas auto-exécutoire lorsque $\mathscr{D}_t$ est joué de manière séparée, il le devient et peut donc être institutionnalisé lorsque $\mathscr{D}_t$ est enchâssé dans $\mathscr{D}_s$. Prenons l'exemple du jeu de l'irrigation ($\mathscr{D}_i$) et du jeu de l'échange social ($\mathscr{D}_s$). Dans le premier, chaque famille dispose de l'ensemble de choix {Travailler, Faire défection}, alors que dans le second son ensemble de choix est {Contribuer ou non à la production de biens sociaux, Intégrer socialement ou Rejeter par ostracisme}. Lorsque $\mathscr{D}_i$ est joué de manière isolée, le seul équilibre est $\{s_t^*\}$ = {Faire défection, Faire défection, Faire défection…}. Si les deux jeux sont liés, alors la combinaison de stratégies $\{s^*(s \cup i)\}$ = {Travailler, Contribuer et rejeter un individu non coopératif, Travailler, Contribuer et rejeter un individu non coopératif} devient un équilibre, de sorte que la projection de $\{s^*(s \cup i : e)\}$ dans l'espace des stratégies de $\mathscr{D}_i$ est {Travailler, Travailler, Travailler,...}.

3. Voir, par exemple, Ostrom (1990, 1992), Ostrom et Walker (1994), Bardhan (1993).

4. Akerlof (1976) propose une analyse économique particulièrement innovante de l'effet d'une distribution de capital social inégalitaire (fixée de manière exogène) sur l'émergence et le renforcement d'une norme (mais il n'étudie pas leur détermination simultanée, ce que nous faisons ici).

5. On pourrait penser que la concurrence interindividuelle est néfaste à la préservation des ressources, mais à quelques exceptions près les personnes interrogées ne voyaient pas les choses de cette façon.

6. Holmstrom and Milgrom (1991) ont montré que l'attribution de tâches multiples rendait moins nécessaire la rémunération à la pièce comme dispositif incitatif.

7. Pour une présentation et une analyse théorique du fonctionnement du système des grades japonais, voir Aoki (1988, chap. 3) et Itoh (1994).

8. La discussion du chapitre IV. 3. montrait qu'un contrat de partage du revenu posait un problème de contrôle/défection et suggérait d'y remédier en imposant une sanction externe en cas de faible revenu. L'idée qui suit consiste à s'appuyer sur des contrats liés pour rendre cette sanction endogène.

9. Pour des revues de littérature et des recueils de travaux sur ce sujet, on peut consulter Bardhan (1980), Binswanger et Rosenzweig (1984), Bell (1988). Kingston (2000) a développé un modèle de lien entre un domaine d'échange social intra-communautaire, un domaine d'échange économique inter-communautaire et un domaine public (dans lequel un fonctionnaire distribue des biens publics aux différentes communautés). Il s'est demandé si ce lien permettait ou non d'éviter la corruption « de marché » (la corruption des fonctionnaires dans le but d'obtenir davantage de biens publics). Il

a montré que la prévention de la corruption de marché dépendait étroitement de la manière dont le marché inter-communautaire s'était développé.

10. Pour donner un sens théorique à ce que l'on observe dans les villages du Bengale occidental, il n'est pas nécessaire de supposer que le marché du travail et le marché du crédit sont liés par des arrangements de métayage ou toute clause d'obligation à travailler. L'agriculteur paie le crédit à la consommation qu'il a contracté au moment de la saison sans récolte (à un taux qui correspond au coût encouru par le propriétaire terrien pour rassembler ces fonds) en travaillant à un salaire inférieur au salaire du marché durant la saison de la récolte et cette transaction se répète d'un cycle agricole à l'autre. L'agriculteur, qui est financièrement contraint, obtient ainsi un crédit à un coût inférieur à celui du marché, alors que le propriétaire terrien paie des salaires inférieurs à ceux du marché pendant la saison des récoltes.

11. Décrivons formellement la situation de la manière suivante. Soit deux jeux $\mathscr{G}_1$ et $\mathscr{G}_2$, définis sur des domaines du même type, et dont les ensembles d'agents sont $\mathscr{N}_1$ et $\mathscr{N}_2$ (avec $\mathscr{N}_1 \cap \mathscr{N}_2 \neq \varnothing$). Supposons, pour simplifier, que l'environnement est stationnaire et que S_1* et S_2* sont les ensembles des profils de choix d'équilibre de $\mathscr{G}_1$ et $\mathscr{G}_2$ lorsque les agents participent à ces jeux de manière indépendante. Imaginons maintenant que les agents prennent leurs décisions dans $\mathscr{G}_1$ et $\mathscr{G}_2$ de manière « simultanée » et appelons $S_i^*(1 \cup 2)$ la projection de l'ensemble des profils de choix d'équilibre du jeu lié sur l'ensemble des profils de choix du jeu i ($i = 1,2$). Supposons qu'il existe deux profils de choix s_1* et s_2* tels que $s_1^* \cap S_1^* = \varnothing$ et $s_2^* \cap S_2^* = \varnothing$, mais que $(s_1^*, s_2^*) \cap \{(S_1(1 \cup 2), S_2(1 \cup 2)\} \neq \varnothing$. Cela signifie que les deux profils de choix s_1* et s_2* ne sont pas auto-exécutoires lorsque $\mathscr{G}_1$ et $\mathscr{G}_2$ sont joués indépendamment l'un de l'autre mais qu'ils le deviennent lorsque les deux jeux sont groupés. Ces profils de stratégie peuvent alors être institutionnalisés.

12. La structure de cet exemple est homomorphe à celle des relations entre l'Etat et le monde des affaires dans l'Etat promoteur que nous avons discutées dans le modèle du chapitre V.2. Dans le modèle de l'Etat promoteur, la menace de la part du gouvernement de suspendre ses subventions n'était pas suffisamment crédible pour stimuler les efforts de développement de l'industriel, lorsque les deux avaient formé une collusion. Le gouvernement pouvait cependant inciter les firmes à produire un effort plus élevé en les menaçant de supprimer leurs subventions en cas de mauvaise performance.

13. Sur ce problème du *hold up*, voir la note 21 du chap. IV.

14. Formellement, considérons m jeux identiques $\mathscr{G}_1,...\mathscr{G}_i,.. \mathscr{G}_m$ ($i = 1,...,m$) joués indépendamment les uns des autres dans un environnement stationnaire. Nous supposons que le nombre des agents, leurs ensembles de choix stratégiques ainsi que les fonctions de conséquences sont identiques dans tous les domaines de jeux et que les ensembles d'agents sont strictement distincts. Nous appelons S_i^*($i = 1,...,m$) les ensembles de choix d'équilibres de ces jeux individuels. Supposons que l'on ajoute à tous ces jeux un même agent ν, doté d'un ensemble de choix $\mathscr{S}_\nu$ et appelons $\mathscr{G}_i^{+\nu}$ ($i = 1,...m$) les jeux augmentés auxquels cet ajout donne lieu. Nous faisons l'hypothèse que le joueur ajouté peut coordonner les stratégies qu'il adopte dans tous les

jeux augmentés, de sorte que sa présence donne lieu à un jeu lié $\cup_i \mathscr{G}_i^{+\nu}$. Nous appelons $S^{+\nu *}$ l'ensemble des profils de choix d'équilibres du jeu lié et $S_i^{+\nu *}$ sa projection sur les ensembles des choix des agents dans le jeu originel i. Supposons qu'il existe profil de choix d'équilibre du jeu lié $\{\Pi_i (s_i^{+\nu *}, s_{\nu}^{*})\} \in S^{+\nu *}$ tel que $\{s_i^{+\nu *}\} \cap S_i^{*} = \varnothing$. Cela signifie que les choix $s_i^{+\nu *}$ $(i = 1,...,m)$ ne sont pas auto-exécutoires dans les jeux individuels originels, mais qu'ils le deviennent lorsqu'une tierce partie les regroupe. Ces choix peuvent alors être institutionnalisés.

15. Cet exemple simple n'analyse pas explicitement la possibilité que le gouvernement fédéral endosse un rôle de joueur stratégique. Nous avons également supposé que les gouvernements des domaines d'économie politique d'origine disposaient d'un budget fixe, de sorte que le choix entre le laxisme budgétaire et la rigueur budgétaire se réduisait à la manière dont l'EPR était gérée. Néanmoins, le recours à la création monétaire peut relâcher la contrainte budgétaire du gouvernement, au prix d'une certaine inflation. On peut alors imaginer une situation de jeu intéressante entre d'une part les gouvernements des jeux d'origine et d'autre part un gouvernement fédéral ayant le contrôle de la quantité de monnaie (et pouvant ainsi disposer des revenus du seigneuriage, à un certain coût en termes d'inflation). La situation de jeu se complique encore davantage lorsque tous les gouvernements ont accès au financement monétaire par l'intermédiaire d'un système bancaire national. On peut consulter Qian et Roland (1998) pour un modèle de ce type.

16. Leff (1976, 1978) présente l'une des premières contributions allant dans ce sens.

17. Une étude empirique de Khanna et Rivkin (1999b) sur les groupes chiliens montre que les rendements des entreprises qui leur sont affiliées covarient, même lorsque la part de la co-variation due à l'existence de participations croisées a été retirée. Cela suggère que les liens sociaux ont un impact économique.

18. Certains éléments laissent penser que les *chaebol* coréens sont en train de s'adapter à ce qu'on appelle le « choc du FMI » en passant d'un contrôle centralisé traditionnel par une holding familiale à des participations croisées entre les firmes membres.

19. Un jeu $\mathscr{G}$ est qualifié de « super-modulaire » s'il satisfait, pour chaque agent $i \in \mathscr{N}$, les conditions suivantes :

• (A1) l'ensemble de choix de chaque agent $\mathscr{S}_i$ est un treillis complet au sens suivant : c'est un ensemble partiellement ordonné muni d'une relation d'ordre transitive, réflexive et antisymétrique, telle que pour tout couple (x, y) de $\mathscr{S}_i$ la plus petite borne supérieure (notée $x \vee y$) et la plus grande borne inférieure (notée $x \wedge y$) existent et sont incluses dans $\mathscr{S}_i$. L'ensemble des cubiques réguliers de l'espace euclidien à t dimensions $(a_{i1},..a_{ij},...a_{iti})$ et l'ensemble des paires ordonnées $\{a_{i1}, a_{i2}\}$ constituent des exemples de treillis complets.

• (A2) la fonction de gain $u_i = \times_{p \in \mathscr{N}} \mathscr{S}_p \rightarrow \Re$ converge le long de tout sous-ensemble ordonné de S_i pour $a_{-i} \in \times_{p \in \mathscr{N} - \{i\}} \mathscr{S}_p$ fixé, converge le long de tout sous-ensemble ordonné $\times_{p \in \mathscr{N} - \{i\}} S_p$ pour $a_i \in \mathrm{S_i}$ fixé, et a une borne supérieure finie.

• (A3) la fonction de gain $u_i (a_i, a_{-i})$ est super-modulaire en $a_i \in \mathcal{S}_i$ pour $a_{-i} \in \times_{p \in \mathcal{N} \setminus \{i\}} \mathcal{S}_p$ fixé ; cela signifie que pour tout a_i, a_i'dans S_i, on a $u (a_i \wedge a_i', a_{-i}) - u (a_i', a_{-i}) \geq u (a_i, a_{-i})$ - $u (a_i \vee a_i', a_{-i})$. Si la fonction de gain est dérivable deux fois, cette condition est impliquée par $\partial^2 f_i / \partial a_{ij} \partial a_{ik} \geq 0$ pour tout $1 \leq j < k \leq t_i$.

• (A4) La fonction de gain u_i a une différence croissante en a_i et a_{-i} ; cela signifie que pour tout $a_i \geq a_i'$, la différence $u (a_i, a_{-i})$ - $u (a_i', a_{-i})$ n'est pas décroissante de a_{-i}. Si la fonction de gain est dérivable deux fois, cette condition est impliquée par $\partial^2 f_i / \partial a_{ij} \partial a_{lk} \geq 0$ pour tout $i \neq l$, $1 \leq j \leq t_i$, $1 \leq k \leq t_l$.

(A3) implique qu'une augmentation de tout sous-ensemble des variables de choix d'un agent augmente le gain additionnel associé à l'augmentation des variables de choix des autres agents. (A4) implique que lorsqu'un agent élève (abaisse) ses variables de choix, les rendements marginaux des variables de choix des autres agents s'élèvent (s'abaissent). Il s'agit de l'hypothèse de *complémentarité stratégique*. Si l'on suppose que (A1) et (A4) sont vérifiées, alors l'équilibre de Nash le plus grand et l'équilibre de Nash le plus petit, c'est-à-dire les équilibres dont les éléments sont les plus grands ou les plus petits, existent (bien entendu, ils sont identique si l'équilibre est unique). Nous supposons par ailleurs que toutes les fonctions de gains sont paramétrées par t (où t appartient à un ensemble partiellement ordonné T) et qu'elles satisfont les conditions suivantes :

• (A5) la fonction de gain u_i a une différence croissante en a_i et τ ; cela signifie que pour tout $a_i \geq a_i'$de $\mathcal{S}_i$, la différence $u (a_i, \tau)$ - $u (a_i', \tau)$ n'est pas décroissante de t. Pour une fonction monotone, continue et dérivable deux fois, cette condition est impliquée par $\partial^2 f_i / \partial a_{ij} \partial \tau \geq 0$, pour tout i et j.

Nous obtenons alors le lemme suivant, démontré par Topkis (1978) et que nous utilisons fréquemment dans la partie qui suit :

LEMME (propriété de statique comparative monotone) : L'équilibre de Nash le plus grand et l'équilibre de Nash le plus petit du jeu super-modulaire constituent des fonctions non décroissantes de τ. En d'autres termes, toutes les composantes de l'équilibre de Nash le plus grand et de l'équilibre de Nash le plus petit évoluent dans la même direction lorsque le paramètre τ se modifie.

20. Voir la note qui précède.

21. Pour comprendre cela, supposons que $u(\Sigma^*;\Lambda^{**}) > u(\Sigma^*;\Lambda^*)$. Cette inégalité a la signification suivante : lorsque les agents du domaine $\mathcal{D}$ ont institutionnalisé le profil de stratégie Σ^*, alors leur utilité est supérieure lorsque leur environnement institutionnel, c'est-à-dire l'institution en place dans le domaine $\mathcal{G}$, est Λ^{**} plutôt que Λ^*. Les conditions de super-modularité qui renvoient aux gains additionnels n'excluent pas cette possibilité. Cependant, l'économie ne peut se déplacer de $(\Sigma^*;\Lambda^*)$ vers $(\Sigma^*;\Lambda^{**})$ parce que la condition de Nash requiert que $v(\Lambda^*;\Sigma^*) > v(\Lambda^{**};\Sigma^*)$. D'autre part, la condition d'équilibre de Nash en $(\Sigma^{**};\Lambda^{**})$ énonce que $u(\Sigma^{**};\Lambda^{**}) > u(\Sigma^*;\Lambda^{**})$. En conséquence, si la condition ci-dessus est vérifiée, alors $u(\Sigma^{**};\Lambda^{**}) > u(\Sigma^*;\Lambda^*)$. De la même manière, si $v(\Lambda^*;\Sigma^{**}) > v(\Lambda^*;\Sigma^*)$ alors $v(\Lambda^{**};\Sigma^{**}) > v(\Lambda^*;\Sigma^*)$. En conséquence, si les deux conditions sont vérifiées, $(\Sigma^*;\Lambda^*)$ constitue un arrangement institutionnel pareto-dominé.

22. Cette présupposition semble s'accorder avec une conception de plus en plus influente en psychologie évolutionnaire et cognitive, selon laquelle

le programme de traitement de l'information qui se trouve dans l'esprit humain se compose d'un ensemble complexe de modules spécialisés et destinés à raisonner dans les différents domaines de l'échange social. Voir par exemple Barkaw, Cosmides et Tooby (1993), Pinker (1997) et Field (2001).

IX. Les modèles de jeu subjectifs et le mécanisme du changement institutionnel

1. Voir Matsuyama (1997) pour un développement convaincant de cet aspect du problème, qui insiste sur la difficulté d'analyser l'information disponible en présence d'équilibres multiples.
2. Voir également North (1990), David (1994), Thelen (1999).
3. Kaneko et Matui (1999), avec leur modèle de « jeu inductif », poursuivent une approche différente mais pas sans rapport avec la nôtre. Le concept de « modèle mental », proposé dans un travail novateur de Denzau et North (1994), constitue un antécédent important à celui de « modèle de jeu subjectif », même s'il n'est pas formulé dans le cadre de la théorie des jeux. Nous faisons état d'une différence importante entre leur théorie et la nôtre dans la note 7 ci-dessous. Dosi, Marengo et Fagiolo (2000) présentent un cadre conceptuel similaire dans le but d'étudier la « dynamique évolutionnaire ouverte », qui incorpore non seulement l'adaptation, mais aussi, tout comme le nôtre, la découverte et l'émergence de la nouveauté. Ils font également le bilan de la littérature existante sur le sujet et dressent une liste des problèmes non résolus qui invite à la réflexion.
4. Si l'on suit la notation utilisée au chapitre VII.2., on peut écrire $I_i(s) = \Sigma_i^*(s) \sim \Sigma^*(s)$.
5. Plus généralement, on peut supposer que chaque agent attribue, à chaque combinaison d'information privée et de choix stratégique, une distribution de probabilité Ω (T) sur l'espace des conséquences.
6. De manière à la fois plus générale et plus réaliste, on peut considérer que les agents possèdent plusieurs règles d'inférence et de prévision, qui sont concurrentes sous certains rapports et complémentaires sous certains autres. Dans le cadre d'une institution en évolution permanente, les agents peuvent expérimenter chacune de ces règles et choisir celle qui paraît la plus appropriée, compte tenu des circonstances (voir Holland *et al.*, 1986). Un agent développe donc une sorte de méta-règle qui précise dans quelles circonstances une règle particulière devra être utilisée. Nous pouvons quand même affirmer, lorsque les agents conservent un ensemble fixe de règles multiples, que le modèle de jeu subjectif inductif est reproduit.
7. Chez Denzau et North (1994), les institutions sont considérées comme des « mécanismes extérieurs (à l'esprit) que les individus créent pour structurer et ordonner leur environnement » (1993, p. 4). Notre cadre d'analyse, qui considère les institutions comme des systèmes de croyances partagées, en fait un élément endogène des modèles de jeux subjectifs, même si les

agents peuvent les percevoir comme des entités objectivées une fois qu'elles sont en place.

8. On peut interpréter le travail important de Kaneko et Matsui (1999) comme une étude d'un contexte de jeu particulier, dans lequel les joueurs, qui ne disposent pas d'une information complète sur la structure objective du jeu, sont capables de construire de manière inductive leurs modèles de jeu subjectifs (au sens où nous les avons définis) sur la base de leur expérience passée. Les auteurs ont montré qu'une forme particulière de représentation synthétique d'un profil de stratégies d'équilibre (une configuration ethnique, dans leur modèle) peut suffire à garantir l'existence d'une règle de meilleure réponse qui soutienne cet équilibre.

9. Certains politologues font des chocs extérieurs (comme la perte d'une guerre) une cause majeure du changement institutionnel (voir également Olson, 1982, et Barca *et al.*, 1999). On peut certainement considérer une guerre comme un choc extérieur aux domaines des transactions économiques lorsqu'on les considère de manière isolée. En revanche, si l'on considère les arrangements institutionnels globaux d'une économie, on observe que certains éléments endogènes peuvent contribuer à provoquer une guerre. Par exemple, les Etats autoritaires qui sont apparus en Allemagne et au Japon dans les années 1930 se présentaient comme une solution particulière, propre au domaine politique, aux tensions institutionnelles qui apparaissaient entre les relations de marché (dans les domaines économiques) et les structures sociales traditionnelles. La Seconde Guerre mondiale a été le résultat endogène (mais pas inévitable) de cette solution.

10. En biologie évolutionnaire, les mutations qui se produisent au niveau moléculaire sont, dans un environnement stable, normalement neutres ou légèrement sous-optimales du point de vue de la sélection évolutionnaire (voir Kimura, 1983).

11. On peut considérer que les systèmes concurrents de croyances prédictives et normatives sont assez proches des « idéologies » de Denzau et North (1994), qui les définissent comme « le cadre commun aux modèles mentaux des individus d'un même groupe, qui leur fournit une interprétation de l'environnement en même temps qu'une prescription sur la manière dont l'environnement doit être structuré » (*ibid.*).

12. Comme nous l'avons fait remarquer au chapitre V, Denzau et North (1993) font également référence à cette analogie. Autant que je sache, la première utilisation de cette analogie en sciences sociales se trouve chez Krasner (1988). Voir également Hodgson (1993) et Mokyr (1990).

13. Même dans le modèle de jeu évolutionnaire simple présenté au chapitre V.2., il existait une multitude de trajectoires possibles dès que l'on se trouvait à distance de l'équilibre. C'étaient les croyances émergentes des entrepreneurs qui déterminaient laquelle était effectivement empruntée.

14. Fujimoto (1999) développe une argumentation convaincante à propos de la complémentarité de la théorie des points critiques (*juncture theory*) et la théorie de l'équilibre. Thelen (1999) propose une excellente revue de la littérature sur l'application de l'institutionnalisme historique à la science politique comparée, dans le but de regrouper les intuitions de la littérature sur les points critiques d'une part, et la littérature sur la dépendance par rap-

port au chemin et sur l'effet de rétroaction des politiques d'autre part. Le psychologue évolutionnaire Pinker considère également que la sélection naturelle et les contraintes de développement sont toutes deux importantes et permettent chacune de répondre à certaines de ces questions. Il suggère que « la sélection naturelle présuppose de quelque manière l'apparition d'un réplicateur, et la théorie de la complexité peut aider à expliquer ce "de quelque manière" » (1997, p. 161). Dans ce chapitre et dans ceux qui suivent, nous essayons de l'expliquer dans un cadre modifié de théorie des jeux.

X. Les liens diachroniques entre institutions

1. Par contraste, Bowles (1996) se concentre sur l'influence des institutions de marché sur l'évolution de la culture, qu'il définit comme les « comportements appris » ou les « croyances, les valeurs et les autres aspects que les individus ont appris ou imités et qui influencent durablement leurs comportements ».

2. Je suis redevable à Krasner de m'avoir indiqué la pertinence de la théorie politique de Geertz (1980) sur l'Etat de Bali dans le cadre de la présente étude. Voir Krasner (1984).

3. La description par Geertz des conditions naturelles et sociologiques du système d'irrigation de Bali ressemble de manière frappante à celles du Japon de l'ère Tokugawa (chap. II). Il existe cependant une différence importante entre le village Tokugawa et l'Etat de Bali. En effet, le premier s'est engagé dans des échanges sur des marchés extérieurs grâce à la norme d'enchâssement communautaire existante, ce qui a fini par affaiblir la cohésion sociale du village. Voir exemple 10.5.

4. Au début de la seconde moitié de l'ère Tokugawa, on observait que les chefs des villages (*shoya*) échangeaient généralement des céréales avec des marchands extérieurs pour le compte des familles du village (voir par exemple Shinpo et Hasegawa, 1998, p. 257). Ils ont donc constitué une forme embryonnaire de marchands indigènes. Etant eux-mêmes paysans, ils n'étaient pourtant au départ rien de plus que les agents des familles et agissaient sous le contrôle social du village.

5. Le contrôle collectif de la qualité des biens permettait aux familles du village de renforcer leur pouvoir de négociation vis-à-vis des marchands extérieurs et servait donc les intérêts de chacun. Lorsque le problème de sélection adverse sur la qualité des produits était important, les marchands malhonnêtes pouvaient prétendre que les biens qui leur étaient fournis étaient de mauvaise qualité, même si ce n'était pas toujours le cas, et profiter ainsi du fait que les familles du village manquaient d'opportunités d'échange alternatives. Pour empêcher les marchands d'adopter cette stratégie, les familles du village devaient être capables de contrôler et de faire valoir sans ambiguïté la qualité des biens qu'elles fournissaient. A l'ère Tokugawa, les obligations fiscales des paysans étaient définies et réglées d'abord en termes de quantité de riz brut puis en termes de quantité de riz brun traité et non en épis. L'objectif était d'empêcher au maximum les pay-

sans de manipuler la quantité de riz livrée en en détériorant la qualité (en ne retirant pas les grains et les tiges impropres, ou en y augmentant la quantité de riz moisi). Cette obligation a eu une conséquence imprévue, l'accumulation de compétences de contrôle de la qualité des biens fournis (Koga, 1982). Si le commerce du riz s'était effectué en épis, comme c'était le cas dans la plupart des économies asiatiques touchées par la mousson, les marchands auraient pu adopter la stratégie opportuniste dont nous venons de parler. Afin d'augmenter leur pouvoir collectif de négociation, les familles du village ont continué à échanger des informations et à améliorer collectivement leur technologie de traitement du riz.

6. J'insiste ici sur l'émergence d'intermédiaires qui appartiennent à la communauté rurale mais qui permettent de développer les échanges avec des agents extérieurs (par exemple, les entrepreneurs du village passent des contrats de sous-traitance avec d'autres familles du village). Remarquons qu'ils sont différents des intermédiaires qui partagent une même identité ou une même norme et n'échangent qu'entre eux (comme les « groupes d'intermédiaires homogènes du point de vue ethnique » de Landa, 1994, chap. V, par exemple), ou des « négociants culturels » qui servent d'intermédiaire aux marchands de tribus différentes (parce que ceux-ci ne feraient confiance qu'à l'intermédiaire en raison de son argent et de sa réputation, cf. Landa, 1994, p. 201). Quoique la parabole de cette sous-section fasse suite à celle du chapitre II et s'inspire partiellement de ce qu'on observe à la fin de l'ère Tokugawa, on peut raconter une parabole isomorphe à propos des autres communautés. Par exemple, Hayami et Kawagoe (1993) contestent la célèbre thèse anthropologique de Geertz (1963) selon laquelle l'esprit d'entreprise nécessaire à la modernisation des activités non agricoles ne peut apparaître que de manière endogène au sein du village. Ils ont étudié l'émergence du marché aux légumes indonésien, dont les intermédiaires étaient des commerçants en provenance des villages, qui livraient leurs produits aux villes. Pour que cette opération soit efficace, les commerçants devaient faire crédit aux villageois en échange de leur promesse de livraison quotidienne des biens, ce qui engendrait des problèmes d'aléa moral. La norme communautaire (et non pas n'importe quel système juridique) permettait cependant de rendre ces contrats exécutoires et de dissuader les agriculteurs d'adopter un comportement malhonnête. Par ailleurs, les commerçants étaient forcés d'acheter les biens des agriculteurs à un prix juste puisque l'information sur les prix de marché dans le village était symétrique. Le marché et les normes communautaires peuvent donc agir de concert pour empêcher le comportement malhonnête des commerçants.

7. Voir Hayami (1998).

8. Le gouvernement du début de l'ère Meiji a essayé de transplanter des usines textiles de type occidental et d'y employer les filles des anciens samouraïs urbains. Ces usines étaient cependant très mal gérées et furent rapidement privatisées par des ventes en catastrophe des actifs aux capitalistes privés. Ces nouvelles usines privées recrutaient des ouvriers de sexe féminin en provenance des communautés rurales et les hébergeaient dans des dortoirs. Pour promouvoir une atmosphère communautaire, certains capitalistes particulièrement paternalistes leur fournissaient même une édu-

cation élémentaire et des cours de couture et d'élaboration de bouquets de fleurs.

9. Le *U.S. Strategic Bombing Survey* (1946) offre un bon aperçu de cette situation.

10. Les formes contractuelles les plus habituelles consistaient en des locations ou des droits d'exploitation à vie enregistrés au tribunal de la seigneurie. Il s'agissait dans les deux cas d'arrangements à long terme selon lesquels le franc-tenancier fournissait une somme d'argent importante au début de la relation contractuelle puis des paiements symboliques par la suite. Les paysans recevaient donc l'intégralité des revenus supplémentaires engendrés par les gains de productivité pendant la durée du contrat. Les paysans devaient également épargner de l'argent pour pouvoir renouveler le contrat lorsque celui-ci arrivait à échéance. Cette combinaison de la carotte et du bâton permet de comprendre la croissance de la productivité réalisée par les agriculteurs travaillant sur des champs ouverts au XVIIe siècle (Allen, 2001).

11. En revanche, le transfert des droits de quasi-propriété en terres imposables au cours de l'ère Tokugawa japonaise était interdit juridiquement par les gouvernements *Baku-Han*. Vers la fin de l'ère Tokugawa, les paysans, qui s'impliquaient de plus en plus dans des échanges monétaires, s'engageaient dans des contrats de prêt avec des marchands extérieurs ou avec des familles riches, utilisant leur terre comme collatéral. Lorsqu'ils étaient incapables de rembourser leurs dettes, les accords contractuels étaient exécutés, mais les agriculteurs en faillite continuaient généralement à cultiver les mêmes terrains que lorsqu'ils en étaient propriétaires. Cela explique pourquoi il n'y eut pas, à l'inverse de l'Angleterre, de concentration de la gestion agricole.

12. La seule exception à l'analyse micro de R. Allen quant à la région Centre-Sud était que les bassins d'irrigation des régions les plus arables étaient en général enclos. Dans cette région, les champs ouverts étaient généralement irrigués par des sillons qui séparaient les bandes de terrain, mais ceux-ci n'étaient pas toujours nettoyés. « L'attribution des enclosures [dans cette] région confiait souvent l'entretien des principaux canaux d'irrigations à un groupe de propriétaires terriens qui en finançaient le coût en prélevant une taxe auprès des propriétaires de la commune » (Allen, 1992, p. 121). Ce dispositif a pu favoriser une certaine augmentation de la productivité.

13. Plus de 5 000 décrets parlementaires furent adoptés par les parlements locaux entre 1700 et 1850, dans le seul but de permettre aux propriétaires terriens de réaliser des enclosures. Les disparités régionales qui caractérisaient ce processus ne peuvent être exclusivement attribuées aux conditions technologiques et au niveau de développement des marchés. Par exemple, Yelling a découvert que, dans le centre du pays, où les propriétés individuelles étaient très souvent éparpillées, les champs collectifs ouverts se sont maintenus au cours de la seconde moitié du XVIIIe siècle, alors même que la pression des relations de marchés était aussi forte dans cette région qu'ailleurs. Il avance donc que « l'organisation d'une enclosure constituait un pas en avant politiquement difficile, qui mettait en jeu les intérêts indivi-

duels de manière très forte. En particulier, il faut insister sur les conflits d'intérêts entre les grands et les petits propriétaires terriens. C'est la résistance de ces derniers aux enclosures qui explique largement la permanence du système » (1982, p. 414).

14. Entre 1902 et 1911, l'industrie textile représentait à peu près un quart de la production industrielle et la moitié des exportations. Selon l'estimation récente de M. Tanimoto (1998), en 1905 les ouvriers engagés dans le système de sous-traitance représentaient plus de 70 % des ouvriers de l'industrie textile, contre un petit peu plus de 10 % dans les usines.

15. Pour pouvoir mettre en œuvre des contrats mutuellement avantageux sans l'appui d'un mécanisme efficace de tierce-partie, il faut qu'existe une confiance mutuelle (une réputation) soutenant les contrats relationnels. D'un point de vue théorique, cela requiert deux éléments : une menace crédible de mettre un terme au contrat relationnel dans le cas d'une défaillance du partenaire et une dissémination de l'information sur l'ensemble des défaillances dans le domaine d'échange concerné. On sait que les marchands indigènes se faisaient concurrence dans la même localité, de sorte que les familles de paysans pouvaient changer le partenaire avec lequel elles contractaient lorsque c'était nécessaire. D'autre part, l'emploi périodique de certaines familles de paysans permettait d'amortir les fluctuations de la demande et ces familles étaient potentiellement capables de remplacer les autres contractants relationnels. Cette situation peut satisfaire la première condition. En fait, certains marchands indigènes expérimentés empêchaient les escroqueries et la durée des contrats tendait à s'étendre sur plusieurs années pour les principaux contractants (Tanimoto, 1998). Comme les marchands avaient des racines communautaires, l'information sur le comportement frauduleux de l'une des parties se propageait rapidement parmi eux et parmi les membres du village. Les infrastructures informationnelles qui existaient entre les villages et soutenaient la norme communautaire permettaient donc également de satisfaire la seconde condition. La manière dont les contrats étaient rendus auto-exécutoires était cependant assez différente des normes communautaires ; les déviants pouvaient s'attendre, en guise de pénalité, à être exclus des relations contractuelles, mais pas des réseaux d'échange social traditionnels.

16. Les résultats analytiques importants obtenus par Holmstrom et Milgrom (1994) sur la comparaison entre le système moderne de franchises et la firme intégrée peuvent être reformulés de manière à rendre compte de l'opposition entre le système de contrats de sous-traitance et le système de l'usine.

17. Pour comprendre l'influence qu'a eue l'industrie textile rurale sur le système Toyota, on pourra consulter Fujimoto (1999).

18. L'importance croissante des petites firmes entrepreneuriales dans l'industrie de l'information américaine a été largement facilitée par l'exode massif des ingénieurs de l'entreprise géante IBM, d'abord par démissions spontanées puis par licenciements. Ces ingénieurs ont pris l'initiative soit de créer leurs propres entreprises, soit de rejoindre des petites firmes déjà existantes capables d'utiliser leurs compétences et leur savoir. Baldwin et Clark

(2000) présentent une excellente description de ce processus, ainsi qu'une explication analytique de la manière dont il a débuté.

19. Comme l'ont exposé et analysé Chandler (1977) et Williamson (1975), l'émergence de la forme M (l'entreprise à divisions multiples) aux Etats-Unis au début du XXe siècle constitue un exemple emblématique d'innovation organisationnelle réalisée par un nouveau type de regroupement, qui reposait en l'occurrence sur une internalisation des marchés de capitaux.

20. Voir Aoki (1988, chap. 3 ; 1990 ; 1994a) pour une analyse de la complémentarité entre la hiérarchie horizontale (le partage contextuel de l'information) et l'administration centralisée du personnel.

21. Notre étude de la complémentarité institutionnelle a clairement montré que l'encapsulation du partage contextuel de l'information ne pouvait se réaliser sans une décentralisation de l'administration du personnel. Une façon d'y parvenir consiste à transformer l'entreprise intégrée en holding pure. De cette manière, à la fois l'administration du personnel et le traitement de l'information sont décentralisés en unités constituantes, alors que la holding se concentre exclusivement sur la gouvernance de cet ensemble. La décentralisation permet de réaliser une certaine diversité des architectures organisationnelles et des contrats d'emploi. Comme nous le montrons également dans le chapitre XI.3., la forme de la holding pure constitue une solution partielle au problème de gouvernance d'entreprise posé par l'affaiblissement des capacités de gouvernance de la banque. J'ai étudié cela plus en détail, ainsi que d'autres conséquences de la holding pure, au chapitre VIII de Aoki (1995/2000). La forme de la holding pure était impossible à mettre en place jusqu'à récemment en raison d'une interdiction juridique datant des réformes de l'après-guerre. Cette réglementation a été abrogée en 1998, mais sans effet visible sur la restructuration des firmes J jusqu'en 2000. Cela peut en partie s'expliquer par les délais liés à la mise en application de l'impôt consolidé, qui était complémentaire à cette abrogation. Sans cet impôt, la recomposition des divisions d'entreprises en filiales de la holding avait pour effet d'augmenter l'impôt des entreprises lorsque l'une des divisions enregistrait un revenu négatif.

22. Nous pouvons étendre cette analyse au cas où chaque domaine est composé d'agents ayant des préférences différentes, comme nous l'avons fait au chapitre VIII.2.

23. Qian et Xu (1993) ont comparé l'opposition entre l'appareil de planification soviétique et l'appareil de planification chinois à celle qui existe entre la forme U et la forme M (Chandler 1977 et Williamson 1975 avaient fait une distinction assez proche entre les différents modes d'organisation interne des entreprises). Dans la forme U, les activités industrielles (les usines) étaient regroupées selon une logique fonctionnelle et placées sous le contrôle des ministères industriels au niveau national. En Chine, elles étaient regroupées selon une logique fonctionnelle au niveau local. Le regroupement géographique local fut ensuite progressivement recomposé à un niveau géographique plus élevé, et ce jusqu'au niveau national. Le gouvernement chinois adopta cette stratégie organisationnelle dans le but de rendre le système de production national moins vulnérable aux chocs exter-

nes (comme une attaque nucléaire, par exemple). D'un point de vue théorique, la forme U et la forme M peuvent toutes deux être efficientes, selon que les chocs qui frappent les activités de production sont corrélés en fonction des industries ou des zones géographiques (voir Maskin, Qian et Xu, 2000). Cremer (1980) avait proposé une analyse analogue dans un contexte plus général. L'appareil de planification de chacune de ces deux économies constitue une condition initiale importante qui peut influer de manière significative sur leur transformation en économies tournées vers les marchés (voir Qian, 1999).

24. Je dois cet élément de l'argumentation à une conversation avec J.-Ph. Touffut.

25. Braguinsky et Yavlinsly (2000, p. 45) avancent que les ensembles formés des ministères industriels et des EP qui étaient sous leur juridiction constituaient de puissants groupes de pression.

26. En novembre 1993, 91 % des entreprises privatisées avaient adopté ce qu'on appelle le programme de privatisation de type I, selon lequel les employés et les dirigeants pouvaient acheter jusqu'à 51 % des actions à leur valeur comptable d'avant la phase inflationniste. Voir Aoki (1995b) et Akamatsu (1995) sur les aspects juridiques de ce programme.

27. Braguinsky et Yavlinsky (2000, p. 45) avancent un nouveau critère pour distinguer les membres internes des membres externes. Ils considèrent que les membres internes sont ceux qui tirent leurs revenus de l'ancienne EP, souvent sous la forme de détournements et d'extraction de rentes. Ils sont donc formellement extérieurs à l'entreprise ; ils peuvent être des représentants des principaux fournisseurs ou créanciers, des membres des gouvernements régionaux ou locaux ou de purs et simples gangsters. Dans cette perspective, ce sont les travailleurs, ceux qui subissent les arriérés de salaires, qui constituent les membres externes de l'entreprise. Bien que la substance de mon argumentation ne soit pas très différente de la leur, du point de vue de la théorie des jeux, ce qu'ils interprètent comme des membres internes peut être assimilé à des agents formant une collusion avec les dirigeants de l'entreprise, alors que les ouvriers qui souffrent des arriérés de salaire peuvent quand même être considérés comme des membres internes formant une collusion avec les dirigeants qui, pour leur part, garantissent la permanence des relations d'emploi. Gaddy et Ickes (1999) insistent sur la relation symbiotique qui unit les ouvriers aux directeurs : « Les ouvriers ont besoin des directeurs pour maintenir en vie les entreprises qui ne sont pas viables. Les directeurs ont besoin de l'entreprise pour profiter de leur capital relationnel [investi essentiellement dans des relations avec les directeurs d'autres entreprises] ».

28. Le terme d'« économie virtuelle » a été utilisé dans le rapport de la commission Karpov en décembre 1997. Le rapport concluait que le troc, en s'appuyant sur des prix qui n'étaient pas des prix de marché, ou « prix virtuels », créait des revenus illusoires ou virtuels, qui conduisaient à leur tour à des obligations fiscales non honorées, c'est-à-dire « virtuelles » elles aussi. Gaddy et Ickes (1998, 1999) et Ericson et Ickes (1999) ont analysé l'économie virtuelle comme un phénomène d'équilibre. L'OCDE (2000) propose une étude empirique et une analyse précise des relations de complémentarité entre

l'utilisation de substituts monétaires et le fédéralisme fiscal. Branguisky et Yavlinsky (2000, partie II) proposent une analyse du même ordre, quoiqu'elle ne soit pas explicitement formulée en termes de théorie des jeux.

29. L'OCDE estime qu'en 1998, 70 % des transactions entre les firmes et 40 % des paiements d'impôt étaient démonétisés. Près de 50 % des recettes fiscales fédérales et des recettes fiscales régionales consolidées étaient non monétaires.

30. Le secteur de l'énergie représentait près de la moitié de la production industrielle russe à la fin des années 1990.

31. Selon les données d'enquête utilisées par l'OCDE (2000, p. 155), les dirigeants des entreprises estiment que les échanges de troc leur font encourir un coût de transaction additionnel de plus de 20 %.

32. La non-monétisation de l'économie s'accompagne d'arriérés importants dans le paiement des salaires et des impôts. Voir Earle (2000) et Earle et Sabirianova (2000).

XI. La gouvernance d'entreprise comparée

1. Plus tard, Berle s'est rallié à la thèse de Dodd et a reconnu que les directeurs modernes agissaient *de facto* et *de jure* comme les administrateurs d'un système communautaire. Il restait cependant prudent sur la question de savoir si cela constituait une « bonne disposition » (Berle, 1959, p. VII).

2. Zingales (1998) a proposé une autre définition du contrôle d'entreprise, dans un esprit proche de celle de Hart et Moore. Il définit « un système de gouvernance comme un ensemble complexe de conditions qui façonnent le résultat de la négociation *ex post* sur la répartition des quasi-rentes engendrée au cours de la relation ». Pour une analyse récente de la perspective des parties prenantes, voir Berglöf et von Thadden (1999) ainsi que Blair (1995). Je propose une première analyse comparée des formes de gouvernance d'entreprise du point de vue de la théorie des jeux et de la négociation dans Aoki (1984a).

3. Par exemple, tout actionnaire minoritaire qui détient au moins 1 % des actions ou 300 actions d'une entreprise peut proposer lors de l'assemblée générale une évaluation des directeurs et le remplacement d'un directeur, sans justification. Cette disposition statutaire n'a cependant pour effet que d'inciter les dirigeants à élaborer des contre-mesures destinées à préserver leur autonomie (formation d'une collusion destinée à fixer l'assemblée générale le même jour chaque année, corruption implicite ou explicite des perturbateurs professionnels, appelés *sokaiya*, qui rassemblent les parts des actionnaires minoritaires.)

4. A la différence de l'approche de Hart et Moore, qui suppose une répartition égalitaire des quasi-rentes selon le dispositif de Nash-Shapley, ici nous ne précisons pas la répartition des rentes anticipées.

5. Comme nous l'avons remarqué au chapitre IV.3., Hart et Moore excluent par hypothèse le problème d'aléa moral apparaissant au cours de la seconde phase.

6. Pour mettre en œuvre cet arrangement, l'entrepreneur peut émettre une quantité de dettes à court terme supérieure à réalisation du faible niveau de profit (du signal de faible effort) à la fin de la première phase, mais inférieure à la réalisation du niveau de profit élevé.

7. Voir le lemme de la note 18 du chapitre VIII.

8. Je dois cette observation à von Thadden. En fait, la courbe de rendement du travailleur peut devenir strictement concave si on y inclut la valeur implicite de la sécurité de l'emploi, des conditions de travail, des opportunités de formation, etc.

9. En Allemagne, la loi sur la co-détermination stipule que toute entreprise de plus de 2 000 employés doit installer un bureau de supervision ayant le pouvoir de voter les décisions importantes et de sélectionner l'équipe de direction. La loi exige que la moitié des sièges de ce bureau soit occupée par des représentants des employés et l'autre moitié par des représentants des actionnaires. Lorsque les votes se répartissent de manière égale, c'est le vote du président, choisi parmi les représentants des actionnaires, qui emporte la décision. Cependant, cette disposition est rarement invoquée en pratique et les décisions du bureau sont normalement prises de manière unanime, ou du moins sans bloc d'opposition substantiel. On peut interpréter cela comme le fait que la recherche d'un accord constitue un équilibre, puisque l'opposition unanime de l'une des parties aurait pour effet de rendre une décision complètement inefficace. Cela signifie que les deux parties disposent *de facto* d'un droit de veto.

10. Nous formulons la technologie du modèle de la manière suivante. Soit $F(V : \boldsymbol{e})$ la fonction de répartition de la valeur de la production réalisée par une équipe au cours d'une période, distribuée sur le support fermé $[V_{min}, V_{max}]$ et conditionnelle à un vecteur $\boldsymbol{e}$ composé des niveaux d'efforts des N membres internes. F est une distribution constante et indépendante du temps et elle est symétrique et dérivable par rapport à $\boldsymbol{e}$. Nous appelons $f(V : \boldsymbol{e})$ la fonction de densité associée à F. Nous supposons que la production de l'équipe est observable mais que l'effort individuel de chaque membre n'est observable par aucun autre membre. Nous faisons également l'hypothèse que la fonction de densité satisfait la propriété de monotonie des rapports de probabilité (MLRP), ce qui signifie que $f_i(V : \boldsymbol{e})/f(V : \boldsymbol{e})$ est monotone croissante en V quel que soit $\boldsymbol{e}$, où $f_i(V : \boldsymbol{e})$ est la dérivée partielle de f par rapport à e_i.

11. En maximisant la valeur actuelle de ses flux d'utilité présents et futurs, chaque membre interne choisit le même niveau d'effort tant qu'il reste dans la firme H et que l'environnement est stationnaire. Le flux associé au fait de rester dans la firme H est alors constant (disons qu'il a la valeur U). Compte tenu du schéma de rémunération contractuel et des niveaux $\underline{b}$ et $\overline{b}$, le choix optimal de e_i à chaque période peut alors être représenté par le programme suivant :

$$U = \max_{e_i} \Big\{ (1-\delta) \Big(E\Big[w\big(V((\boldsymbol{e}))-c(e_i)\big) + \delta \Big[(1-F(\underline{b} : \boldsymbol{e}))U + F(\underline{b} : \boldsymbol{e})(U-J) \Big] \Big\}, i = 1, \ldots, N,$$

où δ est le facteur d'actualisation. Le membre reçoit un revenu $w(V)$ à la période courante et paie un coût d'effort $c(e_i)$. Si l'activité de la firme H se poursuit à la période suivante, ce qui se produit avec une probabilité $(1 - F(\underline{b} : \mathbf{e}))$, le membre interne reçoit un flux U à toutes les périodes futures. Si la firme H met un terme à son activité parce que la valeur de la production tombe en dessous de $\underline{b}$, ce qui se produit avec une probabilité $F(\underline{b} : \mathbf{e})$, alors le membre interne reçoit un flux $U - J$ à toutes les périodes futures. Les termes $1 - \delta$ et δ de l'équation représentent respectivement les poids des gains présents et des gains futurs et expriment la valeur actuelle des revenus en termes de flux équivalents U. On peut trouver la valeur des actions correspondante en divisant l'ensemble des gains par $1 - \delta$. La solution de ce problème est donnée par la condition suivante, qui représente la contrainte d'incitation d'un membre interne :

$$\int w(V) f_i(V : \mathbf{e}) dV - \frac{\delta}{1-\delta} J \frac{\partial F_i(\underline{b} : \mathbf{e})}{\partial e_i} = c'(e_i).$$

12. Considérons le problème de maximisation des quasi-rentes organisationnelles :
$S = E[V(\mathbf{e})] - Nc(\mathbf{e}) - \gamma F(\underline{b} : \mathbf{e}) - \rho - M,$
soumis à la contrainte de participation du contrôleur R (CPCR : $B = E[s^{RM}(V)] - M = 0$), à la contrainte de participation de l'investisseur (CPI : $F(\underline{b} : \mathbf{e}))\overline{s}^I + F(\underline{b} : \mathbf{e})\underline{s}^I = \rho$), à la contrainte budgétaire de la firme H (CB), à la contrainte d'incitation du membre interne (CIMI), et à la condition de non-renégociation (CNR : $s^{RM}(V) - s^{RM}(\underline{b}) \geq \gamma$ pour $V > \underline{b}$), où $\gamma = [\delta/(1-\delta)]NJ$. On peut écrire le Lagrangien de ce programme de maximisation, dont les multiplicateurs λ, μ, $\xi(V)$ et η correspondent aux conditions CPCR, CPI, CB et CIMI, respectivement. On voit immédiatement que $\mu = \lambda = 1$ et que $\xi(V) = -f(V{:}\mathbf{e})$. La dérivée ponctuelle du Lagrangien par rapport à $w(V)$ est donc $\eta f_i(V{:}\mathbf{e}) - Nf(V{:}\mathbf{e})$. La propriété de monotonie des rapports de probabilité de la fonction de densité f implique que cette grandeur est négative lorsque $V \in [V_{\min}, \overline{b}]$ et positive lorsque $V \in (\overline{b}, V_{\max}]$, sous la condition que $\overline{b}$ satisfasse $\eta f_i(\overline{b} : \mathbf{e})/f(\overline{b} : \mathbf{e}) = N$. Il faut donc minimiser w sur le premier domaine et maximiser w sur le second, d'une manière qui soit compatible avec les autres contraintes. On doit donc avoir $w(V) = w_{\min}$ pour $V \in [V_{\min}, \overline{b}]$ et $w(V) = max_{\overline{S}^I, \underline{S}_I} [V - s^I(V) - s^{RM}(V)]$ pour $V \in (\overline{b}, V_{\max}]$. On peut réaliser cette dernière maximisation en s'appuyant sur les deux dispositifs suivants. Posons $s^I(V) = \underline{s}^I = \rho - \gamma[1 - F(\underline{b} : \mathbf{e})]$ pour $V \leq \underline{b}$ et $s^I(V) = \overline{s}^I = \underline{s}^I + \gamma$ pour $V > \underline{b}$, de sorte que la condition CNR soit satisfaite. On choisit ensuite $\overline{b}$ tel que $E_{V \leq \overline{b}}[V - s^I(V) - Nw_{\min}] = M$. En dérivant le Lagrangien par rapport à $\underline{b}$ et en l'égalisant à 0, on trouve $\underline{b}$ en fonction de η et de $\mathbf{e}$. La propriété de monotonie des rapports de probabilité implique que $\underline{b} < \overline{b}$. La valeur de e_i $(i = 1,...N)$ en fonction de η est alors déterminée par la condition CIMI.

13. Le mécanisme de gouvernance relationnelle-contingente fut déduit comme solution optimale en information imparfaite d'un problème conventionnel de maximisation contrainte. Une manière alternative de caractériser cette solution, peut-être plus en adéquation avec notre conceptualisation des institutions comme phénomène d'équilibre, consiste à en faire le résultat d'équilibre d'un jeu. On se trouve alors en présence d'un jeu supermodulaire (voir le chapitre VIII.3.) entre un agent fictif en charge du contrôle de la firme H d'une part et ses membres internes d'autre part. Pour simplifier, nous ignorons les investisseurs (la firme H n'a donc pas besoin de capitaux extérieurs) et nous supposons que le jeu se déroule exclusivement entre l'agent de gouvernance et un membre interne représentatif, le contrôleur R étant un automate.

Le membre interne choisit de manière stratégique le niveau d'effort e_i qui maximise la somme actualisée de ses niveaux d'utilité présents et futurs $(U = \int_{V \geq \bar{b}} (V/N)f(V : e)dV + w_{\min}F(\bar{b} : e) - \gamma F(\underline{b} : e) - c(\boldsymbol{e}))$. L'agent de gouvernance fait une conjecture sur les niveaux d'efforts non observés des membres internes $\hat{\boldsymbol{e}}$ et choisit en conséquence le seuil de cessation d'activité $\underline{b}$ qui maximise les quasi-rentes de la firme H $(S = E [V (\hat{e})] - \gamma NF (\underline{b} : \hat{e}) - Nc(\hat{e}) - M)$. Le contrôleur R est un automate qui ajuste le seuil de transfert du contrôle de façon à satisfaire sa propre contrainte budgétaire $(B = E[s^{RM} (V)] - M = 0)$ compte tenu de son anticipation $\acute{\boldsymbol{e}}$ sur les niveaux d'efforts des membres internes.

On peut alors démontrer que les fonctions de gains des deux joueurs stratégiques et la fonction de surplus budgétaire de l'automate sont supermodulaires en $(\boldsymbol{e}, \underline{b}, -\bar{b})$, compte tenu de la conjecture de l'agent de gouvernance : étant donné $(\bar{b}, \underline{b})$, le membre interne représentatif peut maximiser ses gains en choisissant la valeur de e_i qui satisfait $\partial U/\partial e_i = 0$. Une arithmétique élémentaire montre que $\partial^2 U/\partial e_i \partial\bar{b} = \{(\bar{b}/N) - w_{\min}\}f_i(\bar{b} : \boldsymbol{e}) < 0$ et que $\partial^2 U/\partial e_i \partial\underline{b} = -\gamma f_i(\bar{b} : \boldsymbol{e}) = 0$. La fonction U est donc supermodulaire en $(e, -\bar{b}, \underline{b},)$. Du fait de la complémentarité de $\underline{b}$ et de e, que l'on a démontrée plus haut, on suppose que l'agent de gouvernance forme des anticipations « rationnelles », de sorte que $\hat{e}_{\underline{b}} = 0$ (la valeur des dérivées secondes étant négligeable). On peut ensuite démontrer que la fonction objectif de l'agent de gouvernance est supermodulaire. La contrainte budgétaire du contrôleur R est elle aussi supermodulaire, de manière triviale puisqu'elle est constante quels que soient $\boldsymbol{e}$ et $\underline{b}$.

Le jeu est donc supermodulaire, ce qui signifie qu'il existe une stratégie mixte d'équilibre (voir la note 8) pour laquelle les conditions suivantes sont satisfaites : (1) les choix des membres internes e^* sont optimaux compte tenu des choix $(\bar{b}^*, \underline{b}^*)$ du contrôleur R et de l'agent de gouvernance, (2) le choix de l'agent de gouvernance $\underline{b}^*$ est optimal compte tenu de sa conjecture sur le choix des membres internes et du choix du contrôleur R $(\acute{e}, \overline{b}^*)$, (3) le choix $\overline{b}^*$ du contrôleur R est en équilibre compte tenu de sa conjecture et du choix de l'agent de gouvernance $(\hat{e}, \underline{b}^*)$, et (4) les conjectures du contrôleur R et de l'agent de gouvernance sont correctes, de sorte que $\acute{e} = \hat{e} = e^*$. Cet équilibre est équivalent au mécanisme de gouvernance relationnel-contingent.

L'avantage de cette approche est qu'elle facilite l'analyse de statique comparative du modèle, qui reste relativement compliqué par ailleurs. La supermodularité du jeu implique que les valeurs d'équilibre les plus élevées des variables endogènes co-varient suite à des modifications dans la valeur des paramètres, en fonction desquels U, S et B ont des différences croissantes (lemme 8.1 du chapitre VIII.3). Supposons que $NF_i(\underline{b} : \hat{e})\hat{e}_{\underline{b}} + f(\underline{b} : \hat{e}) < 0$ quel que soit $\hat{e}$, ce qui implique que la réaction du membre interne à une augmentation du seuil de cessation d'activité $\underline{b}$ est suffisamment forte pour que l'agent de gouvernance anticipe que son élévation abaisse la probabilité d'une cessation effective d'activité. Dans ce cas, les relations $\partial^2 U/\partial e_i \partial\gamma = -F_i(\underline{b} : \hat{e}) > 0$, $\partial^2 S/\partial \underline{b}\partial\gamma = -NF_i(\underline{b} : \hat{e})\hat{e}_{\underline{b}} - f(\underline{b} : \hat{e}) > 0$, et $\partial B/\partial \overline{b}\partial\gamma = 0$ sont vérifiées. Les fonctions U, S et B ont des différences croissantes en $(e, -\overline{b}, \underline{b})$ et en J. L'application du lemme de la note 19 du chapitre VIII implique que le lemme énoncé dans le corps du texte est vérifié. De la même manière, on peut démontrer que $(e, -\overline{b}, \underline{b})$ co-varie avec $(-M, \delta, -w_{\min})$.

14. Par ailleurs, si la communication entre les membres de la firme H est dense et qu'elle permet la formation spontanée de domaines d'échanges sociaux entre ses membres, alors leur séparation détruira la valeur de leur capital social et aggravera l'effet punitif de la cessation d'activité (voir le chapitre VIII.1.).

15. Les banques susceptibles de jouer le rôle de contrôleur relationnel ne se limitent pas nécessairement aux banques commerciales et aux banques de crédit à long terme. Elles peuvent aussi comprendre les banques d'investissement. Dans le cas de la Grande-Bretagne par exemple, Franks, Mayer et Renneboog (1998) montrent que le sauvetage/mise sous tutelle des entreprises mal gérées est réalisé le plus souvent par un renouvellement du conseil d'administration accompagné d'une augmentation de capital, le tout étant organisé par des banques d'investissement et non par une prise de contrôle hostile ou par une concentration de l'actionnariat interne. Bien que cet exemple ne dise pas clairement si les entreprises disposaient d'une quantité significative d'actifs humains contextualisés, ceci conduit à penser qu'une banque d'investissement bien informée peut simuler le rôle du contrôleur relationnel dans une gouvernance relationnelle-contingente.

16. Pour une description d'ensemble du système de la banque principale, voir Aoki, Patrick et Sheard (1994) et Aoki (1994c).

17. Jensen a utilisé cette expression à propos des associations de rachat d'action dont il dit : « Le comportement des partenariats de rachat d'action est très semblable à celui des banques principales des groupes industriels japonais (et qui sont le vrai centre du pouvoir)... Il est amusant de constater que, tandis que de plus en plus de sociétés américaines en viennent à ressembler à des sociétés japonaises, les sociétés japonaises cotées ressemblent de plus en plus aux sociétés américaines d'il y a quinze ans... En bref, les dirigeants japonais agissent de moins en moins sous contrainte et sous contrôle » (1989, p. 73). Voir Baker et Smith pour une discussion de la manière dont les associations de rachat d'action créent de la valeur. Khanna et Palepu (1999a) font une remarque intéressante, selon laquelle les groupes industriels indiens ressemblent à la fois à des associations de rachat d'action et à des conglomérats, en ce qu'ils internalisent certaines institutions de marché manquantes (comme les mécanismes de mise en application des contrats ou les différents intermédiaires de marché). Dans cette perspective, ils avancent que des stratégies ciblées sont peut-être erronées en ce qui concerne les marchés émergents et que la bonne manière de restructurer des conglomérats est peut-être de réformer leur structure de gouvernance interne plutôt que de les démembrer (Khanna et Palepu, 1999a).

18. Dans le modèle que l'on a présenté, la cessation d'activité d'une entreprise innovante est censée se produire lorsque la société de capital-risque estime que l'entreprise est en retard sur un concurrent au cours de la compétition (du tournoi) pour le développement d'un produit dans une niche de marché. Dans ce cas, l'entrepreneur perd tous ses droits.

19. Selon Che (2000), une transition brutale d'un financement centralisé à un financement décentralisé n'est pas productive dans les économies en transition car celles-ci sont soumises au syndrome de rigueur budgétaire excessive. En revanche, une transition vers une structure financière duale améliore l'efficience. Dans ce système, les contraintes budgétaires restent laxistes dans le secteur financier, mais elles préservent la stabilité macro. L'amélioration de la qualité des actifs humains qui en résulte renforce l'effet disciplinaire imposé par la juste rigueur budgétaire du secteur financier décentralisé. Cette analyse montre que le syndrome du laxisme budgétaire au sein du secteur public et la croissance de la productivité dans le secteur privé peuvent être complémentaires, comme cela a été observé en Chine.

20. Voir Bernanke (1983) et Petersen et Rajan (1994).

XII. Les types de financement relationnel et la valeur de la connaissance tacite

1. La définition de la « connaissance tacite » adoptée ici est cohérente avec l'idée générique de Polanyi, qui cherchait à comprendre les structures phénoménologiques et ontologiques du fait que « *nous pouvons connaître*

plus que nous ne pouvons dire » (1966, p. 4. Les italiques sont dans le texte). Voir aussi M. Polanyi (1958).

2. Cowan, Davis et Foray (1998) ont développé leur cadre taxonomique dans le but de classifier la connaissance relative aux activités de recherche-développement et aux technologies de production. La différence majeure entre leur cadre et celui qui est adopté ici porte sur la définition du « tacite ». Tandis que nous restons au plus près de la définition originelle de Polanyi, ces auteurs considèrent la connaissance « non codifiée » comme « tacite ». Notre case nord-est se confond ainsi avec leur case sud-ouest, tandis que leur case nord-est correspond au cas d'une connaissance latente-codifiée représentant un type de connaissance fondée sur une codification hautement poussée, mais dont le code est spécifique et correspond à une compréhension commune au sein d'un groupe. C'est la région caractéristique de la science « normale ». Pour notre part, nous supposons que ce type de connaissance a moins d'importance dans le domaine des transactions financières, à supposer qu'il en ait une. En revanche, nous verrons que la subdivision de la connaissance « codifiable » en connaissance « codifiée » et connaissance « non codifiée » a des conséquences importantes.

3. A ma question : « Si vous deviez m'indiquer une seule qualité importante des sociétés de capital-risque, quelle serait-elle ? », Arthur Rock, l'un des pionniers du capital-risque (qui a financé Intel, Apple, Scientific Data Systems, etc.) a répondu simplement « Le jugement sur les gens ».

4. Cette sous-section et la suivante s'inspirent d'Aoki et Dinc (2000).

5. L'analyse de Rajan sur la robustesse des rentes d'information face à l'accroissement de la concurrence externe ne se limite pas aux banques commerciales. Beaucoup de banques d'investissement sont également capables d'acquérir de l'information tacite et de négocier avec les entreprises. Rajan qualifie de « banques » toutes les entités qui peuvent remplir ces fonctions.

6. Voir la note 3 du chapitre XI pour une démonstration. La situation décrite correspond à une diminution de M, qui est complémentaire à l'intensité des efforts des membres internes dans le mécanisme de gouvernance relationnelle-contingente. Par analogie avec le lemme 11.1., le lemme suivant est vérifié :

LEMME 12.1. L'abaissement du taux de crédit de la banque principale fait du resserrement simultané de la contrainte budgétaire *ex post* l'arrangement optimal en information imparfaite. Ensemble, ces deux facteurs renforcent l'efficacité de la gouvernance relationnelle-contingente de l'entreprise par la banque principale, et poussent les responsables de l'entreprise à intensifier leurs efforts.

7. L'endettement extérieur total de la Corée est passé de 65,4 milliards de dollars américains (USD) en 1993 à 112,1 milliards USD en 1996. La part du secteur bancaire en 1996 était de 60 % et celle de l'endettement à court terme de près de 50 %. De même, l'endettement international de la Thaïlande était de 91,8 milliards USD en 1997 contre 52,6 milliards USD en 1993, dont environ 40 % à court terme. L'endettement extérieur du secteur public dans les deux économies était relativement faible (5,6 milliards USD pour la Corée et 2,2 milliards USD pour la Thaïlande).

8. McKinnon et Pill suggèrent de ne pas considérer la supériorité du régime de change flexible comme allant de soi. Selon eux, une « bonne » parité fixe avec le dollar américain (une parité crédible et proche de la parité du pouvoir d'achat) peut réduire la prime de risque de change. Si une solution optimale en information imparfaite permettant de contrôler parfaitement le comportement d'aléa moral des banques n'est pas possible, alors un contrôle transitoire des mouvements de capitaux à court terme interdisant aux banques et aux entreprises de prendre des positions ouvertes sur les marchés des changes peut constituer une solution optimale en information imparfaite. Un régime de changes flexibles est alors impossible et les pouvoirs publics doivent jouer le rôle de teneur de marché.

9. L'introduction de ratios de capitalisation importants impose aux banques concurrentes une discipline analogue à celle d'un contrat de dette et leur interdit de prendre des risques excessifs (Dewatripont et Tirole, 1995). La violation d'un ratio de capitalisation peut déclencher l'intervention automatique de l'autorité de réglementation. Cet encadrement fondé sur une règle explicite a cependant un inconvénient : les banques peuvent être soumises au contrôle réglementaire en cas de choc systémique important (une dépression généralisée, par exemple) alors qu'elles n'en sont pas responsables individuellement. L'analyse théorique de la gouvernance contingente montre qu'il ne faut pas exclure le renflouement des banques (par nationalisation, infusion de capital, etc.) en situation de pénurie critique de capital si l'on veut à la fois éviter les déséconomies externes provoquées par un effondrement généralisé du crédit et préserver les actifs informationnels tacites accumulés par les banques. Voir Stiglitz (1999).

10. Le nombre de banques étrangères autorisées doit néanmoins n'être ni trop faible ni trop important. S'il est trop faible, il peut leur être consenti des rentes de monopole excessives qui suppriment leurs incitations à développer des compétences de contrôle adaptées aux besoins locaux. S'il est trop élevé, la concurrence des banques nationales et des banques étrangères peut faire disparaître les rentes (valeur de franchise) qui rémunèrent leur engagement à contrôler les entreprises sur la base d'un traitement des connaissances tacites. Voir la proposition 12.2.

11. Supposons qu'il soit publiquement connu qu'une certaine proportion des entreprises (les « bonnes entreprises ») ont des opportunités d'investissements analogues à celles que l'on a décrites plus haut, tandis que le reste sont des mauvaises entreprises dont les projets d'investissement échouent systématiquement. Supposons également que chaque banque reçoit au début d'une période un signal qui lui donne une information imparfaite concernant la qualité du projet d'une entreprise et propose à l'entreprise un taux R fonction de ce signal. Les entreprises choisissent la banque qui propose le taux le plus faible. Dans ces conditions, ce processus de sélection concurrentiel d'une banque est essentiellement une enchère cachée au premier prix (voir également Riordan, 1993). Ce jeu peut aboutir à des équilibres multiples, dont l'un d'eux est un équilibre de Nash statique correspondant à un seul prêt une fois pour toutes. Sur cet équilibre, une banque propose de prêter à un certain taux d'intérêt mais sans engagement de sauvetage si le signal est assez bon et refuse de prêter si le signal est mauvais. Le taux de profit anti-

cipé de chaque banque à la date 0 est positif, mais il décroît avec le nombre de banques. Nous pouvons qualifier cet équilibre d'institution bancaire impersonnelle. Lorsque le nombre de banques dépasse un certain seuil, un autre équilibre parfait en sous-jeu peut exister, dans lequel les stratégies d'équilibre des banques ont une structure à trois niveaux : 1) les banques prêtent avec un engagement de sauvetage aux entreprises dont le signal dépasse un certain seuil, 2) elles ne prêtent pas à celles dont le signal est inférieur à un autre seuil, et 3) elles prêtent sans engagement, à un taux plus faible que dans le cas d'un prêt avec engagement, lorsque le signal est compris entre ces deux seuils.

12. Supposons que les porteurs d'obligations n'aient pas eux-mêmes la capacité de distinguer les entreprises émettrices. Dans ces conditions, ils forment leurs croyances relatives au type d'une entreprise en observant la nature des prêts qui leur sont consentis par les banques et ils réalisent des profits nets concurrentiels nuls. Naturellement, les émissions obligataires augmentent la rentabilité d'une entreprise par rapport à une situation où seules les banques les financent (que ce soit de manière relationnelle ou impersonnelle), puisque les banques font des profits positifs. Supposons que les entreprises puissent émettre autant d'obligations qu'elles le souhaitent afin de financer leurs investissements rentables, ce qui diminue le profit anticipé des banques. En conséquence, lorsque les marchés obligataires sont très développés, le facteur d'actualisation minimum (de l'inégalité ci-dessus) qui rend possible le financement relationnel peut s'élever, et la faisabilité de la banque relationnelle disparaître (Dinç, 1996 ; proposition 6).

13. Schumpeter fait allusion à la fonction entrepreneuriale du financier comme suit : « Comme c'est la réalisation de combinaisons nouvelles qui définit l'entrepreneur, il n'est pas nécessaire qu'il soit en permanence relié à une firme individuelle. Un grand nombre de financiers, de promoteurs, etc., ne le sont pas et pourtant ils sont quand même des entrepreneurs, selon notre définition. D'autre part, notre concept d'entrepreneur est plus étroit que le concept traditionnel, en ce qu'il se restreint à ceux qui accomplissent effectivement cette fonction et n'inclut pas tous les dirigeants d'entreprises, les cadres ou les industriels qui opèrent simplement dans le cadre d'entreprises établies » (1934).

XIII. Les complémentarités institutionnelles, la co-émergence et les crises : le cas du système japonais de la banque principale

1. Voir les chapitres correspondants dans Aoki et Patrick (1994) pour une description et une analyse d'ensemble du système japonais de la banque principale, ainsi que pour une discussion de sa pertinence pour les économies en phase de développement et de transformation.

2. Le *keiretsu* financier doit être distingué des fournisseurs *keiretsu* présentés au chapitre IV.1.

3. Ce cadre engendrait une tendance à une sorte de « syndrome de surendettement », à la fois dans le secteur industriel et dans le secteur bancaire. Les entreprises sous-capitalisées rivalisaient pour obtenir des prêts bancaires afin d'accroître leurs parts de marché, sous la protection de l'Etat bureaupluraliste. Les banques différenciaient leurs conditions de crédit en fonction d'un classement des entreprises selon leurs parts de marché et la durée de leurs relations mutuelles. Ce mécanisme renforçait la dépendance des entreprises à l'égard des banques. De leur côté, celles-ci s'appuyaient sur la Banque du Japon (BDJ) pour le refinancement de leur création de monnaie. La BDJ devait se livrer à une délicate gestion de son offre de monnaie pour satisfaire aux demandes importantes des banques tout en freinant un surendettement susceptible de conduire à une surchauffe de l'économie. Une différence par rapport au syndrome de surendettement observé suite à la phase de « miracle » des économies de l'Est asiatique était que la BDJ contrôlait assez fermement la quantité de monnaie grâce à sa politique de *« window guidance »* (c'est-à-dire de supervision administrative des politiques de crédit bancaire) dans le contexte d'un marché financier intérieur fermé.

4. La valeur des actifs détruits lors du tremblement de terre a été estimée à plus de 20 % du PIB. Le refinancement par la BDJ était réalisé par réescompte de billets de trésorerie émis par les sociétés frappées par le sinistre.

5. Il s'agissait de Dai-ichi, Mitsui, Mitsubishi, Sumitomo et Yasuda.

6. Les entreprises *zaibatsu* du premier niveau s'appuyaient davantage sur l'autofinancement. En 1930 par exemple, une des plus grandes banques, la Mitsui Bank, ne réalisait que 10 % de ses prêts à des entreprises membres, principalement des entreprises de second niveau, à l'exception de Mitsui Bussan qui, en tant qu'entreprise de négoce, avait des besoins financiers très importants (Teranishi, 1990, p. 325). Ainsi, dans les années 1920, les sources principales de capitaux des grandes entreprises étaient les émissions d'obligations (33,6 % en 1920-1925 et 25,5 % en 1926-1930) et d'actions (46,4 % en 1920-1925 et 20,4 % en 1926-1930) et non les prêts bancaires (– 0,3 % en 1920-1925 et 13 % en 1926-1930) (Matsumoto, 1986, p. 101). En 1928, les émissions obligataires des sociétés (1205 millions de yens) atteignirent plus du double des années précédentes (584 millions de yens en 1925 et 627 millions de yens en 1926).

7. Entre 1928 et 1931, l'indice des prix baissa de 23 % tandis que le taux de croissance du PNB stagnait légèrement au-dessus de 0 %. Ce ralentissement de la croissance n'était cependant pas aussi sévère qu'aux Etats-Unis, qui connaissaient une baisse de près de 40 % du PNB entre 1929 et 1931.

8. Voir Kindleberger (1986).

9. Voir Gordon (1985).

10. Voir Teranishi (2000).

11. L'indice des prix des produits agricoles a chuté de 40 % entre 1928 et 1931. On estimait que les dettes moyennes de l'agriculteur étaient équivalentes à deux ans de revenu d'un ouvrier agricole (Okazaki, 1997, p. 90).

12. La prise de pouvoir par la bureaucratie militaire a essentiellement été réalisée grâce à une interprétation habile des règles constitutionnelles. L'establishment militaire a renforcé son influence politique en s'appuyant (tout en l'étouffant) sur la révolte des officiers radicaux qui réclamaient un

système à forte coloration anticapitaliste. Ces derniers étaient le plus souvent d'origine rurale, mais il n'y a pas eu de mobilisation politique directe de la classe des propriétaires terriens ni de la paysannerie pour soutenir la prise de contrôle de l'armée.

13. Voir Okazaki (1993) et Okazaki et Okuno-Fujiwara (1999) pour une description des mesures politiques et organisationnelles prises par le régime militaire.

14. Voir Teranishi (1994) et Okazaki (1994) sur les consortiums bancaires.

15. Avant le déclenchement de la guerre du Pacifique, le Japon dépendait des Etats-Unis pour plus de 70 % de son approvisionnement en pétrole.

16. Voir Gordon (1985), Moriguchi (1998).

17. Aucun particulier n'était autorisé à acquérir plus de 1 % des actions d'une entreprise : 29,3 % des employés des entreprises concernées ont acheté 38,5 % du total des actions mises en vente par le gouvernement. Voir Aoki (1988, p. 124-127).

18. Barca *et al.* (1999) soulignent que les « chocs institutionnels » au lendemain de la défaite ont constitué un facteur décisif de l'évolution de la structure de gouvernance japonaise des sociétés et donc de sa divergence par rapport à la structure de gouvernance italienne. Tout en admettant nous aussi que ces facteurs ont été importants, nous soutenons que les évolutions antérieures à la guerre des paramètres politiques institutionnellement pertinents ont joué un rôle décisif dans le déclenchement de la complémentarité diachronique entre la gouvernance relationnelle contingente et les hiérarchies horizontales.

19. Cette répudiation a fait encourir aux entreprises une perte estimée à presque 20 % des dépenses nationales brutes en 1946.

20. Pour des preuves statistiques, voir Aoki (1984b).

21. Voir Horiuchi (1994), Yoshitomi (1998), Hoshi et Kashyap (1999), Miyajima et Arikawa (2000).

22. La supervision des activités bancaires et des activités de titres a été détachée du MDF et intégrée à la nouvelle Agence de supervision financière (1998), puis à l'Agence financière (2000).

23. Voir Toya (2000) pour une description et une analyse du « big-bang », du point de vue de l'analyse institutionnelle comparée. Hoshi et Kashyap (2000) prévoient que le « big-bang » aura pour conséquence une contraction massive de la taille du secteur bancaire. Toutefois, ils semblent assimiler le secteur bancaire à la banque commerciale traditionnelle. On peut pourtant s'attendre, dans le cadre de cette déréglementation, à ce que les banques étendent leurs activités vers le domaine de la banque d'investissement et des opérations sur titres.

24. Le processus politique peut être divisé en deux phases : la phase I (jusqu'à la mi-septembre 1998) pendant laquelle les Jeunes-Turcs du LDP et des Jeunes Démocrates possédant une expertise financière ont dominé les débats politiques, poussant à l'adoption du plan de re-nationalisation temporaire des banques en défaut (plan dit de « revitalisation ») ; puis la phase II, pendant laquelle, après un virage de la position américaine en faveur de l'injection de fonds publics dans le secteur bancaire, le courant majoritaire

du LDP a repris l'initiative (avec, sans doute, l'appui du MDF), ce qui a amené une partie de l'opposition à changer de camp et à accepter le plan de « revitalisation ». Le dispositif législatif qui en a résulté a rassemblé les deux plans. Voir Toya (2000), particulièrement le chapitre VII et Sakakibara (2000).

XIV. L'innovation institutionnelle du modèle de la Silicon Valley dans le développement de produits-systèmes

1. Un théoricien particulièrement estimé de l'approche par les droits de propriété avance que l'importance croissante des actifs humains (leur nature « indispensable », en termes techniques) et la flexibilité croissante des technologies (la réduction des complémentarités) contribuent toutes deux à rendre optimal un arrangement des droits de propriété qui attribue les actifs physiques à un entrepreneur individuel (c'est ce qu'on appelle la « non-intégration », cf. Hart, 1995, p. 53-54).

2. On peut assimiler le choix des standards aux « règles de conception » que l'on trouve dans le cadre conceptuel de Baldwin et Clark (2000). Une version préliminaire du présent chapitre a été rédigée à l'automne 1997 puis diffusée sur le site internet du département d'économie de l'Université de Stanford à partir de début 1999. Je n'avais pas connaissance de leur passionnant travail à l'époque, et ce, jusqu'à sa publication en 2000. Leur travail et ce chapitre sont très complémentaires et se recoupent partiellement. Ces auteurs proposent une analyse très riche du processus évolutionnaire, qui part de la conception de l'IBM 360 dans les années 1960 et aboutit à l'émergence du modèle de la Silicon Valley à la fin des années 1970 (qu'ils qualifient de « regroupement modulaire »). Cependant, leur étude porte avant tout sur l'industrie informatique et leur analyse ne compare pas les différentes organisations de R-D (des différentes « règles de conception ») comme je le fais dans ce chapitre ainsi que dans le chapitre IV. Ils démontrent que le modèle de la Silicon Valley est intrinsèquement supérieur à la conception centralisée que l'on observait à l'époque de l'IBM 360 et je suis d'accord avec eux en ce qui concerne l'industrie informatique. Je précise plus loin les conditions dans lesquelles le modèle de la Silicon Valley peut être pareto-dominant, sachant que ces conditions ne sont pas nécessairement satisfaites dans d'autres industries (dans l'industrie automobile, par exemple). Notre analyse et la leur se concentrent toutes deux sur la nature évolutionnaire des produits-systèmes technologiques innovants dans le modèle de la Silicon Valley (voir ci-dessous). La nature complémentaire de nos travaux est précisée dans la note 4 ci-dessous.

3. Il est intéressant de noter que ce paradigme du développement logiciel correspondait à un paradigme hiérarchique similaire en matière de développements de hardware : l'IBM 360 était géré par un OS central et les utilisateurs ne pouvaient accéder aux ressources de l'ordinateur qu'à travers des terminaux passifs qui permettaient seulement d'entrer des données et de recevoir les résultats. Voir Ikeda (1997).

4. Baldwin et Clark (2000, chap. 11) étudient explicitement le problème du choix *ex ante* du nombre de start-up (c'est-à-dire d'expérimentations) à financer pour chaque type de projet. En supposant que la distribution du résultat de chaque effort de conception et de développement (d'« expérimentation », dans leur terminologie) est normale (de moyenne normalisée à zéro), ils montrent que la valeur d'option associée au choix de k firmes pour la conception d'un même module est proportionnelle à l'écart type de la distribution (c'est-à-dire au degré d'incertitude du résultat) multiplié par l'espérance mathématique des k tirages dans la distribution. Par conséquent, plus l'incertitude est élevée, plus il est avantageux de financer un grand nombre de firmes entrepreneuriales. Les auteurs considèrent que le coût des expérimentations est donné de manière paramétrique. Nous supposons au contraire que le nombre d'expérimentations par type de projet est donné de manière paramétrique et nous analysons une situation dans laquelle les coûts d'opportunités effectifs des firmes entrepreneuriales individuelles sont déterminés de manière endogène par le mécanisme de gouvernance. Nous examinons également les conséquences de ce mécanisme sur le bien-être agrégé. Notre approche et la leur sont donc complémentaires.

5. Nous poursuivons et étendons les formulations et les notations utilisées dans les notes du chapitre IV. Il convient de retenir également de la section précédente que, là où s'applique l'architecture de la Silicon Valley, le segment de l'environnement d'ingénierie systémique E_e est moins important que les segments spécifiques E_i. Une modélisation qui subsume le premier dans le second paraît donc justifiée.

6. Voir note 8 du chapitre IV pour une justification de l'hypothèse de linéarité.

7. Le remplacement de l'approximation quadratique de la fonction valeur de la note 6 du chapitre IV par la règle de décision optimale de x_i^{IE} dans la note 8 du même chapitre donne la fonction valeur séparable.

8. Les sociétés de capital-risque de la Silicon Valley se regroupent dans un complexe de bureaux relativement petit situé sur Sand Hill Road, entre l'université de Stanford et la Route 280. Ils se connaissent tous assez bien et forment une sorte de club professionnel.

9. Soit e^* l'effort optimal en information parfaite. Pour $\underline{V}$ donné, choisissons J tel que la condition d'équilibre de Nash du texte soit satisfaite au point $e_{vc} = e^*$. Soit $\Delta = (\delta/1 - \delta)J[dF(\underline{V} : e^*)/de]$. La pénalité anticipée en terme de flux est alors donnée par $\Delta\left\{F\left(\underline{V}:e^*\right)/\left[\partial F\left(\underline{V}:e^*\right)/\partial e_{vc}\right]\right\}$. Si la distribution de V à $e_{vc} = e^*$ est « étroite », au sens où il existe une valeur de $\underline{V}$ pour laquelle $-[\partial F(\underline{V} : e^*)/\partial e_{vc}]$ est grand tandis que $\left\{F\left(\underline{V}:e^*\right)/\left[\partial F\left(\underline{V}:e^*\right)/\partial e_{vc}\right]\right\}$ est petit, alors la pénalité anticipée est très faible, ce qui implique que la stratégie d'équilibre de Nash de la part de la société de capital-risque constitue une approximation de la condition d'optimalité en information parfaite. Ceci correspond à peu près à une situation où les investisseurs peuvent trouver une valeur seuil $\underline{V}$ proche de $\int VdF\,(V : e^*)$ pour

laquelle la probabilité d'échec peut être fortement réduite par un effort supplémentaire. La démonstration s'inspire de Holmstrom (1979).

10. Je dois cet élément à Thomas Hellmann. En se fondant sur l'analyse des données SPEC, Baron, Hannan et Burton (2000) trouvent également que les changements dans les schémas de rémunération adoptés par les leaders organisationnels accroissent la rotation des employés seniors, ce qui détériore la performance organisationnelle subséquente.

11. Pour une description des relations entre les sociétés de capital-risque et les firmes entrepreneuriales en général, voir Sahlman (1990), Bygrave et Timmons (1992), Gompers et Lerner (1996), Florida et Kenney (1988) et Kaplan et Srömberg (2000).

12. Les chiffres en 1978 correspondaient à un tableau très différent. Cette année-là, les individus et les familles étaient les plus importants contributeurs aux fonds de capital-risque (32 %), tandis que la part des fonds de pension était de 15 %. Ainsi, au cours des vingt dernières années, ce qu'on a appelé l'institutionnalisation des fonds de capital-risque a progressé.

13. Il est bien connu que les flux de capitaux en direction de ces arrangements organisationnels ont été encouragés par diverses mesures fiscales prises à la fin des années 1970 et au début des années 1980 (notamment l'assouplissement des règles prudentielles applicables à la gestion des fonds de pension, la réduction de l'impôt sur les plus-values en 1978 et 1981, la déréglementation des introductions en Bourse en 1978 et 1979, etc.).

14. En 1997, plus de 3 500 entreprises nouvelles ont été enregistrées dans le comté de Santa Clara, même si toutes ces firmes n'étaient pas financées par capital-risque.

15. Il est possible que le déclin de la pratique du cofinancement reflète pour partie le boom du marché boursier, qui a apporté davantage de capitaux aux sociétés de capital-risque et, pour partie, la diminution de l'incertitude technologique affectant le financement par capital-risque. Il est donc impossible de savoir si le cofinancement disparaîtra complètement après la fin du boom ou si les investissements se dirigeront vers des projets très incertains.

16. L'Association nationale de capital-risque distingue cinq phases dans le financement du développement par capital-risque :

- la phase d'amorçage (*seed stage*), antérieur à la constitution de la société, principalement financée par les « *angels* » spécialisés dans les activités risquées,
- la phase de démarrage du développement (*start-up*),
- la phase initiale (*early stage*), de préparation du développement du produit, de production et de marketing,
- la phase terminale (*later stage*), après livraison du produit,
- et la phase « mezzanine » (*mezzanine stage*), six mois à un an avant l'introduction en Bourse.

17. Entre 1990 et 1997, environ 21 000 nouvelles sociétés ont été enregistrées dans le comté de Santa Clara. Environ 7 000 firmes entrepreneuriales existent actuellement (Joint Venture, 1998).

18. Récemment, beaucoup d'entreprises introduites en Bourse peu après leur démarrage correspondent à des nouveaux concepts d'activités dans le

secteur de l'internet mais ne mobilisent pas de technologies particulièrement innovantes. Par exemple, les algorithmes élémentaires des sites d'enchères sur internet et autres e-commerces sont connus depuis longtemps en économie expérimentale. D'un autre côté, dans la biotechnologie où les incertitudes de la R-D sont encore relativement élevées, le raccourcissement de la période de recouvrement des rendements liés aux investissements de capital-risque n'est pas aussi spectaculaire.

19. Par exemple, Cisco Systems, elle-même une start-up il y a dix ans et maintenant très proche du haut du classement en termes de capitalisation boursière, s'est développée par acquisition. Elle a acquis une cinquantaine de sociétés au cours des sept dernières années et on affirme qu'elle opère une sélection parmi une quinzaine de sociétés au moment d'acquérir une technologie (*Senior Vice President* Volpi).

XV. *Pourquoi la diversité institutionnelle continuera-t-elle à se développer ?*

1. Pour des classifications alternatives des économies de marché fondées sur des approches quelque peu différentes de la nôtre, voir Amable, Barré et Boyer (1997), Boyer (1999), et Boyer et Hollingsworth (1997). Notre approche diffère des leurs en ce que la nature des interdépendances institutionnelles qui apparaissent dans chaque modèle est explicitement analysée en termes de théorie des jeux.

2. Il est bien connu que Walras lui-même défendait la propriété collective des terres, dont il affirmait qu'elle résolvait l'injustice sociale provoquée par l'augmentation des loyers et des prix de la terre, en offre limitée compte tenu de la croissance de la population et de l'accumulation de la richesse privée. On pourrait même dire que son traité théorique majeur (Walras, 1926 [1954]) fut écrit dans le but de fournir une justification théorique à ce programme de réforme sociale (Misaki, 1998, p. 111). Walras a également envisagé la possibilité d'un régime « collectiviste » dans lequel le gouvernement aurait le monopole de la fonction d'entrepreneur. Il avait ainsi anticipé l'algorithme du socialisme de marché proposé par Barone (1908/1935) et Lange (1936, 1937), dans la mesure où l'Etat entrepreneur de son modèle était preneur de prix et suivait une règle d'ajustement des plans de production qui égalisait les coûts marginaux aux prix des biens produits. Rien dans ce schéma n'est contraire à « la liberté, l'égalité, l'ordre et la justice ». Walras considérait que la différence essentielle entre son modèle et le modèle de Marx était que, pour lui, le prix des services du travail était déterminé par le marché (Walras, 1898 [1992], p. 251).

3. Voir Grossman et Hart (1986), Hart et Moore (1990), et Hart (1995).

4. On peut appliquer le cadre de Hart-Moore utilisé au chapitre IV.3. à une situation où deux dirigeants s'engagent dans des projets différents et utilisent des actifs physiques également différents. Supposons par exemple que les indices *w* et *m*, au lieu de désigner le dirigeant et le salarié, renvoient aux projets de développement du logiciel *w*ord et d'un logiciel de

communication multi-média. En appliquant une logique analogue, on peut voir que la frontière de la firme, telle qu'elle est définie par la structure de propriété des actifs, est déterminée par le degré de complémentarité/indépendance des différents actifs physiques que les dirigeants mobilisent pour accomplir leurs tâches. Si les actifs sont complémentaires, l'intégration des tâches dans une firme unique doit prévaloir. A l'inverse, si les actifs sont indépendants, c'est la décentralisation des tâches dans deux firmes séparées qui doit s'imposer (Hart, 1995). Comme les caractéristiques des transactions qui mobilisent ces actifs physiques se transforment, la structure de leur propriété doit se transformer elle aussi. L'approche par les droits de propriété de Hart et Moore prévoit ainsi l'existence d'un marché des actifs physiques.

5. On parle souvent des firmes anglo-américaines, faisant ainsi référence aux entreprises de type nord-américain et britannique plutôt qu'aux entreprises de langue anglaise basées en Amérique du Nord. Le droit commercial américain s'est pourtant développé à partir de lois statutaires étatiques (et non fédérales) encadrant les services et les moyens de transport collectifs qui nécessitaient une quantité importante de capital dès le départ. De son côté, le droit commercial britannique s'enracine dans la tradition du droit coutumier qui réglementait les accords de partenariat privés. Rosenberg et Birdzell (1986) étudient les conséquences de la tradition juridique des entreprises « collectives », notamment en ce qui concerne l'émergence des marchés de titres au XIXe siècle et le développement subséquent des marchés de capitaux et des entreprises.

6. Chandler (1977) et Williamson (1975) ont documenté et analysé l'émergence de la « firme M » (l'entreprise à divisions multiples) au début du XXe siècle en Amérique. Il s'agit d'un exemple emblématique d'innovation organisationnelle reposant sur un nouveau type de regroupement des unités commerciales, à savoir le regroupement d'une multitude de hiérarchies quasiment indépendantes grâce à l'internalisation des marchés de capitaux.

7. Voir Dunlop (1958/1993), Jacoby (1985) et Baron *et al.* (1986).

8. Une conception alternative et non orthodoxe avance que la direction générale est (ou devrait être) assimilée à l'administrateur de l'entreprise et non à l'agent des actionnaires. En termes purement juridiques, la direction n'est pas l'agent des actionnaires car elle ne peut être renvoyée sans motif valable pendant la durée de son mandat et n'est pas obligée d'agir selon leurs instructions concrètes. Depuis le débat qui opposait Dodd et Berle dans les années 1930, plusieurs auteurs ont défendu cette conception alternative, sous des formes diverses. Il semble que l'idée générale de cette approche soit que la direction n'est pas obligée de se concentrer exclusivement sur la maximisation de la richesse immédiate des actionnaires, mais qu'elle peut s'intéresser à d'autres considération susceptibles d'influencer la viabilité à long terme de l'entreprise (sa relation avec la société et avec la communauté, les intérêts à long terme des autres parties prenantes que sont les employés, les consommateurs et les fournisseurs, etc.). Le chapitre X a reconsidéré le débat entre la souveraineté des actionnaires et la perspective des parties prenantes. Voir Blair (1995) pour une présentation récente de la perspective des parties prenantes

9. L'interprétation par le tribunal du *Sherman Antitrust Act* était que les « combinaisons souples » (« les accords entre les personnes, les groupes et les cartels », par exemple) étaient illégales, mais que les firmes ne pouvaient être assignées pour violation de la loi en raison de leur taille. A long terme, cette loi a eu pour conséquence d'inciter les dirigeants à élever leur pouvoir de marché en développant de vastes hiérarchies intégrées.

10. Pour une étude bien documentée des relations de contrôle et de détention de parts entre les banques et les entreprises, voir Baum (1994).

11. Sur le rôle du gouvernement allemand dans la préservation de structures de gouvernance non tournées vers les marchés, voir Hellwig (2000).

12. Pour une comparaison Allemagne-Japon des structures de gouvernance et de leurs complémentarités institutionnelles, voir Jackson (1997).

13. L'épisode largement médiatisé de la prise de contrôle hostile de Mannesmann AG par Vodafone AirTouch PLC a constitué un événement exceptionnel, dans la mesure où la structure de propriété largement dispersée de Mannesmann avant son acquisition est assez unique parmi les firmes D.

14. Cet argument s'appuie sur une déclaration de Gordon Moore et de James Gibbons faite à la conférence 2001 du *Center for Economic Policy Research* à Stanford. Pour une étude historique du développement de la Silicon Valley, voir également Florida et Kenney (1988), ainsi que Lee, Miller, Hancock et Rowen (2000).

15. Sur le rôle de l'industrie de la défense (au sens large) dans le développement de la Silicon Valley, voir Florida et Kenney (1988).

16. Sur le rôle de la politique libérale d'immigration, voir Saxenian (1999).

17. Les avocats jouent néanmoins un rôle important dans la Silicon Valley car ils élaborent des contrats auto-exécutoires entre les sociétés de capital-risque et les entrepreneurs, préparent les formulaires d'introduction en Bourse, préparent les accords entre les firmes rachetées et leur acquéreur, etc. Voir Suchman (2000) et Johnson (2000).

18. Voir Rajan et Zingales (2000) pour un argument analogue.

19. Les évolutions démographiques et l'influence des activités économiques sur l'environnement naturel mondial constituent également des facteurs importants dans l'élaboration des arrangements institutionnels mondiaux.

20. La discussion par Pagano (1999) de la « bio-diversité » organisationnelle est ici particulièrement pertinente.

21. Les cabinets d'avocats et les cabinets d'audit jouent également un rôle important dans la Silicon Valley. Voir Suchman (2000).

22. La conception selon laquelle la stabilité et l'efficience du système financier ne peuvent être restaurées et soutenues que par ces mesures de marché est qualifiée de « fondamentalisme de marché » par Sakakibara (1999, 2000). Comme nous l'avons pourtant suggéré au chapitre XII, un certain contrôle des flux de capitaux à court terme volatiles et non productifs peut favoriser le développement de compétences de marché sur les marchés émergents. Voir, par exemple, Stiglitz (1999) et Sakakibara (1999).

23. Freeman (1995) et Freeman, Topel et Swedenborg (1997) ont observé que les économies « étroitement nouées » typiques des « systèmes d'Etat-providence » s'adaptent plus difficilement aux évolutions de l'environnement économique ou des politiques économiques. Ils expliquent cela par la présence de fortes complémentarités institutionnelles.

Bibliographie

Admati, A. et Pfleiderer, P. (1994), « Robust Financial Contracting and the Role of Venture Capitalists », *Journal of Finance* 49, p. 371-402.

Aghion, P. et Bolton, P. (1992), « An Incomplete Contracts Approach to Financial Contracting », *Review of Economic Studies* 59, p. 473-494.

Aghion, P. et Tirole, J. (1994), « Formal and Real Authorities in Organizations », *Journal of Political Economy* 105, p. 1-29.

Aghion, P. et Tirole, J. (1994), « The Management of Innovation », *Quarterly Journal of Economics* 106, p. 1185-1209.

Akamatsu, N. (1995), « Enterprise Governance and Investment Funds in Russian Privatization », *in* Aoki et Kim, p. 121-183.

Akerlof, G. (1984), *An Economic Theorist's Book of Tales,* Cambridge, UK and NY, Cambridge University Press.

Akerlof, G. (1970), « The Market for "Lemons": Qualitative Uncertainty and the Market Mechanism », *Quarterly Journal of Economics* 84, p. 488-500, réédité dans Akerlof (1984) p. 7-22.

Akerlof, G. (1976), « The Economics of Caste and of the Rat Race and Other Woeful Tales », *Quarterly Journal of Economics* 90, p. 599-617, réédité dans Akerlof (1984), p. 23-44.

Akerlof, G. (1982), « Labor Contracts as Partial Gift Exchange », *Quarterly Journal of Economics* 97, p. 543-569, réédité dans Akerlof (1984), p. 145-174.

Akerlof, G. et Dickens, W. T. (1982), « The Economic Consequences of Cognitive Dissonance », *American Economic Review*, 72, p. 307-319, réédité dans Akerlof (1984), p. 123-144.

Alchian, A. (1950), « Uncertainty, Evolution, and Economic Theory », *Journal of Political Economy* 58, p. 211-221.

Alchian, A. et Demsetz, H. (1972), « Production, Information Costs, and Economic Organization », *American Economic Review* 62, p. 777-795.

Allen, R. (1992), *Enclosure and the Yeoman*, Oxford, Clarendon Press.

Allen, R. (1998), « Agricultural Output and Productivity in Europe, 1300-1800 », miméo, Université de Colombie britannique.

Allen, R. (1999), « Tracking the Agricultural Revolution », *Economic History Review*, 2e séries.

Allen, R. (2001), « Community and Market in England : Open Fields and Enclosure Revisited », *in* Aoki et Hayami, p. 42-69.

Amable, B., Barré, R. et Boyer, R. (1997), *Les systèmes d'innovation à l'ère de la globalisation*, Paris, Economica.

Amino, Y. (1997), *Nihon Shakai no Rekishi (Une histoire de la société japonaise)*, vol. 3, Tokyo, Iwanami Shoten.

Amsden, A. et Hikino, T. (1994), « Project Execution Capability, Organizational Know-How and Conglomerates Corporate Growth in Late Industrialization », *Industrial and Corporate Change*, p. 111-148.

Anderson, K. et Hayami, Y., avec Aurelia, G. (1986), *The Political Economy of Agricultural Protection*, Sydney, Allen & Urwin.

Aoki, M. (1984a), *The Co-operative Game Theory of the Firm*, Oxford, Clarendon Press.

Aoki, M. (1984b), *The Economic Analysis of the Japanese Firm*, Amsterdam, North Holland, p. 193-224.

Aoki, M. (1984c), « Shareholders » Non-unanimity on Investment Financing : Banks vs. Individual Investors, *in* M. Aoki (1984b), p. 193-224.

Aoki, M. (1986), « Horizontal and Vertical Information Structure of the Firm », *American Economic Review* 76, p. 971-983.

Aoki, M. (1988), *Economie japonaise : information, motivation et marchandage*, trad. H.P. Bernard, Economica, 1991.

Aoki, M. (1990), « Toward an Economic Model of the Japanese Firm », *Journal of Economic Literature* 28, p. 1-27.

Aoki, M. (1994a), « The Japanese Firm as a System of Attributes : A Survey and Research Agenda », *in* Aoki et Dore (1994), p. 11-40.

Aoki, M. (1994b), « The Contingent Governance of Teams : Analysis of Institutional Complementarity », *International Economic Review* 35, p. 657-676.

Aoki, M. (1994c), « Monitoring Characteristics of the Main Bank System : Analytical and Development View », *in* Aoki et Patrick (1994), p. 109-141.

Aoki, M. (1995), *Keizai Sisutemu no Shinka to Tagensei*. Tokyo : Toyokeizai Shinposya. Traduction anglaise par S. Gehrig sous le titre *Information, Corporate Governance and Institutional Diversity : Competitiveness in Japan, US and Transition Economies*, Oxford, U.K. et N.Y., Oxford University Press, 2000.

Aoki, M. (1995a), « An Evolving Diversity of Organizational Mode and its Implications for Transitional Economies », *Journal of Japanese and International Economies* 9, p. 330-353.

Aoki, M. (1995b), « Controlling Insider Control : Issues of Corporate Governance in Transition Economies », *in* Aoki et Kim (1995), p. 3-29.

Aoki, M. (1996), « Towards a Comparative Institutional Analysis : Motivations and Some Tentative General Insights », *Japanese Economic Review*, 47, p. 1-19, réédité dans Aoki (2000).

Aoki, M. (1998), « Organizational Conventions and the Gains from Diversity : An Evolutionary Game Approach », *Corporate and Industrial Change* 7, p. 399-432.

Aoki, M. (2007), « Mechanisms of Endogenous Institutional Change », *Journal of Institutional Economics*, à paraître.

Aoki, M. et Dinc, S. (2000), « Relational Financing as an Institution and its Viability Under Competition » *in* Aoki et Saxonhouse (2000), p. 19-42, Oxford et N.Y., Oxford University Press.

Aoki, M. et Dore, R., éd. (1994), *The Japanese Firm : Sources of Strength*, Oxford et N.Y., Oxford University Press.

Aoki, M. et Hayami, Y. (2001), *Communities and Markets in Economic Development*, Oxford et N.Y., Oxford University Press.

Aoki, M. et Kim, H-K., éd. (1995), *Corporate Governance in Transitional Economies : Insider Control and the Role of Banks*, Washington, D.C., The World Bank.

Aoki, M., Kim, H.-K. et Okuno-Fujiwara, M., éd. (1997), *The Role of Government in East Asian Economic Development : Comparative Institutional Analysis*, Oxford, U.K. et N.Y., Oxford University Press.

Aoki, M., Murdock, K. et Okuno-Fujiwara, M. (1997), « Beyond the East Asian Miracle : Introducing the Market-Enhancing View », *in* Aoki, Okuno-fujiwara, et Kim (1997), p. 1-37.

Aoki, M. et Okuno-Fujiwara, M. (1996), *Keizai Sisutemun no Hikaku Seido Bunseki (Analyse institutionnelle comparée des systèmes économiques),* Tokyo, University of Tokyo Press.

Aoki, M. et H. Patrick, éd. (1994), *The Japanese Main Bank System : Its Relevance for Developing and Transforming Economies.* Oxford et N.Y., Oxford University Press.

Aoki, M., Patrick H., et Sheard, P. (1994), « The Japanese Main Bank System : An Introductory Overview », *in* Aoki et Patrick (1994), p. 3-50.

Aoki, M. et Rosenberg, N., (1989), « The Japanese Firm as an Innovating Institution », *in* Shiraishi et Tsuru (éd.), p. 137-154.

Aoki, M. et Saxonhouse, G., éd., (2000), *Finance, Governance, and Competitiveness in Japan.* Oxford et N.Y., Oxford University Press.

Aristote (1990), *Ethique à Nicomaque*, trad. J. Tricot, Paris, Vrin.

Arrow, K. J. (1962), « Economic Welfare and the Allocation of Resources for Invention », *in* National Bureau of Economic Research (éd.), *The Rate and Direction of Inventive Activity : Economic and Social Factors,* Princeton, Princeton University Press, p. 609-625.

Arrow, K. J. (1967), « The Place of Moral Obligation in Preference Systems », réédité dans *Collected Papers of Kenneth J. Arrow*, vol. 1, Cambridge, Mass., Harvard University Press.

Arrow, K. J. (1969), « The Organization of Economic Activity : Issues Pertinent to the Choice of Market versus Nonmarket Allocation », *in The Analysis and Evaluation of Public Expenditures : The PPB System.* Un abrégé des articles soumis au sous-comité à l'économie, Congrès des Etats-Unis, vol. 1, p. 47-63, Washington, D.C., US Government Printing Office.

Arrow, K. J. (1970), « Political and Economic Evaluation of Social Effects and Externalities », *in* Margolis (1970).

Arrow, K. J. (1974), *The Limits of Organization,* N.Y., W. W. Norton & Company.

Arrow, K. J. (1998), « The Place of Institutions in the Economy : A Theoretical Perspective », *in* Hayami et M. Aoki (1998), p. 39-48.

Arthur, W. B. (1989), « Competing Technologies, Increasing Returns, and Lock-in by Historical Events », *The Economic Journal* 99, p. 116-131.

Asanuma, B. (1984), « Jidosha Sangyoni okeru Buhin Torihiki no Kozo (La structure des transactions partielles dans l'industrie automobile) », *Kikan Gendai Keizai*, été, p. 38-48.

Asanuma, B. (1989), « Manufacturer-Supplier Relationships in Japan and the Concept of Relation Specific Skill », *Journal of the Japanese and International Economies* 3, p. 1-30.

Aumann, R. et Kurz, M. (1977), « Power and Taxes », *Econometrica* 45, p. 137-60.

Baker, E. (1998), « Institutional Barriers to Technology Diffusion in Rural Africa », miméo, Université de Stanford.

Baker, G., et Smith, G. D. (1998), *The New Financial Capitalists : Kohlberg Kravis Roberts and the Creation of Corporate Value*, Cambridge, U.K. et N.Y., Cambridge University Press.

Baland, J-M. et Platteau, J.-P. (1996), *Halting Degradation of Natural Resources : Is there a Role for Rural Communities ?,* Oxford et N.Y., Oxford University Press.

Baldwin, C. Y. et Clark, K. B. (1997), « Managing in an Age of Modularity », *Harvard Business Review* 75 (5), p. 84-93.

Baldwin, C.Y. et. Clark, K. B. (2000), *Design Rules* vol.1, *The Power of Modularity,* Cambridge, Mass., MIT Press.

Bankman, J. et Gilson, R. J (1996), « Venture Capital and the Structure of Capital Markets : Banks Versus Stock Markets ? », *Journal of Financial Economics* 51, p. 289-303.

Bankman, J. et Gilson, R. J. (1999), « Why Start-ups ? », *Stanford Law Review* 51, p. 289-308.

Banque mondiale (1996), *World Bank Participation Book,* Washington, D.C.

Barca, F., Iwai, K., Pagano, U., et Trento, S. (1999), « The Divergence of the Italian and Japanese Corporate Governance Models ; The Role of the Institutional Shocks », *Economic Systems* 3, p. 35-61.

Bardhan, P. (1977), « Variations in Forms of Tenancy in a Peasant Economy », *Journal of Development Economics* 4, p. 105-118.

Bardhan, P. (1980), « Interlocking Factor Markets and Agrarian Development : A Review of the Issues », *Oxford Economic Papers* 32, p. 82-98.

Bardhan, P. (1984), *Land, Labor and Rural Poverty : Essays in Development Economics*, N.Y., Columbia University Press.

Bardhan, P. (1989a), « A Note on Interlinked Rural Economic Arrangements », *in* Bardhan (1989b), p. 237-242.

Bardhan, P., éd. (1989b), *The Economic Theory of Agrarian Institutions.* Oxford, Clarendon Press.

Bardhan, P. (1993), « Symposium on Management of Local Commons », *Journal of Economic Perspective* 7, p. 87-92.

Bardhan, P. (1998), « The Nature of Institutional Impediments to Economics Development », miméo, Université de Californie, Berkeley.

Bardhan, P., et Rudra (1978), « Interlinkage of Land, Labor, and Credit Relations : An Analysis of Village Survey Data in East India », *Economic and Political Weekly* 13, p. 367-384.

Barkaw, H., Cosmides, L., et Tooby, J. (éd.) (1993), *Adapted Mind : Evolutionnary Psychology and the Generation of Culture*, N. Y., Oxford University Press.

Barnard, C. (1938), *The Functions of the Executive,* Cambridge, Mass., Harvard University Press.

Baron, J. N., Burton, M. D et Hannan, M.T. (1966), « The Road Taken : Origins and Evolution of Employment Systems in Emerging Companies », *Industrial and Corporate Change* 5, p. 239-275.

Baron, J. N., Dobbin, F.N. et Devereaux, P. (1986), « War and Peace : The Evolution of Modern Personnel Administration in US Industry », *American Journal of Sociology* 92, p. 350-383.

Baron, J. N., Hannan, M. T., et Burton, M. D. (2000), « Labor Pains : Change in Organizational Models and Employees Turnover in Young, High-Tech Firms », miméo, Université de Stanford.

Barone, E. (1908), *Il ministro della oroduzione nell stato della collettivita, Gionale degli Economisti*, traduit et édité dans Hayek (1935), p. 245-290.

Barry, C. B. (1994), « New Directions in Research on Venture Capital Finance », *Financial Management* 32, p. 3-15.

Basu, K. (1997a), « On Misunderstanding Government : An Analysis of the Art of the Policy Advice », *Economics and Politics* 9, p. 231-250.

Basu, K. (1997b), « The Role of Norms and Law in Economics : An Essay on Political Economy », *in* J. Scott (éd.), *25 Years : Social Science and Social Change,* Princeton University Press.

Basu, K. (1998), « Social Norms and the Law », *in* P. Newman (éd.), *The New Palgrave Dictionary of Economics and the Law,* Londres, Macmillan, p. 476-480.

Bates, R. H. (1981), *Markets and States in Tropical Africa : The Political Basis of Agricultural Policies*, Berkeley, University of California Press.

Baum, T. (1994), « The German Banking System and its Impacts on Corporate Finance and Governance », *in* Aoki et Patrick (éd.), p. 409-449.

Bell, C. (1988) « Credit Markets and Interlinked Transactions », *in* H. B. Chenery et Srinivasan, T. N. (éd.), *Handbook of Development Economics*, Amsterdam, North-Holland.

Berger, A.N. et Udell, G. (1995), « Relationship Lending and Lines of Credit in Small Firm Finance », *Journal of Business* 68, p. 351-381.

Berger, P. et Luckman, T. (1966), *The Social Construction of Reality : A Treatise in the Sociology of Knowledge.* N.Y., Doubleday Anchor. Traduction française : *La Construction sociale de la réalité*, Armand Colin, 1997.

Berglöf, E. et von Thadden, E.-L. (1999), « The Changing Corporate Governance Paradigm : Implications for Transition and Developing Economies », miméo, Banque mondiale.

Bergson, A. (1964), *The Economics of Soviet Planning*, New Haven, Yale University Press.

Berins-Collier, R. et Collier, D. (1991), *Shaping the Political Arena*, Princeton, Princeton University Press.

Berle, A. (1931), « Corporate Powers as Powers in Trust », *Harvard Law Review* 63, p. 853-70.

Berle, A. (1959), « Forward » to E. Mason, *The Corporation in Modern Society,* Cambridge, Mass., Harvard University Press, IX-XV.

Berle, A. et Means, G. (1932), *The Modern Corporation and Private Property,* N.Y., MacMillan.

Bernanke, B.S. (1983), « Nonmonetary Effects of Financial Crisis in the Propagation of the Great Depression », *American Economic Review* 73, p. 257-276.

Bernheim, B. D. et Whinston, M. (1990), « Multimarket Contact and Collusive Behavior », *Rand Journal of Economics* 21, p. 1-26.

Bhagwati, J. R. (1982), « Directly-unproductive, Profit-seeking (DUP) Activities », *Journal of Political Economy* 90, p. 988-1000.

Bhagwati, J., Brecher, R., et Srinivasan, T. N. (1984), « DUP Activities and Economic Theory », *in* D. Colander (éd.), *Neoclassical Political Economy*, Cambridge, Mass., Ballinger.

Binmore, K. (2005), *Natural Justice*, MIT Press.

Binswanger, H. (1991), « Brazilian Policies that Encourage Deforestation in the Amazon », *World Development* 19, p. 821-829.

Binswanger, H., et Rosenzweig, M. R., éd. (1984), *Contractual Arrangements, Employment, and Wages in Rural Labor Markets in Asia*, New Haven, Yale University Press.

Black, B., et Gilson, R. (1998), « Venture Capital and the Structure of Capital Markets : Banks versus Stock Markets », *Journal of Financial Economics.*

Black, D. et Baumgartner, M. P. (1983), « Toward a Theory of the Third Party », *in* Boyum et Mather (éd.), *Empirical Theories About Courts*, N.Y., Longman, p. 84-114.

Blackburn, J., Kozinski, S. et Murphy, M. (1996), « Symantec Corporation Acquiring Entrepreneurial Companies », Graduate School of Business, Université de Stanford.

Blair, M. (1995), *Ownership and Control : Rethinking Corporate Governance for the Twenty-First Century*, Washington, D.C., Brookings Institution.

Blanchard, O., Froot, K. et Sachs, J., éd. (1996), *The Transition in Eastern Europe*, Cambridge, Mass., MIT Press.

Blanchard, O. et Kremer, M. (1997), « Disorganization », *Quarterly Journal of Economics* 112, p. 1091-1126.

Blau, P. (1964), *Exchange and Power in Social Life* (avec une nouvelle introduction), Brunswick, N.J., Transaction Publishers, 1998.

Bolton, P. et Dewatripont, M. (1994), « Firms as Networks of Communications », *Quarterly Journal of Economics* 109, p. 809-839.

Boot, A.W., Greenbaum, S. I. et Thakor, A. V. (1993), « Reputation and Discretion in Financial Contracting », *American Economic Review* 83, p. 1165-1183.

Bowles, S. (1985), « The Production Process in a Competitive Economy : Walrasian, neo-Hobbsian, and Marxian Models », *American Economic Review* 75, p. 16-36.

Bowles, S. (1996), « Markets as Cultural Institutions : Equilibrium Norms in Competitive Economies », miméo, Université du Massachusetts.

Bowles, S. (1998), « Endogenous Preferences : The Cultural Consequences of Markets and other Economic Institutions », *Journal of Economic Literature* 36, p. 75-111.

Bowles, S. (2002), *Economic Institutions and Behavior : An Evolutionary Approach to Microeconomic Theory*, Princeton University Press.

Bowles, S. et Gintis, H. (1986), *Democracy and Capitalism*, New York, Basic Books.

Bowles, S., Gintis, H., et Gustafsson, B., éd. (1993), *Markets and Democracy : Participation, Accountability, and Efficiency*, Cambridge, Cambridge University Press.

Boycko, M., Shleifer, A. et Vishny, R.W. (1993), « Privatizing Russia », *Brookings Paper on Economic Activity* 2, p. 139-192.

Boyer, R. (1999), « The Variety and Dynamics of Capitalism », *in* Groenewegen et Vromen (1999), p. 122-140.

Boyer, R. et Hollingsworth, J. R., éd. (1997), *Contemporary Capitalism : The Embeddedness of Institutions*, Cambridge, U.K. et N.Y., Cambridge University Press.

Boyer, R. et Orlean, A. (1992), « How Do Conventions Evolve ? » *Journal of Evolutionary Economics* 2, p. 165-177.

Braguinsky, S. et Yavlinsky, G. (2000), *Incentives and Institutions : The Transition to a Market Economy in Russia*, Princeton, N.J., Princeton University Press.

Braudel, F. (1969), *Ecrits sur l'histoire*, Flammarion, coll. « Champs ».

Braverman, A. et Stiglitz J. (1982), « Sharecropping and the Interlinking of Agrarian Markets », *American Economic Review*, 72, p. 695-715.

Brynjolfsson, E. (1994), « Information Assets, Technology, and Organization », *Management Science* 40, p. 1645-1662.

Burawoy, M. (1979), *Manufacturing Consent*, Chicago, University of Chicago Press.

Bygrave, W.D. et Timmons, J.A. (1992), *Venture Capital at the Crossroads,* Boston, Harvard Business School Press.

Calvert, R.L. (1995), « Rational Actors, Equilibrium, and Social Institutions », *in* Knight et Sened (1995), p. 57-93.

Calvo, G. (1979), « Quasi-Walrasian Theories of Unemployment », *American Economic Review, Papers and Proceedings* 69, p. 102-107.

Canzoneri, M.B. *et al.*, éd.(1992), *Establishing a Central Bank : Issues in Europe and Lessons from the US*, Cambridge, U.K., Cambridge University Press.

Carmichael, H. L. et MacLeod, W.B. (1997), « Gift Giving and the Evolution of Cooperation », *International Economic Review* 38, p. 485-509.

Carrol, G. R. et Hannan, T.M. (1989) « Density Dependence in the Evolution of Populations of Newspaer Organizations », *American Sociological Review* 54, p. 524-548.

Chambers, R. (1988), *Managing Canal Irrigation*, New Delhi, Oxford & IBH Publishing.

Chandler, A. Jr. (1977), *The Visible Hand : the Managerial Revolution in American Business*, Cambridge (Mass.), Harvard University Press.

Chandler, A., Jr. (1992), « Competitive Performance of US Industrial Enterprises Since the Second World War », *Business History Review* 68, p. 1-72.

Chandler, A. (1992), « Organizational Capabilities and the Economic History of the Industrial Enterprise », *Journal of Economic Perspectives* 6, p. 79-100.

Che, J. (1997), *Local Governments and Corporate Governance in Transition Economies*, Thèse de doctorat, Université de Stanford.

Che, J. (1999), « Organizing Market Transactions », miméo, Université de Stanford.

Che, J. (2000), « Soft Budget Constraints, Pecuniary Externality, and the Dual Track System », miméo, Université de Stanford.

Che, J. et Qian, Y. (1998), « Insecure Property Rights and Government Ownership of Firms », *Quarterly Journal of Economics* 113, p. 467-496.

Cho, C. et Sung, Y. (1995), *A History of Korea*, National Korean High School History Textbook, trad. japonaise, Tokyo, Akashi Shoten, 1997.

Clark, K.B. et Fujimoto, T. (1991), *Product Development Performance : Strategy, Organization, and Management in the World Auto Industry*, Boston, Harvard Business School.

Clark, L. E. (1935), *Central Banking under the Federal Reserve System*, N.Y., Macmillan Co.

Clower, R. W. (1967), « A Reconsideration of the Microfoundations of Monetary Theory », *Western Economic Journal* 6, p. 1-8.

Coase, R. (1937), « The Nature of the Firm », *Economica* 4, p. 386-405.

Coase, R. (1960), « The Problem of Social Cost », *Journal of Law and Economics* 3, p. 1-44.

Coleman, J. (1990), *Foundations of Social Theory,* Cambridge (Mass.), Harvard University Press.

Commons, J. R. (1934), *Institutional Economics : Its Place in Political Economy,* Madison, University of Wisconsin Press.

Coriat, B. et Dosi, G. (1998), « The Institutional Embeddedness of Economic Change. An Appraisal of the "Evolutionary" and "Regulationist" Research Programmes », miméo, International Institute for Applied Systems Analysis, Vienne.

Cowan, R., David, P.A. et Foray, D. (2000), « The Explicit Economics of Knowledge Codification and Tacitness », *Industrial and Corporate Change* 9, p. 211-254.

Cremer, J. (1980), « A Partial Theory of the Optimal Organization of a Bureaucracy », *Bell Journal of Economics* 11, p. 683-693.

Cremer, J. (1990), « Common Knowledge and the Co-ordination of Economic Activities », *in* Aoki M., Gustafsson, B. et Williamson, O.E. (éd.), *The Firm as a Nexus of Treaties,* Londres, Sage, p. 53-76.

Damme, E. Van (1987), *Stability and Perfection of Nash Equilibria*, Berlin, Springer Verlag.

Dasgupta, P. et Stiglitz, J. (1980), « Uncertainty, Industrial Structure, and the Speed of R & D », *Bell Journal of Economics* 11, p. 1-28.

David, P. (1985), « Clio and the Economics of QWERTY », *American Economic Review* 75, p. 332-337.

David, P. (1994), « Why Are Institutions the "Carriers of History" ? : Path Dependence and the Evolution of Conventions, Organizations and Institutions », *Structural Change and Economic Dynamics* 5, p. 205-220.

Davis, L. et North, D. (1971), *Institutional Change and American Economic Growth*, Cambridge, U.K. et N.Y., Cambridge University Press.

De Alessi, L. (1980), « The Economics of Property Rights : a Review of Evidence », *Research in Law and Economics* 2, p. 1-47.

Demsetz, H. (1967), « Towards a Theory of Property Rights », *American Economic Review* 57, p. 347-359.

Demsetz, H. (1969), « Information and Efficiency : Another Viewpoint », *Journal of Law and Economics* 12, p. 1-22.

Denzau, A.T. et North, D. (1994), « Shared Mental Models : Ideologies and Institutions », *Kyklos* 47, p. 3-31.

Dewatripont, M. et Maskin, E. (1995), « Credit and Efficiency in Centralized and Decentralized Economies », *Review of Economic Studies* 62, p. 541-555.

Dewatripont, M. et Tirole, J. (1992), *La Régulation prudentielle des banques*, Lausanne, Payot.

Dewatripont, M. et Tirole, J. (1994), « A Theory of Debt and Equity : Diversities of Securities and Manager-Shareholder Congruence », *Quarterly Journal of Economics* 109, p. 1027-1054.

Diamond, D. (1984), « Financial Intermediation and Delegated Monitoring », *Review of Economic Studies* 51, p. 393-414.

DiMaggio, P. et Powell, W. (1983), « The Iron Cage Revisited : Institutional Isomorphism and Collective Rationality in Organizational Fields », *American Sociological Review* 48, p. 147-160.

DiMaggio, P. et Powell W., éd. (1991), *The New Institutionalism in Organizational Analysis*, Chicago, University of Chicago Press.

Dinc, S. (1996), *Bank Competition, Relationship Banking and Path Dependence*, thèse de doctorat, Université de Stanford.

Dinc, S. (2000), « Bank Reputation, Bank Commitment and the Effects of the Competition in Credit Markets », *Review of Financial Studies* 13, p. 781-812.

Dodd, E. M. (1932), « For Whom are Corporate Managers Trustees ? », *Harvard Law Review* 45, p. 1145-63.

Dosi, G. (1995), « Hierarchies, Markets and Power : Some Foundational Issues on the Nature of Contemporary Economic Organizations », *Industrial and Corporate Change* 4, p. 1-19, réédité dans Dosi (2000), p. 669-687.

Dosi, G. (2000), *Innovation, Organization and Economic Dynamics*, Cheltenham, U.K., Edward Elgar.

Dosi, G. et Marengo, L. (1994), « Some Elements of an Evolutionary Theory of Organizational Competence », *in* England, éd. (1994), *Evolutionary Concepts in Contemporary Economics,* p. 157-178, Ann Arbor, University of Michigan Press, réédité dans Dosi (2000), p. 211-235.

Dosi, G., Marengo, L., et Fagiolo, G. (2000), « Learning in Evolutionary Environments », *in* K. Dopfer (éd.), *The Foundations of Evolutionary Economics,* Cambridge, U.K. et N.Y., Cambridge University Press. Réédité dans Dosi (2000).

Dosi, G., Pavitt, K., et Soete, L. (1990), *The Economics of Technical Change and International Trade,* N.Y., Harvester Wheatsheaf.

Dunlop, J. (1958), *Industrial Relationship Systems*, édition révisée, Boston, Harvard Business School Press, 1993.

Durkheim, E. (1901), *Les Règles de la méthode sociologique,* PUF, coll. « Quadrige », 1997.

Earle, J. (2000), « Equilibrium Wage Arrears : Institutional lock-in of contractual failure in Russia », miméo, Université de Stanford.

Earle, J., et Sabirianova, K. Z. (2000), « How Late to Pay ? Understanding Wage Arrears in Russia », miméo, Université de Stanford.

Edwards, J. et Fischer K. (1994), *Banks, Finance and Investment in Germany,* Cambridge, U.K., Cambridge University Press.

Eggertsson, T. (1990), *Economic Behavior and Institutions,* Cambridge, U.K. et N.Y., Cambridge University Press.

Eichengreen, B. (1992), « Designing a Central Bank for Europe : A Cautionary Tale From the Early Years of the Federal Reserve System », *in* Canzoneri (1992), p. 13-39.

Eldredge, N. et Gould, S. (1972), « Punctuated Equilibria : An Alternative to Phyletic Gradualism », *in* Schopf (1972), p. 82-115.

Ellickson, R. C. (1991), *Orders Without Law*, Cambridge (Mass.), Harvard University Press.

Elster, J. (1989), *The Cement of Society : A Study of Social Order*, Cambridge, U.K et N.Y., Cambridge University Press.

Elster, J. (1989), « Social Norms and Economic Theory », *Journal of Economic Perspectives* 3, p. 99-117.

England, W., éd. (1994), *Evolutionary Concepts in Contemporary Economics,* Ann Arbor (Mich.), University of Michigan Press.

Epstein, J. M. et Axtell, R. (1996), *Growing Artificial Societies,* Cambridge (Mass.), MIT Press.

Ericson, R.E., et Ickes, B.W. (1999), « A Model of Russia's "Virtual Economy" », miméo, Columbia University.

Eswaran, M. et Kotwal, A. (1984), « The Moral Hazard of Budget Breaking », *Rand Journal of Economics* 15, p. 578-581.

Fafchamps, M. (1996), « Market Emergence, Trust, and Reputation », miméo, Université de Stanford.

Farrell, J. et Rabin, M. (1996), « Cheap Talk », *Journal of Economic Perspective* 10, p. 103-118.

Fenn, G.W., Liang, N. et Prowse, S. (1995), « The Economics of the Private Equity Market », *Staff Study* 168, Board of Governors of the Federal Reserve System.

Field, A. J. (1979), « On the Explanation of Rules Using Rational Choice Models », *Journal of Economic Issues* 13, p. 49-72.

Field, A. J. (1981), « The Problem with Neoclassical Institutional Economics : A Critique with Special Reference to the North-Thomas Model of Pre-1500 Europe », *Explorations in Economic History* 18, p. 174-198.

Field, A. J. (2002), *Altruistically Inclined ? Evolutionary Theory, the Behavioral Sciences, and the Origin of Reciprocity,* Ann Arbor, University of Michigan Press.

Fiske, A.P. (1991), « The Cultural Relativity of Selfish Individualism : Anthropological Evidence that Humans are Inherently Sociable », *in* M. Clark (éd.), *Review of Personality and Social Psychology,* vol. 12 *Altruism and Prosocial Behavior,* Beverly Hills, Sage, p. 176-214.

Fiske, A.P., Kitayama, S., Markus, H. R. et Nisbett, R. E. (1998), « The Cultural Matrix of Social Psychology », *in* Gilbert, Fiske, et Linzey (éd.), *Handbook of Social Psychology* (4e édition), N.Y., McGraw Hill, p. 915-981

Florida, R. et Kenney, M. (1988), « Venture Capital-Financed Innovation and Technological Change in the USA », *Research Policy* 17, p. 119-137.

Foster, D. et Young, P. (1990), « Stochastic Evolutionary Game Dynamics », *Theoretical Population Biology* 38, p. 219-232.

Foster, D. et Young, P. (1998), « Learning with Hazy Beliefs », *in* W. Leinfellner et E. Koehler (éd.), *Game Theory, Experience, Rationality*, Amsterdam, Kluwer.

Franks, J., Mayer, C. et Renneboog, L. (1998), « Who Disciplines Bad Management ? » miméo, Université catholique de Louvain, Belgique.

Freeland, R. F. (2000), « Creating Hold-Up through Vertical Integration : The Case of Fisher Body Revisited (One More Time) », miméo, Université Stanford.

Freeman, R. B. (1995), « The Welfare State as a System », *American Economic Review* 85, p. 16-21.

Freeman, R. B., Topel, R. et Swedenborg, B., éd. (1997), *Reforming the Welfare State : The Swedish Model in Transition,* Chicago, Chicago University Press.

Friedman, D. (1991), « Evolutionary Games in Economics », *Econometrica* 59, p. 637-666.

Friedman, M. (1953), *Essays in Positive Economics,* Chicago, University of Chicago Press. Traduction française de G. Millière : *Essais d'économie positive*, Litec, 1995.

Fudenberg, D. et Kreps, D. M. (1987), « Reputation in the Simultaneous Play of Multiple Opponents », *Review of Economic Studies* 56, p. 541-568.

Fudenberg, D. et Maskin E. (1986), « The Folk Theorem in Repeated Games with Discounting and with Incomplete Information », *Econometrica* 54, p. 533-554.

Fudenberg, D. et Maskin, E. (1993), « Evolution and Repeated Games », *Nobel Symposium on Game Theory*, Karlskoga, Suède.

Fudenberg, D. et Tirole, J. (1991), *Game Theory,* Cambridge (Mass.), MIT Press.

Fudenberg, D. et Harris, C. (1992), « Evolutionary Dynamics with Aggregate Shocks », *Journal of Economic Theory,* 57, p. 420-441.

Fujimoto, T. (1997), « The Japanese Automobile Supplier System : Framework, Facts, and Reinterpretation », *Actes du 3^{e} symposium international sur la logistique*, Padoue, SGE-Servizi Grafici Editoriali.

Fujimoto, T. (1999), *The Evolution of a Manufacturing System at Toyota*, Oxford et N.Y., Oxford University Press.

Fukao, M. (1995), *Financial Integration, Corporate Governance, and the Performance of Multinational Companies,* Washington, D.C., Brookings Institution.

Gaddy, C. et Ickes, B. (1998), « A Simple Four Sector Model of Russia's "Virtual Economy" », *Post-Soviet Geography and Economics*, 40, p. 79-97.

Gaddy, C. et Ickes, B. (1999), « Stability and Disorder : An Evolutionary Analysis of Russia's Virtual Economy », miméo, Brookings Institution.

Gale, D. (1986), « Bargaining and Competition Part I : Characterization », *Econometrica* 54, p. 785-806.

Gambetta, D. (1993), *The Sicilian Mafia*, Cambridge (Mass.), Harvard University Press.

Gande, A., Puri, M., Saunders, A. et Walter, I. (1997), « Bank Underwriting of Debt Securities : Modern Evidence », *Review of Financial Studies*, 10, p. 1175-1202.

Garfinkel, H. (1967), *Studies in Ethnomethodology*, Englewood Cliffs, (N.J.), Prentice Hall.

Geanakoplos, J. et Milgrom, P. (1991), « A Theory of Hierarchies Based on Limited Managerial Attention », *Journal of Japanese and International Economies* 5, p. 205-225.

Geertz, C. (1963), *Peddlers and Princes,* Chicago, University of Chicago Press.

Geertz, C. (1978), « The Bazaar Economy : Information and Search in Peasant Marketing », *American Economic Review* 68, p. 9-32.

Geertz, C. (1980), *NEGARA : The Theatre State in Nineteenth-Century Bali*, Princeton, Princeton University Press. Traduction française : *Bali, Interprétation d'une culture*, Gallimard, 1983.

Ghemawat, P. (1998), *Games Businesses Play : Cases and Models*, Cambridge (Mass.), MIT Press.

Ghemawat, P. et Khanna, T. (1998), « The Nature of Diversified Groups : A Research Design and Two *Case Studies », Journal of Industrial Economics*.

Gibbons, R. (1992), *Game Theory for Applied Economists,* Princeton, Princeton University Press.

Gilson, R. J. (1999), « The Legal Infrastructure of High Technology Industrial Districts : Silicon Valley, Route 128, and Covenants Not to Compete », *N.Y. University Law Review* 74, p. 575-629.

Gintis, H. (2000), *Game Theory Evolving : A Problem-Centered Introduction to Modeling Strategic Behavior,* Princeton, Princeton University Press.

Gintis, H. et Ishikawa, T. (1988), « Wage, Work Intensity, and Unemployment », *Journal of the Japanese and International Economies* 1, p. 195-228.

Gompers, P. (1995), « Optimal Investment, Monitoring, and the Staging of Venture Capital », *Journal of Finance* 50, p. 231-248.

Gompers, P. (1998), « An Examination of Convertible Securities in Venture Capital Investments », miméo, Harvard Business School.

Gompers, P. et Lerner, J. (1996), « The Use of Covenants : An Empirical Analysis of Venture Partnership Agreements », *Journal of Law and Economics.*

Gordon, A. (1985), *The Evolution of Labor Relations in Japan : Heavy Industry 1853-1955*, Cambridge (Mass.), Harvard University Press.

Gorman, M et Sahlman, W.A. (1989), « What Do Venture Capitalists Do ? », *Journal of Business Venturing* 4, p. 231-48.

Gould, S. J. et Eldridge, N. (1977), « Punctuated Equilibria : The Tempo and Mode of Evolution Reconsidered », *Paleobiology* 3, p. 115-151.

Granovetter, M. (1985), « Economic Action and Social Structure : The Problem of Embeddedness », *American Journal of Sociology* 91, p. 480-510.

Granovetter, M. (1992), « Economic Institutions as Social Constructions : A Framework for Analysis », *Acta Sociologica* 35, p. 3-11.

Granovetter, M. (1994), « Business Groups », *in* N.J. Smelser et R. Swedberg (éd.), *Handbook of Economic Sociology*, chapitre 18, Princeton, Princeton University Press.

Greif, A. (1989), « Reputation and Coalitions in Medieval Trade : Evidence on the Maghribi Traders », *Journal of Economic History* 49, p. 857-882.

Greif, A. (1994), « Cultural Beliefs and the Organization of Society : A Historical and Theoretical Reflection on Collectivist and Individualist Societies », *Journal of Political Economy* 102, p. 912-950.

Greif, A. (1997a), « Microtheory and Recent Developments in the Study of Economic Institutions Through Economic History », *in* Kreps et Wallis (éd.), *Advances in Economics and Econometrics : Theory and Applications 2,* Cambridge, Cambridge University Press, p. 79-113.

Greif, A. (1997b), « Self-enforcing Political System and Economic Growth : Late Medieval Genoa », miméo, Université de Stanford.

Greif, A. (1998a), « Historical and Comparative Institutional Analysis », *American Economic Review* 88 (mai), p. 80-84.

Greif, A. (1998b), *Genoa and the Maghribi Traders : Historical and Comparative Institutional Analysis*, Cambridge, U.K. et N.Y., Cambridge University Press.

Greif, A. (2001), « Impersonal Exchange and the Origin of Markets : From the Community Responsibility System to Individual Legal Responsibility in Pre-modern Europe », *in* Aoki et Hayami (2001), p. 3-41.

Greif, A., Milgrom, P. et Weingast, B. (1994), « Coordination, Commitment and Enforcement : The Case of the Merchant Guild », *Journal of Political Economy* 102, p. 745-776.

Groenewegen J. et Vromen, J., éd. (1999), *Institutions and the Evolution of Capitalism Implications of Evolutionary Economics*, Cheltenham, U.K., Edward Elgar.

Grossman, S. et Hart, O. (1986), « The Costs and Benefits of Ownership : A Theory of Vertical and Lateral Integration », *Journal of Political Economy* 94, p. 691-719.

Hadfield, G. K. (2000), « Privatizing Commercial Law : Lessons from the Middle and the Digital Ages », miméo, Law School, Université de Toronto.

Hall, J., éd. (1991), *The Cambridge History of Japan,* vol 4., Cambridge, U.K. et N.Y., Cambridge University Press.

Hamilton, G., éd. (1996), *Asian Business Networks,* New York, Walter de Gruyter.

Hannan, M. T., Burton, M. D. et Baron, N. (1996), « Inertia and Change in the Early Years : Employment Relations in Young, High-Technology Firms », *Industrial and Corporate Change* 5, p. 503-536.

Hannan, M. T. et Carroll, G. (1992), *Dynamics of Organizational Populations : Density, Legitimation and Competition,* Oxford et N.Y., Oxford University Press.

Hannan, M. et Freeman, J. (1977), *Organizational Ecology,* Cambridge, (Mass.), Harvard University Press.

Hansmann, H. (1995), *The Ownership of Enterprise,* Cambridge, (Mass.), Harvard University Press.

Hardin, G. (1968), « The Tragedy of the Commons », *Science* 162, p. 1243-48.

Harsanyi, J. (1977), *Rational Behaviour and Bargaining Equilibrium in Games and Social Situations*, Cambridge, U.K., Cambridge University Press.

Hart, O. (1995), *Firms, Contracts, and Financial Structure*, Oxford, Clarendon Press.

Hart, O. et Moore, J. (1990), « Property Rights and the Nature of the Firm », *Journal of Political Economy* 98, p. 1119-1158.

Hart, O. et Moore, J. (1999), « On the Design of Hierarchies : Coordination versus Specialization », miméo, Université de Harvard et LSE.

Hayami, S. et Miyamoto, M. (1988), « Gaisetsu : Juhichi-hachi Seiki ; An Overview : the Seventeenth to the Eighteenth Century », *in* S. Hayami et M. Miyamoto (éd.), *Keizai Syakai no Seiritsu (La Constitution d'une société économique), Nihon Keizaishi (Une histoire du Japon*), vol. 1., Tokyo, Iwanami Shoten, p. 1-84.

Hayami, Y. (1994), « Peasant and Plantation in Asia », *in* G. Meier (éd.), *From Classical Economics to Developmental Economics,* N.Y., St. Martin's Press, p. 121-134.

Hayami, Y. (1998), « Toward an East Asian Model of Economic Development », *in* Hayami et Aoki (1998), p. 3-35.

Hayami, Y. et Aoki, M., éd. (1998), *The Institutional Foundations of East Asian Economic Development*, Londres, MacMillan.

Hayami, Y. et Kawagoe, T. (1993), *The Agrarian Origins of Commerce and Industry : A Study of Peasant Marketing in Indonesia*, N.Y., St. Martin's Press.

Hayami, Y. et Kikuchi, M. (2000), *A Rice Village Saga : Three Decades of Green Revolution in the Phillipines*, Londres, MacMillan.

Hayami, Y. et Ohtsuka, K. (1993), *The Economics of Contract Choice*, Oxford, Clarendon Press.

Hayami, Y. et Ruttan, V. W. (1985), *Agricultural Development : An International Perspective*, édition révisée, Baltimore, Johns Hopkins University Press.

Hayek, F.A., éd. (1935), *Collectivist Economic Planning*, Londres, Routledge.

Hayek, F. A. (1945), « The Use of Knowledge in Society », *American Economic Review* 35, p. 519-530.

Hayek, F. A. (1973), *Law, Legislation and Liberty : Rules and Order*, vol. 1, Chicago : University of Chicago Press et Londres, Routledge & Kegan Paul. Traduction française de R. Audouin : *Droit, législation et liberté : Règles et ordre*, PUF, coll. « Quadrige », 1980.

Hayek, F. A. (1988), *La Présomption fatale, les erreurs du socialisme*, trad. R. Audoin et G. Millière, PUF, 1993.

Hellmann, T. (1998a), « The Allocation of Control Rights in Venture Capital Contracts », *Rand Journal of Economics* 29, p. 57-76.

Hellmann, T. (1998b), « Teaching Note for Symantec Corporation », S-SM-27, Stanford Business School.

Hellmann, T., Murdock, K. et Stiglitz, J. (1997), « Financial Restraint : Toward a New Paradigm », *in* Aoki, Kim et Okuno-Fujiwara (1997), p. 163-207.

Hellmann, T., Murdock, K. et Stiglitz, J. (1998), « Financial Restraint and the Market Enhancing View », *in* Hayami and Aoki (1998), Londres, MacMillan, p. 255-279.

Hellmann, T. et Puri, M. (1998), « The Interaction between Product Market and Financing Strategy : The Role of Venture Capital », Graduate School of Business, Université de Stanford.

Hellwig, M. (1991), « Banking, Financial Intermediation and Corporate Finance », *in* A. Giovannini et C. Mayer (éd.), *European Financial Integration,* Cambridge, U.K. et N.Y., Cambridge University Press.

Hellwig, M. (2000), « On the Economics and Politics of Corporate Finance and Corporate Control », *in* X. Vives (éd.), *Corporate Governance : Theoretical and Empirical Perspectives,* Cambridge, U.K. et N.Y., Cambridge University Press, p. 95-136.

Hicks, J. (1969), *A Theory of Economic History,* Oxford, Oxford University Press. Traduction française : *Une théorie de l'histoire économique*, Seuil, 1973.

Hirschman, A. O. (1970), *Exit, Voice, and Loyalty : Responses to Decline in Firms, Organizations, and States*, Cambridge (Mass.), Harvard University Press.

Hodgson, G. M. (1988), *Economics and Institutions : A Manifesto for a Modern Institutional Economics*, Cambridge, U.K. et Philadelphie, Polity Press et University of Pennsylvania Press.

Hodgson, G. M. (1993), *Economics and Evolution,* Ann Arbor, University of Michigan Press.

Hodgson, G. M. (1998), « The Approach of Institutional Economics », *Journal of Economic Literature* 36, p. 166-192.

Holland, J.H., Holyoak, K. J., Nisbett, R. E. et Thagard, P. R. (1986), *Induction : Processes of Inference, Learning, and Discovery*, Cambridge (Mass.), MIT Press.

Holmstrom, B. (1979), « Moral Hazard and Observability », *Bell Journal of Economics* 10, p. 74-91.

Holmstrom, B. (1982), « Moral Hazard in Teams », *Bell Journal of Economics* 10, p. 324-340.

Holmstrom, B. et Milgrom, P. (1991), « Multi-Task Principal-Agent Analysis », *Journal of Law, Economics and Organization* 7 (numéro spécial), p. 24-52.

Holmstrom, B. et Milgrom, P. (1994), « The Firm as an Incentive System », *American Economic Review* 84, p. 972-991.

Homans, G. (1961), *Social Behavior : Its Elementary Forms*, N.Y., Harcourt Brace Jovanovich.

Home, W. S. (1952), *Escrow and Land Title Procedure*, L.A., Olin W. Smith.

Horiuchi, H. (1994), « The Effect of Firm Status on Banking Relationships and Loan Syndication », *in* Aoki et Patrick (1994), p. 258-294.

Hoshi, T. (1995), « Cleaning up the Balance Sheet : Japanese Experience in the Postwar Reconstruction Period », *in* Aoki et Kim (1995), p. 303-359.

Hoshi, T. et Kashyap, A. (1999), « The Japanese Banking Crisis : Where Did it Come From And How Will it End ? », NBER Working Papers 7250.

Hoshi, T. Kashyap, A. et Sharfstein, D. (1993), « The Role of the Banks in Reducing Costs of Financial District in Japan », *Journal of Financial Economics* 27, p. 67-88.

Hume, D. (1739), *Traité de la nature humaine* (3 vol.), trad. P. Slaltel, Paris, GF-Flammarion, 1993.

Hume, D. (1777), *Essais moraux, littéraires et politiques*, trad. J.-P. Jackson, Alive, 1999.

Hurwicz, L. (1960), « On the Dimensional Requirements for Non-wasteful Resource Allocation Systems », *in* Arrow, K.J., Karlin, S. et Suppes, P. (éd.), *The Mathematical Methods in the Social Sciences 1959,* Stanford University Press. Réédité dans Arrow, K.J. et Hurwicz, L. (1977), *Studies in Resource Allocation Processes,* Cambridge, U.K. et N.Y., Cambridge University Press.

Hurwicz, L. (1973), « The Design of Mechanisms for Resource Allocation », *American Economic Review* 63, p. 1-30.

Hurwicz, L. (1987), « Inventing New Institutions : The Design Perspective », *American Journal of Agricultural Economics* 69, p. 395-402.

Hurwicz, L. (1993), « Toward a Framework for Analyzing Institutions and Institutional Change », *in* Bowles *et al.* (1993), p. 51-67.

Hurwicz, L. (1996), « Institutions as Families of Game Forms », *Japanese Economic Review* 47, p. 13-132.

Ichiishi, T. (1993), *The Cooperative Nature of the Firm,* Cambridge, U.K. et N.Y., Cambridge University Press.

Ikeda, N. (1997), *Jōhō Tsūshin Kakumei to Nihon Kigyō (La Révolution digitale de la firme japonaise*), Tokyo, NTT Publishers.

Ikeda, N. (1999), *Internet Shihon Shugi Kakumei (L'Explosion de capitalisme digital),* Tokyo, NTT Shuppan.

Ikegami, H. (1995), *The Taming of the Samurai : Honorific Individualism and the Making of Modern Japan,* Cambridge (Mass.), Harvard University Press.

Itoh, H. (1992), « Cooperation in Hierarchical Organizations : An Incentive Perspective », *Journal of Law, Economics and Organization* 8, p. 321-45.

Iwai, K. (1993), *Kaheiron (A Theory of Money)*, Tokyo, Chikuma Shobō.

Jackson, G. (1997), « Corporate Governance in Germany and Japan : Development within National and International Contexts », miméo, Max-Planck Institut für Gesellschaftsforschung, Cologne.

Jacoby, S. (1985), *Employing Bureaucracy : Manager, Unions, and the Transformation of Work in the American Industry, 1900-1945,* N.Y., Columbia University Press.

Jensen, M. (1989), « The Eclipse of the Public Corporation », *Harvard Business Review* 67 (5), p. 49-74.

Jensen, M. (1993), « The Modern Industrial Revolution, Exit, and the Failure of Internal Control Systems », *Journal of Finance* 48, p. 831-880.

Jensen, M. et Meckling W. (1976), « Theory of the Firm : Managerial Behavior, Agency Costs and Capital Structure », *Journal of Financial Economics* 3, p. 305-360.

Jevons, W. S. (1875), *Money and the Mechanism of Exchange,* Londres, Appleton.

Jin, H., Qian, Y. et Weingast, B. (1999), « Regional Decentralization and Fiscal Incentives : Federalism, Chinese Style », miméo, Université de Stanford.

Johnson, C. W. (2000), « Advising the New Economy : The Role of Lawyers », *in* C. Lee *et al.* (2000), p. 203-212.

Joint Venture (1999), *1998 Index of Silicon Valley*, Palo Alto (Ca) Joint Venture.

Jones, D. T., Roos, D. et Womack, J. P. (1990), *The Machine that Changed the World : The Story of Lean Production*, N.Y., Macmillan Publishing Company.

Jones, R. (1976), « The Origin and Development of Media of Exchange », *Journal of Political Economy* 84, p. 757-775.

Kandori, M. (1992), « Social Norms and Community Enforcement », *Review of Economic Studies* 59, p. 63-80.

Kandori, M. (1997), « Evolutionary Game Theory in Economics », *in* D. Kreps et K. Wallis (éd.), *Advances in Economics and Econometrics : Theory and Applications :* Cambridge, Cambridge University Press, p. 243-277.

Kandori, M., Mailath, G. et Rob, R. (1993), « Learning, Mutation, and Long Run Equilibria in Games », *Econometrica* 61, p. 29-56.

Kaneko, M. et Matsui, A. (1999), « Inductive Game Theory : Discrimination and Prejudices », *Journal of Public Economic Theory* 1, p. 101-137.

Kaplan, S. N. et Strömberg, P. (2000), « Financial Contracting Theory Meets the Real World : An Empirical Analysis of Venture Capital Contracts », miméo, Université de Chicago.

Khanna, T. et Palepu, K. (1997), « Why Focused Strategies May Be Wrong for Emerging Markets », *Harvard Business Review*, réédition 97404, p. 3-10.

Khanna, T. et Palepu, K. (1999a), « The Right Way to Restructure Conglomerates in Emerging Markets », *Harvard Business Review*, réédition (juillet-août), p. 125-134.

Khanna, T. et Palepu, K. (1999b), « Policy Shocks, Market Intermediaries, and Corporate Strategy : The Evolution of Business Groups in Chile and India », *Journal of Economics and Management Strategy* 8, p. 271-310.

Khanna, T. et Palepu, K. (2000a), « Is Group Affiliation Profitable in Emerging Markets ? : An Analysis of Diversified Indian Business Groups », *Journal of Finance* 55, p. 867-891.

Khanna, T. et Palepu, K. (2000b), « The Future of Business Groups in Emerging Markets : Long Run Evidence from Chile », *Academy of Management Journal* 43 (3), p. 268-285.

Khanna, T. et Rivkin, J. W. (1999a), « Estimating the Performance Effects in Emerging Markets », *Academy of Management Best Paper Proceedings.*

Khanna, T. et Rivkin, J. W. (1999b), « Ties that Bind Business Groups : Evidence from Chile », miméo, Harvard Business School.

Kimura, M. (1983), *The Neutral Theory of Molecular Evolution*, Cambridge, U.K., Cambridge University Press.

Kindleberger, C. P. (1986), *World in Depression : 1929-1939,* Berkeley, Cal., University of California Press.

Kingston, C. (2001), « Ethnic Segmentation and Corruption », miméo, Université de Stanford.

Kitayama, S., Markus, H. R., Matsumoto, H. et Norasakkunikit, V. (1997), « Individual and Collective Processes in the Construction of the Self : Self-Enhancement in the United States and Self-Criticism in Japan », *Journal of Personality and Social Psychology* 72, p. 1245-1267.

Kiyotaki, N. et Wright, R. (1991), « A Contribution to the Pure Theory of Money », *Journal of Economic Theory* 53, p. 215-235.

Klein, D. (1990), « The Voluntary Provision of Public Goods ? The Turnpike Companies of Early America », *Economic Inquiry* 28, p. 788-812.

Klein, S. et Rosenberg, N. (1986), « An overview of innovation », *in* R. Landau et N. Rosenberg (éd.), *The Positive Sum Strategy : Harnessing Technology for Economic Growth*, Washington, D.C., National Academic Press, p. 275-305.

Knight, F. (1921), *Risk, Uncertainty and Profit*, Chicago, University of Chicago Press, 1971.

Knight, J. et Sened, I., éd. (1995), *Explaining Social Institutions*, Ann Arbor (Mich.), University of Michigan Press.

Koga, Y. (1982), « Problems in the Post-harvest Processing of Rice in Southeast Asian Countries », *in* N.S. Scrimshaw *et al.*, (éd.), *Nutrition Policy Implementation – Issues and Experiences,* N.Y., Plenum Press, p. 385-417.

Koike, K. (1984), « Skill Formation Systems in the U.S. and Japan : a Comparative Study », *in* Aoki (1984b), p. 47-76.

Koike, K. (1988), *Understanding Industrial Relations in Modern Japan,* Londres, MacMillan.

Koike, K. (1994), « Learning and Incentive Systems in Japanese Industry », *in* Aoki et Dore (1994), p. 41-65.

Koopmans, T. (1957), *Three Essays on the State of Economic Sciences,* N.Y., McGraw Hill.

Kornai, J. (1980), *Economics of Shortage*, Amsterdam, North-Holland. Traduction française : *Socialisme et économie de la pénurie*, Economica, 1984.

Kornhauser, L. W. (1999a), « Excerpt from Three Roles for a Theory of Behavior in a Theory of Law », miméo, Université de New York.

Kornhauser, L. W. (1999b), « The Normativity of Law », miméo, Université de New York.

Koumakhov, R. et Najman, B. (2000), « Labor Hoarding in Russia : Where Does it Come From ? » miméo, Ecole des hautes études en sciences sociales.

Kranton, R. E. (1996), « Reciprocal Exchange : A Self-Sustaining System », *American Economic Review* 86, p. 830-851.

Krasner, S. D. (1978), *Defending National Interest : Raw Materials, Investments and the U.S. Foreign Policy*, Princeton, Princeton University Press.

Krasner, S. D. (1984), « Approaches to the State : Alternative Conceptions and Historical Dynamics », *Comparative Politics* 1, p. 223-246.

Krasner, S. D. (1988), « Sovereignty : An Institutional Perspective », *Comparative Political Studies* 21, p. 64-94.

Krasner, S. D. (1999), *Sovereignty : Organized Hypocrisy*, Princeton, Princeton University Press.

Kreps, D., Milgrom, P., Roberts, J., et Wilson, R. (1982), « Rational Cooperation in the Finitely Repeated Prisoners' Dilemma », *Journal of Economic Theory* 27, p. 245-252.

Kreps, D. M. (1990a), *Théorie des jeux et modélisation économique*, trad. F. Guerrien, Dunod, 1999.

Kreps, D. M. (1990b), « Corporate Culture and Economic Theory », *in* J. Alt et K. Shepsle (éd.), *Perspectives on Positive Political Economy,* Cambridge, U.K. et N.Y., Cambridge University Press, p. 90-143.

Krueger, A.O. (1974), « The Political Economy of Rent-Seeking Society », *American Economic Review* 64, p. 291-303.

Krueger, A.O., Schiff, M. et Valdes, A., éd. (1991), *Political Economy of Agricultural Pricing Policies*, 5 vol., Baltimore, Johns Hopkins University Press.

Krugman, P. (1991), « History versus Expectations », *Quarterly Journal of Economics* 56, p. 651-667.

Krugman, P. (1996), *The Self-Organizing Economy*, Cambridge (Mass.), Blackwell Publishers. Traduction française de F. Leloup : *L'Economie auto-organisatrice*, De Boeck Université, 1998.

Krugman, P. et M. Obstfeld (1994), *International Economics : Theory and Policy,* 3e édition, N.Y., Harper-Collins College Publishers. Traduction française : *Economie internationale*, De Boeck-Wesmael, 1995.

Kuran, T. (1991), « Cognitive Limitations and Preference Evolution », *Journal of Institutional and Theoretical Economics* 147, p. 241-273.

Landa, J. T. (1994), *Trust, Ethnicity, and Identity : Beyond the New Institutional Economics of Ethnic Trading Networks, Contract Law, and Gift-Exchange*, Ann Arbor, University of Michigan Press.

Lange, O. (1936/1937), « On the Economic Theory of Socialism », *Review of Economic Studies* 4, p. 53-71, 123-142.

La Porta, R., Lopez-de-Silanes, F. et Shleifer, A. (1999), « Corporate Ownership Around the World », *Journal of Finance* 54, p. 471-517.

La Porta, R., Lopez-de-Silanes, F., Shleifer, A. et Vishny, R. (1998), « Law and Finance », *Journal of Political Economy* 106, p. 1113-1155.

Lee, C., Miller, W. F., Hancok, M. G. et Rowen, H. S., éd. (2000), *The Silicon Valley Edge : A Habitat for Innovation and Entrepreneurship*, Stanford (Ca), Stanford University Press.

Leff, N. (1976), « Capital Markets in the Less Developed Countries : The Group Principle », *in* R. MacKinnon (éd.), *Money and Finance in Economic Growth and Finance*, N.Y., Marcel Dekker.

Leff, N. (1978), « Industrial Organization and Entrepreneurship in Developing Countries : The Economic Groups », *Economic Development and Cultural Change* 26, p. 661-675.

Lehmbruch, G. (1999), « The Rise and Change of Discourses on Embedded Capitalism » *in* « Germany and Japan and their Institutional Setting », miméo.

Lerner, V. J. (1994), « The Syndication of Venture Capital Investments », *Financial Management* 23, p. 16-27.

Lerner, V. J. (1995), « Venture Capitalists and the Oversight of Private Firms », *The Journal of Finance* 1, p. 301-317.

Levi, M. (1988), *Of Rule and Revenue*, Berkeley, University of California Press.

Li, D. (1996), « Ambiguous Property Rights in Transition Economies », *Journal of Comparative Economics* 23, p. 1-19.

Libecap, G. D. (1986), « Property Rights in Economic History : Implications for Research », *Exploration in Economic History* 23, p. 227-252.

Litwack, J. (2001), « Central control of regional budgets : Theory with applications to Russia », miméo, OCDE.

Luebbert, G. (1991), *Liberalism, Fascism, or Social Democracy : Social Classes and the Political Origins of Regimes in Interwar Europe*, Oxford et N.Y., Oxford University Press.

Luhmann, N. (1979), *Trust and Power*, Chichester, Wiley.

McKinnon, R. (1997), « Market Preserving Fiscal Federalism in the American Monetary Union », *in* M. Blejar et T. Ter-Minassian (éd.), *Macroeconomic Dimensions of Public Finance : Essays in Honor of Vito Tanzi,* Londres, Routledge, p. 73-93.

McKinnon, R. et Pill, H. (1999), « Exchange-Rate Regimes for Emerging Markets : Moral Hazard and International Overborrowing », *Oxford Review of Economic Policy* 15 (3), p. 19-38.

MacLeod, W. B. et Malcomson, J. M. (1989), « Implicit Contracts, Incentive Compatibility, and Involuntary Unemployment », *Econometrica* 57, p. 447-480.

Manne, H. (1965), « Mergers and the Market for Corporate Control », *Journal of Political Economy* 73, p. 110-120.

March, J.G. et Olsen, J.P. (1989), *Rediscovering Institutions,* N.Y., Free Press.

Marglin, S. (1974), « What Do Bosses Do ? » *Review of Radical Political Economy* 32, p. 60-112.

Margolis, éd. (1970), *The Analysis of Public Output*, N.Y., W.W. Norton.

Markus, H. R. et Kitayama, S. (1994), « Culture and the Self : Implications for Cognition, Emotion, and Motivation », *Psychological Review* 98, p. 224-253.

Marschak, J. et Radner, R. (1972), *The Theory of Teams*, New Haven, Yale University Press.

Marshall, T. H. (1964), *Class, Citizenship, and Social Development*, Garden City, New York, Doubleday.

Maskin, E., Qian, Y. et Xu, C. (2000), « Incentives, Scale Economies, and Organizational Forms », *Review of Economic Studies*.

Matsui, A. (1996), « On Cultural Evolution : Social Norms, Rational Behavior, and Evolutionary Game Theory », *Journal of the Japanese and International Economies* 10, p. 262-294.

Matsui, A. et Okuno-Fujiwara, M. (1994), « Evolution and Interaction of Cultures », miméo, Universités de Pennsylvanie et de Tokyo.

Matsumoto, K. (1986), *Kigyo Shueki to Kigyo Kinyu (Bénéfices d'entreprise et finance d'entreprise)*, Tokyo, Nihon Keizai Shinbunsha.

Matsuyama, K. (1991), « Increasing Returns, Industrialization, and Indeterminacy of Equilibrium », *Quarterly Journal of Economics* 56, p. 617-650.

Matsuyama, K. (1997), « Economic Development as Coordination Problems », *in* M. Aoki *et al.* (1999).

Matsuyama, K., Kiyotaki, N. et Matsui, A. (1993), « Toward a Theory of International Currency », *Review of Economic Studies* 60, p. 283-307.

Maurice, M., Sellier, F. et Silvestre, J.-J. (1986), *The Social Foundations of Industrial Power : A Comparison of France and Germany*, trad. A. Goldhammer, Cambridge (Mass.), MIT Press.

Mayer, C. (1988), « New Issues in Corporate Finance », *European Economic Review* 32, p. 1167-89.

Maynard-Smith, J. (1958), *The Theory of Evolution*, Cambridge, U.K. et N.Y., Cambridge University Press.

Maynard-Smith, J. (1982), *Evolution and the Theory of Games*, Cambridge, U.K. et N.Y., Cambridge University Press.

Meckling, W. et Jensen, M. (1983), « Reflections on the Corporation as a Social Invention », *Midland Corporate Finance Journal*, p. 6-15.

Medina, L. F. (2000), *Essays on the Formal Theory of Parties and Elections*, thèse de doctorat, Université de Stanford.

Mendels, F. (1972), « Proto-industrialization : the First Phase of the Industrialization Process », *Journal of Economic History* 32, p. 241-261.

Menger, C. (1883/1985), *Investigations into the Method of the Social Sciences with special reference to Economics*, trad. anglaise de

Untersuchungen über die Methode der Sozialwissenschaft und der Politischen Ökonomie insbesondere par Nock, F.J., N.Y., New York University Press.

Meyer, J. et Rowan, B. (1977), « Institutionalized Organizations : Formal Structure as Myth and Ceremony », *American Journal of Sociology* 83, p. 340-363.

Milgrom, P., North, D. et Weingast, B. (1990), « The Role of Institutions in the Revival of Trade : The Law Merchant, Private Judges, and the Champagne Fairs », *Economics and Politics* 2, p. 1-23.

Milgrom, P., Qian, Y. et Roberts, J. (1991), « Complementarities, Momentum, and the Evolution of Modern Manufacturing », *American Economic Review (*Papers and Proceedings) 81, p. 84-88.

Milgrom, P. et Roberts, J. (1990a), « Rationalizability, Learning, and Equilibrium in Games with Strategic Complementarities », *Econometrica* 59, p. 1255-77.

Milgrom, P. et Roberts, J. (1990b), « The Economics of Modern Manufacturing : Technology, Strategy, and Organization », *American Economic Review* 80, p. 511-528.

Milgrom, P. et Roberts, J. (1992), *Economics, Organization, and Management,* Englewood Cliffs (NJ), Prentice-Hall.

Milgrom, P. et Roberts, J. (1994), « Complementarities and Systems : Understanding Japanese Economic Organization », *Estudios Economicos*, p. 3-42.

Misaki, K. (1998), *Warurasu no Keizaishisou : Ippan Kinkou Riron no Shakai Bijon (La Pensée économique de Walras : la vision sociale de la théorie de l'équilibre général)*, Nagoya, University of Nagoya Press.

Mishkin, F. (1995), *The Economics of Money, Banking, and Financial Markets*, N.Y., HarperCollins.

Miyajima, Hiroshi. (1983), « Richo Kōki no Nōgyō Suiri (L'irrigation agricole à l'époque de la dynastie Yi tardive) », *Toyoshi Kenkyu* 41, p. 645-695.

Miyajima, Hiroshi (1995), *Yangban* (en japonais), Tokyo, Chuō Kōron.

Miyajima, H. et Arikawa, Y. (2000) « Relationship Banking and Debt Choice : Evidence from the Liberalization in Japan », Institute of Fiscal and Monetary Policy Ministry of Finance, Japon.

Miyajima, Hiroshi, Matsumoto T., Yi, Y., Chang, S. (1992), *Kindai Chōsen Suiri Kumiai no Kenkyu (Etudes sur les associations d'irrigation dans la Corée moderne),* Tokyo, Nihon Hyoronsya.

Mokyr, J. (1990), « Punctuated Equilibria and Technological Progress », *American Economic Review, Papers and Proceedings* 80, p. 350-354.

Monden, Y. (1983), *Toyota Production System*, Atlanta, Industrial Engineering and Management Press.

Montinola, G., Qian, Y. et Weingast, B. (1995), « Federalism, Chinese Style : The Political Basis for Economic Success in China », *World Politics* 48, p. 50-81.

Moore, J. (1992), « The Firm as a Collection of Assets », *European Economic Review* 36, p. 493-507.

Moore, Jr., B. (1966), *Social Origins of Dictatorship and Democracy : Lord and Peasant in the Making of the Modern World*, Boston, Beacon Press.

Moriguchi, C. (1998), *The Evolution of Employment Systems in the United States and Japan : 1900-1960 : A Comparative Historical and Institutional Analysis*, thèse de doctorat, Université de Stanford.

Murdock, K. (1996), *The Role of Institutions in Enforcing Implicit Contracts : Analysis of Corporate and Government Policy*, thèse de doctorat, Université de Stanford.

Nagata, K. (1971), *Nihon Nōgyō no Suiri Kōzō (La Structure de l'irrigation dans l'agriculture japonaise)*, Tokyo, Iwanami Shoten.

Nash, J. (1951), « Non-Cooperative Games », *Annals of Mathematics* 54, p. 286-295.

Nash, J. (1953), « Two-Person Cooperative Games », *Econometrica* 21, p. 128-140.

Nelson, R. (1994), « The Co-evolution of Technology, Industrial Structure, and Supporting Institutions », *Industrial and Corporate Change* 3, p. 47-63.

Nelson, R. (1995), « Recent Evolutionary Theorizing about Economic Change », *Journal of Economic Literature* 33, p. 48-90.

Nelson, R. et Winter, S. (1982), *An Evolutionary Theory of Economic Change,* Cambridge (Mass.), Harvard University Press.

Neumann, J. von, et Morgenstern, O. (1944), *Theory of Games and Economic Behavior*, Princeton (NJ), Princeton University Press.

Nishiguchi, K. (1994), *Strategic Industrial Sourcing*, Oxford et N.Y., Oxford University Press.

Noguchi, Y. (1995), *1940-nen Taisei (Le Régime de 1940),* Tokyo, Toyokeizai Shinposha.

Noguchi, Y. (1998), « The 1940 System Japan under the Wartime Economy », *American Economic Review* 88 (mai), p. 404-416.

North, D. C. (1961), *The Economic Growth of the United States 1790-1860*, Englewood Cliffs (NJ), Prentice-Hall.

North, D. (1990), *Institutions, Institutional Change and Economic Performance,* Cambridge, U.K. et N.Y., Cambridge University Press.

North, D. (1995), « Five Propositions about Institutional Change », *in* J. Knight et I. Sened (1995), p. 15-26.

North, D. (1998), « Comments », *in* Hayami et Aoki (1998), p. 552-560.

North, D. et Thomas, R. (1973), *The Rise of the Western World : A New Economic History,* Cambridge, U.K. et N.Y., Cambridge University Press.

North, D. et Weingast, B. (1989), « Constitutions and Commitment : The Evolution of Institutions Governing Public Choice in Seventeenth-Century England », *Journal of Economic History* 49, p. 803-832.

Nozick, R. (1974), *Anarchie, Etat et utopie*, trad. E. d'Auzac de Lamartine, PUF, 1988.

Oates, W. (1972), *Fiscal Federalism*, N.Y., Harcourt Brace Jovanovich.

OCDE (2000), *OECD Economic Surveys : Russian Federation 2000,* Paris.

Ogawa, H. (1998), *Itaria no Chūshō Kigyō: Dokusō to Tayōsei no Network (Les petites et moyennes entreprises en Italie : les réseaux de la créativité et de la diversité*), Tokyo, JETRO.

Okazaki, T. (1993), « The Japanese Firm under the Wartime Planned Economy », *Journal of the Japanese and International Economies* 7, p. 175-203, réédité dans Aoki et Dore (1994), p. 350-378.

Okazaki, T. (1995), « Dainiji Sekai Taisenki no Kinyuseido Kaikau to Kinyu Sisutemu no Henka (Les réformes des institutions financières et les changements du système financiers pendant la seconde guerre mondiale) » *in* Hara, A. (éd.), *Nihon no Senji Keizai (L'Economie de guerre au Japon),* Tokyo, University of Tokyo Press, p. 107-139.

Okazaki, T. (1997), *Kōgyōka no Kiseki : Keizai Taikoku Zenshi (Une trajectoire d'industrialisation : la préhistoire d'un pouvoir économique)*, Tokyo, Yomiuri Shinbunsha.

Okazaki, T. (2000), « Role of Holding Companies in Prewar Japanese Economic Development : Rethinking Zaibatsu in Perspectives of Corporate Governance », miméo, Université de Tokyo.

Okazaki, T. et Okuno-Fujiwara, M., éd. (1995), *The Japanese Economic System and its Historical Origins*, Oxford et N.Y., Oxford University Press, 1999, traduit de *Nihonteki Keizai Sisutemu no Rekishiteki Kigen*, Tokyo, Nihon Keizai Shinbunsya.

Okazaki, T. et Okuno-Fujiwara, M. (1998), « Evolution of Economic Systems : The Case of Japan », *in* Hayami et Aoki (1998), p. 482-521.

Okimoto, D. (1989), *Between MITI and the Market : Japanese Industrial Policy for High Technology*, Stanford, Stanford University Press.

Okimoto, D. et Nishi, Y. (1994), « R & D Organization in Japanese and American Semiconductor Firms », *in* Aoki et Dore (1994), p. 178-208.

Okuno-Fujiwara, M. (1997), « Toward a Comparative Institutional Analysis of the Government-Business Relationship », *in* Aoki, Kim et Okuno-Fujiwara. (1997), p. 373-406.

Okuno-Fujiwara, M. et Postlewaithe, A. (1995) « Social Norms and Random Matching Games », *Games and Economic Behavior* 9, p. 79-109.

Olson, M. (1982), *The Rise and Decline of Nations : Economic Growth, Stagflation, and Social Rigidities,* New Haven : Yale University Press. Traduction française : *Grandeur et décadence des nations*, Bonnel, 1983.

Olson, M. (1993), « Dictatorship, Democracy, and Development », *American Political Science Review* 83, p. 567-576.

Olson, M. (1997), « The New Institutional Economics : The Collective Choice Approach to Economic Development », *in* C. Clague (éd.), *Institutions and Economic Development : Growth and Governance in Less-Developed and Post-Socialist Countries*, Baltimore, Johns Hopkins University Press, p. 37-64.

Osborne, M. J. et Rubinstein, A. (1994), *A Course in Game Theory,* Cambridge (Mass.), The MIT Press.

Oshima, H. (1987), *Economic Growth in Monsoon Asia : A Comparative Survey,* Tokyo, University of Tokyo Press.

Ostrom, E. (1990), *Governing the Commons*, Cambridge, U.K. et N.Y., Cambridge University Press.

Ostrom, E. (1992), *Crafting Institutions for Self-Governing Irrigation Systems*, San Francisco, Institute for Contemporary Studies Press.

Ostrom, E. et Walker, J. (1994), *Rules, Games, and Common-Pool Resources*, Ann Arbor, Michigan, University of Michigan Press.

Pagano, U. (1993), « Organizational Equilibria and Institutional Stability », *in* Bowles, Gintis et Gustafsson (1993), p. 86-114.

Pagano, U. (2001), « The Origin of Organizational Species », *in* A. Nicita, et U. Pagano (éd.), *The Evolution of Economic Diversity*, Londres et N.Y., Routledge and Kegan Paul.

Pagano, U. (1999), « Information Technology and the “Biodiversity” of Captalism », miméo, Université de Sienne.

Pagano, U. et Rowthorn, R. (1994), « Ownership, Technology and Institutional Stability », *Structural Change and Economic Dynamics* 5, p. 221-242.

Palais, J.B. (1975), *Politics and Policy in Traditional Korea*, Cambridge (Mass.), Harvard University Press.

Palais, J. B. (1996), *Confucian Statecraft and Korean Institutions*, Seattle, University of Washington Press.

Pareto, V. (1916), *Traité de sociologie générale*, in *Œuvres complètes de V. Pareto*, vol. 12, P. Boven (éd.), Paris et Genève, Droz, 1968.

Parsons, T. (1951), *The Social System*, N.Y., Free Press. Trad. française : *Le Système des sociétés modernes*, Dunod, 1974.

Peng, K., et Nisbett, R.E. (1999), « Culture, Dialectics, and Reasoning About Contradiction », *American Psychologist* 54, p. 741-754.

Petersen, M.A. et Rajan, R. G. (1994), « Benefits from Lending Relationships : Evidence from Small Business Data », *Journal of Finance* 49, p. 3-37.

Petersen, M.A. et Rajan, R.G. (1995), « The Effect of Credit Market Competition on Lending Relationships », *Quarterly Journal of Economics* 110, p. 407-443.

Pine, B. J. (1993), *Mass Customization : The New Frontier in Business Competition*, Boston, Harvard Business School Press.

Pinker, S. (1997), *How the Mind Works*, N.Y., W.W.Norton & Company. Traduction française de M.-F. Desjeux : *Comment fonctionne l'esprit*, Odile Jacob, 2000.

Piore, M. et Sabel, C. (1984), *The Second Industrial Divide*, N.Y., Basic Books.

Platteau, J.-P. (1994), « Behind the Market Stage Where Real Societies Exist – Part II : The Role of Moral Norms », *Journal of Development Studies* 30, p. 753-817.

Platteau, J.-P. (1999), *Property Rights, Community Norms and Economic Organization*, N.J. Newark, Harwood.

Platteau, J.-P. et Baland, J-M. (1998), « Dividing the Commons – An Assessment of the New Institutional Economics of Property Rights », miméo, Université de Namur.

Platteau, J.-P. et Hayami, Y. (1998), « Resource Endowments and Agricultural Development : Africa versus Asia », *in* Hayami et Aoki, p. 357-410.

Platteau, J.-P. et Seki, E. (2000), « Community Arrangements to Overcome Market Failures : Pooling Groups in Japanese Fiaheries », *in* Aoki et Hayami (2000), p. 344-402.

Polanyi, K. (1944), *La Grande Transformation*, trad. C. Malamoud et M. Angeno, Gallimard, 1983.

Polanyi, M. (1958), *Personal Knowledge : Towards a Post-Critical Philosophy*, Chicago, University of Chicago Press.

Polanyi, M. (1966), *The Tacit Dimension,* Londres, Routledge & Kegan Paul.

Porter, M. (1998), « Clusters and the New Economics of Competition », *Harvard Business Review* 76 (6), p. 77-90.

Prat, A. (1996), « Shared Knowledge versus Diversified Knowledge in Teams », *Journal of the Japanese and International Economies* 11, p. 181-195.

Putnam, R.D. (1993), *Making Democracy Work*, Princeton, Princeton University Press.

Pyke, F., Becattini, G., et Sengenberger, W., éd. (1990), *Industrial Districts and Inter-Firm Cooperation in Italy*, Genève, ILO Publications.

Qian, Y. (1999), « The Institutional Foundations of China's Market Transition », papier présenté à la *Conférence annuelle sur l'économie du développement* de la Banque mondiale, avril 1999.

Qian, Y. et Roland, G. (1998), « Federalism and the Soft Budget Constraint », *American Economic Review* 88, p. 1143-62.

Qian, Y. et Weingast, B. (1997), « Federalism as a Commitment to Preserving Market Incentives », *Journal of Economic Perspectives* 11, p. 83-92.

Qian, Y. et Xu, C. (1993), « Why China's Economic Reforms Differ : The N-Form Hierarchy and Entry/Expansion of the Non-State Sector », *Journal of Economic Transition* 1, p. 135-170.

Radin, Margaret J. (1999), « Retooling Contracts for the Digital Era », miméo, Stanford, Hoover Institution.

Radin, Margaret J. (2000), « Humans, Computers, and Binding Commitment », miméo, Stanford Law School.

Radin, Matthews (1994), « Cognitive Dissonance and Social Change », *Journal of Economic Behavior and Organization* 23, p. 177-194.

Radner, R. (1992), « Hierarchy : The Economics of Managing », *Journal of Economic Literature* 30, p. 1382-1415.

Radner, R. (1993), « The Organization of Decentralized Information Processing » *Econometrica* 61, p. 1109 -1146.

Rainis, G. et Orrock, L. (1985), « Latin American and East Asian NICs : Development Strategies Compared, » *in* Duran, E. (éd.), *Latin America and the World Recession*, Cambridge, U.K. et N.Y., Cambridge University Press.

Rajan, R.G. (1992), « Insiders and Outsiders, the Choice Between Informed and Arm's-Length Debt », *Journal of Finance* 47, p. 1367-1400.

Rajan, R.G. et Zingales, L. (1998), « Which Capitalism ? Lessons from the East Asian Crisis », *Journal of Applied Corporate Finance*.

Rajan, R. G., et Zingales, L. (2000), « Governance of New Enterprises », *in* X. Vives (éd.), *Corporate Governance : Theoretical and Empirical Perspectives*, Cambridge, U.K. et N.Y., Cambridge University Press, p. 201-32.

Ramseyer, J. M. (1990), *Hou to Keizaigaku – Nihonhou no Keizaibunseki (Droit et science économique : une analyse du droit japonais*), Tokyo, Kōbundō.

Ramseyer, J. M. et Nakazato, M. (1999), *Japanese Law : An Economic Approach*, Chicago, University of Chicago Press.

Reyburn, S. S. (1980), *California Escrow Procedure : A Blueprint for the Nation*, Englewood Cliffs (N.J.), Prentice Hall.

Riordan, M. (1993), « Competition and Bank Performance », *in* C.P.Mayer et X. Vives (éd.), *Capital Markets and Financial Intermediation,* Cambridge, U.K. et N.Y., Cambridge University Press.

Reiter, S. et Hugh, J. (1981), « A Preface on Modeling the Regulated United States Economy », *Hofstra Law Review* 9, p. 1381-1421.

Robson, A. (1990), « Efficiency in Evolutionary Games : Darwin, Nash and the Secret Handshake », *Journal of Theoretical Biology* 144, p. 379-96.

Rogers, J. et Streeck, W., éd. (1994), *Works Councils : Consultation, Representation and Cooperation*, Chicago, University of Chicago Press.

Romer, P. M. (1986), « Increasing Returns and Long Run Growth », *Journal of Political Economy* 94, p. 1002-1037.

Rosenberg, N., éd. (1969), *The American System of Manufacturers : The Report of the Committee on the Machinery of the United States 1855 and the Special Reports of George Wallis and Joseph Whitworth 1854,* Edimbourg, U.K., Edinburgh University Press.

Rosenberg, N. et Birdzell, L. E., Jr. (1986), *How the West Grew Rich*, N.Y., Basic Books, Inc. Traduction française : *Comment l'Occident s'est enrichi*, Fayard, 1989.

Rubinstein, A. (1982), « Perfect Equilibrium in a Bargaining Model », *Econometrica* 50, p. 97-109.

Rubinstein, A. et Wolinsky, A. (1987), « Middlemen », *Quarterly Journal of Economics* 102, p. 581-593.

Sahlman, W.A. (1990), « The Structure and Governance of Venture Capitalist Organizations », *Journal of Financial Economics* 27, p. 473-521.

Sakakibara, E. (1999), *La Fin du fondamentalisme de marché*, discours prononcé au club des correspondants étrangers de Tokyo.

Sakakibara, E. (2000), *Nihon to Sekaiga Furueta Hi (Ce jour où le Japon et le monde tremblèrent)*, Tokyo, Chuō Kōronsha.

Sako, M. (1994), « Training, Productivity, and Quality Control in Japanese Multinational Companies », *in* Aoki et Dore, p. 84-114.

Salmon, L. M. et Anheier, H. K. (1996), *The Emerging Nonprofit Sector : A Comparative Analysis*, Manchester, Manchester University Press.

Salmon, L. M. et Anheier, H. K. (1996), *The Emerging Nonprofit Sector : An Overview*, Manchester, Manchester University Press.

Saxenian, A. (1994), *Regional Advantage : Culture and Competition in Silicon Valley and Route 128,* Cambridge (Mass.), Harvard University Press.

Saxenian, A. (2003), « L'impact des communautés immigrées de la Silicon Valley sur la croissance de leur pays d'origine », in Touffut, J.-P., *Institutions et innovation*, Albin Michel économie, 2002.

Schank, R., et Abelson, R. P. (1977), *Scripts, Plans, Goals, and Understanding*, Hillsdale (N.J), Lawrence Erlbaum.

Scharpf, F. (1997), *Games Real Actors Play : Actor-Centered Institutionalism in Policy Research*, Boulder, Westview Press.

Schelling, T. (1960), *The Strategy of Conflict,* Cambridge (Mass.), Harvard University Press. Traduction française de R. Manicacci : *Stratégie de conflit*, PUF, 1986.

Schlicht, E. (1998), *On Customs in the Economy*, Oxford, Clarendon Press.

Schmitter, P. C. et Lehmbruch, G., éd. (1979), *Trends Toward Corporatist Mediation*, Beverly Hills (Ca), Sage.

Schopf, T., éd. (1972), *Models in Paleobiology,* San Francisco, Freeman, Cooper.

Schotter, A. (1981), *The Economic Theory of Social Institutions,* Cambridge, U.K. et N.Y., Cambridge University Press.

Schumpeter, J. (1934), *Théorie de l'évolution économique*, trad. J.-J. Ansett, Dalloz, 1999.

Schumpeter, J. (1947), « The Creative Response in Economic History, » *Journal of Economic History* 7, p. 149-159.

Schumpeter, J. (1952), *Capitalisme, socialisme et démocratie,* trad. G. Fain, Payot, 1990.

Scott, W. R. (1994), « Conceptualizing Organizational Fields : Linking Organizations and Societal Systems », *in* H. Derlien, U. Gerhardt et F. Scharpf (éd.) *Systemrationalität und Partialinteresse,* Baden-Baden, Nomos Verlagsgesellschaft, p. 203-221.

Scott, W. R. (1995), *Institutions and Organizations*, Thousand Oaks (Ca), Sage Publications.

Scott, W. R. et Meyer, J. (1983), « The Organization of Societal Sectors », *in* J. Meyer et W.R. Scott (éd.), *Organizational Environments : Ritual and Rationality,* Beverly Hills (Ca), p. 129-153, Sage.

Seabright, P. (1993), « Managing Local Commons : Theoretical Issues in Incentive Design », *Journal of Economic Perspectives* 7, p. 113-134.

Searle, J. (1995), *La Construction de la réalité sociale*, trad. C. Tiercelin, Gallimard, 1998.

Sened, I. (1997), *The Political Institution of Private Property*, Cambridge, U.K. et N.Y., Cambridge University Press.

Shapiro, C. et Stiglitz, J. (1984), « Equilibrium Unemployment as a Worker Discipline Device », *American Economic Review* 74, p. 433-444.

Sharpe, S. A. (1990), « Asymmetric Information, Bank Lending, and Implicit Contracts : A Stylized Model of Customer Relationships », *Journal of Finance* 45, p. 1069-1087.

Sheard, P. (1994), « Main Bank and the Governance of Financial Distress », *in* Aoki et Patrick, p. 188-230.

Shinpo, H. et Hasegawa, A. (1988), « Shyōhin Seisan, Ryūtū no Dainamikkusu (Dynamique de la production et de la distribution des marchandises) », *in* S. Hayami et M. Miyamoto (éd.), *Keizai Shakai no Seiritsu : 17-19 Seiki (La Constitution d'une société économique : XVIIe et XVIIIe siècles)*, *Economic History of Japan*, Tokyo, Iwanami Shoten I, p. 217-270.

Shleifer, A. et Summers, L. (1988), « Breach of Trust in Hostile Takeovers », *in* A. J. Auerbach (éd.), *Corporate Takeovers : Causes and Consequence,* Chicago, University of Chicago Press, p. 65-88.

Shleifer, A. et Vishny, R. W. (1994), « Politicians and Firm, » *Quarterly Journal of Economics* 109, p. 995-1025.

Shleifer, A. et Vishny, R.W. (1997), « A Survey of Corporate Governance », *Journal of Finance* 52, p. 737-787.

Simon, H. (1951), « A Formal Theory of the Employment Relationship », *Econometrica* 19, p. 293-305.

Simon, H. (1957), *Administrative Behavior*, 2e éd., N.Y., Free Press.

Simon, H. (1982), *Models of Bounded Rationality : Behavioral Economics and Business Organization*, Cambridge (Mass.), MIT Press.

Simon, H. (1991), « Organizations and Markets », *Journal of Economic Perspectives* 5, p. 25-44.

Skocpol, T. (1979), *States and Social Revolutions*, Cambridge, U.K. et N.Y., Cambridge University Press. Traduction française de N. Burgi : *Etats et révolution sociale*, Fayard, 1985.

Skocpol, T. (1985), « Bringing the State Back In : Strategies of Analysis in Current Research », *in* P. B. Evans, D. Reuschemeyer et T. Skocpol (éd.), *Bringing the State Back in* Cambridge, UK et N.Y., Cambridge University Press, p. 3-37.

Smith, A. (1759), *La Richesse des nations*, trad. Daniel Diatkine, GF-Flammarion.

Smith, A. (1776), *La Théorie des sentiments moraux*, trad. C. Gautier, M. Biziou, J.-F. Pradeau, PUF, 1999.

Smith, T. C. (1959), *The Agrarian Origins of Modern Japan*, Stanford, Stanford University Press.

Solow, R. (1980), « On Theories of Unemployment », *American Economic Review* 70, p. 1-11.

Sorge, A. (1991), « Strategic fit and the Societal Effect : Interpreting Cross-National comparisons of Technology, Organization and Human Resources », *Organization Studies* 12, p. 161-190.

Spagnolo, G. (1999), « Social Relations and Cooperation in Organizations », *Journal of Economic Behavior and Organization* 38, p. 1-26.

Stiglitz, J. (1999), « The Global Financial Crisis : Perspectives and Policies, » miméo, Banque mondiale.

Stiglitz, J. et Weiss, A. (1981), « Credit Rationing in Markets with Imperfect Information », *American Economic Review* 71, p. 393-410.

Stopford, J. et Strange, S. (1991), *Rival States, Rival Firms*, U.K., Cambridge University Press.

Strange, S. (1996), *The Retreat of the State*, U.K., Cambridge University Press.

Streeck, W. (1995), « The German Social Market Economy : External Competitiveness and Internal Cohesion », miméo, Max-Planck Institut für Gesellschaftsforschung, Cologne.

Streeck, W. (1996), « Lean Production in the German Automobile Industry : A Test Case for Convergent Theory, » *in* B. Berger et R. Dore (éd.), *National Diversity and Global Capitalism*, Ithaca, Cornell University Press, p. 138-170.

Streeck, W. (1997a), « German Capitalism : Does it Exist ? Can it Survive ? » *in* C. Crouch et W. Streeck (éd.), *Political Economy of Modern Capitalism*, Londres, Sage Publications, p. 33-54.

Streeck, W. (1997b), « Citizenship under Regime Competition : The Case of the European Work Councils », Florence, European University Ins.

Streeck, W. (1998), « The Internationalization of Industrial Relations in Europe : Prospects and Problems », miméo, Max-Planck Institut für Gesellschaftsforschung, Cologne.

Stuart, L. et Kargon, R. (1996), « Selling Silicon Valley : Frederick Terman's Model for Regional Advantage », *Business History Review*, 70, p. 435-472.

Suchman, M. C. (2000), « Dealmakers and Councelors : Law Firms as Intermediaries in the Development of Silicon Valley », miméo, Université du Wisconsin.

Sugden, R. (1986), *The Economics of Rights, Co-operation and Welfare*, Oxford, Basil Blackwell.

Sugden, R. (1989), « Spontaneous Order », *Journal of Economic Perspectives* 3, p. 85-97.

Sugden, R. (1995), « A Theory of Focal Points », *Economic Journal* 105, p. 533-550.

Swidler, A. (1986), « Culture in Action : Symbols and Strategies », *American Sociological Review* 51, p. 273-286.

Tadelis, S. (1999), « What's in a Name ? Reputation as a Tradeable Asset », *American Economic Review* 89, p. 548-563.

Tamaki, A. et Hatade, I. (1974), *Fūdo : Taichi to Ningen no Rekishi (Paysage cultivé : Une histoire de la terre et des êtres humains)*, Tokyo, Heibonsha.

Tamaki, A., Hatade, I., Imamura, N., éd. (1980), *Suiri no Shakaikozo (La Structure sociale de l'irrigation)*, Tokyo, Université des Nations unies.

Tanimoto, M. (1998), *Nihon ni okeru Zairaiteki Keizai Hatten to Orimonogyo (Développement économique indigène et développement du textile au Japon)*, Nagoya, University of Nagoya Press.

Teece, D., Rumelt, R., Dosi, G. et Winter, S. (1994), « Understanding Corporate Coherence : Theory and Evidence », *Journal of Economic Behavior and Organization* 22, p. 1-24.

Teranishi, J. (1990), « Financial Systems and the Industrialization of Japan : 1900-1970 », *Banca nacionale del Lavoro Quarterly Review*, 174, p. 309-341.

Teranishi, J. (1994), « Loan Syndication in War-time Japan and the Origins of the Main Bank System, » *in* Aoki et Patrick (1994).

Teranishi, J. (1997), « Sectorial Resource Transfer, Conflict, and Macrostability in Economic Development : A Comparative Analysis », *in* Aoki, Kim et Okuno-Fujiwara (1997), p. 279-311.

Teranishi, J. (2000), « The Fall of the Taisho Economic System », *in* Aoki et Saxonhouse (2000), p. 43-63.

Testa, R. (1997), « The Legal Process of Venture Capital Investments », *Pratt's Guide to Venture Capital Sources*, Wellesley Hills, Mass., Venture Economics.

Thadden, E. L. von (1995), « Long-Term Contracts, Short-Term Investment and Monitoring », *Review of Economic Studies* 62, p. 557-575.

Thelen, K. (1999), « Historical Institutionalism in Comparative Politics », *Annual Review of Political Science* 2, p. 369-404.

Thornbeck, E. (1998), « The Institutional Foundations of Macroeconomic Stability : Indonesia vs. Nigeria », *in* Hayami et Aoki, p. 6-138.

Tiebout, C. (1956), « A Pure Theory of Local Expenditures », *Journal of Political Economy* 64, p. 416-424.

Timberlake, R. Jr. (1978), *The Origins of Central Banking in the United States*, Cambridge (Mass.), Harvard University Press.

Title Insurance and Trust Company (1977), *Escrow Procedure Book I.*, L.A., Title Insurance and Trust Co.

Tirole, J. (1988), *Théorie de l'organisation industrielle,* 2 vol., Economica, 1995.

Tirole, J. (2001), « Corporate Governance », *Econometrica* 69, p. 1-35.

Topkis, D. (1978), « Minimizing a Submodular Function on a Lattice », *Operations Research* 26, p. 305-321.

Topkis, D. (1998), *Supermodularity and Complementarity,* Princeton, Princeton University Press.

Touffut, J.-Ph. (2004), *Institutions et innovation*, Albin Michel economie.

Toya, T. (2000), *The Political Economy of the Japanese Financial Big Bang : Institutional Change in Finance and Public Policy Making*, Thèse de doctorat, Université de Stanford.

Ullmann-Margalit, E. (1977), *The Emergence of Norms*, Oxford-New York, Oxford University Press.

U.S. Strategic Bombing Survey (1945), *The Effects of Strategic Bombing on Japan's War Economy,* Pacific War Report, n° 53, Washington, D.C., U.S. Government Printing Office.

Veblen, T.B. (1909), « The Limitation of Marginal Utility », *Journal of Political Economy* 17, réédité dans *The Place of Science in Modern Civilization and Other Essays,* N.Y., Russell & Russell, 1961.

Wade, R. (1990), *Village Republics : Economic Conditions for Collective Action in South India*, Cambridge, U.K. et N.Y., Cambridge University Press.

Wade, R. (1990), *Governing the Market : Economic Theory and the Role of the Government in East Asian Industrialization,* Princeton, (NJ), Princeton University Press.

Wagner, E. (1972), « The Ladder of Success in Yi Dynasty Korea », *Occasional Papers on Korea* 1, p. 1-8.

Walras, L. (1898), « Etudes d'économie polique appliquée : théorie de la production de la richesse sociale », *in* Auguste et Léon Walras, *Œuvres économiques complètes*, P. Dockès, Paris, 1992.

Walras, L. (1900), *Eléments d'économie politique pure, ou Théorie de la richesse sociale*, 4e édition, Paris : LGDJ, 1952.

Weber, M. (1998), *Essays in Economic Sociology* R. Swedberg (éd.), Princeton, N. J., Princeton University Press.

Weibull, J. (1995), *Evolutionary Game Theory*, Cambridge (Mass.), MIT Press.

Weingast, B. (1993), « Constitutions as Governance Structures : The Political Foundations of Secure Markets », *Journal of Institutional and Theoretical Economics* 149, p. 286-311.

Weingast, B. (1995), « The Economic Role of Political Institutions : Market-Preserving Federalism and Economic Development », *Journal of Law, Economics and Organization* 11, p. 1- 31.

Weingast, B. (1997), « The Political Foundations of Democracy and the Rule of Law », *American Political Science Review* 91, p. 245-263.

Westney, D. E. (1987), *Imitation and Innovation*, Cambridge (Mass.), Harvard University Press.

Williams, R. (1976/1983), *Keywords : A Vocabulary of Culture and Society*, éd. rév., New York, Oxford University Press.

Williamson, O. (1975), *Markets and Hierarchies : Analysis and Antitrust Implications*, N.Y., Free Press.

Williamson, O. (1985), *The Economic Institutions of Capitalism,* N.Y., Free Press.

Williamson, O. (1995), « Hierarchies, Markets and Power in the Economy : An Economic Perspective », *Industrial and Corporate Change* 4, p. 21-50.

Williamson, O. (1996), *The Mechanisms of Governance,* Oxford et N.Y., Oxford University Press.

Williamson, O. (1999), « Human Action and Economic Organization », miméo, UCLA.

Williamson, O.E. (2000), « The New Institutional Economics : Taking stock, looking ahead », *Journal of Economic Literature* 38, p. 595-613.

Womack, J., Jones, D. et Roos, D. (1990), *The Machine That Changed the World : The Story of Lean Production,* N.Y., Rawson Associates.

Wrege, C. et Greenwood, R. (1991), *Frederick W. Taylor, the Father of Scientific Management : Myth and Reality*, Burr Ridge, Il, Unwin.

Yasuda, A. (2001), « Three Essays on Banking Relationships and Imperfect Competition in Corporate Industry : An Empirical and Comparative Analysis », thèse de doctorat, Université de Stanford.

Yelling, J. (1982), « Rationality in the Commons Fields », *Economic History Review* 35, p. 409-415.

Yoshitomi, M. (1998), *Nihon Keizai no Shinjitu (La Vérité de l'économie japonaise),* Tokyo, Toyo Keizai Shinposha.

Young, H.P. (1991), « An Evolutionary Model of Bargaining », *Journal of Economic Theory* 59, p. 145-168.

Young, H.P. (1993), « The Evolution of Conventions », *Econometrica* 61, p. 57-84.

Young, H.P. (1998), *Individual Strategy and Social Structure : An Evolutionary Theory of Institutions,* Princeton (NJ), Princeton University Press.

Zingales, L. (1998), « Corporate Governance », *The New Palgrave Dictionary of Economics and the Law*, Londres, MacMillan.

Zucker, L. (1977), « The Role of Institutionalization in Cultural Persistence », *American Sociological Review* 13, p. 443-464.

Index

Table

DEUXIEME PARTIE

UN CADRE DE THEORIE DES JEUX POUR UNE ANALYSE INSTITUTIONNALISTE

Ouvrages publiés par le Centre Saint-Gobain
aujourd'hui Centre Cournot pour la recherche en economie

Institutions et croissance.
Les chances d'un modèle économique européen
Jean-Philippe Touffut (éd.)

Institutions et innovation.
De la recherche aux systèmes sociaux d'innovation
Jean-Philippe Touffut (éd.)

ROBERT BOYER
La croissance, début de siècle.
De l'octet au gène

MICHEL AGLIETTA ET ANTOINE REBERIOUX
Dérives du capitalisme financier

L'avancée des biens publics.
Politique de l'intérêt général et mondialisation
Jean-Philippe Touffut (éd.)

Composition Nord Compo.
Impression Bussière, octobre 2006
Editions Albin Michel
22, rue Huyghens, 75014 Paris
www.albin-michel.fr
ISBN 2-226-17107-X
N° d'édition : 24666. – N° d'impression : 063690/4.
Dépôt légal : novembre 2006.
Imprimé en France.